国家哲学社会科学成果文库

NATIONAL ACHIEVEMENTS LIBRARY
OF PHILOSOPHY AND SOCIAL SCIENCES

中国海洋经济周期波动监测预警研究

殷克东　著

人民出版社

目 录

CONTENTS

序　言

　　著名的思想家、哲学家韩非子曾说过，"历心于山海而国家富"。纵览几千年的世界历史，绝大多数世界大国和强国的崛起，都与海洋有着密不可分的联系。向海而兴，背海而衰，这里包含了无数历经千年的故事。

　　海洋对于国家的安全维护和经济发展，具有重大的战略意义。在历史的发展进程中，凡是称霸世界，控制世界财富的国家，都是首先从海洋战略着手，通过垄断海洋资源以谋求自身发展。可以说，在人类历史发展的进程中，始终都伴随着对海洋的认识、利用、开发和控制。而拥有五千年悠久历史的中国，也曾一度经历过由重海而盛和因轻海而衰的曲折记忆，因而谱写了一部波澜壮阔的海洋史。而今，实现中华民族的伟大复兴是中国近代以来最伟大的中国梦，凝聚了一个多世纪中国人的夙愿，是所有中华儿女的共同期盼。海洋事业的复兴是实现中华民族伟大复兴的必由之路。进入21世纪，海洋又一次成为各世界大国竞相博弈的焦点。如何开发利用海洋，维护海洋可持续发展，大力发展海洋经济，开发海洋潜藏资源，创新海洋科技，科学把握海洋经济发展新趋势，关乎着我们中国人民建设海洋强国的海洋梦，也关乎着铸就民族复兴的中国梦。

　　改革开放以来，从国家"十五规划""十一五规划"和"十二五规划"中，从党的"十六大""十七大"到"十八大"，不断提升海洋经济发展的战略地位，促使海洋经济得到了快速发展并取得显著成就。近年来，从中央到地方政府纷纷制定海洋经济发展战略与规划，学术界对海洋经济发展的专题研究也不断深入，可以说，中国海洋经济发展承载了从国家到地方政府，再到学者层面的无数期待。然而，由于我国制定海洋发展战略的起步较晚、经验欠缺，在海洋事业的发展过程中还存在诸多不足，如：海洋产业结构仍需优化、海洋经济发展模式亟须改善，海洋科技成果转化率不高、海洋经济管理体制效率较低，海洋经济安全形势面临诸多不稳定因素，海洋经济统计数据有待规范，等等。如何解决海洋经济发展中的种种问题？如何克服海洋经济发展中的诸多困难？我国海洋经济的家底清楚了吗？我国海洋经济发展的潜力有多大？海洋经济发展是如何演变的、影响因素是什么？海洋经济是否有其自身的内在发展规律？海洋经济的发展演变存在周期波动吗？等等，这一系列海洋经济发展的问题，有待经济学家尤其是需要海洋经济学的专家学者给予研究并给出答案。

自法国经济学家 C Juglar 于 1862 年首次提出经济周期（Business Cycle）以来，国际学术界从没有停止过对经济周期波动的研究。150 多年来，从经济周期波动测定、经济活动指数发布，到监测预警模型、季节调整模型的完善，再到周期转折点判断、周期波动特征辨析，以及传导机制、脉冲响应、非对称性等等，有关宏观经济周期波动的监测预警研究已经比较成熟。但是由于海洋经济发展自身所具有的特殊性，宏观经济的研究方法、技术、经验等无法直接移植到海洋经济领域，而国内外对于海洋经济领域的周期波动研究又比较鲜少，国内的研究成果还比较薄弱，对海洋经济发展演变的规律性认识还欠缺系统性与创新性。因此，国内外急需一部针对海洋经济周期波动规律研究的专著面世。

海洋经济周期波动监测预警，是海洋经济运行的晴雨表和警报器。它是通过对海洋经济统计数据的科学、系统与规范整理，运用经济景气监测预警技术，结合投入产出、系统仿真、计量经济学等数量经济方法，对海洋经济活动过程中的一系列指标的变化进行实时动态监测、预测和仿真，科学、系统、综合把握海洋经济周期运行规律和趋势，及时对海洋经济未来波动进行科学准确判断预警的一系列理论与方法的复合系统。由殷克东教授主持的国家社科基金重点项目"中国海洋经济周期波动监测预警研究"（11AJY003），在借鉴国际国内成熟的经济周期理论、方法基础上，通过云数据库平台、系统仿真、投入产出、计量经济学等方法，利用时差相关分析、K-L 信息量法、状态空间模型、卡尔曼滤波、3δ方法、Probit模型、Markov模型、VAR模型等传统与现代、主观与客观的研究方法，进行了我国海洋经济景气关联效应分解，对我国海洋经济周期波动首次进行了全方位、多尺度、系统性、科学性的监测预警，填补了我国海洋经济周期波动监测预警研究的空白，基本摸清了我国海洋经济时空演变的成因、特征、趋势和规律等，对于丰富并完善我国海洋经济发展的理论体系、方法体系和实证体系，具有重要的理论意义、现实意义和科学实用价值。

著作充分尊重前人研究，对于既往成就有认真的借鉴和公允的评价，厘清了以往的一些含混认识，有理有据地提出了自己的见解，具有较强的说服力。著作资料翔实丰富，内容系统全面，梳理详尽细致，思路清晰，层次分明，逻辑性贯通性强，论证中有不少精彩之处。不难看出该作品经过较为深厚的积累，而非仓促应景之作。作为对于"海洋经济周期波动监测预警"的首部研究专著，包括了大量基础性成果，如数据库、计量模型……对分析中国海洋经济具有广泛的应用价值和明显的学术价值。作者知识结构完整，对于相关文献比较熟悉，学术眼光敏锐，善于旁征博引、综合把握。作品长于数量化实证，论说绵密有据，行文不落窠臼。写作中能够严格遵守学术规范，整体上提供了一部优秀的学术成果。可以毫不夸张地说，该著作是近年"中国海洋经济"研究中不多见的力作。

近年来，海洋经济的研究取得了不小的进步，但是相对比经济学、管理学中的个案研究而言，还是显得有些逊色，这主要表现在有力度的专题研究作品较少。殷克东教授的"中国海洋经济周期波动监测预警研究"可以在一定程度上弥补这种不足，同时也为中国海洋经济主导产业选择评价标准的制定提供了系统、规范的科学依据，对于科学揭示中国海洋经济景气波动特征，制定海洋经济发展战略，检验海洋经济政策效果，对于准确把握我国海洋经济周期波动规律，科学测度、实时监测、早期预警中国海洋经济的景气动态，具有重要的科学意义和重要的现实参考价值。

"路漫漫其修远兮，吾将上下而求索"。我国在海洋经济领域还有许多亟待深入研究的方面，殷克东教授在海洋经济数量化研究领域作出了很多突出的贡献，尤其是在"海洋经济周期波动监测预警"方面，形成了独特的标志性品牌。我也希望这一探索性的进展，能唤起更多学术同人对海洋经济理论研究的关注和投入，希望该书的研究成果能加快推动我国海洋经济建设的进程，早日实现我国海洋经济和海洋强国建设的宏伟蓝图。

著 名 经 济 学 家
中 国 工 程 院 院 士
中国社会科学院学部委员
国 际 欧 亚 科 学 院 院 士　　李京文
世 界 生 产 率 科 学 院 院 士
俄 罗 斯 科 学 院 外 籍 院 士
2015 年 10 月 18 日

第 一 章

绪 论

　　自法国经济学家 C. Juglar 于 1862 年首次提出经济周期（Business Cycle）以来，国际学术界从没有停止过对经济周期波动的研究。150 多年来，从经济周期波动测定、经济活动指数发布，到监测预警模型、季节调整模型的完善，再到周期转折点判断、周期波动特征辨析，以及传导机制、脉冲响应、非对称性等等，有关宏观经济周期波动的监测预警研究已经比较成熟。然而，由于海洋经济发展的特殊性，在海洋经济周期波动监测预警研究方面，国外还未见到公开的资料，国内也很少见、很薄弱、很欠缺。中国海洋经济周期波动监测预警研究，是根据国家海洋经济发展战略规划的需要，在借鉴国内外宏观经济周期波动研究成熟经验的基础上，通过对"海洋经济—周期波动—监测预警"复合系统的递阶分解，利用云平台数据库技术、随机数量关系分析方法，以及状态空间模型、卡尔曼滤波、Probit 模型、Markov 模型等，进行了中国海洋经济周期波动景气指标设计、预警指数编制、周期阶段划分和景气关联效应分解。对于科学把握中国海洋经济周期运行规律和趋势，准确预测判断海洋经济运行的转折点，实时反映、验证和评价海洋经济政策实施的效果，提高宏观调控决策的科学性、前瞻性和时效性，推进中国海洋经济周期波动监测预警的定量化研究，完善中国海洋经济发展的理论体系、方法体系和实证体系，具有重要的理论意义、现实意义和科学实用价值。

第一节　研究背景与研究目标

"向海而兴，开海而盛；背海而弱，封海而衰"。世界发达国家无一不是海洋强国，世界人口的60%居住在距海岸100千米以内的沿海地区。沿海地区也是我国的城市密集区，这一地带14.2%的国土面积，分布着我国近45%的城市和51%多的城市人口，创造了占全国63.94%的GDP（2013年）和61.01%的财政收入（2013年）。2014年全国沿海地区国内生产总值达到373050.1亿元，比上年增长8.37%，人均GDP为6.79万元（约10900美元）；全国涉海就业人数达3554万人，全国海洋生产总值59936亿元，比上年增长7.7%，占全国国内生产总值的9.4%。海洋经济已成为推动区域经济协调发展的重要引擎。

一、研究背景

21世纪是海洋的世纪。未来10—20年是我国经济社会发展的加速转型期，是我国海洋经济跨越式发展的转折期，也是我国海洋强国建设的重要战略机遇期。2010年10月18日，《中共中央关于制定国民经济和社会发展第十二个五年规划的建议》首次提出了"海洋经济百字方针"，标志着"海洋经济"正式上升到国家战略层面。2011年的《山东半岛蓝色经济区发展规划》《浙江海洋经济发展示范区规划》《广东海洋经济综合试验区发展规划》，2012年的《福建海峡蓝色经济试验区发展规划》等，相继上升为国家战略。2012年11月8日，党的十八大报告中首次提出了"建设海洋强国"的发展战略。国家政策的引领刺激着地方政府经略海洋的热情，辽宁沿海经济带、河北曹妃甸工业区、天津滨海新区、江苏沿海地区、上海浦东新区、广西北部湾经济区和海南国际旅游岛等沿海区域经济发展规划相继实施，地方涉海经济区划层出不穷。政策支持为海洋经济发展带来了重大发展机遇，为海洋经济发展实现重大基础性突破创造了良好的条件，也为我国海洋经济的发展提供了广阔的前景。

中国海洋经济发展承载了从国家到地方政府，再到学者层面的无数期待。然而，随着海洋经济的快速发展，海洋开发过程中无序、无度与无偿现象呈现井喷式爆发,"一窝蜂、拍脑袋、趋同化"式的海洋经济发展模式频频告急。伴随着地方政府涉海投资的高涨和低落,"萧条—复苏—繁荣—衰退"的海洋经济周期波动也不断凸现。中国海洋经济统计公报的海洋生产总值增长率的数字永远是"高于或略低于"同期全国国内生产总值增长率,而2000—2013年全国海洋生产总值占GDP的比重,却一直徘徊在9.5%左右,等等。在国家政策和地方政府如此重视海洋经济发展的大环境下,海洋经济未见繁荣先出泡沫的趋势却越加明显,海洋经济"未老先衰"的迹象也有增无减。

我国海洋资源开发历史悠久。伴随国内经济发展和资源需求的增长,政府也适时调整了海洋经济发展思路,规划海洋强国建设战略,推进海洋经济发展方式转变,带动了海洋经济的进一步发展。2014年,全国海洋生产总值59936亿元,比2013年增长7.7%,海洋生产总值占国内生产总值的9.4%。海洋经济在国民经济中的地位不断提高,已逐渐成为国民经济发展新的增长点。但是,海洋经济在快速发展的同时,仍存在许多问题。

1. 海洋产业结构仍需优化

目前,中国海洋经济产业格局基本形成了"三、二、一"的局面,整体趋于合理化。但是传统海洋产业的比重仍较高,新兴海洋产业在海洋产业中的比重仍较低,现代海洋服务业的发展十分欠缺,海洋产业的工业化水平较低、进程缓慢,远没有达到海洋产业的高级化阶段。

海洋产业的投融资规模偏小、海洋高新技术水平落后、海洋科技成果转化率不高、海洋科技贡献率偏低、海洋高附加值产品研发不足,严重影响了海洋经济的发展质量,尤其是阻碍了新兴海洋产业的发展水平和发展速度。沿海地区海洋经济发展水平和发展质量参差不齐,一是表现为低端产业的同构现象严重,二是表现为高端产业的异化现象严重,三是区域海洋产业结构的联动性较差、互补性不足。

2. 海洋发展模式亟须改变

长期以来,我国传统海洋产业的发展模式以资源消耗和劳动密集型为主,导致近海海洋渔业资源过度捕捞、海水养殖业不规范、深远海海洋资源开发利用技术落后;围海造地与围海造城猖獗,滨海湿地退化、海洋生态恶化,资源开发过度、利用率低下,严重造成了海洋生态破坏、海洋环境污染和海洋资源衰退等恶果。粗放式、掠夺式海洋资源开发和集约利用率低下的问题十分突出，依托于高耗能和资源依赖型的中国海洋经济发展模式难以为继。

3. 海洋科技水平竞争力不高

近年来，随着国家对海洋科研的重视，对海洋科技产业的投入也在逐年增加。海洋科技领域的"863""973"等重大科技计划带动了海洋科技的发展，海洋科技成果不断涌现，海洋新兴产业也有了较好的发展势头；但是海洋产业较小的海洋科技含量、较低的海洋科技支撑水平和海洋科技成果转化率，使我国海洋科技产品综合竞争力不强，制约了我国海洋科技产业的发展。海洋科研力量分散，海洋科研院所及涉海类高校数量有限，海洋科研、海洋管理、海洋产业的专业人才和综合性人才短缺；地方政府、企事业单位和全民海洋意识淡薄，海洋教育、海洋科研、海洋创新等投融资占比较小，缺乏海洋科技创新的前瞻性，海洋产业的自主创新能力薄弱。

4. 涉海法律法规不健全，海洋事务调控管理效率不高

依法治国是实现国家治理体系和治理能力现代化的必然要求。基于此，依法治海则是实现国家海洋强国战略的必然要求。现阶段，我国已经制定了多项涉海法律法规政策，例如《领海及毗连区法》《专属经济区和大陆架法》《海域使用管理法》等，海洋法律体系已初步建成，但其主要以原则性规定为主，并不能起到应有的法律效力，涉海法律法规仍不健全。首先，我国的海洋立法仍存在单薄和落后的情况，并且我国宪法中并未提及海洋法律，这使得渔民的安全与权益无法从根本上得到合法的保障。其次，海洋法律法规的内容不健全，缺失关于海洋综合管理、近海资源开发深海资源开发等海洋经济领域的立法，不能保障海洋资源的合法开采和利用，严重阻碍了海洋经济的健康可持续发展。再次，现有的海洋法规缺乏有效的协调性和操作性，主要是由于缺少相关配套法规，并且现已出台法律法规主要以专项法规为主，仅有较低的法律效力，无法对出现的违法行为进行具体量化以及处理。此外，由于没有海洋基本法，加上缺乏处理海洋主权争端问题的法律，使得我国海洋维权时常处于被动的状态，不能为海洋经济的发展提供一个稳定的发展环境。

5. 海洋经济安全环境面临诸多不稳定因素

国内宏观经济总体平稳但仍有下行压力。西方尤其是美国"冷战思维"抬头，频频制造事端。安倍顽固走右倾化路线，解禁"集体自卫权"，加速修改和平宪法，拉帮结派对抗中国；美日韩持续对朝鲜半岛酝酿变局；美国重返亚太再平衡，南海局势复杂；菲律宾跳前跳后，不断将中菲南海争端恶化。俄罗斯对 IS 的宣战、IS 对法国的恐袭，土耳其击落俄罗斯战机，地区形势日趋紧张，世界反恐战争进入诡异谜团。欧洲经济体经济增长参差不齐，复苏仍不稳定；日本经济实行新政，但后劲不足；新兴经济体缺乏增长动力；美国加息预期的金融伎俩，隐藏货币战争的阴谋，美国主导的 TPP 与 TIPP 却又是公开的政治经济对抗。

6. 海洋经济统计数据尚有待规范

由于海洋经济发展起步较晚，海洋经济统计工作还存在统计手段和统计分析方法的滞后，统计指标、统计口径尚未系统、科学、规范、统一，海洋经济统计数据质量有待提高，统计数据有待规范完整，区域海洋经济数据的统计工作尚存在差异，海洋经济的家底尚不清楚。以上存在的海洋经济问题，迫切需要中国海洋经济周期波动及其监测预警等方面的深入研究。

经过 150 多年的发展，国外经济周期监测预警的研究已逐渐走向成熟。美国 NEBR 自 1929 年就开始研究经济周期的"峰谷"，1973 年建立以 G7 为基础的国际经济指标系统（IBE），主要监测西方国家经济的景气变化。随后 OECD、欧盟、日本等先后开发出各自区域的经济周期监测预警系统。目前国外对经济周期监测预警的研究已逐步精细化，在监测预警系统中引入多种现代计量方法以排除季节调整等多种因素的干扰。Giannone，Reichlin（2006），Motohiro Yogo（2008），Christian Kascha（2009）先后将 VARM 模型、结构脉冲响应模型、多分辨率小波分析、VARMA 模型引入经济周期监测预警的研究中。Jonathan C. Weinhagen（2010）则更新了美国劳工局的季节调整程序，减少了对 PPI 和 CPI 季节调整的分歧。Koyin Chang（2012）探讨了经济政策和政治环境对商业周期的影响。Marcin Kolasa（2013）运用商业周期探讨了中欧和东欧的经济波动差异。国内关于经济周期波动监测预警的研究始于 20 世纪 80 年代，吉林大学与国家信息中心（1987）首次研究了国家宏观经济监测预警系统。中国经济景气监测中心从 1999 年开始对我国宏观经济景气状况进行监测。刘树成（1990）、刘金全（2003，2005，2008，2009）、高铁梅（2000，2003，2006，2009）、龚六堂（2004）、陈昆亭（2004）等先后将 HP 滤波、非线性预警、ARCH 预警、Probit 模型等现代计量方法模型引入我国经济周期监测预警研究中，并取得了丰硕的研究成果。唐可欣（2010）、石柱鲜（2011）、许阳千（2013）分别利用 BP 神经网络模型、时差相关分析研究了宏观经济波动。殷克东、管洁（2012）、卢剑鸿等（2014）分别运用灰色系统及属性识别方法设计了监测预警指标体系。另外，国内的《中经产业景气指数报告》《中国行业景气分析报告》《罗兰贝格上海金融景气指数报告》等，这些成熟的宏观经济周期波动监测预警研究都为中国海洋经济周期波动监测预警研究，提供了宝贵的经验和丰厚的素材。

二、研究意义

中国海洋经济周期波动监测预警研究，通过对"海洋经济—周期波动—监测预警"复合系统的深入剖析，探明了中国海洋经济随机变量间的时空演变关系，揭示了海洋产业波及效果和产业波动传导机制，设计编制了中国海洋经济景气指标、预警指数和预警灯系统，进行了转折点判断、周期阶段划分和景气关联效应分解。对于准确把握我国海洋经济周期波动规律，科学测度、实时监测、早期预警中国海洋经济的景气动态，具有重要的理论意义。

中国海洋经济周期波动监测预警研究，是贯彻落实"海洋强国建设"战略部署的迫切需求，是贯彻《国民经济和社会发展"十二五"规划纲要》《国家海洋事业发展"十二五"规划纲要》，以及党和国家领导人有关发展海洋经济重要讲话精神，实践科学发展观，科学制定海洋经济规划的现实需要。

中国海洋经济周期波动监测预警研究，对于推进中国海洋经济周期波动监测预警的定量化研究，动态辨析中国海洋经济周期波动的内外关联机制和冲击效应，实时反映、验证和评价海洋经济政策的实施效果，提高宏观调控决策的科学性、前瞻性和时效性，丰富并完善中国海洋经济发展的理论体系、方法体系和实证体系，具有重要的理论意义、现实意义和科学实用价值。

三、研究目标

中国海洋经济周期波动监测预警研究，首要任务是揭示我国海洋经济周期波动的规律。具体来说有五大目标：

1. 摸清海洋经济"家底"，构建海洋经济数据库。进行中国海洋经济监测预警云平台设计，以期大规模处理、存储中国海洋经济监测预警体系的相关数据资料，为个人、企业、政府以及相关研究机构等，提供系统科学、安全稳定、持续及时、准确可靠的中国海洋经济监测预警实情。

2. 揭示海洋经济系统反馈机制，探明海洋经济随机变量结构关系。设计我国主要海洋产业链，明晰我国海洋经济系统因果关系回路及其内在传导关系机理；设计中国海洋经济计量模型群结构，构建贝叶斯向量自回归（BVAR）模型，进行中国海洋经济运行的动态模拟预测和仿真。

3. 厘清海洋经济投入产出结构，设计海洋主导产业选择标准。进行中国海洋经济投入产出模型结构设计，测算中国主要海洋产业间的系数关系，厘清中国海洋产业的前后关联效应、波及效应和产业群类型划分标准，回答中国海洋经济领域长期以来最为关心的技术进步贡献率问题和海洋主导产业的评价标准问题。

4. 编制海洋经济景气预警指数，进行转折点判断和周期阶段划分。进行景气指标的筛选、分类、综合、设计与检验，编制海洋经济景气指数和预警指数，设计预警指数临界值区间。编制中国海洋经济景气年表，进行周期阶段划分、转折点判断和预警信号灯设计，模拟预测预警指数，进行景气关联效应分解。

5. 科学把握海洋经济周期运行规律和趋势。实时反映、验证和评价海洋经济政策实施的效果，提高宏观调控决策的科学性、前瞻性和时效性，完善海洋经济发展的理论体系、方法体系和实证体系，推进海洋经济的数量化研究进程。

第二节 研究内容与研究方法

海洋经济周期是指海洋经济活动沿着其经济发展的总体趋势所经历的有

规律的扩张和收缩的波动过程（包括繁荣、衰退、萧条和复苏）。海洋经济周期波动监测预警，是海洋经济运行的晴雨表和警报器。它是通过对海洋经济统计数据的科学、系统与规范整理，运用经济景气监测预警技术，结合投入产出、系统仿真、计量经济学等模型方法，对海洋经济活动过程中一系列指标的变化进行实时动态监测、预测和仿真，科学、系统、综合把握海洋经济周期运行规律和趋势，及时对海洋经济未来波动进行科学准确判断预警的一系列理论与方法的复合系统。

一、研究框架与思路

中国"海洋经济—周期波动—监测预警"复合系统，在借鉴国内外宏观经济周期波动研究成熟的理论方法体系基础上，结合已有的前期研究成果，咨询国内外相关专家学者，通过实地调研考察和数据资料收集整理，以"数据库—系统仿真—计量模型—投入产出—景气指标—预警指数—监测预警"为主线，围绕中国海洋经济周期波动景气指标设计、景气指数编制、预警区间设计和监测预警模拟等，完整揭示了中国海洋经济周期波动的规律和趋势。

研究框架如图 1-1 所示。

研究方法　　　　　研究思路　　　　　研究内容

```
MySQL工具        →  数据基础   →  中国海洋经济
数据挖掘技术                      监测预警数据库

系统动力学       →  反馈机制   →  中国海洋经济
模型                             系统动力学仿真

计量经济        →  数量关系   →  中国海洋经济
模型                             计量模型群

投入产出        →  产业结构   →  中国海洋经济
模型                             投入产出表

                               中国海洋经济
                               主导产业选择

时差相关分析     →  监测指标   →  中国海洋经济
K-L信息量法                      周期波动景气指标
B-P神经网络                      体系
模糊聚类分析

扩散指数D1方法    →  监测指数   →  中国海洋经济
合成指数C1方法                    周期波动监测预警
多变量动态Markov                  指数体系
转移因子模型

传统周期波动分    →  景气分析   →  中国海洋经济
析法                             波动监测预警周期
现代周期波动分       监测预警       划分
析法
```

海洋经济系统

监测预警系统

中国海洋经济周期波动监测预警

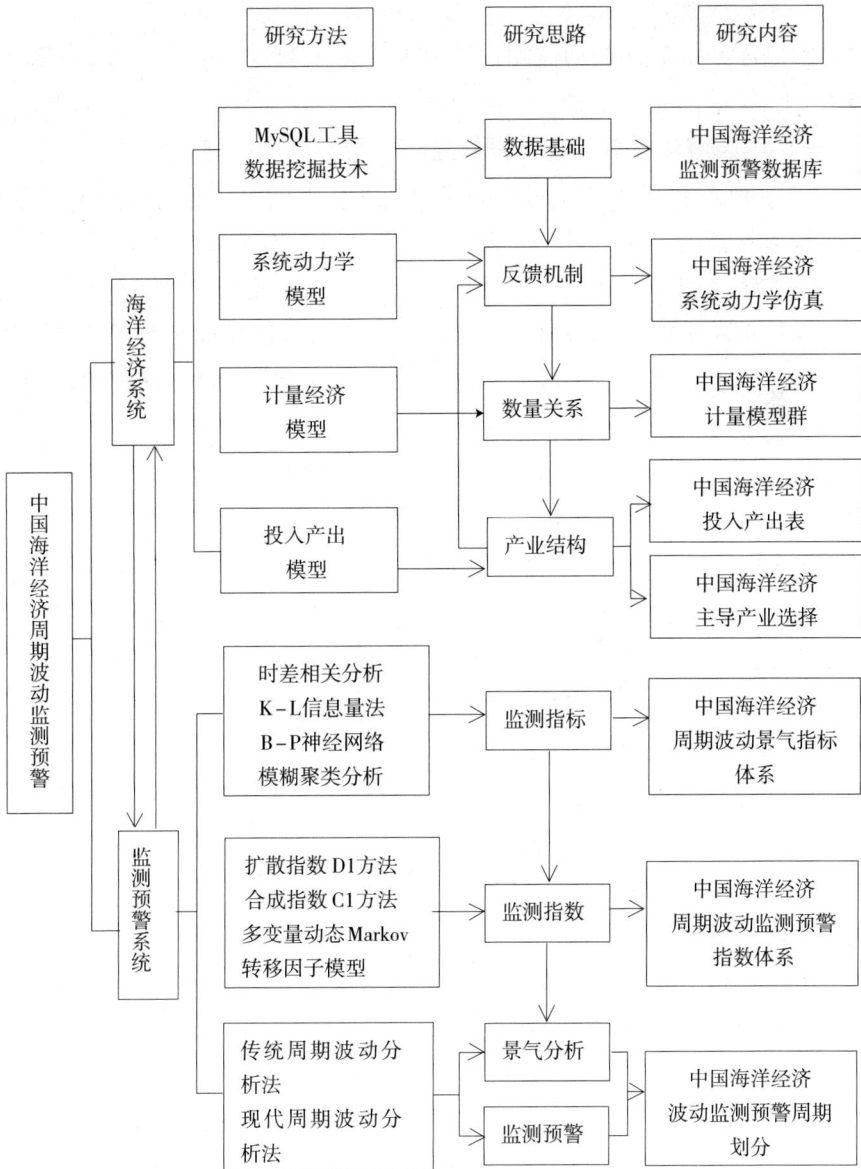

图 1-1　中国海洋经济周期波动监测预警研究框架

二、主要研究内容

中国海洋经济周期波动监测预警研究，主要有 3 大研究任务，9 项研究内容。

（一）中国海洋经济系统仿真与监测预警数据库构建

1. 系统梳理宏观经济周期波动理论，进行中国海洋经济周期波动分析。基于经济增长理论、宏观经济周期波动理论以及宏观经济景气监测预警理论，对宏观经济周期波动监测预警相关理论进行系统性归纳梳理。界定海洋经济周期波动相关概念，通过海洋生产总值辨析我国海洋经济周期波动的状态和趋势，重点分析海洋经济周期波动的影响因素、海洋经济周期波动形成机理、政府导向机制以及冲击传导机制等中国海洋经济周期波动的典型特征。以上海、天津、广东、山东、福建为典型案例，深刻剖析了中国海洋经济周期波动和地区海洋经济周期波动的特点、规律与趋势。

2. 构建中国海洋经济监测预警数据库。通过借鉴国内外有关监测预警的通行做法和经验，结合研究需要，利用 MySQL 工具、数据挖掘技术和 Hadoop 分布式技术，首次构建了中国海洋经济监测预警数据库系统。同时，根据未来中国海洋经济监测预警系统长效化运行机制的需求，以及高效、海量数据处理和信息资源共享的特点，基于 Hadoop 分布式技术，首次设计了中国海洋经济监测预警云平台框架。

3. 中国海洋经济系统动力学仿真。根据我国海洋产业分类标准，结合行业关联度系数、产业综合效益等背景，界定了海洋支柱产业并设计了中国海洋支柱产业链。同时，通过对海洋经济复合系统的变量检验与选择，设计构建了中国海洋经济复合系统的因果关系回路以及系统动力学模型与流图，利用 Vensim PLE 软件，进行了中国海洋经济复合系统内在传导机制的系统动力学仿真。

（二）中国海洋经济计量模型群与投入产出模型组建

1. 组建中国海洋经济计量模型群。从财政金融模块、投资与固定资产模块、海洋生产模块、涉海贸易进出口模块和涉海产品价格模块 5 个模块，首次分别组建了 80 个单方程计量模型群和 38 个方程的联立方程计量模型群，并首次采用贝叶斯向量自回归（BVAR）模型，成功进行了中国海洋经济的动态模拟预测。

2. 设计编制中国海洋经济投入产出表。通过对海洋经济结构的动态演化分析，根据投入产出模型及其部门分类的应用特点，进行了中国海洋经济投入产出模型的条件设计，细化了中国海洋经济投入产出表的产业内容和范围分类，首次进行了中国海洋经济投入产出表实用结构分析设计和中国海洋经济投入产出表 19 个部门的数据剥离算法设计。编制了 2002 年与 2007 年中国海洋经济投入产出表。首次系统测算了中国主要海洋产业间的分配系数、消耗系数、影响力系数、感应度系数、诱发系数、依赖度系数和技术进步等相关系数。

3. 中国海洋经济主导产业选择标准设计。根据中国主要海洋产业间的相关系数，首次厘清了中国海洋产业的前后关联效应、产业波及效应和中国海洋产业群的类型划分标准；首次设计了产业关联度、产业规模、技术进步和产业经济效益 4 个方面的主导产业选择标准指标体系，进行了中国海洋经济基础产业、先行产业、支柱产业和主导产业选择的标准界定和系统设计。

（三）中国海洋经济波动监测预警与景气关联分析

1. 设计中国海洋经济周期波动景气指标体系。利用基准波动系数确定中国海洋经济周期波动的基准日期，选定中国海洋生产总值增长率作为基准指标。通过指标变量的相关统计检验分析，利用 K—L 信息量法、时差序列相关法，以及协整检验、格兰杰检验、多元逐步回归等传统与现代、主观与客观的计量方法，对景气指标进行筛选、分类、综合、设计与检验，系统设计构建了中国海洋经济周期波动景气指标分类体系。

2. 编制中国海洋经济景气预警指数体系。根据宏观经济景气监测预警技术方法体系，结合系统仿真、投入产出、计量经济学等模型方法，利用扩散指数、合成指数等指数体系，基于多变量时间序列方差分解模型、状态空间和 Kalman 滤波模型，编制了动态 Markov 转移因子的中国海洋经济景气指数。同时，通过借鉴 NBER、OECD 等经典经验，利用熵值法、灰色关联、AHP 等权重设计方法以及 3δ 法、落点概率法、专家经验法等，设计编制了中国海洋经济周期波动预警指数及其临界值区间。

3. 中国海洋经济波动监测预警与周期划分。根据扩散指数、合成指数、景气指数、预警指数及其临界值区间等指数体系，编制了中国海洋经济景气年表，设计建立了中国海洋经济波动预警信号灯系统。利用灰色系统预测模型和多变量 Probit 离散选择模型，进行了中国海洋经济周期波动转折点的界定，中国海洋经济监测预警指数模拟和周期波动区间划分。通过 HP、BP 滤波分解技术以及 VAR 模型方差分解与脉冲响应分析等方法，发现并证明中国海洋经济总量（生产总值）具有明显的现代经济周期波动特点和 Kuznets 周期特征。分析测算了宏观经济景气波动对中国海洋经济景气波动的冲击效应。

三、主要研究方法

目前，宏观经济周期波动监测预警的研究方法体系已基本成熟。中国海洋经济周期波动监测预警研究，在借鉴成熟的经济周期研究方法基础上，利用数据库技术、系统仿真技术、投入产出模型、计量经济学模型方法，以及时差相关分析、K—L 信息量法、状态空间模型、卡尔曼滤波、3δ 方法、Probit 模型、Markov 模型、VAR 模型等传统与现代、主观与客观相结合的方法，对中国海洋经济周期波动特征和监测预警体系，进行了系统、规范、科学的研究。

1. 宏观经济研究方法

（1）利用 MySQL 工具和数据挖掘等技术，首次构建了中国海洋经济监测预警数据库。基于 Hadoop 分布式技术首次设计了中国海洋经济监测预警云平台结构。

（2）利用行业关联度系数、产业综合效益、产业贡献度等方法，界定海洋支柱产业，设计海洋支柱产业链。利用单位根检验、Granger 因果关系检验、相关系数检验和系统动力学模型方法，设计了中国海洋经济复合系统因果回路图，构建了中国海洋经济系统动力学模型与流图，利用 Vensim PLE 软件，进行了中国海洋经济因果关系传导机制的系统动力学仿真。

（3）采用向量自回归（VAR）模型和误差修正（VEC）模型以及变量关系检验等计量经济学方法，组建了单方程和联立方程的中国海洋经济计量模型群，并采用贝叶斯向量自回归（BVAR）模型，对中国海洋经济进行了动态模拟预测。

（4）采用投入产出模型方法、数据剥离方法，设计构建了中国海洋经济投入产出表。利用中间需求率和中间投入率、直接分配系数和直接消耗系数、影响力系数和感应度系数、生产诱发系数和最终依赖度系数等方法，以及熵值法、主成分分析法和层次分析法，计算了中国海洋产业的前后关联效应、波及效应和中国海洋产业群的类型划分。

2. 经济周期波动监测预警方法

（1）利用基准波动系数法，确定了中国海洋经济周期波动的基准日期，选定中国海洋生产总值增长率作为基准指标。利用 K—L 信息量法、时差序列相关分析法，以及灰色关联分析法、B—P 神经网络分析法等方法，对景气指标进行设计、综合、筛选和分类。利用 ADF 平稳性检验、Granger 因果关系检验以及逐步回归方法，对中国海洋经济景气指标分类结果进行检验，构建了中国海洋经济周期波动景气指标体系。

（2）利用扩散指数 DI 方法、合成指数 CI 方法，多变量时间序列方差分解模型（MTV 模型）、状态空间模型和卡尔曼滤波模型、多变量动态 Markov 转移因子模型，编制了中国海洋经济景气指数。

（3）通过借鉴 NBER、OECD 等经典经验，利用熵值法、灰色关联、AHP 等权重设计方法以及 3δ 法、落点概率法、专家经验法等，设计编制了中国海洋经济周期波动预警指数及其临界值区间，进行了中国海洋经济周期波动转折点确定和周期波动区间划分。

（4）利用多变量 Probit 离散选择模型和灰色系统预测模型，进行中国海洋经济周期波动转折点的界定、监测预警指数模拟和周期波动区间划分。同时，通过 HP、BP 滤波分解技术以及 VAR 模型方差分解与脉冲响应分析等方法，分析了中国海洋经济与中国宏观经济及美国宏观经济间的景气关联效应。

四、主要技术路线图

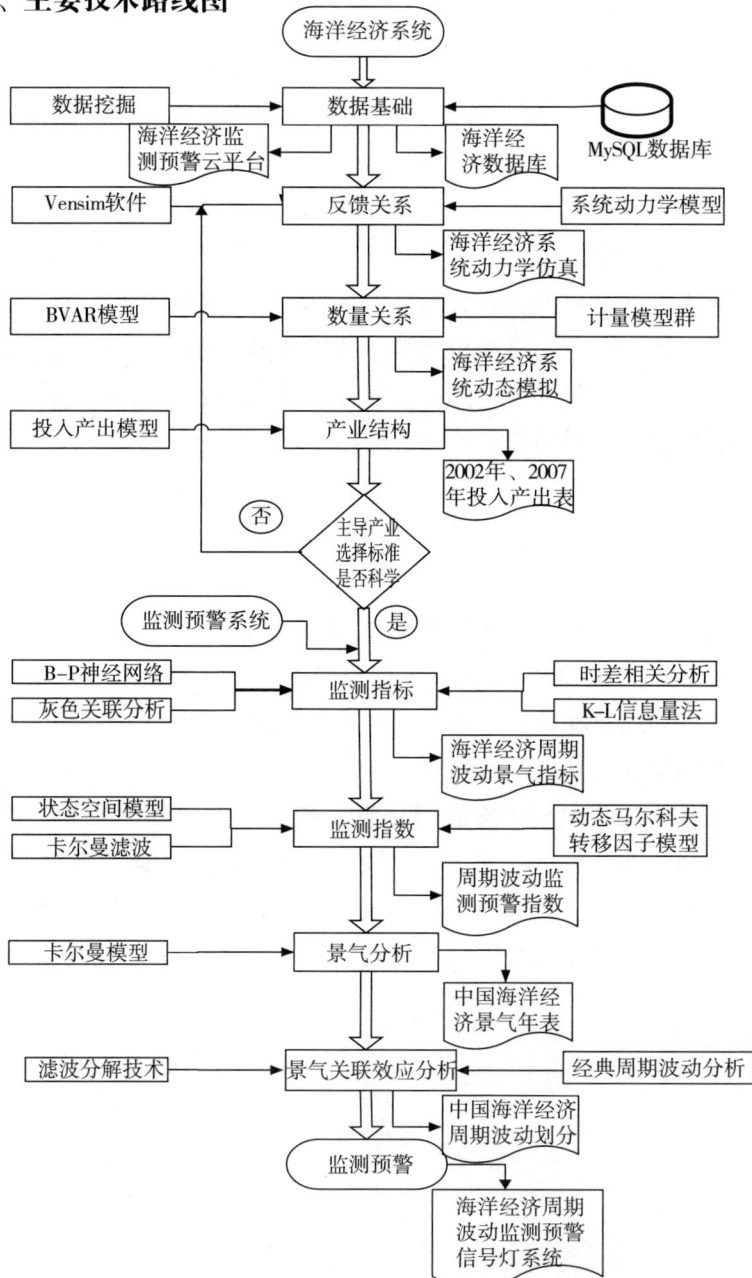

图 1-2　中国海洋经济周期波动监测预警技术路线图

第三节　研究结论与创新性贡献

中国海洋经济周期波动监测预警研究，通过国际国内相关文献的研究梳理，借鉴国际国内成熟的研究经验，在对中国海洋经济发展波动现状分析的基础上，根据中国海洋经济监测预警数据库的云平台架构和系统仿真、计量经济学模型、投入产出模型等的计算结果，利用K—L信息量法、状态空间模型、卡尔曼滤波、Probit模型、Markov模型、VAR模型等，进行了景气指标体系设计、预警指数与预警灯编制、预警指数临界值与周期转折点判断、监测预警指数模拟和周期阶段划分等。全文共收集数据资料1278条，12856个信息。建立了15个数据库表，整理编辑了260多张数据图表。

一、主要创新性贡献

中国海洋经济周期波动监测预警研究工作，实现了5个方面的创新性贡献。

1. 首次运用MySQL技术和数据挖掘等技术，建立我国首个海洋经济监测预警专业数据库。首次提出并基于Hadoop技术进行了中国海洋经济监测预警云平台架构设计。

2. 首次组建了80个单方程和5套（38个方程）联立方程模型的中国海洋经济计量模型群。首次将贝叶斯向量自回归（BVAR）模型成功应用到中国海洋经济研究领域。

3. 首次编制了2002年、2007年19个产业部门的中国海洋经济投入产出表。首次系统测算了中国海洋产业中间需求率和中间投入率、直接分配系数和直接消耗系数、影响力系数和感应度系数、生产诱发系数和最终依赖度系数。首次通过中国海洋经济投入产出表计算了中国海洋产业12个产业部门的技术进步系数和技术进步贡献率。首次设计了海洋主导产业选择标准评价的指标体系和技术体系。

4. 首次系统、规范、全新设计了中国海洋经济景气指标体系的筛选与分类方法。首次利用多变量时间序列方差分解模型（MTV模型）、状态空间模型和卡尔曼滤波模型，编制了基于多变量动态 Markov 转移因子模型的中国海洋经济景气指数。

5. 首次利用多变量 Probit 离散选择模型和灰色系统预测模型，进行了中国海洋经济周期波动转折点判断、周期波动区间划分和监测预警指数模拟。首次通过 HP、BP 滤波分解技术以及 VAR 模型方差分解与脉冲响应分析等方法，进行了中国海洋经济景气关联效应分解。

二、主要研究结论

中国海洋经济周期波动监测预警研究结果，共有 5 个方面的主要结论。

1. 中国海洋经济监测预警系统的长效化运行机制，高效、海量、大规模数据处理和信息资源共享的特点，需要利用 Hadoop 分布式技术，设计建立中国海洋经济监测预警数据库及其云平台架构。

2. 根据中国海洋经济计量模型群的结构，贝叶斯向量自回归（BVAR）模型可以成功应用到中国海洋经济模拟预测研究领域。

3. 根据中国海洋经济投入产出表的计算结果，发现海洋产业的技术进步系数和技术进步贡献率还较小，对国民经济发展的影响不大。海洋产业的后向关联效应十分明显，而前向关联效应不显著。海洋产业对资本和净出口依赖程度呈增加趋势，而对最终消费依赖度有下降趋势。目前的海洋渔业、海洋交通运输业、滨海旅游业，既是海洋主导产业，又是海洋支柱产业。

4. 利用基准波动系数确定了中国海洋经济周期波动的基准日期：2000年。选择中国海洋生产总值增速作为基准指标。筛选出中国海洋经济景气指标 28 个，其中先行指标 12 个，同步指标 7 个，滞后指标 9 个。

5. 中国海洋经济景气指数与中国宏观经济景气指数的波动曲线具有高度的相似性。发现并证明了中国海洋经济总量（生产总值）具有明显的现代经济周期波动特点和库兹涅茨周期特征。2000—2011 年中国海洋经济具有 3 个明显的周期波动区间。中国海洋经济自身的可持续发展能力较弱，还缺乏自身内在动力的长期影响机制，海洋经济政策的短期影响效果明显，但长期效果较差。

三、主要研究成果

中国海洋经济周期波动监测预警研究，部分研究成果主要表现在以下 8 个方面。

1. 中国海洋经济监测预警数据库。共包括 15 个数据库表，收集了数据资料 1278 条，12856 个数据信息。基于 Hadoop 设计了中国海洋经济监测预警云平台整体架构，如图 1-3 所示。

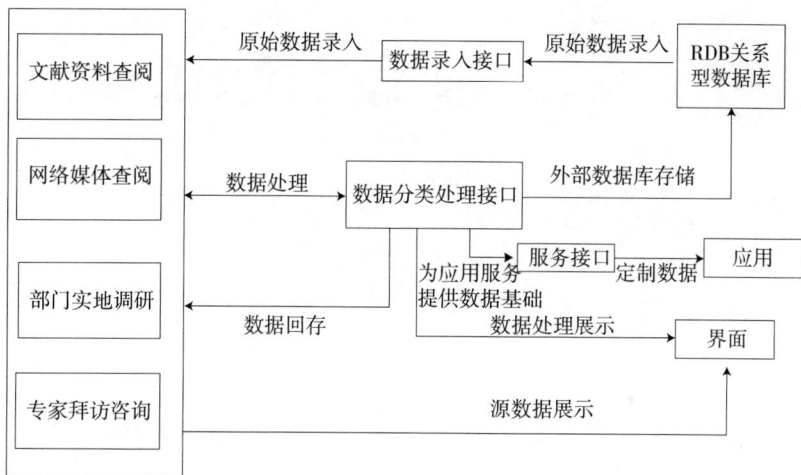

图 1-3　中国海洋经济监测预警云平台整体架构图

2. 中国海洋经济计量模型群。设计了财政金融、投资与固定资产、海洋经济生产、涉海贸易进出口和涉海产品价格五大模块，组建了 80 个单方程和 5 套联立方程（38 个单方程）的中国海洋经济计量模型群。结构模块之间的关系，如图 1-4 所示。

3. 中国海洋经济投入产出模型。主要成果集中于采用数据剥离算法设计了 19 个部门的中国海洋经济投入产出表，测算了中间需求率、直接分配系数、影响力系数、诱发系数、技术进步系数等 18 类涉海产业系数。进行了最终需求型、前向关联产业和依赖消费型等中国海洋产业群 9 种类型的划分，选择并确定了中国海洋基础产业、支柱产业、先行产业和主导产业 4 类产业。如表 1-1、表 1-2 所示。

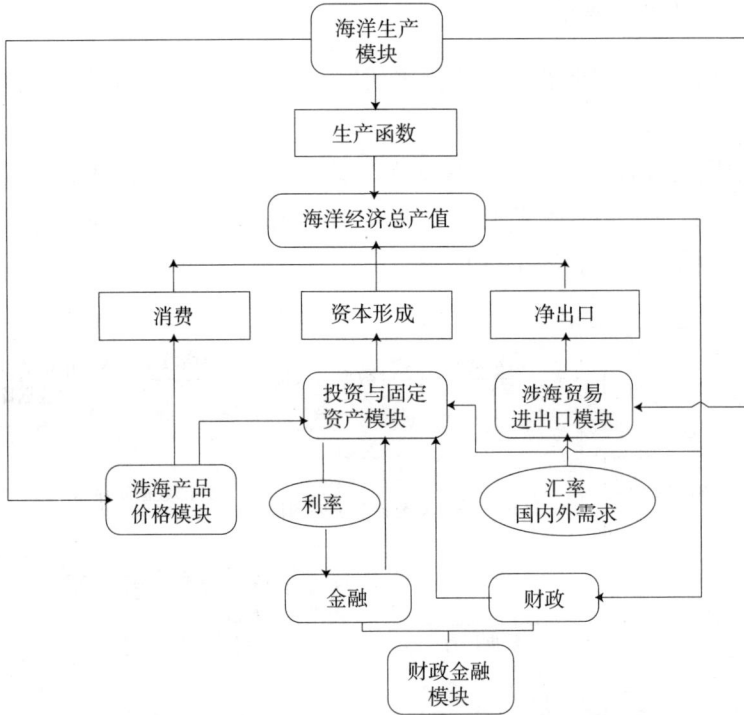

图 1-4   中国海洋经济计量模型群结构模块关系示意图

表 1-1   中国海洋产业类型划分（2007）

产业类型	中间投入率小（小于50%）		中间投入率大（大于50%）	
中间需求率小（小于50%）	最终需求型基础产业	—	最终需求型产业	海洋船舶工业（0.33291，0.72162） 海洋工程建筑业（0.03189，0.76861）
中间需求率大（大于50%）	中间产品型基础产业	海洋渔业（0.63722，0.42086） 海洋油气业（1.59030，0.40255）	中间产品型产业	海洋矿业（1.09151，0.60912） 海洋盐业（1.04418，0.60779） 海洋化工业（1.12097，0.82335） 海洋生物医药业（0.78911，0.70981） 海洋电力业（0.96287，0.72020） 海水利用业（0.75232，0.53508） 海洋交通运输业（0.65061，0.55306） 滨海旅游业（0.53471，0.63169）

表1-2 2002年及2007年中国海洋主导产业选择综合测评

年份\产业		海洋渔业	海洋油气业	海洋矿业	海洋盐业	海洋船舶工业	海洋化工业	海洋生物医药	海洋工程建筑	海洋电力业	海水利用业	海洋交通运输	滨海旅游业
2002	得分	0.1381	0.1257	0.1261	0.1277	0.1224	0.1156	0.1188	0.1179	0.1187	0.1212	0.1383	0.1312
	排名	2	6	5	4	7	12	9	11	10	8	1	3
2007	得分	0.1532	0.1365	0.1328	0.1331	0.1372	0.1302	0.1300	0.1322	0.1290	0.1342	0.1420	0.1402
	排名	1	5	8	7	4	10	11	9	12	6	2	3

4. 中国海洋经济监测预警指数和景气年表。中国海洋经济周期波动景气年表，主要包括景气扩散指数（先行扩散指数、同步扩散指数、滞后扩散指数、综合扩散指数）、景气合成指数（先行合成指数、同步合成指数、滞后合成指数、综合合成指数）以及监测预警指数三类指数，反映了中国海洋经济2000—2011年的周期波动景气变化情况，如表1-3所示。

表1-3 2000—2011年中国海洋经济周期波动景气年表

年份\指数	中国海洋经济景气扩散指数				中国海洋经济景气合成指数				中国海洋经济监测预警指数
	先行扩散指数	同步扩散指数	滞后扩散指数	综合扩散指数	先行合成指数	同步合成指数	滞后合成指数	综合合成指数	
2000	72.50	80.00	67.50	73.33	100.00	100.00	100.00	100.00	26.84
2001	67.08	82.14	76.67	75.30	101.26	101.66	103.06	103.59	37.57
2002	47.92	57.50	76.67	60.70	98.60	100.39	103.23	100.55	33.62
2003	63.25	49.29	43.13	51.89	103.25	98.58	95.89	99.09	29.94
2004	58.58	66.13	38.75	54.48	103.07	102.69	102.69	100.77	34.13
2005	68.33	71.88	63.89	68.03	103.95	104.19	101.60	101.38	36.76
2006	71.88	88.57	76.67	79.04	104.48	103.69	100.65	101.55	37.54
2007	57.92	76.14	79.45	71.17	104.64	103.94	101.06	102.72	33.83
2008	47.92	49.29	51.11	49.44	105.15	103.20	101.82	103.13	32.78
2009	38.33	32.86	43.13	38.10	102.01	99.64	102.66	104.09	30.82
2010	86.25	97.75	71.88	85.29	105.27	103.61	99.82	105.27	38.67
2011	74.75	75.67	57.50	69.31	105.80	104.39	103.43	107.23	37.47

5. 中国海洋经济景气指数周期波动曲线。中国海洋经济景气指数与归一化

后的中国宏观经济景气指数，具有十分类似的周期波动特征，表明中国海洋经济景气指数与中国宏观经济景气指数之间存在很强的关联效应。如图1-5所示。

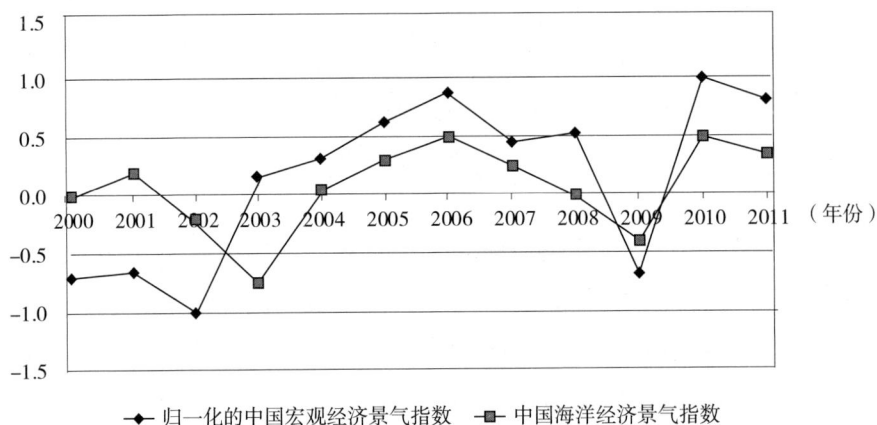

图1-5 中国海洋经济景气指数与中国宏观经济景气指数波动曲线

6.中国海洋经济周期波动转折点判断。通过综合运用3δ法、落点概率法、专家经验法等，设计中国海洋经济周期波动预警临界值区间，利用主客观分析方法测算中国海洋经济周期波动预警指数，构建多变量Probit模型，估计中国海洋经济增长率的波动概率，进行中国海洋经济周期波动转折点判断。如图1-6所示。

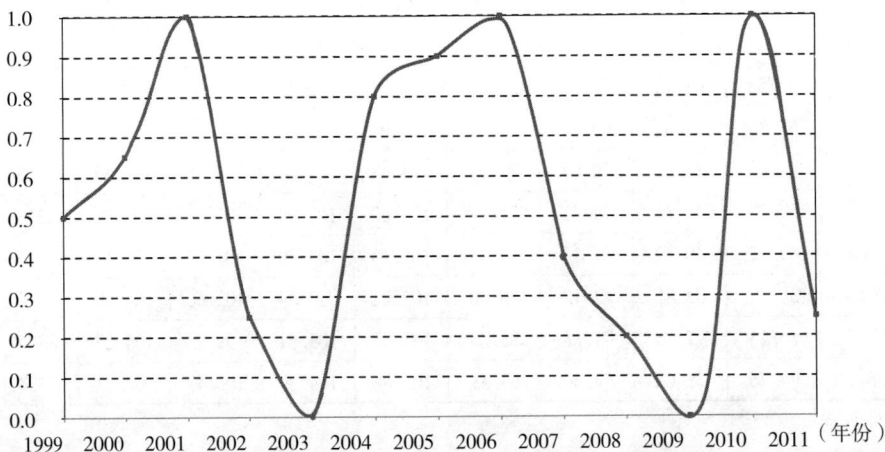

图1-6 多变量Probit模型的中国海洋经济周期波动转折点拟合图

7. 中国海洋经济周期波动监测预警信号灯系统。借鉴我国宏观经济景气监测预警信号灯的构建方法，使用"蓝灯—浅蓝灯—绿灯—黄灯—红灯"5 种灯号来表示"过冷—偏冷—正常—偏热—过热"5 个区域，中国海洋经济周期波动监测预警信号灯，如表 1-4 所示，

表 1-4 2000—2011 年中国海洋经济周期波动监测预警信号灯

指标 ＼ 年份	2000	2001	2002	2003	2004	2005	2006	2007	2008	2009	2010	2011
海洋生产总值增长速度	○	○	○	○	●	●	★	☆	●	○	○	○
沿海地区固定资产投资密度	◆	★	◆	◆	○	○	☆	●	☆	●	☆	☆
海洋第二产业比重	◆	☆	●	●	●	●	●	●	●	●	☆	●
海洋第三产业比重	◆	☆	☆	●	●	●	●	●	☆	●	●	●
主要海洋产业就业人数占比	●	☆	☆	●	☆	●	★	●	●	●	●	●
海洋全员劳动生产率	○	★	●	●	●	●	●	●	●	●	☆	●
海洋高新技术投入比率	●	☆	☆	☆	●	●	●	●	○	●	★	★
GOP/沿海地区固定资产投资总额	◆	☆	●	●	●	☆	●	●	☆	●	☆	☆
沿海地区人均可支配收入增速	○	★	●	●	●	●	●	☆	●	●	★	★
单位海岸线工业废水直接入海量	○	●	●	●	●	●	●	☆	☆	●	●	●
海洋灾害损失/GOP	★	●	●	●	●	☆	●	●	●	●	●	◆
综合预警指数	●	☆	●	●	●	●	☆	●	●	●	☆	●

注：★表示"过热"；☆表示"偏热"；●表示"稳定"；○表示"偏冷"；◆表示"过冷"

8. 中国海洋经济波动周期阶段划分。通过扩散指数、合成指数、预警指数以及基于动态转移因子模型的景气指数测算，采用"谷—谷"法对中国海洋经济波动进行周期分解，发现中国海洋经济波动具有明显的现代经济周期波动特点和库兹涅茨周期特征。2000—2011 年间，中国海洋经济波动明显具有三个典型的周期波动趋势。如表 1-5、图 1-7 所示。

表 1-5   2000—2011 年中国海洋经济波动监测预警周期划分

周期	存续期间	峰位%	谷位%	振幅	上行时间	下行时间	标准差	波动系数	平均增长率
第 1 周期	2000—2003	0.20	-0.75	0.95	1	2	0.41	-1.64	-0.25
第 2 周期	2003—2009	0.50	-0.40	0.90	3	3	0.43	6.14	0.07
第 3 周期	2009—至今	—	—	—	—	—	—	—	—

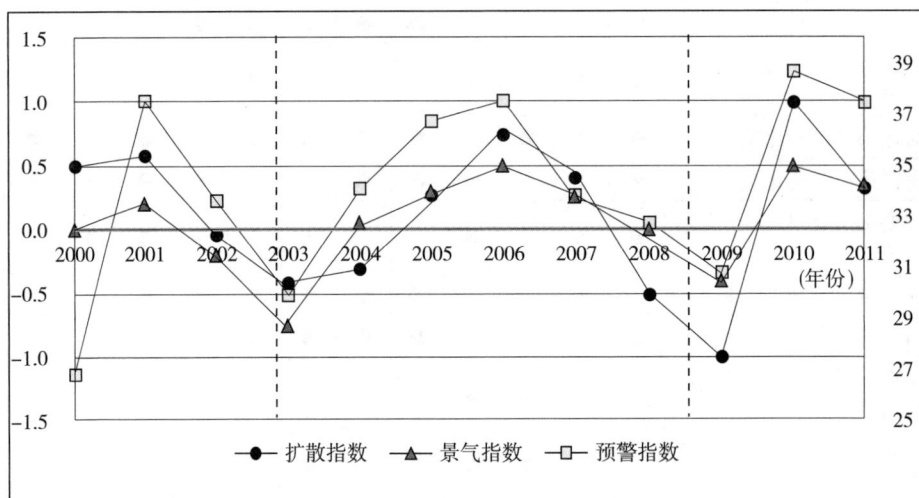

图 1-7   2000—2011 年中国海洋经济波动监测预警周期划分

第　二　章

宏观经济周期波动理论

经济增长一直是宏观经济学的一个重要研究课题。自人类社会产生以来，促进经济增长、增加物质财富一直是社会和大众的主要目标之一。然而，宏观经济增长过程中会受到各种因素的影响和冲击，其运行并非总是理想和平稳的。当经济增长受到内生和外生的冲击影响时，经济发展的波动就难以避免，而这种波动往往具有一定的内在规律性。自 1776 年 Adam Smith 的《国富论》发表以来，经济学便以异乎寻常的视角解释着各种各样的经济现象。二战之后，尤其是进入 21 世纪以来，无论是对经济增长、经济波动的研究，还是对宏观经济景气分析、监测预警技术的研究，其理论的发展与应用日趋成熟，这也客观上为政府和学界认识、了解、研究海洋经济波动现象及其演变规律，提供了重要的理论依据和科学依据。

第一节　经济增长理论概述

一、经济增长理论的起源

1. 重商主义和重农主义

经济增长理论的思想萌芽是重商主义和重农主义。重商主义者主张：财富就是货币；货币就是财富，就是贵金属。他们认为，无论就个人还是就国家而言，货币的增加意味着财富的增加和生活富庶，金银才是一国真正的财富。要增加本国的财富只有两条路可以选择：一是开矿；二是对外贸易顺差。流通是财富的直接来源，生产只是创造财富的前提。

虽然重商主义的一些观点，现阶段看来不合时宜，但它们是当时的时代产物。而今天各个国家为促进本国的经济增长所实行的一些政策，诸如：控制国际经济、贸易保护、干预国内经济运行等，也能看到重商主义的影子。

18 世纪中期，法国面临生产的危机，在此背景下，以 Quesnay 为代表的重农学派应运而生。在重农主义思想中，Quesnay 的《经济表》① 最具代表性。他们认为纯产品只有农业才能生产，所以在 Quesnay 看来，财富来自于农业劳动，影响经济增长最重要的因素是农业剩余产品的再投资，同时地租支出和农产品需求量也是重要的影响因素。

虽然 Quesnay 开辟了重农学派，但是他的假设"纯产品只能通过农业部门制造，工商业不能生产"，却成为他理论中的最大不足。18 世纪的法国经济以农业为主，工商业相对落后，在此经济背景下，Quesnay 将国民经济局限于资本主义农业生产方式，无疑是导致其理论片面性的重要原因。然而，正是在其重农思想的影响下，法国的农业得到了长足的发展，也促进了法国经济的发展和财富的富足。

2. 古典经济增长理论

古典经济增长理论是从 Adam Smith 和 David Ricardo 的研究起源的。其中 Adam Smith 的《国富论》② 被视为近现代经济增长理论的先驱之作。Adam Smith 认为，有两种途径可以促进经济增长：一是增加生产性劳动的数量；二是提高劳动的效率。David Ricardo③ 通过对工资、地租、利润之间的关系及其变动规律以及影响这些关系变量的外部因素后，认为由于收益递减规律的作用，长期的经济增长趋势不断减低，最后停止。

Adam Smith 和 David Ricardo 等古典经济学家，虽然发现了经济增长的规模性动因（资本、技术、土地）和拓扑性机制（分工），也考虑到了自然

---

① Quesnay F. & Sakata T., 1956, "Tableau économique", *Tokyo：Shunjusha Publishing Company*, pp. 80-414.

② Adam Smith, 1776, "An Inquiry into the Nature and Causes of the Wealth of Nations", *London：A. and C. Black*, pp. 2-207.

③ David Ricardo & Quanshi Li, 1819, "The principles of political economy and taxation", *Ed. Edward Carter Kersey Gonner. J. Milligan*, p. 93.

资源在增长中的特殊性。但由于其注重的仅是以农业生产为主导的经济，也未充分考虑到技术进步的连续性，所以他们得到经济增长也不具有持续性的结论，并不足奇。

3. Harrod—Domar 模型

20 世纪 40 年代末，英国经济学家 Roy Forbes Harrod[①] 与美国经济学家 Evsey David Domar[②] 同期各自发表了关于经济增长的论文，其所阐述的经济学理论思想就是大家所熟悉的 Harrod—Domar 模型。Harrod—Domar 模型进行了 5 个典型假定：储蓄能够有效地转化为投资；资本—产出比率不变；社会只生产一种产品（投资品或消费品）；劳动力和资本是唯一被使用的两种生产要素，且不具有替代性；不存在技术进步也不考虑资本折旧。

Harrod 认为，经济短期波动的主要原因是实际增长率与均衡增长率的偏离；经济长期波动的主要原因是均衡增长率与自然增长率的偏离，而且这种偏离和波动具有自我加强的趋势。因此，实际增长率、均衡增长率与自然增长率三者相等的"刃锋式"经济增长，其长期均衡增长几乎是不可能实现的。虽然 Harrod—Domar 模型为现代经济增长理论的研究奠定了基础，但是这一理论模型本身依然有很多假设上的缺陷，如：资本—产出比不变，资本和劳动之间没有可替代性，过于强调资本积累的作用而忽略了技术进步的贡献等。

二、经济增长理论的演变

1. 新古典经济增长理论

20 世纪 50 年代的新古典经济增长理论，放弃了 Harrod—Domar 模型中关于资本和劳动不可替代的假设，在新的前提假设下建立了新的经济增长模型。

美国的 Robert Merton Solow（1956）[③] 和澳大利亚的 Trevor Winchester

---

① Sir Roy F. Harrod, "An essay in dynamic theory", *The Economic Journal*, Vol. 49, 1993, pp. 14-33.

② Evsey David Domar., 1946, "Capital expansion, rate of growth, and employment", *Econometrica, Journal of the Econometric Society*, pp. 137-147.

③ Robert Merton Solow, 1956, "A contribution to the theory of economic growth", *The quarterly journal of economics*, Vol. 70, No. 1, pp. 65-94.

Swan（1956）[①] 同时提出了新古典经济增长的模型，一般称为 Solow—Swan 模型，常被简称为 Solow 模型。

Solow 和 Swan 认为要想实现充分的就业均衡增长，可以利用市场机制的调节作用去改变资本与劳动的组合比例，经济长期稳定增长的条件是：社会中的新增储蓄全部被用作新增人口的资本装备，人均资本量保持不变。

在达到均衡状态时，其增长率依旧等于劳动力增长率，能使该模型可以满足竞争性均衡条件。假如没有技术进步这个外生因素，经济会实现零增长。但实际上每个国家的经济增长率和人均收入水平长期以来存在很大的差异，而 Solow—Swan 模型不能解释这种现象。

2. 内生经济增长理论

内生经济增长理论的代表人物是 Robert Lucas 和 Paul M. Romer。二战结束后，西方国家经过几十年的恢复和发展，经济重现繁荣，虽然增长的过程中出现几次经济危机，但社会经济整体仍旧保持上升趋势，特别是美国出现了较为强劲的经济增长。内生经济增长理论在分析经济增长的源泉中，尝试把技术创新、规模效应、人力资本等因素纳入模型中并使之内生化。

学界明确地将内生增长理论划为三种含义：第一，经济发展实际取决于其增长模型，受模型中所包含的内生变量影响，与外生变量无关；第二，将生产力技术进步作为影响经济增长模型的变量；第三，站在社会进化的角度，视时间为仅有的一个外生变量，社会经济发展是以往经济增长的再现。

内生经济增长的代表模型为 AK 增长模型形式，由 Robert J. Barro（1990）[②] 和 Rebelo S（1991）[③] 提出。该模型的生产函数将资本视为投入要素，并且其边际生产效率（资本边际报酬）保持不变，是否存在资本的边际收益递减现象是 AK 增长模型与新古典增长模型最大的区别。由此可以推断，经济增长率在社会经济资本总量不断增加的条件下，会趋于一个稳定

① Trevor Winchester Swan, 1956, "Economic growth and capital accumulation", *Economic record*, Vol. 32, No. 1, pp. 334-361.

② Robert J. Barro, 1990, "Government spending in a simple model of endogenous growth", *Journal of Political Economy*, pp. 103-125.

③ Rebelo S., 1991, "Long run policy analysis and long run growth", *National Bureau of Economic Research*, pp. 500-521.

值，特别是该值无法从经济增长模型得出，是一个外生值，这与新古典经济增长模型十分相似。

Arrow K. J（1962）"干中学"模型[1]、Romer S（1986）的技术内生模型[2]和 Lucas R. E. Jr（1988）的人力资本模型[3]是内生经济增长模型的典型代表。该模型把从事生产的人获得知识的过程内生于模型，认为产出是要素投入、学习、经验积累的结果。Romer S 技术内生模型将技术进步完全内生化，认为新古典增长理论关于边际收益递减的假设是导致其失效的根本原因，因此在他提出的增长模型中放弃了这一假设。外部性、规模收益递增和新知识生产中的规模收益递减是 Romer 增长理论的三要素。在 Uzawa H（1963）[4]研究的基础上，Lucas 的人力资本模型将经济分为两个部门，因此又称两部门模型，该模型揭示了部门经济产出与人力资本增值的正比例关系。Lucas 模型认为人力资本增值具有外部性并与人力资本存量正相关，是产业发展、经济持续增长的决定因素。

新经济增长理论不仅在模型中加入了技术进步因素，而且充分地阐释了人力资本、知识等因素对经济持续增长所起的重要作用。但新经济增长理论也存在很多不足之处，各种增长模型都采用了过于严格的假设条件，大大降低了内生增长理论对经济发展的解释程度；该理论仍然不能解决总量生产函数的问题；新经济增长理论未考虑经济制度对经济增长的影响。

3. Karl Heinrich Marx 经济增长理论

Karl Marx 认为，经济增长取决于劳动生产效率。在劳动总量投入不变的条件下，经济发展依赖于单位劳动生产率的提高，这意味着生产某种商品的社会必要劳动时间减少。另外，资本的投入及投资效率也能促进经济增长。从资本投入的角度看生产逐年扩大，有两个解释原因：第一是不断增长

① Arrow K. J., 1962, "The economic implications of learning by doing", *The review of economic studies*, Vol. 29, No. 3, pp. 155-173.

② Romer S., 1986, "Increasing returns and long—run growth", *The Journal of Political Economy*, pp. 1002-1037.

③ Lucas R. E. Jr., 1988, "On the mechanics of economic development", *Journal of monetary economics*, Vol. 22, No. 1, pp. 3-42.

④ Uzawa H., 1963, "On a two—sector model of economic growth II", *The Review of Economic Studies*, Vol. 30, No. 2, pp. 105-118.

的生产资本投入，第二是不断提高的资本使用率。

在分析经济增长时，Karl Marx 是在系统内部对不同因素进行了分析。对经济增长各因素进行内生性研究时，Karl Marx 以资本主义简单再生产为研究对象，阐述了产生于自身的资本主义生产方式的内生性；分析了资本因素、劳动过程中的经验和技能的积累，技术、规模生产的内生性；Karl Marx 在《资本论》中将商品生产作为资本主义生产方式进行研究，旗帜鲜明地揭露了资本主义独有的生产方式。

三、经济增长理论的进展

1. 制度与经济增长

制度的内涵和外延对于许多经济学家来说有不同的解读。制度，这一名词内涵的演化历程大致划分为五种表现形式："人们的思想习惯""交易活动的集合""行为规则""行为规则和各种组织""博弈均衡"。

经济制度可以认为是制度化的社会经济关系，其本质是规范社会经济行为的准则，是社会经济活动的依据。经济制度可以分三个层次理解：第一层次就是抽象的生产资料所有制，这是经济制度的根本；第二层次为社会经济的产权结构；第三层次即为具体的社会经济资源分配调节机制。

Douglass C. North 在其代表作《制度、制度变迁与经济绩效》①《西方世界的兴起：新经济史》② 等著作中，假设前提和研究方法依然延续"理性人"假设和"成本—收益"分析法，同时又加入了历史分析方法和运用新制度经济学"交易成本"的分析技术，利用发达国家经济增长的数据，实证检验了产权制度的重要作用。North 制度变迁理论的主体支柱就是产权理论，认为高效率的产权对经济增长起着十分重要的促进作用。North 以此将产权的界定、调整、变革、保护视为影响经济发展的重要因素。

国家理论是 North 制度变迁理论的另一重要内容。该理论认为，只有产权划分明确的国家才能拥有一个经济资源充分利用的社会结构，才能促进经

① Douglass C. North & Lance Davis, 1971, "Institutional change and American economic growth", *Cambridge*：*Cambridge University Press*, pp. 180-262.

② Douglass C. North & Robert Thomas, 1973, "The rise of the western world：A new economic history", Cambridge：*Cambridge University Press*, pp. 245-292.

济发展。但是，North 认为在竞争交易的约束下，国家将会形成一套无效率但有利于统治阶层的经济产权制度。

2. 经济危机与经济增长

经济危机是经济在一个比较长的时间内表现出来的持续收缩的趋势（即表现出负的经济增长率）。在资本主义经济发展过程中，周期性出现生产相对过剩时就发生了经济危机，这是经济周期中最重要的阶段。

经济危机是经济增长到一定时期的产物，在经济危机产生以后，新的工业革命则会通过各个方面的调整展现出来。在工业革命的推动作用下促进经济增长，当经济增长到某种程度时又将出现经济危机，这样循环往复进行，也为经济增长理论研究的突破不断提供新的素材。

3. 趋同现象与经济增长

趋同是经济增长理论中的重要概念，它的产生一定程度上得益于新古典经济增长理论。趋同是指国家或地区间的收入差距随着时间的推移逐渐缩小的趋势。新古典经济增长理论中假定资本边际收益递减，也就是说随着资本存量的增加，产出的增加会逐渐减少，所以资本要素的边际生产率是随着资本要素积累的增加而减少的，这就不利于激励储蓄，因此经济增长在一定时间内减缓。而内生增长理论从不同角度出发，放弃了资本边际收益递减的假设，而是假设资本边际收益递增。所以在趋同现象研究早期阶段，人人通常用其来作为区分新古典增长理论和内生增长理论。

随着世界经济不断向前发展，趋同理论的研究也有了新的发展。一是从贸易自由化的角度研究趋同。Ventura（1997）提出了不同的观点，认为投资率的差异是引起要素自由流动和经济增长率差异的实际原因。其实，趋同和资本积累能够在长期中促进经济发展并不矛盾，在地区间存在贸易以及要素流动的情况下，地区经济存在收敛性，这成了矫正地区差距政策的一个理论依据（Hallett&Piscitelli，2002）[1]。Kumar&Russell（2002）[2] 认为一国的生产技术水平向世界先进生产技术水平迈进的过程，即经济增长的趋同，也

---

[1]　Hughes Hallett & Laura Piscitelli, 2002, "Does trade integration cause convergence", *Economics Letters*, Vol. 75, No. 2, pp. 165–170.

[2]　Suboth Kumar & R. Robert Russell, 2002, "Technological change, technological catch—up, and capital deepening: relative contributions to growth and convergence", *American Economic Review*, pp. 527–548.

可以看作是技术赶超。

4. 不确定性与经济增长

不确定性可以用来解释不同国家和地区经济之间收入水平和经济增长差异等问题。不确定性主要包括全局不确定性和局部不确定性。20 世纪 90 年代以来,规模报酬递增、垄断竞争的市场结构以及外部性等,都被认为是经济增长不确定性的原因。不确定性分析主要是动态一般均衡框架下的研究,在初始状态变量给定条件下,如果存在无数多条件收敛路径,则其收敛的均衡状态就是局部均衡;而经济增长可能收敛于不同的均衡状态,如果经济增长模型存在多重均衡解,即称之为全局不确定性,一般用于解释贫困陷阱以及推动问题。现阶段这一问题的研究主要是基于 Benhabib&Farmer(1994)[①]的基础上来进行考察的。

在经济增长框架下引入各种因素,使对经济不确定性的研究更完善。这些引入因素包括:

(1)政府的财政政策,主要指政府生产性、消费性公共支出(Fernánde&Novales&Ruiz(2004)[②] 等);

(2)政府税收政策(Rrurich(2003)[③],Gokan(2008)[④] 等);

(3)政府货币政策(Chin&Guo&Lai(2009)[⑤] 等);

(4)消费的外部性(Chen&Hsu(2007)[⑥] 等);

(5)开放经济条件(Weder(2001)[⑦] 等)。

[①] J. Benhabib & REA Farme, 1994, "Indeterminacy and increasing returns", *Journal of Economic Theory*, Vol. 61, No. 1, pp. 19–41.

[②] E Fernández, A Novales & J Ruiz, 2004, "Indeterminacy under Non—separability of Public Consumption and Leisure in the Utility Function", *Economic Modeling*, Vol. 21, No. 03, pp. 409–428.

[③] Xavier Raurich, 2003, "Government Spending, Local Indeterminacy and Tax Structure", *Economica*, Vol. 70, No. 280, pp. 639–653.

[④] Gokan Y., 2008, "Alternative Government Financing and Aggregate Fluctuations Driven by Self— fulfilling Expectations", *Journal of Economic Dynamics and Control*, Vol. 32, No. 05, pp. 1650–1670.

[⑤] Chi—Ting Chin, Jang—Ting Guo & Ching—Chong Lai, 2009, "Macroeconomic Stability under Real Interest Rate Targeting", *Journal of Economic Dynamics and Control*, Vol. 33, No. 9, pp. 1631–1638.

[⑥] Chen. B & M. Hsu. 2007, "Admiration is a Source of Indeterminacy", *Economics Letters*, Vol. 5, No. 1, pp. 96–103.

[⑦] Weder M, 2001, "Indeterminacy in A Small Open Economy Ramsey Growth Model", *Journal of Economic Theory*, Vol. 98, No. 1, pp. 339–356.

第二节　宏观经济周期波动理论概述

一、经济周期波动概述

经济周期（Business Cycle），又被称作景气循环或者商业周期，它是指国民总收入、总产出和总就业等经济指标的波动现象。经济周期的概念最早由法国经济学家 C Juglar 于 1862 年提出[①]。这种波动的主要特征是宏观经济主要经济变量（如就业率、总产量等）的收缩和扩张，波动的持续时间跨度不一，通常在 2—10 年之间。现代宏观经济学认为，当实际 GDP 和潜在 GDP 之间表示出不一致的时候，即实际 GDP 相对于潜在 GDP 表现出扩张（即上升）或者收缩（即下降）的趋势时，就会产生经济波动。图 2-1 是经济波动的一般性描述。

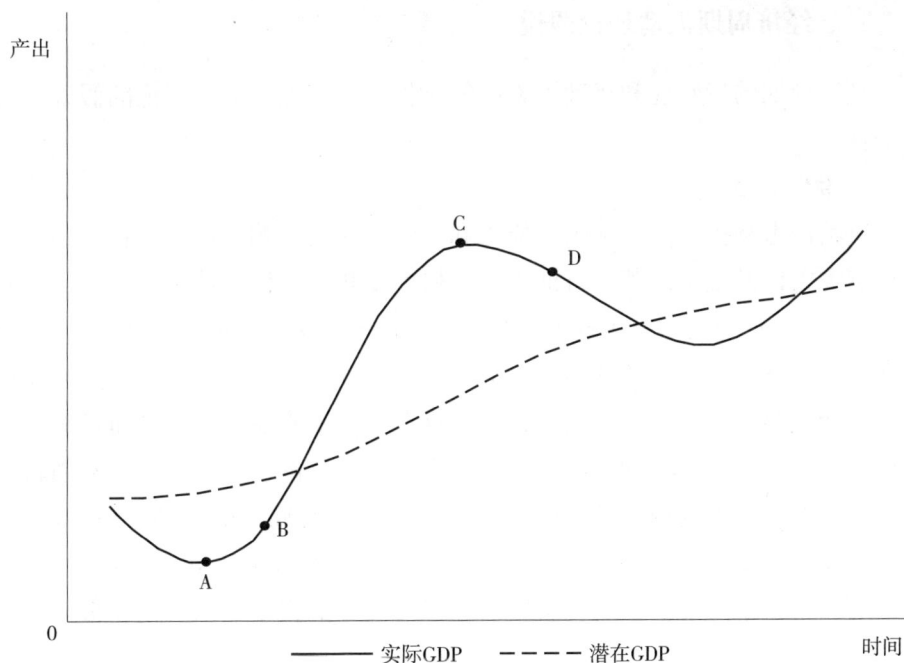

图 2-1　经济波动的一般性描述

① 克里门特·朱格拉（C Juglar）在《论法国、英国和美国的商业危机以及发生周期》一书中提出朱格拉期。

在经济中显示出来的实际 GDP 和潜在 GDP 不一致的情况，即前者对后者表现出阶段性的偏离是经济周期波动中最显著的表现。图 2-1 中实际 GDP 的变化由实线表示，虚线则代表潜在 GDP 的变化情况。A 点处于谷底的位置，说明此时的经济出现了萧条的情况。B 点在曲线之中处于上升的位置，说明经济开始复苏，并且随着时间的推移，经济得到了较大的发展，使得实际 GDP 逐渐超过潜在 GDP，在达到最高点 C 时，表示经济已进入了繁荣阶段。在 C 点以后，曲线开始下降，经济开始进入衰退阶段。E 点与 A 点相似，也是位于谷底，代表着新一轮经济周期的开始。

一般情况下，一个完整的经济周期主要包括四个阶段，分别是萧条、复苏、繁荣、衰退。经济周期本身无法准确把握自身将发生的时间和将持续的时间，也使得人们难以清晰地理解经济周期。一般认为，经济周期本身的形式和它所持续的时间都不会相同，而合理的、准确的周期预测公式也是不存在的。

二、经济周期波动理论假说

经济周期的特殊性和扰动因素的复杂性，使得经济周期理论的假说也各有千秋。

1. 供给冲击

供给冲击是指可能引起生产能力和成本变化的影响事件。如霜冻和干旱等自然灾害以及技术改革、石油进口价格的变化等。供给冲击的典型代表有 Jevons（1875）的太阳黑子理论[1]和 Schumpeter（1912）创新理论[2]。太阳黑子理论把经济周期的波动性归因于太阳黑子的周期性变化。认为太阳黑子的周期性变化会影响气候的周期变化，而这又会影响农业产出，进而影响工业及整个经济。而 Schumpeter（1912）提出了创新理论，通过研究技术创新的周期性和经济发展的周期性之间的关系来阐述经济周期的运动。Schumpeter 提出了创新驱动经济增长，认为如果没有创新，有效需求和供给都会不足，产生的结果就是滞涨。缺乏创新是引起经济波动的根本原因。创新带来了新

---

　① Jevons & William Stanley, 1875, "Money and the Mechanism of Exchange", *New York*：*D. Appleton and Co.* pp. 336-342.

　② Joseph Alois Schumpeter, 1912, "Theory of Economic Development", *Piscataway*：*Transaction Publishers*, pp. 89-132.

的技术、新的组织形式，提高了生产的效率，新的超额利润。当社会上出现了创新浪潮的时候，整个市场则会表现出对于原材料等生产资料需求的扩张。同时，由于银行信用的急剧增加，便带动了经济的增长。当创新进入到扩张阶段时，市场竞争使得商品价格趋于一致性，并且处于较低的水平，利润下降，银行的信用开始收缩，造成了经济步入衰退阶段。如此循环反复。

2. 需求冲击

需求冲击主要是指经济体中对产品和劳务需求产生影响的事件。需求冲击理论中比较著名的有投资冲击和消费不足理论。前者的代表人物是 John Maynard Keynes[1]，他的主要观点是厂商的预期，即对于经营的未来利润水平的预期会对决策起到一个决定性的作用，但这种预期是非常不稳定的。消费不足理论的早期代表人物是英国经济学家 Thomas Robert Malthus（1820）[2]和法国经济学家 Jean Charles Léonard de Sismondi（1819）[3]。该理论认为社会对消费品需求的增长速度低于消费品产出的增长速度是导致经济萧条与危机的主要原因，而消费者对产品的消费需求减少时，又会导致对资本品消费需求的降低，由此引发了生产过剩性危机。他们认为收入分配不平等所造成的穷人购买力不足和富人储蓄过度是消费不足的根本原因所在。

3. 政策冲击

政策冲击主要涉及政府的政策所造成的各种影响，这些政策包括财政政策、货币政策和外汇政策。其中货币政策的冲击影响比较大，早期代表是瑞典学派创始人 K. Wicksell（1898）提出的 Wicksell 累积过程理论[4]，后由奥地利学派发展形成货币周期理论，代表人物是 Friedrich August von Hayek（1931）[5]，其把经济周期看成是一种纯货币现象，认为市场经济本身并不会导致经济周期，现实中经济周期往往是由政府垄断并滥用货币发行权造成

① John Maynard Keynes, 1936, "The General Theory of Employment, Interest and Money", *Cambridge*: *Cambridge University Press*, pp. 3-168.

② Thomas Robert Malthus, 1989, "Principles of political economy", *Cambridge*: *Cambridge University Press*, p. 334.

③ Jean Charles Léonard de Sismondi, 1819, "Nouveaux principesd´économiepolitique: ou de la richesse dans ses rapports avec la population", *Paris*: *Delaunay*, pp. 384-437.

④ K. Wicksell, 2003, "Interest and Prices", *Princeton*: *Princeton University Press*, p. 167.

⑤ Friedrich August von Hayek, 1967, "Prices & Production", *New York*: *Augustus M. Kelley Publishers*, pp. 69-104.

的。当经济衰退出现时，政府提出的货币刺激政策不会使经济改善，反而会加剧经济的衰退并使其长期延续下去。

上述理论颇具代表性，不同西方经济学家对经济周期的研究都持不同的观点，因此，一直以来没有形成一个统一的、为学界所接受的周期理论。其中，对于经济波动传导机制的不同解释也是众多学派的分歧所在。

三、内生经济周期波动理论

市场经济的固有特性之一就是经济存在周期性，价格机制并不能保证稳定状态，这是内生经济周期波动理论的重要观点。市场无法达到出清造成经济波动，或者市场出清下暂时的均衡所具有的周期性以及市场不完全竞争带来的不均衡都会造成经济周期波动。

1. Keynes 主义经济周期理论

Keynes（1931）通过有效需求论述了经济周期。[1] 首先，Keynes 认为经济周期确实存在，并从经济体制内部着手寻找危机根源；其次，Keynes 认为有效需求的变动是引起宏观经济波动的主要原因；再次，他认为固定投资和存货对经济周期的持续时间影响较大，经济的向上波动或向下波动是有规律可循的；第四，经济从向下趋势转到向上趋势时，转折点往往比较平缓，但从向上趋势转到向下趋势时却很突然。

Say Jean Baptiste 等经济学家认为市场机制是没有缺陷的，但是 Keynes 并不这么认为。Keynes 认为有效需求尤其是投资需求往往存在不定性，这就会引发经济危机进而带来经济的周期性波动。由于预期的存在，并且预期是不稳定的，所以市场也是不稳定的。当经济繁荣时，人们的预期是乐观的，此时，即使投资成本和利率上涨都不能阻挡投资的高涨，随之就会产生购买过多的现象，因此，一旦预期走向低落，崩溃也会尤为突然和剧烈。由于流动性偏好的存在，即使利率下降到很低，也不能激励投资，经济持续衰退难以复苏，经济萧条往往会持续较长一段时间。

2. 非线性和非均衡的经济周期理论模型

Keynes 学派从经济体系内部出发，寻找导致经济危机的根源。他们认

---

① John Maynard Keynes, 1936, "The General Theory of Employment, Interest and Money", *Cambridge*: *Cambridge University Press*, pp. 3–168.

为以资本存量、投资和储蓄为代表的内生变量之间的相互作用引起经济的周期性波动。但是，在线性周期模型中，经济沿着均衡路径运行，这与实际情况是不相符的。而非线性经济周期模型则更好地解释了真正的内生性的经济周期。但是，始于 20 世纪 50 年代的非线性模型并不完善，在相关方面的解释较为粗糙。20 世纪 60 年代之后，数学、物理学开始大量应用于分析宏观经济波动中，于是经济周期理论又有了新的解释。一部分人运用物理学中的振动理论解释经济周期，产生了非均衡分析和增长波动理论（R. B. Clower，1960）等；另一部分则尝试将现代动态系统论应用到经济周期的解释中，产生了突变理论①、混沌经济周期理论②等。

3. 新 Keynes 主义的经济周期理论

20 世纪 80 年代以后，新 Keynes 主义学派在货币主义和理性预期学派的基础上，提出工资和价格黏性，在仍然坚持市场非出清的基础上，进一步从外生冲击和市场不完善两方面对经济周期波动进行解释③。

在 Keynes 主义的理论基础上，新 Keynes 主义学派强调货币的不稳定性同样是导致经济不稳定的原因之一。消费、投资以及货币的不稳定通过短期名义工资和价格的黏性机制发挥作用，引起经济的周期性波动。

4. 新 Walras 的经济周期模型

新 Walras 模型是传统 Walras 一般均衡思想的进一步扩展，主要是尝试解释不确定性以及混合经济动态问题，是市场出清和外在不稳定同时存在的模型。新 Walras 模型的核心包括太阳黑子均衡、不确定性以及结构不稳定。其中以 Grandmont（1985）为代表的世代交叠模型④和以 Woodford（1986⑤，

---

① 陶在朴：《经济发展的稳态与跃迁——谈突变理论研究与预测经济发展的可能性》，《未来与发展》1984 年第 3 期，第 25—27 页。

② 全林、赵俊和、张钟俊：《混沌理论及其在经济周期理论中的应用》，《上海交通大学学报》1996 年第 2 期，第 77—82 页。

③ Laurence Ball N. Gregory Mankiw & David Romer, 1988, "The New Keynsesian Economics & the Out-put—Inflation Trade—off", *Economic Activity*, Vol. 19, No. 1, pp. 1–82.

④ Jean—Michel Grandmont, 1986, "Endogenous Competitive Business Cycles", *Econometrica*, Vol. 53, No. 5, pp. 995–1045.

⑤ Michael Woodford, 1986, "Stationary sunspot equilibria in a finance constrained economy", *Journal of Economic Theory*, Vol. 40, No. 1, pp. 128–137.

1988①）为代表的运用太阳黑子均衡和混合动态的最佳增长模型最为出名。前者认为即使在行为人完全理性的情况下，完全竞争市场也难以避免经济周期波动；后者则认为需求的变化会产生不稳定，要素价格的内生波动会通过劳动和资本投入进一步影响经济总量，使经济产生波动。

四、外生冲击经济周期波动

外生冲击主要分为来自生产部门的供给冲击、来自私人方面的需求冲击以及来自管理当局的政策冲击三类。

1. 随机经济周期波动理论

引起经济周期波动的外在因素不是固定的，一些经济学家把综合所有外生因素的随机变量②引入经济模型中，以此解释经济的波动。在经济扩张过程中，会受到资源有限以及成本等因素的限制，所以在扩张到一定程度之后便无法继续。但是当经济下滑时，则不受限制，所以经济周期是不对称的。

2. 货币主义的经济周期波动理论

货币主义学派是最早用货币数量变动解释经济周期波动的学派③。货币供应量的变动会引起总需求和实际经济活动的变动，货币主义以产量对其趋势的偏离为出发点，考察经济周期波动，当产量变动与货币供应量的变动不同步，就会带来资产价格的变动，资产价格的变动使银行及公众调整资产组合，进而影响产品市场，导致经济波动，产生经济周期。

3. 新古典宏观经济学派的经济周期理论

20 世纪 70 年代后，新古典宏观经济学家在货币主义学派的基础上，形成了自己的经济周期波动理论，并接替货币主义，与 Keynes 主义的观点相对立。新古典宏观经济学派同样认为未预期到的外生冲击导致经济波动，所

---

① Walter J Muller & Michael Woodford, 1988. "Determinacy of equilibrium in stationary economies with both finite and infinite lived consumers", *Journal of Economic Theory*, Vol. 46, No. 2, pp. 255-290.

② Charles R. Nelson & Charles R. Plosser, 1982, "Trends and random walks in macroeconomic time series: Some evidence & implications", *Journal of Monetary Economics*, Vol. 10, No. 2, pp. 139-162.

③ Milton Friedman, 2005, "The Optimum Quantity of Money", *Piscataway: Transaction Publishers*, pp. 158-238.

以其经济周期理论被称为理性预期周期理论。美国经济学家 *Robert Emerson Lucas*[1][2] 是新古典宏观经济学派的主要代表人物。Lucas 的不完全信息货币幻觉理论认为，货币因素具有随机性，货币的变动又会引起外生需求冲击，并引起产量和价格的波动，进而引发经济周期性波动。

厂商和工人来自利益一致的集团，生产者面临不完全和不重复的经济信息，这是理想预期周期论的基本假定。现实生活中，物价总是变动和不确定的，生产者需要从自身经验出发作出减少还是增加产量或者劳动力供给，但由于经验的局限性和主观性，其对价格持久变动和短期变动、各自相对价格水平还是一般物价水平可能会混淆，由此带来经济波动。

4. 实际经济周期波动理论

20 世纪 80 年代，理性预期学派的后期经济学家开始从新的视角思考经济波动，他们认为用货币冲击来解释宏观经济周期波动并不完全合理或者不合理，以技术变动为代表的实际冲击才是解释一国经济周期波动的更好方法，并由此提出了实际经济周期（RBC）理论。挪威经济学家 Finn E. Kydland、美国经济学家 Edward C. Prescott（1982）论文《购置资本时间和总量波动》[3] 的发表，标志着实际经济周期波动理论的诞生，二人因该理论的研究成就获得 2004 年诺贝尔经济学奖。实际经济周期学派认为，个人和政府的需求、技术进步等，也会带来生产率、生产要素供给等方面的变化，这些都会对供给造成冲击，都具有随机性的冲击效应，由此引发了经济的周期波动。

实际经济周期理论采用的是完全 Walras 模型，所以也被称为均衡周期模型。实际经济周期理论把引发经济波动的冲击分为多个方面：来自于货币层面的冲击、来自于实际因素层面的冲击以及由预期引发的总需求和总供给的冲击等。其不再仅仅局限于货币层面，并尊重和采用了理性人假设，此

① Robert Emerson Lucas, 1972, "Expectations and the Neutrality of Money", *Journal of Economic Theory*, Vol. 30, No. 2, pp. 103–124.

② Robert Emerson Lucas. 1976, "Econometric Policy Evaluation: A Critique", *Carnegie—Rochester Conference Series on Public Policy*, Vol. 15, pp. 19–46.

③ Finn E. Kydland & Edward C. Prescott. 1982, "Time to Build & Aggregate Fluctuations", *Econometrica*, Vol. 50, No. 6, pp. 1345–1370.

外，还假设货币中性、预期理性以及市场有效。实际经济周期理论将波动理论和增长理论进行了整合，打破了宏观经济分析中的长短期二分法。

五、宏观经济长波理论概述

经济长波是一种基本趋势为循环上升、周而复始的国际现象。苏联经济学家 Nikolai D. Kondratieff（1925）通过《经济生活中的长期波动》对资本主义经济发展历程的分析，发现存在着平均约为 50 年的发展周期，并第一次明确和系统地描述了经济长波理论。虽然经济长波研究已经取得了许多成就，但也引发了经济学家对长波是否存在的怀疑和争论。20 世纪前叶，Kondratieff 和 Schumpeter 又提出了资本视角的长波理论和创新视角的长波理论。

资本视角的长波理论。Kondratieff（1928）认为"资本品的磨损、更新及其资金的增加和巨额投资，需要很长时间"。该理论主要是把一般的商业周期理论思想运用到经济长波研究领域。Kondratieff 的研究主要借鉴了之前的三方面理论：首先是 Marshall 的不同均衡秩序理论，该理论解释了同时存在不同类型的经济周期运动现象；其次是 Tugan—Baranovsky 的长波转折点的可贷资金理论；第三是 Karl Marx 用资本品和基础设施解释长波规律性运动的周期理论。

创新视角的长波理论。产品构成和产业结构的改变是经济增长的一个显著特点，所以大多长波理论认为长波与生产过程中的创新和新产品的引入有重要关系。Schumpeter 是最早倡导该观点的经济学家，他认为每一个 Kondratieff 长波都与一次技术创新的高峰相契合。

20 世纪 70 年代，"新 Schumpeter"学派的代表人物 G. Mensch 对 Schumpeter 的长波理论进行了修正和补充。Mensch 认为，虽然基本创新催生的新产业和产业集群共同带来了繁荣，但是却存在着"引入—成长—成熟—饱和—下降"的 S 型产业生命周期特征。20 世纪 70 年代以来，Keynes 的传统主义理论受到了长波理论研究的冲击和挑战。研究者们认为经济复苏的主要原因是发明、创新的积累和集聚，刺激性需求政策不仅无法有效改变长波形态，而且"挤出效应"会挤出勇于创新的投资并恶化经济条件。

1975 年，Jay W. Forrester 的美国国家模型建模组，意外地证实了经济长波的存在。Van Dujin（1983）、Carlota Perez（1983）等通过创新生命周期、基础设施投资及其相互关系，新技术引入经济体系的制度和社会结构安排等，对长波运动进行了解释。但是，直到 2000 年之后，国外关于长波理论的研究才有了一些新发展。M Hirooka（2003）分析了创新对经济增长的非线性作用及其与经济泡沫衰退的因果关系。AV Korotayev、SV Tsirel 等（2010）利用 Kondratieff、Juglar、Kitchin 周期理论以及 Kuznets 波动理论，分析了世界经济发展的动力机制和 2008—2009 年世界经济危机的传导过程。Coccia（2010）通过长波理论分析了经济运行路径的不对称性。Rainer Metz（2011）利用 ARIMA 方法、谱分析等时间序列分析模型，论证了 Kondratieff 经济长波的存在形式以及长波理论揭示经济增长周期的合理性。Scott Albers、Andrew L（2012）利用 Kondratieff 长波理论和数理统计方法预测了美国经济的年增长率。Andrew Tylecote（2013）利用长波理论模拟分析了世界主要经济危机发生的历史演变过程。

国内学者在长波基础理论和实证方面的研究不多。高峰（2002）、贾根良（2002）等，分析了第五次 Kondratieff 长波与"新经济、知识经济"的联系，用长波理论解释了东亚金融危机产生的原因。李文明、吕福玉（2011）利用长波理论对网络文化等产业进行了分析。张伯伟、任希丽（2013）基于长波视角分析了全球经济的非均衡发展和金融危机的内在循环特征。

第三节　宏观经济景气监测预警理论概述

一、宏观经济景气分析方法

宏观经济景气分析方法在实际经济生活中发挥着越来越重要的作用。目前，许多发达国家都使用景气指数分析判断经济的运行状况。如美国以合成指数（CI）来对景气状况进行研究，日本侧重于扩散指数（DI），OECD 以增长循环来设计先行指数。

（一）以扩散指数和合成指数为代表的景气指数方法

景气指数方法是一种以实证研究为主的景气分析方法，其依据是经济周期以一系列的经济活动为表现形式进行传递和扩散，仅仅通过一个经济变量的波动是无法充分表现宏观经济整体的运行状况。因此，必须对生产、消费、投资、贸易等的波动及其相互作用进行综合分析，才能较为完整地测量宏观经济的运行情况。同时由于各领域的周期波动并不是同一时间发生的，其往往是从部分领域向整体领域，从部分产业向全局产业，从部分地区向全国地区渗透的复杂过程。

通过筛选出一些对景气变动具有敏感性的经济代表指标，借助数学的方法设计一组景气指数（其中包括先行指数、一致指数、滞后指数），作为测量宏观经济运行的综合标尺。

1. 一致扩散指数 DI

1950 年，NBER 从近千个统计指标的时间序列中选择了具有代表性的21 个指标，由此开发了扩散指数（DI）的方法①。扩散指数（DI）又被称之为扩张率，是在对经济运行波动指标进行监测的基础上，计算某个时点上处于扩张状态的经济指标的比率，进而得到一个动态的扩散指数序列，用以反映经济扩散的动态经济波动。扩散指数具有重要的作用：（1）表示宏观经济的运动方向，衡量经济的变化程度，以及反映经济波动的扩散过程，具有更高的可靠性和更强的权威性。（2）扩散指数循环的波长由相邻的两个谷底决定，同时扩散指数可以分解成四个阶段，通过这四个阶段表现出宏观经济景气上升、下降、再上升的空间循环过程。

2. 一致合成指数 CI

虽然扩散指数能够有效地预测经济运行的转折点，但难以描述经济循环中的变化程度。1967 年美国经济学家 Shiskin 主持开发了新的景气指数，即一致合成指数（CI）②。合成指数（CI）考虑的不仅是各经济指标的运行波动状况，主要的是全面判断指标的波动程度（每个时间点的波动值）。合成指数能够作为宏观经济循环波动的参考系。先行合成指数，可以预测经济运行状况变化趋势；一致合成指数，可以评估经济发展状况速度及方向；滞后

---

① Geoffrey H. Moore, 1950, "Statistical Indicators of Cyclical Revivals & Recessions", *New York*: *National Bureau of Economic Research*, pp. 184—260.

② GH Moore & J Shiskin, 1967, "Indicators of Business Expansions and Contractions", *New York*: *National Bureau of Economic Research*, p. 8.

合成指数，可以判断经济运行的转折点。

（二）景气动向调查方法

景气动向调查方法这一新的信息采集技术的端倪，出现于 1948 年慕尼黑 IFO 经济研究所就货币改革的预期经济发展问题对多家公司的访问。1949 年 IFO 经济研究所开始了每月一次的定期调查问卷，核心内容是了解、判断和预测经济的上升、持平或下降阶段。

景气动向调查方法由于可以作为一种迅速掌握经济运行状况的途径，所以被称之为晴雨表系统，目前世界上主要有三种类型。

1. 景气动向调查，以掌握宏观经济总体发展状况为目的。世界各国主要以国内支柱型的大中型企业为调查对象，虽然此类企业的数量不多，但是却占据着国民经济中相当大的比重。

2. 设备投资意向调查，将了解企业未来投资的基本动态为目的。因为投资活动是影响宏观经济运行状况的主要因素，所以设备投资意向调查是政府分析景气动向，调控宏观经济的必要手段。

3. 消费调查，以掌握消费者的消费态度、购买趋势等消费意向为主要目的。以耐用品消费为代表的居民消费周期性变化对社会经济发展具有举足轻重的作用，因此各国政府以此作为调控宏观经济运行时所考虑的重要因素。

（三）季节调整方法

季节调整方法是通过从经济变量的时间序列中剔除季节因素的作用，来准确地衡量和研究经济周期波动，从而分析出真正影响经济周期变化的循环因素。1955 年美国商务部在 Shiskin 的领导下研发出了 X—11 模型 I[①]，1965 年美国商务部又将其更新为模型 II[②]。这一方法具有较好的适应性和较高的有效性，在美国、日本以及 OECD、IMF 等国际机构得到了广泛的运用。此后美国商务部继续研发出了 X—12ARIMA 方法（1998），主要是考虑到了节假日的影响，通过 ARIMA 方法将时间序列向两端扩张，从而减少移动平均

---

① Julius Shiskin, 1955, "Seasonal Computations on Univac", *The American Statistician*, Vol. 9, No. 1, pp. 19-23.

② J. Shiskin, AH Young & JC Musgrave, 1965, "The X—11 variant of the Census Method II seasonal adjustment program, United States Department of Commerce", *Washington*: *Bureau of the Census*, pp. 4-59.

对时间序列两端所导致的信息损失。

目前美国商务部普查局已提出 X—13ARIMA—SEATS 的季节调整方法，与 X—12—ARIMA 相比，加入了 SEAT 季节调整方法。

（四）趋势分解和增长循环

二战之前，资本主义国家经济危机频繁发生，经济进入衰退期。二战之后，通过采用财政、货币和行政等政策手段，使得经济波动变得相对缓和，延长了经济周期波动的扩展期，缩短了经济周期波动的收缩期，同时降低了波动幅度。部分经济学家通过经济的上下波动，提出了增长循环这一概念。

1978 年，OECD 开始在"增长循环"的基础上设计先行指标。通过运用景气分析方法，研究各成员国除去经济趋势的景气指数和成员国经济周期波动的基准日。

增长循环是以趋势的分解结果为基础，假如趋势估计的结果不同，那么经济循环波动的扩张与收缩期、波幅和转折点也不相同，由此得知分离经济趋势是准确分析增长循环的重要步骤。经济趋势的预测方法有多种，如回归分析法、移动平均法、阶段法、TRAMO/SEATS 法、HP 滤波法等。

（五）主成分分析方法

主成分分析法是景气指数设计中常用的方法。1986 年日本经济学家开发了多变量时间序列方差分量分析模型，即 MTV 模型[①]。此模型是主成分分析法和 ARIMA 方法的综合，本质是将主成分分析时间序列化。这种 MTV 模型在研究某些内在不确定性高、变动复杂的对象时具有较好的使用价值。例如，应用 MTV 分析金融市场变动因素，尤其是分析景气变动因素时，具有较好的效果。

（六）状态空间模型理论

1988 年，JH Stock 和 MW Watson 设计出全新的景气指数概念和计算方法[②]。他们认为景气变动不仅仅是 GNP 变动，而且更是反映了金融市场、劳动力市场、商品市场等总体经济运行的波动。描述这些市场共同变动的基本

---

① Kariya. T, 1988, "MTV model and its application to the prediction of stock prices", *The Proceedings of the Second International Tampere Conference in Statistics*, pp. 161-176.

② JH Stock, MW Watson, 1989, "New indexes of coincident and leading economic indicators", *NBER Macroeconomics Annual*.

变量称之为 Stock—Waston 景气指数，简称 SWI 景气指数。并将含有 SWI 基本变量的模型称之为 UC 模型，因其无法通过建立回归方程来进行估计，因此通常采用状态空间模型进行估计。这也是自合成指数以来，相对于 DI、CI 等传统的景气循环方法，在经历 25 年的徘徊不前之后，SWI 景气指数取得的明显进步。1992 年，日本学者 Ohkusa Yasushi、MORI K[①]、Satake Mitsuhiko 等相关人员设计出了适用于日本经济运行的 SWI 景气指数。两年后，吉林大学开发出了反映中国经济的 SWI 经济运行指数，并且通过此方法分析和预测了中国经济运行状况。

（七）马尔科夫转移模型

现代经济周期理论不仅对宏观经济时间序列的协同变化进行了大量实证分析，而且也逐渐加大了对非对称经济周期波动分析的力度。1973 年 Goldfeld 和 Quandt 提出了马尔科夫转移模型[②]。1989 年，Hamilton 将马尔科夫转移模型扩展应用到时间序列模型中，分析了美国 1952—1984 年季度 GDP 的非对称性特征，印证了 NBER 对美国经济周期转折点的测算结果。20 世纪 90 年代以来，由于马尔科夫转移模型的特殊功能，使其广泛应用于宏观经济周期波动和金融时间序列的非对称性研究领域。

二、宏观经济景气分析最新进展

传统景气分析方法极大地推动了宏观经济周期波动的研究进程，但是传统方法还存在一些亟须改进的问题。如：（1）季节调整的 X—12—ARIMA 方法要求数据必须是月度和季度统计数据，并且每个时序样本数据个数最大值为 2500，季节的频长不允许超过 12 个月，单向数据预测个数最大值为 250，交易日因子不得多于 28 个，同时程序本身只能引入交易日和异常值（如复活节）作为回归因子，但是对于中国特殊的节假日（如春节），程序则无法引入。（2）在划分先行、一致、滞后指标时，通常采用的时差分析

---

① 森一夫（MORI K），曾任日本企划厅景气委员会主席、日本同志社大学教授，1992 年 9 月在陕西西安举办过"经济景气分析、景气调查理论与方法讲习班"，对日本的景气分析与景气调查做了相关介绍。

② Goldfeld S M & Quandt R E, 1973, "A Markov model for switching regression", *Journal of Econometrics*, pp. 13-16.

法往往会得出一些超出常理的结果。比如某一指标无论从任何一个经济学理论分析，其都应该是滞后指标，但是时差分析法却将其归类为同步或者先行指标；还比如某一指标起始被归类为滞后指标，但一段时间过后，再次归类时却被划分为先行指标。

各种方法暴露的弊端层出不穷，部分学者认为导致这种局面的根本原因是景气分析的理论基础——经济周期理论发生了动摇，因为经济运行更加平稳，经济上升期越来越长，衰退期越来越短，因此导致了宏观经济景气分析无所依托。现在，经济周期波动研究以景气分析为方法流程和结构，用计量经济学方法处理经济时间序列，使用 ARCH 模型、VAR 模型、人工神经网络模型、状态空间模型、奇异值分解和噪声滤波等分析经济周期波动。

1. Neftci 模型。Neftci（1982）在利用先行指标进行转折点预测时，提出序列概率递归模型（SPR）。序列概率递归模型可以反映经济周期的非对称性，利用事先给定的错误概率进行转折点的预测。迄今为止，该模型已在国外许多国家进行了大量的实证研究，而且模型本身也得到了进一步的扩展。

2. 小波时频分析方法。小波时频分析方法原用于信号处理。如今，国外学者在研究涉及经济、金融领域的非平稳时间序列时，普遍采用此方法（James B. Ramsey，1996[①]）（Sharif Md. Raihan1，Yi Wen，and Bing Zeng，2005[②]）。

小波时频分析是将频率和时间进行局部变换，从而可以高效地从信号中甄选出全部信息。在通常情况下，当处理较平稳低频信号时，可以降低时间分辨率来提升频率的分辨率；如果是变化不大的高频信号，则可以借助较低的频率分辨率来获取准确的时间定位。同时通过考虑频率和时间的信息，小波变换成功解决了 Fourier 变换所无法处理的研究难题，使其成为一种分析非固定时间序列的有效工具。

3. Probit 模型。Probit 模型中的因变量 Y 通常表示为衰退期取值 1 和扩

---

① James B. Ramsey, 1996, "Time Irreversibility and Business Cycle Asymmetry", *Journal of Money, Credit and Banking*, Vol. 28, No. 1.

② Sharif Md. Raihan, Yi Wen & Bing Zeng, 2005, "Wavelet: A New Tool for Business Cycle Analysis", *Working Paper*.

张期取值 0 的离散型随机变量。通过计算一组先行指标 X 来估计经济运行状态转折点发生的比率，并预测经济运行状态的重要转折点（Estrella and Mishkin，1996[1]；Mensa and Tkacs，1998；Krystaloginni et al，2004；Bordoloi and Rajish，2007[2]）。

近年来，国内也广泛应用了经济周期转折点的 Probit 模型。刘春航、王清容（2008）将双变量 Probit 模型应用于分析美国房地产周期和美国经济衰退的预测，并预测美国经济将在 2007—2008 年间进入衰退[3]。高铁梅等（2009）利用景气指数和 Probit 模型对 2009 年中国经济增长率的周期波动进行预测，认为中国经济增长周期波动的回升将呈现 U 型走势[4]。刘雪燕（2010）通过编制景气指数，利用 Probit 模型对中国宏观经济波动转折点进行了分析和预测[5]。

4. 景气跟踪图。景气跟踪图方法最早起源于调查数据的钟形图分析，德国 IFO 研究所将时钟引入到景气分析的思路中来，将时钟的各个部分分别对应景气周期的不同阶段。OECD 在此基础上将原有的连续时间序列的钟形图转化为模拟经济运行的跟踪图。这种新的经济周期分析方法和研究思路能够更加直观地发现经济运行中的拐点和变化。目前，世界上多家机构，如新西兰统计局、加拿大银行等都将这一方法逐步应用于景气分析。中国科学院的张嘉为、张珣等（2010）首次将景气跟踪图方法引入中国经济景气分析中，并从宏观经济和行业分析两个角度剖析了中国经济景气情况[6]。

5. 云计算模型。近年来，一种由网格式、分布式和并行式计算发展而来的新型计算模型——Cloud Computing 模型被广泛应用于社会经济领域，

---

① Arturo Wstrella &Frederic S. Mishkin，1996，"The Yield Curve as a Predictor of U. S. Recessions"，*Current Issues in Economics and Finance*，Vol. 2，No. 7.

② S Bordoloi，R Raiesh，2007，"Forecasting the Turning Points of the Business Cycle with Leading Indicators in India：a Probit approach"，*Singapore Economic Review Conference*.

③ 刘春航、王清容：《美国房地产周期与经济衰退的可预测性研究》，《金融研究》2008 年第 2 期，第 1—12 页。

④ 高铁梅、李颖、梁云芳：《2009 年中国经济增长率周期波动呈 U 型走势——利用景气指数和 Probit 模型的分析和预测》，《数量经济技术经济研究》2009 年第 6 期，第 3—14 页。

⑤ 刘雪燕：《我国经济周期波动转折点分析与预测》，《中国物价》2010 年第 6 期，第 13—16 页。

⑥ 张嘉为、张珣、王珏、欧变玲、汪寿阳：《基于景气跟踪图的经济景气分析方法》，《系统科学与数学》2011 年第 2 期，第 241—250 页。

但是"云计算"至今仍未有统一的定义。美国国家标准与技术研究院（NIST）、IBM 公司在《智慧的地球——IBM 动态基础架构白皮书》、加州大学伯克利分校的 Michael Armbrust 等在《伯克利云计算白皮书》、澳大利亚墨尔本大学 Rajkumar Buyya 等都分别对云计算进行了定义。国外学者对云计算的研究主要侧重于云计算在相关行业领域的应用模型，Lanfranco Marasso（2010）等人提出了一个针对服务提供商的云计算模型，并探究了面向服务的架构 SOA 技术，具有较高的灵活性。国内学者在云计算方面也取得了不小的成就，许多学者在特定领域结合云技术给出了基于云计算的框架模型。郭本俊（2009）探讨了云计算在 MPI 领域的应用，并给出了基于 MPI 的云计算模型；曹凤兵（2011）分析了传统 Hadoop 框架的性能瓶颈，改进了Hadoop 的云计算模型，解决了海量数据的分析存储问题。

　　6. 联网直报技术。联网直报技术即经济主体将统计数据直接报到国家或相关统计中心，而不需要经过地方统计部门层层上报。目前，联网直报技术应用最广泛的领域是企业经济数据统计领域，在海洋经济方面尚属空白。

三、宏观经济监测预警研究方法

（一）宏观经济监测预警方法

　　景气循环法、综合模拟法和状态空间法被认为是当今较为流行的三种监测预警方法。三种方法具有相同的出发点和相同的理论依据方法，即均认为经济运行具有波动性和非稳定性；通过预测一个基本指标来预测短期经济景气。但他们也有不同点：景气循环法认为经济运行具有相对规范的周期规律；综合模拟法和状态空间法利用降低政策效果时滞，提倡积极的市场干预，实现宏观经济政策效果的超前性和同步性。

1. 景气循环法

　　景气循环法有 3 个基本特点：（1）经济运行具有周期循环性，在一个周期波动内的波峰和波谷较有规律性，不同指标及其变动联系可反映出经济运行规律。（2）通过计算扩散指数 DI、合成指数 CI 可以确定经济运行的峰谷和周期，把 DI、CI 分成先行、一致、滞后三种形态来反映经济指标的非同步变动。（3）先行指标可以了解监测当前经济景气态势；同比指标可以反映监测当前经济景气变化；滞后指标可以验证政策效果。

2. 综合模拟监测预警法

综合模拟监测预警法有5个基本特点：（1）通过数学经验方法只是甄选出部分经济指标，不对指标分类。（2）通过指标的时间间隔样本均值或目标值确定其等级范围和转折点。（3）进行数据的无量纲化处理，并计算指标综合分数值。（4）通过匹配指标区间和相应临界点，设计模拟灯号和灯号值。（5）根据指标值和模拟灯号，对宏观经济的景气动向进行监测、预警并提出相关的政策建议。

3. 状态空间法

状态空间法有5个基本特点：（1）根据筛选的特征指标集合构造状态空间，通过观测分析连续变动的状态向量轨迹判断经济运行状况。（2）通过因子分析法和经验判断，利用特征向量反映状态向量并确定状态向量的最小维数。（3）利用聚类分析方法，把状态向量划分为不同的类别。（4）进行状态向量设计和预测，同时利用模式判别函数对该状态向量进行类别判断。（5）状态控制方法和模式识别可以大大提高系统自动化运行程度，降低人机对话频率。

（二）宏观经济预警模型

1. ARMA 模型

ARMA 模型是一种时间序列自回归移动平均模型，自1971年由英国统计学家 Jenkins 和美国统计学家 Box 在其著作提出后，至今已被广泛运用在各个领域[1]。该模型的基本观点是原始数据的时间延续性由该组随机变量的依存关系所表现。

在经济预警方面，ARMA 模型具有三大特点（张泽厚，1993）[2]：第一，模型在充分利用经济变量数据的同时把模型的拟合误差也引入模型。第二，该模型通过大量的重复实验来筛选出一个最佳的拟合方程。第三，通过不断分解剩余项，对预测值进行概率条件下的区间估计。

2. ARCH 模型

ARCH 模型又被称之为自回归条件异方差模型，该模型是1982年由美

[1] Peter Whittle, 1951, "Hypothesis testing in time series analysis", *Almqvist & Wiksell bktr.*

[2] 张泽厚：《中国经济波动与监测预警》，中国统计出版社1993年版，第35—54页。

国经济学家 Robert Engel 首次提出①。之后，许多经济学家不断对 ARCH 模型进行修改补充，并发展出一系列的 ARCH 族模型。如 1986 年，通过改善 ARCH 模型的条件方差函数及条件分布，Bollerslev 设计出了 GARCH 模型②；

Engle、Lilien 和 Robins（1987）③ 提出的 ARCH—M 模型考虑了风险与收益的关系，将条件方差作为度量风险的一个指标加入条件均值方程中。为修改标准 ARCH 模型条件方差的简单线性结构，Hggins 和 Bera（1992）④ 设计出了 NARCH 模型。Nelson（1990）⑤ 设计出了指数 GARCH 模型来回避 ARCH 模型对估计参数的非负性假定。

王慧敏（1998）⑥ 认为，在宏观经济预警方面 ARCH 模型具有三个优势：第一，ARCH 模型的预期误差小，模型能较为精确衡量经济周期波动误差。第二，ARCH 模型引入时变条件方差后，时间序列波动程度、警限的经济特征更贴合实际。第三，ARCH 模型具有分析与处理非线性预警系统的能力。

3. VAR 模型

VAR 模型通过将联立方程模型和时间序列模型相结合，不仅具有跨时相关性的优点，同时还具有了突出多变量间因果关系的优点。VAR 模型涉及了单位根及协整理论、联立方程、预测及假设检验、多变量回归、时间序列等丰富的理论知识。VAR 模型的适应性广泛，对于任何多变量的时间序列数据，可以突出强调各变量间的跨期影响。

杭斌、赵俊康（1997）⑦ 指出，与其他传统的经济预警方法相比，

① Robert Engel, 1982 "Autoregressive Conditional Heteroscedasticity with Estimates of Variance of united Kingdom Inflation", *Econometrica*, Vol. 50, No. 4, pp. 987–1007.

② Tim Bollerslev, 1986, "Generalized Autoregressive Conditions Heteroskedasticity", *Journal of Econometrics*, pp. 307–327.

③ Engle R E, Lillien D & Robins R P, 1987, "Estimating time varying risk premia in the term structure: the ARCH—M model", *Economertrica*, pp. 391–407.

④ M. L. Higgins&A. K. Bera, 1992, "A Class of Nonlinear Arch Models", *International Economic Review*, Vol. 33, No. 1, pp. 137–158.

⑤ Nelson D B, 1990, "ARCH models as diffusion approximations", *Journal of Econometrics*, pp. 7–38.

⑥ 王慧敏：《Arch 预警系统的研究》，《预测》1998 年第 4 期，第 56—57 页。

⑦ 杭斌、赵俊康：《Var 系统——一种宏观经济预警的新方法》，《统计研究》1997 年第 4 期，第 49—52 页。

VAR 系统具有很大的优势。VAR 系统认为经济周期波动是一种特殊的经济波动形式，重点描述了经济变量间的传导机制，克服了仅仅停留在对经济周期的长度、转折点以及振幅描述上的局限；此外，由于假定经济预警 VAR 系统中的经济变量之间是相互联系、相互作用的，所以预测结果相对真实可信。

4. Logistic 回归分析法

Logistic 预警模型克服了多元判别分析的自变量正态分布、两组变量协方差矩阵相等的假设局限性[1]。目前 logistic 回归法在宏观经济预警中也有应用。该方法首先筛选定义变量和样本数据并对其进行描述性统计和检验，通过计量经济学方法分析判断变量间的相关性，利用 Logistic 回归获得最优的概率警戒值，该数值就是经济运行状况的预警点。

5. 多元累计和模型

MCS 模型又被称为多元累计和模型，于 1987 年由 Crosier 和 Lucas[2] 在 CUSUM 和 Healy[3] 的框架基础上，进一步研究设计出来的。

$$C_t = \min(C_{t-1} + Z_k - k, 0) < -L \tag{2-1}$$

上式的函数 C_t 是一个具有上界的离散时间随机过程。

林柏强（2002）[4] 认为可以通过 MCS 模型高效率的研究和分析国家的外债危机，同时借助此模型评测了中国金融市场的安全状况。

6. 基于概率模式分类法

它主要是利用模式识别技术，通过比对预警样本与标准预警样本的差异，进行未知警度预警样本的预警模式识别。概率模式分类预警系统虽然要求必须计算出先验概率、条件概率或后验概率，但是该模型拥有众多理论方法为支撑，特别是概率模式分类具有最小误判率的特点，可以依托分类错判

① Ohlson, J. S, 1980, "Financial Ratios and the Probabilistic of Bankruptcy",. *Journal of Accounting Resarch*, pp. 109–131.

② James M. Lucas&Ronald B. Crosierb, 1982, "Fast Initial Response For Cusum Quality—Control Schemes: Give Your Cusum A Head Start", Technometrics, Vol 24, No. 3, pp. 199–205.

③ John D. Healy, 1987, "A Note on Multivariate CUSUM Procedures", *Technometrics*, Vol 29, No. 4, pp. 409–412.

④ 林伯强：《外债风险预警模型及中国金融安全状况评估》，《经济研究》2002 年第 7 期，第 14—23、89 页。

概率的相关理论来深入研究预警系统。

7. 判别分析法

判别分析法主要是对研究对象进行类别分析。判别分析过程是通过目标的特征向量和已知的预计类别，筛选覆盖大量信息的变量来组建判别方程，推导判别函数，再将观测变量的自变量值带入函数中，运用判别函数对观测样本进行分类。[①]

一般的判别函数形式：

$$Z = \alpha_1 X_1 + \alpha_2 X_2 + \cdots + \alpha_n X_n \tag{2-2}$$

其中，Z 是判别值，X_1，X_2，$\cdots X_n$ 为对象的特征变量，α_1，α_2，$\cdots \alpha_n$ 为各变量的判别系数。

8. 人工神经网络模型

人工神经网络（ANN）是一种平行分散处理系统，基于该系统的人工神经网络模型具有较强的容错能力、良好的模式识别能力以及完善的资料遗漏和错误处理能力，并具有高度的自我学习能力、不断的自我升级与优化能力，通过改变系统内部原有权重参数来适应多变的经济环境。有文献表明人工神经网络的预测精准性远超判别分析法。黄小原等（1995）[②] 认为对于涉及非线性、自适应、自学习的预警系统问题，神经网络系统提供了新的解决方案。

9. KLR 信号分析法

KLR 信号分析法于 1997 年由 Reinhart、Kaminsky 和 Lizondo[③] 三人率先提出。目前，该方法已是宏观经济预警理论中的标准预警模型。KLR 信号分析法以经济周期转折理论为基础，以经济危机发生原因为依据，筛选出预测经济危机的指标；通过统计分析经济危机的密切关系变量，预测经济危机的先行指标并设定先行指标的安全警戒值。

10. 灰色预测模型

灰色系统是以数学为基础的系统科学理论，于 1982 年由中国学者邓聚

---

① 黄智：《四川工业经济预警方法、模型与信息系统研究》，四川大学，2006 年，第 2—53 页。

② 黄小原、肖四汉：《神经网络预警系统及其在企业运行中的应用》，《系统工程与电子技术》1995 年第 10 期，第 50—58 页。

③ Kaminsky, Lizondo & Reinhart, 1997, "Leading Indicators of Currency Crises", *IMF Working Paper*.

龙率先提出。目前，该理论广泛应用于工程控制、社会经济和管理决策等众多领域①。灰色预警系统模型是依据灰色系统理论所设计，最常见的就是GM（1，1）。可用于长期系统预测，特别是对于显著上升趋势的短期经济数据序列，具有较高的预测精度。

（三）宏观经济预警方法模型存在的问题

宏观经济监测预警方法和模型自产生之后，在不断发展完善的同时也暴露出许多问题，例如：

1. 统计预警方法作为静态预警方法，无法应对数据遗漏状况，无法容纳错误资料输入，无法自我学习和自我调整，同时其要求参数必须符合多元常态分布的假设。

2. 由于许多计量经济学的预警模型属于线性模型，其通过随机误差来反映未知因素对经济模型的影响，这种平滑的处理方法使得他们模糊了经济周期波动的转折点。

3. 宏观经济预警的预测结果与实际经济波动存在偏差是一种普遍现象，无论是虚警概率（谎报险情）还是误警概率（未预测到警情），都会造成一定经济损失，这种经济预警的误差问题至今仍没有科学的估计方法。

由于用以反映宏观经济运行的景气指数仅仅是对实际经济在一段时间内的反映，一旦测度客体即经济运行状态的变化超出一定范围，这就不可避免地产生经济预警系统的失灵，所以当面对新的经济格局、新的经济增长方式时，宏观经济监测预警方法需要不断地完善和发展，只有这样才能发挥其为经济运行保驾护航的作用。

四、世界宏观经济景气监测预警体系

宏观经济景气监测预警体系利用一揽子经济指标对宏观经济进行监测和预警，发挥宏观经济"警报器"或"晴雨表"的作用。西方学者对经济景气的监测预警研究始于19世纪，因为经济周期性波动是客观存在的，经济体系中的一些指标在经济波动中往往能够较早地反映或暴露出来。从19世纪下半叶到20世纪70年代，学者们逐步建立并充实和完善了经济景气监测

---

① 邓聚龙：《灰色控制系统》，《华中工学院学报》1982年第3期，第9—18页。

预警体系。

（一）早期研究阶段（19 世纪 60 年代至 20 世纪 30 年代）

经济周期的概念最早由法国经济学家 Juglar 于 1862 年提出。早在 19 世纪末，法国经济学家就开始经济景气监测预警的研究，他们对 1877—1887 年间法国的经济波动用大红、淡红、灰色和黑色四种颜色进行了分析预测。1903 年，有人用"国家波动图"描述宏观经济波动。然而，作为反映宏观经济趋势"晴雨表"的研究，是从美国开始的。

1909 年，来自美国的学者 Babson[1] 发布了第一个美国宏观经济指示器——Babson 指数[2]。美国布鲁克迈尔经济研究所（1911）编制和发布了自己的景气指标，涉及货币市场、股票市场和一般商品市场。由哈佛大学 Arthur F. Bums 教授 1917 年率领编制的哈佛指数，准确地反映了 1900 年以来美国经历的四次经济波动。

哈佛指数对景气指数研究影响巨大，许多国家借鉴其构造方法和思想，编制了很多著名的景气指数。1920 年，英国"伦敦与剑桥经济研究所"效仿哈佛指数编制了"英国商业循环指数"，用以反映英国经济景气状况。瑞典学者（1922）编制了瑞典商情指数，德国（1926）编制了"德国一般商情指数"。除此以外，法国、意大利、奥地利和日本等国家都编制了本国经济的"晴雨表"。哈佛指数不仅能够对景气状况进行指示，还能够作出超前预报，所以一度风行。然而，由于未能准确预报 1929 年的经济大萧条，而且哈佛指数反而预报经济会持续扩张，哈佛指数被迫遭到停用。

（二）中期研究阶段（20 世纪 30 年代至 20 世纪 60 年代）

20 世纪 30 年代至 20 世纪 50 年代，宏观经济景气监测预警体系研究发展到第二个阶段，并对世界各国产生了重大影响。1937 年，应当时美国财政部的要求，美国全国经济研究所（NBER）利用经济指标预测衰退的结束

---

[1]　Babson Roger Ward, 1918, "Business Barometers Used in the Accumulation of Money", *USA*: *Babson's Statistical Organization*, pp. 30-451.

[2]　巴布森经济活动指数涵盖商业、货币、投资等领域 12 个敏感指标，该指数与相关图表（Babson Index of Business Activity and Babson Chart）一起，反映美国经济活动运行情况，是世界上最早监测宏观经济运行的指数。

时间并取得了成功，这振兴了景气监测预警的研究。但是，直到 20 世纪 50 年代才取得了一些实质上的重大进展。1950 年，NBER 的 G. H. Moore 积极推动建立新的景气监测系统①。在 1000 多个指标中最终筛选出 21 个指标，并将其分类为先行、同步和滞后三类指标，设计了多信息综合指数——扩散指数（DI），构建了新的景气监测系统，成为经济景气监测预警系统的经典方法之一。

（三）近期研究阶段（20 世纪 60 年代至 20 世纪 80 年代）

20 世纪 60 年代开始，经济景气监测系统发展到第三个阶段。1961 年，宏观经济景气变动的信号被美国商务部正式采用，NBER 景气监测系统的结果也被逐月发布。

1. 合成指数（CI）。合成指数（CI）是由美国商务部经济分析局的首席经济统计学家 J. Shiskin 在 20 世纪 60 年代首先提出的。由于已有的扩散指数（DI）在反映经济波动幅度及抗干扰等方面存在缺陷，随着美国经济的高速增长，仅利用扩散指数（DI）难以奏效，于是产生了合成指数（CI）。

2. 预警信号。20 世纪 60 年代中期，人们意识到经济"过热"并不总是好事，同经济衰退一样，经济的"过热"也应该避免，许多国家开始尝试将评价指标引入经济景气监测预警系统中，试图评价经济波动的不同阶段。其中，法国、日本和当时的联邦德国等国家都作出了较好的尝试。

3. 基本方法取得重大进展。这一时期，很多景气监测预警方法不断出现并逐渐成熟，尤其以季节调整方法为代表。美国成功研制了 X—11 季节调整法、BLS 法，日本的 MITI 法、EPA 法，德国的 IFO 法等，其中 X—11 季节调整法的应用最为广泛。

（四）当代研究阶段（20 世纪 80 年代— ）

1979 年，以美国、法国、德国等 G7 为基础的国际经济指标体系（IEI）在美国建立，该体系主要用来对西方发达国家的景气变动进行监测。此外，一些国际组织也出现了相应的景气监测系统。1978 年，经济合作与发展组

---

① G. H. Moore, 1955, "Business Cycles and the Labor Market", *Monthly Lab. Rev.*

织（OECD）也建立了经济动向监测系统。20 世纪 80 年代中期，亚洲国家新加坡、泰国、印度、韩国和中国台湾地区等相继建立了经济景气监测预警系统。

近年来，景气监测研究得到了快速发展，计量经济学模型、非均衡理论、系统动力学模型、神经元网络等，都得到了广泛的应用。从应用范围来看，从行业景气监测预警（旅游业、服务业、金融业等），到某一具体业务方面的景气监测预警（企业财务、城市物流等），景气监测应用研究已经开始从宏观经济扩展到微观经济层面。

当前，NBER 仍然是国际经济周期波动研究的中心，美国作为指标分析技术最为成熟的国家，设有专门的周期波动基准日期定期委员会，负责确定美国经济周期波动基准日期。在西方其他发达国家，也有专门的经济周期波动基准日期和景气指数的发布。经过 100 多年的起伏与发展，监测预警系统方法一直在不断地发展和完善，现今全世界已有近 80 个国家和地区开展了这项工作。

五、中国宏观经济景气监测预警体系

为满足经济体制改革及经济发展的需要，同时为解决国民经济运行中所遇到的重大问题，中国政府和众多学者也相继开展了宏观经济景气监测预警的研究。

从 20 世纪 80 年代中期，我国开始发展经济预警体系。1988 年以前对我国经济循环波动的长度、经济波动预警展开了理论与实证的研究。国家"七五"科技攻关重点项目《国家宏观经济监测预警系统》是吉林大学与国家信息中心于 1987 年一起完成的，1988 年正式投入试运行，也是我国宏观经济景气监测预警最早的研究。该系统包括三部分：动态信息采集子系统、监测预警分析子系统、监测分析信息输出子系统。

1988 年开始寻找我国经济波动的先行指标。中国经济体制改革研究所（1989）选取了先行指标 13 个、同步指标 13 个、滞后指标 9 个，通过 DI 法对三组指标进行测算，寻找出了三组指标各自的基准循环日期；国家统计局（1989）设计了 6 组综合监测预警指数，利用 5 个灯号区描述了经济波动状态。

毕大川、刘树成（1990）的《经济周期与预警系统》一书[①]第一次全面研究了我国宏观经济周期波动和预警体系。1992年，国家统计局开始专门设计景气调查方案，并于1994年8月对企业景气开始了全面系统的调查；1996年，国家统计局专门组建了中国经济景气监测中心，主要负责中国宏观经济景气走向的监测和发展趋势预测，为政府和社会各界提供宏观经济景气监测信息及分析报告，定期出版《中国统计月报》《中国经济景气月报》，每月向国内外发布国民经济月度和年度经济指标。1997年12月创建了中国消费者信心调查制度，很大程度上促进了我国对景气指数的应用。

2005年，国家统计局完成了《中国经济监测预警系统》这一重大项目，该系统具有监测全国经济、地区经济和重点领域、重点行业经济运行情况的功能。2006年，中国人民银行上海分行完成了《上海市宏观经济景气分析系统》。2007年1月25日，中国人民银行调查统计司与中国科学院管理、决策与信息系统重点实验室，联合研发了《中国宏观经济监测预警系统》，该系统建立的经济增长先行指标体系、通货膨胀先行指标体系、景气指数预测及拐点预测模型、宏观经济结构化模型和向量自回归模型等，很好地揭示了我国经济的运行规律，能够对我国宏观经济进行有效的监测预警作用。2011年5月上海金融业联合会发布了《上海金融景气指数》，采用定性和定量相结合的方法，利用6个一级指标从发展度和景气度两大维度，通过信号灯的方式反映了上海金融的发展情况。

迄今为止，已有国务院发展研究中心、国家信息中心、国家发改委、中国人民银行等源于部门管理的需要，也开展了景气调查或者类似的景气调查。

目前国内最具权威性的景气监测工作是由中国经济景气监测中心进行的。此外，中国经济景气监测中心还定期发布相关景气数据，对我国经济景气情况进行阶段性总结和分析。具体经济景气分析体系结构和景气指标体系见图2-2和表2-1。

[①]　毕大川、刘树成：《经济周期与预警系统》，经济科学出版社1990年版，第76—84页。

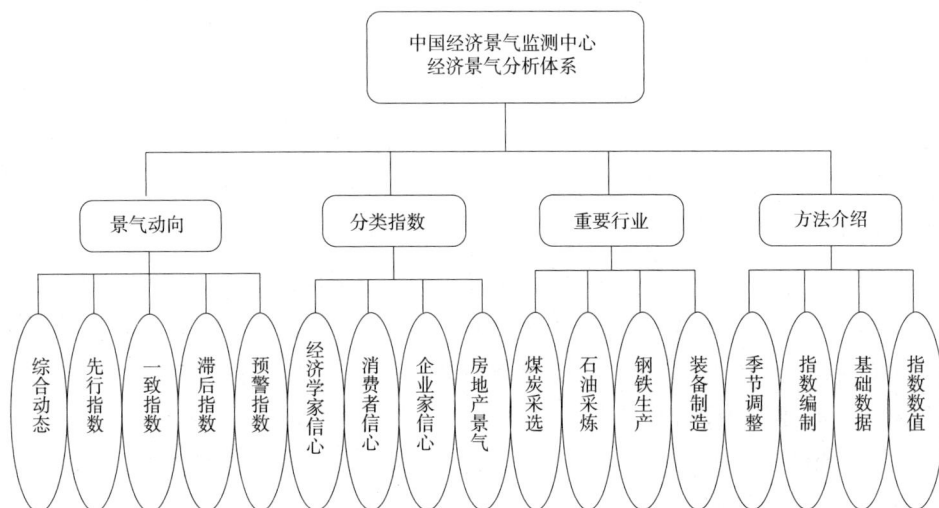

图 2-2　中国经济景气监测中心经济景气分析体系结构图

资料来源：中国经济景气监测中心网站。

表 2-1　我国景气动向指数指标组（中国经济景气监测中心景气指标体系）

单位：%

先行指标			一致指标				滞后指标		
指标	权数	比重	指标		权数	比重	指标	权数	比重
先行6指标合成指数	2.36	78.67	工业生产指数		0.59	14.75	财政支出	0.68	13.60
恒生内地流通股指数	0.60	10.00	工业从业人员数		0.50	12.50	工商业贷款	1.09	21.80
产品销售率	1.15	19.17	社会收入指数		1.28	32.00	居民储蓄	0.67	13.40
货币供应 M_2	1.20	20.00	其中	财政税收	0.80	26.67	居民消费价格指数	1.05	21.00
新开工项目	1.20	20.00		工业企业利润	1.00	33.33	工业企业产成品资金	1.51	30.20
物流指数	1.05	17.50		居民可支配收入	1.20	40.00			

续表

先行指标				一致指标				滞后指标		
指标		权数	比重	指标		权数	比重	指标	权数	比重
其中	全社会货运量	1.00	50.00	社会需求指数		1.63	40.75			
	沿海港口货物吞吐量	1.00	50.00	其中	固定资产投资	1.00	33.33			
房地产开发投资先行指数		0.80	13.33		全社会商品零售	1.20	40.00			
其中	房地产开发土地面积	1.00	50.00		海关进出口	0.80	26.67			
	商品房新开工面积	1.00	50.00							
消费者预期指数		0.28	9.33							
国债率差		0.36	12.00							

资料来源：中国经济景气监测中心网站。

第 三 章

中国海洋经济周期波动分析

经济周期波动问题一直是宏观经济学最为关心的现实问题，各国普遍采用 GDP 或者相关经济指标的长期趋势偏离程度，衡量一个国家宏观经济的波动。随着宏观经济景气监测预警系统的成熟，各类监测预警方法不断涌现，都为宏观经济景气监测预警系统的广泛应用提供了技术支持。本章在宏观经济周期波动理论的基础上，根据对我国海洋经济发展演变规律的系统分析，通过借用海洋生产总值这一指标来辨析我国海洋经济周期波动的状态和趋势，同时深入、系统、具体地分析了我国海洋经济周期波动的影响因素、海洋周期波动形成机理、政府导向机制以及冲击传导机制等中国海洋经济周期波动的典型特征，以期为中国海洋经济周期波动的监测预警提供科学依据。

第一节　相关概念范畴界定

一、海洋经济内涵界定

人类有目的地开发和利用海洋的历史可以追溯到几千年前。但是直到20 世纪 70 年代初，在综合相关研究的基础上，美国学者首先提出了"海洋经济"这一术语。苏联 Darrel Drobnich（1975，1977）的《海洋开发的经济问题》和《大洋经济》、日本 Seikō Teruo 等（1982）所著的《水产经济学》、加拿大国际海洋学院创始人 E. M. Basky（1984）的《海洋管理与联合国》等若干海洋开发与管理的文献，虽未使用海洋经济一词，但都从经济学角度研究了海洋问题。美国海洋政策委员会（2004）将"海洋经济"定义为"直接依赖于海洋属性的经济活动，依赖海洋要素作为生产中的投入，或者生产的场所是在海面或者利用其地理优势"。

国内最早关于海洋经济的著述可以追溯到 20 世纪 70 年代。1978 年，著名经济学家许涤新、于光远等在全国哲学社会科学规划会议上第一次提出了建立"海洋经济"新学科的建议，标志着我国海洋经济理论研究的开端。2004 年《海洋学术语海洋资源学》一书对海洋经济进行了规范化定义：海洋经济是人类开发利用海洋资源过程中的生产、经营、管理活动的总称。

目前，国内外对于海洋经济的界定并没有统一的概念，对于海洋经济的归属问题也还存在一定的分歧，海洋经济体系的相对独立性特征还没有得到应有的重视。史学界认为海洋经济即为"以海洋为活动舞台的资本主义市场经济"，"殖民掠夺型的资本主义经济"。[1] 而大多数的观点认为海洋经济具有多学科的综合属性。杨国桢（2000）认为海洋经济具有起源的多元性、多层次性，发展的动态性以及对经济形态的依附性等特征。[2]

虽然国际、国内有关海洋经济的定义与概念尚未达成共识，但海洋经济最基本的内涵已经比较清晰，就是指开发利用海洋的各类产业及相关经济活动的总和，既包括与海洋直接相关的产业，也包括与海洋间接关联的产业，学者、企业和政府在这一点上也基本达成一致。

总结梳理国际国内的研究文献成果发现，国内外学者对海洋经济的概念都是兼顾内涵和外延两个方面界定的，都有一定的科学依据。但是，如果将海洋经济分为"狭义的海洋经济"和"广义的海洋经济"，则既能理解国外尤其是美国对海洋经济的解释，又能理解国内不同学者对海洋经济的不同说法。狭义海洋经济是指与开发、利用和保护海洋直接相关的各类产业活动。广义海洋经济则是指一切与开发、保护和利用海洋相关联的活动，这种相关

---

[1]　杨国桢：《关于中国海洋社会经济史的思考》，《中国社会经济史研究》1996 年第 2 期，第 1—7 页。

[2]　杨国桢.：《论海洋人文社会科学的概念磨合》，《厦门大学学报》（哲学社会科学版）2000 年第 1 期，第 96—101、145 页。

联既包括"直接相关",也包括"间接相关";"间接相关"虽然也能理解,但是要从统计学上界定"间接相关"的边界,却是不容易的。因此导致对"间接相关"的理解不一致,不同地区、不同部门有关海洋经济的统计资料来源存在差异,也就在所难免了。随着时间的推移,相信海洋经济的概念也会不断得到完善。[①]

二、海洋经济特征分析

海洋经济在国民经济和社会发展中的地位越来越凸显,贡献也越来越大,目前已发展到 13 个直接海洋产业和 6 类相关海洋产业,涉及国民经济的所有门类。海洋经济已进入向"又好又快"发展的调整期,重新审视海洋经济的特点,总结海洋经济的特征具有重要意义。

1. 海洋资源依赖特征

鉴于海洋经济独特的涉海性需求、海洋科技成果利用率较低、海洋开发利用难度大等特点,海洋经济发展还主要依赖于资源密集型的发展模式,如海洋渔业、海洋盐业、海洋旅游业等传统海洋产业。而战略性海洋新兴产业也依赖于海洋资源的禀赋,如海洋资源勘探开发业、海洋可再生能源业、海洋医药与生物制品业、海水利用业等。海洋资源储量越大、资源类型越多、资源质量越高,则海洋经济发展的潜力就越大。

2. 区域海洋经济特征

由于海洋经济发展依赖的资源禀赋、产业结构、海洋基础设施状况、海洋科技水平、海洋人才储备等因素的地区差异,从而造成海洋经济的发展也带有较强的区域性特征,如环渤海地区、长三角地区、珠三角地区、北部湾地区和海峡西岸地区。同一区域内的海洋经济发展特征也不同,如山东、辽宁、天津;浙江、江苏、上海。广东、上海属于典型的海洋科技、海洋产业先导性发展模式;山东、海南、浙江属于资源依赖型。

3. 劳动密集型和技术密集型特征

海洋运输业、海洋渔业、海洋旅游业等传统海洋产业,因为其海洋科技

---

① 殷克东:《中国沿海地区海洋强省(市)综合实力评估》,人民出版社 2013 年版,第 442—458 页。

含量较低，仍是粗放式发展模式，具有典型的劳动密集型特征；而海洋材料化工业、海洋能源产业、海洋装备制造业、海洋生物医药业、海水利用业、海洋资源勘探业等新兴海洋产业，都是依托于海洋高新技术，是高成长、高投入、全局性的战略性海洋产业，是典型的技术密集型产业。

4. 开放性与关联性特征

海洋经济系统从地理形态上看，海洋面积占超过地球总面积的70%，本身具有开放性。浩瀚的海洋不仅是海洋经济的源泉，更是海洋经济开放以及与其他国家和地区联系的纽带，尤其是海洋交通运输、对外贸易等。另外，海洋经济离不开海洋的开放与对外联系，一定程度上开放性越高，海洋经济发展就越快。

海洋经济的关联性除了体现在海洋产业内部一二三产业间的关联，更多地体现在海洋产业与国民经济其他产业的产值与就业等方面的相互带动。此外，沿海区域处于国家对外开放的前沿和窗口，海洋经济与陆域经济相关产业可相互促进，进而带动整个国民经济的发展。

5. 风险性和政策主导型特征

海洋经济的风险性主要有两种，一种是所有经济投资都有可能面临的投资失败、投入无法收回的风险；第二种是海洋经济特有的由海啸、飓风、风暴潮、赤潮、海冰、海雾等海洋自然灾害引起的对沿海地区相关经济造成的损失。

海洋经济作为国民经济的重要组成部分，与国家宏观政策密不可分。海洋经济的风险性，使国家承担了更多海洋经济监测与评估的责任，着力研究和解决海洋经济中政策扶持等问题。此外，海洋经济对资金、技术和人才等方面的需求，都有赖于国家和各级政府提供政策、法律等各方面的支持。因此，政府的政策及公共服务对海洋经济发展起到至关重要的作用。

三、海洋经济周期波动

海洋经济周期是指海洋经济活动沿着其经济发展的总体趋势所经历的有规律的扩张和收缩的波动过程。主要海洋经济变量在连续变化过程中会出现普遍性、重复性的涨落现象，体现为经济繁荣与经济衰退的交替出现，大致都会经历繁荣、衰退、萧条、复苏四个阶段。

由于宏观经济周期波动的主要参考指标是国民生产总值，因此课题也选用海洋生产总值来描绘刻画海洋经济的时间波动趋势。中国海洋经济周期波动划分也可以采用两种方法："波峰—波峰"法和"波谷—波谷"法。由于中国经济波动主要是与大规模投资引发的经济过热，继而导致通货膨胀、供求失衡、政府宏观调控等有关，国内学者在对宏观经济周期波动研究时发现，使用"谷—谷"法更符合中国经济波动的特征。同时，由于海洋经济与宏观经济相关性密切，因此，课题同样借鉴"谷—谷"法对中国海洋经济周期波动进行研究划分。

四、海洋经济景气监测

景气这一概念用以说明经济活跃程度，是对经济发展状况的一种综合性描述。经济景气指的是经济总体呈现出的上升发展、市场繁荣、购销两旺的繁荣状态。经济不景气指的是经济总体所呈现的下滑、市场疲软、经济效益下降、企业破产倒闭、失业人数增加等萧条现象。

海洋经济景气监测是指对海洋经济发展状态及活跃程度（繁荣、萧条）所进行的监测。景气指数是在景气指标的基础上，用于监测、预测、判断经济发展状态和发展趋势转折点的数量化指标。文献研究发现海洋经济也同样存在着一定的周期波动特征，因此课题也借用先行、一致、滞后等指标，以及扩散指数 DI、合成指数 CI、预警信号灯的编制等，建立海洋经济景气监测预警模型，深入研究中国海洋经济周期波动特征。

第二节　中国海洋经济周期波动因素分析

一、中国海洋经济周期波动影响因素

海洋经济周期波动的影响因素众多，既有"内生"的因素，又有"外生"因素。总的来说，海洋经济周期波动的影响因素主要有五个方面：创新驱动、产业结构调整、产业布局、国家战略和世界经济因素。

1. 创新驱动的影响。创新驱动是指从个人的创造、技能和天分中获取发展动力，以及通过知识产权开发创造潜在财富和就业的活动。1912 年，

Joseph Alois Schumpeter 在《经济发展理论》一书中指出：如果没有创新，有效需求和供给都会不足，产生的结果就是滞涨，缺乏创新则是引起经济波动的根本原因，而企业家是创新的主体，企业家精神是创新的主要动力。海洋科技创新驱动，通过刺激与扩大涉海投资，有力地推动海洋经济的扩张，并通过提高海洋高新技术水平，优化海洋产业结构，延长海洋经济周期扩张期的活动。

2. 产业结构调整的影响。产业结构是指国民经济中的产业构成、产业间的联系及比例关系。经济长波理论认为，每次长波周期对应不同的主导产业群并伴随产业结构的大变迁，现代产业的发展都是相互关联的，第三产业与第二产业的波动紧密相关。

3. 产业布局的影响。产业布局是指产业的空间分布、组合的经济现象。而海洋产业布局则是指海洋产业各个部门在海洋时间、空间内的分布组合形态。海洋产业结构、布局优化的过程和宏观经济发展息息相关，海洋支柱产业、海洋主导产业、海洋基础产业等兴衰演变的叠加效应，严重影响着中国海洋经济发展的周期波动。

4. 国家战略的影响。国家战略是指导国家各个领域发展的总方略，是为实现国家总目标而制定的总体性战略概括，是综合运用政治、经济、军事、科技、文化等国家力量，按照前瞻性、宏观性、系统性、科学性等原则，筹划指导国家未来建设与发展的规划与布局。2012 年党的十八大报告明确提出了建设海洋强国的战略部署；2011 年的《山东半岛蓝色经济区发展规划》《浙江海洋经济发展示范区规划》和《广东海洋经济综合试验区发展规划》，以及 2012 年的《福建海峡蓝色经济试验区发展规划》等国家战略的布局和实施，都会对海洋经济的发展带来重要的影响。

5. 世界经济的影响。世界经济发展波动对中国海洋经济的影响主要有三个传导途径：投资、贸易和汇率。目前，世界经济一体化趋势日甚，中国经济与世界经济的联系愈加紧密频繁，贸易、游资、汇率等对中国海洋经济波动的冲击越来越大。另外，固定资产投资、气候变化、自然灾害等因素，也都会对海洋经济产生冲击影响。

二、海洋经济周期波动的政府导向机制

在宏观经济周期波动中，政府运用不同的宏观经济政策来调控、平抑经济波动。国家和地方政府在海洋经济发展中发挥着重要的作用，经济政策作为政府调控经济的重要手段，对海洋经济周期波动也会产生重大影响。国家计划是指导性计划，为全社会提供经济关系的调整，引导市场主体的行为，弥补市场机制作用的某些缺陷。海洋经济发展战略的制定为海洋经济发展孕育了良好的政策环境，有力地推动了海洋经济的繁荣发展。20 世纪 90 年代以来，国家把开发海洋资源，发展海洋经济作为振兴我国经济的重大举措。党的十六大、十七大、十八大相继对发展海洋经济作出重要战略部署，十七大也提出了发展海洋产业的新要求。国民经济和社会发展"十五"规划、"十一五"规划均把保护海洋、开发海洋资源摆在重要位置，国家"十二五"规划更是明确提出了发展海洋经济的百字方针。2012 年，党的十八大将我国海洋经济发展提升到国家战略高度。这些政策不仅是海洋经济发展导向的重要机制，也是海洋经济发展投资的风向标，在为海洋经济发展注入活力的同时，也对海洋经济周期波动产生了重要的影响和冲击。

三、海洋经济周期波动的冲击传导机制

现代经济周期理论认为，随机冲击及其传导机制对经济系统的不间断影响导致了经济的周期波动。经济系统是一个动态变化的过程，突发事件或随机扰动的冲击经常会通过不同的渠道影响到经济系统中某些变量的正常运行。任何冲击都是通过中间变量在特定信息集下经过一定的传导路径施加到经济系统身上。冲击传导机制就是冲击波如何通过特定的传导途径迫使受冲击客体的行为发生波动的演化过程。经济冲击可简单分为供给冲击与需求冲击。

海洋经济的波动也不例外，除了其本身固有的波动特征，也受冲击传导机制的影响。从供给冲击和需求冲击的角度分析，供给冲击是海洋经济系统中供给变量受到的冲击，主要包括技术进步、产业结构变动和资源禀赋等。由于劳动的跨期替代效应，生产率冲击对产出的作用被放大，即劳动生产率的提高增加了闲暇的成本。

海洋经济系统中需求变量受到的冲击称为需求冲击。需求冲击主要包括

投资、消费、财政政策及货币政策等，其中，投资冲击是经济波动中一种重要的冲击传导机制。投资主要取决于对未来的预期、资本边际效率和利率的比较及投资者的信心。资本边际效率对投资主体而言具有不确定性，这在一定程度上会扭曲投资的行为。但是，投资所具有的加速数效应和乘数效应不仅会促进海洋生产总值的增加，还会进一步刺激投资和消费。供求均衡机制最终会约束经济扩张，这种约束会通过内在传导机制，使各种需求逐渐萎缩，从而带来经济增长的波动。供给与需求冲击传导机制路线如图 3-1 所示。①

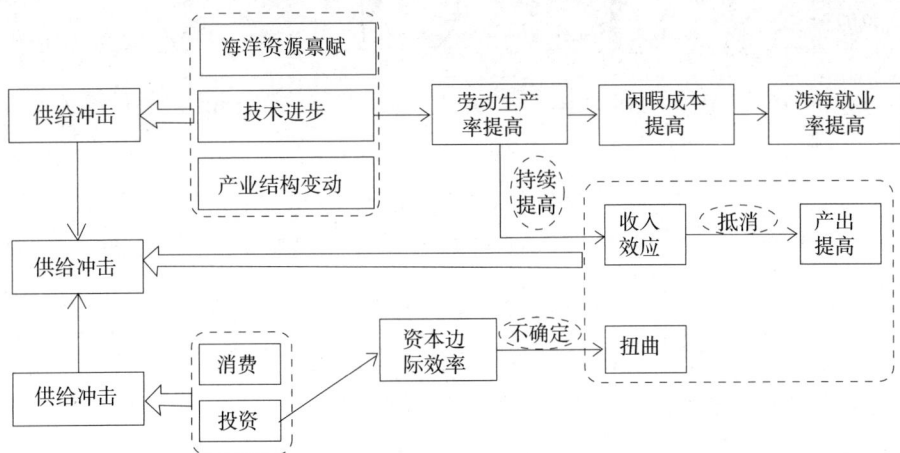

图 3-1 供给与需求冲击传导机制路线图

四、海洋经济周期波动中的宏观经济扰动

课题选取 1978—2013 年的数据，以国内生产总值增长率（GDPR）和海洋生产总值增长率（GOPR）分别作为衡量中国宏观经济波动和中国海洋经济波动的基准指标。其波动曲线特征见图 3-2。

虽然海洋经济的区域性、资源性、空间性等特点使海洋经济与陆域经济的发展模式有较大的差异，从而海洋经济波动的独特性也较为明显。但是，海洋经济与陆域经济的发展具有很强的共生性和关联关系，图 3-2 明显表

---

① 刘金全：《宏观经济冲击的作用机制与传导机制研究》，《经济学动态》2002 年第 4 期，第 15—19 页。

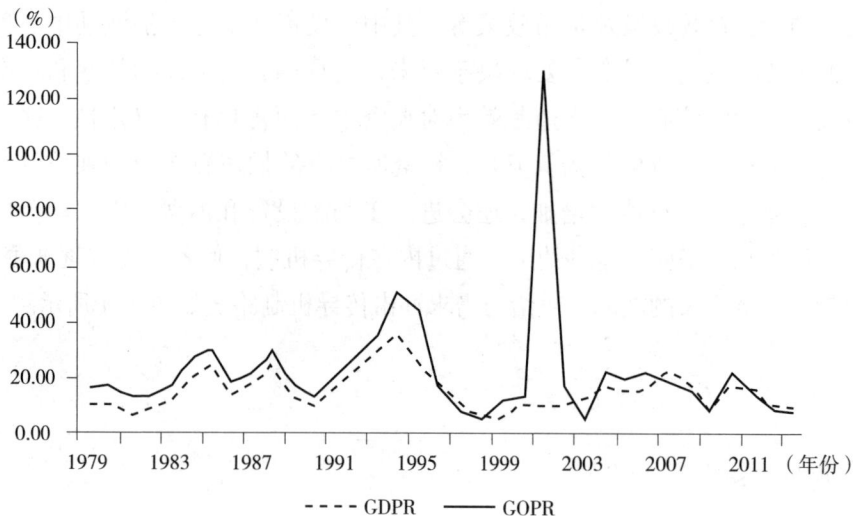

图 3-2   1979—2013 年中国 GDPR 和 GOPR 波动趋势

资料来源：《中国统计年鉴》《中国海洋统计公报》；其中 1994 年以前数据经网站计算整理获得。

现出了两条曲线具有较高的相似性，由于统计口径发生变化，2001 年海洋生产总值增长率数据变化较大，但从整体上看，中国海洋经济波动与中国宏观经济波动基本一致。两条曲线的波动特征也非常明显，即：相对于宏观经济波动来说，海洋经济波动具有明显的同步性。两者之间是否存在某种先导—滞后关系？海洋经济波动是否受到了宏观经济波动的传导影响还是相反？这些问题都有待课题研究来揭示答案。

第三节   中国海洋经济周期波动特征分析

一、世界海洋经济波动概况

2500 多年以前，人类就开始了海洋经济活动。17—19 世纪以来，葡萄牙、荷兰、西班牙、法国、英国等欧洲海洋强国，通过海运、造船和海上贸易等建立了强大的海上帝国。进入 20 世纪，世界列强瓜分海洋的野心和侵略意图丝毫没有减弱。

20 世纪 60 年代，海洋开发进入了一个新时期。20 世纪 80 年代，海洋

开发进入新技术革命阶段。1982 年《联合国海洋法公约》签署以来，海洋
高新技术迅速发展，催生了海洋新兴产业的形成。1975 年，世界海洋经济
总产值 1200 亿美元，1980 年达 2500 多亿美元，5 年翻了一番。20 世纪 90
年代，世界海洋经济全面开发利用和管理的新时期拉开帷幕，海洋经济成为
世界经济新的增长点。1990 年，世界海洋经济总产值达到 6700 多亿美元，
比 1980 年翻了一番多。①

　　进入 21 世纪，海洋经济已经成为沿海国家和地区的重要经济组成部分。
2001 年，世界海洋经济总产值达到 13000 亿美元，比 1990 年翻了一番。根
据欧洲委员会的分析估算，海洋以及沿海地区每年的生态服务总价值超过了
180 亿欧元；临海产业及其服务业每年的直接增加值高达 1100 亿—1900 亿
欧元，欧洲地区涉海产业产值已占欧盟 GNP 的 40%以上。② 2014 年，世界
海洋经济总产值已达到 2.5 万亿美元。③

　　美国海岸线漫长，海洋资源丰富。美国的海洋经济总量领先全球，在世
界范围内，美国海洋经济无疑是最具有代表性的。课题选取 1990—2011 年
的数据，以美国国内生产总值增长率（USGDPR）和美国海洋经济总产值增
长率（USGOPR）分别作为衡量美国宏观经济波动和美国海洋经济波动的基
准指标。其波动曲线特征见图 3-3。

　　图 3-3 显示除 2005 年以外两条曲线具有较高的相似性，美国海洋经济
总产值增长率曲线相对来说波动更为剧烈，其周期性特征比较明显，可大致
分为三个完整的周期：第一个周期为 1993 年至 1998 年，此周期内 1996 年
达到峰值，存续时间较长，变动幅度较小，海洋经济波动比较平稳；第二个
周期为 1998 年至 2001 年，此周期存续时间短，变化幅度较小；第三个周期
为 2001 年至 2009 年，由于统计口径的不一致，2005 年美国海洋经济统计数
据的变化也比较大，2008—2009 年受金融危机影响其海洋经济处于衰退状
态，2009 年，海洋经济开始逐渐复苏繁荣。

<hr>

① 徐质斌：《海洋经济学：时代的呼唤》，《海洋信息》1996 年第 12 期，第 1—2 页。
② 国家海洋局科技司、国家海洋局信息中心译：《欧洲综合海洋科学计划》，2003 年。
③ Hoegh—Guldberg, O. et al., 2015, "Reviving the Ocean Economy: the case for action", *WWF International, Gland, Switzerland, Geneva*, pp. 2-5.

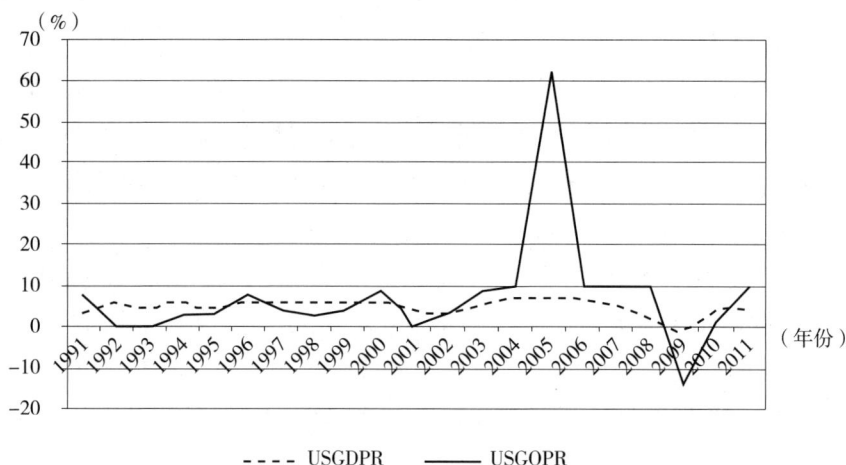

图 3-3　美国 GDPR 和 GOPR 走势

资料来源：美国国家海洋经济计划（NOEP），其中美国国家海洋经济计划统计了 1990 年至 2004 年的数据，由 NOAA 海岸服务中心统计了 2004 年以后的所有年份的数据。

二、中国海洋经济波动周期划分

（一）指标选择与周期约定

Taylorand Woodford（1999）认为，一个国家宏观经济的波动，主要是指包括总产出在内的相关指标与它们长期变化趋势的偏离程度。目前各国普遍采用 GDP 作为研究指标，具有较强的可比性。

课题同样采用海洋生产总值（GOP）来分析我国海洋经济波动的状态和趋势。文中首先采用剔除时间趋势的海洋生产总值，初步进行海洋经济周期划分。继而以海洋生产总值增长率移动平均值为辅助，根据基准序列和辅助序列的变化特点，进行海洋经济波动的周期节点划分。

在确定经济周期运行转折点时，美国商务部明确规定：（1）经济波动的两个相邻波峰之间或两个相邻波谷之间，跨期不低于 15 个月时间，才称为一个经济周期。（2）经济周期的任意一个收缩或扩张阶段，也必须持续 5 个月以上时间。依据美国商务部的约定和我国海洋经济的实际情况，结合我国宏观经济波动的周期划分方法，中国海洋经济波动的周期划分也采用"谷—谷"法。

（二）时间序列稳定性检验

若时间序列 X_t 是平稳的，那么其均值 $E(X_t)$ 与时间 T 无关，X_t 的方差 $\text{Var}(X_t)$ 也是收敛的，且不随 T 的变化而发生系统性变化。

由于海洋生产总值数据具有明显的不平稳特征，因此需要对海洋生产总值的时间序列数据进行平稳性检验（单位根检验）。检验式如下：

$$\Delta y_t = 0.15y_{t-1} + 0.04\Delta y_{t-1} - 0.3\Delta y_{t-2} - 0.007\Delta y_{t-3} + 468.16$$
$$(1.98) \quad (0.16) \quad (-1.12) \quad (-0.025) \quad (1.58)$$

ADF = 1.983072。ADF 检验值均大于 1%、5% 和 10% 三个置信水平的临界值（1%：-3.653730，5%：-2.957110，10%：-2.617434）。海洋生产总值不是一个平稳序列。

二阶差分后 y_t 的单位根检验为：

$$\Delta^2 y_t = 0.21\Delta y_{t-1} - 1.01\Delta^2 y_{t-1} - 1.05\Delta^2 y_{t-2} - 0.78\Delta^2 y_{t-3} - 0.38\Delta^2 y_{t-4} + 380.17$$
$$(1.18) \quad (-3.47) \quad (-3.21) \quad (-2.43) \quad (-1.48) \quad (1.21)$$

ADF = 1.180597。ADF 检验值均大于 1%、5% 和 10% 三个置信水平的临界值（1%：-3.670170，5%：-2.963972，10%：-2.621007），因此海洋生产总值的时间序列数据的一阶差分序列也是一个非平稳序列。

继续对 y_t 的二阶差分序列进行单位根检验，相应的检验式为：

$$\Delta^3 y_t = -3.93\Delta^2 y_{t-1} + 2.13\Delta^3 y_{t-1} + 1.27\Delta^3 y_{t-2} + 0.61\Delta^3 y_{t-3} + 0.21\Delta^3 y_{t-4} + 677.96$$
$$(-3.87) \quad (2.38) \quad (1.79) \quad (1.27) \quad (0.83) \quad (2.22)$$

ADF = -3.868278。ADF 检验值小于 1%、5% 和 10% 三个置信水平的临界值（1%：-3.679322，5%：-2.967767，10%：-2.622989），因此海洋生产总值的时间序列数据的二阶差分序列是一个平稳序列，y_t 是二阶单整变量 I（2）。

（三）剔除时间趋势

海洋生产总值与时间 t 的回归，回归模型为：

$$y_t = -2505874.27 + 1261.20t + e_t$$
$$(-8.80) \quad (8.83)$$

$R^2 = 0.696661$，AIC = 21.07853，F = 78.08596

$$y_t = 333519698.9 - 335531.26t + 84.38t^2 + e_t$$
$$(15.87) \quad (-15.92) \quad (15.99)$$

$R^2 = 0.965311$，$AIC = 18.96565$，$F = 459.1607$

海洋生产总值的趋势项很明显，对两个残差项的稳定性检验如下：

第一个方程的残差序列 ADF = -0.431987，ADF 检验值均大于1%、5%和10%三个置信水平的临界值（1%：-3.639407、5%：-2.651125、10%：-2.614300），因此第一个方程的残差序列不稳定。

第二个方程的残差序列 ADF = -2.925596，ADF 检验值均小于1%、5%和10%三个置信水平的临界值（1%：-2.656915、5%：-1.954414、10%：-1.609329），因此第二个方程的残差序列稳定。我们选择第二个方程来剔除时间趋势，见图3-4。

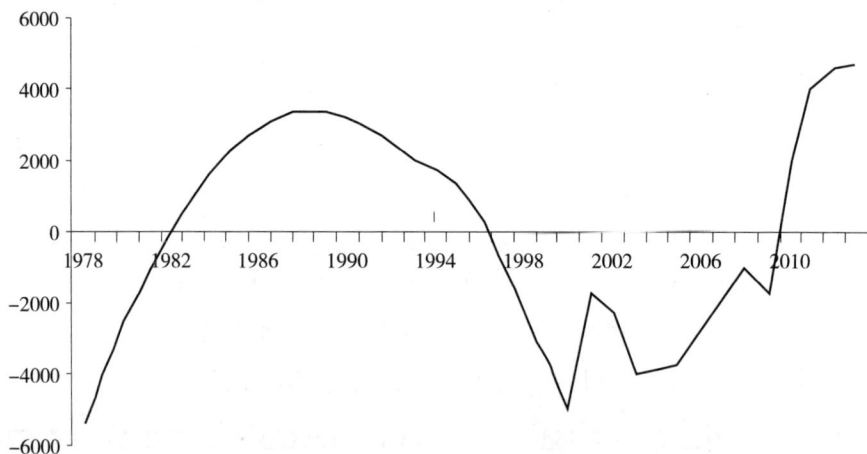

图3-4　1978—2013年剔除时间趋势后海洋生产总值的走势

资料来源：《中国统计年鉴》《中国海洋统计公报》；其中1994年以前数据经网站计算整理获得。

剔除时间趋势后的海洋生产总值变化，大致可以分为四个阶段并假设为周期。第一周期非常完整为1978—2000年，这一阶段的特点是周期时间比较长，波动比较缓慢，可以说是一个长周期，延续了22年；第二个周期为2000—2003年，这一阶段的特点是周期短，波动幅度不大，是一个小短周期，只有3年；2003—2009年的第三个周期，持续了6年，应该是一个中周期，仅上升期就有5年时间。如果将2000—2003年的短期波动忽略，看作是2000年开始的新一轮长周期波动的小插曲，则中国海洋经济周期波动的特征更为明显，新的周期可以从2000年开始持续到现在，已经有13年的上升期。具体波动情况见表 3-1。

表 3-1　1978—2013 年中国海洋经济波动周期划分 1

周期	存续期间	波峰年份	波谷年份	存续年限	上升时间	收缩时间
第一周期	1978—2000	1989	1978	22	11	11
第二周期	2000—2003	2001	2000	3	1	2
第三周期	2003—2009	2008	2003	6	5	1
第四周期	2009—至今	?	2009	?	?	—

注：根据剔除时间趋势后海洋生产总值平均曲线统计分析划分。

（四）中国海洋经济波动周期划分

表 3-1 对 1978—2013 年中国海洋经济波动划分的周期数较少，课题继而采用移动平均法对原始时间序列进行新数列生成，新数列显示出较长时期的发展趋势。对 1979—2013 年的海洋生产总值增长率曲线及其三年移动平均曲线进行比照分析，划分中国海洋经济波动周期。

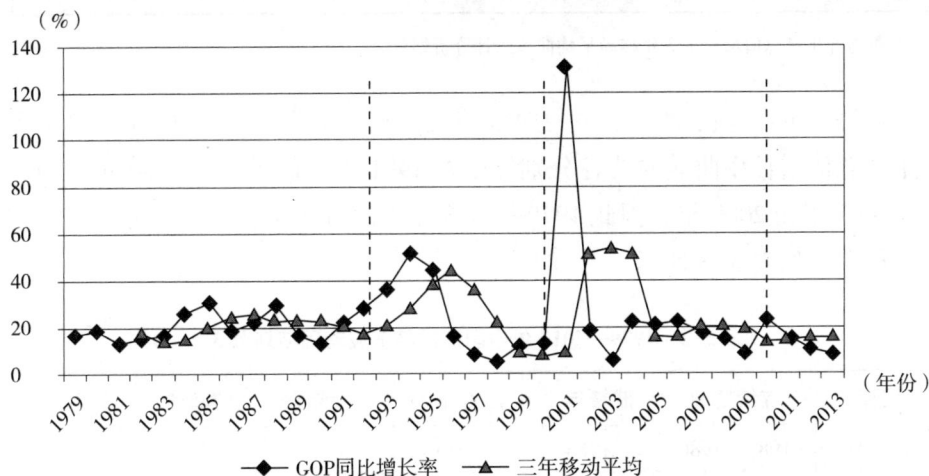

图 3-5　1979—2013 年海洋生产总值增长率及其三年移动平均曲线

资料来源：《中国统计年鉴》《中国海洋统计公报》；其中 1994 年以前数据经网站计算整理获得。

对海洋生产总值增长率的三年移动平均序列使用"谷—谷"法进行划分。通过比照分析海洋生产总值增长率曲线和海洋生产总值增长率的三年移动平均序列曲线的关系，发现海洋生产总值增长率的三年移动平均序列曲线在 1992 年和 2000 年的波谷，与海洋生产总值增长率在 1990 年和 1998 年的波谷均相差两年的时间。而海洋生产总值增长率在 2009 年又是一次波谷，因此，根据海洋生产总值增长率的三年移动平均序列曲线的变化，课题暂定假设 2011 年为第三轮海洋经济波动的波谷（有待实证检验），1979—2013 年中国海洋经济波动可以划分为四个周期，如图 3-5 所示，中国海洋经济发展显示出了极为清晰的周期波动特征，见表 3-2。

表 3-2　1979—2013 年中国海洋经济波动周期划分 2

周期	存续期间	波峰年份	波谷年份	存续年限	上升时间	收缩时间
第一周期	1979—1992	1987	1992	13	8	5
第二周期	1992—2000	1996	2000	8	4	4
第三周期	2000—2005	2003	2005	5	3	2
第四周期	2005—2011	2007	2011	6	2	4
第五周期	2011—至今					

注：根据海洋生产总值增长率 3 年移动平均曲线统计分析划分。

　　对海洋生产总值增长率序列曲线使用"谷—谷"法进行划分，发现海洋生产总值增长率曲线的波谷分别发生在 1981 年、1986 年、1990 年、1998 年、2003 年和 2009 年，因此 1979—2013 年中国海洋经济波动还可以划分为五个周期，如表 3-3 所示。

表 3-3　1979—2013 年中国海洋经济波动周期划分 3

周期	存续期间	波峰年份	波谷年份	存续年限	上升时间	收缩时间
第一周期	1981—1986	1985	1986	5	4	1
第二周期	1986—1990	1988	1990	4	2	2
第三周期	1990—1998	1994	1998	8	4	4
第四周期	1998—2003	2001	2003	5	3	2
第五周期	2003—2009	2006	2009	6	3	3
第六周期	2009—至今					

注：根据海洋生产总值增长率的曲线划分。

三、中国海洋经济周期波动机理

从宏观经济角度来看，影响经济运行的内在因素、外在因素和自身的演化规律是经济周期波动的主要成因。内在因素是经济波动变化的根本原因；外在因素是指经济波动的外来冲击；自身的演化规律主要是指经济波动的形成机制，包括内在因素和外在因素的相互影响效应，同时也是一种反馈效应；经济周期波动的形成机制最终会决定经济复苏和经济衰退的历程。

课题以机器大工业的生产方式作为海洋经济周期波动的根源，以自然资源禀赋和宏观经济发展需求为海洋经济周期波动的外在因素，以国家地方海洋经济发展战略，作为海洋经济周期波动形成机制的内在因素。机器大工业的生产方式在关联膨胀效应和现代信用机制的作用下，共同推动海洋经济走向繁荣。当海洋经济发展到一定阶段，技术条件、资源瓶颈、市场容量和海洋经济政策将促使这种膨胀效应消失。

一般意义下的海洋经济周期波动形成机理框架，见图3-6：[①]

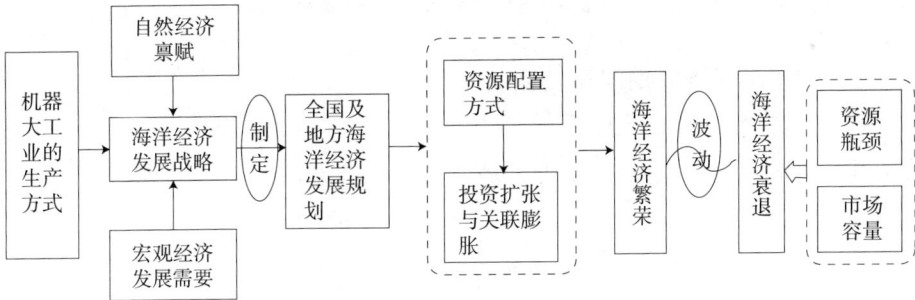

图3-6　海洋经济周期波动形成机理动力体系

图3-6反映的是海洋经济周期波动形成机理框架。政府根据国际国内宏观经济形势和海洋资源禀赋，制定海洋经济发展战略，主导海洋资源配置方式和流向。宏观经济扩张时，海陆关联效应的传导机制，海洋经济将会走

---

① 唐汉清：《中国经济周期波动的根源和形成机理研究》，华南理工大学，2011年，第131—144页。

向繁荣；当遇到技术约束、资源瓶颈约束、市场容量约束或者海洋经济政策约束时，扩张就会停止并逐渐减弱步入衰退。

四、中国海洋经济周期波动特征

（一）海洋经济周期波动统计分析

从 1979 年到 2013 年，中国海洋经济共经历了五个较完整的波动周期。表 3-4 显示了海洋生产总值增长率的时间序列统计的分析结果。

表 3-4　1979—2013 年中国海洋经济波动特征统计

序号	存续期间	峰位	谷位	振幅	上升	下行	平均增长率	标准差	波动系数
1	1981—1986	25.08	7.61	17.47	4	1	14.73	6.91	0.47
2	1986—1990	24.75	9.86	14.89	2	2	15.78	5.68	0.36
3	1990—1998	36.41	6.87	29.54	4	4	19.87	10.14	0.51
4	1998—2003	12.87	6.25	6.62	3	2	9.48	2.50	0.26
5	2003—2009	22.88	8.55	14.33	3	3	16.11	4.49	0.28
6	2009—至今								

资料来源：根据图 3-5 整理获得，波动系数为该周期内样本的标准差除以样本的算术平均值。

（二）海洋经济周期波动特征

表 3-4 的统计分析数据反映了中国海洋经济周期波动的高位运行状况，并呈现出"峰位上升、谷位降低、波幅增大"的增长型波动态势。

1. 中国海洋经济周期波动属于增长型周期波动

表 3-4 显示，1979 年以来的海洋经济周期波动表现为高位运行、相对平稳的特点，即使是在海洋经济周期的下行阶段，海洋生产总值绝对值仍保持快速上升趋势，海洋经济周期波动对海洋经济增长速度并没有显著的影响，因此属于增长型周期波动。

2. 中国海洋经济周期波动幅度有加大趋势

波动幅度与增长趋势偏离程度一般用波动系数来衡量。海洋经济波动系数是描述海洋经济波动平稳性的指标。波动系数越大，意味着海洋经济波动的不稳定性就越大，波动偏离程度也越大。表 3-4 中的波动系数不稳定，图 3-5 海洋生产总值增长率的变化曲线也显示出曲线波动幅度较大。

3. 中国海洋经济周期波动呈现出"峰位下移、谷位降低"的波动态势

峰位是反映经济增长稳定程度的一个重要指标，它是指在一个周期中波峰年份的经济增长率。经济过度扩张和经济过热会产生过高的峰值，因此从峰位的高度可以看出经济增长的稳定性。谷位同样是经济周期波动中的一个重要指标，指的是在一个经济周期中波谷年份的经济增长率。表3-4显示，海洋经济周期各项指标的平均值为：峰位24.40%、谷位7.83%、平均振幅16.57%，周期内平均增长率为15.19%。因此可以清晰地看出中国海洋经济周期波动正处于高位运行，并呈现出"峰位下移、谷位降低"的增长型波动态势。

五、中国主要海洋产业周期波动分析

根据海洋及相关产业分类（GB/T 20794—2006）标准，中国主要海洋产业包括海洋渔业、海洋盐业、海洋油气业、海滨沙业、海洋交通运输业、滨海旅游业、海洋船舶业、海洋化工业、海洋工程业、海洋利用业、海洋生物制药业、海洋电力业等。考虑到中国海洋经济统计数据的可获得性、可比性和代表性，课题选取主要海洋产业增加值，对中国主要海洋产业的周期波动情况进行分析。

（一）主要海洋产业增加值时间序列的平稳性检验

$$\Delta y_t = 0.16y_{t-1} - 0.01\Delta y_{t-1} - 0.54\Delta y_{t-2} + 0.58\Delta y_{t-3}$$

$$(1.62) \quad (-0.03) \quad (-1.64) \quad (1.59)$$

ADF=1.617608。ADF检验值均大于1%、5%和10%三个置信水平的临界值（1%：-2.728252，5%：-1.966270，10%：-1.605026），因此主要海洋产业增加值时间序列是一个非平稳序列。

对 y_t 的一阶差分序列进行单位根检验，检验式如下：

$$\Delta^2 y_t = 0.32\Delta y_{t-1} - 0.94\Delta^2 y_{t-1} - 1.56\Delta^2 y_{t-2} - 0.64\Delta^2 y_{t-3} - 0.92\Delta^2 y_{t-4} + 235.89$$

$$(0.84) \quad (-1.87) \quad (-2.90) \quad (-1.06) \quad (-1.79) \quad (0.65)$$

ADF=0.839585。ADF检验值均大于1%、5%和10%三个置信水平的临界值（1%：-4.0577910，5%：-3.119910，10%：-2.701103），因此主要海洋产业增加值时间序列的一阶差分序列是一个非平稳序列。

继续对 y_t 的二阶差分序列进行单位根检验，相应的检验式为：

$$\Delta^3 y_t = -8.85\Delta^2 y_{t-1} + 6.7\Delta^3 y_{t-1} + 4.92\Delta^3 y_{t-2} + 3.00\Delta^3 y_{t-3} + 1.31\Delta^3 y_{t-4} + 967.05$$
$$\quad(-5.48)\quad(4.71)\quad(4.16)\quad(4.29)\quad(3.34)\quad(5.29)$$

ADF = −5.480841。ADF 检验值均小于 1%、5% 和 10% 三个置信水平的临界值（1%：−4.121990，5%：−3.144920，10%：−2.713751），因此主要海洋产业增加值时间序列的二阶差分序列是一个平稳序列，y_t 是二阶单整变量 I（2）。

（二）时间趋势剔除

对主要海洋产业增加值数据与时间 t 二者之间进行不同阶数的回归，相应的表达式为：

$$y_t = -1875140.82 + 939.52t + e_t$$
$$\quad(-13.80)\quad(13.85)$$

$R^2 = 0.918580$，$AIC = 17.71714$，$F = 191.7932$

$$y_t = 222619411.5 - 223220.47t + 55.96t^2 + e_t$$
$$\quad(17.75)\quad(-17.82)\quad(17.90)$$

$R^2 = 0.996125$，$AIC = 14.77726$，$F = 2056.653$

主要海洋产业增加值的时间序列数据具有明显的时间趋势特征，因此需要进一步检验两个方程的残差序列稳定性。

第一个方程的残差序列 ADF = −1.034726，ADF 检验值均大于 1%、5% 和 10% 三个置信水平的临界值（1%：−2.728252、5%：−1.966270、10%：−1.605026），因此第一个方程的残差序列不稳定。

第二个方程的残差序列 ADF = −2.093827，ADF 检验值均小于 5% 和 10% 二个置信水平的临界值（1%：−2.728252、5%：−1.966270、10%：−1.605026），因此第二个方程的残差序列稳定。我们选择第二个方程来剔除时间趋势，见图 3-7。

图 3-7 表明，剔除时间趋势后的中国主要海洋产业波动可以划分为二个周期，也可以划分为三个周期。其中第一个周期为 1997—2004，波动特征很明显，是一个较为完整的周期，没有异议；第二个周期为 2004 年至今，周期波动也很明显，只是在 2009 年由于受到国际国内宏观经济的影响，出现了奇异点，这个周期也有很长的上升期。如果把 2009 年作为一个波谷，

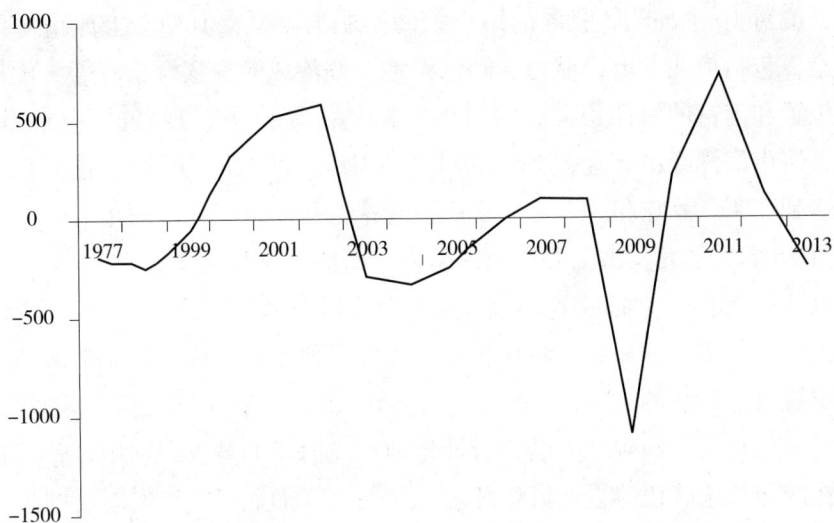

图 3-7　1997—2013 年主要海洋产业增加值剔除时间趋势后的走势

资料来源：《中国统计年鉴》《中国海洋统计公报》。

则第二个周期为 2004—2009 年，第三个周期为 2009 年至今。图 3-7 显示，现处于周期的下行阶段。

第四节　中国海洋经济周期波动个案剖析

　　沿海地区在区位优势、海洋经济发展历程、海洋经济发展水平和海洋经济发展战略等方面均存在一定的差异，海洋经济综合实力也呈现出参差不齐的格局。课题根据海洋经济周期波动的特点和沿海地区海洋经济发展的实际情况，主要选取了具有典型代表性的 5 个省市：上海、天津、广东、山东、福建，作为中国海洋经济周期波动的个案剖析典型，以此说明沿海地区的海洋经济周期波动特征。

一、上海市海洋经济周期波动分析

（一）上海市海洋经济发展状况

　　上海位于长江三角洲地区，毗邻东海，全市海岸线长达 763 千米，包括186 千米的大陆岸线，577 千米的岛屿岸线；拥有超过 8000 平方千米的海域面积，覆盖 16 个岛屿，我国的第三大岛崇明岛就坐落其中。上海市海洋资源丰富，包括渔业、港口航道、滩涂湿地、潮汐风能、滨海旅游等。优越的地理位置和丰富的海洋资源，为海洋经济的发展打下了良好的基础。近年来，上海市海洋经济高速发展，2011 年上海港货物吞吐量和集装箱吞吐量分别达到 62423 万吨和 31220 万吨，居世界前列；2011 年上海市海洋经济生产总值 5618.5 亿元，占上海市地区生产总值的比重高达 29.3%。

上海市拥有一大批海洋方面的科研人才以及多个海洋研究所和实验室，同时还建立了多个国家级自然保护区，海洋科研水平不断提升。上海市政府十分重视海洋经济的发展，建立了联席会议制度，举办了国际海洋博览会，出台了一些相关的法规和办法，有计划地推进海洋的开发、利用、管理和保护。在海洋执法队伍建设、海洋环境保护、海洋渔业可持续发展、国家海洋权益维护等方面，上海都走在了全国的前列。

（二）上海市海洋经济周期波动分析

以上海市国内生产总值增长率（SHGDPR）和上海市海洋生产总值增长率（SHGOPR），分别作为衡量上海市宏观经济波动和海洋经济波动的基准指标，选取 1996—2011 年的时间序列数据，其波动变化对比如图 3-8。

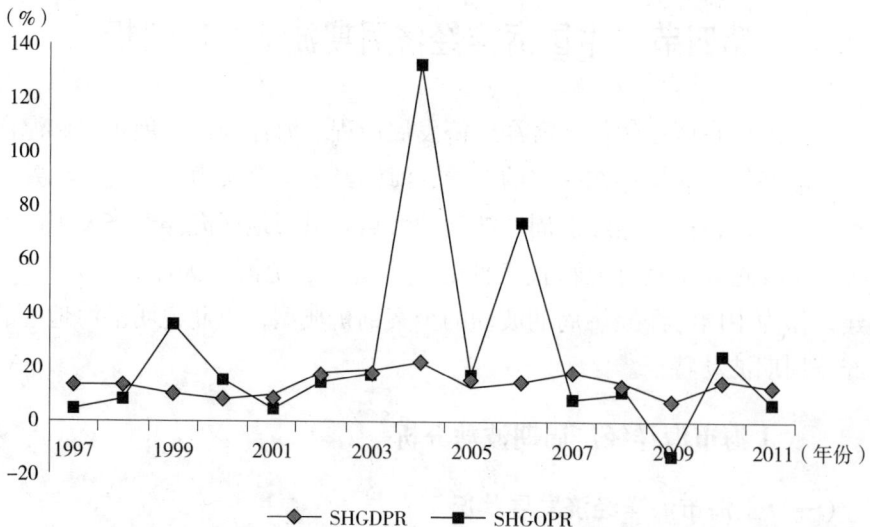

图 3-8　1997—2011 年上海市 SHGDPR 与 SHGOPR 走势

资料来源：《2011 年上海市统计年鉴》《2012 年中国海洋统计年鉴》。

图 3-8 反映出上海市海洋经济发展的波动较大，而上海市宏观经济的发展则比较平稳。上海市海洋经济周期波动的主要影响因素到底来自哪里？其影响因素的分布结构如何？形成机制如何？有待我们的实证检验。仅从我国宏观经济的层面分析，因为上海一直是我国经济发展的领头羊，各类优惠政策和先行先试等条件，在促进上海宏观经济发展的同时，也不断冲击着上海海洋经济发展的稳定性。2001 年我国加入世界贸易组织，2008 年的国际金融危机冲击，以及陆续出台了一系列促进上海经济发展的政策措施，这些外部冲击的传导效应在上海市海洋经济发展的剧烈波动中影响明显。

（三）上海市海洋经济周期波动特征

对上海市海洋生产总值增长率（SHGOPR）的波动曲线进行"谷—谷"划分，图 3-8 显示出明显的三个周期波动区间。课题研究假设 2009 年为第三轮海洋经济周期的波谷，目前正处于第四个循环周期中。如表 3-5 所示。

表 3-5　1997—2011 年上海市海洋经济波动特征统计

序号	存续期间	峰位（%）	谷位（%）	振幅	上升	下行	平均增长率	标准差	波动系数
1	1997—2001	35.1	3.92	31.18	2	2	13.7	12.85	0.94
2	2001—2005	131.3	17.17	114.13	3	1	45.34	57.31	1.26
3	2005—2009	78.45	-12.27	90.72	1	3	22.68	37.15	1.84
4	2009—至今								

资料来源：根据图 3-8 整理获得。

表 3-5 显示，上海市海洋经济周期波动表现为相对振荡的增长型周期特征。1997 年至 2001 年为第一周期，峰位和谷位差距较小，振幅仅为 31.18，上升年份与下行时间持平。平均增长率、标准差和波动系数均为三个周期中的最小值，说明 1997 年至 2001 年，上海市海洋经济发展相对平稳。2001—2005 年的第二个周期，峰位突破性的高达 131.30，振幅也高达 114.13，四分之三的时间处于上升阶段，峰位、谷位、振幅、平均增长率和标准差项等指标均是三个周期的最高值。2005—2009 年的第三个周期，谷位跌至-12.27，为历年最低，但是振幅却达到 90.72，四分之三的年份处于

下行阶段，恰好与 2001—2005 年的第二个周期相反。说明上海市海洋经济波动的第三周期整体处于收缩阶段，也表明了上海市海洋经济周期波动呈现出"峰位、谷位和波幅"倒 U 字型，海洋经济发展不均衡，尤其是谷位的增长速度极不协调，整体海洋经济处于不稳定的增长型波动态势。

（四）剔除时间趋势的波动分析

对海洋生产总值数据与时间 t 进行不同阶数的回归，相应的回归方程为：

$$y_t = -798286.83 + 399.59t + e_t$$
$$\quad (-10.42) \qquad (10.46)$$

$R^2 = 0.886509$，AIC $= 16.0695603$，F $= 109.3581$

$$y_t = 91859762 - 92097.08t + 23.08t^2 + e_t$$
$$\quad (3.15) \qquad (-3.17) \qquad (3.18)$$

$R^2 = 0.936211$，AIC $= 15.61842$，F $= 95.39797$

原始数据表明海洋生产总值加速增长的趋势明显。随着回归阶数的增加，拟合效果逐渐变好。比较上述两个方程，后者的检验较为理想，拟合效果较好。拟合结果表明上海市的海洋生产总值具有明显的时间趋势特征，因此需要进一步检验两个方程的残差稳定性。

第一个方程残差 ADF $=-2.116672$，ADF 检验值分别大于 1%（-4.057910）、5%（-3.119910）、10%（-2.701103）三个不同检验水平的临界值。

第二个方程残差 ADF $=-3.505952$，1%的临界值为-4.057910，ADF 检验值小于 5%（-3.119910）、10%（-2.701103）的临界值。

第一个方程的 ADF 检验值均大于不同检验水平的临界值，因此其残差序列是不稳定的；而第二个方程的 ADF 检验值小于 5%和 10%检验水平的临界值，则残差序列是稳定的，因此选用第二个方程来剔除时间趋势。

继续根据剔除时间趋势后的海洋生产总值作为海洋经济周期划分的依据，结果显示与上海市海洋生产总值增长率的波动曲线相比，两者之间有较大差异。图 3-9 显示，剔除时间趋势后的海洋生产总值波动，仅存在一个半周期。2003—2009 年是一个较完整的周期，1996—2003 年是一个处于下行阶段的半个周期。2003—2009 年这个周期变化幅度较大，2006 年达到峰值，受 2008 年、2009 年国际国内宏观经济冲击的影响，上海市海洋经济明

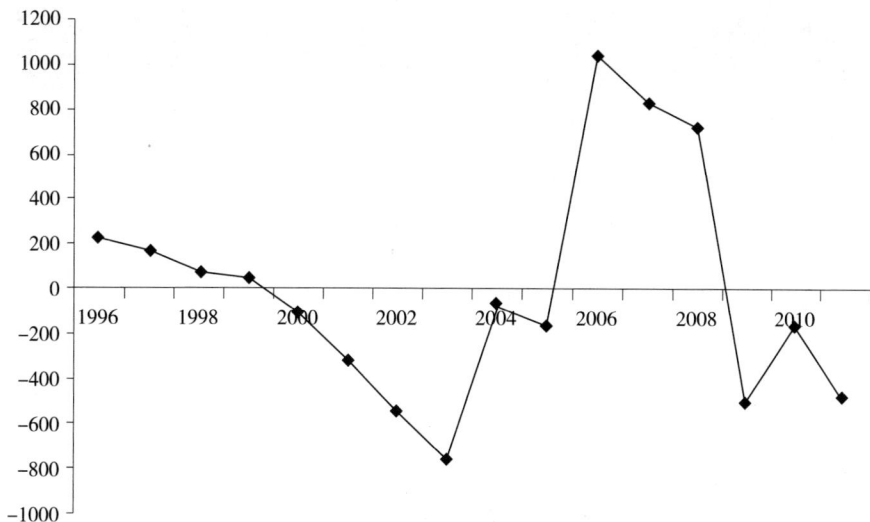

图 3-9　上海市海洋生产总值剔除时间趋势后的曲线

显衰退，2009 年之后仍然处于冲击余波的震荡之中。

二、天津市海洋经济周期波动分析

（一）天津市海洋经济发展状况

天津市地处渤海西岸，东临渤海湾，渤海素有"天然鱼池"之称，盛产多种鱼、虾、贝类水产品，海洋资源丰富。天津在环渤海经济圈中起着重要的作用，2011 年全市海洋生产总值 3519.3 亿元，占天津地区国民生产总值的 31%。

（二）天津市海洋经济周期波动分析

以天津市国内生产总值增长率（TJGDPR）和天津市海洋生产总值增长率（TJGOPR）分别作为衡量天津市宏观经济波动和海洋经济波动的指标，选取 1996—2011 年的时间序列数据，其波动变化对比如图 3-10。

图 3-10 显示，相对于天津的宏观经济波动来说，天津市海洋经济波动显得较为剧烈。虽然天津作为直辖市有许多得天独厚的历史、自然、环境、社会、经济等优势条件，但其海洋经济发展却仍然面临着资源瓶颈、环境容量、腹地狭小等诸多问题的冲击，海洋经济发展并不平稳，一度缺乏发展的后劲和可持续性。而从宏观层面分析，天津作为直辖市，拥有国家海洋局的

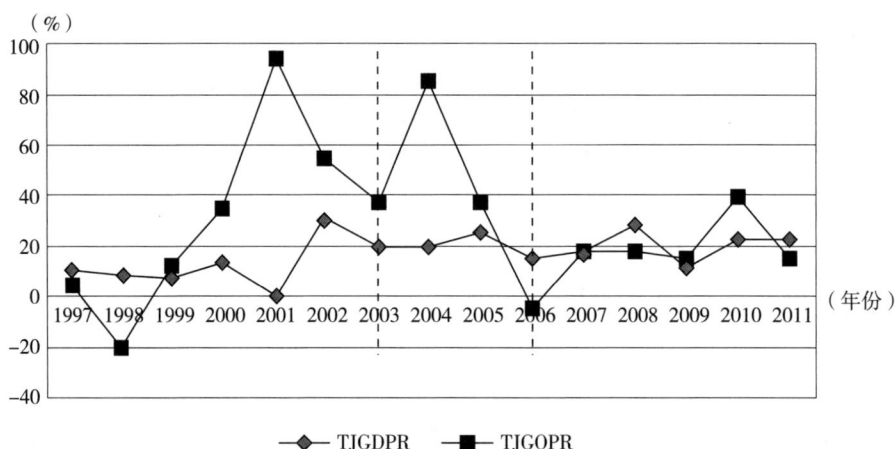

图 3-10　1997—2011 年天津市 TJGDPR 与 TJGOPR 走势

资料来源：《2011 年天津市统计年鉴》《2012 年中国海洋统计年鉴》。

多个分支机构以及滨海新区等国家特殊政策支持。天津滨海新区自 2005 年被纳入国家发展战略后，成为国家重点支持开发开放的国家级新区，其政策支持甚至超过上海自贸区，极大地拉动了天津海洋经济的发展，对其海洋经济波动产生了重要影响。图 3-10 明显看出 2006 年进入了新一轮的复苏繁荣期。

（三）天津市海洋经济周期波动特征

对天津市海洋生产总值增长率（SHGOPR）的波动曲线进行"谷—谷"划分，图 3-10 显示出明显的两个周期波动区间。课题研究假设 2006 年为第三轮海洋经济周期的波谷，目前正处于第三个循环周期中。如表 3-6 所示。

表 3-6　1997—2011 年天津市海洋经济波动特征统计

序号	存续期间	峰位（%）	谷位（%）	振幅	上升	下行	平均增长率	标准差	波动系数
1	1998—2003	93.79	36.53	57.26	3	2	35.17	35.15	0.99
2	2003—2006	85.09	-3.30	88.39	1	2	39.11	36.97	0.95
3	2006—至今	40.01	16.48	23.53	4	—	—	—	—

资料来源：根据图 3-10 整理获得。

分析表 3-6，天津市海洋经济周期的波动特点表现为振荡且为相对紧缩型的周期。1998—2003 年的第一个周期，天津海洋经济进入一个快速发展期，持续 5 年，其中有 3 年上升，但是其周期振幅也较高为 57.26%，平均增长率是 35.17%。2003—2006 年的第二个周期，天津的海洋经济虽然也具有扩张趋势，但其扩张的时间只有 1 年，下降却是 2 年，这段时期时间很短，振荡很强，振幅高达 88.39%，周期只有 3 年时间。2006 年至今，正处于第三个周期中，从目前的统计数据来看，这段时期可能会超过 5 年时间，且振荡较小、发展平稳，扩张上升的时间已达 4 年，但是其平均增长速度有所减缓。

（四）剔除时间趋势的波动分析

对海洋生产总值数据与时间 t 二者之间进行不同阶数的回归，相应的回归方程为：

$$y_t = -431992.39 + 216.18t + e_t$$
$$\quad\quad (-10.12) \quad\quad (10.15)$$

$$R^2 = 0.880311, \quad AIC = 14.90105, \quad F = 102.9697$$

$$y_t = 70949093 - 71040.59t + 17.78t^2 + e_t$$
$$\quad\quad (8.09) \quad\quad (-8.12) \quad\quad (8.15)$$

$$R^2 = 0.980390, \quad AIC = 13.21720, \quad F = 324.9605$$

上述两个方程，后者的检验值较为理想，拟合效果较好。结果表明海洋生产总值具有明显的时间趋势特征，需要进一步检验两个方程的残差稳定性。

第一个方程残差 ADF=-1.430362，ADF 检验值分别大于 1%（-4.004425）、5%（-3.098896）、10%（-2.690439）三个不同检验水平的临界值。

第二个方程残差 ADF=-4.246303，ADF 检验值分别小于 1%（-4.121990）、5%（-3.144920）、10%（-2.713751）三个不同检验水平的临界值。

第一个方程的 ADF 检验值均大于不同检验水平的临界值，因此其残差序列是不稳定的；而第二个方程的 ADF 检验值小于不同检验水平的临界值，则残差序列则是稳定的，因此选用第二个方程来剔除时间趋势。

根据剔除时间趋势后的海洋生产总值波动曲线，海洋经济周期划分结果显示，与天津市海洋生产总值增长率曲线相比存在一定的差异。图 3-11 显

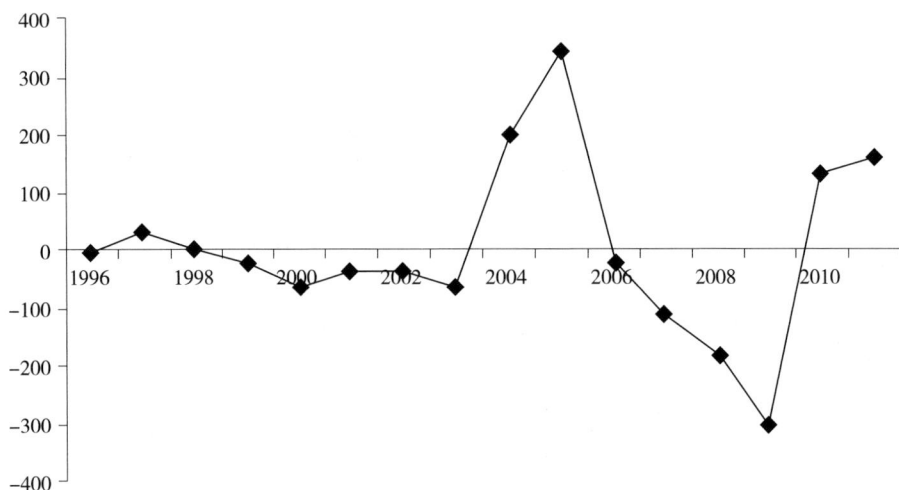

图 3-11 天津市海洋生产总值剔除时间趋势后的走势

示，2003—2009 年为一个完整的周期，1996—2003 年剔除时间趋势的海洋
生产总值一直处于负增长阶段。2003—2009 年这一周期比较明显，但其存
续时间较短，变化幅度较大，周期波动剧烈，在长达 4 年的下行期中，有 3
年是负增长。2009 年进入下一周期的复苏阶段，开始出现良好的发展态势。

三、广东省海洋经济周期波动分析

（一）广东省海洋经济发展状况

　　广东省是一个海洋大省，位于中国大陆南部，邻接南海，海域辽阔，海
岸线狭长，海岛星罗棋布，拥有丰富的海洋资源，仅鱼类就多达上千种，自
然保护区多达 20 个。广东省具有近海石油、沿海旅游、海洋电力、海洋交
通运输和海洋渔业等优势资源，《广东海洋经济综合试验区发展规划》2010
年被列入全国海洋经济发展试验区，赋予广东海洋经济发展先行先试的典
范，海洋经济发展进入了重大历史机遇期，具有广阔的前景。

　　广东省政府十分重视海洋经济的发展，依托本地优势出台一系列政策，
科学开发利用海洋资源。无论是海洋渔业等传统海洋产业，还是以海洋生物
医药等为主的新兴产业都得到了快速发展，海洋经济已成为广东的一个特色
和优势产业。2011 年广东海洋经济生产总值 9191.1 亿元，占广东国民生产

总值的 17.3%，已连续 17 年领跑第一。

（二）广东省海洋经济周期波动分析

以广东省国内生产总值增长率（GDGDPR）和广东省海洋生产总值增长率（GDGOPR）分别作为衡量广东省宏观经济波动和海洋经济波动的指标，选取 1996—2011 年的时间序列数据，其波动变化对比曲线如图 3-12。

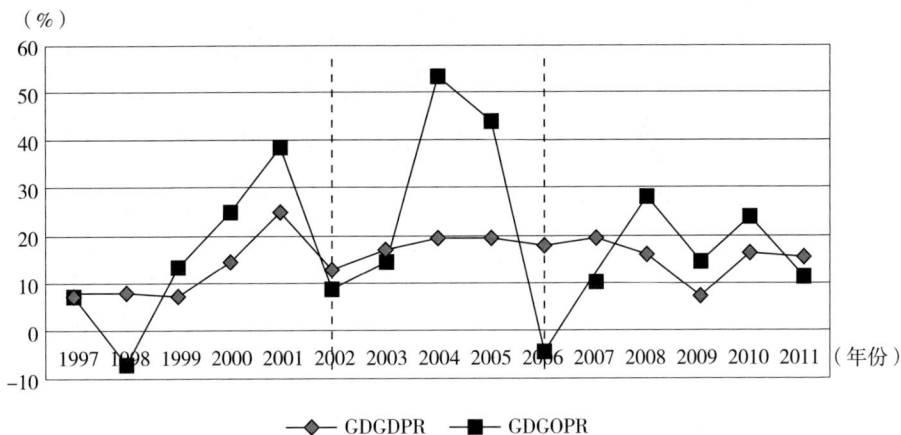

（%）

图 3-12　1997—2011 年广东省 GDGDPR 与 GDGOPR 走势

资料来源：《2011 年广东省统计年鉴》《2012 年中国海洋统计年鉴》。

图 3-12 显示，广东省国内生产总值增长率与海洋生产总值增长率的变化基本一致，但是海洋经济波动幅度更为剧烈。广东省作为经济强省，开放程度高，极易受到内部和外部影响因素的冲击以及国际国内环境的双重竞争压力，无疑给广东海洋经济增添了不少的波动色彩。

（三）广东省海洋经济周期波动特征

对广东海洋生产总值增长率（SHGOPR）的波动曲线进行"谷—谷"划分，图 3-12 显示出明显的三个周期波动区间。课题研究假设 2006 年为第三轮海洋经济周期的波谷，目前正处于第三个循环周期中。如表 3-7 所示。

表 3-7　1997—2011 年广东省海洋经济波动特征统计

序号	存续期间	峰位(%)	谷位(%)	振幅	上升	下行	平均增长率	标准差	波动系数
1	1998—2002	38.41	9.79	28.62	3	1	15.79	15.11	0.96
2	2002—2006	53.69	-4.06	57.75	2	2	27.01	23.08	0.85
3	2006—至今	—	—	—		2	—	—	—

资料来源：根据图 3-12 整理获得。

分析表 3-7 可看出：广东省海洋经济的周期波动也不平稳。1998 年至 2002 年为第一周期，峰位和谷位差距不大，振幅为 28.62，四年中有三年处于上升期，海洋经济整体处于上行阶段。2002—2006 年，峰位为 53.69，振幅为 57.75，峰位和振幅均为最高，说明第二个周期的海洋经济波动最大。

（四）剔除时间趋势的波动分析

对海洋生产总值数据与时间 t 二者之间进行不同阶数的回归，相应的回归方程为：

$y_t = -1106720. + 554.12t + e_t$

　　（-10.99）　　（11.03）

$R^2 = 0.896718$，$AIC = 16.61773$，$F = 121.5511$

$y_t = 173442360 - 173690.95t + 43.48517t^2 + e_t$

　　（10.64）　　（-10.68）　　（10.71）

$R^2 = 0.989494$，$AIC = 14.45725$，$F = 612.1723$

上述两个方程，后者的检验值较为理想，拟合效果较好。结果表明海洋生产总值具有明显的时间趋势特征，需要进一步检验两个方程残差的稳定性。

第一个方程残差 $ADF = -1.219585$，ADF 检验值分别大于 1%（-3.959148）、5%（-3.081002）、10%（-2.681330）三个不同检验水平的临界值。

第二个方程残差 $ADF = -4.256400$，ADF 检验值分别小于 1%（-4.004425）、5%（-3.098896）、10%（-2.690439）三个不同检验水平的临界值。

第一个方程的 ADF 检验值均大于不同检验水平的临界值，因此其残差序列是不稳定的；而第二个方程的 ADF 检验值小于不同检验水平的临界值，则残差序列是稳定的，因此选用第二个方程来剔除时间趋势。

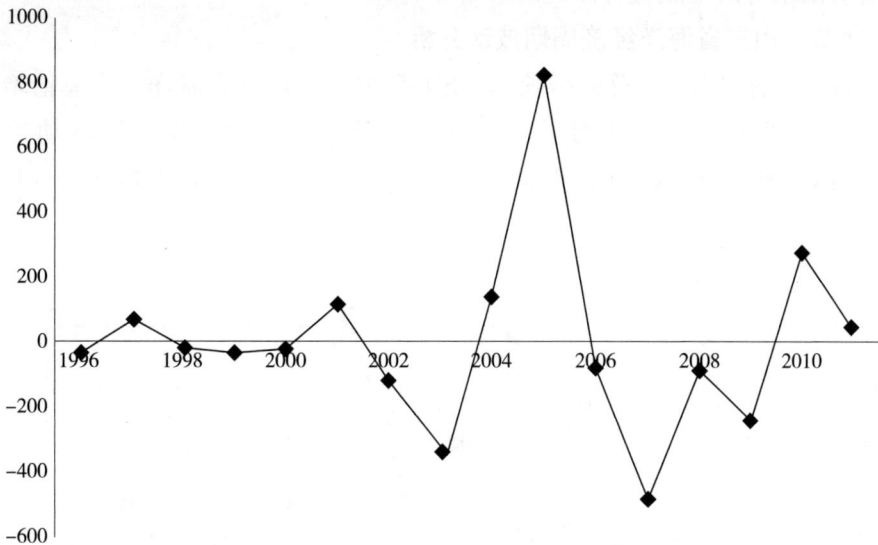

图 3-13　广东省海洋生产总值剔除时间趋势后的走势

继续选取剔除时间趋势后的海洋生产总值作为海洋经济周期划分的依据，结果显示与广东海洋生产总值剔除时间趋势后的波动曲线也存在一个较明显的周期，即 2003—2007 年。图 3-13 显示这个周期较短，持续时期只有 4 年，2 年上升、2 年下降。1996—2003 年这一时间段内的波动比较平缓，2007 年进入新的复苏繁荣期，受 2008 年、2009 年的金融危机冲击影响较小。

四、山东省海洋经济周期波动分析

（一）山东省海洋经济发展状况

山东省海岸线长度、海域面积等资源条件都位居沿海地区前列。山东地处渤海、黄海之滨，东临韩国、日本。省内辖有青岛、烟台、东营、威海、日照等国内外特色的滨海城市，海洋科技、海洋人才、海洋资源、海洋环境优越。2009 年 11 月 23 日，国务院正式批复《黄河三角洲高效生态经济区发展规划》国家战略；2011 年 1 月 4 日，中国首个以海洋经济为主题的区域发展战略《山东半岛蓝色经济区发展规划》获得国务院批准。2011 年全省海洋生产总值 8029 亿元，占全省国内生产总值的比重达到 20.3%。海洋经济对山东省的发展具有深远的战略影响。

（二）山东省海洋经济周期波动分析

以山东省国内生产总值增长率（SDGDPR）和山东省海洋生产总值增长率（SDGOPR）分别作为衡量山东省宏观经济波动和海洋经济波动的指标，选取 1997—2011 年的时间序列数据，其波动变化对比如图 3-14。

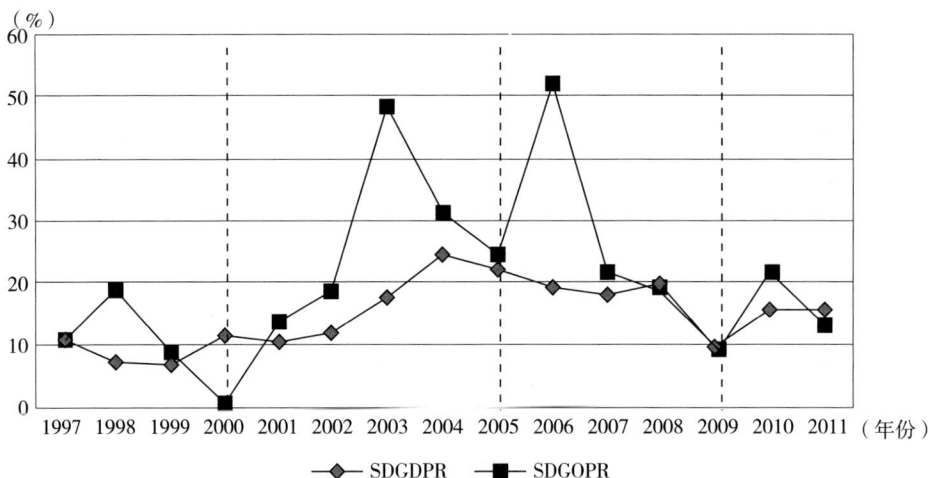

图 3-14　1997—2011 年山东省 SDGDPR 与 SDGOPR 走势

资料来源：《2011 年山东省统计年鉴》《2012 年中国海洋统计年鉴》。

图 3-14 显示山东省海洋生产总值增长率波动很不平稳。山东作为海洋大省，虽然海洋资源十分丰富，海洋经济发展起步也很早，海洋经济发展规模也很大，但是海洋经济总量占全省国民生产总值的比重却不高，资源粗耗、经营粗放下的海洋经济发展模式，严重冲击着海洋经济运行的平稳性。

（三）山东省海洋经济周期波动特征

对山东海洋生产总值增长率（SHGOPR）的波动曲线进行"谷—谷"划分，图 3-14 显示出明显的三个周期波动区间。课题研究假设 2009 年为第三轮海洋经济周期的波谷，目前正处于第四个循环周期中。如表 3-8 所示。

表 3-8 1997—2011 年山东省海洋经济波动特征统计

序号	存续期间	峰位（%）	谷位（%）	振幅	上升	下行	平均增长率	标准差	波动系数
1	1997—2000	18.80	8.57	10.23	1	2	9.67	7.58	0.78
2	2000—2005	48.56	24.74	23.82	3	2	27.35	13.54	0.50
3	2005—2009	52.16	8.86	43.30	1	3	25.53	18.61	0.73
4	2009—至今	21.55	13.50	8.05	—	—	—	—	—

资料来源：根据图 3-14 整理获得。

由表 3-8 看出：山东海洋经济波动频繁，三个周期内上升时间只有 5 年，而下降时间多达 7 年。1997—2000 年、2005—2009 年的两个周期，都只有 1 年的上升期，而下降时间高达 5 年。2000—2005 年，峰位为 48.56，振幅为 23.82，波动系数 0.50，海洋经济波动平稳。第三周期 2005—2009 年，峰位为 52.16，谷位为 8.86，振幅为 43.30，波动系数为 0.73，与第二周期相比，海洋经济波动较大。

（四）剔除时间趋势的波动分析

对海洋生产总值数据与时间 t 二者之间进行不同阶数的回归，相应的回归方程为：

$$y_t = -1000267.14 + 500.67t + e_t$$

$$(-9.74) \quad (9.77)$$

$R^2 = 0.872001$，AIC = 16.56017，F = 95.37585

$$y_t = 182141344 - 182322t + 45.63t^2 + e_t$$

$$(15.65) \quad (-15.69) \quad (15.73)$$

$R^2 = 0.993615$，AIC = 13.78446，F = 1011.517

通过原始数据可以看出海洋生产总值加速增长的趋势明显。所以随着阶数的增加，拟合效果应该变好。比较上述两个方程，后者的检验值较为理想，表明海洋生产总值具有明显的时间趋势特征。需要进一步检验以上两个方程残差的稳定性。

第一个方程残差 ADF = -1.056694，ADF 检验值分别大于 1%（-4.057910）、5%（-3.119910）、10%（-2.701103）三个不同检验水平的临界值。

第二个方程残差 ADF = -2.951845，1% 的临界值为 -4.057910，5% 的临

界值为-3.119910，ADF 检验值小于 10%（-2.701103）水平的临界值。

第一个方程的 ADF 检验值均大于不同检验水平的临界值，因此其残差序列是不稳定的；第二个方程的 ADF 检验值小于 10% 检验水平的临界值，可以在 10% 的置信度下选用第二个方程来剔除时间趋势。

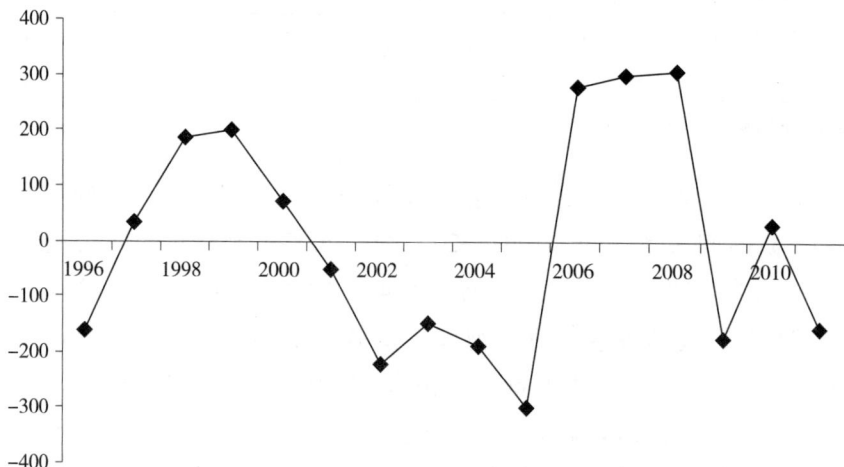

图 3-15　剔除时间趋势后的山东省海洋生产总值数据走势

继续选取剔除时间趋势后的海洋生产总值作为海洋经济周期划分的依据，图 3-15 显示存在两个相对完整的周期。1996—2005 年持续时间较长，是个长周期，但是其下降收缩时间也很长，在长达 6 年的下行中有 3 年是负增长。2005—2009 年周期较短，波动剧烈，仅持续了 4 年时间。2009 年之后的波动曲线也不乐观，受国际国内宏观经济形势的影响还未消除。近年来，山东省对海洋科技的投入、对涉海企业的扶持力度、对海洋资源的利用率、海洋高新技术的贡献率等，无一可表。省内涉海企业众多，但尚缺少国际国内领军品牌；涉海科技人员尤其是海洋高科技人才富足，但海洋科技经费占地区R&D 的比重在飞速下滑；涉海高科技研究成果国内拔尖，但海洋科技成果转化率却垫底。这些问题的存在严重削弱了山东省的海洋综合实力。

五、福建省海洋经济周期波动分析

（一）福建省海洋经济发展状况

福建省东临台湾海峡，南临广东、香港和澳门地区，海岸线狭长、港湾众多，拥有大小岛屿 1000 多个，海洋生物 2000 多种，鱼类 752 种，矿产资源、油气资源、风能、潮汐能、旅游资源等也十分丰富。2011 年国务院批复了《海峡西岸经济区发展规划》，2012 年《福建海峡蓝色经济试验区发展规划》上升为国家战略，多年来福建省政府对海洋经济的重视，大大促进了福建海洋经济的发展。2011 年全省海洋生产总值达到 4284 亿元，比 2010 年增长 17.35%，占全省国内生产总值的比重达 24.48%。

（二）福建省海洋经济周期波动分析

以福建省国内生产总值增长率（FJGDPR）和福建省海洋生产总值增长率（FJGOPR）分别作为衡量福建省宏观经济波动和海洋经济波动的指标，选取 1996—2011 年的时间序列数据，其波动变化对比如图 3-16。

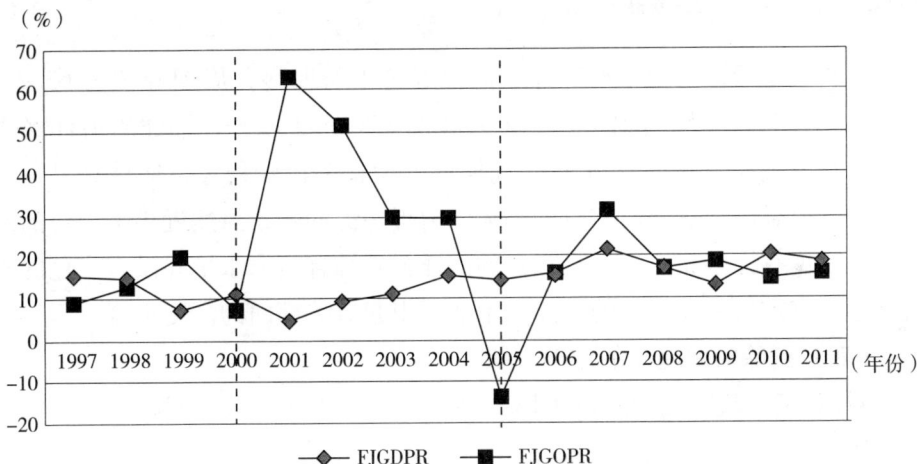

图 3-16　1997—2011 年福建省 FJGDPR 与 FJGOPR 走势

资料来源：《2011 年福建省统计年鉴》《2012 年中国海洋统计年鉴》。

图 3-16 显示，福建省海洋经济周期波动特征比较明显。2000—2005 年福建的海洋经济波动剧烈，这段时期可以看作是一个完整的较短周期，持续时间只有 5 年，而下降时间却长达 4 年。总的来说，其他年份比较平稳。福建的海洋经济发展起步较早，基础条件和地理区位优越，但是福建的自然生态环境比较脆弱，海洋自然灾害频发，宏观经济规模有限，这些问题都影响着海洋经济的快速发展。

（三）福建省海洋经济周期波动特征

对福建海洋生产总值增长率（SHGOPR）的波动曲线进行"谷—谷"划分，图3-16显示了1.5个的波动区间。目前还无法判断第三个周期的波谷。如表3-9所示。

表3-9　1997—2011年福建省海洋经济波动特征统计

序号	存续期间	峰位（%）	谷位（%）	振幅	上升	下行	平均增长率	标准差	波动系数
1	1997—2000	20.45	6.61	13.84	2	1	12.07	5.33	0.44
2	2000—2005	63.21	-13.43	76.64	1	4	32.05	26.23	0.82
3	2005—至今	31.39	—	—			—	—	—

资料来源：根据图3-16整理获得。

分析表3-9，2000—2005年，海洋经济下行明显，周期峰位为63.21，谷位为-13.43，振幅达到了76.64的高位。2005年以来，福建省海洋经济进入平稳发展期，截至2011年，周期内的增长率比较稳定，估计这是一个长周期，但是已经呈现出下滑的趋势。值得一提的是，虽然近年来福建的海洋经济发展有许多亮点，但是福建的海洋强省综合实力水平并没有出色的表现，甚至有被后来者超越的可能，不能不引起有关部门的高度重视。

（四）剔除时间趋势的波动分析

对海洋生产总值数据与时间 t 二者之间进行不同阶数的回归，相应的回归方程为：

$$y_t = -519456.3 + 260.08t + e_t$$
$$(-12.63)　　（12.67）$$

$$R^2 = 0.919779,　AIC = 14.82688,　F = 160.5183$$

$$y_t = 68044380 - 68184.34t + 17.08t^2 + e_t$$
$$(7.93)　　（-7.96）　（7.99）$$

$$R^2 = 0.986431,　AIC = 13.17492,　F = 472.5173$$

通过原始数据可以看出海洋生产总值加速增长的趋势明显，所以随着阶数的增加，拟合效果应该变好。比较上述两个方程，后者的检验值较为理想。结果表明海洋生产总值具有明显的时间趋势特征。需要进一步检验以上两个方程残差的稳定性。

第一个方程残差 ADF = −1.114911，ADF 检验值分别大于 1%（−3.959148）、5%（−3.081002）、10%（−2.681330）三个不同检验水平的临界值。

第二个方程残差 ADF = −2.815061，1% 的临界值为 −4.004425，5% 的临界值为 −3.098896，ADF 检验值小于 10%（−2.690439）的临界值。

第一个方程的 ADF 检验值均大于不同检验水平的临界值，因此其残差序列是不稳定的；第二个方程的 ADF 检验值小于 10% 检验水平的临界值，因此在 10% 的置信水平下，选用第二个方程来剔除时间趋势。

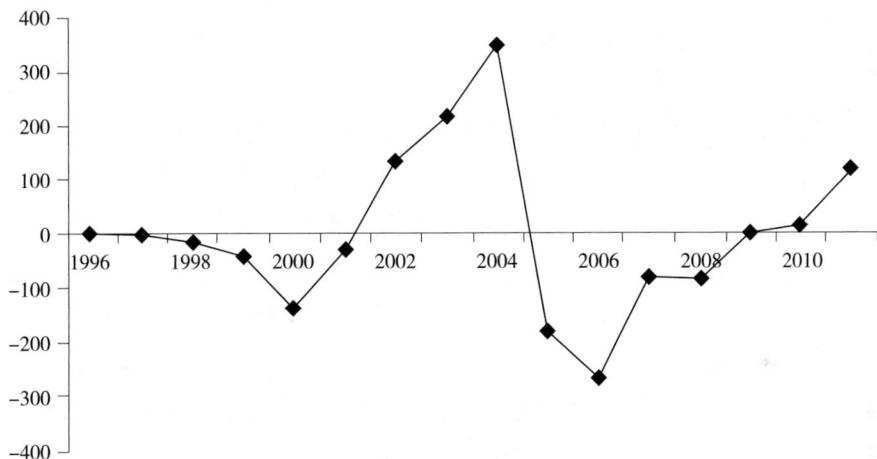

图 3-17 剔除时间趋势后的福建省海洋生产总值数据走势

继续选取剔除时间趋势后的海洋生产总值作为海洋经济周期划分的依据，结果显示与福建省海洋生产总值增长率（FJGOPR）波动极为相似，同样表现出了 1.5 个周期的波动，见图 3-17 所示。2000—2006 年是一个完整的周期，周期内的上升时间有 4 年，但周期持续时间有些短。2006 年进入下一个周期，估计这个周期的持续时间较长，目前已经有 5 年的上升期，表现出了良好的发展势头。

第　四　章

中国海洋经济监测预警数据库

现代信息技术与经济发展密切相关，也为中国海洋经济监测预警体系提供了先进的研究理念和支持平台。中国海洋经济监测预警系统，需要大量的海洋经济、宏观经济和相关的数据，一个完整的能够提供全面数据支持的数据库系统显得极为重要。课题通过借鉴国际国内有关监测预警通行做法和经验，根据课题研究的目的，结合中国海洋经济计量模型、中国海洋经济投入产出模型等的需求，利用 MySQL 技术，构建了中国海洋经济监测预警数据库系统。同时，根据未来中国海洋经济监测预警系统长效化运行机制的需求，以及高效、海量数据处理和信息资源共享的特点，课题基于 Hadoop 分布式技术，进行了中国海洋经济监测预警云平台设计，以期能够大规模地处理和存储中国海洋经济监测预警体系的相关数据，为个人、企业、政府以及相关研究机构等，提供系统科学、安全稳定、持续及时、准确可靠的中国海洋经济监测预警实情。

第一节　海洋经济监测预警指标体系设计

一、指标设计的原则

海洋经济监测预警指标体系，是监测预警研究的基础，这些指标必须具有典型的代表性、可获得性以及系统的科学性等特征。选择过程严格遵循了三大原则和 7 项细则。

1. 逻辑相关设计原则。逻辑相关原则要求所有指标必须具有很强的逻辑结构关系，具体包括科学性与整体性原则和逻辑性与支撑性原则。海洋经济监测预警指标必须科学、客观、系统、全面地反映海洋经济的特点，指标之间必须具有清晰的结构性、层次性分级，保证指标体系没有重大遗漏，指标之间没有信息覆盖。

2. 数据相关设计原则。这一原则又包括可比性原则、可操作性原则和海洋主体原则。指标体系的一个重要原则就是数据的可比性原则，同时又要保证指标及其数据的可操作性。海洋经济监测预警指标体系涉及的范围较大、内容复杂，因此，必须以海洋经济为主体，所选指标数据的信息应该可靠易取，容易评价对比。

3. 趋势相关设计原则。趋势相关设计原则要求指标体系不能孤立于海洋经济自身的封闭系统，必须充分考虑到海陆一体化的特点，必须充分考虑到海洋经济的可持续发展。既有海洋经济指标，又包括陆域经济指标；既要求指标的连续性、潜在性，又要求指标的国际化、规范化，保证指标体系的权威性。

二、解释结构模型方法

解释结构模型（Interpretative structural modeling，ISM）是美国华费尔特教授于 1973 年开发的，主要用于分析复杂的社会经济系统结构问题。由于海洋经济系统的复杂性，经验方法和宏观经济系统的指标体系无法复制，必须借助于解释结构模型对海洋经济系统进行层级分解，通过建立多级递阶结构模型，揭示海洋经济系统指标间的递阶结构关系。解释结构模型的构建过程不复杂，容易掌握，非常实用，一般有 3 个步骤。

1. 首先确定影响因素间的关联性，建立邻接矩阵。假定影响因素有 4 个，分别是 S_1、S_2、S_3、S_4，则因素之间的关联系数定义为：

①若 S_i 对 S_j 有直接影响，则在关联系数 α_{ij} 上赋值 1，否则赋值 0；

②若 S_j 对 S_i 有直接影响，则在关联系数 α_{ji} 上赋值 1，否则赋值 0；

③若 S_i 与 S_j 相互影响程度有较大差异，则影响大的赋 1，影响小的赋 0；

④根据因素间的相互关系，建立因素的邻接矩阵 $A = [\alpha_{ij}]_{4 \times 4}$，其中 $\alpha_{ij} = 0$ 或 1。

2. 建立可达矩阵。将邻接矩阵 A 加上一个单位阵，然后再经过布尔运算求其幂。假设 $(A+I) \neq (A+I)^2 \neq (A+I)^3 \neq \cdots\cdots (A+I)^{n-1} = (A+I)^n$，则定义可达矩阵 M 就是 $(A+I)^{n-1}$。如果在可达矩阵 M 中，有两个因素对应的行、列完全相同，则这两个因素可看作一个因素，消去其中一个因素所对应的行、列，就得到缩减后的可达矩阵 M'。再对 M' 进行层次化处理，得到 M''。

3. 层次与关系的划分。定义可达集 $R(S_i)$ 是由可达矩阵 M' 中第 S_i 行中所有值为 1 的元素所对应的列构成的因素集合。定义先行集 $A(S_i)$ 是由可达矩阵 M' 第 S_j 列中所有值为 1 的元素所对应的行构成的因素集合。若 S_i 是最上一级因素，则必须满足 $R(S_i) \cap A(S_i) = R(S_i)$，因此得到第一层级因素 $L_1 = \{S_i\}$，第一层级因素得到后，在可达矩阵 M' 中将该因素所在的行和列划去。用相同的方法求得第二层级，以此类推得到整个递阶结构。

课题设计的中国海洋经济监测预警指标体系，就是根据解释结构模型得到的。

三、指标体系框架结构

表 4-1 中国宏观经济运行指标体系

一级指标	二级指标
基础指标	消费者价格指数，地区人口总量，沿海地区城镇人口数量，地区 GDP，沿海地区固定资产投资，沿海地区年末财政一般性预算收入，沿海地区年末财政一般性预算支出，地区实际利用外资额，地区金融机构年末储蓄存款总额，沿海地区金融机构存款总余额，地区教育经费总额，地区 R&D 经费总额，地区就业人数，城镇登记失业人数，城镇从业人员总数
居民生活指标	沿海地区人均收入，沿海地区人均社会消费品零售总额，沿海地区人均可支配收入，城镇居民家庭年末可支配收入，城镇家庭消费性支出，城镇居民年食品消费支出金额，沿海地区参加养老保险总人数，沿海地区参加失业保险总人数，沿海地区参加医疗保险总人数，地区高等教育在校人数，人均受教育年限
旅游指标	沿海省市旅游景点数量，主要沿海城市国际旅游外汇收入，沿海省市旅行社单位数量，沿海地区星级饭店床位数，沿海地区星级宾馆数量
环境指标	工业废水直接入水量，沿海地区工业废水排放量、排放达标量，沿海地区工业固体废物处理量，沿海地区工业废气排放量，沿海地区工业废气排放达标量，倾倒区使用面积

续表

一级指标	二级指标
其他指标	沿海地区机场平均每天起降航班数，沿海地区私家车拥有量，沿海地区移动电话拥有量，沿海地区互联网用户数，沿海地区信息产业产值，沿海地区能源消耗量，地区物种总数，受威胁物种数量

　　中国海洋经济监测预警指标体系包括宏观经济和海洋经济两部分指标。宏观经济包括 5 个一级指标，47 个二级指标。海洋经济运行指标包括一级指标 9 个，二级指标 122 个，其中海洋产业状况指标涉及 12 个主要海洋产业。指标体系在空间上涵盖沿海 11 个省市和沿海 53 个城市，时间序列为 1994—2013 年。指标体系架构见表 4-2。该指标体系中所选指标能比较完整描述中国海洋经济发展状况，为本课题研究提供数据支持。

表 4-2　中国海洋经济运行指标体系

一级指标	二级指标
海洋经济总体指标	海洋生产总值，主要海洋从业人员数，地区涉海从业人员，海洋第二产业、第三产业增加值，海洋产业增加值，涉海产品价格指数，海洋产业固定资产投资额
海洋产出指标	海洋天然气开采量，海滨矿砂开采量，海洋石油开采量，海水养殖产量，海洋捕捞产量，水产品价格指数，海洋修船完工量，海洋造船完工量，海洋货物运输量，海洋货物周转量，海洋旅客运输量，海洋旅客周转量（亿人/千米），规模以上生产用码头泊位数，规模以上港口生产用码头长度，港口货物吞吐量，港口旅客吞吐量，国际标准集装箱运量，主要港口国际标准集装箱吞吐量，海洋产品销售收入，海洋产品出口额
涉海管理指标	已出台海洋法律法规数，沿海地区海洋法律法规覆盖面积，海洋战略规划数，海洋战略目标数，海洋战略目标实现数，海洋战略规划实施总周期，制定海洋标准规程项目数，海洋计量器具数量，海洋计量器具检测正常数量，海洋执法检查人员数量，海洋执法检查项目数，海洋执法检查次数
海洋自然资源指标	海域面积，海岸线长度，海岛数量，海洋类型自然保护区数量，海洋类型自然保护区面积，近海渔场面积，海水可养殖面积，浅海海水可养殖面积，滩涂海水可养殖面积，港湾海水可养殖面积，滩涂资源面积，浅海资源面积，海湾资源面积，盐田资源总面积，可供建港的天然港址数量，鱼类生物资源种类，甲壳类生物资源种类，头足类生物资源种类，藻类生物资源种类，潮间带平均生物量，近海天然气储量，近海石油储量，滨海矿砂储量

续表

一级指标	二级指标
海洋科研指标	海洋科研机构数量，海洋专业技术人才总数，拥有高级职称的海洋科研机构专业技术人员数量，海洋科研经费筹集总额，海洋科技专利受理数、授权数，海洋科技论文发表数，国家级海洋科研课题数，获国家海洋科技成果奖总数，获国家海洋创新成果奖总数，海洋科技课题数，海洋科技发明专利拥有数，海洋科技人员人数，组织海洋科技研究项目数，海洋科技成果登记数，年海洋技术转让项目数，年海洋科技转让成交总金额，海洋科技成果实现产业化总产值，海洋科技产品销售收入，海洋科技产品出口额
海洋教育指标	海洋教育投入经费总额，海洋专业博士专业点数，海洋专业硕士专业点数，海洋专业本科、专科专业点数，海洋专业博士毕业生人数，海洋专业硕士毕业生人数，海洋专业本科、专科毕业生人数，海洋专业在校生人数，海洋相关专业高等教育在校生人数
海洋污染及环境治理指标	近岸海域污染面积，远岸海域污染面积，疏浚物海洋倾倒量，海洋环境治理投资额，海洋环境治理项目数
海洋灾害指标	海洋灾害损失，渔业灾情造成水产品损失总量，渔业灾情造成水产品损失总额，海洋风暴潮损失，其他海洋灾害损失
海洋产业状况指标	海洋各产业从业人数，地区海洋各产业总产值，地区海洋各产业增加值，海洋各产业成本费用，海洋各产业利息支出，海洋各产业利润总额，海洋各产业税金总额，海洋各产业利税总额，地区海洋产业产品及服务出口总额，地区海洋产业产品及服务进口总额，海洋产业固定资产平均总值，地区海洋产业外商投资，综合景气指数，企业竞争力景气指数，企业家信心景气指数，企业创新能力景气指数，产业国际化景气指数，产业发展环境景气指数，涉海产品价格指数（分产业）

四、主要相关指标释义

1. 地区 GDP：是指在一定时期内，一个地区的经济中所生产出的全部最终产品和劳务的价值，被认为是衡量一个地区经济状况的最佳指标。

2. 沿海地区固定资产投资：固定资产投资是以货币表现的建造和购置固定资产活动的总量，沿海地区固定资产投资是反映沿海地区固定资产投资规模、速度和使用方向的综合性指标。

3. 沿海地区实际利用外资额：指沿海地区引入外资实际到位资金的金额。

4. 地区 R&D 经费总额：R&D（research and development）经费，指在

科学技术领域，为增加知识总量（包括人类文化和社会知识的总量）以及运用这些知识去创新应用而进行的系统创造性活动所投入的资金总额。

5. 地区就业人数：指本地区处于雇佣状态的劳动力数量。

6. 沿海地区工业固体废物处理量：指将固体的废物进行焚烧或者最终置于符合环境保护规定要求的场所，并不再进行回取的工业固体废物数量。处置方法有填埋、焚烧、专业贮存场（库）封场处理、深层灌注、回填矿井等。

7. 沿海地区工业废气排放量：指沿海地区企业厂区内燃料燃烧和生产工艺过程中产生的各种排入空气的含有污染物的气体总量，按标准状态（273K，101325Pa）计算。

8. 地区海洋生产总值：指一个地区在开发和利用海洋的各类产业及相关经济活动中，所生产出的全部最终产品和劳务的价值总和。

9. 地区海洋从业人员：指一个地区在海洋的各类产业及相关经济活动中从事劳动的劳动力数量。

10. 海域面积：所谓海域是指中华人民共和国内水、领海的水面、水体、海床和底土。确权海域面积是已经发放海域使用权的海域面积。

11. 海岸线长度：海岸线泛指沿海海陆交接线，海岸线长度指该交界线的长度。

12. 海洋风暴潮损失：是海洋风暴潮造成的各种损失之和，统称为海洋风暴潮损失。

13. 海洋各产业从业人数：是指所有从事各海洋产业劳动并取得经营收入或者劳动报酬的人员数目，体现了海洋各产业劳动力规模情况。

14. 海洋各产业成本费用：指从事海洋各产业的企业维持日常运营所支付的成本及费用。

15. 海洋各产业总产值：海洋各产业总产值是以货币形式表现的在一定时期内海洋各产业的总产出规模和总产出水平。

16. 海洋产业利息支出：是指从事海洋各产业的企业筹集和使用资金而支付的利息费用的总和。

17. 海洋产业固定资产平均总值：固定资产指使用期限在一年以上的资产，包括厂房、机器设备等。海洋产业固定资产平均总值指在一定时期内

（一般指一年）海洋各产业所拥有的固定资产值。

18. 海洋各产业利润总额：指海洋各产业所创造的利润总和，反映海洋产业创造利润的能力。

19. 地区海洋产业外商投资：是指外商对海洋产业的直接投资的货币数额。

20. 海洋各产业税金总额：指海洋各产业所上缴的税金总和，反映海洋产业提供税源的能力。

21. 海洋各产业利税总额：指海洋各产业所创造的利润和税收的总和，反映海洋产业创利税的能力。

第二节　数据收集归类与数据整理

课题实证研究过程中，需要大量的数据支持。但是由于海洋经济统计数据的缺失，为了保证数据的可靠、准确、系统、全面，课题组主要通过查阅文献资料、网络媒体查找、部门实地调研、拜访咨询专家等方式，对研究所需数据进行了采集。

1. 文献资料查阅

为保证数据的权威性，查阅文献主要为各类统计年鉴、期刊资料及政策文件。具体包括：

（1）《中国统计年鉴》《中国海洋统计年鉴》《中国海洋年鉴》《中国气象灾害年鉴》《中国城市统计年鉴》《中国船舶工业年鉴》《中国渔业统计年鉴》《中国能源年鉴》等全国性统计年鉴。

以《中国海洋统计年鉴》为例，可查阅到的指标有：地区海洋生产总值、地区海洋第二产业与第三产业增加值、地区海洋从业人员、地区海洋产业增加值、海水养殖产量、海洋捕捞产量、海岛数量、海水可养殖面积、海洋专业技术人才总数、海洋科技专利受理数、海洋科技专利授权数、海洋风暴潮损失、海洋各产业从业人数、地区海洋各产业总产值、地区海洋各产业增加值等。

（2）《辽宁统计年鉴》《天津统计年鉴》《河北统计年鉴》《山东统计年鉴》《江苏统计年鉴》《上海统计年鉴》《广东统计年鉴》《浙江统计年鉴》

《福建统计年鉴》《广西统计年鉴》《海南统计年鉴》沿海 11 省市的统计年鉴，以及《山东科技年鉴》《山东渔业统计年鉴》沿海省市的《海洋年鉴》等。

以《辽宁省统计年鉴》为例，可查阅到的辽宁省统计指标有：地区面积、地区人口总量、沿海地区城镇人口数量、地区 GDP、地区教育经费总额、地区就业人数、城镇登记失业人数、沿海地区人均社会消费品零售总额、沿海地区人均可支配收入、沿海地区参加养老保险总人数、沿海地区参加失业保险总人数、沿海地区参加医疗保险总人数、地区高等教育在校人数、工业废水直接入水量、沿海地区工业废气排放量、沿海地区工业固体废物处理量、沿海地区互联网用户数等。

（3）《中国渔业经济》《海洋开发与管理》《海洋经济》《海洋学报》《海洋世界》《海洋信息》《海洋通报》等海洋类期刊文章。

（4）《全国海洋功能区划（2011 年—2020 年）》《山东半岛蓝色经济区发展规划》《广东海洋经济综合试验区发展规划》《浙江海洋经济发展示范区规划》《广东海洋经济综合试验区发展规划》等政策性文件。

2. 网络媒体查阅

主要包括"中国经济社会发展统计数据库""中国海洋信息网"、沿海地区"海洋与渔业信息网"等权威网站。

（1）国家统计局、沿海地区统计局、沿海城市统计局网站。如"中华人民共和国国家统计局"网站，网址 http：//www. stats. gov. cn/。

（2）沿海地区海洋与渔业厅、海洋与渔业局所主办的"海洋与渔业网""海洋与渔业信息网"等。如"辽宁海洋与渔业网"，网址 http：//www. ln-hyw. gov. cn/xxbstjtb/。

（3）国家海洋信息中心主办的"中国海洋信息网"，包括中国海洋经济统计公报、中国海洋环境质量公报、中国海洋灾害公报、海域使用管理公报、海岛管理公报等各类资料。网址 http：//www. coi. gov. cn/gongbao/。

（4）中国知网的"中国经济社会发展统计数据库"，该数据库收录了国家级、省级、地市级的大量统计年鉴，数据可靠性较高。网址 http：//tongji. cnki. net/kns55/index. aspx。

3. 部门实地调研

为取得第一手资料，课题组成员多次前往辽宁、天津、上海、福建、浙江、广东、山东等地调研。以山东省调研为例，共调研山东省统计局、山东省图书馆、山东省海洋与渔业厅、山东省科技厅、山东省物价局5家单位。

（1）山东省统计局下属山东省统计局资料管理中心，该中心收集并管理山东省各类统计年鉴，调研人员通过拍照、拷贝光盘、手工记录的方式收集大量宝贵资料。

（2）山东省图书馆地方文献阅览室，收录山东省各地的统计年鉴等资料，调研人员通过拍照、复印等方式收集大量资料。

（3）山东省海洋与渔业厅负责《山东省渔业统计年鉴》的出版，并撰写《山东海情》等资料，调研人员通过拍照搜集《山东省渔业统计年鉴》的资料，并获得赠送《山东海情》等资料数据。

（4）山东省科技厅负责《山东省科技年鉴》的出版，调研人员通过拍照等方式收集了历年《山东省科技年鉴》的相关资料。

（5）山东省物价局负责物价调控，保存有历年的政府管控物价资料，调研人员通过手工记录等方式收集到大量数据。

4. 拜访咨询专家

课题涉及海洋经济研究的诸多方面，重点、难点复杂，为了保证课题研究的优质、高效，课题研究过程中组织召开了1次开题启动会议、1次中期检查会议、3次专家咨询会议、2次学术报告会议、16次课题组成员专门讨论会。同时，课题组成员通过各种途径拜访、咨询了15位海洋经济领域和相关领域的权威专家，得到极为宝贵的专家建议。

第三节　中国海洋经济监测预警数据库构建

一、MySQL 数据库概述

MySQL 是由瑞典 MySQL AB 公司开发的一个关系型数据库管理系统。它将数据保存在不同的表中，不仅提高了数据的访问速度，增加了数据的使用效率，也提高了数据操作的灵活性。MySQL 具有速度快、体积小、效率高、开放源码、总体成本低等优点。MySQL 数据库的支持平台是 MS Windows 操作系统、Apache 和 Nginx 的 Web 服务器、PHP/Perl/Python 的服务器端脚本解释器。与其他的大型数据库如 Oracle、DB2、SQL Server 等相比，MySQL 的关联软件都是费用极低或开放源码软件（FLOSS），所以在耗费很少费用的条件下，可快速建立一个稳定的数据库系统。

MySQL 数据库系统具有 4 大独特的优点。一是 MySQL 数据库编写的源代码具有可移植性，它还为包括 C++、Java、Python、Perl、Eiffel、PHP、Tcl 和 Ruby 等多种语言提供 API。二是 MySQL 数据库支持 Windows、HP—UX、FreeBSD、Linux、Novell Netware、OS/2 Wrap、Open BSD、Solaris 等多种操作系统，还支持多线程，并拥有优化的 SQL 查询算法。三是 MySQL 数据库能提供如中文的 GB 2312、BIG5，日文的 Shift_ JIS 等的多种语言支持，并能够作为一个单独的应用程序在客户端服务器网络环境中应用。四是支持多种数据库存储引擎。提供了数据库操作的管理工具，以及 JDBC、TCP/IP 和 ODBC 等多种数据库关联接口。

基于中国海洋经济监测预警体系的数据库数据量有限，不宜选用其他大型数据库。根据课题研究的需要和研究条件的支撑，选用 MySQL 数据库已经足够。相对其他大型数据库，MySQL 数据库的低成本性、开源性、扩展性、简单易行的操作性，对于中国海洋经济监测预警体系的数据库管理系统来说，具有很强的实用性。

二、中国海洋经济监测预警数据库表

在数据库中，各表之间的创建关系表示某个表中的列如何链接到另一表中的列。在关系数据库中，关系能防止数据冗余，而且引用完整性关系还能确保某个表中的信息与另一个表中的信息相匹配。

海洋经济数据库中涉及地区基础指标、居民生活指标、环境指标、海洋自然资源指标、涉海总体指标、海洋相关产出指标、涉海管理指标、海洋科技指标、海洋污染及环境治理指标、海洋灾害指标、海洋教育指标、旅游指标 12 个数据表，省市、地区、单位、年份、备注 5 个主键，系统、全面、科学覆盖了中国海洋经济监测预警体系的数据与功能要求，是目前国内唯一的可实际操作运行的海洋经济监测预警数据库系统。

中国海洋经济监测预警数据库关系表，详细展示了各数据表与各主键的匹配关系。见图 4-1。

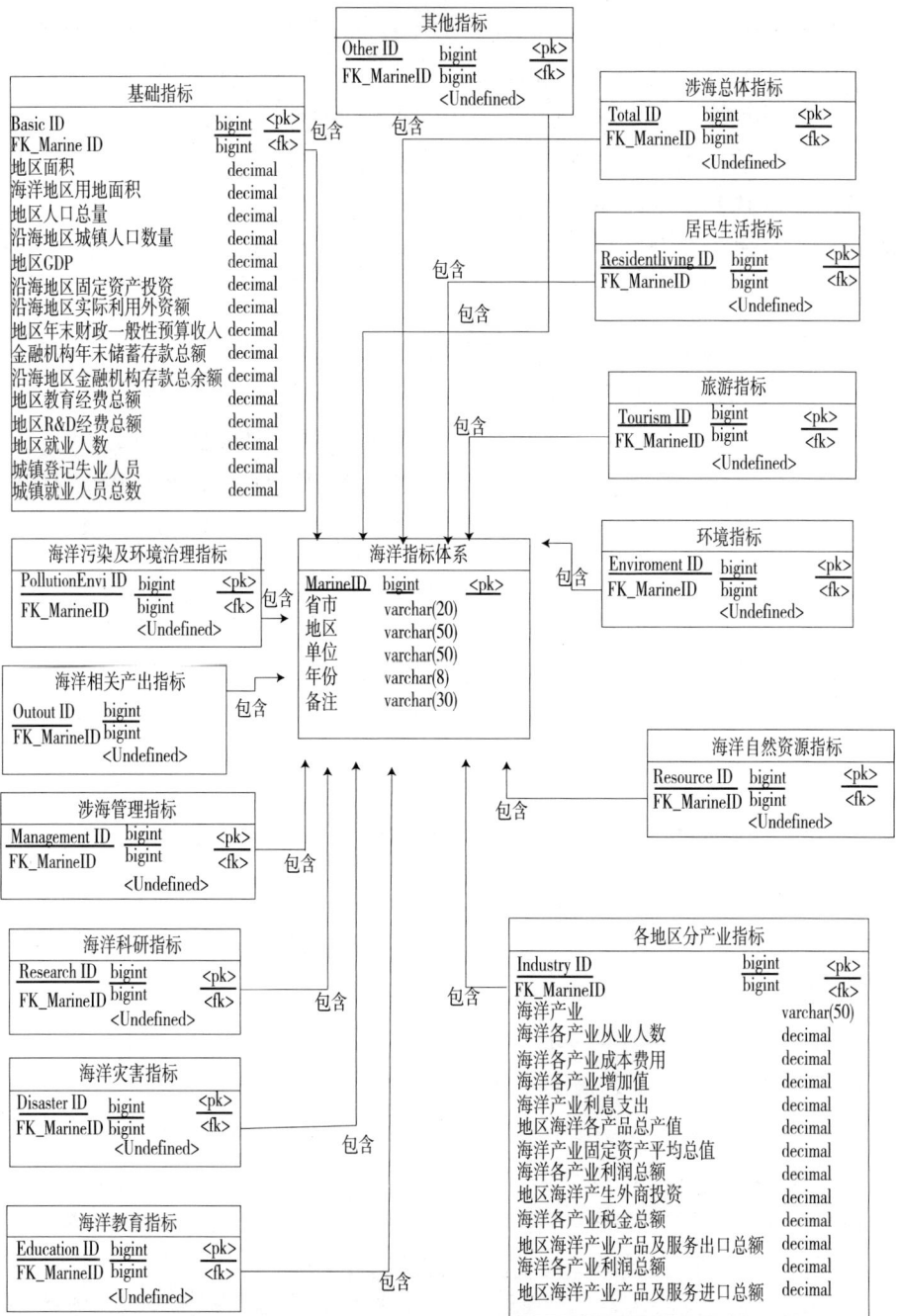

图 4-1 中国海洋经济监测预警数据库表间结构关系

三、中国海洋经济监测预警数据库运行

在时间维度上，中国海洋经济监测预警数据库收录了 1994—2013 年的时间序列数据，并随时间不断更新；在空间维度上，收录了辽宁、河北、天津、山东、江苏、上海、浙江、福建、广东、广西、海南 11 个沿海省市，并涵盖了大连、秦皇岛、青岛、连云港、宁波、舟山、福州、厦门、广州、北海、海口等 53 个沿海城市的部分数据。

数据库用户通过数据库的客户端界面实现数据库查询功能，管理员通过后台管理用户信息和使用权限，维护数据库正常运行。

1. 数据库登入界面和数据库查询操作界面

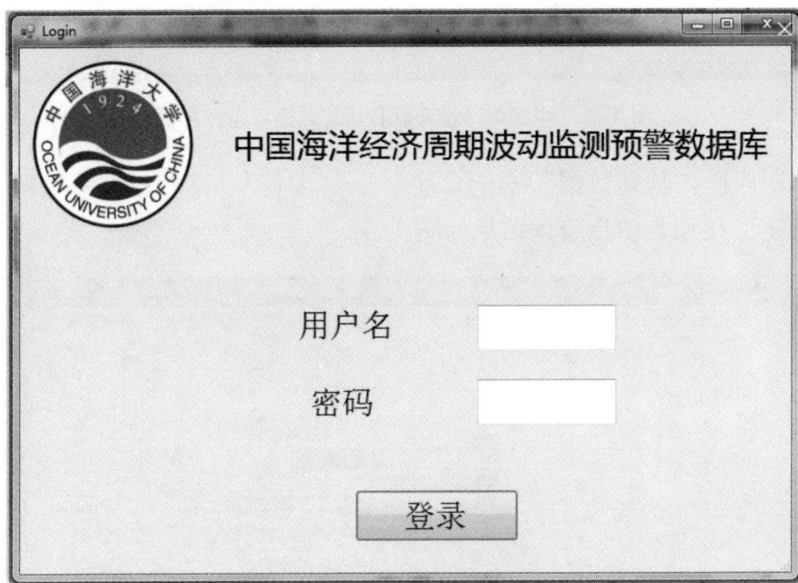

图 4-2　中国海洋经济监测预警数据库登录界面

在登录界面填写正确的用户名和密码，点击"登录"进入中国海洋经济监测预警数据库系统的查询操作界面，如图 4-3。

通过选择不同的数据表类别、省份、城市及相应的年份，可以查询对应省市的相关数据。也可以在选择数据表类别后直接点击"显示此数据表所有数据"，查询结果显示表内所有省市和年份对应的数据。

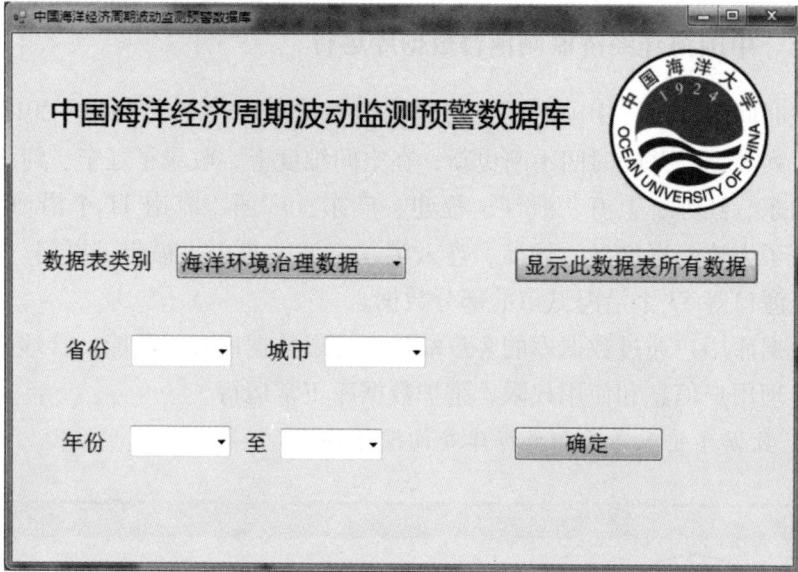

图4-3   中国海洋经济监测预警数据库运行界面

例：选择"基础数据"—"辽宁"—"大连"—"1994 至 2010"，点击"确定"按钮，输出查询结果如图 4-4。

ocean_id	ocean_area	ocean_city	ocean_time	人口数量（万人）	城镇人口数量（万人）	地区GDP（亿元）	
141	辽宁	大连	1994	531.5	245.7	513.3	25
142	辽宁	大连	1995	534.7	249.8	635	23
143	辽宁	大连	1996	537.4	253.9	716	23
144	辽宁	大连	1997	540.4	260	806.9	26
145	辽宁	大连	1998	543.2	265.6	893.1	26
146	辽宁	大连	1999	545.3	269.7	963.5	26
147	辽宁	大连	2000	551.5	275.3	1062	26
148	辽宁	大连	2001	554.6	280.2	1173.9	30
149	辽宁	大连	2002	557.9	287.9	1334	36
150	辽宁	大连	2003	560.2	297.5	1546.7	50
151	辽宁	大连	2004	561.6	312.3	1850.4	71
152	辽宁	大连	2005	565.3	317.4	2152.2	11
153	辽宁	大连	2006	572.1	328.6	2569.7	14
154	辽宁	大连	2007	578.4	336.8	3130.7	19
155	辽宁	大连	2008	583.4	347.8	3858.3	25
156	辽宁	大连	2009	584.8		4349.51	3!
157	辽宁	大连	2010	586.4	497.9	5158.1	3
158	辽宁	大连	2011				

导出到excel   返回主界面

图4-4   中国海洋经济监测预警数据库查询结果界面

查询结果可通过双击每一列的指标名称，隐藏不必要的数据项，只保留需要的数据。还可以通过点击"导出到 excel"功能，直接将数据导出到 excel 表格中进行操作。点击"返回主界面"，回到查询操作界面继续查询操作。

2. 数据库后台管理系统

数据库后台管理系统如图 4-5。在后台管理系统中，可以对数据库进行转入和转存，数据库转存脚本文件格式为". sql"。可以通过新建表、导入向导、导出向导对数据表进行添加和存储。

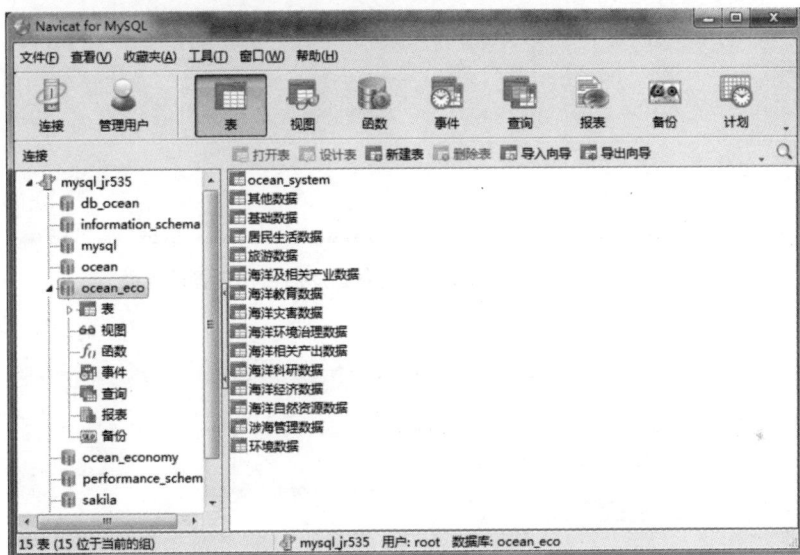

图 4-5　中国海洋经济监测预警数据库后台管理界面

点击数据库后台管理界面左上方的"管理用户"按钮，进入用户管理界面，如图 4-6。可以进行用户的添加、删除、编辑、复制。通过勾选或取消用户管理界面右侧的选项，可以调整不同用户对数据库的操作权限。

在数据库后台管理界面图 4-5，右键单击需要操作的表，选择"设计表"，进入后台数据库表设计界面图 4-7。通过添加栏位、删除栏位、插入栏位编辑指标字段，并定义每个字段的数据类型、长度、小数位数等属性。

直接点击数据库后台管理界面图 4-5 中的表，或右键单击对应的表并选择"打开表"，进入后台数据管理界面图 4-8。数据编辑可以直接通过 excel 表导入或转存，也可以直接复制粘贴等。

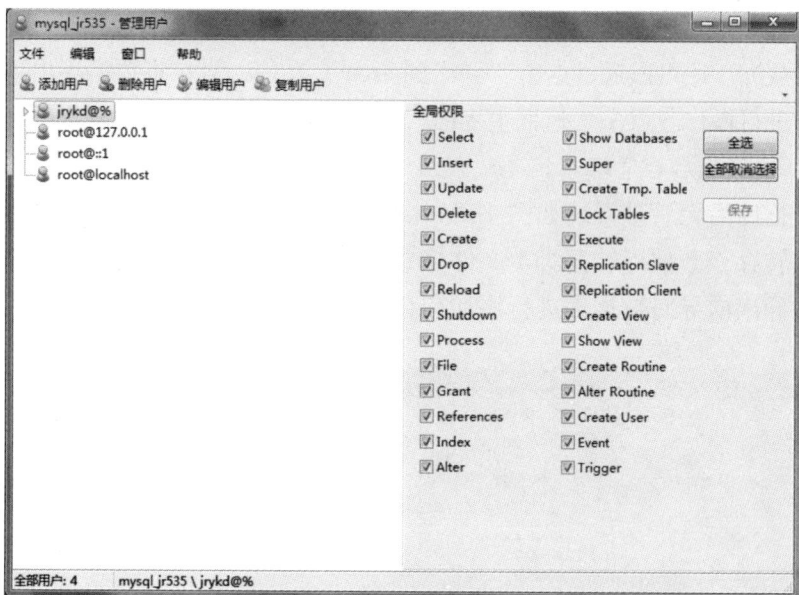

图 4-6　中国海洋经济监测预警数据库后台用户管理界面

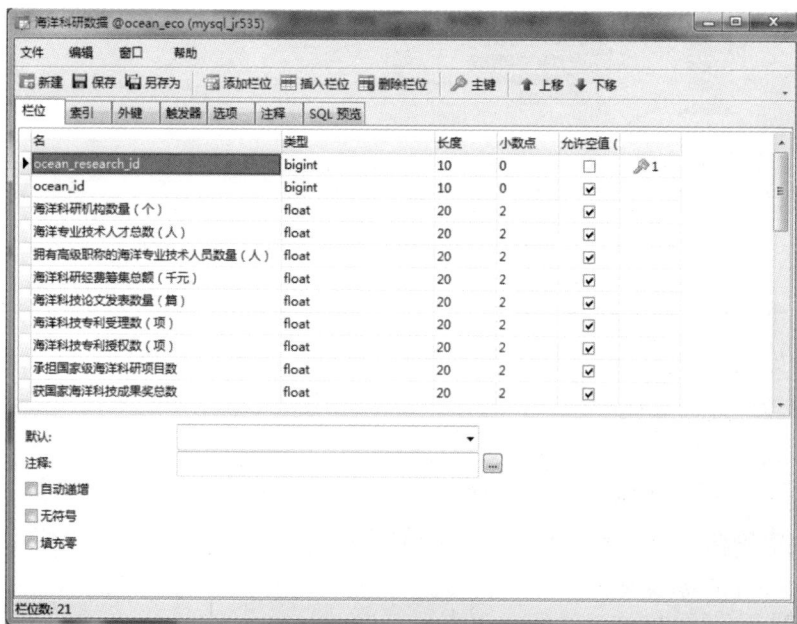

图 4-7　中国海洋经济监测预警数据库后台数据库表设计界面

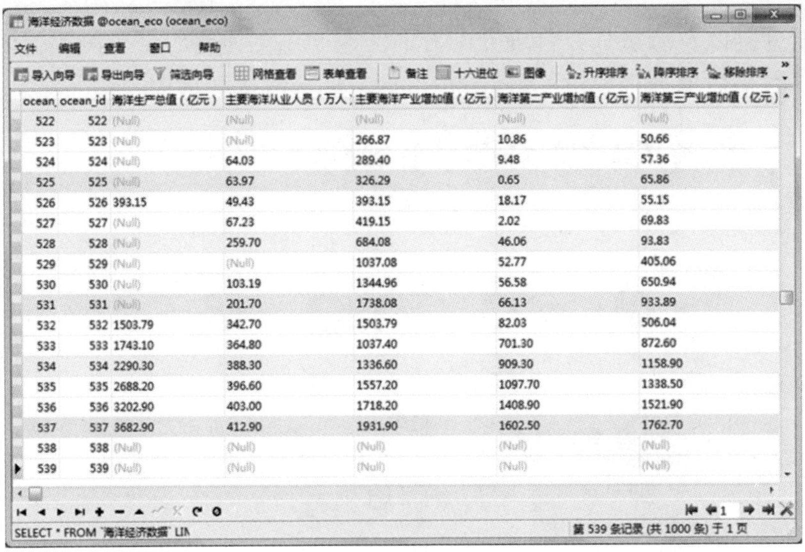

ocean, ocean_id		海洋生产总值（亿元）	主要海洋从业人员（万人）	主要海洋产业增加值（亿元）	海洋第二产业增加值（亿元）	海洋第三产业增加值（亿元）
522	522	(Null)	(Null)	(Null)	(Null)	(Null)
523	523	(Null)	(Null)	266.87	10.86	50.66
524	524	(Null)	64.03	289.40	9.48	57.36
525	525	(Null)	63.97	326.29	0.65	65.86
526	526	393.15	49.43	393.15	18.17	55.15
527	527	(Null)	67.23	419.15	2.02	69.83
528	528	(Null)	259.70	684.08	46.06	93.83
529	529	(Null)	(Null)	1037.08	52.77	405.06
530	530	(Null)	103.19	1344.96	56.58	650.94
531	531	(Null)	201.70	1738.08	66.13	933.89
532	532	1503.79	342.70	1503.79	82.03	506.04
533	533	1743.10	364.80	1037.40	701.30	872.60
534	534	2290.30	388.30	1336.60	909.30	1158.90
535	535	2688.20	396.60	1557.20	1097.70	1338.50
536	536	3202.90	403.00	1718.20	1408.90	1521.90
537	537	3682.90	412.90	1931.90	1602.50	1762.70
538	538	(Null)	(Null)	(Null)	(Null)	(Null)
539	539	(Null)	(Null)	(Null)	(Null)	(Null)

图4-8 中国海洋经济监测预警数据库后台数据管理界面

第四节 中国海洋经济监测预警云平台设计

一、云计算与 Hadoop 平台

1. 云计算（Cloud Computing）。从技术演变来看，云计算是由分布式、虚拟化、并行式、效用计算以及负载均衡等传统的计算机网络技术发展起来的。从云计算的概念演变来看，云计算是基础设施即服务、效用计算、平台即服务、虚拟化以及软件即服务等概念演进和技术理论的跃升发展。从学术界的定义看，是可被虚拟化和动态扩展的一系列资源的综合体。用户既可以共享，又可以通过网络访问这些资源，只需要被授权租赁相关的云计算资源即可。

2. Hadoop 分布式平台。Hadoop 是由 Apache 设计开发的云计算开源系统，采用的是分布式计算框架，具有良好的容错性和较高的扩展性、可靠性。Hadoop 拥有 HDFS、Map/Reduc 和 HBase 等编程计算预分布式数据库三大核心技术。对于大规模的海量数据处理问题来说，与传统方法相比，

Hadoop 不必购买昂贵的软件和硬件，也不需要大量编程，适用于大规模海量数据分割以及海量任务合理分配方面。未来中国海洋经济监测预警体系的高效、海量数据处理要求，恰好与 Hadoop 平台技术相适应。

二、中国海洋经济监测预警云平台网络架构

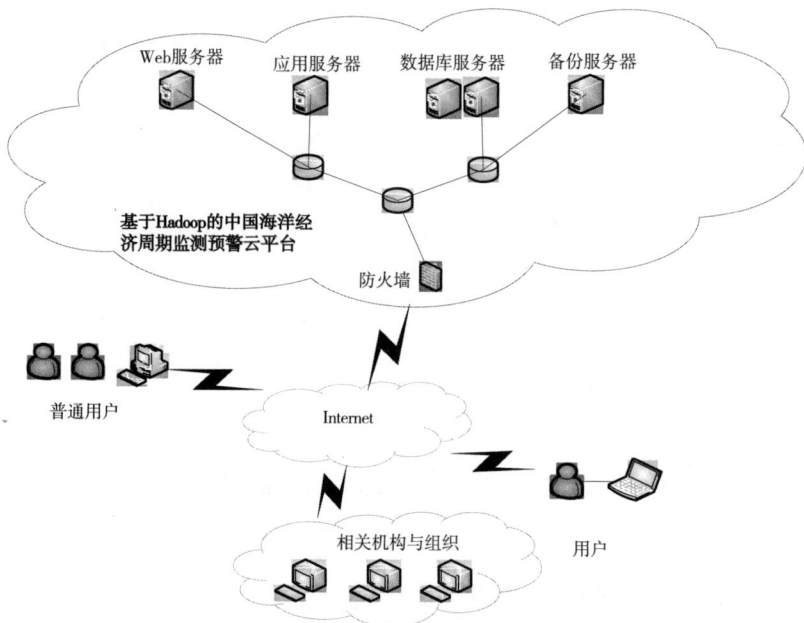

图 4-9　中国海洋经济监测预警云平台网络拓扑结构图

图 4-9 的底层是用户层，包括政府机构、科研部门和一些关联用户，一些被授权的平台服务均通过公共网络向此类用户开放。上层是中国海洋经济监测预警云平台系统层，包括平台系统中的互联设备、数据库服务器、应用服务器等硬件和软件配置。其中数据库服务器、应用服务器等硬件设备可供不同地域的用户使用。该平台系统能够大规模、系统、科学地处理和存储中国海洋经济监测预警体系的相关数据，为用户层提供稳定、持续、安全、可靠、及时、准确的中国海洋经济监测预警情况。

三、中国海洋经济监测预警云平台整体架构

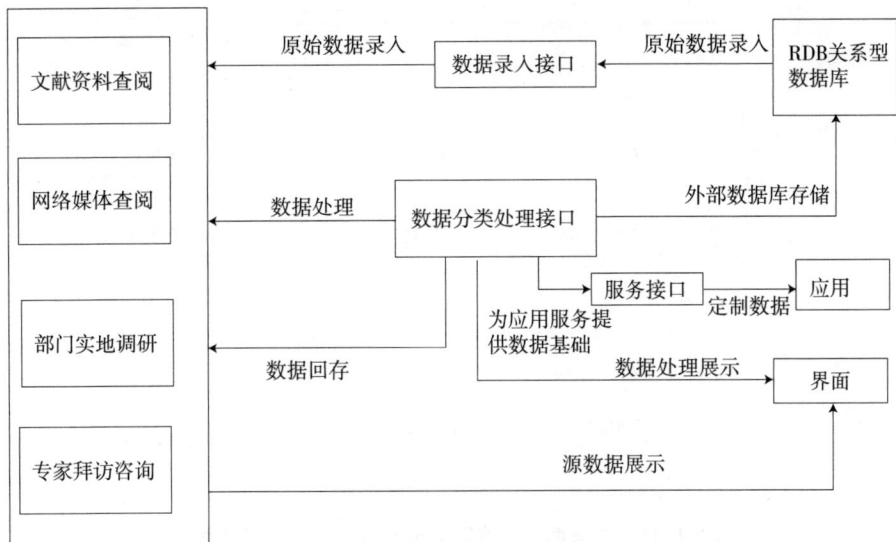

图4-10 中国海洋经济监测预警云平台整体架构图

四、中国海洋经济监测预警云平台功能设计

中国海洋经济监测预警云平台功能结构可设计划分为三层：数据访问层、数据处理层和业务应用层。具体结构如图4-11所示。

1. 数据访问层。整个功能框架中的最底层是数据访问层。主要功能是去除各种数据源的异构，提供数据库高效访问功能。数据库访问层具有良好的完备性和很强的可扩展性，使平台系统能够有效处理、存储海洋经济海量数据，方便管理和部署平台系统。

2. 数据处理层。整个功能框架中的第二层是数据处理层。主要功能是用来并行处理、加载以及应用中国海洋经济海量数据。数据处理层共涉及了监测、预警、预测、配置与管理以及基本功能5个功能模块。模块结构见图4-12。

监测模块能够使用户实时掌握中国海洋经济发展动态。又分为四个子模块：海洋经济总量、海洋经济结构、海洋经济效益、海洋经济可持续发展。

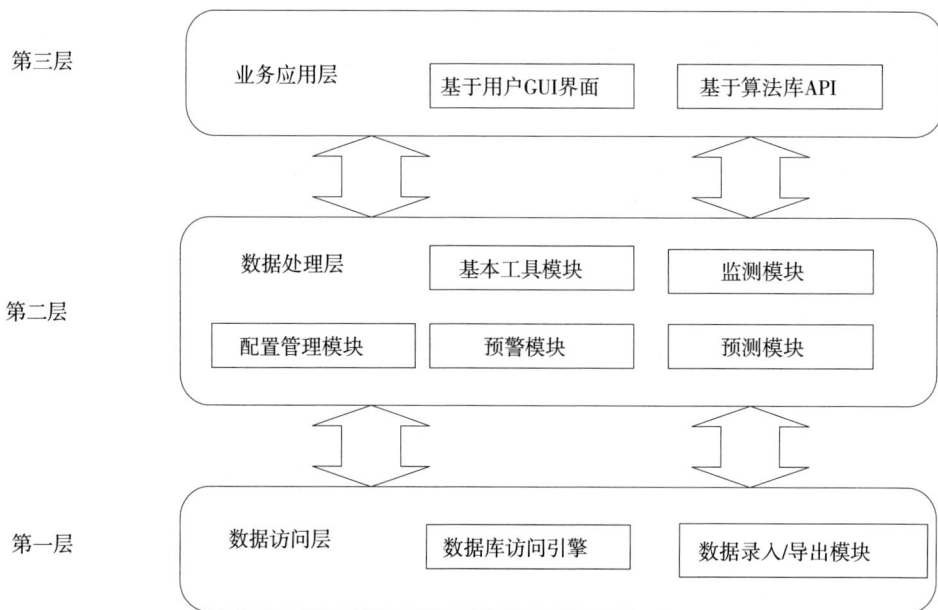

图 4-11　中国海洋经济监测预警云平台功能结构图

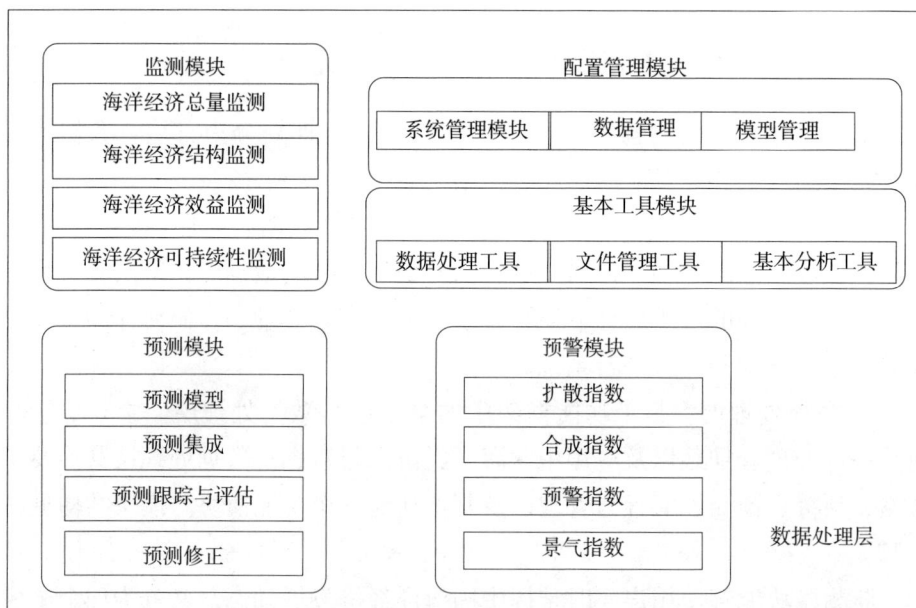

图 4-12　中国海洋经济监测预警云平台数据处理层结构图

预测模块主要是采用多种计量模型方法预测海洋经济的一些重要指标，包括差分回归模型、VAR 模型、误差修正模型以及状态空间模型等。预测过程主要包括模型、跟踪、评估、修正 4 个方面。

预警模块主要根据预警技术方法，考察中国海洋经济异常波动并发出预警信号。包括扩散指数、合成指数、预警指数以及动态马尔科夫转移因子预警模型。

监测、预测、预警模块，根据统计报表和景气跟踪图，提供景气调查、景气信号灯和综合警情指数。

辅助模块中的数据管理、系统管理、模型管理功能，主要是将相应的数据、模型与具体对象结合起来，只对管理人员开放使用。基本工具模块是为监测、预测、预警模块服务的，数据处理工具为模型分析提供数据预处理；文件管理工具用于整理数据、模型等资料文档；基本分析工具用于建模人员的数据统计分析，并用于设计构建相应的分析模型。

3. 业务应用层由用户 GUI 界面和算法库 API 两部分组成，处于整个功能框架的最上层。用户 GUI 界面用于海量数据的快捷处理和存储。算法库 API 主要为高级用户调用 API 接口进行系统功能的扩展。

第　五　章

中国海洋经济系统动力学仿真

　　系统动力学模型是一种以反馈控制理论为基础，通过系统因果关系链来仿真研究复杂社会经济系统的一种数量分析方法。中国海洋经济的波动除了受各种因素的影响和冲击外，还与主要海洋产业的发展波动有很强的关联关系。主要海洋产业中最典型、最有影响力的就是海洋支柱产业和海洋主导产业。海洋支柱产业的上下游关联产业很多，因此一般都有很长的产业链和较强的产业连锁效应。这种连锁效应会使海洋支柱产业链上的任一波动，通过传导机制波及整个海洋产业链条上，不仅会给海洋支柱产业带来严重冲击，也会引起上下游海洋产业和其他主要海洋产业的剧烈波动。本章根据我国海洋产业的分类标准，结合行业关联度系数、产业综合效益等背景，进行了海洋支柱产业选择及其上下游产业链条设计。同时，通过对海洋经济复合系统的变量检验与选择，设计构建了中国海洋经济复合系统的因果关系回路以及系统动力学模型和流图，进行了中国海洋经济波动的系统动力学仿真。主要海洋产业链构建和海洋经济系统仿真结果，对于辨析中国海洋经济波动的内在传导关系机理，设计中国海洋经济计量模型群结构，揭示我国主要海洋产业投入产出关系及其关联效应，具有重要的理论借鉴意义和现实指导意义。

第一节 主要海洋产业相关性分析

一、系统动力学模型概述

系统动力学（System Dynamics）是 1956 年由 Jay Forrester W 教授创立的系统仿真方法，主要代表人物有 Senge、Forrester 等。主要是利用计算机技术、仿真系统内部因素之间量化的动态关系，为各类决策的科学性、准确性提供理论依据。目前的应用越来越广泛，由最初的企业动力学分析、工业动力学分析，逐渐拓展到世界规模的战略分析，研究的重点集中在经济系统、社会系统等方面。

1. 系统动力学的特点。系统动力学的研究对象是开放的系统结构，研究的内容是系统之间多变量、多模式的复杂关系。因而适用于系统演变的长期性和周期性问题分析，对于数据相对不足、数据存在缺失的经济系统分析也有独到的优势。

系统动力学中的概念大多来自系统论、控制论和信息论。①系统与反馈。系统是由相互联系、相互制约的若干组成部分结合而成的、具有特定功能的一个集合体。反馈是控制理论的概念，是指把系统的全部或部分输出内容通过回馈装置再回输到输入端，进而对系统施加新影响的过程，又分为正反馈和负反馈。②状态变量。状态变量是指某一时刻系统中事物的累积量，它表示系统过去总流入量与总流出量的差额。③速率变量。速率变量用来度量水平变量变化的快慢。

2. 系统动力学建模步骤。系统动力学的建模步骤主要有四个过程：①系统分析。系统分析主要是确定系统的边界，分析系统内部结构、影响因素。②因果关系分析。因果关系分析主要是分析系统内外影响因素间的相关关系，主要是因果正相关、因果负相关关系，进而建立系统因果关系回路。③系统动力学模型构建。系统动力学模型主要由系统中的各种变量方程构成。系统主要包括状态变量、速率变量、辅助变量以及常量等。

状态变量方程：状态变量只决定于速率变量。

$$z_i(t + \Delta t) = z_i(t) + \Delta t[x_i(t) - y_i(t)]$$

速率变量方程：速率变量决定于辅助变量和状态变量。

$x_i = f(r_1, r_2, \cdots, r_p)$

$y_i = g(r_1, r_2, \cdots, r_p)$

f 代表输入速率函数，g 代表输出速率函数。

辅助变量方程。

$r_p = h(x_1, y_1, z_1, x_2, y_2, z_2, \cdots, x_\theta, y_\theta, z_\theta, r_1, r_2, \cdots, r_{p-1}, r_{p+1}, \cdots, r_p)$

④模型应用检验。模型的可信度、真实性，需要通过模拟检验。根据模拟结果和发现的问题，对模型进一步修改完善，包括模型的结构、回路、方程和参数等的调整。

3. Vensim 软件。Vensim 是一款系统动力学模型应用软件，可以具体分析变量之间的相关关系，从输入到输出的动态转换过程。Vensim PLE 的特点明显，可以自动简化系统动力学流图，graph 可以模拟变量的周期数值，cause tree 的树状图可以分析变量之间的因果关系和系统结构关系，通过输入参数约束和方程，直接进行系统动力学模拟仿真。

二、产业相关性的理论基础

1. 相关性理论。哲学上认为，事物之间是相互联系的，但也是相互制约的，完全孤立的事物是不存在的。经济学中不同产业之间同样存在着相互关联性。数学上通常是采取相关分析的方法将不同变量之间的关系进行量化描述，从而通过相关系数的大小判断两者之间的关联程度。

现实生活中的各种关系大体上可以分为两类：第一类可以确定唯一对应关系，此种关系因其可以被测度和分析，被称为函数关系。第二类是非唯一性的统计关系，现实生活中的关系多数是以不确定的形式存在的，不能用精确的函数公式来描述和确定，被称为相关关系，表现为关系的相关强弱程度。通常使用统计学中的相关分析方法来描述、分析两者之间的联系程度。

相关分析的主要思想是运用数理统计方法，在大量数据资料基础上，研究事物或现象之间的相关性质及其程度，主要通过计算相关系数来进行判断分析。

2. 产业关联性理论。产业关联性可从两个方面划分：一是从联系的方向上看，可分为"前向关联"与"后向关联"，前者指与上游企业的关联，后者是指与下游企业的关联；二是从联系程度看，又可分为"直接关联"和"间接关联"。产业关联性的研究一般都是采用投入产出的方法。

3. 后向关联性相关理论。Rasmussen（1956）采用 Leontief 逆矩阵列合计测算产业的关联性，用公式表示为：

$$LBL_j = b_{0j} = \sum^n b_{ij} \tag{5-1}$$

上式中 b_{ij} 表示第 j 产业每生产一单位最终产品对第 i 产业产品的完全需要量，可计算 Leontief 逆矩阵 $B = (I - A) - 1$ 得到。LBL_j 为第 j 产业的单位最终产出，对其他产业的完全需求量，此为 Leontief 后向关联性。因此，Rasmussen 明确了后向关联性的测算，奠定了这一研究领域的理论基础。

Watanabe 和 Chenery（1958）运用直接消耗系数矩阵的列合计测算产业关联性，其公式为：

$$BL_j = a_{0j} = \sum_{i=1}^n a_{ij} \tag{5-2}$$

式中，a_{ij} 为第 j 产业的直接消耗系数，是指单位产出对第 i 产业的直接消耗量，BL_j 表示第 j 产业创造单位产值需要消耗的产品量。显然，a_{ij} 指标考虑的是后向关联性。

4. 前向关联性相关理论。Rasmussen（1956）紧接着又给出了前向关联性的概念，产业间前向关联性的测算公式表示为：

$$FL_j = b_{0j} = \sum_{j=1}^n b_{ij} \tag{5-3}$$

FL_j 表示为所有产业增加一单位最终需求时，对第 j 产业的完全需要量，即 Leontief 完全前向关联性。

前向关联性指标 FL_j 的设计中采用的是 Leontief 逆矩阵的元素。Augustinovics（1970）采用 Ghosh 逆矩阵 $G = (I - H) - 1$ 替代 FL_j 进行测算，其中 H 为直接分配系数矩阵。公式表示如下：

$$FL_j^G = g_{0j} = \sum_{j=1}^n g_{ij} \tag{5-4}$$

式中，g_{ij} 由 Ghosh 逆矩阵 $G = (I - H) - 1$ 计算得到，表示第 i 产业单位投入，能够对第 j 产业提供的完全消耗量。FL_j^G 即为 Ghosh 完全前向关联性。FL_j^G 成为测算前向关联性的主要指标。但是也有学者反对采用该指标，并且采用数理方法证明了 FL_j^G 指标测算方法仍有缺陷。

三、主要海洋产业相关性分析

（一）主要海洋产业分析

2002—2013 年我国主要海洋产业增加值如表 5-1 所示。

表 5-1　2002—2013 年我国主要海洋产业增加值　　　　单位：亿元

年份 产业	2002	2003	2004	2005	2006	2007	2008	2009	2010	2011	2012	2013
产业总增加值	4696.8	4754.5	5827.8	7188.2	8790.4	10478.4	12176.1	12843.8	16187.8	18760.0	20575.0	22681.0
滨海旅游业	1523.7	1105.8	1522.0	2010.6	2619.6	3225.8	3766.4	4352.3	5303.1	6258.0	6972.0	7851.0
海洋交通运输	1507.4	1752.5	2030.7	2373.3	2531.4	3035.6	3499.3	3146.6	3785.8	3957.0	4802.0	5111.0
海洋渔业	1091.2	1145.0	1271.2	1507.6	1672.0	1906.0	2228.6	2440.8	2851.6	3287.0	3652.0	3872.0
海洋油气业	181.8	257.0	345.1	528.2	668.9	666.9	1020.5	614.1	1302.2	1730.0	1570.0	1648.0
海洋船舶工业	117.4	152.8	204.1	275.5	339.5	524.9	742.6	986.5	1215.6	1437.0	1331.0	1183.0
海洋工程建筑	145.4	192.6	231.8	257.2	423.7	499.7	347.8	672.3	874.2	1096.0	1075.0	1680.0
海洋化工业	77.1	96.3	151.5	153.3	440.4	506.6	416.8	465.3	613.8	691.0	784.0	908.0
海洋矿业	1.9	3.1	7.9	8.3	13.4	16.3	35.2	41.6	45.2	53.0	61.0	49.0
海洋生物医药	13.2	16.5	19.0	28.6	34.8	45.4	56.6	52.1	83.8	99.0	172.0	224.0
海洋盐业	34.2	28.4	39.0	39.1	37.1	39.9	43.6	43.6	65.5	93.0	74.0	56.0
海洋电力业	2.2	2.8	3.1	3.5	4.4	5.1	11.3	20.8	38.1	49.0	70.0	87.0
海水利用业	1.3	1.7	2.4	3.0	5.2	6.2	7.4	7.8	8.9	10.0	11.0	12.0

资料来源：2003—2012 年《中国海洋统计年鉴》；2013 年、2014 年《中国海洋经济统计公报》。

　　近年来，虽然我国海洋经济迅速发展，对我国经济和沿海地区发展的贡献与日俱增，但是我国不合理的海洋产业结构严重制约了海洋经济的发展，粗放型的传统海洋产业仍然占主导地位。2012年，我国传统海洋产业占比高达75.6%；而海洋新兴产业仅占16.7%。传统海洋产业以资源消耗和劳动密集型发展模式为主，但随着近年来海洋渔业资源的日渐稀缺，亟须转变这种粗放式的发展模式，不应再以资源和环境的损耗为代价，应加快、加深海洋产业结构的优化力度，推动海洋产业的升级，加强海洋新兴产业的发展，实现平稳发展的海洋经济。

　　海洋经济的发展离不开海洋资源可持续发展。虽然我国的海洋资源十分丰富，但是在经济利益的驱使下，部分海洋资源被过度地开发利用。这逐渐造成海洋生态破坏、海洋环境污染以及海洋资源衰退等严重后果，并且限制了海洋经济的可持续发展，产生海洋生态可持续发展的问题。传统的海洋渔业经济作为海洋经济的三大支柱产业之一，面临的生态挑战极为严峻。首先，沿海地区的海洋渔业资源过度捕捞会造成海洋生物资源的严重浪费。其次，近海是我国海水养殖主要海域，但是水利和海洋工程以及海滩围垦在修建的过程中会破坏海洋原始生态结构，并且得不到正确处理的工程垃圾和污染物会对海洋生态环境的污染带来不可逆的破坏，由此导致渔业捕捞的资源进一步减少。再次，不能合理有效地利用海岸和海域空间资源，围海造田会致使海岸线缩短及湿地面积缩小，也加剧了对海洋原始生态结构的破坏。

　　在海洋科技领域，我国的海洋科技发展水平还较低，海洋科技成果转化缺乏支持平台，海洋科技贡献率普遍不高，还没有形成一套完整的海洋科技创新体系，尤其是在一些关键领域、前沿领域缺少高端人才。尽管海洋科技领域的"863""973"重大科技计划带动了海洋科技的发展，但海洋科技的支撑水平较低制约了我国海洋科技的发展，致使科技产品竞争力不强。具体表现在以下几个方面：

　　（1）海洋科技中的科研开发项目的资金不充分。各地政府投入的海洋科研经费金额不足，导致海洋新兴产业研发能力以及高新技术转化受到了资金上的制约，海洋科技转化率低。

　　（2）比较分散的海洋科研力量，海洋科研院所及涉海类高校数量有限，海洋科技高端人才匮乏，造成在重大的科研项目中缺乏足够的高级技术人才支持的局面，致使研究成效不佳，后劲不足，较难取得课题的重大突破。

（3）研究领域缺少对海洋高新技术以及新兴海洋产业的科研支持，研究成果主要集中在传统海洋产业，以劳动力密集型和海洋资源开发为主，研究侧重点太片面，自主创新能力薄弱。基于以上问题，应加强海洋科技研发，构建海洋科技成果转化和推广应用体系；加大对海洋教育的投入力度，设计多渠道筹措海洋教育经费的机制；优化高等海洋教育体系，为海洋经济发展提供人才保障。

除此之外，海洋经济还存在管理制度的问题。海洋经济的发展涉及各个领域，造成缺乏宏观指导、协调和规划的海洋资源开发管理体制。现阶段仍沿用分散式的管理制度，由不同的部门和行业进行管理，无法形成统一有效的协调机制，导致较难根本解决海洋管理问题。

（二）海洋产业间的关联度

关联度主要用来表征两个事物之间的关联程度，在数学上是指两函数相似的程度，是灰色系统分析的术语之一。海洋产业关联度描述的是两个海洋产业之间的相互影响程度或关联程度。

主要海洋产业与我国海洋经济（用主要海洋产业总增加值表示）的灰色关联度计算结果如表 5-2 所示。2001—2012 年，我国主要海洋产业与海洋经济发展的序列相关性较强，92% 的灰色关联度都大于 0.6。

表 5-2　2001—2012 年主要海洋产业与海洋经济的灰色关联度

主要海洋产业	海洋生物医药	海洋矿业	海洋交通运输	海洋电力业	海洋油气业	海洋工程建筑	滨海旅游业	海洋化工业	海洋盐业	海水利用业	海洋船舶工业	海洋渔业
灰色关联度	0.8531	0.8061	0.7766	0.6979	0.6750	0.6626	0.6593	0.6411	0.6403	0.6301	0.6172	0.5401

1. 海洋生物医药业与海洋经济发展的关联度最高，达到 0.8531。海洋生物医药业属于新兴的海洋产业，海洋生物中蕴藏着丰富的有益元素，可供人类提取用来研制生物化学药品、保健品和基因工程药物等，促进海洋生物医药业的发展，进而使人类的生命健康权的保障更具可行性。21 世纪初，中国海洋生物医药业展现了广阔的发展前景，与海洋经济发展保持一致。随着相关战略政策的推出，海洋生物医药业的发展将迈上新的台阶。

2. 海洋矿业与海洋经济发展的关联度达到 0.8061，仅次于海洋生物医药业。海洋矿业也属于新兴的海洋产业，凭借我国漫长的海岸线以及广阔的海域面积，我国滨海拥有黑色金属、有色金属、稀有金属和非金属等各类矿砂资源，我国还有国际赋予的海底金属勘探权。随着矿砂开采技术的进步，中国海洋矿业的进一步发展，将为海洋经济的发展作出更大的贡献。

3. 海洋交通运输业、滨海旅游业等的关联度也很高，一定程度上反映了一个国家的海洋经济实力。随着经济全球化，海洋交通运输、滨海旅游业等将继续成为拉动并促进海洋经济发展的重要因素。

（三）主要海洋产业间的关联度

我国主要海洋产业之间的灰色关联度计算结果如表 5-3 所示。可以看出，我国主要海洋产业间的序列相关性也很高，只有海洋盐业与滨海旅游、海洋船舶业以及海洋化工业与海洋渔业的关联度较低，其他的灰色关联度都大于 0.6。

表 5-3　我国主要海洋产业间的灰色关联度

主要海洋产业	滨海旅游业	海洋交通运输	海洋渔业	海洋油气业	海洋船舶工业	海洋工程建筑	海洋化工业	海洋矿业	海洋生物医药	海洋盐业	海洋电力业	海水利用业
滨海旅游业	1.00	0.73	0.64	0.70	0.68	0.71	0.68	0.70	0.82	0.58	0.77	0.65
海洋交通运输		1.00	0.65	0.66	0.61	0.66	0.68	0.72	0.82	0.71	0.67	0.60
海洋渔业			1.00	0.70	0.67	0.62	0.51	0.81	0.78	0.63	0.68	0.74
海洋油气业				1.00	0.79	0.79	0.69	0.78	0.80	0.60	0.77	0.76
海洋船舶工业					1.00	0.71	0.71	0.64	0.79	0.49	0.80	0.68
海洋工程建筑						1.00	0.72	0.65	0.78	0.64	0.77	0.79
海洋化工业							1.00	0.69	0.83	0.60	0.75	0.72
海洋矿业								1.00	0.68	0.68	0.73	0.74
海洋生物医药									1.00	0.78	0.60	0.81
海洋盐业										1.00	0.80	0.69
海洋电力业											1.00	0.75
海水利用业												1.00

1. 海洋生物医药业与海洋化工业的关联度是 0.83。生物化学药品的研

发、制造与海洋化工业的发展紧密相关，生物医药业所依赖的生物化学元素的提取，对海洋化工业存在一定的依赖性。

2. 海洋电力业与海洋船舶业、海洋化工业、海洋盐业的灰色关联度分别高达 0.80、0.75、0.80。海洋电力业作为新兴的海洋产业可以为海洋船舶业、海洋化工业以及海洋盐业的发展提供充足的电力能源支持，从而发挥新兴海洋产业对传统海洋产业以及其他新兴海洋产业的助推作用。

3. 海洋交通运输业与海洋矿业的灰色关联度达到 0.72。海洋交通运输业的发展为海洋矿业发展提供了更广阔的营销空间，海洋矿业的发展可以为海洋交通运输业的发展提供动力支持。两大产业的联合作用，共同促进海洋经济的发展。

（四）海洋产业间的协作效应分析

在海洋经济活动中，海洋产业之间存在着技术、经济、产品、人员、投资、政策等多方面的供需关系，这种关联关系既要求海洋产业之间的彼此协作，又催生了海洋产业之间的生存竞争。海洋产业协作包含两个层面：一是海洋产业内部协作，指的是海洋产业的整体化与有序化，它以分工和专业化为重要内容，以合作型竞争为主导，促使海洋产业内不同类型企业的有效协同，从而提高海洋产业内部的组织化程度，提升海洋产业的核心能力与国际竞争力；二是海洋产业系统协作，指的是海洋产业间的经济技术关联，通过合理的制度安排重塑海洋产业系统内主导产业、基础产业和配套产业间的关系，以提高海洋产业系统的聚合质量，这也是海洋产业协作的核心所在。

按照海洋产业协作的主导方向不同，海洋产业协作又可以具体分为 6 种模式：①开发导向型的海洋产业协作；②高新科技、教育文化导向型的海洋产业协作；③市场导向型的海洋产业协作；④信息化导向型的海洋产业协作；⑤以制度创新为主的多极复合海洋产业协作；⑥资本主导型的产业协作。

四、海洋经济支柱产业的界定

1. 支柱产业的界定。支柱产业是指发展速度快，对经济增长贡献度大、所占比重高，对经济发展具有重要推动作用的产业。20 世纪 50 年代，美国经济学家 Hirschman 最早提出了支柱产业的概念。他认为经济增长的目标是挑选并集中力量发展那些在技术上互相依赖的"战略部门",即支柱产业。Rostow (1960) 提出了以"创新"和"扩散"为核心的支柱产业理论。直到20世纪80年代中后期,国内才逐渐开始支柱产业理论的研究。

2. 支柱产业的特征。支柱产业在经济增长和发展中扮演着关键角色,具有五大特征:在国民经济中占有较大的比重;关联效应大,扩散性好,具有较强的影响;具有较高的科技含量;市场需求旺盛,能够迅速发展壮大;具有可持续发展性,在自身产业的发展过程中强调资源节约和环境保护等问题。

3. 海洋支柱产业。海洋支柱产业是指在海洋经济发展过程中居于主要地位并能影响全局的产业。海洋支柱产业在海洋产业结构中具有较强的前后关联性和很高的增长率,其发展能够影响到其他海洋产业,进而可以带动整个海洋经济的发展。

通过综合考虑产业关联度系数、产业经济综合效益、特色产业背景等,结合海洋产业的特点,通过海洋产业的贡献度分析,进行海洋支柱产业的界定与选择。

海洋产业贡献度可用于分析不同产业对海洋经济增长的贡献程度。其计算公式是:

$$贡献率(\%) = \frac{某因素贡献量(增量或增长程度)}{总贡献量(增量或增长程度)}$$

用 y 表示主要海洋产业生产总值,t 表示年份,则主要海洋产业(海洋经济)的增长率 r_t 为:

$$r_t = (y_t - y_{t-1})/y_{t-1} \tag{5-5}$$

12个主要海洋产业的增长率计算公式可以分解为:

$$r_t = (y_t^1 - y_{t-1}^1)/y_{t-1} + (y_t^2 - y_{t-1}^2)/y_{t-1} + \cdots (y_t^{12} - y_{t-1}^{12})/y_{t-1} \tag{5-6}$$

将 (5-2) 式两端同时除以海洋经济增长率 r_t,得到:

$$1 = [(y_t^1 - y_{t-1}^1)/y_{t-1}]/r_t + [(y_t^2 - y_{t-1}^2)/y_{t-1}]/r_t + \cdots [(y_t^{12} - y_{t-1}^{12})/y_{t-1}]/r_t \tag{5-7}$$

其中,令:$p_t^i = [(y_t^i - y_{t-1}^i)/(y_t - y_{t-1})]$,就是各主要海洋产业对海洋经济增长率的贡献度,简称第 i 海洋产业的贡献度。

表 5-4　2002—2013 年主要海洋产业对海洋经济增长率的贡献度

年份 产业	2002	2003	2004	2005	2006	2007	2008	2009	2010	2011	2012	2013
滨海旅游业	23.53	-103.19	114.80	25.82	21.89	35.91	31.85	87.67	28.43	34.99	42.84	41.72
海洋交通运输	34.97	54.48	-4.80	-1.16	-2.60	29.87	27.32	-52.78	19.11	16.12	34.21	14.67
海洋渔业	17.99	32.52	29.79	32.63	48.07	13.86	18.97	31.84	12.28	13.12	26.28	10.44
海洋油气业	2.52	4.06	6.15	14.39	3.28	-0.12	20.84	-60.81	20.58	15.59	-8.76	3.70
海洋船舶工业	6.52	-8.48	18.76	10.49	8.74	10.98	12.83	36.50	6.85	5.09	-1.23	-7.02
海洋工程建筑	5.58	83.76	-65.81	4.68	-0.61	4.50	-8.95	48.56	6.04	7.94	-0.69	28.71
海洋化工业	1.74	5.76	1.85	4.09	-1.51	3.92	-5.29	7.26	4.44	3.07	5.16	5.89
海洋矿业	0.09	0.02	0.59	0.13	0.14	0.17	1.11	0.96	0.11	0.30	0.45	-0.57
海洋生物医药	1.68	0.13	-0.48	0.97	0.36	0.63	0.66	-0.67	0.95	2.50	1.24	2.47
海洋盐业	-0.06	-1.35	0.97	-0.04	0.78	0.17	0.22	0.00	0.65	0.42	-0.16	-0.85
海洋电力业	5.45	32.30	11.18	5.61	17.59	0.04	0.37	1.42	0.52	0.79	0.63	0.81
海水利用业			-13.00	2.38	3.57	0.06	0.07	0.06	0.03	0.06	0.04	0.05
海洋支柱产业	76.48	-16.19	139.79	57.28	67.35	79.64	78.15	66.74	59.83	64.23	103.33	66.82

资料来源：2002—2012 年《中国海洋统计年鉴》；2013 年、2014 年《中国海洋经济统计公报》。

表 5-4 中的主要海洋产业贡献度明显反映了三个产业——滨海旅游业、海洋交通运输业、海洋渔业对海洋经济增长率的贡献度最高，除 2003 年受"非典"疫情影响，滨海旅游业总产值有大幅下降，从而贡献度为负值之外，其余年份三个产业的贡献度之和几乎都在 60% 以上。值得注意的是，海洋工程建筑业在某些年份贡献度也较高，但其贡献度波动较大，说明行业发展还处于不成熟阶段。

第二节　中国主要海洋产业链构建

一、主要海洋产业链界定

1. 产业链的概念。产业链重点突出"链"的重要性，即产业链着重强调链接。产业链来源于产业经济学，是各个产业部门之间在各自活动过程中形成的经济、技术、产品之间的网络化关联结构。

2. 产业链的分类。接通产业链，是指将一定地域、空间范围内的相关产业，根据其上下游关系而组成的彼此联通的产业网络结构。延伸产业链，是将一条既已存在的产业链尽可能地向上下游拓深延展形成的产业网络结构。产业链向上游延伸包括基础产业转型和技术研发，向下游延展是指市场拓展等。技术链，是指各种技术本身可能存在的彼此承接关系，或产品之间存在的上下游关系，因此用于生产产品的各种技术之间直接或潜在地形成了一种技术链条。

3. 技术链的特征。技术之间的承接关系通常表现为星状结构，中心节点为基础技术，并向多个领域拓展，而分岔出去的每一个细分技术又能够自立门派，向下形成更多的技术网络链接结构。在基础技术向外扩展的过程中，往往有新技术与原有技术的结合。产品之间的上下游关系也为星状结构。另一方面，在某一产品的生产过程中，往往需要多种技术的组合来实现。

4. 技术链与产业链的对应关系。对应于产业链的技术链，技术之间可能是前后关系，也有可能是平行关系。具体来说有三种情况：（1）产品和技术一一对应；（2）一种产品对应多种技术；（3）某种技术应用于多种产品。在分析技术链时，不仅要考察某个产品需要的技术，还应考虑到是否存在替代技术。

5. 海洋产业具有 3 个主要特征。外向性：与陆地不同，海洋有着难以准确划定边界以及永不停息流动的特点，这也使得海洋经济更具互通性。海洋经济的外向性主要表现在国际化、全球化和系统的开放性等方面。现代性：现代海洋产业相较于传统产业，更依托于科技的进步尤其是高新技术的进步。由于海洋开发的场所是海洋这个特殊的环境，开发难度很大，需要大量的风险投入及高新技术支持。关联性：相比其他产业，海洋产业在辐射面与渗透力上更具优势，上游与下游产业相互关联，共同发展。

二、海洋渔业产业链构建

我国是世界渔业大国，2013 年全国海洋渔业实现总产值 3872 亿元，增速为 5.5%。海洋渔业始终是海洋经济的支柱产业，与其他许多产业关系密切，影响巨大。海洋生物药业、餐饮旅游业、食品加工业等，都是海洋渔业的高度关联产业；海洋渔业对信息服务业也有着很高的需求，包括天气预报、风暴潮预警等。与此同时，以海洋渔业资源为依托的休闲渔业、海洋牧场业也正日益兴起。一方面，休闲渔业属于滨海旅游业的范畴，能够直接提供旅游资源并创造产值；另一方面，休闲渔业、海洋牧场业能够有效保护现有的海洋渔业资源，有利于控制过度捕捞，有效促进海洋养殖业的结构调整，促进海洋渔业资源的优化。

海洋渔业的上游产业是水产品的生产行业，根据渔业资源的获取方式不同，将其分为海洋捕捞业和水产养殖业。海洋渔业的中游产业是水产品加工业，水产品加工有两种方式：粗加工和细加工；加工品主要有：冷冻制品、鱼糜制品、干腌制品、罐制品和饲料鱼粉等。中国海洋渔业的下游产业是渔业产品的各类销售业。根据我国海洋产业分类标准，结合中国海洋渔业发展的特点，通过海洋渔业上下游产业的关联分析，中国海洋渔业产业链的设计如图5-1所示。

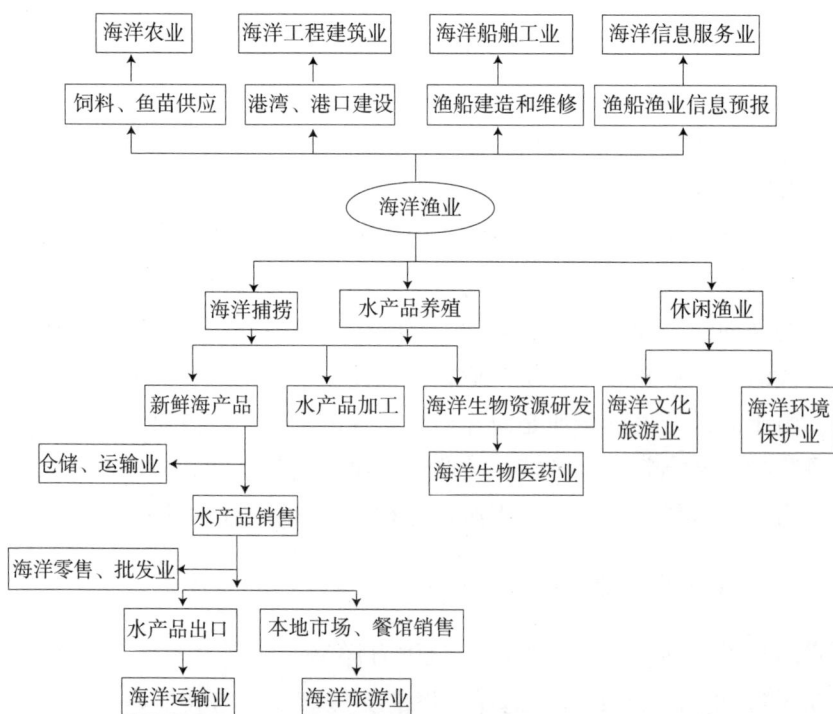

图5-1 以海洋渔业为中心的支柱产业链

三、滨海旅游业产业链构建

2013 年中国滨海旅游业的生产总值为 7851 亿元，在各主要海洋产业中居于首位，其增速为 11.7%。滨海旅游业之所以能作为中国海洋经济的支柱产业，除了其生产总量占比重较大外，更重要的是它与海洋交通运输、休闲

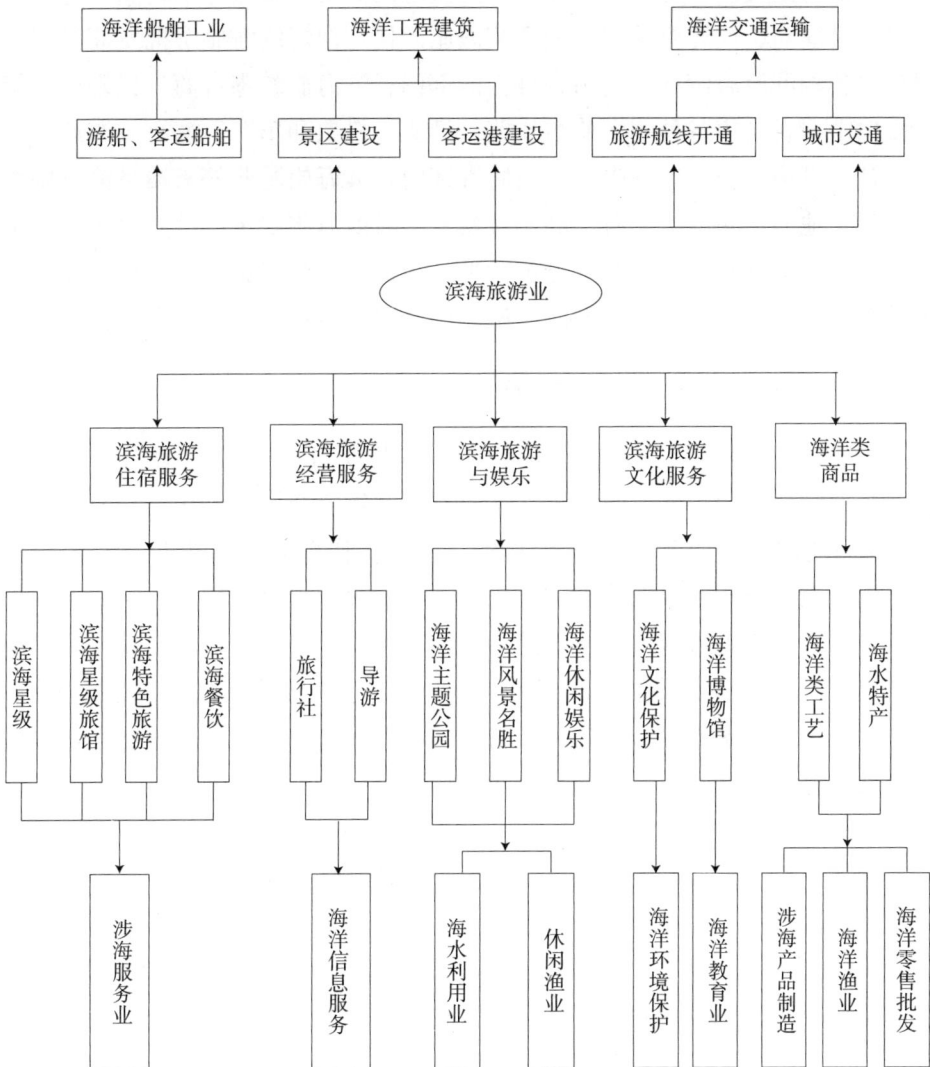

图 5-2　以滨海旅游业为中心的支柱产业链

渔业等其他海洋产业高度关联。另外，滨海旅游业中海水利用、休闲渔业等产业的发展，也能够带动海产品加工制造业、海洋零售批发业和海洋交通运输业等众多产业的协同发展。

滨海旅游业的上游产业中，主要是滨海旅游业的供应商，以海洋、海水、阳光、沙滩为依托，提供度假区、人文景观、滨海疗养院等滨海旅游服务的开发与建设。中游产业主要是滨海旅游的消费、服务等中间商，包括滨海旅游批发商、滨海旅游零售商和滨海旅游代理商。滨海旅游批发商是指专门从事各种滨海旅游产品的组合推销的部门；滨海旅游零售商、代理商是指直接向消费者出售各种滨海旅游线路、酒店、机票和车票等滨海旅游产品的旅行社、订房中心、票务中心、商店等部门。滨海旅游业的末端是滨海旅游消费者，他们作为滨海旅游产品的接受者，对滨海旅游价值链的形成具有重要的作用。根据我国海洋产业分类标准，结合中国滨海旅游业的特点及其上下游关联产业的结构，中国滨海旅游业的产业链设计如图 5-2 所示。

四、海洋交通运输业产业链构建

2013 年，中国海洋交通运输业生产总值为 5111 亿元，增速为 4.6%。海洋交通运输业的关联产业很多，主要有海洋物流仓储、海洋船舶业等。其中，海洋船舶工业是海洋运输的基础，主要包括有船舶制造业、船舶维修业、集装箱制造业和船舶代理业。海洋工程建筑业、海洋物流仓储业可以为海洋港口建设等提供有力支持。另一方面，海洋交通运输业的发展对海洋经济的发展有极大的促进作用。例如：远洋旅客运输为滨海旅游业带来客源，其运输能力和效率直接影响滨海旅游业；管道运输一方面为海洋油气业提供了必要的管道支持，另一方面为海水淡化提供运输通道，为海水利用业提供巨大的硬件支持。

海洋交通运输业的上游产业，主要包括出口商品的加工业及各种进出口商品的运输业，以进出口贸易为依托，产品涉及日常生活的各个方面。中游产业包括国际物流业和进出口商品的销售业。国际物流是为国际贸易服务的，能够优化对外贸易环境，加快商品流通速度，通过减少物流成本提高贸易收益。下游产业包括港口和船舶等。目前，全国范围内共形成了环渤海、长三角、东南沿海、珠三角和西南沿海 5 个港口群，共计 88 个主要海运港口。

根据我国海洋行业分类标准，结合中国海洋交通运输业的特点及其上下游关联产业的结构，设计构建了中国海洋交通运输业的产业链。如图5-3所示。

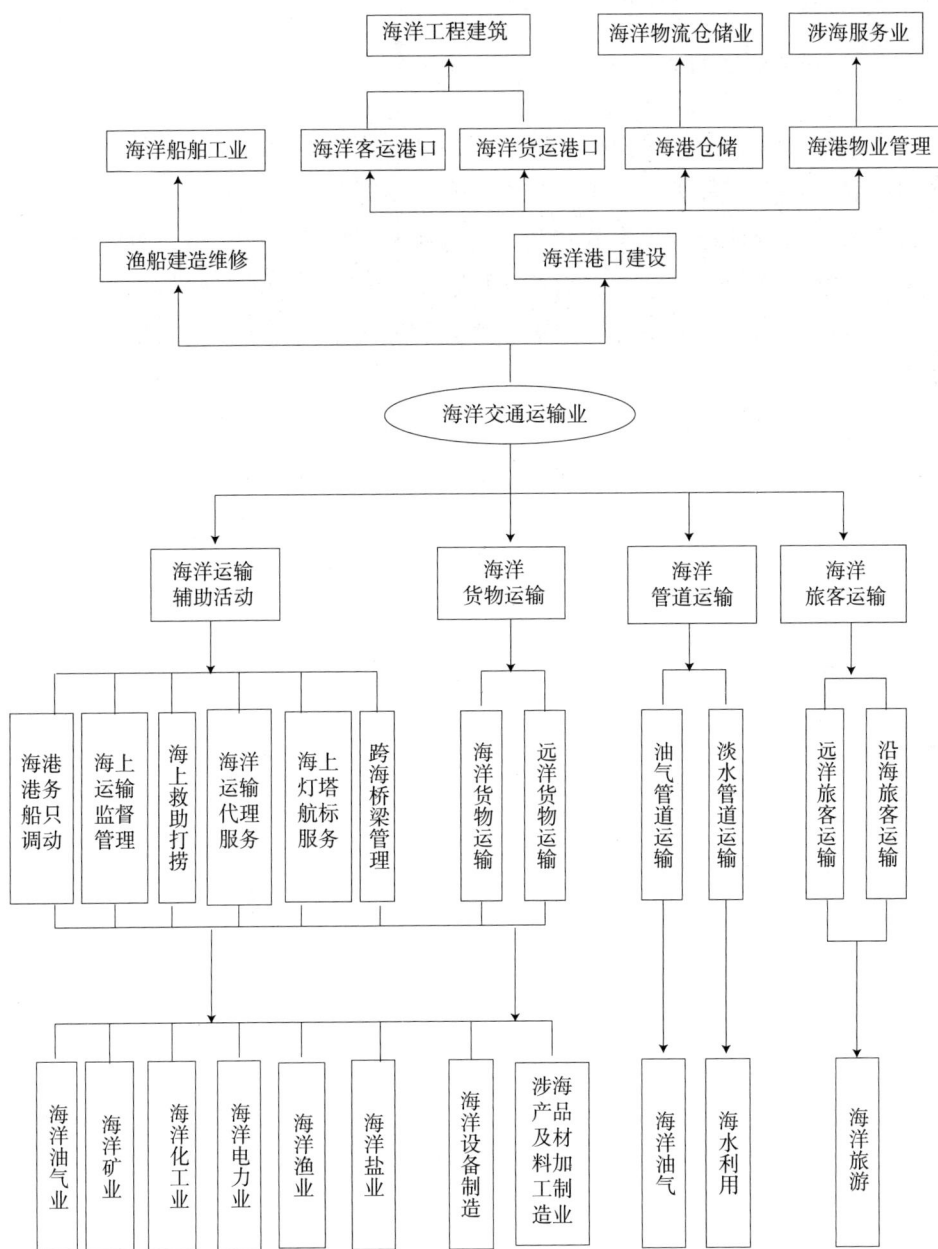

图5-3 以海洋交通运输业为中心的支柱产业链

第三节　中国海洋经济系统因果关系回路

一、海洋经济复合系统指标体系设计

海洋经济复合系统是由相互联系和相互影响的海洋经济、海洋资源、海洋科技和海洋环境等子系统组成的一个有机整体。海洋经济复合系统的关联因素众多，其内部结构也十分复杂。根据系统建模理论方法以及系统动力学原理，海洋经济复合系统有其内部独特的结构和功能，海洋科技是支撑海洋经济发展的动力，海洋资源为海洋经济发展提供了物质资源保障，海洋环境是海洋经济发展的外部条件。四个子系统之间具有高度的内在关联关系，形成了相互联系、相互制约的有机统一体。

通过对宏观经济理论的系统分析，参考国际国内有关经济系统动力学的研究经验，根据《中国海洋统计年鉴》所提供的海洋经济统计数据，结合指标选择的科学性、整体性、典型性、系统性原则，课题设计了全国海洋生产总值、海洋科研机构、海水可养殖面积、沿海城市工业废水直接入海排放总量等 48 个指标，构成了海洋经济复合系统指标体系。如表5-5 所示。

表 5-5　海洋经济复合系统主要指标体系

海洋经济子系统指标 （15）	海洋生产总值，海洋第一、第二、第三产业增加值，海洋生产总值占国内生产总值比重，沿海地区涉海从业人员人数，沿海地区固定资产投资总额，海洋渔业增加值，海洋交通运输业增加值，海洋船舶工业增加值，海洋油气业增加值，滨海旅游业增加值，渔业进出口总额，海洋渔业进口额，海洋渔业出口额
海洋科技子系统指标 （12）	海洋科研机构数量，海洋科研机构从业人员数，海洋科研机构科技活动人员，海洋科研机构科技课题数，海洋专业博士专业点数，海洋专业博士毕业生，海洋专业硕士专业点数，海洋专业硕士毕业生，海洋专业本科、专科专业点数，海洋专业本科、专科毕业生，海洋科研经费，海洋科研教育管理服务业增加值
海洋资源子系统指标 （11）	海水可养殖面积，全国海洋养殖量，全国海洋捕捞量，海洋渔业资源生产量，海洋原油生产量，海洋天然气生产量，沿海地区盐田总面积，沿海地区海盐产量，沿海地区旅行社数，海洋资源利用量，沿海规模以上生产用码头泊位数

海洋环境子系统指标（10）	沿海地区年治理废水项目数，沿海城市工业废水直接入海排放总量，工业废水排放达标量，工业废水处理率，沿海地区工业固体废物排放量、处置量、综合利用量，沿海地区当年治理固体废物项目，海洋灾害经济损失，海洋风暴潮直接经济损失

主要指标释义：

沿海地区固定资产投资总额，指的是在一定时期（通常为一年）用于海洋相关产业购置固定资产的货币总额。海洋产业（沿海地区）固定资产投资总额指标可以准确地反映固定资产投资的变动，其涵盖了各种所有制企业的投资额。

海洋渔业增加值，是指海洋渔业生产经营和劳务活动的最终成果，是海洋渔业在生产过程中创造的新增价值之和。

海洋油气业增加值，是指海洋油气业企业在海洋油气生产中创造的总产值减去了相关消耗后的产出价值。增加值可以准确地、动态地反应价值增加的变化，更具说服性。

海洋船舶工业增加值，是以货币形式表现的企业在一定时期内的海洋船舶制造、海洋固定及浮动装置制造总量，它反映一定时间内海洋船舶工业的总规模和总水平。

滨海旅游业增加值，是指滨海旅游住宿、滨海旅游经营服务、滨海旅游娱乐服务、滨海旅游文化管理等产业在一定时期内所生产的全部产品的总价值，它反映一定时间内滨海旅游业生产的总规模和总水平。

渔业进出口总额，是指在一定时期内，一个国家或地区渔业进口额与渔业出口额之和。

海洋渔业进口额，是指一定时期内一国从国内向国外进口的海洋渔业产品的全部价值。

海洋渔业出口额，是指一定时期内一国从国内向国外出口的海洋渔业产品的全部价值。

海洋科研机构，是指具备一定数量的海洋科研人员，进行海洋相关领域研究的相关机构。

海洋科研机构数量，是指一国拥有的海洋科研机构总数量。

海洋科研机构从业人员，是指由本机构年末直接组织安排工作并支付工资的各类人员总数。

海洋科研机构科技活动人员，是指从业人员中的科技管理人员、课题活动人员和科技服务人员等人员总数。

海洋科研机构课题数，是指海洋科研机构承担的与海洋相关的海洋基础科学研究与海洋工程技术研究课题数之和。

海洋相关专业点数，包含海洋专业博士专业点数、海洋专业硕士专业点数、海洋专业本科、专科专业点数。

海洋专业博士毕业生，是指以博士学位毕业的海洋专业人数之和。

海洋专业硕士毕业生，是指以硕士学位毕业的海洋专业人数之和。

海洋专业本科、专科毕业生，是指以本科、专科毕业的海洋专业人数之和。

海水可养殖面积，是指利用海上、滩涂、陆基进行人工养殖的水面面积。

海洋养殖量，是指利用海水养殖的各种海洋生物的年产量。

海洋捕捞量，是指从海洋里捕捞的天然生长的水产品产量。

海洋渔业资源生产量，是指海洋渔业资源生产数量=海洋养殖量+海洋捕捞量。

海洋原油生产量，指的是海洋上生产的可以用于生产自用和销售的原油量。

海洋天然气生产量，是指出产在海洋上，主要依靠各类钻井平台及工程船舶实现的天然气产量。

沿海地区盐田总面积，是指盐田占有的全部面积，包括储卤、蒸发、保卤、结晶面积、摊内的沟、壕、池、滩等面积及滩外沟、壕、公路面积。

沿海地区海盐产量，是指在盐田晒制的海盐的生产量。

沿海地区旅行社数，是指沿海地区以营利为目的，从事旅游业务的企业数量。

海洋资源利用量，是指海洋资源的利用情况，包括海洋食物、海水能源、海洋药物等的利用量。

沿海规模以上生产用码头泊位数，指在同一时间内可供靠泊最大吨级船舶的艘数,即可靠泊一艘船舶则记为一个泊位,泊位分码头泊位和浮泊位。

沿海城市工业废水直接入海排放总量,是指沿海地区企业的污水未经过处理直接通过排污管道直接排入海中的废水量。

工业废水排放达标量,是指企业的污水排放符合国家的规定。这其中包含两部分,一部分包括经过处理的污水,另一部分是未经处理就符合规定的污水。

工业废水处理率,是指需要处理的工业废水中工业废水所占百分率。可用以下公式进行计算:工业废水处理率 =(工业废水处理量/ 需处理的工业废水量)×100%。

沿海地区工业固体废物排放量,是指沿海地区企业将生产的固体废物没有经过处理,直接排放到固体废物污染防治设施外的数量。

沿海地区工业固体废物处置量,是指工业固体废弃物经过合理的处理,最终将其存放于固体废物污染防治设施内的工业固体废物量。

沿海地区工业固体废物综合利用量,是指工业固体废弃物经过合理的处理,最终将其再次利用的工业固体废物量。

沿海地区当年治理固体废物项目,是指一年内沿海地区各省市治理固体废物项目数总和。海洋灾害经济损失是指由于海浪、海冰、赤潮、海啸和风暴潮等灾害造成的损失。

海洋风暴潮直接经济损失,是指由强烈大气扰动,如热带气旋(台风、飓风)、温带气旋等引起的海面异常升高现象造成的损失。

二、海洋经济复合系统变量 ADF 检验

计量经济分析的基本要求之一就是数据变量的平稳性。由于目前我国的海洋经济统计数据受到多种因素的影响,不能保证原始数据序列的平稳,需要对海洋经济复合系统的变量进行单位根检验。通过运用 Eviews 分析软件,海洋经济复合系统变量的 ADF 检验结果见表5-6所示。

表 5-6　海洋经济复合系统变量的 ADF 检验

子系统	指标代码	指标名称	原始数据 ADF 检验	差分变换后的 ADF 检验			
				ADF	P	结论	差分阶数
海洋经济子系统（15 个）	X_1	海洋生产总值	不平稳	−5.3012	0.0098	稳定	2 阶差分
	X_2	海洋第一产业增加值	不平稳	−3.3012	0.0512	稳定	2 阶差分
	X_3	海洋第二产业增加值	不平稳	−3.6430	0.0445	稳定	2 阶差分
	X_4	海洋第三产业增加值	不平稳	−5.4034	0.0046	稳定	2 阶差分
	X_5	海洋生产总值占国内生产总值比重	不平稳	−10.5756	0.0065	稳定	2 阶差分
	X_6	沿海地区涉海从业人员人数	不平稳	−5.1227	0.0033	稳定	2 阶差分
	X_7	沿海地区固定资产投资	不平稳	−3.7118	0.0389	稳定	2 阶差分
	X_8	海洋渔业增加值	不平稳	−5.1812	0.0117	稳定	2 阶差分
	X_9	海洋油气业增加值	不平稳	−5.7312	0.0026	稳定	2 阶差分
	X_{10}	海洋渔业进口额	不平稳	−4.8515	0.0129	稳定	2 阶差分
	X_{11}	海洋船舶工业增加值	不平稳	−4.4578	0.0425	稳定	2 阶差分
	X_{12}	海洋交通运输业增加值	不平稳	−2.4951	0.0216	稳定	2 阶差分
	X_{13}	滨海旅游业增加值	不平稳	−3.2442	0.0525	稳定	2 阶差分
	X_{14}	渔业进出口总额	不平稳	−2.6554	0.0458	稳定	2 阶差分
	X_{15}	海洋渔业出口额	不平稳	−5.7613	0.0091	稳定	2 阶差分
海洋科技子系统（12 个）	T_1	海洋科研机构数量	不平稳	−8.4945	0.0071	稳定	1 阶差分
	T_2	海洋科研机构从业人员数	不平稳	−5.7972	0.0174	稳定	2 阶差分
	T_3	海洋科研机构科技活动人员	不平稳	−3.8131	0.0368	稳定	2 阶差分
	T_4	海洋科研机构科技课题数	不平稳	−5.8541	0.0071	稳定	2 阶差分
	T_5	海洋专业博士专业点数	不平稳	−4.8422	0.0132	稳定	2 阶差分
	T_6	海洋专业博士毕业生	不平稳	−7.2339	0.0042	稳定	2 阶差分
	T_7	海洋专业硕士专业点数	不平稳	−4.9167	0.0153	稳定	2 阶差分
	T_8	海洋专业硕士毕业生	不平稳	−3.6782	0.0447	稳定	2 阶差分
	T_9	海洋专业本科、专科专业点数	不平稳	−5.4631	0.0049	稳定	2 阶差分
	T_{10}	海洋专业本科、专科毕业生	不平稳	−2.8726	0.0936	稳定	2 阶差分

续表

子系统	指标代码	指标名称	原始数据ADF检验	差分变换后的ADF检验			
				ADF	P	结论	差分阶数
	T_{11}	海洋科研经费	不平稳	-4.0226	0.0038	稳定	2阶差分
	T_{12}	海洋科研教育管理服务业增加值	不平稳	-3.6512	0.0335	稳定	2阶差分
海洋资源子系统（11个）	S_1	海水可养殖面积	不平稳	-6.9212	0.0024	稳定	2阶差分
	S_2	全国海洋养殖量	不平稳	-3.6834	0.0328	稳定	2阶差分
	S_3	全国海洋捕捞量	不平稳	-5.3212	0.0041	稳定	2阶差分
	S_4	海洋渔业资源生产数量	不平稳	-3.6818	0.0365	稳定	2阶差分
	S_5	沿海地区海洋原油产量	不平稳	-6.3329	0.0062	稳定	2阶差分
	S_6	沿海地区海洋天然气产量	不平稳	-6.9825	0.0073	稳定	2阶差分
	S_7	沿海地区盐田总面积	不平稳	-4.0947	0.0253	稳定	2阶差分
	S_8	沿海地区海盐产量	不平稳	-4.2646	0.0154	稳定	2阶差分
	S_9	沿海地区旅行社数	不平稳	-3.7665	0.0264	稳定	2阶差分
	S_{10}	海洋资源利用量	不平稳	-4.1421	0.0212	稳定	1阶差分
	S_{11}	沿海规模以上生产用码头泊位数	不平稳	-4.7712	0.0019	稳定	2阶差分
海洋环境子系统（10）	E_1	沿海城市工业废水直接入海排放总量	不平稳	-6.9223	0.0028	稳定	2阶差分
	E_2	工业废水排放达标量	不平稳	-3.6829	0.0322	稳定	2阶差分
	E_3	沿海地区当年治理废水项目数	不平稳	-7.6862	0.0016	稳定	1阶差分
	E_4	工业废水处理率	不平稳	-4.7854	0.0165	稳定	2阶差分
	E_5	沿海地区工业固体废物排放量	不平稳	-6.3393	0.0079	稳定	2阶差分
	E_6	沿海地区工业固体废物处置量	不平稳	-6.9863	0.0074	稳定	2阶差分
	E_7	沿海地区工业固体废物综合利用量	不平稳	-6.4442	0.0078	稳定	1阶差分
	E_8	沿海地区当年治理固体废物项目	不平稳	-4.0567	0.0212	稳定	2阶差分
	E_9	海洋灾害经济损失	不平稳	-4.0912	0.0217	稳定	2阶差分
	E_{10}	海洋风暴潮直接经济损失	不平稳	-4.2679	0.0132	稳定	2阶差分

表 5-6 中的海洋经济原始统计数据都不是平稳的，而经过 1 次差分或者 2 次差分处理后的数据具有较好的平稳性。

三、海洋经济复合系统变量 Granger 检验

海洋经济复合系统的变量之间是否存在因果关系，对于中国海洋经济系统的因果关系回路设计具有重要的影响。课题采用 Granger 因果关系方法，对四个子系统的变量统一进行了因果关系检验，共检验 2798 次。由于海洋经济时间序列样本是 2001—2011 年的统计数据，序列跨度较短，在进行 Granger 检验的时候，其滞后阶数设计为 1—3 期。因为 Granger 因果检验的变量较多，只对存在 Granger 因果关系的检验结果进行了整理，见表 5-7、5-8、5-9、5-10、5-11。

1. 海洋经济子系统变量 Granger 检验

表 5-7　海洋经济子系统变量 Granger 因果关系检验

变量	原假设	滞后阶数	F 统计量	P 值	结论
X_1	X_1 does not Granger Cause X_9	1	6.7372	0.0318	拒绝
	X_1 does not Granger Cause X_{12}	1	34.4212	0.0004	拒绝
	X_1 does not Granger Cause X_{13}	1	15.0379	0.0047	拒绝
	X_1 does not Granger Cause X_5	3	104.0030	0.0095	拒绝
X_2	X_2 does not Granger Cause X_1	1	5.0194	0.0554	拒绝
	X_2 does not Granger Cause X_{11}	1	42.8815	0.0002	拒绝
X_3	X_3 does not Granger Cause X_1	1	7.4826	0.0256	拒绝
X_4	X_4 does not Granger Cause X_6	1	8.8014	0.0180	拒绝
	X_4 does not Granger Cause X_{11}	1	12.6388	0.0075	拒绝
	X_4 does not Granger Cause X_1	1	6.3183	0.0362	拒绝
X_7	X_7 does not Granger Cause X_6	1	9.7619	0.0141	拒绝
	X_7 does not Granger Cause X_8	1	5.9484	0.0406	拒绝
	X_7 does not Granger Cause X_9	1	9.9585	0.0135	拒绝
X_8	X_8 does not Granger Cause X_6	1	8.5279	0.0193	拒绝
	X_8 does not Granger Cause X_{10}	1	7.1533	0.0282	拒绝
	X_8 does not Granger Cause X_2	1	15.2455	0.0045	拒绝

变量	原假设	滞后阶数	F 统计量	P 值	结论
X_9	X_9 does not Granger Cause X_3	1	5.7070	0.0439	拒绝
	X_9 does not Granger Cause X_{11}	3	33.9694	0.0287	拒绝
X_{10}	X_{10} does not Granger Cause X_{14}	2	7.2342	0.0334	拒绝
X_{11}	X_{11} does not Granger Cause X_9	1	5.9496	0.0406	拒绝
	X_{11} does not Granger Cause X_{10}	1	9.9652	0.0135	拒绝
X_{12}	X_{12} does not Granger Cause X_4	1	14.3798	0.0053	拒绝
	X_{12} does not Granger Cause X_8	1	26.6727	0.0009	拒绝
X_{13}	X_{13} does not Granger Cause X_4	1	27.6748	0.0008	拒绝
X_{14}	X_{14} does not Granger Cause X_{12}	1	15.3311	0.0044	拒绝
	X_{14} does not Granger Cause X_{11}	2	17.9369	0.0052	拒绝
X_{15}	X_{15} does not Granger Cause X_6	1	10.2120	0.0127	拒绝
	X_{15} does not Granger Cause X_8	1	8.7363	0.0183	拒绝
	X_{15} does not Granger Cause X_{14}	2	14.8020	0.0079	拒绝

2. 海洋科技子系统变量 Granger 检验

表 5-8　海洋科技子系统变量 Granger 因果关系检验

变量	原假设	滞后阶数	F 统计量	P 值	结论
T_1	T_1 does not Granger Cause T_{11}	1	23.8761	0.0012	拒绝
	T_1 does not Granger Cause T_3	1	9.0581	0.0168	拒绝
	T_1 does not Granger Cause T_7	3	31.8145	0.0306	拒绝
	T_1 does not Granger Cause T_{10}	3	38.2565	0.0256	拒绝
	T_1 does not Granger Cause T_2	1	11.7049	0.0091	拒绝
T_2	T_2 does not Granger Cause T_3	1	11.0577	0.0105	拒绝
	T_2 does not Granger Cause T_{11}	2	18.3563	0.005	拒绝
T_3	T_3 does not Granger Cause T_1	1	6.3614	0.0384	拒绝
	T_3 does not Granger Cause T_2	1	9.1726	0.0178	拒绝

续表

变量	原假设	滞后阶数	F 统计量	P 值	结论
T_4	T_4 does not Granger Cause T_{11}	1	12.5157	0.0076	拒绝
	T_4 does not Granger Cause T_3	1	13.2327	0.0066	拒绝
	T_4 does not Granger Cause T_2	1	6.7734	0.0315	拒绝
	T_4 does not Granger Cause T_1	2	14.9504	0.0078	拒绝
	T_4 does not Granger Cause T_9	3	26.3453	0.0368	拒绝
T_6	T_6 does not Granger Cause T_1	1	6.7935	0.0313	拒绝
	T_6 does not Granger Cause T_{11}	1	10.9315	0.0108	拒绝
	T_6 does not Granger Cause T_3	1	12.0327	0.0085	拒绝
T_8	T_8 does not Granger Cause T_{11}	1	18.4459	0.0026	拒绝
	T_8 does not Granger Cause T_2	1	6.0382	0.0395	拒绝
	T_8 does not Granger Cause T_3	1	16.0314	0.0039	拒绝
T_9	T_9 does not Granger Cause T_{11}	1	13.9339	0.0058	拒绝
T_{12}	T_{12} does not Granger Cause T_1	1	12.9092	0.0071	拒绝
	T_{12} does not Granger Cause T_2	1	9.4503	0.0153	拒绝
	T_{12} does not Granger Cause T_3	1	5.4828	0.0473	拒绝
	T_{12} does not Granger Cause T_4	1	6.8803	0.0305	拒绝
	T_{12} does not Granger Cause T_6	1	11.1586	0.0102	拒绝
	T_{12} does not Granger Cause T_8	1	11.8199	0.0088	拒绝
	T_{12} does not Granger Cause T_9	1	7.7885	0.0235	拒绝

3. 海洋资源子系统变量 Granger 检验

表 5-9　海洋资源子系统变量 Granger 因果关系检验

变量	原假设	滞后阶数	F 统计量	P 值	结论
S_1	S_1 does not Granger Cause S_3	2	12.4212	0.0115	拒绝
S_2	S_2 does not Granger Cause S_{10}	1	14.6806	0.0050	拒绝
	S_2 does not Granger Cause S_3	1	10.3885	0.0122	拒绝
	S_2 does not Granger Cause S_9	1	6.7017	0.0322	拒绝
S_2	S_3 does not Granger Cause S_1	1	15.2654	0.0045	拒绝
	S_3 does not Granger Cause S_{11}	3	29.1754	0.0333	拒绝

续表

变量	原假设	滞后阶数	F 统计量	P 值	结论
S_4	S_4 does not Granger Cause S_1	2	5.9453	0.0477	拒绝
S_6	S_6 does not Granger Cause S_1	1	9.6322	0.0146	拒绝
	S_6 does not Granger Cause S_3	2	24.0108	0.0027	拒绝
S_7	S_7 does not Granger Cause S_8	1	26.6727	0.0009	拒绝
S_8	S_8 does not Granger Cause S_1	1	5.7617	0.0432	拒绝
	S_8 does not Granger Cause S_3	1	8.2365	0.0208	拒绝
	S_8 does not Granger Cause S_5	2	6.2369	0.0438	拒绝
S_9	S_9 does not Granger Cause S_1	1	15.0057	0.0047	拒绝
	S_9 does not Granger Cause S_8	1	8.3846	0.0200	拒绝
	S_9 does not Granger Cause S_3	2	12.8207	0.0108	拒绝
S_{10}	S_{10} does not Granger Cause S_9	3	456.8440	0.0022	拒绝
S_{11}	S_{11} does not Granger Cause S_1	1	9.1178	0.0166	拒绝
	S_{11} does not Granger Cause S_{10}	1	8.4993	0.0194	拒绝
	S_{11} does not Granger Cause S_6	1	15.7587	0.0041	拒绝
	S_{11} does not Granger Cause S_9	1	6.5437	0.0337	拒绝
	S_{11} does not Granger Cause S_3	2	12.3515	0.0116	拒绝

4. 海洋环境子系统变量 Granger 检验

表 5-10　海洋环境子系统变量 Granger 因果关系检验

变量	原假设	滞后阶数	F 统计量	P 值	结论
E_1	E_1 does not Granger Cause E_6	3	19.8848	0.0483	拒绝
E_3	E_3 does not Granger Cause E_8	1	8.4935	0.0195	拒绝
	E_3 does not Granger Cause E_1	2	7.4208	0.0263	拒绝
E_4	E_4 does not Granger Cause E_6	1	5.8527	0.0419	拒绝
E_5	E_5 does not Granger Cause E_{10}	2	5.6532	0.0421	拒绝
	E_5 does not Granger Cause E_3	2	5.8802	0.0486	拒绝
	E_5 does not Granger Cause E_7	2	6.8729	0.0367	拒绝
	E_5 does not Granger Cause E_9	2	9.0909	0.0216	拒绝

续表

变量	原假设	滞后阶数	F 统计量	P 值	结论
E$_6$	E$_6$ does not Granger Cause E$_1$	1	8.7508	0.0182	拒绝
	E$_6$ does not Granger Cause E$_2$	2	12.0372	0.0123	拒绝
	E$_6$ does not Granger Cause E$_9$	1	6.9856	0.0296	拒绝
E$_7$	E$_7$ does not Granger Cause E$_2$	2	9.3906	0.0203	拒绝
E$_8$	E$_8$ does not Granger Cause E$_3$	1	7.8105	0.0234	拒绝
E$_9$	E$_9$ does not Granger Cause E$_2$	2	10.4525	0.0164	拒绝
	E$_9$ does not Granger Cause E$_3$	1	7.1966	0.0278	拒绝
	E$_9$ does not Granger Cause E$_8$	3	20.9796	0.0458	拒绝
E$_{10}$	E$_{10}$ does not Granger Cause E$_3$	1	5.6903	0.0442	拒绝
	E$_{10}$ does not Granger Cause E$_2$	2	6.1659	0.0447	拒绝
	E$_{10}$ does not Granger Cause E$_9$	1	23.4707	0.0013	拒绝
E$_{11}$	E$_{11}$ does not Granger Cause E$_7$	1	5.3426	0.0496	拒绝

5. 海洋经济复合系统的变量 Granger 检验

表5-11 海洋经济复合系统的变量 Granger 因果关系检验

变量	原假设	滞后阶数	F 统计量	P 值	结论
X$_1$	X$_1$ does not Granger Cause T$_{12}$	1	11.0576	0.0105	拒绝
X$_2$	X$_2$ does not Granger Cause T$_1$	1	23.2898	0.0013	拒绝
X$_4$	X$_4$ does not Granger Cause T$_1$	1	14.6931	0.0050	拒绝
	X$_4$ does not Granger Cause T$_{12}$	1	12.2110	0.0081	拒绝
X$_7$	X$_7$ does not Granger Cause T$_{12}$	1	14.1760	0.0055	拒绝
X$_9$	X$_9$ does not Granger Cause E$_6$	1	13.9633	0.0057	拒绝
X$_{11}$	X$_{11}$ does not Granger Cause T$_{11}$	2	13.9193	0.0090	拒绝
X$_{14}$	X$_{14}$ does not Granger Cause S$_4$	1	26.7278	0.0009	拒绝
	X$_{14}$ does not Granger Cause T$_{11}$	1	23.1433	0.0013	拒绝
X$_{15}$	X$_{15}$ does not Granger Cause S$_4$	2	35.1063	0.0011	拒绝
T$_2$	T$_2$ does not Granger Cause S$_{10}$	1	5.4680	0.0475	拒绝
S$_4$	S$_4$ does not Granger Cause X$_{10}$	3	12.2158	0.0119	拒绝

续表

变量	原假设	滞后阶数	F 统计量	P 值	结论
S_5	S_5 does not Granger Cause E_5	1	11.7674	0.0089	拒绝
	S_5 does not Granger Cause T_1	2	6.9624	0.0359	拒绝
S_9	S_9 does not Granger Cause X_{12}	1	8.7363	0.0183	拒绝
	S_9 does not Granger Cause X_4	3	8.3331	0.0256	拒绝
	S_9 does not Granger Cause X_{13}	3	6.1896	0.0444	拒绝
S_{10}	S_{10} does not Granger Cause X_2	1	11.5681	0.0093	拒绝
E_9	E_9 does not Granger Cause X_1	1	16.3798	0.0037	拒绝
	E_9 does not Granger Cause S_{10}	1	19.5269	0.0022	拒绝
	E_9 does not Granger Cause X_1	1	9.9585	0.0135	拒绝
E_{10}	E_{10} does not Granger Cause X_8	1	17.2570	0.0032	拒绝

四、海洋经济复合系统变量设计与选择

根据表 5-5 的指标体系设计，通过指标的 ADF 检验、Granger 检验、相关系数检验，考虑数据的可得性，课题选取了相关系数高、因果关系强、具有典型代表性的 24 个变量，构成海洋经济复合系统的系统仿真变量组合。见表 5-12。

表 5-12　海洋经济复合系统变量选择

海洋经济系统	指标名称
海洋经济子系统 13 个	海洋生产总值，海洋第一产业增加值，海洋第二产业增加值，海洋第三产业增加值，沿海地区固定资产投资额，海洋渔业增加值，海洋油气业增加值，海洋渔业进口额，海洋船舶工业增加值，海洋交通运输业增加值，滨海旅游业增加值，海洋渔业进出口额，海洋渔业出口额
海洋科技子系统 4 个	海洋科研机构数量，海洋科研机构从业人员数，海洋科研经费，海洋科研教育管理服务业增加值
海洋资源子系统 4 个	沿海地区海洋原油产量，海洋渔业资源生产数量，沿海旅行社数量，海洋资源利用量
海洋环境子系统 3 个	工业固体废物排放量，海洋灾害损失额，海洋风暴潮直接损失额

五、中国海洋经济复合系统因果关系回路

因果关系回路展示了系统变量间的正负因果极性，描述了系统的内部、外部结构关系，对于研究系统运行的演变规律、波动特点和反馈机制以及系统运行仿真具有重要的作用。

（一）海洋经济子系统因果关系回路

表 5-13　海洋经济子系统变量相关系数

	X_1	X_2	X_3	X_4	X_5	X_6	X_7	X_8	X_9	X_{10}	X_{11}	X_{12}	X_{13}	X_{14}	X_{15}
X_1	1.000	0.986	0.989	0.989	0.990	0.707	0.729	0.967	0.968	0.939	0.883	0.982	0.945	0.954	0.961
X_2		1.000	0.994	0.999	0.999	0.678	0.814	0.989	0.982	0.977	0.919	0.988	0.928	0.967	0.972
X_3			1.000	0.994	0.997	0.671	0.787	0.979	0.979	0.953	0.891	0.990	0.943	0.981	0.948
X_4				1.000	0.999	0.678	0.809	0.943	0.983	0.976	0.945	0.989	0.927	0.972	0.932
X_5					1.000	0.681	0.802	0.982	0.982	-0.969	0.836	0.990	0.935	0.981	0.892
X_6						1.000	0.430	-0.819	0.570	0.626	0.838	0.603	-0.806	0.832	0.913
X_7							1.000	-0.924	0.794	0.877	0.769	0.783	0.679	0.976	0.832
X_8								1.000	0.985	0.971	0.928	0.984	-0.913	0.831	0.925
X_9									1.000	0.964	-0.790	0.984	0.864	0.896	0.913
X_{10}										1.000	-0.845	0.950	0.859	0.925	-0.958
X_{11}											1.000	0.908	0.837	0.958	0.936
X_{12}												1.000	0.901	0.986	0.919
X_{13}													1.000	0.890	0.932
X_{14}														1.000	0.946
X_{15}															1.000

海洋经济子系统中，共有 8 个因果反馈回路，其中正反馈回路 5 个，负反馈回路 3 个。主要正反馈回路有：海洋生产总值→海洋油气业增加值→海洋船舶工业增加值→渔业进出口总额→海洋渔业增加值→海洋渔业进口额→海洋交通运输业增加值→海洋第三产业增加值→海洋生产总值。主要负反馈回路有：海洋生产总值→海洋油气业增加值→海洋船舶工业增加值→渔业进出口总额→海洋渔业增加值→海洋第一产业增加值→海洋生产总值。

海洋经济子系统的因果关系回路，见图5-4。

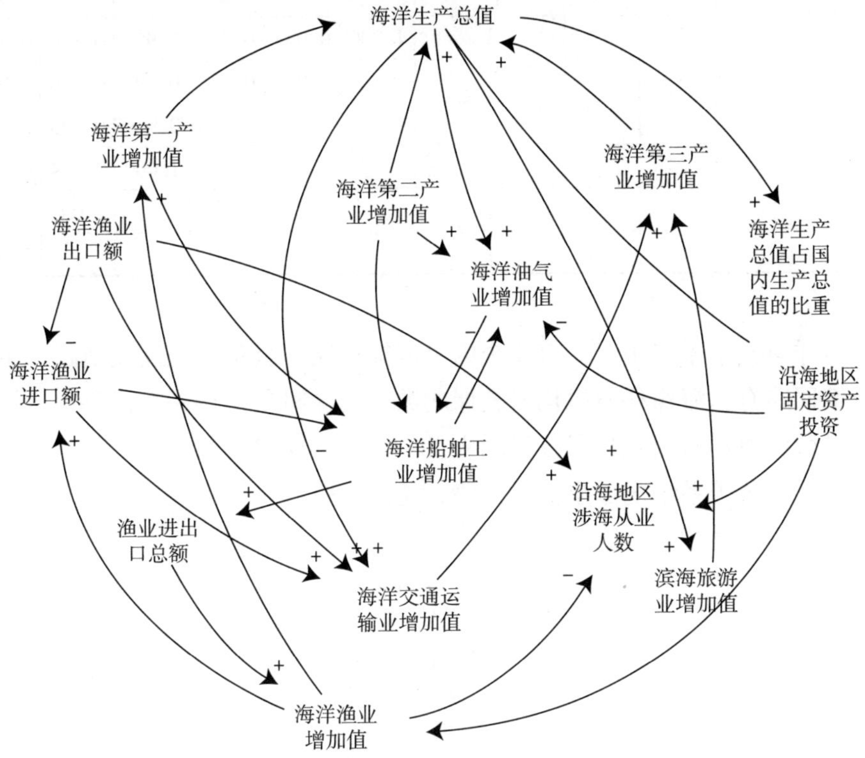

图5-4 海洋经济子系统因果关系回路

（二）海洋科技子系统因果关系回路

表5-14 海洋科技子系统变量相关系数

	T_1	T_2	T_3	T_4	T_5	T_6	T_7	T_8	T_9	T_{10}	T_{11}	T_{12}
T_1	1.000	0.975	0.913	0.952	0.855	0.971	0.910	0.964	0.949	0.947	0.821	0.929
T_2		1.000	0.939	0.962	0.843	0.941	0.910	0.975	0.954	0.972	0.903	0.904
T_3			1.000	0.956	0.824	0.890	0.871	0.937	0.912	0.945	0.930	0.902
T_4				1.000	0.842	0.944	0.894	0.984	0.947	0.971	0.910	0.966
T_5					1.000	0.879	0.989	0.884	0.933	0.911	0.815	0.849
T_6						1.000	0.921	0.975	0.965	0.957	0.834	0.970

续表

	T_1	T_2	T_3	T_4	T_5	T_6	T_7	T_8	T_9	T_{10}	T_{11}	T_{12}
T_7							1.000	0.934	0.969	0.954	0.858	0.886
T_8								1.000	0.981	0.992	0.916	0.969
T_9									1.000	0.989	0.895	0.939
T_{10}										1.000	0.944	0.945
T_{11}											1.000	0.852
T_{12}												1.000

海洋科技子系统中，共有4个因果反馈回路，且都为正反馈回路。主要正反馈回路有：海洋科研机构科技课题数→海洋科研机构→海洋科研机构从业人员数→海洋科研机构科技活动人员→海洋科研机构科技课题数。

海洋科技子系统的因果关系回路，见图5-5。

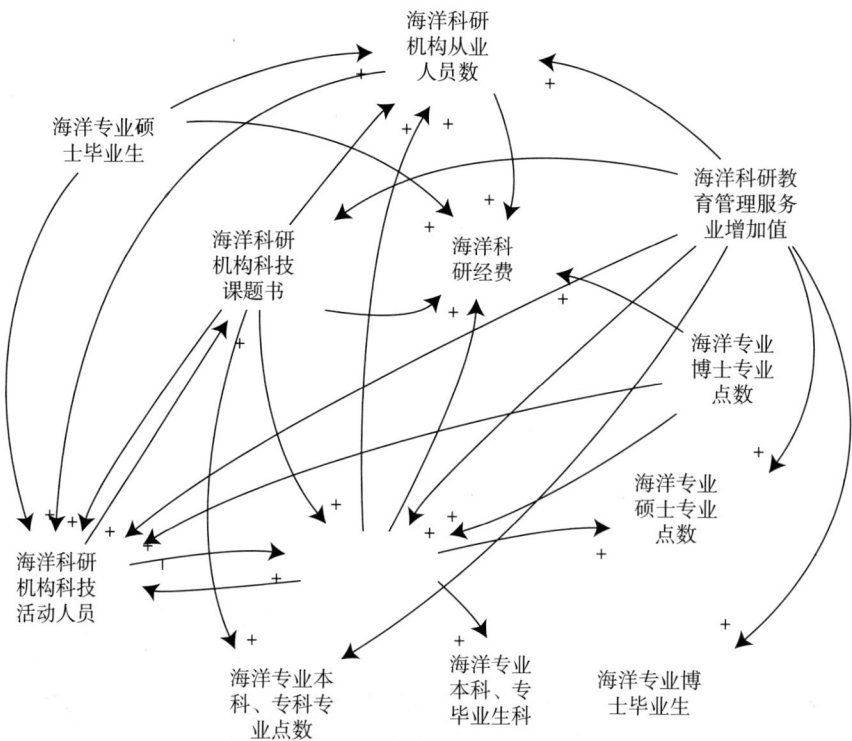

图5-5　海洋科技子系统因果关系回路

（三）海洋资源子系统因果关系回路

表 5-15　海洋资源子系统变量相关系数

	S_1	S_2	S_3	S_4	S_5	S_6	S_7	S_8	S_9	S_{10}	S_{11}
S_1	1.000	0.588	−0.585	0.381	−0.960	−0.708	0.516	−0.813	0.525	0.692	0.738
S_2		1.000	−0.577	0.792	−0.805	0.812	0.779	0.821	0.954	0.854	0.868
S_3			1.000	0.468	0.691	−0.821	−0.721	0.792	0.632	−0.648	0.780
S_4				1.000	−0.834	0.568	0.645	0.567	0.774	0.615	0.611
S_5					1.000	−0.311	−0.983	0.315	−0.165	−0.953	−0.726
S_6						1.000	0.879	0.979	0.683	0.818	0.957
S_7							1.000	0.832	0.890	0.579	0.763
S_8								1.000	0.750	0.856	0.968
S_9									1.000	0.568	0.631
S_{10}										1.000	0.917
S_{11}											1.000

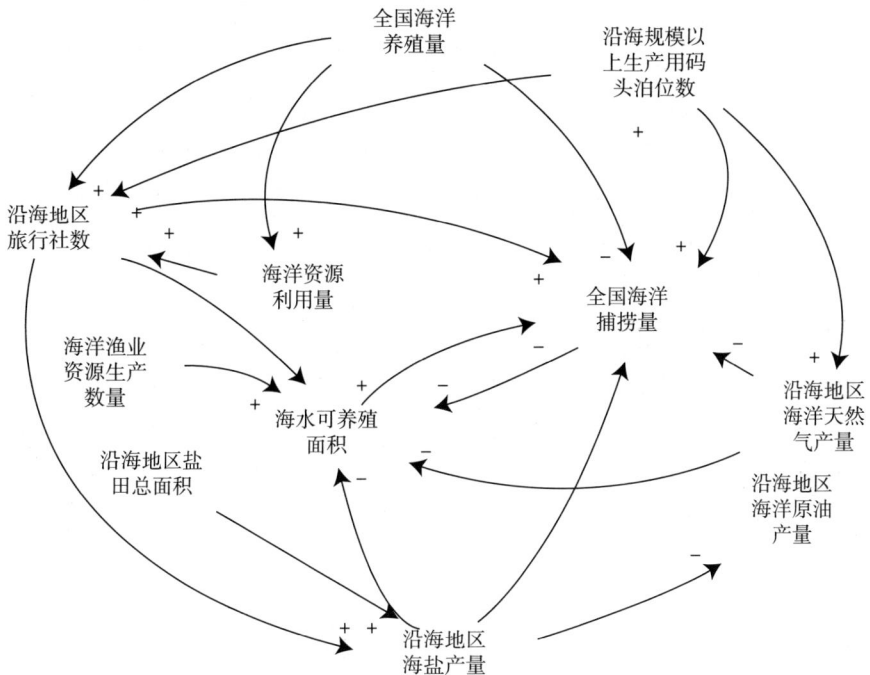

图 5-6　海洋资源子系统因果关系回路

海洋资源子系统中，共有 9 个因果反馈回路，其中正反馈回路 7 个，负反馈回路 2 个。主要正反馈回路有：全国海洋捕捞量→沿海规模以上生产用码头泊位数→沿海地区旅行社数→海水可养殖面积→全国海洋捕捞量。主要的负反馈回路有：全国海洋捕捞量→沿海规模以上生产用码头泊位数→沿海地区海洋天然气产量→海水可养殖面积→沿海地区海洋天然气产量。

海洋资源子系统的因果关系回路，见图 5-6。

（四）海洋环境子系统因果关系回路

表 5-16　海洋环境子系统变量相关系

	E_1	E_2	E_3	E_4	E_5	E_6	E_7	E_8	E_9	E_{10}
E_1	1.000	0.779	-0.806	-0.736	-0.156	-0.685	0.762	0.662	0.295	0.847
E_2		1.000	-0.822	0.719	-0.873	0.781	0.755	-0.881	-0.132	0.793
E_3			1.000	-0.863	0.121	-0.203	0.931	0.682	0.038	0.498
E_4				1.000	0.574	0.193	0.824	-0.813	-0.130	-0.831
E_5					1.000	0.069	-0.513	0.410	0.077	0.951
E_6						1.000	0.952	0.763	0.006	-0.403
E_7							1.000	0.431	0.040	-0.830
E_8								1.000	-0.337	0.357
E_9									1.000	0.977
E_{10}										1.000

海洋环境子系统中，共有 8 个因果反馈回路，其中正反馈回路 5 个，负反馈回路 3 个。其中，正反馈回路主要有：沿海地区工业固体废物排放量→海洋灾害经济损失→沿海地区当年治理废水项目数→沿海地区当年治理固体废物项目→沿海地区工业固体废物排放量。负反馈回路主要有：沿海地区工业固体废物排放量→海洋灾害经济损失→沿海地区当年治理固体废物项目→沿海地区工业固体废物排放量。

海洋环境子系统的因果关系回路，见图 5-7。

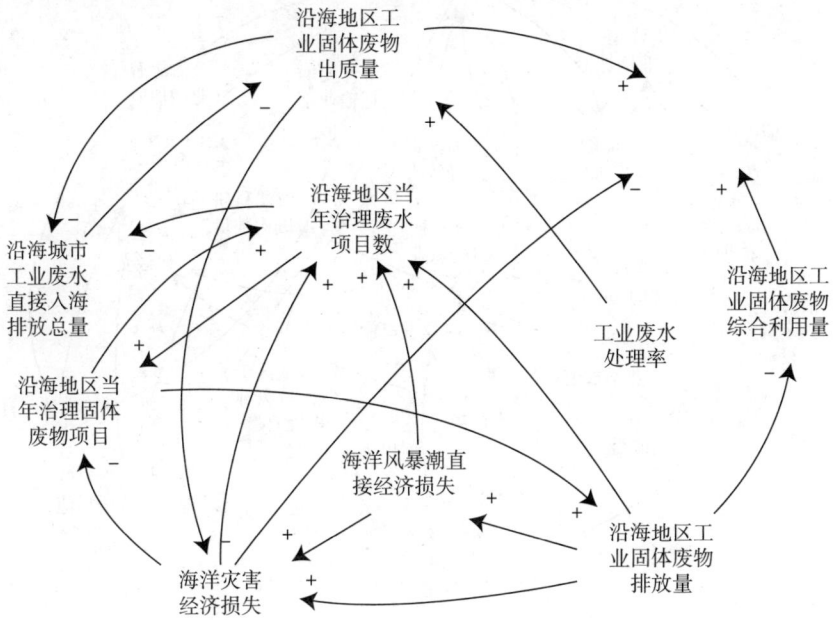

图 5-7 海洋环境子系统因果关系回路

（五）中国海洋经济复合系统因果关系回路

中国海洋经济复合系统变量相关系数，见附表 F。中国海洋经济复合系统中，共有 24 个因果反馈回路，其中正反馈回路 14 个，负反馈回路 9 个。其中，正反馈回路主要有：海洋生产总值→海洋渔业进口额→海洋渔业进出口额→海洋渔业增加值→海洋第一产业增加值→海洋生产总值。负反馈回路主要有：海洋生产总值→滨海旅游业增加值→海洋第三产业增加值→海洋科研机构数量→海洋科研机构从业人员数→海洋资源利用量→海洋第一产业增加值。

中国海洋经济复合系统的因果关系回路，见图 5-8。

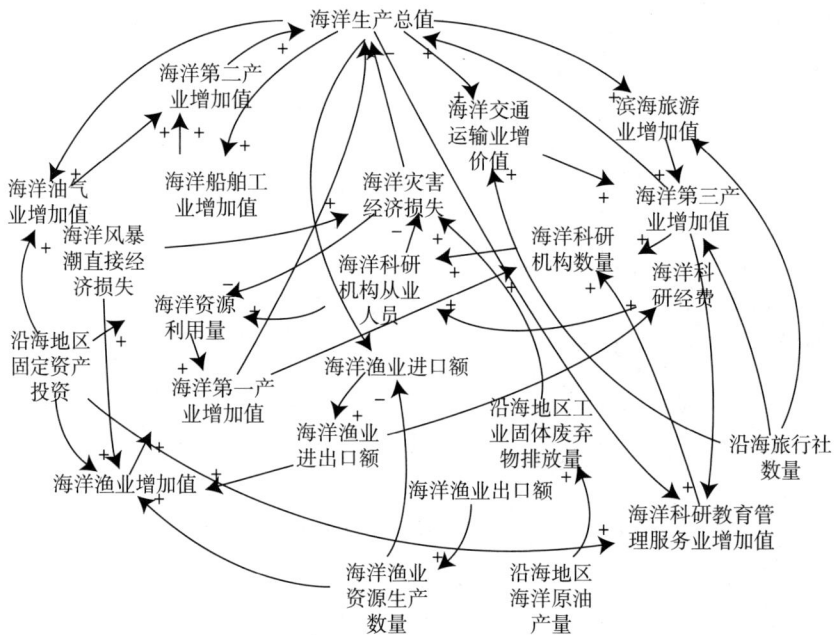

图 5-8　中国海洋经济复合系统因果关系回路

第四节　中国海洋经济系统动力学模型仿真

一、中国海洋经济系统动力学流图

系统动力学流图是在系统因果关系回路的基础上，通过状态变量（水平变量）、速率变量以及辅助变量等设计，用于反映系统结构关系和系统仿真过程的一类专用图形。根据系统动力学流图的技术要求，课题设计了 5 个状态变量、6 个速率变量和 17 个辅助变量，如表 5-17 所示。

表 5-17　海洋经济复合系统动力学模型变量设计

状态变量（5）	海洋生产总值，海洋第一、第二产业、第三产业增加值，海洋渔业进出口额
速率变量（6）	海洋第一产业占比、海洋第二产业占比、海洋第三产业占比，海洋渔业进口年增加率、海洋渔业出口年增加率、海洋产业年增长率

续表

辅助变量（17）	海洋交通运输业、滨海旅游业、海洋船舶工业、海洋油气业、海洋渔业、海洋科研教育管理服务业增加值，海洋渔业资源生产量，沿海地区固定资产投资额，沿海地区海洋原油产量、海洋资源利用量、工业固体废物排放量、海洋灾害损失额、海洋科研经费、海洋科研机构从业人员数、海洋科研机构数量、沿海旅行社数量、海洋风暴潮直接损失额

利用 Vensim 软件绘制的中国海洋经济复合系统动力学流图，见图 5-9。

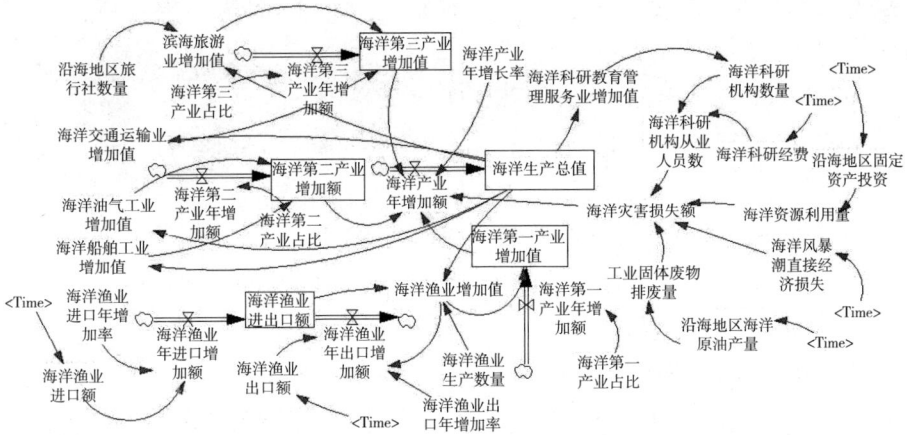

图 5-9　中国海洋经济复合系统动力学流图

二、中国海洋经济系统动力学方程

根据因果关系回路、系统动力学流图以及变量逻辑关系检验，利用计量经济学 Eviews 软件，进行了海洋经济复合系统的动力学方程设计与构建。

（1）海洋交通运输业增加值＝598.8280＋0.0868＊海洋生产总值

Smpl：2000—2011，$R^2 = 0.9415$，DW = 2.4247

（2）海洋油气业增加值＝-141.2651＋0.0337＊海洋生产总值

Smpl：2000—2011，$R^2 = 0.9336$，DW = 1.7928

（3）海洋渔业增加值＝158.6712＋0.2131＊海洋渔业进出口额

Smpl：2000—2011，$R^2 = 0.9326$，DW = 2.9731

（4）海洋渔业增加值＝375.0313＋0.0626＊海洋生产总值

Smpl：2000—2011，R^2＝0.9862，DW＝2.5417

（5）海洋灾害损失额＝1.1353＊海洋风暴潮直接经济损失－8.0567＊LN（海洋科研人才总数）＋7.0471＊LN（工业固体废物排放量）

Smpl：2000—2011，R^2＝0.9433，DW＝2.6835

（6）海洋科研人才总数＝－12111.3012＋0.0002＊海洋科研经费＋237.7435＊海洋科研机构数量

Smpl：2000—2011，R^2＝0.9746，DW＝1.3925

（7）海洋科研教育管理服务业增加值＝379.0877＋0.5659＊海洋生产总值

Smpl：2000—2011，R^2＝0.9978，DW＝2.8908

（8）海洋科研机构数量＝64.8236＋0.0168＊海洋科研教育管理服务业增加值

Smpl：2000—2011，R^2＝0.9839，DW＝1.8345

（9）海洋船舶工业增加值＝－357.5340＋0.0384＊海洋生产总值

Smpl：2000—2011，R^2＝0.9751，DW＝1.6874

（10）海洋资源利用量＝848.4241－12.4236＊海洋灾害损失额＋0.0618＊沿海地区固定资产投资

Smpl：2000—2011，R^2＝0.9573，DW＝2.1978

（11）滨海旅游业增加值＝－413.6640＋0.1439＊海洋生产总值

Smpl：2000—2011，R^2＝0.9497，DW＝2.2356

（12）海洋第一产业年增加额＝ECP（（－8.5629＋1.3608＊LN（－5904.3010＋18.9253＊海洋渔业增加值）））

Smpl：2000—2011，R^2＝0.9846，DW＝1.8392

（13）海洋第二产业年增加额＝ECP（（－3.6616＋1.0976＊LN（7746.3102＋18.7303＊海洋油气业增加值＋19.6166＊海洋船舶工业增加值）））

Smpl：2000—2011，R^2＝0.9653，DW＝2.3065

（14）海洋第三产业年增加额 ECP（（－3.1537＋1.0736＊LN（－446.1072＋2.4650＊海洋交通运输业增加值＋6.0149＊滨海旅游业增加

值)))

Smpl：2000—2011，$R^2=0.9689$，DW=1.7582

（15）海洋产业年增加额=1064.7510+0.1334*（海洋第一产业增加值+海洋第二产业增加值+海洋第三产业增加值）

Smpl：2000—2011，$R^2=0.9857$，DW=2.1391

（16）海洋产业占比=海洋产业增加值/海洋生产总值

三、中国海洋经济系统动力学模型

根据中国海洋经济系统变量因果关系回路和系统动力学流图，结合海洋经济系统动力学方程，建立了中国海洋经济系统动力学模型。

（01）FINAL TIME = 2024

Units：年

模拟的最后时间

（02）INITIAL TIME = 2013

Units：年

模拟的初始时间

（03）SAVEPER = TIME STEP

Units：年 [0,?]

输出存储频率

（04）TIME STEP = 1

Units：年 [0,?]

模拟的时间步长

（05）增长率=（海洋生产总值-DELAY1（海洋生产总值，1））/DELAY1（海洋生产总值，1）*100

Units：**undefined**

（06）工业固体废物排放量=（7.6742+0.0017*DELAY1（沿海地区海洋原油产量，3））

Units：**undefined**

（07）沿海地区固定资产投资=WITH LOOK UP（TIME，（[（2001，0）-（2010，60000）]，（2001，20016.5），（2002，23137.7），（2003，

30892. 2），（2004，39119. 8），（2005，48660. 7）））

　　Units：＊＊undefined＊＊

　　（08）沿海地区原油产量＝WITH LOOK UP（TIME，　（〔（2001，0）－（2002，4000）〕，（2001，2142. 95），（2002，2405. 36）））

　　Units：＊＊undefined＊＊

　　（09）海洋交通运输业增加值＝598. 8280＋0. 0868＊海洋生产总值

　　Units：＊＊undefined＊＊

　　（10）海洋产业年增加额＝1064. 7510＋0. 1334＊（海洋第一产业增加值＋海洋第二产业增加值＋海洋第三产业增加值）

　　Units：＊＊undefined＊＊

　　（11）海洋油气业增加值＝－141. 2651＋0. 0337＊海洋生产总值

　　Units：＊＊undefined＊＊

　　（12）海洋渔业增加值＝158. 6712＋0. 2131＊海洋渔业进出口额

　　Units：＊＊undefined＊＊

　　（13）海洋渔业增加值＝375. 0313＋0. 0626＊海洋生产总值

　　Units：＊＊undefined＊＊

　　（14）海洋渔业进出口额＝INTEG（海洋渔业进口额＋海洋渔业出口额，502. 414）

　　Units：＊＊undefined＊＊

　　（15）海洋渔业进口额＝WITH LOOK UP（TIME，　（〔（2001，0）－（2002，4000）〕，（2001，202），（2002，244）））

　　Units：＊＊undefined＊＊

　　（16）海洋灾害损失额＝1. 1353＊海洋风暴潮直接经济损失－8. 0567＊LN（海洋科研人才总数）＋7. 04714＊LN（工业固体废物排放量）

　　Units：＊＊undefined＊＊

　　（17）海洋生产总值＝INTEG（海洋产业年增加额，50087）

　　Units：＊＊undefined＊＊

　　（18）海洋科研人才总数＝－12111. 3012＋0. 0002＊海洋科研经费＋237. 7435＊海洋科研机构数量

　　Units：＊＊undefined＊＊

（19）海洋科研教育管理服务业增加值＝379.0877＋0.5659＊海洋生产总值

Units：＊＊undefined＊＊

（20）海洋科研机构数量＝64.8236＋0.0168＊海洋科研教育管理服务业增加值

Units：＊＊undefined＊＊

（21）海洋科研经费＝WITH LOOK UP（TIME，（[（2001，0）-（2002，1）]，（2001，0.2），（2002，0.29235）））

Units：＊＊undefined＊＊

（22）海洋第一产业增加值＝INTEG（海洋第一产业年增加额，646.3）

Units：＊＊undefined＊＊

（23）海洋第一产业年增加额＝ECP（（-8.5629＋1.36082＊LN（-5904.3＋18.9253＊海洋渔业增加值）））

Units：＊＊undefined＊＊

（24）海洋第三产业增加值＝INTEG（海洋第三产业年增加额，4720.1）

Units：＊＊undefined＊＊

（25）海洋第三产业年增加额 ECP（（-3.1537＋1.0736＊LN（-446.1072＋2.4650＊海洋交通运输业增加值＋6.0149＊滨海旅游业增加值）））

Units：＊＊undefined＊＊

（26）海洋第二产业增加值＝INTEG（海洋第二产业年增加额，4152.1）

Units：＊＊undefined＊＊

（27）海洋第二产业年增加额＝ECP（（-3.6616＋1.0976＊LN（7746.3102＋18.7303＊海洋油气业增加值＋19.6166＊海洋船舶工业增加值）））

Units：＊＊undefined＊＊

（28）海洋船舶工业增加值＝-357.5340＋0.0384＊海洋生产总值

Units：＊＊undefined＊＊

（29）海洋资源利用量＝848.4241-12.4236＊海洋灾害损失额＋0.0618＊沿海地区固定资产投资

Units：＊＊undefined＊＊

（30）海洋风暴潮损失直接经济损失＝WITH LOOK UP（TIME，（[（2001，0）-（2002，100）]，（2001，86），（2002，63.14）））

Units：＊＊undefined＊＊

（31）滨海旅游业增加值＝-413.6640+0.1439＊海洋生产总值

Units：＊＊undefined＊＊

（32）第一产业占比＝海洋第一产业增加值/海洋生产总值

Units：＊＊undefined＊＊

（33）第三产业占比＝海洋第三产业增加值/海洋生产总值

Units：＊＊undefined＊＊

（34）第二产业占比＝海洋第二产业增加值/海洋生产总值

Units：＊＊undefined＊＊

四、中国海洋经济系统动力学仿真

根据中国海洋经济系统动力学模型设计结果，运用 Vensim PLE 软件，通过计量经济学模型、海洋经济复合系统的动力学模型方程及其参数连接，对中国海洋经济复合系统动力学模型进行了仿真模拟。仿真模拟相对误差见表 5-18。

表 5-18　2001—2013 年中国海洋经济复合系统动力学模型仿真相对误差

单位:%

变量	2001	2002	2003	2004	2005	2006	2007	2008	2009	2010	2011	2012	2013
海洋生产总值	0	0.73	3.49	1.31	0.35	-1.71	-0.97	-1.72	2.79	-0.25	-0.83	1.71	-2.09
海洋第一产业增加值	0	1.78	-5.72	-6.46	-2.79	1.37	-2.12	0.73	0.20	-2.59	0.90	-0.11	-2.37
海洋第二产业增加值	0	-3.15	1.37	-0.90	-0.33	-4.84	-2.18	2.96	2.23	-2.55	0.46	1.89	0.71
海洋第三产业增加值	0	3.88	-1.85	0.69	0.97	1.18	1.04	0.87	-2.22	0.95	-0.60	3.24	2.24

表 5-18 的仿真模拟误差总体上达到了设计要求，尤其是近年的仿真模拟结果都较好。

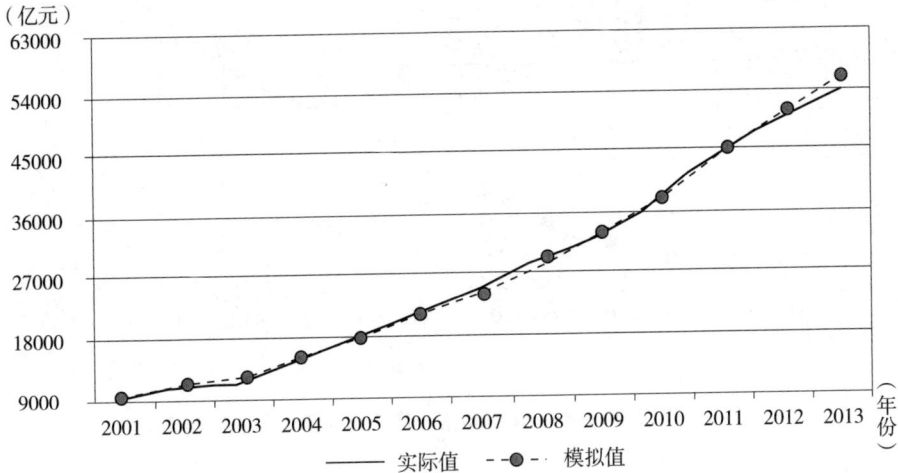

图 5-10 2001—2013 年海洋生产总值仿真模拟结果

1. 海洋生产总值仿真模拟结果

如图 5-10 所示，2001—2013 年期间我国的海洋生产总值呈现稳步增长态势，由 2001 年的 9518.4 亿元增长到 2013 年的 54313 亿元，年均增长率为 15.62%。图 5-10 的实际海洋生产总值曲线明显具有 3 个波动阶段，一是 2001—2003 年的启动转轨阶段，发展相对平缓；二是 2003—2008 年的结构优化阶段，发展相对平稳；三是 2008—2013 年的恢复调整阶段，发展快速但波动剧烈。

2. 海洋第一产业增加值仿真模拟结果

如图 5-11 所示，2001—2013 年期间，我国海洋第一产业发展态势良好，由 2001 年的 646.3 亿元增长到 2013 年的 2918 亿元，年均增长率为 13.38%。图 5-11 中的实际海洋第一产业增加值曲线波动较大，其中，2003 年、2004 年、2008 年、2010 年等波动剧烈，仿真模拟效果稍差。

（亿元）

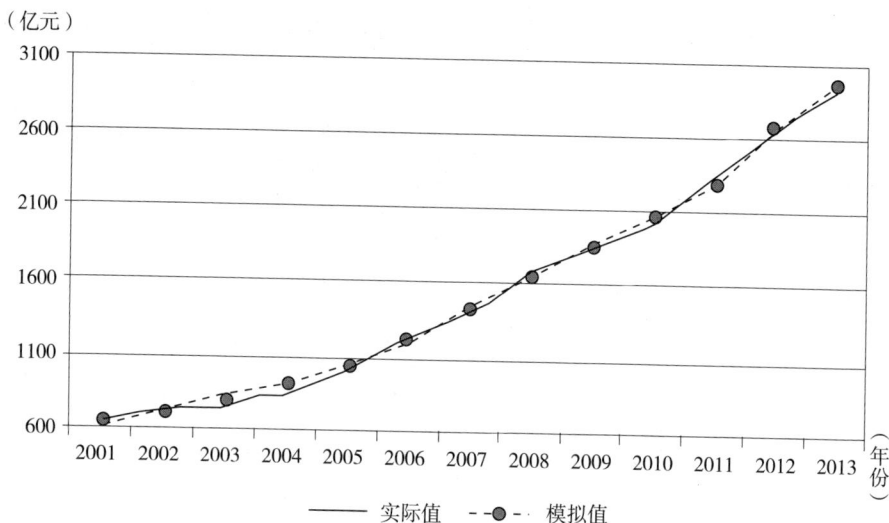

图 5-11　2001—2013 年海洋第一产业增加值仿真模拟结果

（亿元）

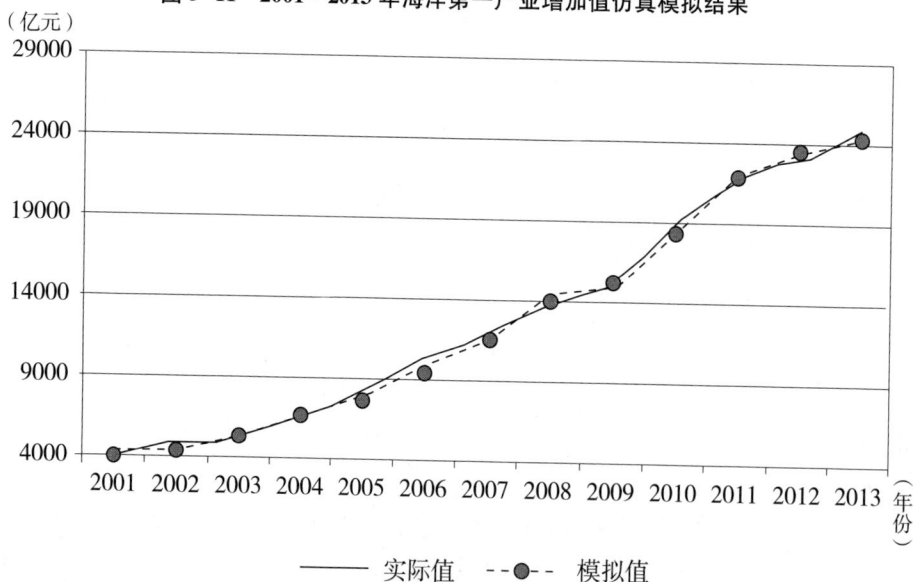

图 5-12　2001—2013 年海洋第二产业增加值仿真模拟结果

3. 海洋第二产业、第三产业增加值仿真模拟结果

如图 5-12、5-13 所示，2001—2013 年期间，我国海洋第二产业和第三产业的发展态势良好，第二产业增加值由 2001 年的 4152.1 亿元增长到 2013 年的 24908 亿元，年均增长率为 16.10%；第三产业增加值由 2001 年的

（亿元）

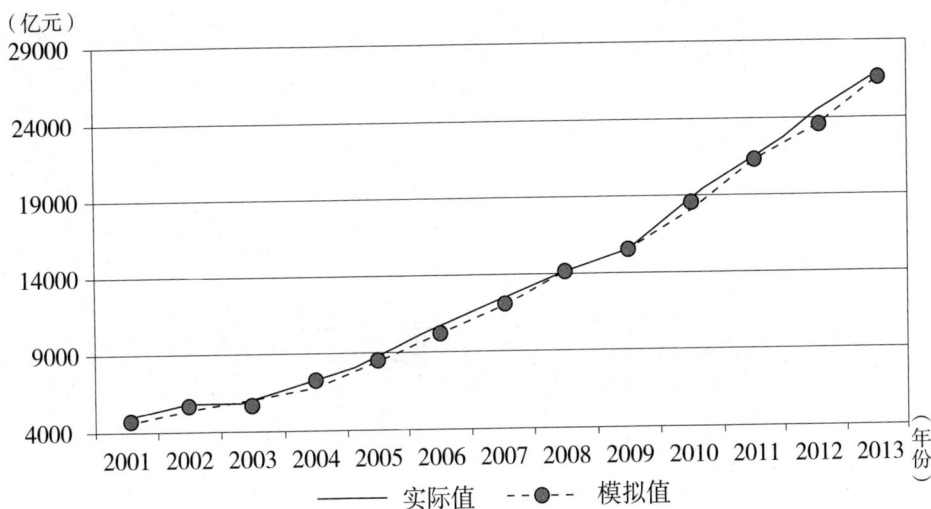

图 5-13 2001—2013 年海洋第三产业增加值仿真模拟结果

4720.1 亿元增长到 2013 年的 26487 亿元，年均增长率为 15.46%。

图 5-12 中的实际海洋第二产业增加值曲线波动较大，其中，2006 年、2010 年、2013 年波动剧烈，仿真模拟效果稍差。而实际海洋第三产业增加值曲线增长较为平稳，同时其仿真模拟效果较好。

4. 中国海洋经济仿真模拟预测

根据中国海洋经济复合系统的动力学模型，通过 2013 年海洋生产总值的赋值（真实值 54313 亿元），利用系统仿真软件 Vensim PLE，对 2014—2024 年中国海洋经济复合系统进行仿真。仿真模拟输出结果，见表 5-19。

表 5-19 2014—2024 年中国海洋生产总值仿真模拟结果　单位：亿元

时间	2014	2015	2016	2017	2018	2019	2020	2021	2022	2023	2024
模拟值	60814.2	66830.7	73678.3	81450.4	90254.9	100216	111475	124194	138561	154789	173120

根据中国海洋经济复合系统的动力学仿真预测，未来 10 年，中国海洋经济继续保持快速稳定的发展趋势。2014—2024 年预测期间，我国海洋生产总值增长了 112305.8 亿元，年均增长率为 11.02%，预计比 2001—2013 年期间的增长率有所下降。

第 六 章

中国海洋经济计量模型群组建

　　海洋经济变量之间是如何相互影响的？他们之间的传导关系有何特点？海洋经济运行的规律和趋势能否正确把握？海洋经济结构存在的问题到底是什么？这些问题的解答都是经济计量学必须肩负的重任。中国海洋经济计量模型群，是中国海洋经济周期波动监测预警系统的重要组成部分，目的是通过向量自回归（VAR）模型和误差修正（VEC）模型，研究中国海洋经济计量模型群的功能，阐释我国海洋经济运行的规律特点，定量揭示我国海洋经济变量间的时空演变关系。海洋经济计量模型群由单方程和联立方程组成，包括财政金融、投资与固定资产、海洋经济生产、涉海贸易进出口和涉海产品价格 5 个模块，并采用贝叶斯向量自回归（BVAR）模型对中国海洋经济进行了动态模拟预测。以需求导向为主线的海洋经济计量模型群的建立，对于系统、准确地把握中国海洋经济周期波动规律，科学测度、实时监测、早期预警中国海洋经济的景气动态，具有重要的现实意义和科学意义。

第一节　中国海洋经济影响因素分析

　　海洋经济发展有其自身的内在规律和基本特征，国际国内宏观经济发展环境的演变与中国海洋经济发展的变化息息相关。根据宏观经济发展理论和中国海洋经济发展的特征与规律，研究发现影响中国海洋经济发展的主要因素有资本水平、劳动力和科技水平等可量化的因素；因为海洋经济的特殊性，还有自然资源禀赋、环境变量约束、突发政治经济政策等不可量化的影响因素。另外，随着世界经济全球化进程的深化，地区之间的经济联系日益紧密，各类经济体和不同产业体系发展所面临的环境制约因素日益凸显，海洋经济发展也饱受国际宏观经济、政策、资源、技术、法制等各类环境因素的影响。

一、中国海洋经济的量化影响因素分析

从经济发展新常态的视角看，我国经济发展正经历着深刻而复杂的变化。产业结构升级和增长转型取得了新的进展，经济发展质量和经济增长效益稳步提高，经济增长的内生动力不断增强。资本、劳动、技术等始终是海洋经济发展的主要影响因素。

1. 涉海生产中的资本和劳动因素

威廉·配第认为经济增长的源泉是劳动和土地；亚当·斯密和大卫李嘉图强调资本和劳动力对经济增长的作用；萨伊认为价值是由劳动、工资和自然力共同作用的结果。古典经济增长理论认为：决定产出增长的关键要素是劳动、资本和自然资源。海洋经济发展也不例外，自然资源、人力资源、资本积累这三个要素，不仅是我国经济发展的最主要最根本的因素，必然也是海洋经济发展的重要驱动因素。我国的海岸线漫长，海洋资源十分丰富，在资源和劳动力方面有绝对的优势，海洋经济中占主导地位的产业，如海洋渔业、滨海旅游业的发展，正是依托于丰富的自然资源和充足的人力资源实现的。

2. 海洋科技因素

现代经济发展理论认为，经济发展的标志是产业革命的升级，而其中的最重要因素就是科技的贡献。随着科学技术的进步，人类社会、经济、政治等也发生了深刻的变革，尤其是经济发展方式、经济发展质量、经济发展规模、经济发展水平等深受科技革命的影响。

海洋资源的开发利用及海洋产业的升级调整，都需要依靠高新技术的发展与突破。以海洋高技术为依托，以国家重大需求为导向，具有全局性、导向型、高投入、高成长，代表未来海洋产业发展最新方向的战略新兴产业，就是海洋高技术产业。海洋战略新兴产业，主要依靠海洋资源勘探技术、海

底物体勘探技术、海洋生物资源开发技术、海洋矿产资源开采技术、海洋可再生能源利用技术、海水综合利用技术、海洋工程技术、海洋装备制造技术、海洋环境保护技术、海底通讯新材料技术、海洋船舶及海洋工程防护材料制造技术、海洋环境污染处理材料技术、海洋特殊材料制造技术、海洋信息技术、海洋环境观测预报技术、海洋环境治理与修复技术等。

3. 海洋产业结构因素

经济发展的载体是产业，海洋经济就是依托海洋产业发展的。海洋经济规模越大、经济效益越高，说明海洋产业规模的集聚效应越好，对海洋经济增长的推动作用就越强。然而，海洋经济发展质量、发展水平、发展阶段、增长动力，海洋产业的高级化特征、海洋产业的工业化进程等，都与海洋产业结构密切相关。因此，海洋产业结构的优化调整、海洋资源的优化配置、海洋经济的可持续发展动力、海洋战略性产业的增长点，都深受海洋产业结构的影响和制约。

二、影响海洋经济发展的不可量化因素分析

海洋经济发展除受劳动力、资本、科技等因素影响外，自然资源禀赋、环境条件约束、相关政策措施等不可量化因素也对海洋经济发展有重要的影响。

1. 海洋自然资源禀赋

海洋经济的最初形态大多都是海洋资源的直接开发利用，如海洋渔业、海洋交通运输业、海洋旅游业等，仍是主要的海洋产业。由于对海洋资源的认识、开发、掌握等还存在许多技术上的难题，因此对海洋资源的科学统计还存在一定的困难，但是海洋自然资源禀赋对海洋经济发展的巨大影响是公认的事实。

目前，已知的海洋自然资源禀赋可分为：海洋水资源禀赋、海洋生物资源禀赋、海洋空间资源禀赋、海洋矿产资源禀赋、海洋能资源禀赋等。海洋水资源禀赋是指以海水为载体的资源，其直接开发利用形态为海水淡化，海水中还富含很多陆域的稀有元素，如溴、镁、钾、碘等；海洋生物资源禀赋主要是指海洋中的生物群落，其中海洋渔业、贝类、藻类等利用一直占比较高；海洋空间资源禀赋主要指海上航道以及领海资源；海洋矿产资源禀赋主

要指海洋油气、海底矿产、矿砂、海盐等资源；海洋能资源禀赋主要指海上风能、潮汐能、海流能、温差能等资源，海洋能源开发是我国的战略性产业，对保障国家经济能源安全具有重要战略意义。

2. 环境条件约束因素

环境条件约束因素包括海洋生态环境、海洋资源环境、海洋地理环境等。近年来，随着海洋经济的高速发展，高耗能、高污染、粗放式、掠夺式发展模式，严重破坏了海洋环境的良性循环，近岸海域污染严重，海洋生态恶化，海洋资源枯竭、海岸带与滨海湿地破坏殆尽，赤潮、绿潮、溢油、排污等灾害频发，严重影响了滨海旅游业、海洋渔业、海洋生物业的正常发展。

3. 海洋经济政策因素

党和国家领导人历来高度重视海洋经济的发展。自1990年以来，国家"五年规划"都部署了海洋经济发展的目标和计划。"十五"重点部署了向海洋要资源、要生存与发展空间的战略导向，形成了以海洋开发推进东部沿海地区的率先发展和深化改革开放的战略；"十一五"党的十七大 提出"发展海洋产业"，将发展海洋产业作为促进国民经济发展和产业结构优化升级的重要增长点。"十二五"党的十八大提出"提高海洋资源开发能力，发展海洋经济，保护海洋生态环境，坚决维护国家海洋权益，建设海洋强国"的宏伟目标；"十二五"提出"拓展蓝色经济发展，推进海洋生态文明建设；积极拓展蓝色经济空间，坚持陆海统筹，壮大海洋经济，建设海洋强国"。地方政府也纷纷制定自己的发展规划，山东半岛蓝色经济区、广东海洋经济综合实验区、福建江苏海洋经济创新发展试点等，从"实施海洋开发""发展海洋产业""发展海洋经济"，再到"壮大海洋经济"的战略推进，为中国海洋经济发展提供了广阔的空间。

第二节 中国海洋经济计量模型群结构设计

国际国内的宏观经济计量模型群已相对成熟，由此所借用的经济学理论基础也十分丰富。海洋经济计量模型群是根据海洋经济运行的独特规律，通过借鉴国内外的成功建模经验和相关的消费、生产等宏微观经济学理论，采用计量经济学模型方法体系而建立起来的，专用于海洋经济分析研究的计量模型。不仅丰富拓展了计量经济理论的应用领域，推进了我国海洋经济的定量化研究，而且对于进一步完善我国海洋经济研究的理论体系、方法体系和实证体系，提供了系统、科学的决策理论支持。

20世纪90年代以来，随着社会供给能力的逐渐增强，中国经济基本上摆脱了"短缺经济"的特征，总产出不再主要取决于生产能力，而越来越多地取决于市场的需求。为了描述中国经济增长受市场需求制约的实际运行情况，宏观经济计量模型采用的是以需求导向为主，同时长期趋势受供给制约的模型体系。海洋经济作为宏观经济的重要组成部分，海洋经济计量模型群也将采用以需求导向为主的模型体系。

根据中国海洋经济计量模型群的结构模块设计，分别建立5个结构模块内的海洋经济单方程计量模型，定量分析我国海洋经济的一系列指标之间的变化及相互作用和影响，并对我国海洋经济计量模型群的各模块进行实时动态监测，是科学、系统、综合把握我国海洋经济周期波动和监测预警的基础和前提。

一、模型群理论基础

（一）生产函数理论

在一定时期内，如果控制技术水平保持不变，生产所使用的各种要素的数量与所能产生的最大产量之间的关系可以进行定量描述，这种定量关系可以利用生产函数来表达。生产函数采用的一般数学形式为：

$$Y = f(X_1, X_2, \cdots, X_n) \tag{6-1}$$

其中，n代表生产要素的种类，X_i（$i = 1, \cdots, n$）是指生产要素投入量，Y为最大产出量。

生产函数可以分为一种可变投入生产函数和多种可变投入生产函数两种类型。常见的生产函数形式主要有柯布—道格拉斯生产函数和不变替代弹性生产函数。

1. 柯布—道格拉斯生产函数

Charles Cobb 和 Paul Douglas（1928）在分析经济增长过程中引入了技术资源因素，提出了一种新的生产函数形式：

$$Y = AK^{\alpha}L^{\beta}\mu \tag{6-2}$$

其中，Y 是工业总产值，A 是综合技术水平，K 是投入的资本，一般指固定资产净值，L 是投入的劳动力，α 是资本产出的弹性系数，β 是劳动力产出的弹性系数，μ 为随机干扰项，$\mu \leqslant 1$。

柯布—道格拉斯生产函数的数学变换，即对数线性形式如下：

$$LnY = C + \alpha LnK + \beta LnL + v \tag{6-3}$$

式中，$C = LnA$，$v = Ln\mu$。

根据 α 和 β 的组合情况，具体可以分为三种类型，分别为规模报酬递增（$\alpha+\beta>1$）、规模报酬递减（$\alpha+\beta<1$）和规模报酬不变（$\alpha+\beta=1$）。

若假定规模报酬不变，则式（6-3）可以改写为：

$$Ln (Y/L) = C + \alpha Ln (K/L) + v \tag{6-4}$$

2. 不变替代弹性生产函数

不变替代弹性生产函数（CES 生产函数）的一般形式：

$$Y = A [\alpha K^{-\rho} + \beta L^{-\rho}]^{-1/\rho} \tag{6-5}$$

式中，A 为效益系数，$A>0$；α 和 β 为分配系数，α，$\beta \in [0, 1]$；ρ 为替代系数，$\rho>-1$。不难发现，柯布—道格拉斯生产函数是不变替代弹性生产函数的一个特例。

（二）消费函数理论

消费函数是研究消费行为及其影响因素（如收入、价格、利率等）之间关系的一类函数表达式，根据对消费行为影响因素的界定不同，产生了不同的消费函数理论，具体包括绝对收入理论、相对收入理论、持久收入理论和生命周期理论。

1. 绝对收入理论

英国著名经济学家 John Maynard Keynes 在分析短期消费与收入之间的关系时，提出了绝对收入理论。在短期内，人们的消费水平随着绝对收入的增加而增加，但是由于边际消费倾向递减，即消费的增加低于收入的增加。绝对收入假说的消费函数表达式为：

$$C_t = \alpha + \beta Y_t \tag{6-6}$$

其中，C_t 表示现期消费；α 表示自发消费量，一般认为 $\alpha>0$，即自发性消费普遍存在；β 表示边际消费倾向，一般认为 $0<\beta<1$，且边际消费倾向递

减；Y_t 为现期收入。

2. 相对收入假说理论

相对收入假说理论的提出者是美国学者 James S. Duesenberry，他认为人们的消费行为会受到许多因素的影响，除了受到当期可支配收入的影响，还会受到过去收入状况和过去累积消费的影响。

其消费函数的基本表达式为：

$$C_t = b_0 + b_1 Y_t + b_2 Y_t^* \tag{6-7}$$

或：

$$C_t = b_0 + b_1 Y_t + b_2 C_t^* \tag{6-8}$$

式中，$C_t^* = \{C_{t-i},\ i>0\}$，$Y_t^* = \{Y_{t-i},\ i>0\}$。

该消费函数表明，当 Y_t 下降时，C_t 的下降受到 C_t^* 和 Y_t^* 的抑制，所以 C_t 只会发生小幅度的下降，不会像绝对收入假定那样下降的较快。

通常情况下，收入是不断增加的，因此可以令 $Y_t* = Y_{t-i}$，消费函数 (6-7) 可改写为：

$$C_t = b_0 + b_1 Y_t + b_2 Y_{t-i} \tag{6-9}$$

实际上一般采用 C_{t-i} 替代 C_t^*，则公式 (6-8) 可改写为：

$$C_t = b_0 + b_1 Y_t + b_2 C_{t-i} \tag{6-10}$$

3. 持久收入理论

Milton Friedman（1957）提出了持久收入假定消费理论，其核心观点是人们的消费行为是由长期的持久收入决定的。其函数表达式：

$$C_{pt} = \alpha Y_{pt} \tag{6-11}$$

其中，Y_{pt} 表示持久收入，持久收入不仅包含劳动收入，还包含财产收入。

4. 生命周期消费理论

美国经济学家 Franco Modigliani 的生命周期消费理论认为消费者是理性的，所以其消费行为是其效用最大化的体现。假设消费者的年收入为 Y，累计工作时间长度为 t 年，消费者生活 T 年，则其效用最大化的年消费函数形式为：

$$C = (Y \times t) / T \tag{6-12}$$

目前，有关消费理论的假说一直是经济学家的重要关注点之一，预防性储蓄假说、流动性约束假说以及理性预期—持久收入假说等新的消费理论，都得到了不断的创新和发展。

（三）凯恩斯经济理论

1936 年凯恩斯的《就业、利息和货币通论》，开创了凯恩斯经济理论学派。凯恩斯认为经济萧条的根本原因是消费需求和投资需求不足，政府必须干预财政政策和货币政策，以刺激需求、实现就业。凯恩斯把经济活动分为三个市场：货币市场、产品市场和劳动力市场。

1. 货币市场

凯恩斯的货币需求理论把货币需求分为交易需求、预防需求和投机需求三种形式，其货币需求函数为：

$$MD = \varphi_0 + \varphi_1 Y - \varphi_2 i \tag{6-13}$$

其中，MD 为名义货币需求量。

2. 产品市场

国内生产总值（GDP）的构成由四部分组成：

$$Y = C + I + G + X - M \tag{6-14}$$

其中，Y 为国内生产总值；C 为消费；I 为投资；G 为政府支出；X 为出口；M 为进口。

凯恩斯理论认为投资取决于利率，投资与利率 i 成反方向变化：

$$I = \beta_0 + \beta_1 Y - \beta_2 \cdot i \tag{6-15}$$

3. 劳动力市场

劳动力市场的失业率可用 U_N 表示：

$$U_N = (LF - L) / LF \tag{6-16}$$

其中，U_N 为失业率；LF 为劳动力总人数；L 为就业人数。

则价格和失业率之间的相互关系，可以用菲利普斯曲线表示：

$$P = f(1/U_N) \tag{6-17}$$

二、变量关系检验方法

（一）ADF 检验

经济时间序列数据往往是非平稳的，并且主要的经济变量（如消费、收入等）往往呈现一致的上升或下降趋势。保持时间序列的平稳性是进行其他统计检验的前提，ADF 方法是检验时间序列平稳性普遍适用的方法。

假定随机模型表达式：

$$X_t = \rho X_{t-1} + \mu_t \qquad (6-18)$$

其中，μ_t 是白噪声。随机游走序列 $X_t = X_{t-1} + \mu_t$ 是非平稳的，它是随机模型（6-18）中参数 $\rho = 1$ 时的情形。如果发现（6-18）式的回归结果 $\rho = 1$，则称该变量 X_t 有 1 个单位根，该序列是不平稳的随机游走序列。

公式（6-18）的差分形式：

$$\Delta X_t = (\rho - 1) X_{t-1} + \mu_t = \delta X_{t-1} + \mu_t \qquad (6-19)$$

一般采用基于 OLS 方法的 t 检验来判断公式（6-19）是否满足 $\delta = 0$，进而判断公式（6-18）是否有单位根，此时的 t 统计量服从 DF 分布。若 t 统计量的值小于临界值，则拒绝 $\delta = 0$（$\rho = 1$）的原假设，认为该序列不存在单位根，是平稳的。

实际检验过程中，由于时间序列数据和随机扰动项可能不满足基本假定，而导致 DF 检验失效，Dickey 和 Fuller 对 DF 检验进行了修改和扩展，提出了 ADF 检验。其检验通过如下三个模型进行：

$$模型 1：\Delta X_t = \delta X_{t-1} + \sum_{i=1}^{m} \beta_i \Delta X_{t-i} + \varepsilon_t \qquad (6-20)$$

$$模型 2：\Delta X_t = \alpha + \delta X_{t-1} + \sum_{i=1}^{m} \beta_i \Delta X_{t-i} + \varepsilon_t \qquad (6-21)$$

$$模型 3：\Delta X_t = \alpha + \beta t + \delta X_{t-1} + \sum_{i=1}^{m} \beta_i \Delta X_{t-i} + \varepsilon_t \qquad (6-22)$$

原假设都是 H_0：$\delta = 0$，即存在一个单位根。实际检验过程按照模型 3 → 模型 2 →模型 1 的顺序进行，若检验结果是序列不存在单位根的平稳序列，则停止检验。否则就继续检验，直到对模型 1 的检验结束后为止。ADF 检验比 DF 检验效果更好更准确，目前的时间序列平稳性检验基本都采用 ADF 方法。

（二）协整检验

ADF 检验结果经常发现时间序列的不平稳性，因此无法构建两个不平稳的变量关系模型。如果两个时间序列不平稳，但是其单整阶数相同，则两者可能存在长期均衡关系，这就是协整检验。Engle-Granger 检验（EG 检验）适合两变量协整检验，Johansen 检验（JJ 检验）则可以用于多变量协整关系检验。

EG 检验通过两步进行，首先，用 OLS 法估计方程，得到：

$$\hat{Y}_t = \hat{\alpha}_0 + \hat{\alpha}_1 X_t, \quad e_t = Y_t - \hat{Y}_t \tag{6-23}$$

然后，利用 ADF 方法检验 e_t 的平稳性。而多变量协整关系采用的 JJ 检验是一种基于向量自回归（VAR）模型的多重协整检验方法。

（三）Granger 因果检验

如何判断存在先导—滞后关系的两个时间变量是否具有因果影响关系？这种影响关系是单向影响还是双向？Granger 因果关系检验提供了判断这种关系的方法。假设变量 X 与变量 Y，Granger 因果检验需要通过估计两个回归方程来实现：

$$Y_t = \beta_0 + \sum_{i=1}^{m} \beta_i Y_{t-i} + \sum_{i=1}^{m} \alpha_i X_{t-i} \tag{6-24}$$

$$X_t = \delta_0 + \sum_{i=1}^{m} \delta_i X_{t-i} + \sum_{i=1}^{m} \lambda_i Y_{t-i} \tag{6-25}$$

Granger 因果检验结果存在四种情况：只存在 X 对 Y 的单向影响；只存在 Y 对 X 的单向影响；X 与 Y 之间存在双向的相互影响；X 与 Y 之间没有任何影响关系。

三、模型群结构方程分类

模型群是由一系列方程或模型构成的模型体系。根据经济计量模型的不同属性，模型群中的结构方程又可划分为不同的类型。

（一）模型群的结构分类

1. 单方程计量模型群

单方程计量模型群是指由一系列单一方程组成的模型群，每个单一方程相对独立，各自进行参数估计和模型检验，揭示的是单一因变量与其他变量之间的数量关系。单方程计量模型群简单、实用，容易构建，也是最常用的一类模型群。缺点是每个结构模块中的方程独立、分散。

2. 联立方程计量模型群

联立方程计量模型群是相对于单方程计量模型群而言的，是由一系列联立方程组成的模型群。联立方程模型群中的每个结构模块是一个相对独立的联立方程，揭示的是结构模块内所有内生变量、外生变量、先决变量之间的数量关系。联立方程计量模型群分析问题全面、系统，但是受样本容量和变量关系的限制，模型构建复杂，有一定的难度。

3. 面板模型群

面板模型群是由一系列面板模型构成的模型群，它是针对不同时间和不同截面的经济现象，基于面板数据建立的计量模型群。面板模型群专用于研究不同个体、不同空间的经济现象的动态差异。

4. 时间序列模型群

时间序列模型群是基于时间序列数据，通过建立以因果关系为主导的结构方程而形成的一类模型群的总称。时间序列模型群通常用在分析国民经济宏观控制、区域经济发展以及海洋科学等领域。

（二）误差修正模型

Engle 和 Granger 通过结合误差修正模型与协整检验，创建了向量误差修正（VEC）模型。如果方程 $y_t = \Phi_1 y_{t-1} + \Phi_2 y_{t-2} + \cdots + \Phi_p y_{t-p} + Hx_t + \varepsilon_t$ 中 y_t 所含有的 k 个序列存在协整关系，则不包含外生变量的方程：

$$\Delta y_t = \alpha\beta y_{t-1} + \sum_{i=1}^{p-1} \Gamma_i \Delta y_{t-i} + Hx_t + \varepsilon_t \tag{6-26}$$

（6-26）式可改写为：

$$\Delta y_t = \alpha\beta y_{t-1} + \sum_{i=1}^{p-1} \Gamma_i \Delta y_{t-i} + \varepsilon_t \tag{6-27}$$

公式（6-26）和（6-27）的随机扰动项都是平稳的。

用误差修正模型表示为：

$$\Delta y_t = aecm_{t-1} + \sum_{i=1}^{p-1} \Gamma_i \Delta y_{t-i} + \varepsilon_t \tag{6-28}$$

其中，$ecm_{t-1} = \beta y_{t-1}$ 称为误差修正项，它能够反映变量之间的长期均衡关系，偏离变量恢复均衡状态的速度用系数矩阵 α 表示。

（三）非参数模型

设 Y 为被解释变量，$X = (X_1, X_2, \cdots, X_d)$ 为解释变量，给定样本检测值 (Y_1, X_1)，(Y_2, X_2)，$\cdots$，(Y_n, X_n)，假定 (Y_i, X_i) 独立同分布，建立非参数回归模型：

$$Y_i = m(X_i) + \sigma(X_i)\varepsilon_i \tag{6-29}$$

其中，m（·）是未知的函数，$m（X_i）=E（Y_i\mid X_i）$，ε_i是均值为零、方差为 1、且与X_i独立的序列，随机误差项$\mu_i=\sigma（X_i）\varepsilon_i$，其条件方差为 $\sigma^2（X_i）=E（\mu_i^2\mid X_i）$。

模型的核估计表达式为：

$$m_n(x)=\frac{\sum_{i=1}^{m}K_{h_n}(X_i-x)Y_i}{\sum_{j=1}^{n}K_{h_n}(X_i-x)}\tag{6-30}$$

其中窗宽$h_n>0$，核权函数$K_{h_n}(\mu)=h_n^{-d}(\mu h_n^{-1})$，核函数$K（\mu）\geqslant 0$。容易推得：

$$\min_{\theta}\sum_{i=1}^{n}W_{ni}(x)（Y_i-\theta）^2=\sum_{i=1}^{n}W_{ni}(x)（Y_i-m_n(x)）^2\tag{6-31}$$

回归函数核估计的渐近偏差随窗宽减少而减少，而渐近方差随窗宽减少而增大。非参数估计是通过平衡估计的偏差和方差来渐近均方误差。

$$AMSE(x)=（\mu_2(K)h_n^2\big[D_f^T(x)D_m(x)f（x）^{-1}+\frac{1}{2}tr\{H_m(x)\}\big]）^2+$$
$$\frac{R(K)\sigma^2(x)}{nh_n^df(x)}\tag{6-32}$$

达到最小，于是最优的逐点窗宽为：

$$h_{AMSE}(x)=\Big[\frac{R(K)\sigma^2(x)f(x)}{\mu_2(K)\big[2D_f^T(x)D_m(x)+f(x)tr\{H_m(x)\}\big]^2}\Big]^{1/(d+4)}n^{-1/(d+4)}$$
$$\tag{6-33}$$

渐近均方积分误差，$AIMSE=\int AMSE(x)dx$，最小化渐近均方积分误差，得到最优的全局窗宽为：

$$h_{AMSE}=\Big[\frac{R(K)A}{（\mu_2(K)）^2B}\Big]n^{-1/(d+4)}\tag{6-34}$$

其中，$A=\int\frac{\sigma^2(x)}{f(x)}dx$，$B=\int 2D_f^T(x)D_m(x)f（x）^{-1}+tr\{H_m(x)\}\big])^2dx$。

（四）ARCH 族模型

1. ARCH 模型

假设随机扰动项μ_t的条件方差依赖于μ_{t-1}。回归模型：

$$Y_t = \beta_0 + \beta_1 x_{1t} + \beta_2 x_{2t} + \cdots + \beta_k x_{kt} + \mu_t \qquad (6-35)$$

如果 μ_t 的均值为零，则 $E(y_t) = \beta_0 + \beta_1 x_{1t} + \beta_2 x_{2t} + \cdots + \beta_k x_{kt}$。变量 y_t 的条件方差为：

$$Var(y_t) = E(y_t - \beta_0 - \beta_1 x_{1t} - \beta_2 x_{2t} - \cdots - \beta_k x_{kt})^2 = E_{t-1}\mu_t^2 \qquad (6-36)$$

假设在 $t-1$ 时期的所有信息条件下，μ_t^2 服从 AR（1）过程：

$$\mu_t^2 = \alpha_0 + \alpha_1 \mu_{t-1}^2 + \varepsilon_t \qquad (6-37)$$

其中，ε_t 是白噪声，μ_t 的条件方差是个一阶自回归过程，即 ARCH（1）过程。

依此类推，则 ARCH（p）过程可表示为：

$$Var(\mu_t) = \sigma_t^2 = \alpha_0 + \alpha_1 \mu_{t-1}^2 + \alpha_2 \mu_{t-2}^2 + \cdots + \alpha_p \mu_{t-p}^2 \qquad (6-38)$$

2. GARCH 模型

GARCH 模型称为广义自回归条件异方差模型。GARCH 模型是用 1-2 个 σ_t^2 的滞后值来代替多个 μ_t 的滞后值。

一个标准的 GARCH（1，1）模型为：

$$y_t = x_t \gamma + \mu_t, \quad t = 1, 2, \cdots, T \qquad (6-39)$$

$$\sigma_t^2 = \omega + \alpha \mu_{t-1}^2 + \beta \sigma_{t-1}^2 \qquad (6-40)$$

其中，x_t 是 $1 \times (k+1)$ 维的外生变量，γ 是 $(k+1) \times 1$ 维的系数向量。GARCH（p，q）模型的阶数 p 和 q，主要是根据 SC 和 AIC 信息准则来确定。

3. TARCH 模型

门限 GARCH 模型（TGARCH）中的条件方差为：

$$\sigma_t^2 = \omega + \alpha \mu_{t-1}^2 + \beta \sigma_{t-1}^2 + \gamma \mu_{t-1}^2 d_{t-1} \qquad (6-41)$$

其中，d_{t-1} 是虚拟变量，当 $\mu_{t-1} < 0$ 时，$d_{t-1} = 1$，当 $\mu_{t-1} > 0$ 时，$d_{t-1} = 0$。当 $\gamma \neq 0$ 时，存在非对称效应。

$\gamma \mu_{t-1}^2 d_{t-1}$ 被称作 TARCH 项。好消息（$\mu_{t-1} > 0$）时，因为 $\gamma \mu_{t-1}^2 d_{t-1}$ 等于零，所以存在一个 α 倍的冲击；坏消息（$\mu_{t-1} < 0$）时，由于 $\gamma \mu_{t-1}^2 d_{t-1}$ 等于 $\gamma \mu_{t-1}^2$，所以存在（$\alpha + \gamma$）倍的冲击。如果 $\gamma \neq 0$，则两个冲击大小就不同，模型存在非对称效应。

$$K_{\sigma pt}(u) = \frac{d(d+2)}{2S_d}(1 - u_1^2 - u_2^2 - \cdots - u_d^2) \qquad (6-42)$$

四、模型群结构模块设计

1978 年改革开放以来，随着国际国内经济政治形势的演变，需求不足已成为目前制约我国经济增长的主要原因，需求拉动效应已成为我国经济增长中急需解决的主要问题。中国海洋经济计量模型的实证研究方法，也从供给导向型向需求导向型转变，并将总需求分为消费需求、投资需求和净出口需求等类型。

中国海洋经济计量模型的变量结构定义，主要涉及财政金融、投资与固定资产、海洋经济生产、涉海贸易进出口和涉海产品价格五大内容。根据国内外的成熟经验，参考宏观经济计量模型群的结构，课题研究设计构建了中国海洋经济计量模型群的五大结构模块。

（一）财政金融模块

财政金融模块主要包括财政和金融两个方面的模型。其中，财政方面主要包括财政收入和财政支出，金融方面主要包括货币供给和货币需求。财政金融模块作为中国海洋经济计量模型群的重要组成部分，不仅传递着国际国内的宏观经济政策，同时对我国海洋经济发展具有重要影响，海洋经济的众多模型都需要财政与金融的变量。海洋经济活动需要财政和金融部门的支持，海洋经济活动的产出经过分配会形成财政收入并通过存款形成货币供给，两者是通过投资与固定资产模块联结的。

（二）投资与固定资产模块

投资与固定资产模块主要涉及海洋三大产业，具体又涉及农林牧渔业、工业（采矿业、制造业、电力、燃气及水的生产和供给业）和建筑业，以及流通部门、服务部门、公共管理部门和社会组织、国际组织等。投资与固定资产模块是海洋经济计量模型群的主要支撑模块，海洋经济模型中的许多重要变量指标都与投资、固定资产等密切相关。投资与固定资产模块也是海洋经济计量模型群中的模块结构桥梁，链接并影响着许多模块。

（三）海洋经济生产模块

海洋经济生产模块是海洋经济计量模型群的主体模块，主要用来描述海洋产业与其他模块模型间的关联关系。海洋经济生产模块是海洋经济繁荣、萧条的重要温度计，它通过生产函数与投资、消费、贸易、财政、金融等联系在一起，并通过生产的扩张和收缩不断冲击影响着海洋经济的波动演变。

（四）涉海贸易进出口模块

涉海贸易进出口模块主要反映了海洋产业的国际国内市场活跃度，也是海洋经济发展的重要风向标。通过贸易方程可以揭示海洋产业的国际比较优势，预警海洋经济波动的外在冲击效应，辨析海洋经济波动的景气关联效应。

（五）涉海产品价格模块

涉海产品价格模块主要反映了消费价格指数、各种缩减指数和销售价格指数等变量对海洋经济波动的冲击影响。价格是由供给和需求共同决定的，价格的变化反映了供求关系的调整，是宏观经济调控的重要参考依据。当某种商品或服务的价格变化时，表明供给或需求出现缺口，如果市场力量不能实现供需平衡，就需要政府进行市场干预，保证经济的运行稳定。

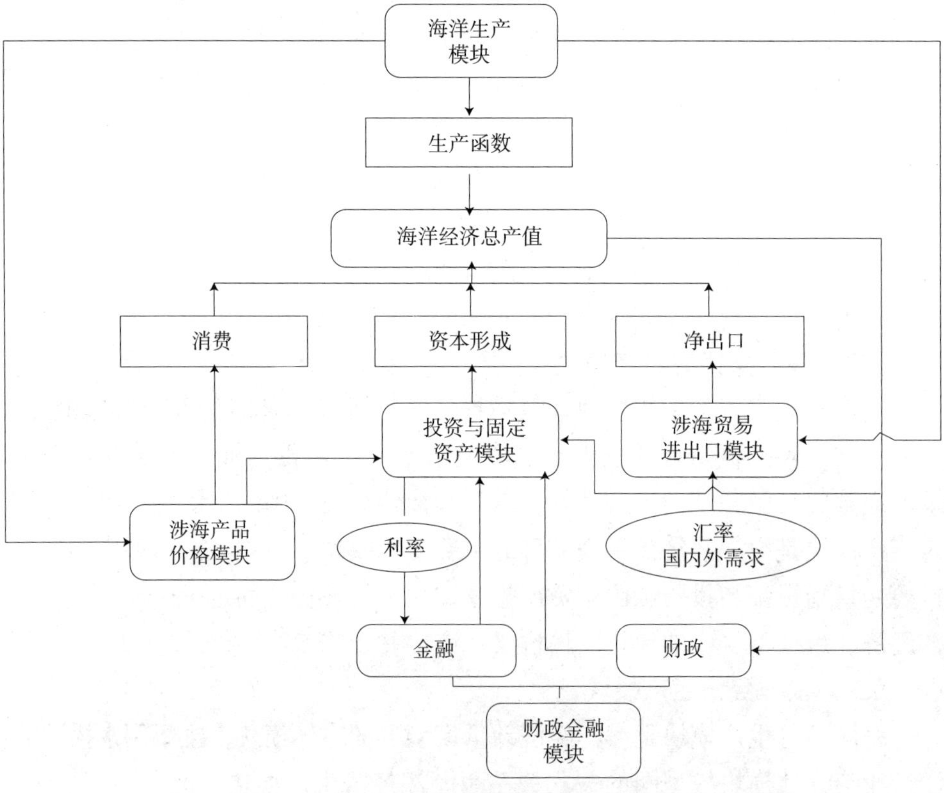

图 6-1　中国海洋经济计量模型群结构模块关系示意图

资料来源：参考刘朋《贵州省宏观经济计量模型》，《贵州财经大学学报》2012 第 4 期。

五、模型群变量 ADF 检验

课题研究通过参考中国宏观经济模型的构建思路，借鉴国内外的成功建模经验，根据我国海洋经济的特点，对中国海洋经济计量模型中的相关变量进行了界定。

（1）总需求＝总产出。总需求包括消费、投资和净出口。总产出经过多次分配，形成政府收入、企业收入和居民收入。

（2）政府收入＝政府消费+政府投资。

（3）企业收入＝企业自筹投资+储蓄。

（4）居民收入＝消费+储蓄。

（5）消费需求＝政府消费+居民消费。

（6）投资需求＝政府投资+企业投资+个人投资。

（7）净出口需求＝出口-进口。其中，进（出）口由国内（国外）需求和汇率共同决定。

（8）消费价格指数，暂时以全国消费价格指数来代替海洋消费价格指数。

中国海洋经济计量模型群的相关变量及其对数序列 ADF 平稳性检验结果，见表 6-1。

表 6-1　中国海洋经济计量模型变量 ADF 平稳性检验　Smpl：2000—2011

序号	变量代码	ADF	P	结果	差分阶数备注	变量名称
1	C_ ED	1.0811	0.9989	不平稳	1 阶差分平稳	企业存款总额
2	C_ TD	0.6152	0.9973	不平稳	1 阶差分平稳	存款总额
3	C_ GDP	-2.5319	0.3123	不平稳	1 阶差分平稳	国内生产总值
4	C_ GD	1.7736	0.9999	不平稳	1 阶差分平稳	政府存款总额
5	C_ URSD	2.4118	0.9996	不平稳	1 阶差分平稳	城镇居民储蓄存款总额
6	C_ DI	1.5638	0.9998	不平稳	1 阶差分平稳	可支配收入
7	C_ AI	0.1454	0.9517	不平稳	1 阶差分平稳	城镇居民实际收入
8	C_ AD	1.0114	0.9990	不平稳	1 阶差分平稳	农业存款总额
9	C_ GDP1	1.5525	0.9972	不平稳	1 阶差分平稳	第一产业生产总值

续表

序号	变量代码	ADF	P	结果	差分阶数备注	变量名称
11	C_DB	0.9543	0.9902	不平稳	1阶差分平稳	存款余额
12	C_CL	2.2591	0.9867	不平稳	2阶差分平稳	企业贷款总额
13	C_ED	-0.1577	0.9158	不平稳	2阶差分平稳	企业存款总额
14	C_AL	9.4561	1.0000	不平稳	1阶差分平稳	农业贷款总额
15	C_TI	-0.1760	0.9097	不平稳	1阶差分平稳	城镇居民转移性收入
17	C_MLL	2.8986	1.0000	不平稳	2阶差分平稳	中长期贷款总额
18	C_TLB	0.5112	0.9944	不平稳	1阶差分平稳	总贷款余额
19	C_VAT	-2.2802	0.4068	不平稳	1阶差分平稳	增值税额
20	C_GDP2	-3.4161	0.1141	不平稳	1阶差分平稳	第二产业生产总值
21	C_GDP3	-0.6109	0.9432	不平稳	1阶差分平稳	第三产业生产总值
22	C_BT	-1.3281	0.8150	不平稳	1阶差分平稳	营业税额
23	C_CIT	-1.1938	0.8517	不平稳	1阶差分平稳	企业所得税额
24	C_PIT	-0.8086	0.9249	不平稳	1阶差分平稳	个人所得税额
25	C_TR	0.2181	0.9927	不平稳	1阶差分平稳	税收收入
26	C_LSUF	1.8173	0.9735	不平稳	1阶差分平稳	土地和海域使用费
27	C_R	-0.2153	0.8989	不平稳	1阶差分平稳	财政收入
28	C_E	14.9195	0.9999	不平稳	1阶差分平稳	财政支出
29	C_II	0.0887	0.9939	不平稳	1阶差分平稳	全社会固定资产投资（现价）
30	C_IIC	0.0887	0.9939	不平稳	1阶差分平稳	全社会固定资产投资（不变价）
31	C_GEXE	-0.0431	0.9405	不平稳	1阶差分平稳	财政经济建设费支出
32	C_LOANFA	1.7658	0.9999	不平稳	1阶差分平稳	中长期贷款
33	C_FCU	1.0984	0.9952	不平稳	1阶差分平稳	实际利用外资额
34	C_PI	-0.4203	0.5114	不平稳	1阶差分平稳	投资品价格指数
35	EXRA	-4.2180	0.0086	平稳	--	汇率
36	C_IAC	-0.8438	0.9362	不平稳	1阶差分平稳	农林牧渔业固定资产投资额
37	C_M	4.3342	0.9999	不平稳	1阶差分平稳	采矿业固定资产投资额
38	C_DSR	0.4870	0.9797	不平稳	1阶差分平稳	电、水、燃气供应固定资产投资额
39	C_ICONC	1.8253	0.9999	不平稳	1阶差分平稳	建筑业固定资产投资额

续表

序号	变量代码	ADF	P	结果	差分阶数备注	变量名称
40	C_ IPTTC	-2.9813	0.1760	不平稳	1 阶差分平稳	邮电交通通讯业固定资产投资额
41	C_ ICOMC	-0.4284	0.9746	不平稳	1 阶差分平稳	商业固定资产投资额
42	C_ JKWW	-1.2532	0.8561	不平稳	1 阶差分平稳	教科文卫固定资产投资额
43	C_ TAV	4.2431	1.0000	不平稳	1 阶差分平稳	海洋产业总增加值
44	GOP	4.2431	1.0000	不平稳	1 阶差分平稳	海洋生产总值
45	C_ FI	-0.4041	0.9749	不平稳	1 阶差分平稳	海洋渔业增加值
46	C_ SI	-2.2819	0.1900	不平稳	1 阶差分平稳	海洋盐业增加值
47	C_ OGI	-1.2983	0.5992	不平稳	1 阶差分平稳	海洋油气业增加值
48	C_ SM	-0.1216	0.9274	不平稳	1 阶差分平稳	海洋矿业增加值
49	C_ TRI	-0.7365	0.8079	不平稳	1 阶差分平稳	海洋交通运输业增加值
50	C_ TLI	3.0683	0.9982	不平稳	1 阶差分平稳	滨海旅游业增加值
51	C_ SBI	0.9055	0.9923	不平稳	1 阶差分平稳	海洋船舶业增加值
52	C_ CI	2.4830	0.9908	不平稳	1 阶差分平稳	海洋化工业增加值
53	C_ ECI	-0.2410	0.8992	不平稳	1 阶差分平稳	海洋工程建筑业增加值
54	C_ SUI	-0.7042	0.7962	不平稳	1 阶差分平稳	海水利用业增加值
55	C_ BPI	-1.0590	0.6736	不平稳	1 阶差分平稳	海洋生物医药业增加值
56	C_ EPI	1.2897	0.9952	不平稳	1 阶差分平稳	海洋电力业增加值
57	C_ MSE	-0.6326	0.8153	不平稳	2 阶差分平稳	海洋科研教育管理服务业增加值
58	C_ RI	-0.1951	0.9067	不平稳	2 阶差分平稳	海洋相关产业增加值
59	C_ TFI	0.0094	0.9348	不平稳	2 阶差分平稳	海洋第一产业增加值
60	C_ TSI	0.0073	0.9346	不平稳	1 阶差分平稳	海洋第二产业增加值
61	C_ TTI	-0.0961	0.9216	不平稳	1 阶差分平稳	海洋第三产业增加值
62	C_ MFI	2.8479	0.9998	不平稳	1 阶差分平稳	海洋渔业商品进口额
63	C_ DSPC	-1.8762	0.3249	不平稳	1 阶差分平稳	全国水产品人均消费量
64	C_ MFE	-1.6868	0.4009	不平稳	1 阶差分平稳	海洋渔业商品出口额
65	C_ APIT	-0.8936	0.7330	不平稳	1 阶差分平稳	水产品国际贸易量
66	C_ NFI	0.7252	0.9840	不平稳	1 阶差分平稳	全国渔业进口总额
67	C_ NFE	1.3724	0.9960	不平稳	1 阶差分平稳	全国渔业出口总额
68	C_ NFIE	1.1744	0.9925	不平稳	1 阶差分平稳	全国渔业进出口总额

序号	变量代码	ADF	P	结果	差分阶数备注	变量名称
69	C_ MFP	-2.1524	0.2318	不平稳	1 阶差分平稳	海洋渔业从业人员数
70	C_ TNFI	-1.0224	0.6874	不平稳	1 阶差分平稳	全国渔业进口总量
71	C_ TNFE	-0.9923	0.7023	不平稳	1 阶差分平稳	全国渔业出口总量
72	C_ TNFIE	1.0032	0.6933	不平稳	1 阶差分平稳	全国渔业进出口总量
73	C_ WTAP	-1.6676	0.4090	不平稳	1 阶差分平稳	世界水产品贸易量
74	C_ MCOE	3.4394	1.0000	不平稳	1 阶差分平稳	海洋原油产品出口额
75	C_ CCOE	-0.8570	0.7360	不平稳	1 阶差分平稳	全国原油出口额
76	C_ CCOI	-0.7156	0.7864	不平稳	1 阶差分平稳	全国原油进口额
77	C_ CCOIE	-3.3162	0.1508	不平稳	1 阶差分平稳	全国原油进出口总额
78	C_ PCC	-2.7196	0.1076	不平稳	1 阶差分平稳	全国人均原油产量
79	C_ NPCCO	-1.7763	0.3638	不平稳	1 阶差分平稳	全国人均原油消费量
80	C_ NOGO	-1.4065	0.5312	不平稳	1 阶差分平稳	全国原油与天然气年产量
81	C_ OOPC	-1.6951	0.4011	不平稳	1 阶差分平稳	海洋原油从业人员数
82	C_ COI	-2.1524	0.2318	不平稳	1 阶差分平稳	全国原油进口量
83	C_ COE	1.3724	0.9960	不平稳	1 阶差分平稳	全国原油出口量
84	C_ COIE	-1.5276	0.4753	不平稳	1 阶差分平稳	全国原油进出口总量
85	C_ OOE	-0.4893	0.8504	不平稳	1 阶差分平稳	海洋原油出口量
86	C_ WOPT	10.3686	1.0000	不平稳	1 阶差分平稳	世界原油产品贸易量
87	C_ OGE	3.5838	0.9999	不平稳	1 阶差分平稳	海洋油业人口
88	C_ MVE	4.1793	1.0000	不平稳	1 阶差分平稳	海洋船舶出口额
89	C_ MVP	-0.9892	0.6999	不平稳	1 阶差分平稳	海洋船舶制造业从业人数
90	C_ CES	-1.6342	0.4276	不平稳	1 阶差分平稳	全国船舶出口额
92	C_ OEVS	-1.9315	0.3057	不平稳	1 阶差分平稳	海洋船舶出口产量
93	C_ PCR	-0.3707	0.8856	不平稳	1 阶差分平稳	居民消费价格总指数
94	C_ M1CUR	3.3603	1.0000	不平稳	1 阶差分平稳	货币流通量
95	C_ PCRU	-0.4267	0.8748	不平稳	1 阶差分平稳	城镇居民消费价格总指数
96	C_ PCRR	-2.6414	0.1101	不平稳	1 阶差分平稳	农村居民消费价格总指数
97	C_ PGDP	-0.2880	0.5649	不平稳	1 阶差分平稳	国内生产总值缩减指数
98	C_ PV1	-0.3322	0.5440	不平稳	1 阶差分平稳	第一产业增加值缩减指数
99	C_ PV2	-0.2075	0.9947	不平稳	1 阶差分平稳	第二产业增加值缩减指数

续表

序号	变量代码	ADF	P	结果	差分阶数备注	变量名称
100	C_ PGVA	0.9712	0.9004	不平稳	1 阶差分平稳	农业总产值缩减指数
101	C_ PVCON	−0.7810	0.3596	不平稳	1 阶差分平稳	建筑业增加值缩减指数
102	C_ PWG	−0.1468	0.6165	不平稳	1 阶差分平稳	职工工资总额缩减指数
103	C_ PR	0.2280	0.7364	不平稳	1 阶差分平稳	零售物价总指数
104	C_ PI	−0.4203	0.5114	不平稳	1 阶差分平稳	投资品价格指数

第三节　中国海洋经济计量模型群：单方程设计

中国海洋经济计量模型群主要用以系统反映我国海洋经济的关联结构关系，揭示海洋经济系统随机变量之间的数量关系，通过借鉴国内外成熟的计量模型群构建经验，建立单方程海洋经济计量模型群，分为 5 个模块，共包括 80 个单方程。样本均是选取了 2000—2011 年沿海 11 个地区的加总数据。

一、财政金融模块

财政金融模块主要从货币供给和货币需求、财政收入和财政支出两个角度 4 个方面进行模型构建的。财政金融模块的方程主要包括存款方程、贷款方程、税收方程以及财政收支方程等，共 18 个方程。样本均是选取了2000—2011 年沿海 11 个地区的加总数据。

（一）存款方程

存款方程包括企业存款方程、政府存款方程、城镇居民储蓄存款方程、农业存款方程以及总存款余额方程 5 个方程。

1. 企业存款（C_ ED）方程

企业存款是指工业、商业（含粮食、外贸）等企业在银行的存款。按存款期限分为定期存款和活期存款；按资金形式分为结算户存款和专用基金存款。样本选取了 2000—2011 年沿海地区的国内生产总值、存款总额和企业存款总额。企业存款方程为：

$\log C\_ ED = -3.742 + 1.273 \times \log C\_ TD - 0.544 \times \log C\_ ED\ (-1) + 0.378 \times$

logC_ GDP

Smpl：2000—2011，$R^2 = 0.9978$，DW = 2.8908

其中：C_ ED：企业存款总额，C_ TD：存款总额，C_ GDP：国内生产总值。

2. 政府存款（C_ GD）方程

政府存款是指财政金库款项和政府财政拨给机关单位的经费以及其他特种公款等。主要种类有：金库存款、地方财政预算外存款、机关团体（包括学校及由财政拨付经费的团体和其他事业单位）存款、部队存款、基本建设存款等。样本选取了 2000—2011 年沿海地区的国内生产总值、存款总额和政府存款总额。政府存款方程：

logC_ GD = -15.041+0.016×logC_ TD+0.621×logC_ GDP+2.455×logC_ GD（-1）

Smpl：2000—2011，$R^2 = 0.9969$，DW = 2.3549

其中：C_ GD：政府存款总额，C_ TD：存款总额，C_ GDP：国内生产总值。

3. 城镇居民储蓄存款（C_ URSD）方程

城镇居民储蓄存款主要包括城镇居民和农民个人的存款，但是不含居民现金存款和单位存款。样本选取了 2000—2011 年沿海地区的城镇居民储蓄存款、可支配收入和城镇居民实际收入。城镇居民储蓄存款方程：

logC_ URSD = -3.050+0.375×logC_ URSD（-1）-0.283×logC_ DI+1.125×logC_ AI

Smpl：2000—2011，$R^2 = 0.9891$，DW = 2.5656

其中：C_ URSD：城镇居民储蓄存款总额，C_ DI：可支配收入，C_ AI：城镇居民实际收入。

4. 农业存款（C_ AD）方程

样本选取了 2000—2011 年沿海地区的第一产业生产总值、农业存款总额、存款总额和存款余额。农业存款方程：

logC_ AD = -3.320+0.293×logC_ GDP1+1.805×logC_ TD-1.059×logC_ DB

Smpl：2000—2011，$R^2 = 0.9985$，DW = 1.5387

其中：C_ AD：农业存款总额，C_ GDP1：第一产业生产总值，C_

TD：存款总额，C_ DB：存款余额。

5. 总存款余额（C_ TDB）方程

总存款余额方程是一个平衡方程。总存款余额是指企业存款、政府存款、城镇居民储蓄存款、农业存款和其他存款的总和。

C_ TDB=C_ ED+C_ GD+C_ URSD+C_ AD+C_ OD

其中：C_ TDB：总存款余额，C_ ED：企业存款，C_ GD：政府存款，C_ URSD：城镇居民储蓄存款，C_ AD：农业存款，C_ OD：其他存款。

（二）贷款方程

贷款方程包括企业贷款方程、农业贷款方程、中长期贷款方程、总贷款余额方程4个方程。

1. 企业贷款（C_ CL）方程

企业贷款是企业根据固定资产、技术改造等长期投资需要，按照规定利率和期限向银行和其他金融机构的一种借款。企业贷款方程：

$$logC\_ CL=6.100+0.358×LogC\_ ED-0.240×XN05$$

Smpl：2000—2011，$R^2=0.8709$，DW=1.6535

其中：C_ CL：企业贷款总额，C_ ED：企业存款总额，XN05：虚拟变量（2000—2005年=1，其他=0）。

2. 农业贷款（C_ AL）方程

农业贷款是指金融机构提供给从事农业生产的贷款。农业贷款方程：

$$logC\_ AL=-6.093-0.300×logC\_ AL（-1）+1.084×logC\_ TI+0.555×logC\_ GDP1+0.050×logC\_ DI$$

Smpl：2000—2011，$R^2=0.997720$，DW=1.670409

其中：C_ AL：农业贷款总额，C_ TI：城镇居民转移性收入，C_ GDP1：第一产业生产总值，C_ DI：可支配收入。

3. 中长期贷款（C_ MLL）方程

中长期贷款是指用于新建扩建、改造开发、购置等固定资产投资项目的贷款，又称为项目贷款。房地产贷款虽然也属于项目贷款范畴，但执行的贷款政策与项目贷款不同。中长期贷款方程为：

$$logC\_ MLL=-0.602+1.081×logC\_ MLL（-1）+0.139×AR（1）-4.230×MA（4）$$

Smpl：2000—2011，$R^2 = 0.9991$，DW = 2.1877

其中：C_ MLL：中长期贷款总额。

4. 总贷款余额（C_ TLB）方程

总贷款数额是指借款人与放款人签订的合同数额，是一个不变的数额。贷款总额是指截止到某一时间，商业银行已经发放的贷款总和。总贷款余额是指到会计期末尚未偿还的贷款额，尚未偿还的贷款额等于贷款总额扣除已偿还的银行贷款。总贷款余额方程为：

logC_ TLB = -1.329 + 1.129×logC_ TLB（-1）-0.788×MA（3）

Smpl：2000—2011，$R^2 = 0.9883$，DW = 2.1787

其中：C_ TLB：总贷款余额。

（三）税收方程

税收方程共包括：增值税、营业税、企业所得税、个人所得税、总所得税和税收收入方程6个方程。

1. 增值税（C_ VAT）方程

增值税是我国最大的税种，其收入占全国税收的6成以上。增值税方程为：

logC_ VAT = -2.117 + 1.236×logC_ GDP2（-1）+0.365×logC_ GDP3（-1）+0.324×XN02

Smpl：2000—2011，$R^2 = 0.9919$，DW = 2.2735

其中：C_ VAT：增值税额，C_ GDP2：第二产业生产总值，C_ GDP3：第三产业生产总值，XN02：虚拟变量（2000—2002年=1，其他=0）。

2. 营业税（C_ BT）方程

营业税方程为：

logC_ BT = -0.554 + 0.393×logT + 0.728×logC_ GDP3 - 0.619×XN02

Smpl：2000—2011，$R^2 = 0.9983$，DW = 2.0087

其中：C_ BT 营业税额，C_ GDP3 第三产业生产总值，XN02：虚拟变量（2000—2002年=1，其他=0）。

3. 企业所得税（C_ CIT）方程

企业所得税是对中国境内的企业所得而征收的一种税，对我国的财政金融具有重要的影响。企业所得税方程为：

logC_ CIT=-5.622+ 1.189×logC_ GDP3 + 0.673×XN01

Smpl：2000—2011，R^2=0.9759，DW=2.1363

其中：C_ CIT：企业所得税额，C_ GDP3：第三产业生产总值，XN01：虚拟变量（2000—2001 年=1，其他=0）。

4. 个人所得税（C_ PIT）方程

个人所得税是指对个人所得征收的一个税种。同企业所得税一样，都是我国税收的重要组成部分，对我国的财政金融具有重要影响。个人所得税方程为：

logC_ PIT=-6.153+0.569×logC_ AI+0.410×XN01+0.533×logC_ GDP3

Smpl：2000—2011，R^2=0.9889，DW=2.3777

其中：C_ PIT：个人所得税额，C_ AI：城镇居民实际收入，C_ GDP3：第三产业生产总值，XN01：虚拟变量（2000—2001 年=1，其他=0）。

5. 税收收入（C_ TR）方程

税收收入是指向企事业单位和居民个人无偿征收的一种财政收入。

logC_ TR=-3.0693+0.806×logC_ GDP + 0.314×logC_ TR（-1）

Smpl：2000—2011，R^2=0.9964，DW=1.7439

其中：C_ TR：税收收入，C_ GDP：国内生产总值。

6. 总所得税（C_ TIT）方程

总所得税方程是一个平衡方程。总所得税是个人所得税和企业所得税的加总。总所得税方程为：

C_ TIT=C_ CIT+C_ PIT

其中：C_ TIT：总所得税，C_ CIT：个人所得税，C_ PIT：企业所得税。

（四）财政收支方程

财政收支方程包括土地和海域使用费方程、财政收入方程、财政支出方程 3 个方程。

1. 土地和海域使用费（C_ LSUF）收入方程

logC_ LSUF=-6.135+1.071×logC_ GDP+0.114×logC_ LSUF（-1）-3.249×XN03

Smpl：2000—2011，R^2=0.9961，DW=2.4236

其中：C_LSUF：土地和海域使用费，C_GDP：国内生产总值，XN03：虚拟变量（2000—2003 年=1，其他=0）。

2. 财政收入（C_R）方程

财政收入是指政府部门在一定时期内（一般为一个财政年度）所取得的收入。财政收入方程为：

$$\log C\_R = -3.085 + 0.919 \times \log C\_GDP3 + 0.225 \times \log C\_GDP3\ (-1) + 0.117 \times AR\ (1)$$

Smpl：2000—2011，$R^2 = 0.9984$，DW = 1.9928

其中：C_R：财政收入，C_GDP3：第三产业生产总值。

3. 财政支出（C_E）方程

财政支出也称预算支出，是财政部门根据国家预算将财政资金向相关部门的支付活动。在我国，由于存在预算外资金，所以财政支出分为狭义支出和广义支出。前者仅指预算内支出，后者包括预算内和预算外支出。这里是指狭义的财政支出，即预算支出。

$$\log C\_E = 0.538 + 0.490 \times \log C\_R\ (-1) + 0.515 \times \log C\_R$$

Smpl：2000—2011，$R^2 = 0.9970$，DW = 1.5463

其中：C_E：财政支出，C_R：财政收入。

（五）方程变量协整检验

财政金融模块各方程的变量协整检验结果，见表6-2。

表6-2 财政金融模块变量协整检验结果

方程	变量	Hypothesized NO. of CE（s）	Statistic	0.05 Critical Value	Prob
企业存款方程	C_ED 与 C_TD	None	15.0783	15.4947	0.0577
		At most 1	7.3802	3.8415	0.0066
	C_ED 与 C_GDP	None	8.8744	15.4947	0.3771
		At most 1	0.9473	3.8415	0.3304
政府存款方程	C_GD 与 C_TD	None	13.7229	15.4947	0.0909
		At most 1	2.6277	3.8415	0.1050
	C_GD 与 C_GDP	None	26.6434	15.4947	0.0007
		At most 1	2.0994	3.8415	0.1474

续表

方程	变量	Hypothesized NO. of CE（s）	Statistic	0.05 Critical Value	Prob
城镇居民储蓄存款方程	C_ URSD 与 C_ DI	None	15.4701	15.4947	0.0504
		At most 1	4.9553	3.8415	0.0260
	C_ URSD 与 C_ AI	None	10.3261	15.4947	0.2565
		At most 1	2.7385	3.8415	0.0980
农业存款方程	C_ AD 与 C_ GDP1	None	20.1974	15.4947	0.0091
		At most 1	6.2914	3.8415	0.0121
	C_ AD 与 C_ TD	None	19.7823	15.4947	0.0106
		At most 1	4.5933	3.8415	0.0321
	C_ AD 与 C_ DB	None	20.4883	15.4947	0.0080
		At most 1	3.3223	3.8415	0.0723
企业贷款方程	C_ CL 与 C_ ED	None	32.5770	15.4947	0.0001
		At most 1	3.1411	3.8415	0.0891
农业贷款方程	C_ AL 与 C_ TI	None	29.0492	15.4947	0.0000
		At most 1	3.7021	3.8415	0.0522
	C_ AL 与 C_ GDP1	None	15.7899	15.4947	0.0499
		At most 1	3.6501	3.8415	0.0562
	C_ AL 与 C_ DI	None	14.5463	15.4947	0.1644
		At most 1	0.5334	3.8415	0.4669
增值税方程	C_ VAT 与 C_ GDP2	None	19.3276	15.4947	0.0126
		At most 1	5.5775	3.8415	0.0182
	C_ VAT 与 C_ GDP3	None	15.6485	15.4947	0.0474
		At most 1	4.1224	3.8415	0.0423
营业税方程	C_ BT 与 C_ GDP3	None	40.4869	15.4947	0.0000
		At most 1	3.6513	3.8415	0.0560
企业所得税方程	C_ CIT 与 C_ GDP3	None	15.1543	15.4947	0.0361
		At most 1	0.8529	3.8415	0.3557
个人所得税方程	C_ PIT 与 C_ AI	None	24.3990	15.4947	0.0008
		At most 1	0.7740	3.8415	0.3902
	C_ PIT 与 C_ GDP3	None	25.6639	15.4947	0.0005
		At most 1	0.5551	3.8415	0.4429

续表

方程	变量	Hypothesized NO. of CE（s）	Statistic	0.05 Critical Value	Prob
税收收入方程	C_ TR 与 C_ GDP	None	24.9397	15.4947	0.0007
		At most 1	0.5369	3.8415	0.4637
土地和海域使用费收入方程	C_ LSUF 与 C_ GDP	None	15.3561	15.4947	0.0335
		At most 1	0.3096	3.8415	0.5779
财政收入方程	C_ R 与 C_ GDP3	None	18.3781	15.4947	0.0179
		At most 1	2.5626	3.8415	0.1094
财政支出方程	C_ E 与 C_ R	None	19.2596	15.4947	0.0129
		At most 1	3.3342	3.8415	0.0679

二、投资与固定资产模块

投资与固定资产模块主要包括五大类方程：全社会固定资产投资方程、农业与工业固定资产投资方程、服务业固定资产投资方程、生产性与非生产性固定资产投资方程以及其他恒等式方程等，共 15 个方程。样本均是选取了 2000—2011 年沿海 11 个地区的加总数据。

（一）全社会固定资产投资方程

全社会固定资产投资方程包括现价和不变价 2 个方程。

1. 全社会固定资产投资（C_ II）方程——现价

C_ II = C_ IIC×C_ PI = EXP（219.213 + 0.642×logC_ IIC（-1）+ 0.891×log（C_ GEXE/C_ PI）+ 0.423×XN02×log（C_ LOANFA/C_ PI）+6.583×log（C_ FCU×EXRA/C_ PI））×C_ PI

Smpl：2000—2011，R^2=0.9798，DW=1.9898

其中：C_ II：全社会固定资产投资（现价），C_ IIC：全社会固定资产投资（不变价），C_ GEXE：财政经济建设费支出，C_ LOANFA：中长期贷款，C_ FCU：实际利用外资额，C_ PI：投资品价格指数，EXRA：汇率，XN02：虚拟变量（2000—2002 年=1，其他=0）。

2. 全社会固定资产投资（C_ IIC）方程——不变价

logC_ IIC=219.213+0.642×logC_ IIC（-1）+0.891×log（C_ GEXE/C

_PI）+0.423×XN02×log（C_LOANFA/C_PI）+6.583×log（C_FCU×EXRA/C_PI）

Smpl：2000—2011，R^2=0.9804，DW=2.1382

其中：C_IIC：全社会固定资产投资（不变价），C_GEXE：财政经济建设费支出，C_LOANFA：中长期贷款，C_FCU：实际利用外资额，C_PI：投资品价格指数，EXRA：汇率，XN02：虚拟变量（2000—2002年=1，其他=0）。

（二）农业固定资产投资方程

只用农林牧渔业固定资产投资方程（不变价）1个方程表示。

农林牧渔业固定资产投资（C_IAC）方程——不变价

logC_IAC=-0.371-0.076×log C_IAC（-1）+0.022×logC_IIC

Smpl：2000—2011，R^2=0.9954，DW=1.8863

其中：C_IAC：农林牧渔业固定资产投资额，C_IIC：全社会固定资产投资（不变价）。

（三）工业固定资产投资方程

工业固定资产投资方程，包括采矿业、电水燃气供应、建筑业固定资产投资方程3个方程。

1. 采矿业固定资产投资（C_M）方程

logC_M=-21.991+0.132×logC_M（-1）+0.365×logC_IIC+14.537×XN03+14.127×XN0408

Smpl：2000—2011，R^2=0.9992　DW=1.6784

其中：C_M：采矿业固定资产投资额，C_IIC：全社会固定资产投资（不变价），XN03：虚拟变量（2000—2003年=1，其他=0）、XN0408：虚拟变量（2004—2008年=1，其他=0）。

2. 电、水、燃气供应固定资产投资（C_DSR）方程

logC_DSR=6.676+0.036×logC_IIC-2.643×XN03-0.502×AR（2）

Smpl：2000—2011，R^2=0.9795，DW=2.2474

其中：C_DSR：电、水、燃气供应固定资产投资额，C_IIC：全社会固定资产投资（不变价），XN03：虚拟变量（2000—2003年=1，其他=0）。

3. 建筑业固定资产投资（C_ICONC）方程

logC_ICONC＝－4.231＋0.912×logC_IIC＋3.816×D07＋0.079×AR（2）

Smpl：2000—2011，R^2＝0.9563，DW＝2.1259

其中：C_ICONC：建筑业固定资产投资额，C_IIC：全社会固定资产投资（不变价），D07：虚拟变量（2007 年＝1，其他＝0）。

（四）服务业固定资产投资方程

服务业固定资产投资方程，包括邮电交通通讯业、商业、教科文卫固定资产投资方程 3 个方程。

1. 邮电交通通讯业固定资产投资（C_IPTTC）方程

logC_IPTTC＝4.963＋0.075×logC_IIC－30.492×D08＋0.513×AR（1）

Smpl：2000—2011，R^2＝0.9938，DW＝1.8685

其中：C_IPTTC：邮电交通通讯业固定资产投资额，C_IIC：全社会固定资产投资（不变价），D08：虚拟变量（2008 年＝1，其他＝0）。

2. 商业固定资产投资（C_ICOMC）方程

logC_ICOMC＝－16.285－0.094×logC_ICOMC（－1）＋0.354×logC_IIC＋4.474×XN02

Smpl：2000—2011，R^2＝0.9981，DW＝2.1584

其中：C_ICOMC：商业固定资产投资额，C_IIC：全社会固定资产投资（不变价），XN02：虚拟变量（2000—2002 年＝1，其他＝0）。

3. 教科文卫固定资产投资（C_JKWW）方程

logC_JKWW＝5.435＋0.217×logC_IIC＋0.113×D04＋0.947×AR（1）

Smpl：2000—2011，R^2＝0.9895，DW＝1.9579

其中：C_JKWW：教科文卫固定资产投资额，C_IIC：全社会固定资产投资（不变价），D04：虚拟变量（2004 年＝1，其他＝0）。

（五）生产性与非生产性固定资产投资方程

生产性与非生产性固定资产投资方程，包括生产性固定资产投资方程（不变价）和非生产性固定资产投资方程（不变价）2 个方程。

1. 生产性固定资产投资（C_IIPC）方程——不变价

C_IIPC＝C_IAC＋C_M＋C_DSR＋C_ICONC＋C_IPTTC＋C_ICOMC

其中：C_IIPC：生产性固定资产投资，C_IAC：农林牧渔业固定资产投资额，C_ M：采矿业固定资产投资额，C_ DSR：电、水、燃气供应固定资产投资额，C_ ICONC：电、水、燃气供应固定资产投资额，C_ IPTTC：邮电交通通讯业固定资产投资额，C_ ICOMC：商业固定资产投资额。

2. 非生产性固定资产投资（C_ IINPC）方程——不变价

C_ IINPC = C_ IIC - C_ IIPC = EXP（219.213+0.642×logC_ IIC（-1）+0.891×log（C_ GEXE/C_ PI）+ 0.423×XN02×（C_ LOANFA/C_ PI）+6.583×（C_ FCU×EXRA/C_ PI））-（C_ IAC+C_ M+C_ DSR+C_ ICONC+ C_ IPTTC+C_ ICOMC）

其中：C_ IINPC：非生产性固定资产投资，C_ IIC：全社会固定资产投资（不变价），C_ IIPC：生产性固定资产投资，XN02：虚拟变量（2000—2002 年=1，其他=0）。

（六）其他定义方程

定义方程，包括农业总产值（现价）以及商业、建筑业、邮电交通通讯业增加值（现价）4 个方程。

1. GVA：农业总产值（现价），GVA＝GVAC×PGVA
2. VCOM：商业增加值（现价），VCOM＝VCOMC×PVCOM
3. VCON：建筑业增加值（现价），VCON＝VCONC×PVCON
4. VPTT：邮电交通通讯业增加值（现价），VPTT＝VPTTC×PVPTT

（七）方程变量协整检验

投资与固定资产模块各方程的变量协整检验结果，见表6-3。

表6-3　投资与固定资产模块变量协整检验结果

方程	变量	Hypothesized NO. of CE（s）	Statistic	0.05 CriticalValue	Prob
农林牧渔业固定资产投资方程	C_ IAC 与 C_ IIC	None	20.7293	15.4947	0.0074
		At most 1	2.9676	3.8415	0.0849
采矿业固定资产投资方程	C_ M 与 C_ IIC	None	16.5366	15.4947	0.0347
		At most 1	1.9025	3.8415	0.1678
电、水、燃气供应固定资产投资方程	C_ DSR 与 C_ IIC	None	17.0665	15.4947	0.0288
		At most 1	2.8898	3.8415	0.0891

续表

方程	变量	Hypothesized NO. of CE（s）	Statistic	0.05 CriticalValue	Prob
建筑业固定资产投资方程	C_ ICONC 与 C_ IIC	None	20.0371	15.4947	0.0081
		At most 1	2.6224	3.8415	0.1054
邮电交通通讯业固定资产投资方程	C_ IPTTC 与 C_ IIC	None	20.1101	15.4947	0.0094
		At most 1	2.7372	3.8415	0.0980
商业固定资产投资方程	C_ ICOMC 与 C_ IIC	None	18.7925	15.4947	0.0215
		At most 1	2.9053	3.8415	0.0814
教科文卫固定资产投资方程	C_ JKWW 与 C_ IIC	None	14.0136	15.4947	0.0826
		At most 1	3.7940	3.8415	0.0514

三、海洋经济生产模块

海洋经济生产模块主要包括主要海洋产业增加值、服务业增加值、海洋相关产业增加值、三大海洋产业增加值方程以及其他定义方程等，共 20 个方程。样本均是选取了 2000—2011 年沿海 11 个地区的加总数据。

（一）主要海洋产业增加值方程

主要海洋产业增加值方程包括传统海洋产业增加值方程和新兴产业增加值方程两个大类。

1. 传统海洋产业增加值方程

传统海洋产业增加值方程包括海洋渔业、海洋盐业、海洋油气业、海洋矿业、海洋交通运输业和滨海旅游业增加值方程 6 个方程。

（1）海洋渔业增加值（C_ FI）方程

$\log C\_\ FI = 533.808 + 1.334 \times \log GOP + 0.143 \times \log C\_\ TAV + 165.113 \times XN02 + [AR（1）= 0.279]$

Smpl：2000—2011，$R^2 = 0.9453$，DW = 2.0198

其中：C_ FI：海洋渔业增加值，C_ TAV：海洋产业总增加值，GOP：海洋生产总值，XN02：虚拟变量（2000—2002 年 =1，其他 =0）。

（2）海洋盐业增加值（C_ SI）方程

logC_ SI = −5.508 + 1.1567×logGOP − 0.341×logC_ TAV（−1）+［AR（1）= 0.498，MA（2）= −0.994，BACKCAST = 2001］

Smpl：2000—2011，R^2 = 0.9292，DW = 2.5548

其中：C_ SI：海洋盐业增加值，C_ TAV：海洋产业总增加值，GOP：海洋生产总值。

（3）海洋油气业增加值（C_ OGI）方程

logC_ OGI = −0.643 + 0.446×logC_ TAV + 0.381×logGOP +［MA（1）= −0.972，BACKCAST = 2008］

Smpl：2000—2011，R^2 = 0.9854，DW = 1.8640

其中：C_ OGI：海洋油气业增加值，C_ TAV：海洋产业总增加值，GOP：海洋生产总值。

（4）海洋矿业增加值（C_ SM）方程

logC_ SM = −18.386 + 2.110×logGOP +［AR（1）= −0.393］

Smpl：2000—2011，R^2 = 0.9869，DW = 1.9783

其中：C_ SM：海洋矿业增加值，GOP：海洋生产总值。

（5）海洋交通运输业增加值（C_ TRI）方程

logC_ TRI = −376.775 + 1.753×logGOP +［AR（1）= 0.999］

Smpl：2000—2011，R^2 = 0.9825，DW = 2.0797

其中：C_ TRI：海洋交通运输业增加值，GOP：海洋生产总值。

（6）滨海旅游业增加值（C_ TLI）方程

logC_ TLI = −7.745 + 0.324×logGOP + 0.170×logC_ TAV +［MA（1）= 0.997，BACKCAST = 2005］

Smpl：2000—2011，R^2 = 0.9957，DW = 1.9685

其中：C_ TLI：滨海旅游业增加值，GOP：海洋生产总值，C_ TAV：海洋产业总增加值。

2. 新兴海洋产业增加值方程

新兴海洋产业增加值方程包括海洋船舶业、海洋化工业、海洋工程建筑业、海水利用业、海洋生物医药业和海洋电力业增加值方程6个方程。

（1）海洋船舶业增加值（C_ SBI）方程

logC_ SBI = 10.995 + 0.364×logGOP + 0.448×logC_ TAV − 0.313×

XN02+ ［AR （1） = 0. 987］

Smpl：2000—2011，$R^2 = 0.9961$，DW = 2.1545

其中：C_ SBI：海洋船舶业增加值，GOP：海洋生产总值，C_ TAV：海洋产业总增加值，XN02：虚拟变量（2000—2002 年 = 1，其他 = 0）。

（2）海洋化工业增加值（C_ CI）方程

$\log$C_ CI = - 11. 090 + 1. 663 × $\log$GOP + ［MA （2） = - 5. 278，MA （1） = -2. 624，INITMA = 2001］

Smpl：2000—2011，$R^2 = 0.9984$，DW = 2.1806

其中：C_ CI：海洋化工业增加值，GOP：海洋生产总值。

（3）海洋工程建筑业增加值（C_ ECI）方程

$\log$C_ ECI = -8. 735+0. 009×$\log$C_ TAV+1. 448×$\log$GOP+0. 186×XN05；

Smpl：2000—2011，$R^2 = 0.9661$，DW = 2.2306

其中：C_ ECI：海洋工程建筑业增加值，C_ TAV：海洋产业总增加值，GOP：海洋生产总值，XN05：虚拟变量（2000—2005 年 = 1，其他 = 0）。

（4）海水利用业增加值（C_ SUI）方程

$\log$C_ SUI = - 15. 879 + 0. 080 × $\log$C _ TAV + 1. 672 × $\log$GOP + ［AR （1） = 0. 519，

MA （1） = -4. 622，INITMA = 2002］

Smpl：2000—2011，$R^2 = 0.9955$，DW = 2.2727

其中：C_ SUI：海水利用业增加值，C_ TAV：海洋产业总增加值，GOP：海洋生产总值。

（5）海洋生物医药业增加值（C_ BPI）方程

$\log$C_ BPI = -12. 665+1. 622×$\log$GOP

Smpl：2000—2011，$R^2 = 0.9392$，DW = 1.3464

其中：C_ BPI：海洋生物医药业增加值，GOP：海洋生产总值。

（6）海洋电力业增加值（C_ EPI）方程

$\log$C_ EPI = - 24. 224 + 0. 262 × $\log$GOP + 2. 369 × $\log$GOP （-1） + ［AR （1） = 0. 649］；

Smpl：2000—2011，$R^2 = 0.9406$，DW = 1.4744

其中：C_ EPI：海洋电力业增加值，GOP：海洋生产总值。

（二）海洋服务业增加值方程

海洋服务业增加值方程，用海洋科研教育管理服务业增加值方程 1 个方程表示。

海洋科研教育管理服务业增加值（C_ MSE）方程

$logC\_ MSE = 0.287 + 0.982 \times logC\_ MSE (-1) + [MA(1) = 0.441, BACKCAST = 2002]$

Smpl：2000—2011，$R^2 = 0.9952$，DW = 2.0344

其中：C_ MSE：海洋科研教育管理服务业增加值。

（三）海洋相关产业增加值方程

海洋相关产业增加值方程，用海洋相关产业增加值方程 1 个方程表示。

海洋相关产业增加值（C_ RI）方程

$logC\_ RI = 0.459 + 0.967 \times logC\_ RI (-1) + [MA(1) = -0.997, BACKCAST = 2002]$

Smpl：2000—2011，$R^2 = 0.9933$，DW = 1.7979

其中：C_ RI：海洋相关产业增加值。

（四）三大产业增加值方程

三大海洋产业增加值方程包括海洋第一产业、海洋第二产业和海洋第三产业增加值方程 3 个方程。

1. 海洋第一产业增加值（C_ TFI）方程

$logC\_ TFI = 0.599 + 0.935 \times logC\_ TFI (-1) - 0.089 \times XN02$

Smpl：2000—2011，$R^2 = 0.9880$，DW = 1.998

其中：C_ TFI：海洋第一产业增加值，XN02：虚拟变量（2000—2002 年=1，其他=0）。

2. 海洋第二产业增加值（C_ TSI）方程

$logC\_ TSI = 0.166 + 1.000 \times logC\_ TSI (-1)$

Smpl：2000—2011，$R^2 = 0.9862$，DW = 2.0709

其中：C_ TSI：海洋第二产业增加值。

3. 海洋第三产业增加值（C_ TTI）方程

$logC\_ TTI = 0.158 + 0.999 \times logC\_ TTI (-1) + [MA(1) = -0.997,$

BACKCAST = 2002]

　　Smpl：2000—2011，$R^2 = 0.9891$，DW = 1.7695

　　其中：C_ TTI：海洋第三产业增加值。

（五）定义方程

　　定义方程，包括全国海洋生产总值、海洋产业总增加值和主要海洋产业增加值3个方程。

　　1. GOP：全国海洋生产总值，GOP = C_ TAV+C_ RI。

　　2. C_ TAV：海洋产业总增加值，C_ TAV = C_ MNI+C_ MSE。

　　3. C_ MNI：主要海洋产业增加值，C_ MNI = C_ TMNI+C_ NMNI。

　　其中：C_ TMNI：传统海洋产业增加值，C_ NMNI：新兴海洋产业增加值。

（六）方程变量协整检验

　　海洋经济生产模块各方程的变量协整检验结果，见表6-4。

表6-4　海洋经济生产模块变量协整检验结果

方程	变量	Hypothesized NO. of CE（s）	Statistic	0.05 Critical Value	Prob
海洋渔业增加值方程	C_ FI 与 C_ TAV	None	16.9385	15.4947	0.0301
		At most 1	5.3339	3.8415	0.0209
	C_ FI 与 GOP	None	20.9598	15.4947	0.0068
		At most 1	4.4478	3.8415	0.0349
海洋盐业增加值方程	C_ SI 与 C_ TAV	None	32.6069	15.4947	0.0001
		At most 1	6.3299	3.8415	0.0119
	C_ SI 与 GOP	None	22.0023	15.4947	0.0045
		At most 1	3.0759	3.8415	0.0795
海洋油气业增加值方程	C_ OGI 与 C_ TAV	None	25.5399	15.4947	0.0007
		At most 1	12.0663	3.8415	0.0005
	C_ OGI 与 GOP	None	22.0037	15.4947	0.0051
		At most 1	3.3003	3.8415	0.0693
海洋矿业增加值方程	C_ SM 与 GOP	None	17.4819	15.4947	0.0150
		At most 1	0.2891	3.8415	0.5908

方程	变量	Hypothesized NO. of CE（s）	Statistic	0.05 Critical Value	Prob
海洋交通运输业增加值方程	C_ TRI 与 GOP	None	13.8089	15.4947	0.0589
		At most 1	0.3775	3.8415	0.5389
滨海旅游业增加值方程	C_ TLI 与 GOP	None	17.8570	15.4947	0.0216
		At most 1	6.1099	3.8415	0.0134
	C_ TLI 与 C_ TVA	None	22.5873	15.4947	0.0036
		At most 1	0.1329	3.8415	0.7033
海洋船舶业增加值方程	C_ SBI 与 GOP	None	24.8066	15.4947	0.0015
		At most 1	0.8593	3.8415	0.3539
	C_ SBI 与 C_ TVA	None	37.6331	15.4947	0.0000
		At most 1	8.2825	3.8415	0.0040
海洋化工业增加值方程	C_ CI 与 GOP	None	13.8405	15.4947	0.0582
		At most 1	0.1216	3.8415	0.7273
海洋工程建筑业增加值方程	C_ ECI 与 C_ TAV	None	16.3177	15.4947	0.0375
		At most 1	6.9312	3.8415	0.0085
	C_ ECI 与 GOP	None	12.9747	15.4947	0.1157
		At most 1	0.5955	3.8415	0.4403
海水利用业增加值方程	C_ SUI 与 C_ TAV	None	45.8716	15.4947	0.0000
		At most 1	5.4221	3.8415	0.0199
	C_ SUI 与 GOP	None	28.9557	15.4947	0.0003
		At most 1	6.3553	3.8415	0.0117
海洋生物医药业增加值方程	C_ BPI 与 GOP	None	34.4860	15.4947	0.0000
		At most 1	3.7920	3.8415	0.0515
海洋电力业增加值方程	C_ EPI 与 GOP	None	12.9150	15.4947	0.1180
		At most 1	1.6700	3.8415	0.1963

四、涉海贸易进出口模块

涉海贸易进出口模块主要针对海洋渔业、海洋油气业和海洋船舶业 3 个产业，分别从进出口 2 个方面进行模型构建。涉海贸易进出口模块的方程包

括海洋渔业进出口、海洋油气业进出口、海洋船舶业进出口方程等，共 16
个方程。样本均是选取了 2000—2011 年沿海 11 个地区的加总数据。

（一）海洋渔业进出口方程

海洋渔业贸易进出口方程包括海洋渔业商品进口额、海洋渔业商品出口
额、全国渔业进口总额、全国渔业出口总额、全国渔业进出口总额、世界水
产品贸易量方程 6 个方程。

1. 海洋渔业商品进口额（C_ MFI）方程

海洋渔业是海洋产业的重要内容之一，包括海水养殖、海洋捕捞等
活动。

$logC\_ MFI = -11.701 + 5.570 \times logC\_ DSPC - 0.689 \times EXRA + 0.523 \times XN05 + 0.552 \times XN0608 - 0.817 \times AR$（1）

Smpl：2000—2011，$R^2 = 0.9550$，DW = 1.9732

其中：C_ MFI：海洋渔业商品进口额，C_ DSPC：全国水产品人均消
费量，EXRA：汇率，XN05：虚拟变量（2000—2005 年 = 1，其他 = 0），
XN0608：虚拟变量（2006—2008 年 = 1，其他 = 0）。

2. 海洋渔业商品出口额（C_ MFE）方程

$logC\_ MFE = 20.212 + 0.849 \times logC\_ APIT + 0.906 \times logC\_ FI + 0.233 \times EXRA$

Smpl：2000—2011，$R^2 = 0.9930$，DW = 2.2012

其中：C_ MFE：海洋渔业商品出口额，C_ APIT：水产品国际贸易量，
C_ FI：海洋渔业增加值，EXRA：汇率。

3. 全国渔业进口总额（C_ NFI）方程

我国海洋渔业进口量呈现上升的趋势，对海洋水产品的需求也是越来越
多样化。海洋渔业的进口过程中汇率因素至关重要。选用 2001—2011 年间
的数据，对于全国渔业进口总额进行估计。

$logC\_ NFI = 32.733 + 0.112 \times logC\_ TNFI - 0.113 \times logEXRA + 1.571 \times logC\_ DSPC$

Smpl：2000—2011，$R^2 = 0.9350$，DW = 2.3328

其中：C_ NFI：全国渔业进口总额，C_ TNFI：全国渔业进口总量，
EXRA：汇率，C_ DSPC：全国人均水产品消费量。

4. 全国渔业出口总额（C_ NFE）方程

全国渔业出口总额受到全国渔业出口总量的影响，随着社会的发展，市场对于水产品的需求呈现上升的趋势，我国出口的海洋渔业也是呈现多样化的特点。选用2001—2011年间的数据，对于全国渔业出口总额进行估计。

$logC\_ NFE = 200.545 + 0.590 \times logC\_ TNFE - 0.277 \times logEXRA - 0.143 \times logC\_ MFP (-1)$

Smpl：2000—2011，$R^2 = 0.9140$，DW = 2.2624

其中：C_ NFE：全国渔业出口总额，C_ TNFE：全国渔业出口总量，EXRA：汇率，C_ MFP：海洋渔业从业人员数。

5. 全国渔业进出口总额（C_ NFIE）方程

全国渔业进出口总额受到海洋渔业进口总额和海洋渔业出口总额的直接影响，国内消费需求影响着全国渔业进出口总额，在进行对外贸易时，汇率因素至关重要。

$logC\_ NFIE = 64.260 + 0.691 \times logC\_ NFE - 0.210 \times logC\_ NFI (-1) - 0.347 \times logEXRA + 5.522 \times logC\_ DSPC + [AR (1) = -0.828]$

Smpl：2000—2011，R2 = 0.8770，DW = 2.4098

其中：C_ NFIE：全国渔业进出口总额、C_ NFE：全国渔业出口总额，C_ NFI：全国渔业进口总额，EXRA：汇率，C_ DSPC：全国人均水产品消费量。

6. 世界水产品贸易量（C_ WTAP）方程

我国海洋渔业进出口总量呈逐年上升的趋势，在世界水产品贸易量中的比重越来越大，因此，我国渔业进出口总量、海洋渔业进出口总额对于世界水产品贸易量至关重要。在对外进行出口时，汇率因素直接影响着出口量，进而会影响世界水产品的贸易量。

$logC\_ WTAP = 118884885.581 + 78630.910 \times logC\_ NFIE + 564117.031 \times logC\_ TNFIE - 83276.821 \times logEXRA$

Smpl：2000—2011，$R^2 = 0.9820$，DW = 2.1645

其中：C_ WTAP：世界水产品贸易量，C_ NFIE：全国渔业进出口总额，C_ TNFIE：全国渔业进出口总量，EXRA：汇率。

（二）海洋油气业进出口方程

海洋油气业进出口方程包括海洋原油产品出口额、全国人均原油产量、全国人均原油消费量、全国原油与天然气年产量、全国原油出口额、全国原油进口额、全国原油进出口总额、世界原油产品贸易额方程8个方程。

1. 海洋原油产品出口额（C_ MCOE）方程

海洋原油产品包括原油及从其中分馏出来，经过裂化、催化而形成的各种产品（如汽油、煤油、柴油、润滑油和沥青等），海洋原油产品出口额是我国海洋进出口的重要组成部分，我国的海洋原油产品出口额方程为：

$logC\_ MCOE = 19.128 + 1.1267 \times logC\_ CCOE + 0.530 \times logC\_ CCOI + 1.146 \times logEXRA$

Smpl：2000—2011，$R^2 = 0.9150$，DW = 1.8689

其中：C_ MCOE：海洋原油产品出口额，C_ CCOE：全国原油出口额，C_ CCOI：全国原油进口额，EXRA：汇率。

2. 全国人均原油产量（C_ PCC）方程

我国目前是世界第二大原油进口国，全国原油进口量占我国原油消费量比重呈现上升的趋势，我国原油进口量对于我国国内的原油消耗越来越重要。汇率的变化影响着全国原油进口量，也影响着人均原油消费量。

$logC\_ PCC = -99.355 + 0.011 \times logC\_ COI + 0.259 \times logEXRA$

Smpl：2000—2011，$R^2 = 0.8510$，DW = 2.2752

其中：C_ PCC：全国人均原油产量，C_ COI：全国原油进口量，EXRA：汇率。

3. 全国人均原油消费量（C_ NPCCO）方程

全国人均原油消费量直接与人均的原油产量相关，国内的原油产量决定了国内的原油供给，供给不足部分需要通过进口来进行弥补，全国原有的进口量受到汇率波动的影响，进而影响人均原油消费量。

$logC\_ NPCCO = -238.079 \times + 1.744 \times logC\_ PCC + 0.184 \times logEXRA + 0.008 \times logC\_ COI$

Smpl：2000—2011，$R^2 = 0.8240$，DW = 2.4139

其中：C_ NPCCO：全国人均原油消费量，C_ PCC：全国人均原油产量，EXRA：汇率，C_ COI：全国原油进口量。

4. 全国原油与天然气年产量（C_ NOGO）方程

我国对石油和天然气的需求不断增长，然而我国的油气产量却满足不了我国社会经济发展对石油和天然气的需求。全国原油与天然气年产量受到多种因素的影响，需求方面直接受国内需求的影响，即全国人均原油消费量，另一方面也受到国际市场需求的影响，即全国原油出口量。而本身产能受到了海洋原油从业人员直接影响，海洋原油从业人员多少关系到全国原油与天然气产业发展。

$\log$C_ NOGO = 12959.324 + 17.525 × $\log$C_ NPCCO + 0.004 × $\log$C_ OOPC + 0.455 × $\log$C_ COE

Smpl：2000—2011，R^2 = 0.9231，DW = 2.2906

其中：C_ NOGO：全国原油与天然气年产量，C_ NPCCO：全国人均原油消费量，C_ OOPC：海洋原油从业人员数，C_ COE：全国原油出口量。

5. 全国原油出口量（C_ COE）方程

我国的原油出口额也呈现每年下降的态势，从最高的2009年全年出口507万吨到2012年全年出口243万吨，降幅达52%，我国原油的出口量还将继续呈现萎缩状态。海洋油业人口关系到原油的产量，从而影响全国原油出口量。原油出口汇率因素至关重要。选取2000—2011年的数据对全国原油出口量进行分析。

$\log$C_ COE = -1.605 × $\log$C_ OOE + 0.196 × $\log$C_ OGE + 0.208 × $\log$EXRA

Smpl：2000—2011，R^2 = 0.8957，DW = 2.5845

其中：C_ COE：全国原油出口量，C_ OOE：海洋原油出口量，C_ OGE：海洋油业人口，EXRA：汇率。

6. 全国原油进口额（C_ CCOI）方程

我国原油进口额呈现上升的趋势，对外依赖程度越来越大，原油进口量对全国原油进口额有直接影响。国内的需求需要国外的供给来满足，影响着全国原油进口额。对外贸易时，汇率因素至关重要。

$\log$C_ CCOI = 32445701.071 - 1680.269 × $\log$C_ CCOI（-1）- 74715.558 × $\log$EXRA + 218884.416 × $\log$C_ NPCCO

Smpl：2000—2011，R^2 = 0.8512，DW = 2.6112

其中：C_ CCOI：全国原油进口额，EXRA：汇率，C_ NPCCO：全国人均原油消费量。

7. 全国原油进出口总额（C_ CCOIE）方程

随着我国原油需求量的上升，我国全国原油进出口总额也是呈现上升的趋势。这里选取 2001—2011 年的数据，对全国原油进出口总额进行分析。

logC_ CCOIE = 35316226. 476+1286. 339×logC_ CCOE－1583. 361×logC_ CCOI－75700. 638×logEXRA + 202919. 233×logC _ NPCCO + ［AR（1）= － 1. 104］

Smpl：2000—2011，R^2 = 0. 8960，DW = 2. 5834

其中：C_ CCOIE：全国原油进出口总额，C_ CCOE：全国原油出口额，C_ CCOI：全国原油进口额，EXRA：汇率，C_ NPCCO：全国人均原油消费量。

8. 世界原油产品贸易量（C_ WOPT）方程

世界原油产品贸易量是世界各国的原油对外贸易量的总和，反映了各国之间原油的进出口情况，世界原油产品进行贸易时受到汇率波动的影响。选用 2000—2011 年的数据，对世界原油产品贸易量情况进行分析。

logC_ WOPT = 1504. 807－2. 057×logEXRA－0. 105×logC_ COIE+16. 051× logC_ NPCCO

Smpl：2000—2011，R^2 = 0. 8397，DW = 2. 4439

其中：C_ WOPT：世界原油产品贸易量，EXRA：汇率，C_ COIE：全国原油进出口总量，C_ NPCCO：全国人均原油消费量。

（三）船舶进出口方程

船舶进出口方程主要包括海洋船舶出口额、全国船舶出口额方程 2 个方程。

1. 海洋船舶出口额（C_ MVE）方程

我国建造的船舶，其中七成以上用于对外出口，我国每年的船舶出口额呈现波动增长的态势。统计发现，我国的船舶出口额占总出口额的比重越来越高，所以海洋船舶出口额作为反映我国海洋进出口的一个重要因素，其方程为：

logC_ MVE = 3. 285－0. 006×logEXRA+0. 692×logC_ SBI+0. 440×logC_ MVP+0. 334×XN01+0. 528×XN04－0. 661×AR（1）

Smpl：2000—2011，$R^2=0.9930$，DW=2.6321

其中：C_ MVE：海洋船舶出口额，C_ SBI：海洋船舶业增加值，C_ MVP：海洋船舶制造业从业人数，EXRA：汇率，XN01：虚拟变量（2000—2001 年=1，其他=0），XN04：虚拟变量（2000—2004 年=1，其他=0）。

2. 全国船舶出口额（C_ CES）方程

我国船舶出口额目前居世界第一位，我国船舶出口类型多样，包括 15 万载重吨及以下散货船、6000TEU 及以下集装箱船、30 万载重吨以上原油船、15 万—30 万载重吨散货船等。这里选用 2001—2011 年数据，对全国船舶出口额进行分析。

logC_ CES=732689.223-5747.226×logC_ MVP（-1）+9702.747×logC_ OEVS-815.500×logEXRA

Smpl：2000—2011，$R^2=0.8393$，DW=2.2678

其中：C_ CES：全国船舶出口额，C_ MVP：海洋船舶制造业从业人数，C_ OEVS：海洋船舶出口产量，EXRA：汇率。

（四）方程变量协整检验

涉海贸易进出口模块各方程的变量协整检验结果，见表 6-5。

表 6-5　涉海贸易进出口模块变量协整检验结果

方程	变量	Hypothesized NO. of CE（s）	Statistic	0.05 Critical Value	Prob
海洋渔业商品进口额方程	C_ MFI 与 C_ DSPC	None	19.2438	15.4947	0.0130
		At most 1	2.7639	3.8415	0.0964
海洋渔业商品出口额方程	C_ MFE 与 C_ APIT	None	38.5301	15.4947	0.0000
		At most 1	1.4954	3.8415	0.2214
	C_ MFE 与 C_ FI	None	18.2269	15.4947	0.0189
		At most 1	1.3160	3.8415	0.2513
全国渔业进口总额方程	C_ NFI 与 C_ DSPC	None	23.2972	15.4947	0.0027
		At most 1	1.1920	3.8415	0.2749
	C_ NFI 与 C_ TNFI	None	28.9527	15.4947	0.0003
		At most 1	2.2991	3.8415	0.1294

方程	变量	Hypothesized NO. of CE（s）	Statistic	0.05 Critical Value	Prob
全国渔业出口总额方程	C_ NFE 与 C_ TNFE	None	31.8103	15.4947	0.0001
		At most 1	0.0158	3.8415	0.8999
	C_ NFE 与 C_ MFP	None	41.3837	15.4947	0.0000
		At most 1	0.0141	3.8415	0.9053
全国渔业进出口总额方程	C_ NFIE 与 C_ NFE	None	17.2498	15.4947	0.0269
		At most 1	0.1803	3.8415	0.6711
	C_ NFIE 与 C_ NFI	None	25.3439	15.4947	0.0012
		At most 1	3.7505	3.8415	0.0528
世界水产品贸易量方程	C_ WTAP 与 C_ NFIE	None	34.0227	15.4947	0.0000
		At most 1	0.6913	3.8415	0.4057
	C_ WTAP 与 C_ TNFIE	None	26.3032	15.4947	0.0003
		At most 1	0.1494	3.8415	0.6991
海洋原油产品出口额方程	C_ MCOE 与 C_ CCOE	None	20.3049	15.4947	0.0087
		At most 1	2.1602	3.8415	0.1416
	C_ MCOE 与 C_ CCOI	None	43.3692	15.4947	0.0000
		At most 1	3.2654	3.8415	0.0708
全国人均原油产量方程	C_ PCC 与 C_ COI	None	25.3439	15.4947	0.0012
		At most 1	3.7505	3.8415	0.0528
	C_ PCC 与 EXRA	None	34.0227	15.4947	0.0000
		At most 1	2.1602	3.8415	0.1416
全国人均原油消费量方程	C_ NPCCO 与 C_ PCC	None	26.3032	15.4947	0.0003
		At most 1	1.2671	3.8415	0.2603
	C_ NPCCO 与 C_ COI	None	20.3049	15.4947	0.0087
		At most 1	1.0016	3.8415	0.3169
全国原油与天然气年产量方程	C_ NOGO 与 C_ NPCCO	None	29.4947	15.4947	0.0002
		At most 1	1.6985	3.8415	0.1925
	C_ NOGO 与 C_ OOPC	None	32.2920	15.4947	0.0001
		At most 1	0.6513	3.8415	0.4197
	C_ NOGO 与 C_ COE	None	21.7832	15.4947	0.0031
		At most 1	0.1032	3.8415	0.7480

续表

方程	变量	Hypothesized NO. of CE（s）	Statistic	0.05 Critical Value	Prob
全国原油出口额方程	C_ COE 与 C_ OOE	None	25.7198	15.4947	0.0010
		At most 1	1.7271	3.8415	0.1888
	C_ COE 与 C_ OGE	None	20.0096	15.4947	0.0082
		At most 1	2.8168	3.8415	0.0933
	C_ CCOI 与 C_ NPCCO	None	17.2850	15.4947	0.0266
		At most 1	0..9116	3.8415	0.3397
全国原油进出口总额方程	C_ CCOIE 与 C_ CCOE	None	52.0531	15.4947	0.0000
		At most 1	1.4238	3.8415	0.2328
	C_ CCOIE 与 C_ CCOI	None	29.4563	15.4947	0.0002
		At most 1	0.0008	3.8415	0.9788
世界原油产品贸易量方程	C_ WOPT 与 C_ COIE	None	15.2329	15.4947	0.0547
		At most 1	3.0172	3.8415	0.0824
	C_ WOPT 与 C_ NPCCO	None	35.4605	15.4947	0.0000
		At most 1	1.2980	3.8415	0.2546
海洋船舶出口额方程	C_ MVE 与 C_ SBI	None	26.8669	15.4947	0.0003
		At most 1	0.5875	3.8415	0.4434
	C_ MVE 与 C_ MVP	None	19.2704	15.4947	0.0128
		At most 1	2.2530	3.8415	0.1334
全国船舶出口额方程	C_ CES 与 C_ MVP	None	43.3692	15.4947	0.0000
		At most 1	3.2654	3.8415	0.0708
	C_ CES 与 C_ OEVS	None	16.8283	15.4947	0.0313
		At most 1	0.14937	3.8415	0.6991

五、涉海产品价格模块

涉海产品价格模块主要包括消费价格指数方程、缩减指数方程和销售价格指数方程等，共 11 个方程。样本均是选取了 2000—2011 年沿海 11 个地区的加总数据。

（一）消费价格指数方程

消费价格指数方程包括居民消费价格总指数、城镇居民消费价格总指数、农村居民消费价格总指数方程 3 个方程。

1. 居民消费价格总指数（C_ PCR）方程

沿海 11 省市的居民消费价格指数主要通过沿海 11 省市的货币流通量、全社会固定资产投资和以不变价格计算的沿海 11 省市国内生产总值来解释。因此，引入货币流通量、全社会固定资产投资和以不变价格计算的沿海 11 省市的国内生产总值作为沿海 11 省市的固定资产投资价格指数的基本解释变量，其形式如下：

$$\log C\_ PCR = 5.921 - 0.176 \times \log C\_ PCR(-1) - 0.044 \times \log(C\_ M1CUR/C\_ GDP) + 0.146 \times \log(C\_ II/C\_ GDP) - 0.021 \times XN08A - 2.319 \times MA(1)$$

Smpl：2000—2011，$R^2 = 0.8923$，DW = 2.1434

其中：C_ PCR：居民消费价格指数，C_ M1CUR：货币流通量，C_ GDP：国内生产总值，C_ II：全社会固定资产投资（不变价），XN08A：虚拟变量（2008—2011 年 = 1，其他 = 0）。

2. 城镇居民消费价格总指数（C_ PCRU）方程

使用居民消费价格指数作为基本解释变量，其形式如下：

$$\log C\_ PCRU = 0.143 + 0.969 \times \log C\_ PCR - 0.003 \times XN02$$

Smpl：2000—2011，$R^2 = 0.9982$，DW = 2.0242

其中：C_ PCRU：城镇居民消费价格总指数，C_ PCR：居民消费价格指数，XN02：虚拟变量（2002—2011 年 = 1，其他 = 0）。

3. 农村居民消费价格总指数（C_ PCRR）方程

使用居民消费价格指数作为基本解释变量，其形式如下：

$$\log C\_ PCRR = -0.871 + 1.188 \times \log C\_ PCR - 0.068 \times XN08A$$

Smpl：2000—2011，$R^2 = 0.8437$，DW = 1.9012

其中：C_ PCRR：农村居民消费价格总指数，C_ PCR：居民消费价格指数，XN08A：虚拟变量（2008—2011 年 = 1，其他 = 0）。

（二）缩减指数方程

缩减指数方程包括国内生产总值缩减指数、第一产业增加值缩减指数、第二产业增加值缩减指数、农业总产值缩减指数、建筑业增加值缩减指数、职工工资总额缩减指数方程6个方程。

1. 国内生产总值缩减指数（C_ PGDP）方程

引入以不变价格计算的沿海11省市的GDP和居民消费价格指数，作为基本解释变量，其形式如下：

$\log C\_ PGDP = 3.764 + 0.026 \times \log C\_ GDP + 0.144 \times \log C\_ PCR - 0.031 \times XN08A + 1.067 \times MA（1）+0.534 \times MA（2）$

Smpl：2000—2011，$R^2 = 0.9001$，DW=2.3135

其中：C_ PGDP：国内生产总值缩减指数，C_ GDP：国内生产总值，C_ PCR：居民消费价格指数，XN08A：虚拟变量（2008—2011年=1，其他=0）。

2. 第一产业增加值缩减指数（C_ PV1）方程

沿海11省市的第一产业增加值缩减指数主要通过国内生产总值缩减指数来解释。因此，引入国内生产总值缩减指数作为沿海11省市的第一产业增加值缩减指数的基本解释变量，其形式如下：

$\log C\_ PV1 = 73.838 - 14.273 \times \log C\_ PGDP - 0.443 \times \log C\_ PV1（-1）+ 0.394 \times XN02A - 0.997 \times MA（1）$

Smpl：2000—2011，$R^2 = 0.7104$，DW=1.9429

其中：C_ PV1：第一产业增加值缩减指数，C_ PGDP：国内生产总值缩减指数，XN02：虚拟变量（2000—2002年=1，其他=0）。

3. 第二产业增加值缩减指数（C_ PV2）方程

沿海11省市的第二产业增加值缩减指数主要通过国内生产总值缩减指数来解释。因此，引入国内生产总值缩减指数作为沿海11省市的第二产业增加值缩减指数的基本解释变量，其形式如下：

$\log C\_ PV2 = -14.881 + 3.202 \times \log C\_ PGDP + 0.985 \times \log C\_ PV2（-1）-0.985 \times MA（1）$

Smpl：2000—2011，$R^2 = 0.9981$，DW=1.9035

其中：C_ PV2：第二产业增加值缩减指数，C_ PGDP：国内生产总值缩减指数。

4. 农业总产值缩减指数（C_ PGVA）方程

沿海 11 省市的农业总产值缩减指数主要通过国内生产总值缩减指数和第一产业增加值缩减指数来解释。因此，引入国内生产总值缩减指数和第一产业增加值缩减指数作为沿海 11 省市的农业总产值缩减指数的基本解释变量，其形式如下：

$\log C\_ PGVA = -6.098 + 2.34 \times \log C\_ PGDP - 0.050 \times \log C\_ PV1 (-1) + 0.041 \times XN08A - 0.997 \times MA$ （1）

Smpl：2000—2011，$R^2 = 0.8372$，DW = 2.0435

其中：C_ PGVA：农业总产值缩减指数，C_ PGDP：国内生产总值缩减指数，C_ PV1：第一产业增加值缩减指数，XN08A：虚拟变量（2008—2011 年 = 1，其他 = 0）。

5. 建筑业增加值缩减指数（C_ PVCON）方程

沿海地区建筑业增加值缩减指数主要利用国内生产总值缩减指数进行解释。其形式如下：

$\log C\_ PVCON = 6.436 - 0.322 \times \log C\_ PGDP + 0.111 \times XN01$

Smpl：2000—2011，$R^2 = 0.8473$，DW = 2.3215

其中：C_ PVCON：建筑业增加值缩减指数，C_ PGDP：国内生产总值缩减指数，XN01：虚拟变量（2000—2001 年 = 1，其他 = 0）。

6. 职工工资总额缩减指数（C_ PWG）方程

沿海 11 省市的职工工资总额缩减指数主要通过城镇居民消费价格总指数来解释。因此，引入城镇居民消费价格总指数作为职工工资总额缩减指数的基本解释变量，其形式如下：

$\log C\_ PWG = -8.236 + 0.909 \times \log C\_ PCRU + 0.039 \times XN02 + 0.004 \times T$

Smpl：2000—2011，$R^2 = 0.8433$，DW = 1.9021

其中：C_ PWG：职工工资总额缩减指数，C_ PCRU：城镇居民消费价格总指数，XN02：虚拟变量（2000—2002 年 = 1，其他 = 0），T：时间变量（2000 年 = 1，2001 年 = 2，…，2011 年 = 12）。

（三）销售价格指数方程

销售价格指数方程包括零售物价总指数、投资品价格指数方程 2 个方程。

1. 零售物价总指数（C_ PR）方程

沿海11个地区的零售物价总指数主要通过居民消费价格指数来解释。

$\log C\_ PR = -0.004 + 0.998 \times \log C\_ PCR + 0.012 \times XN08 + 0.711 \times MA$ （1）$+0.485 \times MA$ （2）

Smpl：2000—2011，$R^2 = 0.9923$，DW = 1.8876

其中：C_ PR：零售物价总指数，C_ PCR：居民消费价格指数，XN08：虚拟变量（2008—2011年=1，其他=0）。

2. 投资品价格指数（C_ PI）方程

沿海11省市的固定资产投资价格指数主要通过沿海11省市的货币流通量、全社会固定资产投资和以不变价格计算的沿海11省市的国内生产总值来解释。

$\log C\_ PI = 9.040 - 0.864 \times \log C\_ PI$ （-1）$- 0.387 \times \log$ （C_ M1CUR/C_ GDP）$+0.183 \times \log$ （C_ IIC/C_ GDP）$+0.968 \times MA$ （1）

Smpl：2000—2011，$R^2 = 0.6172$，DW = 1.8902

其中：C_ PI：固定资产投资价格指数，C_ M1CUR：货币流通量，C_ GDP：国内生产总值，C_ IIC：全社会固定资产投资（不变价）。

（四）方程变量协整检验

涉海产品价格模块各方程的变量协整检验结果，见表6-6。

表6-6　涉海产品价格模块变量协整检验结果

方程	变量	Hypothesized NO. of CE（s）	Statistic	0.05 Critical Value	Prob
居民消费价格总指数方程	C_ PCR 与 C_ M1CUR	None	28.0583	15.4947	0.0004
		At most 1	8.4966	3.8415	0.0036
	C_ PCR 与 C_ II	None	14.1570	15.4947	0.0787
		At most 1	3.7489	3.8415	0.0528
	C_ PCR 与 C_ GDP	None	25.7313	15.4947	0.0010
		At most 1	1.5664	3.8415	0.2107
城镇居民消费价格总指数方程	C_ PCRU 与 C_ PCR	None	17.2642	15.4947	0.0268
		At most 1	6.3499	3.8415	0.0117

方程	变量	Hypothesized NO. of CE（s）	Statistic	0.05 Critical Value	Prob
农村居民消费价格总指数方程	C_ PCRR 与 C_ PCR	None	9.9526	15.4947	0.2844
		At most 1	2.5491	3.8415	0.1104
国内生产总值缩减指数方程	C_ PGDP 与 C_ GDP	None	38.7073	15.4947	0.0000
		At most 1	3.4453	3.8415	0.0634
	C_ PGDP 与 C_ PCR	None	14.5264	15.4947	0.0696
		At most 1	2.6133	3.8415	0.1060
第一产业增加值缩减指数方程	C_ PV1 与 C_ PGDP	None	16.4653	15.4947	0.0356
		At most 1	3.1907	3.8415	0.0741
第二产业增加值缩减指数方程	C_ PV2 与 C_ PGDP	None	39.0678	15.4947	0.0000
		At most 1	2.7767、	3.8415	0.0956
农业总产值缩减指数方程	C_ PGVA 与 C_ PGDP	None	15.2311	15.4947	0.0548
		At most 1	4.3401	3.8415	0.0372
	C_ PGVA 与 C_ PV1	None	16.5094	15.4947	0.0351
		At most 1	5.1181	3.8415	0.0237
建筑业增加值缩减指数方程	C_ PVCON 与 C_ PGDP	None	26.0445	15.4947	0.0009
		At most 1	4.9987	3.8415	0.0254
职工工资总额缩减指数方程	C_ PWG 与 C_ PCRU	None	17.6330	15.4947	0.0235
		At most 1	2.4345	3.8415	0.1187
零售物价总指数方程	C_ PR 与 C_ PCR	None	14.3787	15.4947	0.0731
		At most 1	2.2968	3.8415	0.1296
投资品价格指数方程	C_ PI 与 C_ GDP	None	15.6268	15.4947	0.0478
		At most 1	6.7107	3.8415	0.0096
	C_ PI 与 C_ M1CUR	None	18.8491	15.4947	0.0150
		At most 1	5.3877	3.8415	0.0203
	C_ PI 与 C_ IIC	None	14.1037	15.4947	0.0801
		At most 1	4.2528	3.8415	0.0392

第四节　中国海洋经济计量模型群：联立方程设计

联立方程是以经济系统为研究对象，以解释经济系统中各部分、各因素之间的数量关系和系统的数量特征为目标，用于经济系统的预测、分析和评价的计量模型群。通过借鉴国际国内相关文献，参考国内外成熟的联立方程构建经验，根据单方程的中国海洋经济计量模型群结构，建立了 5 个模块的联立方程计量模型群。所用变量均取自单方程的中国海洋经济计量模型群，样本均是选取了 2000—2011 年沿海 11 个地区的加总数据。

一、财政金融模块

财政金融模块选取了企业存款、存款总额、沿海 11 省市国内生产总值、政府存款、企业贷款、增值税、财政支出、财政收入、第二产业生产总值和第三产业生产重视等指标构建中国海洋经济计量模型群财政金融模块的联立方程。

1. 联立方程结构

$\log C\_ED = -3.562 + 1.297 \times \log C\_TD - 0.761 \times \log C\_ED\ (-1) + 0.604 \times \log C\_GDP$

$\log C\_GD = -10.698 + 0.572 \times \log C\_TD + 1.027 \times \log C\_GDP$

$\log C\_CL = 6.147 + 0.351 \times \log C\_ED$

$\log C\_VAT = -1.680 + 0.989 \times \log C\_GDP2\ (-1) - 0.143 \times \log C\_GDP3\ (-1)$

$\log C\_E = 0.469 + 0.523 \times \log C\_R + 0.470 \times \log C\_R\ (-1)$

$\log C\_R = -3.099 + 0.986 \times \log C\_GDP3 + 0.158 \times \log C\_GDP3\ (-1)$

2. 方程估计结果

根据已经设定的财政金融模块的联立方程结构，利用 EVIEWS 软件进行参数估计，得到如下结果，见表 6-7。

表 6-7　财政金融模块联立方程估计结果

变量	Coefficient	Std. Error	t-Statistic	Prob.
C（1）	-3.562130	0.695350	-5.122787	0.0000

变量	Coefficient	Std. Error	t-Statistic	Prob.
C（2）	1. 297219	0. 234498	5. 531892	0. 0000
C（3）	−0. 761331	0. 287972	−2. 643765	0. 0116
C（4）	0. 604083	0. 238111	2. 536982	0. 0151
C（5）	−10. 69835	0. 540001	−19. 81171	0. 0000
C（6）	0. 571566	0. 292456	1. 954365	0. 0575
C（7）	1. 027239	0. 315650	3. 254361	0. 0023
C（8）	6. 147028	0. 766642	8. 018122	0. 0000
C（9）	0. 351193	0. 071059	4. 942252	0. 0000
C（10）	−1. 679570	0. 543978	−3. 087568	0. 0036
C（11）	0. 988857	0. 206916	4. 779025	0. 0000
C（12）	−0. 142966	0. 224182	−0. 637720	0. 5272
C（13）	0. 469338	0. 172964	2. 713505	0. 0097
C（14）	0. 522603	0. 184710	2. 829312	0. 0072
C（15）	0. 470263	0. 187517	2. 507840	0. 0162
C（16）	−3. 099395	0. 191078	−16. 22060	0. 0000
C（17）	0. 986072	0. 064125	15. 37726	0. 0000
C（18）	0. 158111	0. 072345	2. 185509	0. 0346
Determinant residual covariance		5. 80E−19		

Equation：LOG（C_ ED）= C（1）+C（2）∗LOG（C_ TD）+C（3）∗LOG（C_ ED（−1））+C（4）∗LOG（C_ GDP）

R−squared	0. 996400	Mean dependent var	10. 95302
Adjusted R-squared	0. 994600	S. D. dependent var	0. 548310
S. E. of regression	0. 040292	Sum squared resid	0. 009741
Durbin-Watson stat	3. 393516		

Equation：LOG（C_ GD）= C（5）+C（6）∗LOG（C_ TD）+C（7）∗LOG（C_ GDP）

R−squared	0. 994036	Mean dependent var	8. 101541
Adjusted R-squared	0. 992546	S. D. dependent var	0. 858573

续表

变量	Coefficient	Std. Error	t-Statistic	Prob.
S. E. of regression	0.074128	Sum squared resid		0.043960
Durbin-Watson stat	2.494776			
Equation：LOG（C_ CL）= C（8）+C（9）* LOG（C_ ED）				
R-squared	0.753283	Mean dependent var		9.931601
Adjusted R-squared	0.722444	S. D. dependent var		0.220801
S. E. of regression	0.116326	Sum squared resid		0.108253
Durbin-Watson stat	0.737604			
Equation：LOG（C_ VAT）= C（10）+C（11）* LOG（C_ GDP2（-1））+C（12）* LOG（C_ GDP（-3））				
R-squared	0.989166	Mean dependent var		7.620440
Adjusted R-squared	0.984832	S. D. dependent var		0.364111
S. E. of regression	0.044844	Sum squared resid		0.010055
Durbin-Watson stat	2.217886			
Equation：LOG（C_ E）= C（13）+C（14）* LOG（C_ R）+C（15）* LOG（C_ R（-1））				
R-squared	0.997470	Mean dependent var		9.530656
Adjusted R-squared	0.996747	S. D. dependent var		0.564035
S. E. of regression	0.032168	Sum squared resid		0.007244
Durbin-Watson stat	1.082899			
Equation：LOG（C_ R）= C（16）+C（17）* LOG（C_ GDP3）+C（18）* LOG（C_ GDP3（-1））				
R-squared	0.998729	Mean dependent var		9.213215
Adjusted R-squared	0.998366	S. D. dependent var		0.572156

续表

变量	Coefficient	Std. Error	t-Statistic	Prob.
S. E. of regression	0.023129	Sum squared resid		0.003745
Durbin-Watson stat	1.889421			

3. 模型检验

财政金融模块联立方程系统检验结果，见表6-8。

表 6-8　财政金融模块联立方程检验　　Smpl：2000—2011

内生变量		C_ ED	C_ GD	C_ CL	C_ VAT	C_ E	C_ R
拟合效果检验	均方百分比误差	0.0028%	0.0067%	0.0219%	0.0135%	0.0566%	0.0115%
预测性能检验	相对误差	0.0010%	0.0035%	-0.0122%	0.0044%	0.0302%	0.0053%
方程误差传递检验	误差均值	1.1303%					
	均方根误差	6.0476%					
	冯诺曼比	2.8747%					

二、投资与固定资产模块

投资与固定资产模块选取全社会固定资产投资（不变价）、财政经济建设费支出额、中长期贷款、实际利用外资额、汇率、农林牧渔业固定资产投资、采矿业固定资产投资、建筑业固定资产投资额、邮电交通通讯业固定资产投资额、教科文卫固定资产投资额等指标构建中国海洋经济计量模型群投资与固定资产模块的联立方程，结果如下：

1. 联立方程结构

$logC\_ IIC = -8.388 + 0.612 \times logC\_ IIC(-1) + 0.685 \times logC\_ GEXE - 0.050 \times logC\_ LOANFA + 0.851 \times logC\_ FCU \times EXRA$

$logC\_ IAC = -5.232 + 0.023 \times logC\_ IAC(-1) + 1.215 \times logC\_ IIC$

$logC\_ M = -2.191 + 0.229 \times logC\_ M(-1) + 0.638 \times logC\_ IIC$

logC_ DSR=-0.305+0.081×logC_ DSR（-1）+0.521×logC_ IIC

logC_ ICONC=-4.341+0.050×logC_ ICONC（-1）+0.999×logC_ IIC

logC_ IPTTC=0.388-0.228×logC_ IPTTC（-1）+0.572×logC_ IIC

logC_ JKWW=0.019+0.871×logC_ JKWW（-1）+0.079×logC_ IIC

2. 方程估计结果

根据已经设定的投资与固定资产模块的联立方程结构，利用 EVIEWS 软件进行参数估计，得到如下结果，见表6-9。

表 6-9　投资与固定资产模块联立方程估计结果

待估参数	Coefficient	Std. Error	t-Statistic	Prob.
C（1）	-8.387696	8.089872	-1.036814	0.3029
C（2）	0.612015	0.249572	2.452261	0.0163
C（3）	0.685326	0.675323	1.014812	0.3132
C（4）	-0.050160	0.273429	-0.183448	0.8549
C（5）	0.850954	0.937855	0.907340	0.3669
C（6）	-5.232175	0.582917	-8.975842	0.0000
C（7）	0.023206	0.103633	0.223921	0.8234
C（8）	1.215224	0.128083	9.487762	0.0000
C（10）	-2.190747	0.202039	-10.84319	0.0000
C（11）	0.229103	0.068623	3.338595	0.0013
C（12）	0.637505	0.054151	11.77276	0.0000
C（13）	-0.304612	0.110874	-2.747376	0.0074
C（14）	0.080875	0.125627	0.643771	0.5215
C（15）	0.521355	0.070715	7.372598	0.0000
C（16）	-4.340958	1.650823	-2.629572	0.0102
C（17）	0.049568	0.266284	0.186146	0.8528
C（18）	0.999369	0.358267	2.789454	0.0066
C（19）	0.387797	0.653124	0.593757	0.5543
C（20）	-0.228130	0.281808	-0.809524	0.4206
C（21）	0.572105	0.179158	3.193305	0.0020
C（25）	0.018564	0.303632	0.061140	0.9514
C（26）	0.871244	0.202462	4.303260	0.0000

待估参数	Coefficient	Std. Error	t-Statistic	Prob.
C (27)	0.079117	0.134005	0.590403	0.5565
Determinant residual covariance		4.43E−11		

Equation：LOG (C_ IIC) = C (1) +C (2) * LOG (C_ IIC (−1)) +C (3) * LOG (C _ GEXE)

+C (4) * LOG (C_ LOANFA) +C (5) * LOG (C_ FCU * EXRA)

R-squared	0.958714	Mean dependent var	4.620285
Adjusted R-squared	0.942200	S. D. dependent var	1.207464
S. E. of regression	0.290295	Sum squared resid	0.842712
Durbin-Watson stat	1.522896		

Equation：LOG (C_ IAC) = C (6) +C (7) * LOG (C_ IAC (−1)) +C (8) * LOG (C_ IIC)

R-squared	0.989609	Mean dependent var	0.384948
Adjusted R-squared	0.987877	S. D. dependent var	1.508403
S. E. of regression	0.166080	Sum squared resid	0.330992
Durbin-Watson stat	1.290120		

Equation：LOG (C_ M) = C (10) +C (11) * LOG (C_ M (−1)) +C (12) * LOG (C_ IIC)

R-squared	0.996216	Mean dependent var	0.925591
Adjusted R-squared	0.995586	S. D. dependent var	0.983721
S. E. of regression	0.065360	Sum squared resid	0.051263
Durbin-Watson stat	2.392702		

Equation：LOG (C_ DSR) = C (13) +C (14) * LOG (C_ DSR (−1)) +C (15) * LOG (C_ IIC)

R-squared	0.982927	Mean dependent var	2.277239

续表

待估参数	Coefficient	Std. Error	t-Statistic	Prob.
Adjusted R-squared	0.980081	S. D. dependent var		0.687989
S. E. of regression	0.097099	Sum squared resid		0.113139
Durbin-Watson stat	1.727357			
Equation：LOG（C_ ICONC）= C（16）+C（17）* LOG（C_ ICONC（-1））+C（18）* LOG（C_ IIC）				
R-squared	0.593776	Mean dependent var		0.284416
Adjusted R-squared	0.526072	S. D. dependent var		1.642391
S. E. of regression	1.130662	Sum squared resid		15.34076
Durbin-Watson stat	2.155058			
Equation：LOG（C_ IPTTC）= C（19）+C（20）* LOG（C_ IPTTC（-1））+C（21）* LOG（C_ IIC）				
R-squared	0.522424	Mean dependent var		2.499294
Adjusted R-squared	0.442828	S. D. dependent var		0.817115
S. E. of regression	0.609927	Sum squared resid		4.464126
Durbin-Watson stat	2.099895			
Equation：LOG（C_ JKWW）= C（25）+C（26）* LOG（C_ JKWW（-1））+C（27）* LOG（C_ IIC）				
R-squared	0.977332	Mean dependent var		1.820417
Adjusted R-squared	0.973554	S. D. dependent var		0.798976
S. E. of regression	0.129931	Sum squared resid		0.202585
Durbin-Watson stat	1.477912			

3. 模型检验

投资与固定资产模块联立方程系统检验结果，见表 6-10。

表 6-10　投资与固定资产模块联立方程检验

内生变量		C_ IIC	C_ IAC	C_ M	C_ DSR	C_ I CONC	C_ I PTTC	C_ J KWW
拟合效果检验	均方百分比误差	0.0274%	0.0159%	0.0098%	0.0103%	0.0672%	0.0180%	0.0100%
预测性能检验	相对误差	0.0087%	0.0051%	0.0025%	0.0048%	0.0277%	0.0109%	0.0046%
方程误差传递检验	误差均值	2.1653%						
	均方根误差	5.7496%						
	冯诺曼比	2.7625%						

三、海洋经济生产模块

海洋经济生产模块选取沿海 11 省市海洋生产总量、海洋产业总增加值、主要海洋产业增加值、海洋科研教育管理服务业增加值、传统海洋产业增加值、新兴海洋产业增加值等指标构建中国海洋经济计量模型群海洋经济生产模块的联立方程，结果如下：

1. 联立方程结构

$logC\_ RI = 0.230 + 0.992 \times logC\_ RI (-1)$

$logC\_ MSE = 0.283 + 0.982 \times logC\_ MSE (-1)$

$logC\_ FI = -0.415 + 0.255 \times logGOP + 1.043 \times logC\_ TAV$

$logC\_ SI = 0.260 + 0.741 \times logGOP - 0.395 \times logC\_ TAV (-1)$

$logC\_ OGI = -6.695 + 0.436 \times logGOP + 1.718 \times logC\_ TAV$

$logC\_ SM = -20.072 + 2.281 \times logGOP$

$logC\_ TRI = -4.758 + 1.256 \times logGOP$

$logC\_ TLI = -3.675 + 0.044 \times logGOP + 1.089 \times logC\_ TAV$

$logC\_ SBI = -13.001 - 0.070 \times logGOP + 1.948 \times logC\_ TAV$

$logC\_ CI = -8.456 + 1.403 \times logGOP$

logC_ ECI=-6. 268+0. 328×logGOP+0. 886×logC_ TAV

logC_ SUI=-15. 349+0. 211×logGOP+1. 474×logC_ TAV

logC_ BPI=-10. 292+1. 390×logGOP

logC_ EPI=-13. 168+1. 515×logGOP

2. 方程估计结果

根据已经设定的海洋经济生产模块的联立方程结构，利用 EVIEWS 软件进行参数估计，得到如下结果，见表6-11。

表 6-11 海洋经济生产模块联立方程估计结果

待估参数	Coefficient	Std. Error	t-Statistic	Prob.
C（1）	0. 229860	0. 355221	0. 647091	0. 5189
C（2）	0. 992210	0. 039937	24. 84418	0. 0000
C（3）	0. 282924	0. 225497	1. 254670	0. 2122
C（4）	0. 982442	0. 027754	35. 39786	0. 0000
C（5）	-0. 414832	0. 314292	-1. 319894	0. 1896
C（6）	0. 254695	0. 151273	1. 683681	0. 0950
C（7）	1. 043065	0. 175825	5. 932408	0. 0000
C（8）	0. 260105	1. 090197	0. 238585	0. 8119
C（9）	0. 740860	0. 491013	1. 508841	0. 1342
C（10）	-0. 395240	0. 551844	-0. 716216	0. 4753
C（11）	-6. 694730	2. 104434	-3. 181250	0. 0019
C（12）	0. 436058	1. 012892	0. 430507	0. 6677
C（13）	1. 718420	1. 177289	1. 459642	0. 1472
C（14）	-20. 07223	1. 869621	-10. 73599	0. 0000
C（15）	2. 280779	0. 201418	11. 32359	0. 0000
C（16）	-4. 757934	0. 756745	-6. 287369	0. 0000
C（17）	1. 256383	0. 081526	15. 41086	0. 0000
C（18）	-3. 674726	2. 034244	-1. 806433	0. 0735
C（19）	0. 043958	0. 979109	0. 044896	0. 9643
C（20）	1. 089192	1. 138022	0. 957092	0. 3406
C（21）	-13. 00060	1. 451634	-8. 955842	0. 0000
C（22）	-0. 070439	0. 698691	-0. 100816	0. 9199

续表

待估参数	Coefficient	Std. Error	t-Statistic	Prob.
C（23）	1.947532	0.812091	2.398170	0.0181
C（24）	−8.456332	1.367230	−6.185011	0.0000
C（25）	1.402994	0.139373	10.06646	0.0000
C（26）	−6.268056	1.469657	−4.264979	0.0000
C（27）	0.328330	0.707365	0.464159	0.6434
C（28）	0.886001	0.822174	1.077632	0.2835
C（29）	−15.34900	2.883052	−5.323872	0.0000
C（30）	0.211072	1.387651	0.152108	0.8794
C（31）	1.474138	1.612873	0.913983	0.3627
C（32）	−10.29212	0.993872	−10.35558	0.0000
C（33）	1.389758	0.101314	13.71739	0.0000
C（34）	−13.16799	2.348283	−5.607498	0.0000
C（35）	1.514791	0.239380	6.327979	0.0000
Determinant residual covariance		1.73E−36		
Equation：LOG（C_ RI）=C（1）+C（2）∗LOG（C_ RI（−1））				
R-squared	0.988786	Mean dependent var		9.044570
Adjusted R-squared	0.987184	S. D. dependent var		0.458567
S. E. of regression	0.051913	Sum squared resid		0.018865
Durbin-Watson stat	2.258458			
Equation：LOG（C_ MSE）=C（3）+C（4）∗LOG（C_ MSE（−1））				
R-squared	0.994444	Mean dependent var		8.255724
Adjusted R-squared	0.993651	S. D. dependent var		0.410012
S. E. of regression	0.032670	Sum squared resid		0.007471
Durbin-Watson stat	1.330902			
Equation：LOG（C_ FI）=C（5）+C（6）∗LOG（GOP）+C（7）∗LOG（C_ TAV）				
R-squared	0.994854	Mean dependent var		7.381673

续表

待估参数	Coefficient	Std. Error	t-Statistic	Prob.
Adjusted R-squared	0.993384	S. D. dependent var		0.368785
S. E. of regression	0.029997	Sum squared resid		0.006299
Durbin-Watson stat	1.521723			
Equation：LOG（C_SI）=C（8）+C（9）* LOG（GOP）+C（10）* LOG（C_TAV（-1））				
R-squared	0.766546	Mean dependent var		3.723592
Adjusted R-squared	0.688729	S. D. dependent var		0.229198
S. E. of regression	0.127873	Sum squared resid		0.098110
Durbin-Watson stat	1.935711			
Equation：LOG（C_OGI）=C（11）+C（12）* LOG（GOP）+C（13）* LOG（C_TAV）				
R-squared	0.919020	Mean dependent var		5.988615
Adjusted R-squared	0.895883	S. D. dependent var		0.622476
S. E. of regression	0.200856	Sum squared resid		0.282401
Durbin-Watson stat	1.572316			
Equation：LOG（C_SM）=C（14）+C（15）* LOG（GOP）				
R-squared	0.907947	Mean dependent var		0.997463
Adjusted R-squared	0.900867	S. D. dependent var		2.245095
S. E. of regression	0.706879	Sum squared resid		6.495810
Durbin-Watson stat	2.194741			
Equation：LOG（C_TI）=C（16）+C（17）* LOG（GOP）				
R-squared	0.948103	Mean dependent var		6.848449

待估参数	Coefficient	Std. Error	t-Statistic	Prob.
Adjusted R-squared	0. 944111	S. D. dependent var		1. 210253
S. E. of regres-sion	0. 286115	Sum squared resid		1. 064205
Durbin-Watson stat	1. 749039			
Equation：LOG（C_ TLI）= C（18）+C（19）∗LOG（GOP）+C（20）∗LOG（C_ TAV）				
R-squared	0. 914284	Mean dependent var		7. 502172
Adjusted R-squared	0. 889793	S. D. dependent var		0. 584854
S. E. of regres-sion	0. 194156	Sum squared resid		0. 263877
Durbin-Watson stat	2. 047575			
Equation：LOG（C_ SBI）= C（21）+C（22）∗LOG（GOP）+C（23）∗LOG（C_ TAV）				
R-squared	0. 982499	Mean dependent var		5. 524450
Adjusted R-squared	0. 977499	S. D. dependent var		0. 923636
S. E. of regres-sion	0. 138550	Sum squared resid		0. 134372
Durbin-Watson stat	1. 483657			
Equation：LOG（C_ CI）= C（24）+C（25）∗LOG（GOP）				
R-squared	0. 926830	Mean dependent var		5. 285900
Adjusted R-squared	0. 917683	S. D. dependent var		0. 830952
S. E. of regres-sion	0. 238407	Sum squared resid		0. 454705
Durbin-Watson stat	1. 235928			
Equation：LOG（C_ ECI）= C（26）+C（27）∗LOG（GOP）+C（28）∗LOG（C_ TAV）				
R-squared	0. 961829	Mean dependent var		5. 689497

待估参数	Coefficient	Std. Error	t-Statistic	Prob.
Adjusted R-squared	0.950923	S. D. dependent var		0.633174
S. E. of regression	0.140270	Sum squared resid		0.137729
Durbin-Watson stat	1.603732			
Equation: LOG（C_ SUI）= C（29）+C（30）* LOG（GOP）+C（31）* LOG（C_ TAV）				
R-squared	0.923441	Mean dependent var		1.262773
Adjusted R-squared	0.901567	S. D. dependent var		0.877064
S. E. of regression	0.275170	Sum squared resid		0.530029
Durbin-Watson stat	1.984015			
Equation: LOG（C_ BPI）= C（32）+C（33）* LOG（GOP）				
R-squared	0.959218	Mean dependent var		3.320462
Adjusted R-squared	0.954121	S. D. dependent var		0.809096
S. E. of regression	0.173304	Sum squared resid		0.240274
Durbin-Watson stat	2.047912			
Equation: LOG（C_ EPI）= C（34）+C（35）* LOG（GOP）				
R-squared	0.833484	Mean dependent var		1.669283
Adjusted R-squared	0.812669	S. D. dependent var		0.946072
S. E. of regression	0.409476	Sum squared resid		1.341366
Durbin-Watson stat	0.565784			

3. 模型检验

海洋经济生产模块联立方程系统检验结果，见表6-12。

表 6-12　海洋经济生产模块联立方程检验

内生变量		C_ RI	C_ MSE	C_ FI	C_ SI	C_ OGI	C_ SM	C_ TRI
拟合效果检验	均方百分比误差	0.0136%	0.0440%	0.0244%	0.0110%	0.1406%	0.1705%	0.0190%
预测性能检验	相对误差	0.0037%	0.0199%	0.0098%	0.0025%	0.0033%	0.0833%	0.0047%
内生变量		C_ TLI	C_ SBI	C_ Iac	C_ ECI	C_ SUI	C_ BPI	C_ EPI
拟合效果检验	均方百分比误差	0.2196%	0.1705%	0.0143%	0.0377%	0.0306%	0.0811%	0.6224%
预测性能检验	相对误差	0.0992%	0.0834%	0.0055%	0.0122%	0.0114%	0.0235%	0.2399%
方程误差传递检验	误差均值	-3.6633%						
	均方根误差	4.9197%						
	冯诺曼比	2.7625%						

四、涉海贸易进出口模块

涉海贸易进出口模块选取海洋渔业商品进口额、汇率、全国水产品人均消费量、海洋渔业商品出口额、水产品国际贸易量、海洋渔业从业人员数、全国渔业进出口总量等指标针对海洋渔业构建了中国海洋经济计量模型群涉海贸易进出口模块的联立方程，结果如下：

1. 联立方程结构

$\log C\_ MFI = -12.476 + 1.444 \times \log C\_ DSPC - 0.770 \times \log EXRA$

$\log C\_ MFE = -26.527 + 1.446 \times \log C\_ APIT + 1.635 \times \log C\_ FI + 3.714 \times \log EXRA$

$\log C\_ NFI = 3.660 + 0.773 \times \log C\_ TNFI - 0.478 \times \log EXRA + 0.165 \times \log C\_ DSPC$

$\log C\_ NFE = 2.686 + 0.473 \times \log C\_ TNFE + 0.768 \times \log EXRA + 0.193 \times \log C\_ MFP (-1)$

$\log C\_ TNFIE = 4.713 + 0.805 \times \log C\_ TNFE + 0.423 \times \log C\_ TNFI (-1) + 0.247 \times \log C\_ DSPC$

2. 方程估计结果

根据已经设定的涉海贸易进出口模块的联立方程结构，利用 EVIEWS 软件进行参数估计，得到如下结果，见表 6-13。

表 6-13　涉海贸易进出口模块联立方程估计结果

待估参数	Coefficient	Std. Error	t-Statistic	Prob.
C (1)	-12.47619	1.446563	-8.624711	0.0000
C (2)	1.444407	0.064467	22.40524	0.0000
C (3)	-0.770365	0.356120	-2.163219	0.0392
C (4)	-26.52695	4.522702	-5.865288	0.0000
C (5)	1.446203	0.255428	5.661892	0.0000
C (6)	1.635292	0.265524	6.158745	0.0000
C (7)	3.713507	1.135687	3.269833	0.0029
C (8)	3.660178	1.669154	2.192834	0.0368
C (9)	0.772617	0.087760	8.803770	0.0000
C (10)	-0.478303	0.198518	-2.409368	0.0311
C (11)	0.165144	0.088096	1.874585	0.0713
C (12)	2.685605	1.084374	2.476639	0.0196
C (13)	0.473161	0.103857	4.555889	0.0000
C (14)	0.768283	0.324496	2.367619	0.0225
C (15)	0.192689	0.054238	3.552691	0.0011
C (16)	4.712582	4.462937	1.055937	0.3000
C (17)	0.805180	0.175831	4.579273	0.0000
C (18)	0.422771	0.100396	4.211017	0.0000
C (19)	0.246876	0.084628	2.917199	0.0034
Determinant residual covariance		2.47E-15		
Equation：LOG (C_ MFI) = C (1) + C (2) * LOG (C_ DSPC) + C (3) * LOG (EXRA)				
R-squared	0.997701	Mean dependent var		5.795735
Adjusted R-squared	0.997044	S. D. dependent var		0.630722
S. E. of regression	0.034293	Sum squared resid		0.008232

待估参数	Coefficient	Std. Error	t-Statistic	Prob.
Durbin-Watson stat	1. 871598			
Equation：LOG（C_ MFE）= C（4）+C（5）＊LOG（C_ APIT）+C（6）＊LOG（C_ FI）+C（7）				
＊LOG（EXRA）				
R-squared	0. 924487	Mean dependent var		3. 715597
Adjusted R-squared	0. 886730	S. D. dependent var		0. 311338
S. E. of regression	0. 104783	Sum squared resid		0. 065876
Durbin-Watson stat	2. 545127			
Equation：LOG（C_ NFI）= C（8）+C（9）＊LOG（C_ TNFI）+C（10）＊LOG（EXRA）+C（11）				
＊ LOG（C_ DSPC）				
R-squared	0. 949424	Mean dependent var		3. 846377
Adjusted R-squared	0. 924136	S. D. dependent var		0. 124550
S. E. of regression	0. 034305	Sum squared resid		0. 007061
Durbin-Watson stat	2. 710316			
Equation：LOG（C_ NFE）= C（12）+C（13）＊LOG（C_ TNFE）+C（14）＊LOG（EXRA）				
+C（15）＊LOG（C_ MFP（-1））				
R-squared	0. 941007	Mean dependent var		2. 958612
Adjusted R-squared	0. 924389	S. D. dependent var		0. 242470
S. E. of regression	0. 049790	Sum squared resid		0. 016395
Durbin-Watson stat	2. 122544			

续表

待估参数	Coefficient	Std. Error	t-Statistic	Prob.
Equation：LOG（C_ TNFIE）= C（16）+C（17）* LOG（C_ TNFE）+C（18）				
* LOG（C_ TNFI（−1））+C（19）* LOG（C_ DSPC）				
R-squared	0.980023	Mean dependent var		2.911509
Adjusted R-squared	0.960045	S. D. dependent var		0.298759
S. E. of regression	0.059718	Sum squared resid		0.014265
Durbin-Watson stat	2.461900			

3. 模型检验

涉海贸易进出口模块联立方程系统检验结果，见表6-14。

表6-14　涉海贸易进出口模块联立方程检验

内生变量		C_ MFI	C_ MFE	C_ NFI	C_ NFE	C_ TNFIE
拟合效果检验	均方百分比误差	0.0376%	0.0556%	0.0322%	0.0159%	0.0510%
预测性能检验	相对误差	0.0109%	0.0124%	−0.0079%	−0.0057%	0.0222%
方程误差传递检验	误差均值	1.2053%				
	均方根误差	5.3072%				
	冯诺曼比	2.7635%				

五、涉海产品价格模块

涉海产品价格模块选取固定资产投资价格指数、货币流通量、国内生产总值（不变价）、全社会固定资产投资（不变价）、居民消费价格指数、零售物价总指数、国内生产总值缩减指数、农业总产值缩减指数、第一产业增加值缩减指数、第二产业增加值缩减指数等指标构建中国海洋经济计量模型群涉海产品价格模块的联立方程，结果如下：

1. 联立方程结构

logC_ PI＝4.822−0.124×log（C_ M1CUR/C_ GDP）+0.078×log（C_

IIC/C_ GDP）

logC_ PCR＝4. 997−0. 181×log（C_ M1CUR/C_ GDP）＋0. 143×logC_
IIC/C_ GDP）

logC_ PGDP＝3. 535＋0. 009×logC_ GDP＋0. 234×logC_ PCR

logC_ PGVA＝−9. 820＋ 3. 075×logC_ PGDP

logC_ PV1＝ 24. 689−3. 706×logC_ PGDP −0. 537×logC_ PV1（−1）

logC_ PV2＝−18. 694＋4. 068×logC_ PGDP＋ 0. 939×logC_ PV2（−1）

2. 方程估计结果

根据已经设定的涉海产品价格模块的联立方程结构，利用 EVIEWS 软件进行参数估计，得到如下结果，见表 6-15。

表 6-15　涉海产品价格模块联立方程估计结果

待估参数	Coefficient	Std. Error	t-Statistic	Prob.
C（1）	4. 822260	0. 157620	30. 59420	0. 0000
C（2）	−0. 123854	0. 058463	−2. 118513	0. 0374
C（3）	0. 077922	0. 053945	1. 444476	0. 1527
C（4）	4. 996754	0. 177613	28. 13287	0. 0000
C（5）	−0. 180695	0. 065878	−2. 742867	0. 0076
C（6）	0. 142792	0. 060788	2. 349040	0. 0214
C（7）	3. 534801	0. 379501	9. 314331	0. 0000
C（8）	0. 009107	0. 004836	1. 883255	0. 0635
C（9）	0. 233934	0. 079695	2. 935375	0. 0044
C（10）	−9. 820002	4. 669035	−2. 103219	0. 0388
C（11）	3. 075044	0. 989264	3. 108418	0. 0026
C（12）	24. 68907	30. 45037	0. 810797	0. 4200
C（13）	−3. 706086	6. 432366	−0. 576162	0. 5662
C（14）	−0. 536992	0. 245427	−2. 187995	0. 0317
C（15）	−18. 69432	5. 908200	−3. 164131	0. 0022
C（16）	4. 068450	1. 267928	3. 208738	0. 0020

待估参数	Coefficient	Std. Error	t-Statistic	Prob.
C（17）	0.938537	0.028836	32.54699	0.0000
Determinant residual covariance		1.73E−17		

Equation：LOG（PI）= C（1）+C（2）∗ LOG（M1CUR/GDPC）+C（3）∗ LOG（IIC/GDPC）

R-squared	0.258092	Mean dependent var	4.634092
Adjusted R-squared	0.143952	S. D. dependent var	0.031548
S. E. of regression	0.029189	Sum squared resid	0.011076
Durbin-Watson stat	2.463894		

Equation：LOG（PCR）= C（4）+ C（5）∗ LOG（M1CUR/GDPC）+ C（6）∗ LOG（IIC/GDPC）

R-squared	0.387905	Mean dependent var	4.628381
Adjusted R-squared	0.293736	S. D. dependent var	0.039139
S. E. of regression	0.032892	Sum squared resid	0.014064
Durbin-Watson stat	1.653782		

Equation：LOG（PGDP）= C（7）+C（8）∗ LOG（GDPC）+C（9）∗ LOG（PCR）

R-squared	0.457194	Mean dependent var	4.719685
Adjusted R-squared	0.373685	S. D. dependent var	0.015144
S. E. of regression	0.011985	Sum squared resid	0.001867
Durbin-Watson stat	0.921734		

Equation：LOG（PGVA）= C（10）+C（11）∗ LOG（PGDP）

R-squared	0.408341	Mean dependent var	4.693239
Adjusted R-squared	0.366079	S. D. dependent var	0.072877
S. E. of regression	0.058024	Sum squared resid	0.047135

待估参数	Coefficient	Std. Error	t-Statistic	Prob.
Durbin-Watson stat	1.548562			
Equation：LOG（PV1）= C（12）+C（13）* LOG（PGDP）+C（14）* LOG（PV1（-1））				
R-squared	0.311337	Mean dependent var		4.679188
Adjusted R-squared	0.186125	S. D. dependent var		0.397004
S. E. of regression	0.358158	Sum squared resid		1.411045
Durbin-Watson stat	2.533535			
Equation：LOG（PV2）= C（15）+C（16）* LOG（PGDP）+C（17）* LOG（PV2（-1））				
R-squared	0.991998	Mean dependent var		5.853130
Adjusted R-squared	0.990664	S. D. dependent var		0.648526
S. E. of regression	0.062662	Sum squared resid		0.047118
Durbin-Watson stat	1.612841			

3. 模型检验

涉海产品价格模块联立方程系统检验结果，见表6-16。

表 6-16　涉海产品价格模块联立方程检验　　　Smpl：2000-2011

内生变量		C_ PI	C_ PCR	C_ PGDP	C_ PGVA	C_ PV1	C_ PV2
拟合效果检验	均方百分比误差	0.0209%	0.0101%	0.0434%	0.0268%	0.3678%	0.0145%
预测性能检验	相对误差	0.0022%	-0.0063%	0.0221%	0.0087%	0.0525%	0.0060%
方程误差传递检验	误差均值	2.4754%					
	均方根误差	3.6219%					
	冯诺曼比	6.4232%					

第五节　中国海洋经济动态模拟预测分析：BVAR 模型

一、向量自回归（VAR）模型

（一）向量自回归模型的提出

向量自回归（VAR）模型是由 Sargent（1978）、Sims 和 Litterman（1980）提出并发展起来的一种计量经济学建模技术，研究的对象是由多个变量的时间序列构成的向量系统，主要用于替代联立方程结构模型，提高经济预测的准确性。

假设某线性动态系统中产出向量 X_t 是由 n 个变量元素组成，并满足：

$$X_t = C_t + \sum_{i=1}^{p} A_i X_{t-i} + \varepsilon_t \tag{6-43}$$

$$\varepsilon_t \sim N(0, \ \textstyle\sum)$$

或 $X_t = A(L) X_{t-1} + \varepsilon_t$

其中，C_t 为 $n \times 1$ 维的截距项系数，A_i 为 $n \times n$ 维的系数矩阵。向量 X_t 包括 GDP、投资、通货膨胀率等预测变量。误差向量 ε_t 由各方程的随机误差项构成，满足标准正态分布，即具有零均值和协方差矩阵 $\sum$。

因为模型包括各个变量的 p 阶滞后值，因此称为 VAR（p）模型。

在弱正则条件下，模型中各变量的系数 A_i 由总体正交性条件唯一确定：

$$E[\varepsilon_t{}' X_{t-j}{}'] = 0, \ (j = 1, \ldots, \ p) \tag{6-44}$$

向量自回归模型的一个基本特征是：n 组方程的解释变量都相同，包括 $1-p$ 阶滞后变量和截距项，模型中的独立变量都是内生变量。传统模拟方程模型对变量所必须进行的内生与外生变量的划分在大多数情况下很难严格满足经济一致性条件，向量自回归模型则克服了这一缺点。

（二）向量自回归模型的思路

假定模型中产出变量的估计值 $X_{1, \ t}$ 满足：

$$\hat{X}_{1, \ t} = a_{11}^1 X_{1, \ t-1} + a_{12}^1 X_{1, \ t-2} + \cdots + a_{1p}^1 X_{1, \ t-p} + a_{21}^1 X_{2, \ t-1} + \cdots + a_{np}^1 X_{n, \ t-p}$$

$$\tag{6-45}$$

由（6-43）得到

$$X_{1,t} - \hat{X}_{1,t} = \varepsilon_{1,t} \tag{6-46}$$

$\hat{X}_{1,t}$ 是使误差项 $\varepsilon_{1,t}$ 最小的最优估计值。由 n 个变量构成的 X_t 向量，其最优估计值一定满足误差项矩阵 ε_t 的方差协方差最小。

向量自回归模型主要依据方程模拟的效果来确定参数，即根据误差最小化原则使得所选择的参数能够保证预测的精度。大量的文献表明，完全可以把更多的经济理论结合到向量自回归模型中，例如，Blanchard 和 Quah 把长期趋势约束加入到双变量向量自回归模型中，从而使模型能够区分出总需求和总供给变量分离的分布效果。

（三）向量自回归模型的不足

目前，VAR 模型在宏观经济领域获得了广泛应用。但是 VAR 模型要求有足够的数据样本，同时存在估计参数过多的问题。如果 VAR 模型中有 m 个内生变量，变量的滞后阶数为 p，则该 VAR（p）模型中共计有 m（$mp+1$）个参数需要估计，即使对于较小的 m 和 p，待估计的参数个数仍然很大。例如，对于 $m = 5$，$p = 3$ 的小型 VAR 模型也有 80 个参数需要估计，因此的自由度不足给模型带来了许多问题。

解决上述估计参数过多问题有多种方法可供选择。传统计量模型常人为设定一些参数为零，如 Klein-Coldberger 的美国经济模型。另外，通过减少模型的变量个数和缩短变量的滞后长度，也可以减少 VAR 模型所需估计的参数。但这些方法必然会降低模型质量及其拟合程度，且无助于提高样本估计的精度，导致模型"不可信"。

二、贝叶斯向量自回归（BVAR）模型

美国学者 Litterman（1986）用贝叶斯方法解决了 VAR 模型估计参数的过多问题。BVAR 模型的预测精度尤其是短期预测很高，能够在回归估计时自然测量内在的不确定性，同时也不会产生传统模型的"不可信"结构。

贝叶斯方法把参数看作是具有某种先验分布 $\pi(A, \sum)$ 的随机变量，这种先验分布包含一些先验信息。如果缺乏先验信息，则可能存在非确定性的先验分布，或者是扩散（或是不显著）的先验分布。

这种先验信息通过贝叶斯法则与模型系数的后验分布数据相联系，即：

$$P(A, \sum \mid X) \propto P(A, \sum) L/(X \mid A, \sum)$$

其中，$L/(X \mid A, \sum)$ 表示数据的最大似然函数。该后验分布可以确定预测变量区间的可能性，即：置信区间变得更准确了。这就无须再获知无效假定（或可选择假定）下系数的渐近分布，同时后验分布及其相应的推断在有限的样本中也变得精确了。

BVAR 模型所采用的先验分布也是随机先验分布（即 Litterman 先验分布）。以模型中的第一组方程为例说明这种先验分布，式中省略了常数项：

$$X_{1, t} = a_{11}^1 X_{1, t-1} + a_{12}^1 X_{1, t-2} + \cdots + a_{1p}^1 X_{1, t-p} + a_{21}^1 X_{2, t-1} + \cdots + a_{np}^1 X_{n, t-p} + \varepsilon_t$$

$$(6-47)$$

上标号 1 表示方程序号。随机先验分布的前提是大多时间序列变量都能用随机过程来描述，即：

$$X_{1, t} = X_{1, t-1} + \varepsilon_{1, t} \tag{6-48}$$

先验分布是指每个方程中滞后一阶的非独立变量的系数等于 1，其他系数皆为 0，假定模型所有系数服从标准正态分布，这样就得到具有先验分布的向量方程。

解释变量 j 的第 k 阶滞后先验标准离差：

$$S_{i, j, k} = \frac{\gamma g(k) f(i, j) s_i}{s_j}, \quad f(i, j) = g(1) = 1 \tag{6-49}$$

其中，s_i 是变量 i 自回归的残余标准差，γ 为总体紧缩度，因子 s_i/s_j 是不同变量的差比。$g(k) = k^{-d}$ 是调和滞后延迟函数。$f(i, j)$ 表示其他滞后变量相对于变量 i 的权重。

三、中国海洋经济贝叶斯向量自回归模型

（一）中国海洋经济贝叶斯向量自回归模型设计

1. 模型

中国海洋经济贝叶斯向量自回归模型，采用了 5 个变量：海洋经济总产值（GOP）、海洋出口总额（EXPORT）、海洋进口总额（IMPORT）、沿海地区消费价格指数（CPI）和沿海地区全社会固定资产投资总额（IN-

VEST)。

模型向量 X_t 分别包括这 5 个元素,即:

$X_t = (GOP, EXPORT, IMPORT, CPI, INVEST)^T$

2. 数据预处理

中国海洋经济 BVAR 模型的样本数据,来源于 1994—2012 年的年度统计数据(5 个内样本)。因为涉海贸易统计数据的缺失,课题研究中分别选取了沿海地区进出口总额代表涉海贸易进出口总额,但 RATS 运算的实证分析结果显示海洋生产总值(GOP)、涉海贸易进出口总额的预测结果与实际情况不符。因此,对涉海贸易进出口总额采取数据剥离的方法,即:对统计年鉴中的进出口货物分类进行剥离,选取第 3 章中的"鱼、甲壳动物、软体动物及其他水生无脊椎动物",第 16 章中的"肉、鱼、甲壳动物、软体动物及其他水生无脊椎动物制品",第 26 章中的"矿砂、矿渣及矿灰",第 89 章中的"船舶及浮动结构体"4 个类别加总,并根据当年官方汇率折算。模型主要利用 RATS 软件包提供的程序编制和运算。

3. 先验分布假设的参数确定

通过参考 Litterman(1986b)对先验分布设定的可能选择,设定 γ 的集合为 {0.0005, 0.001, 0.05, 0.1, 0.2, 0.3, 0.4, 0.5};$f(i, j)$ 为 {0.5, 0.75, 1.0, 1.25, 1.5, 1.75, 2.0, 2.25, 2.5};滞后阶数长度的集合为 1-3 个年度;调和滞后延迟函数 $g(k) = k^{-d}$ 中 d 的选择集合为 {1, 2}。

经过比较分析,模型满足最优先验设定的滞后阶数为 4 阶,γ 为 0.001,d 为 1。先验标准离差的权重矩阵 $f(i, j)$ 由表 6-17 给出。

表 6-17　先验标准离差的权重矩阵

变量	GOP	OUTPUT	IMPORT	CPI	INVEST
GOP	1.00	1.50	2.50	1.50	1.75
OUTPUT	1.50	1.50	1.00	1.00	1.50
IMPORT	2.50	1.00	1.50	1.00	1.00
CPI	1.50	1.00	1.00	1.00	1.00
INVEST	1.75	1.50	1.00	1.00	1.50

（二）内样本模型动态模拟

根据上述递归方法计算的预测精度统计结果（样本 1994—2009 年），见表 6-18。Theil U 统计量是模型误差均方根与原模型（变量未调整）误差均方根的比值。

Theil U 的统计量说明，采用 BVAR 模型的预测精度比随机游走模型的预测精度更高。

表 6-18　内样本预测统计结果

变量	Step	Mean Error	Mean Abs Err	RMS Error	Theil U
GOP	1	1068.7894	2436.3025	2667.9252	0.4185
	2	1896.6417	4008.6377	4052.4705	0.3273
	3	4468.0039	4468.0039	4468.0039	0.2509
EXPORT	1	−50.7360	657.1660	749.3662	0.9841
	2	−73.9054	940.7502	1026.6094	0.9363
	3	−386.7624	386.7624	386.7624	0.3769
IMPORT	1	−208.7694	1122.9644	1229.7857	0.5336
	2	−453.3857	1314.5178	1619.3186	0.3900
	3	−1075.3300	1075.3300	1075.3300	0.2896
CPI	1	0.1026	0.3150	0.3414	0.0965
	2	−0.0084	0.4474	0.4717	0.0903
	3	0.8283	0.8283	0.8283	0.2248
INVEST	1	263.1214	6450.6723	7461.1405	0.3129
	2	−6686.3321	6686.3321	9739.7272	0.2286
	3	341.1577	341.1577	341.1577	0.0049

（三）外样本模型预测分析

根据中国海洋经济 BVAR 模型，对 2013—2015 年的海洋生产总值、涉海贸易进出口总额、价格指数和沿海地区全社会固定资产投资总额等进行预测。见图 6-2、6-3。

（亿元）

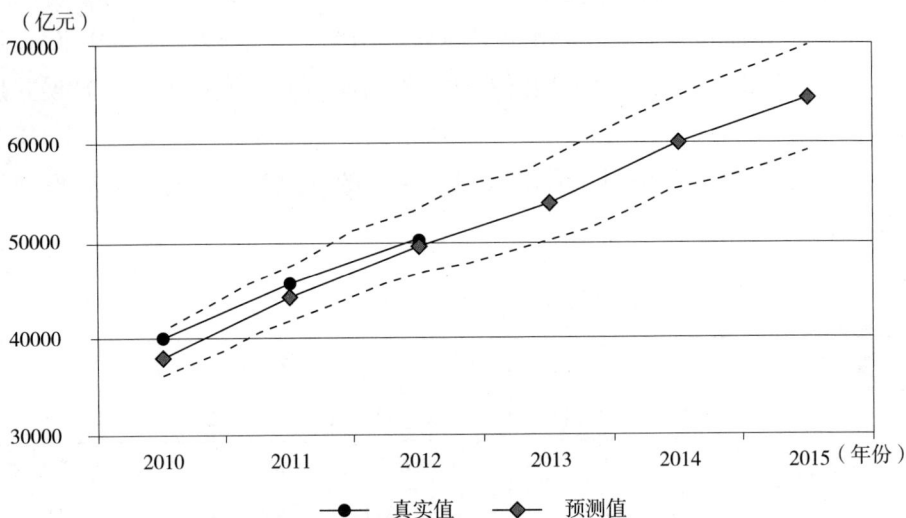

图6-2 中国海洋经济生产总值（GOP）模拟预测结果

（亿元）

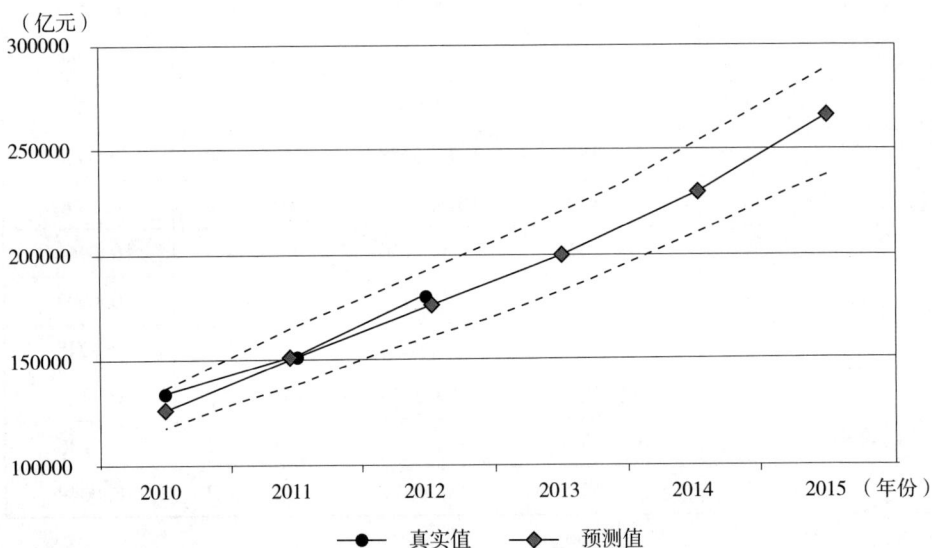

图6-3 沿海地区全社会固定资产投资总额模拟预测结果

中国海洋经济贝叶斯向量自回归（BVAR）模型，为拓展中国海洋经济预测模型研究提供了新思路，也是一次新尝试。所有结果表明，BVAR模型对中国海洋经济模拟预测具有很高的实用参考价值。

第 七 章

中国海洋经济投入产出模型设计

　　海洋主导产业是如何确定的，海洋产业间的关联效应存在吗，海洋产业之间又是如何依存而共生的，海洋产业的结构又是如何演化的，厘清这些问题的答案有许多方法，而投入产出分析却是众多方法中一种成熟的技术分析与决策工具，其通过投入产出表将海洋产业部门之间的相互依存关系清晰地展现出来，为系统辨识海洋产业结构的演化、产业依存度大小、产业波及效应等提供了科学的依据。本章通过对海洋经济结构的动态演化分析，根据投入产出模型及其部门分类的应用特点，进行了中国海洋经济投入产出模型的条件设计以及中国海洋经济投入产出表的产业内容和范围分类设计，以期为研究中国海洋产业部门之间的关联效应、中国海洋主导产业选择，深入揭示中国海洋经济景气波动的冲击源等，提供技术、方法和理论支持。

第一节　中国海洋经济结构动态演化

一、中国海洋经济发展进程

　　自 20 世纪 90 年代开始，我国海洋经济发展步入高速增长通道，海洋经济总量稳步增长，海洋经济活动范围不断拓展，主要海洋产业资本投入逐年增加，涉海产品贸易种类不断增多，涉海制造业水平不断提高，涉海就业人数跨越发展，海洋高等教育水平不断提高。海洋经济已经成为中国经济的一个亮点。经过 20 多年的高速增长，我国海洋经济结构也发生了巨大变化。2002 年我国沿海地区固定资产投资额约为 19628.88 亿元，2011 年达到 150401.01 亿元。我国沿海地区大规模的资本投入促进了海洋资本密集型产业的跨越发展，尤其是对资本最终依赖度较高的海洋产业产生了积极的影响。

在涉海产品的开发方面，依然存在海洋产品加工业不发达，众多海洋产业仍处于初级发展阶段，产业链不完善、不系统。涉海产品的生产绝大部分都是再生产的中间产品，总产出中用于最终消费的比重较少，其中，海洋化工业、海水利用业以及海洋交通运输业等海洋产业的产品去向尤为明显，基本上作为其他部门的中间消耗或是服务于其他部门的生产。海洋产业中用于最终消费的产品也主要依赖于居民消费，如：海洋渔业、滨海旅游业等海洋产业的最终消费，基本都是居民消费。

在涉海贸易方面，主要涉及海洋渔业、海洋船舶业和海洋油气业等。涉海贸易业的不断发展壮大，使我国海洋贸易额逐年增长，涉海贸易发展迅速。2011 年，我国鱼类产品净出口额的环比增长速度达到 68.34%。2012 年，我国鱼类产品净出口受到欧洲主权债务危机和美国公共债务规模的影响，加之鱼类产品原料和劳动力等生产成本不断上涨，鱼类产品净出口额有所下降。中国海洋船舶制造业与世界造船先进国家之间的差距不断缩小，市场份额也不断扩大。2000—2007 年造船业年均产量增长率为 26%，世界市场份额从 6% 提高到 23%。2008 年，中国海洋船舶制造业完工量达 2881 万载重吨，占世界市场份额达 29.5%，首次超越日本。2010 年，中国、韩国和日本的世界市场份额分别为 41.9%、31.9% 和 21.5%，中国的新接订单量和手持订单量均居全球第一。

伴随着我国海洋经济的高速增长，我国海洋产业结构也不断趋于优化。至 2013 年，全国海洋生产总值 54313 亿元，比 2012 年增长 7.6%，占国内生产总值的 9.5%。其中，海洋第一、二、三产业的增加值分别达到 2918 亿元、24908 亿元和 26487 亿元，三次产业结构比重为 5.4：45.8：48.8。[①] 同时，我国也已形成以海洋渔业、海洋交通运输业、滨海旅游业等为核心层的

---

① 资料来源：2013 年《中国海洋经济统计公报》。

比较齐全的海洋产业体系。

2001—2013 年，中国海洋生产总值及主要产业结构如图 7-1 所示。

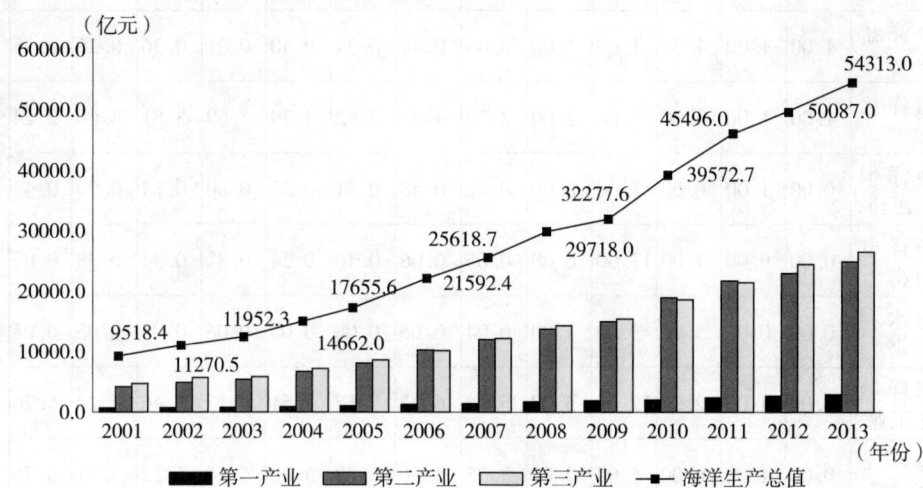

图 7-1　2001—2013 年全国海洋生产总值及产业结构

资料来源：2002—2012 年《中国海洋统计年鉴》，2013 年《中国海洋经济统计公报》。

表 7-1 为我国主要海洋产业产值结构占比情况。2006 年我国实施《海洋生产总值核算制度》以后，对主要海洋产业的统计口径进行了修正。2006 年以前，《中国海洋经济统计公报》及《中国海洋统计年鉴》中对各海洋产业增加值及主要海洋产业总产值分别进行统计，2006 年统计口径发生变化后，只公布主要海洋产业增加值数据，故表中 2006—2013 年数据为各海洋产业增加值占主要海洋产业总增加值比重。

表 7-1　2001—2013 年各海洋产业产值占海洋生产总值比重　　单位:%

产业＼年份	2001	2002	2003	2004	2005	2006	2007	2008	2009	2010	2011	2012	2013
海洋渔业	31.00	28.00	31.00	68.00	27.00	18.25	18.10	19.00	17.62	16.98	17.74	17.07	18.25
海洋油气业	4.00	4.00	4.00	10.00	5.00	6.61	7.14	4.78	8.04	9.12	7.68	7.27	6.61
海洋矿业	0.00	0.00	0.00	0.00	0.00	0.07	0.08	0.32	0.28	0.28	0.29	0.22	0.07

续表

年份 产业	2001	2002	2003	2004	2005	2006	2007	2008	2009	2010	2011	2012	2013
海洋盐业	1.00	1.00	1.00	1.00	1.00	0.45	0.48	0.34	0.40	0.41	0.36	0.25	0.45
海洋化工业	1.00	1.00	2.00	5.00	2.00	2.24	4.43	3.62	3.79	3.69	3.81	4.00	2.24
海洋生物医药	0.00	1.00	0.00	1.00	0.00	0.42	0.48	0.41	0.52	0.80	0.84	0.99	0.42
海洋电力业	0.00	0.00	7.00	17.00	6.00	0.05	0.06	0.16	0.24	0.31	0.34	0.38	0.05
海水利用业	0.00	0.00	5.00	3.00	1.00	0.04	0.06	0.06	0.05	0.06	0.05	0.05	0.04
海洋船舶工业	4.00	4.00	2.00	12.00	5.00	5.26	6.22	7.68	7.51	7.17	6.46	5.22	5.26
海洋工程建筑	0.00	1.00	18.00	5.00	2.00	3.75	3.36	5.23	5.40	5.76	5.22	7.41	3.75
海洋交通运输	11.00	15.00	24.00	41.00	14.00	32.04	31.51	24.50	23.39	22.36	23.33	22.53	32.04
滨海旅游业	35.00	32.00	6.00	59.00	24.00	30.82	28.08	33.89	32.76	33.08	33.88	34.61	30.82

资料来源：2002—2012 年《中国海洋统计年鉴》；2012—2013 年《中国海洋经济统计公报》。

二、产业结构演化理论概述

国民经济的所有行业可分为农业部门、工业部门、服务业部门三个层次。产业结构包括国民经济各部门之间以及行业之间的相互联系与制约关系，这种关系随着生产力和产业的发展而不断变化。自社会分工出现以来，产业发展十分迅速，产业结构也由低级向高级不断提升，主要表现为产业结构重心的转移，即所谓的产业结构演化。

1. 马克思主义之前的产业结构理论

生产力发展促使社会分工，产业由单一化向多元化方向发展，产业结构理论就是在这一过程中逐渐发展起来的。

（1）古希腊的产业经济思想。第一次社会大分工之后，手工业开始发展起来，史上最早的产业经济萌芽随之产生。古希腊人认为农业和畜牧业的发展是整个社会经济生活的主体，虽然手工业、建筑业和航海业已经出现，但在整个经济中所占比重不大。古希腊学者 Xenophon 指出农业是整个社会经济繁荣发展的基础，该思想与当时奴隶社会的生产力发展相适应。

（2）Thomas Aquinas 的产业经济思想。当商业从农业和手工业中分离出来，新的产业经济思想应运而生。意大利哲学家 Thomas Aquinas 将农业和商业相区分，他指出不仅土地生产的产品可以增加财富，而且商业作为一种将土地生产的产品在市场上交易的手段同样可以创造财富。

（3）Adam Smith 和 David Ricardo 的产业经济思想。Smith 和 Ricardo 的产业经济思想主要是分工理论。Smith 在其著作《国民财富的性质和原因的研究》里指出，分工存在于各个行业和各个部门的生产之间，也存在于工场手工业内部，并且分工可以增加一个国家的财富。Ricardo 将其思想表述为国际分工，顾名思义，指的是国家之间的分工，每个国家因其各自资源禀赋不同而生产其具有比较优势的商品，这种分工对于商品交易双方都是有利的。

2. Carl Marx 的产业结构理论

Carl Marx 认为在货币资本的循环过程中，资本价值在各个阶段采取了不同的资本形式，即在流通阶段是货币资本和商品资本的形式，在生产阶段属于生产资本，这些在不同阶段执行不同职能的资本就是产业资本，这里所说的产业指的就是资本主义生产方式中各个执行部门。

3. 当代西方经济学的产业结构理论

三次产业分类法是当今西方经济学产业结构理论的核心。20 世纪 20 年代，澳大利亚和新西兰依据经济活动发展顺序，最早将部门经济活动分为第一产业和第二产业。之后新西兰经济学家 Fischer 将第一产业和第二产业外的所有经济活动都归结为第三产业。英国经济学家和统计学家 Colin Clark 沿用了 Fischer 的三次产业分类法，并使其得到了更大程度上的普及。第一产业是指广义上的农业，包括林业、牧业、水产业和种植业等；第二产业是广义上的工业，有煤炭、石油与天然气和电力等能源工业、机械工业、高新工业等工业部门；第三产业是广义上的服务业，涵盖交通运输、金融业、房地产业、餐饮娱乐业以及其他各项服务事业。Clark 指出：劳动力在三次产业间逐渐转移的主要原因在于三次产业之间人均劳动收入的差距，并促使劳动力向高收入产业转移。这就是"配第·克拉克定理（Petty—Clark theorem）"，此定理总结了产业结构的变化规律，完善了产业结构理论体系，为产业结构理论的应用指明了方向。

三、中国传统海洋产业结构演化分析

（一）海洋渔业结构演化分析

中国的海洋渔业发展历史悠久。改革开放以来，渔业经济发展迅速，渔业产量经历了两次波动之后，目前进入了平稳增长阶段。1978—1996 年，我国海产品总量增长较快，年增长率为 10%，1997 年后增速减缓，年增长率为 3.6%。1996—2010 年，中国海洋渔业总产值增长了 8.95 倍，年均增加 760 多亿元。2013 年中国海洋渔业实现增加值 3872 亿元，比 2012 年增长 5.5%。①

随着海洋产业的不断发展完善以及海洋可持续发展战略的实施，海洋渔业增长方式开始发生转变，海洋渔业结构实行了战略性调整，以缓解海洋捕捞高速增长对渔业资源造成的巨大压力。1999 年，首次提出海洋捕捞产量"零增长"的目标，保护海洋渔业资源，防止过度开采。随后，我国制定了海洋捕捞产量"负增长"目标，严格控制海洋捕捞强度。国家从 2002 年开始引导海洋捕捞渔民转业，退出海洋捕捞业。近年来中国海洋捕捞量不断下降，海洋养殖产量稳步增长。海洋渔业增加值占海洋产业总增加值的比重不断下降，见图 7-2。

从图 7-2 可以看出，2001—2004 年，中国海洋渔业增加值占海洋产业总增加值的比重都很高，但从 2005 年开始迅速下降，到 2007 年已下降了 11 个百分点。2007—2013 年，海洋渔业增加值占海洋产业总增加值的比重也呈缓慢下降的趋势。我国是一个海洋大国，海洋渔业捕捞和养殖产量居于世界首位。2002 年，我国开始实施并调整完善海洋休渔、禁渔期制度，有力地促进了渔业资源的恢复和改善。2006 年，我国海水养殖量达 1264.2 万吨，海洋捕捞量 1245.5 万吨，海水养殖业首次超过海洋捕捞业。2006 年以来，我国海水养殖业发展迅速，在海洋渔业中所占比重不断增加，海洋渔业内部结构逐步完善。2013 年，中国海洋渔业增加值达 3872 亿元，占海洋产业总增加值的 17.1%。海洋渔业对推动中国海洋经济发展发挥了极大的推动

---

① 资料来源：2013 年《中国海洋经济统计公报》。

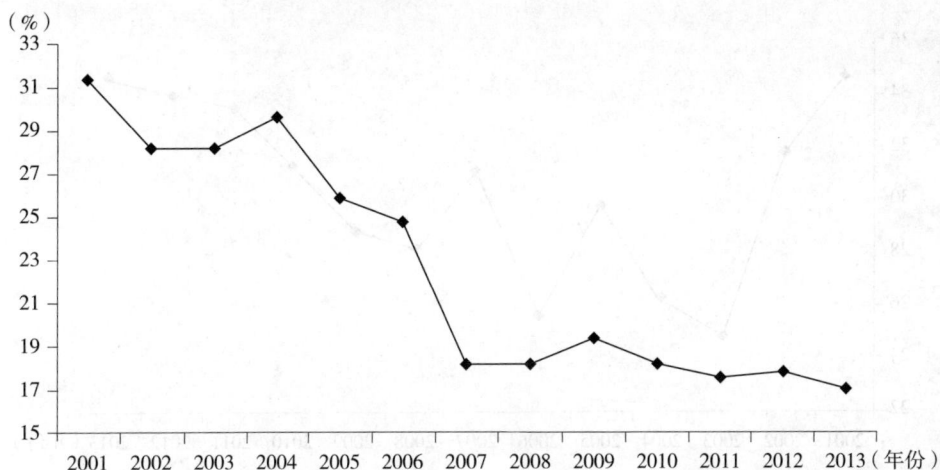

图 7-2　2001—2013 年海洋渔业增加值占海洋产业总增加值的比重

资料来源：2001—2013 年《中国海洋经济统计公报》。

作用。2001—2013 年海洋渔业增加值，见表 7-2。

表 7-2　2001—2013 年海洋渔业增加值　　　　单位：亿元

年份	2001	2002	2003	2004	2005	2006	2007	2008	2009	2010	2011	2012	2013
增加值	996	1091	1145	1271	1508	1672	1906	2228	2441	2852	3203	3652	3872

资料来源：2012 年《中国海洋统计年鉴》；2012—2013 年《中国海洋经济统计公报》。

（二）滨海旅游业结构演化分析

滨海旅游业是中国海洋经济新近发展起来的产业，具有综合性强、关联度高、拉动作用突出的特点，直接或间接影响 100 多个细分行业。自 2001年以来我国滨海旅游业一直保持较快的发展势头，滨海旅游业增加值逐年递增。2001—2006 年我国滨海旅游业发展势头强劲，增加值年均增长达30.5%，但 2006—2009 年增长速度有所放缓。近年来随着沿海各地基础设施的不断完善，标志性建筑物的相继完工，旅游环境、服务意识、服务质量的不断提高，中国滨海旅游业取得了跨越式发展。2013 年，滨海旅游业实现增加值 7851 亿元，比 2012 年增长 11.7%。图 7-3 为滨海旅游业增加值占海洋产业总增加值的比重变动图。

从图 7-3 可以看出，2001—2013 年，中国滨海旅游业占海洋产业的比

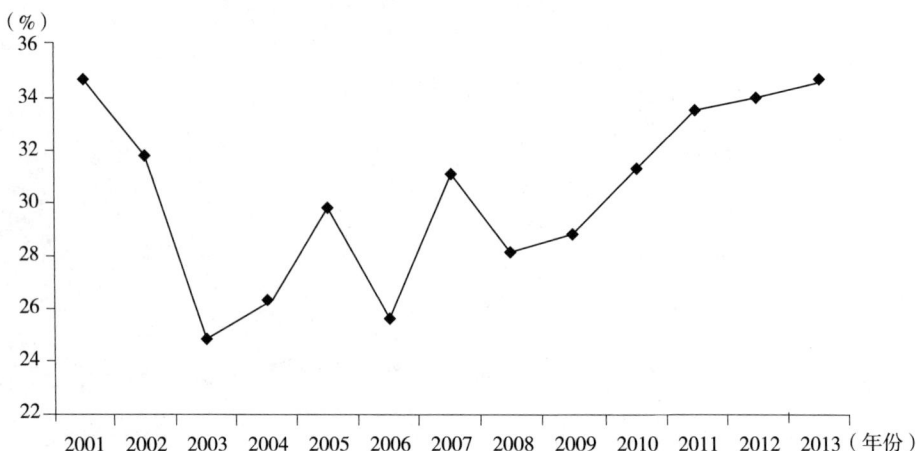

图7-3　2001—2013年滨海旅游业增加值占海洋产业总增加值的比重

资料来源：2001—2013年《中国海洋经济统计公报》。

重出现了3次波动。2001—2003年波动较大、下降幅度也最大，2003—2008年又经历了2次较大的波动。2008—2013年我国滨海旅游业基本步入平稳发展阶段，滨海旅游业增加值占海洋产业总增加值的比重不断上升，从2008年的28.20%上升至2013年的34.6%。2001—2013年我国滨海旅游业增加值，见表7-3。

表7-3　2001—2013年滨海旅游业增加值　　单位：亿元

年份	2001	2002	2003	2004	2005	2006	2007	2008	2009	2010	2011	2012	2013
增加值	1072	1524	1106	1522	2011	2620	3226	3766	4352	5303	6240	6972	7851

资料来源：2012年《中国海洋统计年鉴》、2012—2013年《中国海洋经济统计公报》。

　　2003年受SARS病毒的爆发影响，中国滨海旅游业受到严重影响，增加值急速下滑，比2002年减幅27.4%。受2008—2009年金融危机的影响，我国滨海旅游业增加值增速减缓。2009年以来，在国家拉动内需的政策驱动下，中国滨海旅游业开始恢复性增长，2009—2013年国际国内旅游都快速增长，年均增长率达20.10%。

　　（三）海洋交通运输业结构演化分析

　　海洋交通运输业是海洋经济的支柱产业之一。2001—2008年中国海洋交通运输业增加值呈现总体上升趋势。2008年实现增加值3499.3亿元，较2001

年增长 166.88%。2009 年，受国际金融危机影响，中国海洋交通运输业出现
负增长。2010 年，海洋交通运输业开始持续回暖，全年实现增加值 3785.8 亿
元。至 2013 年，海洋交通运输业全年实现增加值 5111 亿元，比上年增长
4.6%。图 7-4 为海洋交通运输业增加值占海洋产业总增加值的比重变动图。

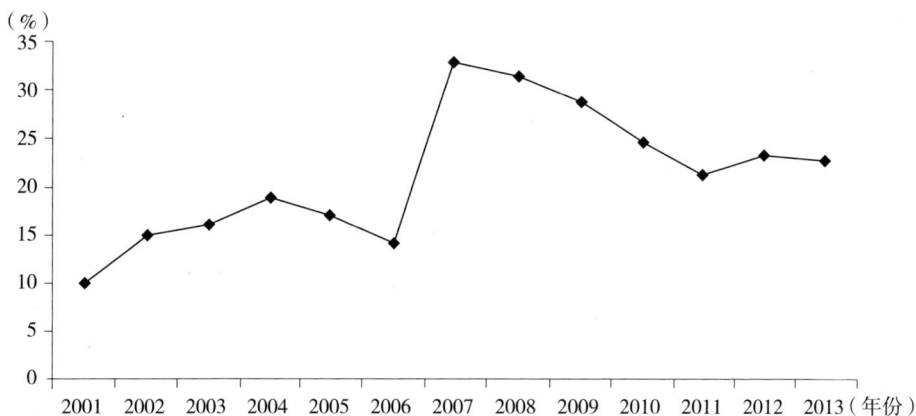

图 7-4　2001—2013 年海洋交通运输业增加值占海洋产业总增加值的比重

资料来源：2001—2013 年《中国海洋经济统计公报》。

　　2001—2004 年，中国海洋交通运输业增加值不断发展，占海洋产业总
增加值的比重不断上升。但 2007—2013 年，海洋交通运输业增加值占海洋
产业总增加值的比重不断下降，2013 年该比重下降到 22.5%。2001—2013
年，中国海洋交通运输业总体发展迅速，但海洋货物运输量总量发展较
慢①。近年来，我国海洋船队不断加强现代化建设和机构调整，海运能力不
断增强，海洋港口建设和集装箱制造等方面不断完善，港口集装箱吞吐量连
续六年保持世界第一。2001—2013 年海洋交通运输业增加值，见表 7-4。

表 7-4　2001—2013 年海洋交通运输业增加值　　　　单位：亿元

年份	2001	2002	2003	2004	2005	2006	2007	2008	2009	2010	2011	2012	2013
增加值	1316	1507	1753	2031	2373	2531	3036	3499	3147	3786	4218	4802	5111

资料来源：2012 年《中国海洋统计年鉴》、2012—2013 年《中国海洋经济统计公报》。

---

　　① 殷克东、方胜民：《中国海洋经济形势分析与预测》，经济科学出版社 2011 年版，第 112—124 页。

受 2008—2009 年国际金融危机等负面影响，2009 年海洋交通运输业增加值出现负增长，比 2008 年减少 532 亿元，但总体发展趋势仍然良好。

（四）其他传统海洋产业结构演化分析

1. 海洋油气业结构演化分析

海洋油气业具有广阔的发展前景，近年来增长速度极快。中国近海大陆架面积达 1300 万平方千米，发育有 10 个大型的沉积盆地，总面积约 896 万平方千米，有效勘探面积约 600 平方千米。随着中国海洋油气勘探力度的不断加强，许多新的油气田将逐渐投产，海洋油气产量不断增加。到 2010 年底，中国海洋油气业完成油气产量 6494 万吨，同比增长 36.3%，是 1996 年的 3.85 倍。2011 年，虽然海洋油气业的持续发展受到了一些突发事件如溢油等的冲击，但海洋油气业的持续发展势头所受影响不大。海洋油气业总产值从 1996 年的 212.74 亿元，提高到 2013 年的 1648 亿元，油气产量的大幅跃升，进一步增强了国家能源的保障能力。海洋油气业增加值占海洋产业总增加值的比重变动情况，见图 7-5。

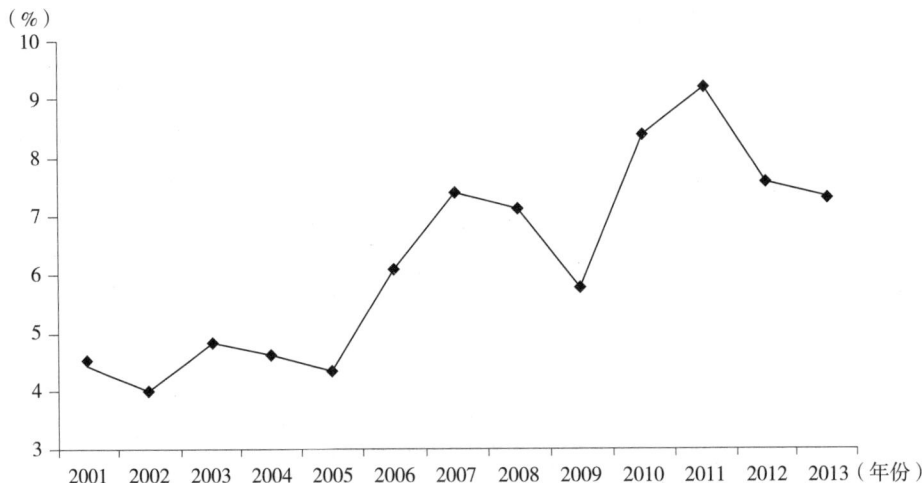

图 7-5　2001—2013 年海洋油气业增加值占海洋产业总增加值的比重

资料来源：2001—2013 年《中国海洋经济统计公报》。

从图 7-5 可以看出，海洋油气业增加值占海洋产业总增加值的比重呈震荡上升趋势。我国经济的持续快速发展为海洋油气业的发展带来了极大的空间，海洋原油产量从 1994 年的 720.55 万吨增长到 2013 年的 4540 万吨，海洋天然气的产量由 1994 年的 3.75 亿立方米增长到 2013 年的 120 亿立方米。2001—2013 年海洋油气业增加值平均年增长达到 22.6%，2013 年实现增加值 1648 亿元，发展势头强劲。见表 7-5。

表 7-5　2001—2013 年其他传统海洋产业增加值　　　单位：亿元

产业＼年份	2001	2002	2003	2004	2005	2006	2007	2008	2009	2010	2011	2012	2013
海洋油气业	177	182	257	345	528	669	667	1021	614	1302	1720	1570	1648
海洋盐业	32.6	34.2	28.4	39.0	39.1	37.1	39.9	43.6	43.6	65.5	76.8	74.0	56.0
海洋矿业	1.0	1.9	3.1	7.9	8.3	13.4	16.3	35.2	41.6	45.2	53.3	61.0	49.0

资料来源：2012 年《中国海洋统计年鉴》、2012—2013 年《中国海洋经济统计公报》。

2. 海洋盐业结构演化分析

我国海盐产量占全国原盐总产量的一半以上。历史上，我国盐业主要以食用盐为主，工业用盐占比不及 10%。新中国成立后至改革开放前，随着盐田面积的增加及晒盐技术的进步，原盐产量增长迅速，出现供过于求的局面。[①] 随着工业的飞速发展，工业用盐量不断增加，盐业内部结构不断发生变化。至 1983 年，工业用盐与食用盐的比重基本一致；1987 年，工业用盐量首次超过食用盐量，工业用盐占总产盐量的比重不断增加。但我国海盐产量供过于求的局面一直存在。2001 年，我国实现海盐产量 2205.69 万吨，海盐工业总产值为 91.04 亿元。2008 年海洋盐业仍实现了良好的经济效益，全年实现增加值 43.6 亿元，全国原盐产量 7539 万吨，连续位居世界第一，其中海盐产量 3286 万吨，占全部原盐产量的 43.6%。2009 年，由于市场对工业用盐需求疲软，中国海洋盐业缓慢增长，2010 年受不利天气以及盐田面积减小等因素影响，海盐产量下降，但由于原盐价格一路震荡上行，海洋盐业仍实现了良好的经济效益，全年实现增加值 65.5 亿元。2013 年，中国

---

① 姜旭朝、李奇泳：《中国海洋盐业演化机制研究》，《产业经济评论》2010 年第 4 期，第 66—79 页。

海洋盐业实现增加值56亿元，比上年减少24.3%。图7-6为海洋盐业增加值占海洋产业总增加值的比重变动图。

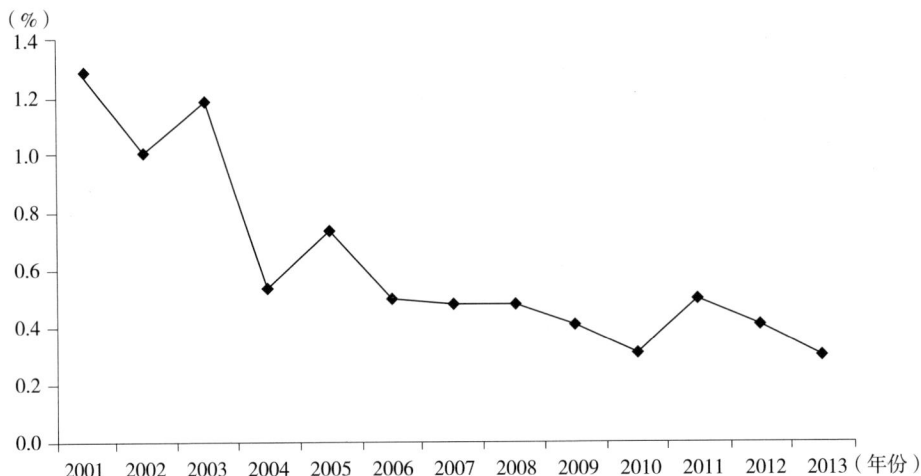

图7-6　2001—2013年海洋盐业增加值占海洋产业总增加值的比重

资料来源：2001—2013年《中国海洋经济统计公报》。

图7-6可以看出，海洋盐业增加值占海洋产业总增加值的比重在震荡下降，从2001年的1.26%下降到2013年的0.3%。2001—2013年海洋盐业占海洋产业的比重下降了75%。

3. 海洋矿业结构演化分析

海洋矿业，是指在近岸海底或者砂质海岸开采非金属砂矿与金属砂矿的活动，包括海滨砂矿、海滨土砂石等采选活动。为了保护海洋资源和海洋生态环境，保持海洋资源的可持续利用，国家对海砂的开采实行了严格管理和控制，正式实施禁止天然砂矿出口的管理措施，限制了非金属矿的过分开采，不断扩大金属矿业的生产规模，使海洋矿业的产业结构得到了进一步优化。海洋矿业的发展稳中有进，海砂开采活动更加规范有序，我国海洋矿业占海洋产业总增加值的比重变动呈震荡上升趋势。2003年以前，我国海洋矿业增加值较低，海洋矿业发展缓慢。2004—2007年海洋矿业的比重经历了一次较大波动，2007年之后的海洋矿业发展趋势良好，2013年实现全年增加值49亿元。图7-7为我国海洋矿业增加值占海洋产业总增加值的比重变动图。

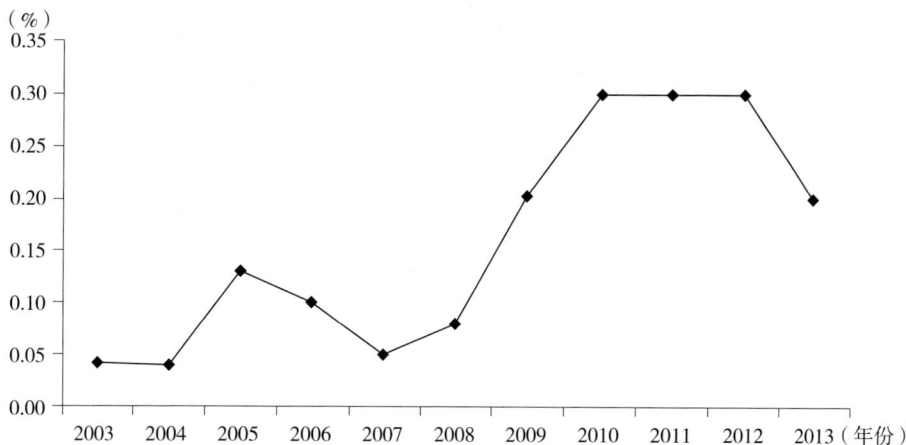

图7-7 2003—2013年海洋矿业增加值占海洋产业总增加值的比重

资料来源：2001—2013年《中国海洋经济统计公报》。

2003年以前，由于我国海滨开采技术及设备落后等情况，砂矿资源利用率很低，浪费破坏、环境污染现象严重，依然处于粗放开发、无序开发、野蛮开发的原始状态。随着科技的快速发展，海滨砂矿发展逐渐步入正轨，矿业产量增加迅速。但因盲目开采也带来一系列问题，给海洋资源和生态环境造成巨大压力，必须引起政府有关部门的高度重视。

四、中国新兴海洋产业结构演化分析

（一）海洋船舶业结构演化分析

改革开放以来，经过30多年的发展，我国已经成为举足轻重的世界造船大国。2001—2008年，我国船舶工业增长迅速，产业增加值不断增加。由于我国船舶以出口为主，2009年，为应对国际金融危机对船舶行业的冲击，国家颁布实施了《船舶工业调整和振兴规划》，以政策手段扶持船舶行业的发展，保证了海洋船舶工业继续保持平稳发展。2009年海洋船舶业全年实现增加值987亿元，比上年增长32.84%。2009年底，我国船舶行业在造船三大指标——造船完工量、新接订单量、手持订单量均稳居世界前三位，且呈现出良好的上升势头，在国际新船市场中处于重要地位。

近年来，在学习吸收引进先进技术的同时，中国船舶业的自主创新能力不断增强，船舶设计、建造、维护水平不断提高。通过强化主流船型开发，我国已全面掌握了三大主流船型——散货船、油船、集装箱船的设计技术，形成了一批标准化、系列化品牌船型。我国自主开发的17.5万吨好望角型散货船，凭借自身的环保性能，成为国际品牌，市场占有率超过40%。尽管我国海洋船舶业已有了长足的进步，但是由于严峻的国际经济形势和国际船舶业的传统垄断格局，中国海洋船舶业的国际价格话语权依然有限，不得不被动接受国际船舶业价格的不断下滑，同时中国船舶工业产能结构性过剩以及出口贸易受阻等一系列问题不断凸显并有加剧的趋势。中国海洋船舶业增加值占海洋产业总增加值的比重已经表现出了下降的趋势。2013年，海洋船舶业实现增加值1183亿元，比2000年增长757.55%，但是占海洋产业总增加值的比重仍然不高。

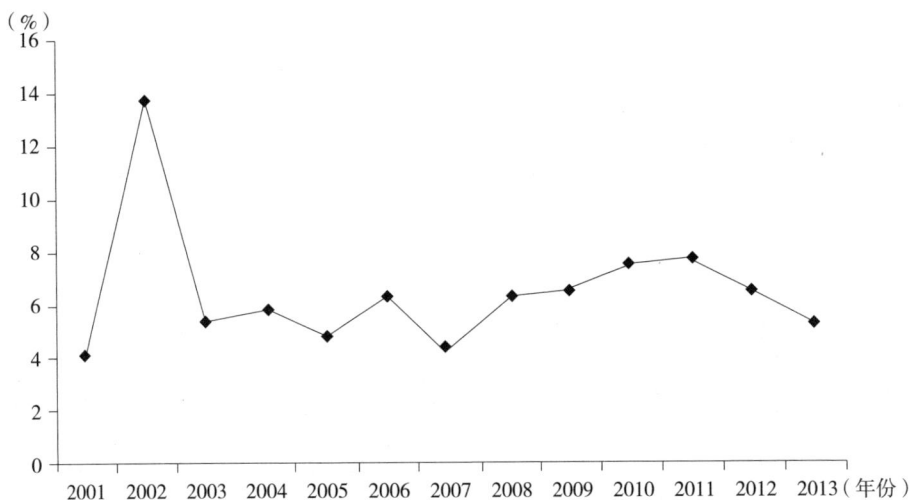

图7-8　2001—2013年海洋船舶业增加值占海洋产业总增加值的比重

资料来源：2001—2013年《中国海洋经济统计公报》。

　　图7-8为中国海洋船舶业增加值占海洋产业总增加值的比重变动图。图中可以看出，中国海洋船舶业增加值占海洋产业总增加值的比重基本稳定在6%左右。虽然2007—2011年比重有短暂的上升，但2011年后又出现了较快的下降。

　　2003年，我国船舶工业增加值实现跨越式增长，船舶行业规模和盈利水平大幅提升，产业竞争力有较大提高，造船产量快速增长，造船完工量、新接订单量均达到世界前列，造船综合实力稳步上升。2008 年国际金融危机导致国际航运市场不景气，造船市场受到很大冲击，船舶工业发展受到了严峻考验。表 7-6 显示，我国 2001—2013 年海洋船舶业增加值势头良好。2001—2011 年，我国增加值从 109 亿元增长到 1352 亿元，增长了 11 倍。

表 7-6 2001—2013 年我国新兴海洋产业增加值 单位：亿元

年份 产业	2001	2002	2003	2004	2005	2006	2007	2008	2009	2010	2011	2012	2013
海洋船舶业	109.3	117.4	152.8	204.1	275.5	339.5	524.9	742.6	986.5	1215.6	1352.0	1331.0	1183.0
海洋化工业	64.7	77.1	96.3	151.5	153.3	440.4	506.6	416.8	465.3	613.8	695.9	784.0	908.0
海洋工程建筑业	109.2	145.4	192.6	231.8	257.2	423.7	499.7	347.8	672.3	874.2	1086.8	1075.0	1680.0
海水利用业	1.1	1.3	1.7	2.4	3.0	5.2	6.2	7.4	7.8	8.9	10.4	11.0	12.0
海洋电力业	1.8	2.2	2.8	3.1	3.5	4.4	5.1	11.3	20.8	38.1	59.2	70.0	87.0
海洋生物医药业	5.7	13.2	16.5	19.0	28.6	34.8	45.4	56.6	52.1	83.8	150.8	172.0	224.0

资料来源：2012 年《中国海洋统计年鉴》；2012 年、2013 年《中国海洋经济统计公报》。

（二）海洋化工业结构演化分析

海洋化工是我国新兴的海洋产业，近年来发展速度较快。2001 年，中国海洋化工业增加值达 64.7 亿元，2006 年中国海洋化工业实现总增加值 440.4 亿元，同比增长 212.2%，呈现出持续快速发展的良好态势。2008 年，受原油价格震荡的影响，海洋化工产品价格"先高后低"，全年实现增加值 416.8 亿元，较 2007 年减少 17.2%。2008—2013 年发展平稳，2013 年实现增加值 908 亿元，比 2001 年增长了 13 倍。[①]

图 7-9 为海洋化工业增加值占海洋产业总增加值的比重变动图。2001—2013 年，中国海洋化工业增加值占海洋产业总增加值的比重呈不断上升趋

① 资料来源：2012 年《中国海洋统计年鉴》；2013 年《中国海洋经济统计公报》。

（%）

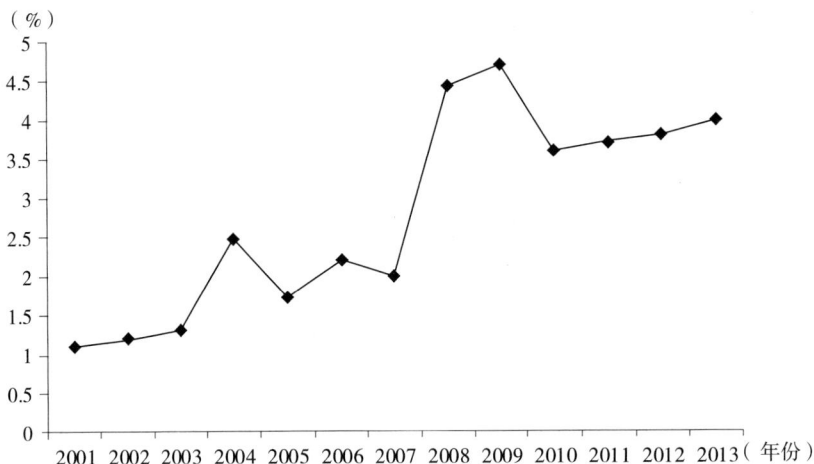

图 7-9　2001—2013 年海洋化工业增加值占海洋产业总增加值的比重

资料来源：2001—2013 年《中国海洋经济统计公报》。

势。其中 2007—2008 年由 2.0% 上升到 4.43%，比重增长幅度翻了一番还多。2010 年之后，比重趋于平稳上涨阶段。

（三）海洋工程建筑业结构演化分析

海洋工程建筑业是海洋经济发展的基础产业，随着沿海地区经济高速发展，大型人工渔礁工程建设，海水养殖区工程建设，海洋牧场建设，海洋船台船坞建造，港口、航道、码头工程建设，海上油气开采工程建设，跨海大桥建设工程等，极大地推动了海洋工程建筑业的发展。而围填海作为一种特殊的海洋工程也迅速扩大规模，围填海活动从过去传统的农业围垦，迅速转变为现代化的开发建设围填海。据统计，近年来我国平均年新增 120—150 平方千米的围填海面积，围填海在为临海城镇建设，推动沿海地区经济发展，缓解沿海地区建设用地供给矛盾，减轻保护耕地的压力等方面发挥了重要作用。但是，随着我国围填海工程规模的不断扩大，一些令人担忧的问题频繁发生，如生态环境破坏，滨海湿地和生物物种消失等一系列问题，严重危害了沿海地区的经济、社会可持续发展。

2001—2013 年海洋工程建筑业增加值逐年上涨。2001 年，海洋工程建筑业作为新兴海洋产业，发展规模较小，所带来的工作岗位较少，就业人员数仅为 38.8 万人。随着海洋工程建筑业的不断发展，从业人员数不断增加，

2004 年该行业从业人员达到最高为 970172 人。2009 年，在海洋经济迅速发展的带动下，海洋工程、海港码头等逐步建成，海洋建筑业取得进一步发展，海洋工程产业已列为"十二五"期间重点新兴产业之一。

随着沿海地区基础设施建设步伐的不断加快，中国海洋工程建筑业的发展也平稳而快速，海洋工程建筑业增加值从 2001 年的 109 亿元增长到 2013 年的 1680 亿。图 7-10 为海洋工程建筑业增加值占海洋产业总增加值的比重变动图，中国海洋工程建筑业增加值占海洋产业总增加值的比重不断攀升，从 2001 年的 0.1%一路蹿升至 2013 年的 7.3%。

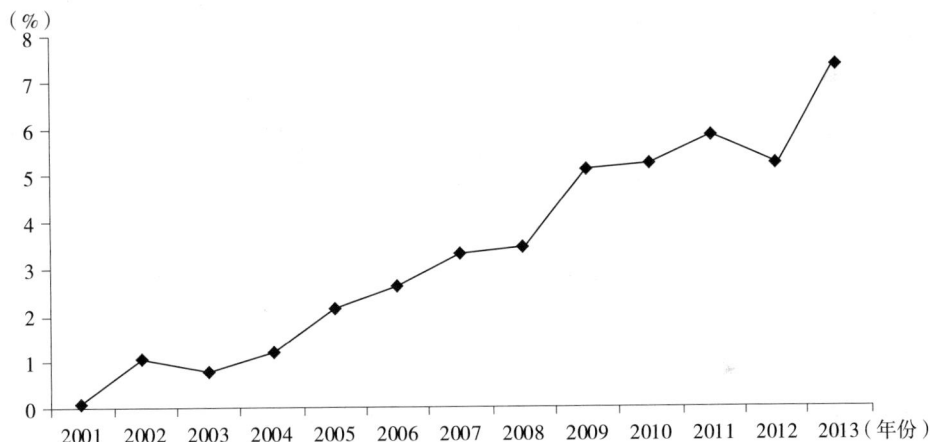

图 7-10　2001—2013 年海洋工程建筑业增加值占海洋产业总增加值的比重变动

资料来源：2001—2013 年《中国海洋经济统计公报》。

（四）其他新兴海洋产业的结构演化分析

1. 海水利用业结构演化分析

海水利用在我国依然是一个新的海洋产业。近年来，虽然海水利用业发展迅速，从生产规模、技术水平等方面都取得了跨越性的进展，但总体规模相对较小。2013 年海水利用业实现增加值 12 亿元，占主要海洋产业增加值的比重只有 0.1%。目前国外海水利用业已发展成为一项规模较大的产业，但是我国的海水利用业发展仍然存在许多问题，如：海水淡化规模较小、成本过高，技术能力较低，市场接受度不高，海水直接利用和海水化学资源利用产生的污水排放以及造成的海洋污染严重等，都制约着海水利用业的发展。

海水利用业主要包括对海水的直接利用和海水淡化。海水的直接利用主要作为火电、核电等的冷却用水，占比在90%以上，其中广东、浙江和山东利用海水较多[①]。另一方面，早在1958年我国就开始了海水淡化研究，海水淡化技术也由电渗透技术逐步发展为反渗透技术与蒸馏技术。但是，目前我国关键海水淡化装备依然依靠进口。2006年我国已建成海水淡化装置总数为41套，日淡化海水能力为12万 m^3/d，截至2011年底，我国已建成海水淡化装置总数为73套，日淡化海水能力为64.3万 m^3/d[②]。海水淡化的海水利用量年不足3亿立方米，远不如海水直接利用量，但即使海水直接利用量，我国也远远落后于欧美等发达国家。目前，我国海水淡化的成本也远高于国外，我国海水淡化的成本在5—10元/m^3，而国外的成本在0.5—1.2美元/m^3。

2. 海洋电力业结构演化分析

海洋电力业主要是指在沿海地区利用海洋能源进行的电力生产活动，主要包括海洋风能、潮汐能、波浪能、温差能、海流能、盐差能等天然能源进行的电力生产活动。中国海洋能资源丰富，总蕴藏量约为8亿多千瓦，开发前景可观。中国海洋电力业"十五"期间的平均增长速度约为16%，海洋电力生产以浙江、广东省的规模最大，两省合计约占全国海洋电力业产值的90%以上。2010年，国家发布了《海上风电开发建设管理暂行办法》，同时完成了首批海上风力发电特许权项目招标，海洋风能资源的开发进入利润规范化、程序化、规模化发展的轨道。在国家可再生能源政策的引导与支持下，海上风力发电项目相继投入并运营，中国海洋电力产业取得了新的进展。2013年中国海洋电力业呈现持续快速增长的态势，沿海地区很多风电场项目相继竣工并投产，全年实现增加值87亿元，比上年增长11.9%。

目前，我国波浪能等尚停留在实验室阶段，具备产业化的海洋电力主要来自海上风能与潮汐能。我国共拥有8座长期运行的潮汐电站，总装机量

① 中华人民共和国水利部：《中国水资源公报2010》，中国水利水电出版社2011年版，第6—8页。

② 詹红丽、李宗璟、郭风、甘奕维：《我国海水利用发展现状与国外经验借鉴》，《水利科技与经济》2013年第1期，第71—73、80页。

6120 千瓦。截至 2012 年底，我国拥有沿海风力发电场 19 个，并网发电的主要有南澳风力发电场等。目前国外海上风能利用的技术都比较成熟，但我国风机装机容量远远不如国外。如表 7-7 所示全球海上风机装机量数据。

表 7-7　2010 年世界各国海上风机装机容量①

排名	国家	2008 年海上风机装机容量（MW）	2009 年海上风机装机容量（MW）	2010 年海上风机装机容量（MW）	2010 年新增海上风能装机（MW）	2010 年增幅（%）
1	英国	574.0	688.0	1341.0	653.0	94.9
2	丹麦	426.6	663.6	854.0	190.4	28.7
3	荷兰	247.0	247.0	249.0	2.0	0.8
4	比利时	30.0	30.0	195.0	165.0	550.0
5	瑞典	134.0	164.0	164.0	0.0	0.0
6	中国	2.0	23.0	123.0	100.0	434.8

3. 海洋生物医药业结构演化分析

我国的海洋生物医药业发展历史较短暂，发展空间巨大。1997 年我国启动了针对海洋生物领域的海洋高技术计划，近年来中国海洋生物医药逐步走向产业化，逐步形成了以上海、青岛、厦门、广州为中心的 4 个海洋生物技术和海洋药物研究中心，国内已经有数十家海洋药物研究单位和几百家开发、生产企业。2001—2013 年，中国海洋生物医药增加值呈现迅猛增长态势趋势，2001 年中国海洋生物医药增加值仅为 5.7 亿元，2013 年中国海洋生物医药产业实现增加值 224 亿元，增长了 38 倍。

当前，我国海洋生物医药业药用的海洋生物品种绝大部分来自沿海与近海，海洋生物医药主要是海洋生物化学药品的产业化，海洋微生物开发尚未实现产业化，海洋基因工程药物尚处在探索阶段。我国海洋生物医药产业也存在一些突出的发展瓶颈，海洋生物医药产业的发展总体规模仍然很小，新药研发到上市周期较长，成本较国外同类产品要高。目前，国内的相关企业规模还不大，研发资金投入后劲还不足，海洋生物医药产业产学研结合还不紧密，

---

① 资料来源：2011 年《全球风电市场发展报告》。

科研成果的转化率还很低。这些问题都严重制约了中国海洋药物业的发展。

第二节　海洋经济投入产出表的产业分类

虽然投入产出模型的应用已十分广泛，但国内却鲜有海洋经济的投入产出模型分析。编制我国海洋经济的投入产出模型，有助于涉海部门掌握海洋产业间的关联关系，有利于挖掘海洋产业结构中的问题及成因，有助于海洋产业结构的调整和优化，有利于为政府部门制定海洋产业政策提供科学依据。

一、海洋经济投入产出表理论基础

（一）投入产出模型的背景

美国著名经济学家 Wassily W. Leontief 在 20 世纪 30 年代最早提出了投入产出分析方法。W. Leontief（1941）的《美国经济结构，1919—1929》详细介绍了"投入产出"的基本内容。随后，W. Leontief（1953）的《美国经济结构研究》阐述了投入产出的基本原理。投入产出分析可以研究经济系统各个部门间的相互依存联系。[①] 投入产出分析的前提条件是编制投入产出表，建立投入产出模型。

（二）投入产出表的基本架构

1. 投入产出分析的内涵

投入产出分析（Input—Output analysis），又称产业关联方法、部门平衡法，是以产业（部门）为单位，从数量上研究经济系统内各部门间的相互联系、相互影响（投入、产出关系）的数量经济分析方法，该方法便于分析国民经济结构调整的内因及影响。

投入产出模型种类繁多，按不同的标准可以分为以下几类：按不同计量单位可分为实物型模型和价值型模型；按计划统计工作的需要可分为报告表和计划表；按模型包括的范围可分为全国的、地区的、产业的、企业的甚至世界的模型等；按研究内容可分为产品、劳动力、固定资产投资、环境保护等模型；按时间因素可分为静态和动态模型。其中，实物型模型和价值型模

---

① 钟契夫：《投入产出分析》，中国财政经济出版社 1997 年版，第 9—54 页。

型可以较全面地体现投入产出的分析原理，目前，价值型投入产出模型的使用最为广泛。

2. 投入产出表的结构

价值型投入产出表中各元素的单位都是以货币单位来计量的，并且行和列均能相加，既能反映社会产品的实物关系，又能反映社会产品的价值形成过程。从投入产出表的形式上看，纵向代表投入的来源，横向代表产品的使用去向。投入产出表就是由行和列交叉组成的棋盘式平衡表。

3. 投入产出数学模型及特征

我国的价值型投入产出表见表7-8。

表7-8　我国价值型投入产出表

		投入部门（中间使用）					最终使用	总产出
		部门1	部门2	…	部门n	小计	消费—资本形成—净流出	
产出部门（中间投入）	部门1	x_{11}	x_{12}	…	x_{1n}	X_1	Y_1	X_1
	部门2	x_{21}	x_{22}	…	x_{2n}	X_2	Y_2	X_2
	…	…	…	…	…	…	…	…
	部门n	x_{n1}	x_{n2}	…	x_{nn}	X_n	Y_n	X_n
	小计	$X_{.1}$	$X_{.2}$	…	$X_{.n}$	$\sum\sum x_{ij}$	Y	X
增加值	劳动者报酬	v_1	v_2	…	v_n	V		
	生产税净额	t_1	t_2	…	t_n	T		
	固定资产折旧	d_1	d_2	…	d_n	D		
	营业盈余	p_1	p_2	…	p_n	P		
	小计	N_1	N_2	…	N_n	N		
总投入		X_1	X_2	…	X_n	X		

注：表中各部门中间投入合计 $X_j = \sum\limits_{i=1}^{n} x_{ij}$，各部门中间使用合计 $X_i = \sum\limits_{j=1}^{n} x_{ij}$。根据总投入等于总产出平衡关系，表中各部门总投入合计分别等于各部门总产出合计，即 $X_1 = X_1$，$X_2 = X_2$，…，$X_n = X_n$。

价值型投入产出表中采用统一的货币计量单位，表中的数量关系既可以行向元素相加，又可以列向元素相加。沿行方向看，中间使用加最终使用之和，表示为总产出；沿列方向看，物质消耗（即中间投入）加新创造价值（增加值）之和，为总投入（总产值），由此形成了不同的价值形态数学模型。两栏交叉形成了表中的四个象限，最下面一行总投入与最右边一列总产出的对应元素相等。各象限的解释说明如下①：

第Ⅰ象限，是由 n 个产品部门的中间产品所组成的 (n+1)×(n+1) 维矩阵。其行是 n 个产出部门的中间投入，列为 n 个投入部门的中间使用。矩阵中的每个 x_{ij} 都有双重含义，一是从横向看，x_{ij} 是第 i 个产出部门提供（投入）给第 j 个投入部门中间使用的货物或服务价值量。二是从纵向看，x_{ij} 是第 j 个投入部门消耗（使用）第 i 个产出部门中间投入的货物或服务价值量。

第Ⅱ象限，是由 n 个产出部门和最终消费、资本形成总额、净流出 3 个最终使用部门组成的 (n+1)×(3+1) 维矩阵。行方向的 Y_i 表示第 i 个产出部门分配于 3 个最终使用部门的货物或服务价值量；列方向表示最终消费、资本形成总额、净流出等部门最终使用 n 个产品部门的货物或服务规模及其构成。第Ⅰ象限和第Ⅱ象限连接而成的 (n+1)×(n+1+3+1) 维矩阵横向表，表示 n 个产品部门和 3 个最终使用部门，对于货物或服务中间使用和最终使用的分配数量。

第Ⅲ象限，是由劳动者报酬、生产税净额、固定资产折旧和营业盈余 4 个增加值项目和 n 个投入部门组成的 (4+1)×(n+1) 维矩阵，反映了 n 个产品部门的增加值构成情况。第Ⅰ象限和第Ⅲ象限连接而成的 (n+1+4+1)×(n+1) 维矩阵竖向表，反映了国民经济 n 个产品部门的总投入及其所包含的中间投入分配及其所形成的增加值部分。

4. 投入产出系数的经济学分析

投入产出表分析需要各种系数，如里昂惕夫逆系数、影响力系数、直接消耗系数和完全消耗系数等。这里重点介绍应用比较广泛的两种系数：直接消耗系数和完全消耗系数。

① 国家统计局国民经济核算司：《2007 年中国投入产出表》，中国统计出版社 2011 年版，第 23—132 页。

（1）直接消耗系数。通常记作 a_{ij}，表示第 j 个部门生产单位产品需要消耗第 i 个部门的直接投入量。记作 a_{ij}，计算公式是：

$$a_{ij} = \frac{x_{ij}}{X_j}(i, j = 1, 2, \cdots, n) \tag{7-1}$$

其中：x_{ij} 为第 j 部门在生产过程消耗第 i 部门的总量；X_j 为第 j 部门的年度总产值量。[①]

引入直接消耗系数这一概念，有助于把物质生产中的技术联系与各部门的经济比重关系结合起来，不仅仅局限于孤立的行元素数量关系，使模型所描述的数量关系得以深化。

从直接消耗系数计算公式可以推出：

$$x_{ij} = a_{ij}X_j \tag{7-2}$$

由中间使用加最终使用等于总产出平衡关系可得：

$$a_{11}X_1 + a_{12}X_2 + \cdots + a_{1n}X_n + Y_1 = X_1 \tag{7-3}$$

$$a_{21}X_1 + a_{22}X_2 + \cdots + a_{2n}X_n + Y_2 = X_2 \tag{7-4}$$

$$\cdots$$

$$a_{n1}X_1 + a_{n2}X_2 + \cdots + a_{nn}X_n + Y_n = X_n \tag{7-5}$$

用矩阵的形式可以表示为：$AX + Y = X$ $\tag{7-6}$

其中，

$$\begin{bmatrix} a_{11} & a_{12} & \cdots & a_{1n} \\ a_{21} & a_{22} & \cdots & a_{2n} \\ \cdots & \cdots & & \cdots \\ a_{n1} & a_{n2} & \cdots & a_{nn} \end{bmatrix}, \ X = \begin{bmatrix} X_1 \\ X_2 \\ \cdots \\ X_n \end{bmatrix}, \ Y = \begin{bmatrix} Y_1 \\ Y_2 \\ \cdots \\ Y_n \end{bmatrix} \tag{7-7}$$

因为直接消耗系数的下标 i，j 取值范围为 $1 \rightarrow n$，所以共有 n^2 个不同的系数，组成 n 行 n 列的矩阵，这就是直接消耗系数矩阵，记为 A。X 为社会总产值列向量，Y 表示最终产品列向量。

根据矩阵运算，从上式可以推出

$$X - AX = Y \tag{7-8}$$

$$(I - A)X = Y \tag{7-9}$$

（2）完全消耗系数。完全消耗系数是投入产出法的另一个重要概念。完全消耗系数是指 j 部门每生产一个单位产品对 i 生产部门的完全消耗量，记作 b_{ij}。完全消耗系数是直接消耗系数与所有间接消耗系数的加总和。用公式表示为：

$$b_{ij} = a_{ij} + \sum_{k=1}^{n} a_{ik}a_{ki} + \sum_{s=1}^{n} \sum_{k=1}^{n} a_{is}a_{sk}a_{kj} + \cdots \tag{7-10}$$

其中，a_{ij} 表示直接消耗系数，$\sum_{k=1}^{n} a_{ik}a_{kj}$ 表示第一间接消耗系数，$\sum_{s=1}^{n} \sum_{k=1}^{n} a_{is} \cdot a_{sk} \cdot a_{kj}$ 表示第二间接消耗系数，以此类推。

用矩阵形式表示为：

$$B = A + A^2 + A^3 + \cdots + A^n \tag{7-11}$$

其中，B 代表完全消耗系数矩阵，A、A^2、$A^3\cdots A^n$ 分别代表直接消耗系数矩阵、第一次间接消耗系数矩阵、第二次间接消耗系数矩阵……第（$n-1$）次间接消耗系数矩阵。

由直接消耗系数矩阵可直接求得完全消耗系数矩阵：

$$B = (I - A)^{-1} - I \tag{7-12}$$

（3）按行建立的数学模型。投入产出表的第 I 象限和第 II 象限共同构成一个矩形表，某产品部门生产的产品对各个物质生产部门的投入量，与该部门生产的产品作为最终产品的使用量之和等于该部门生产的产品的总产量。用公式表示为：

$$\sum_{j=1}^{n} X_{ij} + Y_i = X_i (i = 1, 2, \cdots n) \tag{7-13}$$

引入直接消耗系数以后，则有

$$\sum_{j=1}^{n} a_{ij}X_j + Y_i = X_i (i = 1, 2, \cdots n) \tag{7-14}$$

用矩阵向量的形式记作：

$$AX + Y = X \tag{7-15}$$

此式为引入直接消耗系数的数学模型。式中的 A 为价值型直接消耗系数矩阵，X 为社会总产值列向量，Y 为价值型的最终产品列向量。

经过推导，可以得出引入完全直接消耗系数的模型：

$$X - AX = Y \tag{7-16}$$

$$X(I - A) = Y \tag{7-17}$$

$$X = (I - A)^{-1}Y \tag{7-18}$$

$$X = (B + I) \cdot Y \tag{7-19}$$

上述模型中，B 代表价值形态的完全消耗系数矩阵，b_{ij} 代表 j 部门每生产一单位产值的最终产品对 i 产品消耗的完全消耗量（以价值计）。

（4）技术进步系数。直接消耗系数的变化本质上是技术进步作用的结果。投入产出模型中，通常以不同时期直接消耗系数的变化代表技术进步。设 X_1、X_2 分别表示前后两个时期的总产出，该期间总产出的变化量可以表示为：

$$X_2 - X_1 = (I - A_2)^{-1}Y_2 - (I - A_1)^{-1}Y_1 \tag{7-20}$$

上述等式两边同时加上 $(I - A_2)^{-1}Y_1$，移项整理可得：

$$X_2 - X_1 = (I - A_2)^{-1}(Y_2 - Y_1) + [(I - A_2)^{-1} - (I - A_1)^{-1}]Y_1 \tag{7-21}$$

其中，$(I - A_2)^{-1}(Y_2 - Y_1)$ 表示由最终产品变化 $(Y_2 - Y_1)$ 带来的总产出变化；

$[(I - A_2)^{-1} - (I - A_1)^{-1}Y_1]$ 则表示由两个时期的直接消耗系数变化带来的总产出变化。

即：由 $[(I - A_2)^{-1} - (I - A_1)^{-1}]$ 带来的总产出变化。

$[(I - A_2)^{-1} - (I - A_1)^{-1}]$ 称为技术进步系数，$[(I - A_2)^{-1} - (I - A_1)^{-1}]Y_1/(X_2 - X_1)$ 表示技术进步贡献率。

二、海洋经济投入产出模型条件设计

1. 投入产出分析的应用

Wassily W. Leontief 认为"投入产出分析的特点和优点是能够从数量上系统分析研究一个复杂经济体不同部门之间的相互关系"[1]。目前的投入产出分析主要应用在结构分析、经济预测和经济效益分析等方面。

---

[1] Wassily W Leontief, 1941, "The Structure of American Economy, 1919—1929", *New York*: *Oxford University Press*, pp. 45-181.

海洋经济投入产出表，可以计算出不同海洋产业所占的比重，以及海洋产业产品积累和消费的比重。海洋经济投入产出模型和计量经济学模型结合进行海洋经济预测，首先要预测海洋产业的总产值或总产出的目标值 X，然后根据 $Y = (I - A) X$ 预测最终产品 Y，并可以进行海洋产业的产品生产和分配。除此之外，还可以利用海洋经济投入产出表进行海洋经济效益分析，利用海洋产业投入与产出的对比关系，借用增加值与全部消耗的比重，可以分析海洋产业单位消耗所创造的价值；借用增加值与劳动报酬的比重，可以分析海洋产业劳动力创造价值的能力；还可以计算分析海洋产业的各项经济指标，如物耗率、净产值率、产值盈利率等等。

2. 海洋经济投入产出理论的基本假设条件

这类假定主要有 4 个：

第 1，"同质性"假定，也称作"纯部门""纯产品"假定。该假定相当严格，要求一个生产产品的部门必须是具有某种相同属性的集合，这个集合可以是单一产品，也可以是具有共同属性的多种产品。投入产出表中的部门利用相同技术（投入结构）生产相同用途（产品分配使用结构相同）的产品，其与行政部门及企业部门具有较大的差别。为此，在实际操作中，通常进行技术性处理，根据"技术上相似"的原则划分产业。

第 2，"比重性"假定。所谓"比重性"假定，是指生产部门的投入水平与相应的产出水平之间构成线性函数关系。运用经济学术语表述，假定的本质要求就是产业不存在规模经济，即产业的规模报酬不变。

第 3，"可加性"假定。该假定要求各产业部门的生产活动是相互独立的，各产业部门同时进行生产活动的产出水平与各产业部门独自参与生产的产出水平是一样的，即不存在外部经济。

第 4，"消耗系数相对稳定"假定。消耗系数可以量化地反映部门间经济技术联系程度的高低，也是投入产出分析过程中的重要指标。相对稳定的消耗系数与相对稳定的投入结构、工艺技术、管理水平，是利用投入产出模型进行经济分析、预测的必要条件。

以上假定是保证海洋经济投入产出模型科学化的关键因素。除此之外，"在研究期内不存在生产的时间因素"假定也是不可或缺的。这些假定大大地简化了生产部门之间复杂的经济技术联系，为投入产出模型的现实模拟功能的发挥提供了重要支持。

3. 海洋经济投入产出分析的局限性

作为一种研究经济活动的数量分析方法，投入产出分析也存在自身的局限性。海洋投入产出分析也需要编制海洋投入产出表，因而存在以下三个方面的局限性：

首先，投入产出分析的线性假定和纯部门假定在现实经济中难以满足，只是一种近似，在分析现实经济时必然会形成误差。

其次，投入产出模型作为一种确定性的模型，其揭示的是确定性的数量关系。而现实海洋经济的运行过程中存在的大量不确定因素及随机因素会对分析结果造成偏差。计量经济模型提供了变量之间、产业之间、部门之间的随机数量关系，将投入产出模型与计量经济模型结合，对于推进动态投入产出模型的研究具有重要的意义。

第三，投入产出模型是一种静态模型，主要描述某一时点的投入产出经济联系。现实经济不断发展变化，只有打破投入产出模型原有的某些假定，构造动态投入产出模型，才能反映经济的真实运行情况。

三、海洋经济投入产出表的产业分类

投入产出表中的部门分类问题，是投入产出表编制过程中最为重要和困难的问题。因为投入产出表的编制过程中，实际的部门分类与理论假设的"纯"部门要求有较大差距。课题研究参照国民经济产业分类方法、国民经济投入产出表和海洋产业分类标准，进行了海洋经济投入产出表的产业部门分类。

（一）国民经济产业的分类方法

产业是属性相同的居于微观经济细胞与宏观经济单位之间的一个集合概念，也是构成国民经济主体的重要元素。产业的分类方法很多，分别服务于不同的分析目的，普遍使用的产业分类方法有 5 种：

1. 两大部类分类法。这种分类方法是 Carl Marx 在研究资本主义社会总资本再生产时所创立的分类方法。全社会的物质生产部门参照该分类方法，依据产品最终用途的不同，可分为生产资料部门和消费资料部门。其中，生产资料部门属于第一部类，其产品主要用于生产消费。消费资料部门属于第

二部类，其产品主要用于生活消费。

2. 三次产业分类法。英国经济学家、新西兰奥塔哥大学教授 Fisher（1935）在《安全与进步的冲突》一书中首次提到三次产业的概念。[1] 英国经济学家 Colin Clark 继续了 A. B. Fischer 的研究，1940 年其运用产业三分法研究经济发展同产业结构变化之间的规律，拓展了三次产业理论的应用研究，故又称"克拉克产业分类法"。[2] 现行的三次产业分类法把全部经济活动划分为三次产业。农业（种植业）、林业、畜牧业和渔业等直接利用自然资源的产业为第一次产业；第二次产业主要是对初级产品二次加工的产业，包括制造、建筑、采矿、煤气、电力、供水等工业部门；第三次产业是指除第一、第二次产业以外的所有提供服务（劳务）的产业，主要有商业、运输业、金融及保险等服务业和其他各项事业。简单地说，第一次产业就是广义的农业；第二次产业就是广义的工业；第三次产业就是广义的服务业。[3][4]

3. Heinz Hoffmann 产业分类法。为了满足对工业化发展阶段研究的需要，德国经济学家 Heinz Hoffmann 将产业分为消费资料产业、资本资料产业和其他产业。Heinz Hoffmann 分类的主要目的在于区分消费资料和资本资料产业，是关于资本化过程中工业结构演变规律以及工业化阶段理论的基础。

4. 标准产业分类法。标准产业分类法是为统一国民经济的统计口径而由权威部门制定的一种产业分类方法。为统一世界各国的产业分类，联合国颁布《全部经济活动的国际标准产业分类索引》，将经济活动划分为大、中、小、细 4 个等级，并对每个等级规定统计编码。在借鉴国际标准产业分类方法的基础上，我国国家统计局于 2002 年颁布了我国的国民经济分类标准。

5. 生产要素集约分类法。生产过程中消耗的资源主要包括劳动力、资本和技术等，而不同的产业对资源的依赖程度不同。根据这一差异，产业可

---

① Allan. G. B. Fisher, 1935, "The Clash of Progress and Security", *London*: *Macmillan*, p. 204.

② Clark. C, 1957, "The Conditions of Economic Progress 3rd ed. London", *UK*: *Macrnillan*, pp. 5-36.

③ 赵林如等：《市场经济学大辞典》，经济科学出版社 1999 年版，第 225—236 页。

④ 李琼、刘国平等：《世界经济学大辞典》，经济科学出版社 2000 年版，第 335—357 页。

以分为劳动集约（密集）型产业、资本集约（密集）型产业和技术集约（密集）型产业等。资本有机构成水平低，产品中劳动比重大的产业作为劳动集约（密集）产业；资本有机构成高、产品中物化劳动比重高的产业作为资本集约（密集）型产业；技术水平高、脑力劳动占比高的产业作为技术集约（密集）型产业。

以上 5 种分类方法是国内外对产业分类研究中最常用的分类方法，当然也适用于对海洋经济的产业分类。其中由于标准产业分类方法比较符合"纯部门"的假定，因此国民经济投入产出表中的部门，大多都是依据标准产业的分类方法进行分类的，而且在实际操作过程中也有利于数据的获得。海洋经济投入产出表中的海洋产业分类，也应借用标准产业分类方法。

（二）海洋产业的部门分类方法

为了使海洋经济与国民经济、沿海地区的统计资料具有可比性和一致性，在海洋经济投入产出表的编制中，以新的国民经济核算体系为基本标准，根据与海洋经济的关联性，将海洋产业部门从国民经济核算体系中分类划分出来。课题研究根据 GB/T20794—2006 的行业划分规定，并遵循海洋经济活动的同质性原则，以海洋经济投入产出模型的简洁实用为目标，进行了中国海洋经济投入产出表的产业部门分类。具体划分过程：

（1）参照 GB/T 20794—2006 海洋经济产业划分方法。

（2）对照国民经济产业划分部门，适当调整海洋经济产业的包含范围。

（3）与中国投入产出表的产业分类标准相对照，优化调整海洋经济的产业部门分类。

（三）海洋产业的部门分类

根据国民经济三次产业分类法，参照《海洋经济统计分类与代码》[1][2]，28 个分类的海洋三次产业划分见表 7-9。同时，将海洋产业部门划分为 A 海洋产业和 B 海洋相关产业 2 个大类，28 个小类，其中：编号 1—12 属于主要海洋产业；编号 13—22 属于海洋科研教育管理服务业等；编号 23—28

---

[1] 资料来源：中华人民共和国海洋行业标准《海洋经济统计分类与代码》（HY/T052—1999）、中华人民共和国国家标准《海洋及相关产业分类》（GB/T20794—2006）。

[2] 资料来源：中华人民共和国国家标准《海洋及相关产业分类》（GB/T20794—2006）。

属于海洋相关产业。分类情况见附表 E-1。

表 7-9　我国海洋三次产业划分

产业划分	产业部门名称
海洋第一产业	海洋渔业、海洋农林业
海洋第二产业	海洋工程建筑业、海洋油气业、海洋船舶工业、海洋化工业、海洋生物医药业、海洋电力业、海洋盐业、海洋矿业、海水利用业、海洋设计制造业、海洋产品及材料制造业、涉海建筑与安装业
海洋第三产业	滨海旅游业、海洋交通运输业、海洋批发与零售业、海洋信息服务业、海洋保险与社会保障业、海洋技术服务业、海洋科学研究、海洋环境监测预报服务、海洋环境保护业、海洋地质勘探业、海洋管理、海洋教育、海洋社会团体与国际组织、涉海服务业

第三节　中国海洋经济投入产出表设计与编制

中国海洋经济投入产出表设计与编制方法主要有两种：一种是直接分解法，另一种是间接推导法。直接分解法是比较传统的编表方法，它以产品部门分类为依据，直接分解基层企业和单位的核算资料，分类调整其投入数据和产出数据，经过多层次汇总来编制产品部门表或纯部门表。这种方法需要详尽的原始统计数据，并对企业和单位的原始数据记录进行分解，因而所编制的投入产出表精确度较高。间接推导法是利用原始统计数据先编制使用表和供给表，然后采用数学推导的方法来编制投入产出表。

一、海洋经济投入产出表编制的困难

首先是所需数据的不易获得性。无论是直接分解法还是间接推导法，编制投入产出表都是一个浩大的工程，需要搜集大量的资料和数据。我国海洋经济统计数据极不完善；海洋经济统计口径经多次调整尚不统一；海洋产业部门原始投入数据和产出数据的记录还十分欠缺也尚未公开，这都为应用直接编表法与间接推导法编制海洋经济投入产出表带来了诸多困难。

其次是投入产出模型严格的基本假设，是编制海洋经济投入产出表的又一限制因素。投入产出表中的产业部门，一般是根据产品的用途和消耗结构进行分类的，同时认为各类产业的投入和产出是单一不变的，产业和产品是紧密对应的，这完全不同于日常生活中的行业部门特征。在海洋经济投入产出表中，具有完全可替代性的产品归为同一产业部门，具有完全不可替代性的产品归于不同产业部门，实际上这种产品部门的归类在现实中是不存在的。

另外，投入产出表的统计口径是以纯部门进行分类的，即把工艺相同、投入相同、产出也相同的作为同一部门，这在实际操作中很难实现。例如，水力、风力、火力、核力等电力发电，虽然被统一归入电力这个产业部门，但其消耗结构和生产工艺却截然不同。而国民经济总是以产业为部门，两者统计口径上存在差异。

海洋经济投入产出表的编制是以中国投入产出表为基础，数据剥离也基于中国投入产出表的原始数据。因此，我国投入产出表的局限性对于海洋经济投入产出表具有传递效应。

最后，统计时间和产业口径不一致，造成剥离对应的数据不一致。我国投入产出表中的产业部门已经比较详细了，但是海洋产业并没有与之一一对应的统计数据。尽管进行了差异系数的调整优化处理，剥离仍存在一定的偏误。此外，我国每3年编制一次延长表，但延长表与5年编制一次的投入产出表内容基本一致，并且其不进行原始数据的调查。因此，课题没有办法对海洋经济投入产出表进行延长表分析。

二、中国海洋经济投入产出表的结构

海洋经济是国民经济的重要组成部分，涉及国民经济的各个产业部门。海洋经济投入产出表不仅涉及海洋自身的产业部门，还涉及与海洋产业相关联的其他国民经济产业部门。对于国民经济所有的产业部门而言，总投入必然等于其总产出。但是由于海洋经济及其产业部门的开放性，使海洋各产业部门与其他国民经济产业部门紧密联系并相互提供中间产品，因而海洋经济产业部门的总投入并不等于海洋经济产业部门的总产出。

课题研究在统一计量口径的基础上，通过借鉴国内外已成功编制运行的投入产出模型的经验，并参考国内外相关研究文献，通过调研咨询有关统计专家，设计了以海洋产业增加值相对应的国民经济产业部门总增加值的比重为剥离系数,将海洋产业的投入产出数据从相对应的国民经济产业部门中进行剥离。剥离后的产业部门按三次产业划分标准,最终归并为农业、采掘业、制造业、电力热力燃气水的生产与供应、建筑业、流通部门和服务部门7个产业部门。最终编制的海洋经济投入产出表包含海洋产业、海洋相关产业以及与海洋产业密切联系的其他生产部门。

课题所编制的中国海洋经济投入产出表,相当于对中国投入产出表进行了科学拆分。因为中国投入产出表衡量的是整个国民经济的投入产出关系,因而拆分出的海洋经济投入产出表也保证了其投入产出的平衡关系。不仅如此,海洋经济投入产出表在揭示海洋产业间依存关系的同时,也揭示了海洋经济的产业部门与其他国民经济的产业部门之间的依存关系。中国海洋经济投入产出表的结构见表7-10。

表7-10　中国海洋经济投入产出表结构

投入＼产出			中间产出				最终产出				总产出
			海洋产业	其他产业	海洋相关产业	合计	消费	资本形成	出口	合计	
			22个产业	7个产业	6个产业						
中间投入	海洋产业	22个产业									
	其他产业	7个产业									
	海洋相关产业	6个产业									
	合计										
增加值	劳动者报酬										
	生产税净额										
	固定资产折旧										
	营业盈余										
总投入											

如表7-10所示,中国海洋经济投入产出表也有三个象限。

第一象限，是海洋经济投入产出主表，由海洋产业、其他产业和海洋相关产业的中间投入和中间产出组成，反映了三类产业间的经济技术联系。

第二象限，是最终产出表，描述了海洋产业、其他产业和海洋相关产业最终产品的使用情况。

第三象限，由劳动者报酬（增加值）、生产税净额（增加值）、固定资产折旧（增加值）以及营业盈余（增加值）四部分组成。其中，海洋经济投入产出表中的产业分类见表7-11。

表 7-11　中国海洋经济投入产出表产业部门分类①

产业部门	产业分类	产业部门名称
海洋产业 22个	海洋第一产业	海洋渔业
	海洋第二产业	海洋工程建筑业、海洋油气业、海洋船舶工业、海洋化工业、海洋生物医药业、海洋电力业、海洋盐业、海洋矿业、海水利用业
	海洋第三产业	滨海旅游业、海洋交通运输业、海洋保险与社会保障业、海洋技术服务业、海洋信息服务业、海洋科学研究、海洋环境监测预报服务、海洋环境保护业、海洋地质勘探业、海洋管理、海洋教育、海洋社会团体与国际组织
其他产业 7个	第一产业	农业
	第二产业	采掘业、制造业
	第三产业	电力热力燃气水的生产与供应、建筑业、流通部门、服务部门
海洋相关 产业6个	涉海第一产业	海洋农林业
	涉海第二产业	海洋设备制造业、涉海产品及材料制造业
	涉海第三产业	海洋批发与零售业、涉海建筑与安装业、涉海服务业

该表为目前较为理想的35×35个产业部门的中国海洋经济投入产出表。该表一方面能明确表述海洋产业、海洋相关产业内部间的依存关系；另一方面也明确表述了海洋产业、海洋相关产业与国民经济其他产业部门间的关

① 资料来源：中华人民共和国国家标准《海洋及相关产业分类》（GB/T20794—2006）。

系；第三，把海洋产业剥离后的其他国民经济产业部门合并为 7 个产业，包括农业、采掘业、制造业、电力热力燃气水生产和供应、建筑业、流通部门、服务部门，既避免了对其他产业的过于详细的分解，又避免了只划分三个产业的简单分析。

三、中国海洋经济投入产出表的编制

1. 中国海洋经济投入产出表的产业部门选择

目前，由于海洋相关产业的界定和统计口径尚不统一，加上海洋经济统计数据的缺失，虽然海洋相关产业能在投入产出表中有相对应的产业部门，但其剥离尚缺乏可行性。因此，在编制中国海洋经济投入产出表时，未能将海洋相关产业剥离出来，仍然将其保留在国民经济的其他产业部门中。考虑到中国海洋经济投入产出表编制的可行性、实用性、简洁性、科学性，我们选择了 12 个主要海洋产业部门和 7 个国民经济的其他产业部门，见表 7-12。

表 7-12　中国海洋经济投入产出表产业部门分类①

中国海洋经济投入产出表			中国投入产出表产业部门代码	
产业	部门分类	代码	2007 年 144 部门代码	2002 年 122 部门代码
第一产业	农业	01	01—05	01—06
	第一产业合计	01		
第二产业	采掘业	02	06—10	07—12
	制造业	03	11—91	13—85
	第二产业合计	02—03		
第三产业	电力热力燃气水的生产和供应	04	92—94	86—88
	建筑业	05	95—98	89
	流通部门	06	99—114	90—104
	服务部门	07	115—144	105—123
	第三产业合计	04—07		

---

① 原始部门代码可以参看《2007 年 144 部门投入产出表》与《2002 年 122 部门投入产出表》。

续表

中国海洋经济投入产出表			中国投入产出表产业部门代码	
产业	部门分类	代码	2007 年 144 部门代码	2002 年 122 部门代码
海洋产业	海洋渔业	08	渔业	根据各个海洋产业的产业范围，相应从原始的国民经济各个部门中剥离、合并
	海洋油气业	09	石油和天然气开采业	
	海洋矿业	10	非金属矿及其他矿采选业，煤炭开采和洗选业，黑色金属矿采选业，有色金属矿采选业	
	海洋盐业	11	非金属矿及其他矿采选业	
	海洋船舶工业	12	船舶及浮动装置制造业	
	海洋化工业	13	石油及核燃料加工业	
	海洋生物医药业	14	医药制造业	
	海洋工程建筑业	15	房屋和土木工程建筑业，建筑安装业	
	海洋电力业	16	电力热力的生产和供应业	
	海水利用业	17	水的生产和供应业	
	海洋交通运输业	18	水上运输管道运输装卸搬运和其他运输服务	
	滨海旅游业	19	旅游业	
	海洋产业合计	08—19		

2. 中国海洋经济投入产出表的编制

由于中国海洋统计年鉴只有主要海洋产业的统计数据，其他产业尤其是一些新兴产业的统计数据难以获得；另外，一些海洋服务部门如海洋环境监测预报服务业在国民经济核算中并无统计，在投入产出表中也很难找到与其相对应的部门，无法对其进行剥离，因此将这些产业部门暂时归并其他部门中。

根据中国海洋经济投入产出表的产业部门分类，参照《中国 2007 年投入产出表部门分类与国民经济行业分类对照表》、中华人民共和国国家标准《海洋及相关产业分类》《工业企业材料使用目录》，以及《中国统计年鉴》中的国民经济核算划分，我们编制了 19 个产业部门的中国海洋经济投入产出表，见表 7-13。实际编制投入产出表时，可以根据研究分析的需要，编制两套投入产出表。

第一套表，把 12 个主要海洋产业作为一个海洋产业部门，保留 7 个其他国民经济的产业部门，编制我国海洋产业（8 部门×8 部门）的投入产出表，反映海洋产业与 7 个其他国民经济产业部门间的关系。

第二套表，编制 12 个主要海洋产业和 7 个其他国民经济产业部门（19 部门×19 部门）的投入产出表，反映主要海洋产业与 7 个其他国民经济产业部门间的关系，见表 7-13。

表 7-13　中国海洋经济投入产出表（19×19 部门）

投入＼产出			中间产出			最终产出				总产出
			其他产业 7 个产业	海洋产业 12 个产业	合计	消费	资本形成	出口	合计	
中间投入	其他产业	7 个产业								
	海洋产业	12 个产业								
	合计									
增加值	劳动者报酬									
	生产税净额									
	固定资产折旧									
	营业盈余									
总投入										

3. 海洋经济投入产出表主要指标解释和定义①

海洋经济投入产出表主要指标可以分为两大类，即投入指标和产出指标。投入指标又可以包含总投入、中间投入以及增加值等指标。产出指标又

_____
① 《海洋生产总值核算制度》，国家海洋局 2011 年版。

可以分为总产出、中间产出以及最终产出等指标。

（1）海洋经济投入指标包括[①]：

海洋经济总投入：指一定时期内海洋经济各部门进行生产活动所投入的总费用。

海洋经济中间投入：是海洋产业部门消耗和投入使用的货物和服务。

海洋经济增加值：指所有从事海洋经济的企业、单位及个人，其生产经营和劳务活动的最终成果，包括劳动者报酬增加值、生产税净额增加值、固定资产折旧以及营业盈余增加值。

（2）海洋经济产出指标包括[②]：

海洋经济总产出：指海洋经济各部门在一定时期内生产的所有货物和服务的价值。

海洋经济中间使用：指海洋经济各部门在本期生产活动中消耗和使用的非固定资产货物和服务的价值，其中包括国内生产和国外进口的各类货物和服务的价值。

海洋经济最终使用：指已经退出或暂时退出本期生产活动而为最终需求所提供的货物和服务。根据使用性质分为最终消费支出、资本形成总额、进出口三个部分。

4. 中国海洋经济投入产出表的数据来源

由于海洋经济的特殊性和海洋经济统计数据资料的局限性，中国海洋经济投入产出表的数据，主要借用中国海洋统计年鉴、中国海洋渔业年鉴、国民经济统计年鉴、中国投入产出表等相关数据，同时应用剥离法和推导法从中国投入产出表中剥离出海洋经济相关产业部门的数据。

四、中国投入产出表部门分类及代码

中国投入产出表部门分类及代码，包括两部分内容：一是中国投入产出表部门分类及代码简表（2007 年）；二是中国投入产出表部门分类及代码细表（2007 年）。见附表 E-2，附表 E-3。

---

① 国民经济核算司：《2007 年中国投入产出表》，中国统计出版社 2011 年版。
② 国民经济核算司：《2007 年中国投入产出表》，中国统计出版社 2011 年版。

第 八 章

中国海洋经济主导产业标准选择

　　海洋经济主导产业对于海洋经济发展和海洋产业结构调整，具有关键的示范导向作用和重要的关联带动效应。国际国内有关主导产业标准选择的核心依据就是投入产出表。然而，由于缺乏中国海洋经济投入产出表的相关数据，目前我国的海洋主导产业众说纷纭，国家、地方政府和学者各抒己见，国内海洋主导产业的界定也是五花八门，不仅没有形成共识，而且也缺乏科学的依据。中国海洋经济投入产出表的设计与构建，反映了中国主要海洋产业内部及其与国民经济之间的关联关系；揭示了中国主要海洋产业的分配系数、消耗系数、诱发系数和技术进步等 18 类海洋产业的系数关系；厘清了中国海洋产业的前后关联效应、波及效应和中国海洋产业群的类型划分标准；同时，中国海洋经济投入产出表的分析数据，为中国海洋经济主导产业选择评价标准的制定，提供了系统、规范的科学依据，回答了中国海洋经济领域长期以来最为关心的技术进步贡献率问题和海洋主导产业的评价标准问题。对于深入揭示中国海洋经济景气波动中的产业波及效果和产业波动传导机制等，具有重要的现实意义、科学意义和实用价值。

第一节　产业关联与波及系数方法

一、产业关联与产业波及界定

产业关联是产业部门在生产活动过程中所形成的复杂、密切的经济技术联系[①]。根据产业的依托连接关系不同，产业关联又可以分为产品和劳务联系、生产技术联系、价格联系、劳动就业联系、投资联系等类型；依据维系关系的不同，可以分为前向关联和后向关联、单向关联和环向关联、直接关联和间接关联。

产业波及描述了产业关联体系中相互影响的传导过程。产业波及反映到投入产出表中，是指当某一投入产出系数发生变化时，对投入产出表中其他系数的影响。产业波及效果是指产业波及对整个国民经济的影响程度。波及效果的表现形式有两种：一种是最终需求项的变化对整个国民经济的影响；另一种表现为附加价值项变化的影响效果。[②] 投入产出表、投入系数表、逆系数表等都可以对产业波及效果进行测算。

二、中间需求率和中间投入率

1. 中间需求率

是指所有 n 个产业部门对第 i 个产业部门的中间需求总额占对第 i 个产业部门总需求（总产出或总投入）的比重。第 i 个产业部门中间需求率 G_i 为：

$$G_i = \frac{\sum_{j=1}^{n} X_{ij}}{\sum_{j=1}^{n} X_{ij} + Y_i} = \frac{\sum_{j=1}^{n} X_{ij}}{X_i} (i, j = 1, 2, \cdots, n) \qquad (8-1)$$

其中，$\sum_{j=1}^{n} X_{ij}$ 为 n 个产业部门对第 i 个产业部门的中间需求总额，Y_i 是最终需求部门对第 i 个产业部门的需求，$\sum_{j=1}^{n} X_{ij} + Y_i$ 是对第 i 个产业部门的总需求，即 X_i。

---

① ［英］多纳德·海等：《产业经济学与组织》，钟鸿钧译，经济科学出版社 2001 年版，第 63—72 页。

② 陈跃刚、甘永辉主编：《我国产业间波及效应的探讨》，《南昌大学学报》（人文社会科学版）2004 年第 5 期，第 58—63 页。

中间需求率越大，其他部门对该部门的中间需求就越多，该部门的作用越大。中间需求率与最终需求率之和等于 1，即：中间需求率+最终需求率＝1。最终需求率越高，该产业部门能够作为消费、投资和出口的几率越高。

2. 中间投入率

是指所有 n 个产业部门对第 j 个产业部门的中间投入总额占对第 j 个产业部门总投入的比重。[①] 第 j 个产业部门的中间投入率 F_j 为：

$$F_j = \frac{\sum_{i=1}^{n} X_{ij}}{\sum_{i=1}^{n} X_{ij} + V_j + T_j + D_j + P_j} = \frac{\sum_{i=1}^{n} X_{ij}}{X_j} (i, j = 1, 2, \cdots, n) \quad (8-2)$$

其中，$\sum_{i=1}^{n} X_{ij}$ 为 n 个产业部门对第 j 个产业部门的中间投入总额。V_j、T_j、D_j、P_j 表示第 j 个产业部门的劳动者报酬、生产税净额、固定资产折旧和营业盈余。$\sum_{i=1}^{n} X_{ij} + V_j + T_j + D_j + P_j$ 为第 j 个产业部门的总投入，即 X_j。

中间投入率的大小反映了第 j 个产业部门生产单位产品产值的成本高低，中间投入率越大，其他部门对该部门的中间投入就越多，该部门的生产成本就越大。附加价值率+中间投入率＝1。某产业部门的中间投入率越高，其附加价值率就越低。

3. 产业类型划分

根据中间投入率和中间需求率的差异，可以进行产业类型的划分。以中间投入率和中间需求率为 50% 的标准，可以将所有产业划分为四类产业群，见表 8-1 所示。

表 8-1　产业类型划分标准

产业类型	中间投入率小（小于 50%）	中间投入率大（大于 50%）
中间需求率小（小于 50%）	最终需求型基础产业	最终需求型产业
中间需求率大（大于 50%）	中间产品型基础产业	中间产品型产业

---

① 李善同、翟凡主编：《应正确认识中间投入率的变化趋势》，《国务院发展研究中心调研报》1996 年第 106 号。

三、直接分配系数和直接消耗系数

1. 直接分配系数

是指第 i 个产业部门的单位产出中，直接分配给第 j 个产业部门的中间使用量。计算公式为：

$$r_{ij} = \frac{X_{ij}}{X_i}(i, j = 1, 2, \cdots, n) \text{ ①} \qquad (8-3)$$

其中，r_{ij} 是直接分配系数；X_{ij} 是第 i 个产业部门直接分配给第 j 个产业部门的中间使用量，X_i 是第 i 个产业部门的总产出量（总投入）。

将所有直接分配系数用表的形式表示，就是直接分配系数表或直接分配系数矩阵，通常用字母 R 表示。

2. 直接消耗系数

是指第 j 个产业部门生产单位产出时，对第 i 个产业部门的直接消耗量。计算公式为：

$$a_{ij} = \frac{X_{ij}}{X_j}(i, j = 1, 2, \cdots, n) \qquad (8-4)$$

其中，a_{ij} 是直接消耗系数；X_{ij} 是第 j 个部门对第 i 个部门的直接消耗量，X_j 是第 j 个产业部门的总产出量（总投入）。

直接消耗系数反映了产业部门间的直接依赖关系。某两个产业部门的直接消耗系数越大，它们之间的依赖度越高。② 所有产业部门的直接消耗系数，可以组成直接消耗系数矩阵，通常用 A 表示。

四、间接消耗系数与完全消耗系数

1. 间接消耗系数

第 j 个部门除了直接消耗第 i 个部门的中间产品外，还会通过其他部门间接消耗第 i 个部门的中间产品，间接消耗一般都有 $n-1$ 个消耗环节。

---

① 胡国强、王高瑞、王国胜主编：《关于投入产出表分配系数的初步研究》，《经济经纬》1997 年第 4 期，第 78—79 页。

② Wassily W Leontief, 1966, "Input—Output Economics", *New York*：*Oxford University Press*, pp. 223-257.

设 a_{ij} 为直接消耗系数，则第 j 个部门对第 i 个部门的间接消耗过程可描述为：

第一轮间接消耗系数，$\sum\limits_{k=1}^{n} a_{ik}a_{kj}$，其中 a_{ik} 是第 k 个部门对第 i 个部门的直接消耗系数，a_{kj} 是第 j 个部门对第 k 个部门的直接消耗系数；

第二轮间接消耗系数，$\sum\limits_{k=1}^{n}\sum\limits_{s=1}^{n} a_{ik}a_{ks}a_{sj}$，其中 a_{ks} 是第 s 个部门对第 k 个部门的直接消耗系数，a_{sj} 是第 j 个部门对第 s 个部门的直接消耗系数；

第三轮间接消耗系数，$\sum\limits_{k=1}^{n}\sum\limits_{s=1}^{n}\sum\limits_{t=1}^{n} a_{ik}a_{ks}a_{st}a_{tj}$，其中 a_{st} 是第 t 个部门对第 s 个部门的直接消耗系数，a_{tj} 是第 j 个部门对第 t 个部门的直接消耗系数；

依此类推，第 n 轮间接消耗系数……；

共有 $P_n^1 + P_n^2 + P_n^3 + \cdots + P_n^{n-1}$ 种（次）间接消耗系数。

因此，第 j 个部门对第 i 个部门的所有间接消耗系数之和可以表示为：

$$l_{ij} = \sum_{k=1}^{n} a_{ik}a_{kj} + \sum_{k=1}^{n}\sum_{s=1}^{n} a_{ik}a_{ks}a_{sj} + \sum_{k=1}^{n}\sum_{s=1}^{n}\sum_{t=1}^{n} a_{ik}a_{ks}a_{st}a_{tj} + \cdots \tag{8-5}$$

2. 完全消耗系数

是指 j 个部门生产单位最终产出对第 i 个部门的完全消耗量。[①] 完全消耗系数就是直接消耗系数与所有间接消耗系数的和。所有完全消耗系数组成的矩阵称为完全消耗系数矩阵，用字母 B 表示。

第 j 部门对第 i 部门的完全消耗系数可以表示为：

$$b_{ij} = a_{ij} + \sum_{k=1}^{n} a_{ik}a_{kj} + \sum_{k=1}^{n}\sum_{s=1}^{n} a_{ik}a_{ks}a_{sj} + \sum_{k=1}^{n}\sum_{s=1}^{n}\sum_{t=1}^{n} a_{ik}a_{ks}a_{st}a_{tj} + \cdots \tag{8-6}$$

其实质就是直接消耗系数与所有间接消耗系数的和。

用矩阵形式表达为：

$$B = A + A^2 + A^3 + \cdots + A^{n-1}$$
$$B = (I - A)^{-1} - I \tag{8-7}$$

其中，A 为直接消耗系数矩阵，B 为完全消耗系数矩阵，I 为单位矩阵。$(I-A)^{-1}$ 称为列昂惕夫逆矩阵。

---

① Wassily W Leontief, 1966, "Input—Output Economics", New York: Oxford University Press, pp. 223-257.

3. 技术进步系数

直接消耗系数的变化是技术进步的结果。投入产出模型中，通常以不同时期直接消耗系数的变化代表技术进步。设 X_1、X_2 分别表示前后两个时期的总产出，该期间总产出的变化量可以表示为：

$$X_2 - X_1 = (I - A_2)^{-1} Y_2 - (I - A_1)^{-1} Y_1$$

上述等式两边同时加上 $(I - A_1)^{-1} Y_1$，移项整理可得：

$$X_2 - X_1 = (I - A_2)^{-1}(Y_2 - Y_1) + [(I - A_2)^{-1} - (I - A_1)^{-1}] Y_1$$

其中，$(I - A_2)^{-1}(Y_2 - Y_1)$ 表示由最终产品变化 $(Y_2 - Y_1)$ 带来的总产出变化；

$[(I - A_2)^{-1} - (I - A_1)^{-1}] Y_1$ 则表示由两个时期的直接消耗系数变化带来的总产出变化。

即：由 $[(I - A_2)^{-1} - (I - A_1)^{-1}]$ 带来的总产出变化。

$[(I - A_2)^{-1} - (I - A_1)^{-1}]$ 称为技术进步系数，$[(I - A_2)^{-1} - (I - A_1)^{-1}] Y_1 / (X_2 - X_1)$ 表示技术进步贡献率。

五、影响力系数和感应度系数

1. 影响力系数

影响力主要用来衡量某产业部门对国民经济发展的推动能力（影响能力），表示为一个产业部门总产出的变动，对最终总产出变动的影响程度。产业影响力一般用影响力系数来表示，又称为后向关联系数。

影响力系数是指某个产业部门的影响力与所有产业部门影响力的平均值之比。

计算公式为：

$$J_j = \frac{\sum_{i=1}^{n} \overline{b_{ij}}}{\frac{1}{n} \sum_{j=1}^{n} \sum_{i=1}^{n} \overline{b_{ij}}} \quad (i, j = 1, 2, \cdots, n) \tag{8-8}$$

其中，$\sum_{i=1}^{n} \overline{b_{ij}}$ 为第 j 产业部门的影响力（影响度），是列昂惕夫逆矩阵 $(I - A)^{-1}$ 的第 j 列数值之和。

若 $J_j > 1$，则第 j 个部门的影响力大于平均影响力。影响力系数越大，对国民经济的拉动作用越强，这些产业部门往往也就会成为国民经济发展的主导产业。

2. 感应度系数

一个产业部门受其他产业部门影响程度的大小，可用感应度表示，也称为灵敏度或感应力。产业部门受到的感应能力，用感应度系数来表示，感应度系数又称为前向关联系数。感应度系数是某产业部门的感应度与所有产业部门的感应度平均值之比。计算公式为：

$$S_i = \frac{\sum\limits_{j=1}^{n} \overline{b_{ij}}}{\frac{1}{n}\sum\limits_{i=1}^{n}\sum\limits_{j=1}^{n} \overline{b_{ij}}} \quad (i, j = 1, 2, \cdots, n) \tag{8-9}$$

其中，$\sum\limits_{j=1}^{n} \overline{b_{ij}}$ 为第 i 产业部门的感应度，是列昂惕夫逆矩阵 $(I - A)^{-1}$ 的第 i 行数值之和。

若 $S_i > 1$，说明第 i 产业部门的感应程度高于所有产业的平均值。某产业部门感应度系数越大，受国民经济发展的拉动力越高。高感应度系数的产业发展对国民经济发展具有重要意义，其往往是经济发展中的基础产业和瓶颈产业，需优先发展。

3. 前向关联度与后向关联度

产业关联度是对产业关联关系的量化，是指产业部门之间相互影响的波及关系和关联程度。在分析产业关联效应时，前向关联度我们用感应度系数来衡量，后向关联度用影响力系数来衡量。课题主要采用影响力系数和感应度系数，对中国海洋产业间的后向关联效应与前向关联效应进行分析。

六、生产诱发系数和最终依赖度系数

1. 生产诱发系数

生产诱发效应反映了最终需求部门的需求变动对某个产业部门的生产影响程度和诱发程度，通常用生产诱发系数来衡量。生产诱发系数越大，该最终需求部门的生产波及效果也越大。

生产诱发系数是通过生产诱发额计算的，生产诱发额是指最终需求部门增加一单位需求所诱发的某产业部门的生产变动额。生产诱发额的计算公式为：

$$Z_i^s = \sum_{j=1}^n \bar{b}_{ij} Y_j^s \quad (i, j = 1, 2, \cdots, n; s = 1, 2, 3) \tag{8-10}$$

其中，Z_i^s 表示第 S 个最终需求部门对第 i 个产业部门的生产诱发额；$\bar{b}_{ij}$ 表示列昂惕夫逆矩阵 $(I - A)^{-1}$ 中的元素；Y_j^s 表示

生产诱发额的矩阵计算形式为：

$$Z = (I - A)^{-1} Y \tag{8-11}$$

则生产诱发系数的计算公式表示为：

$$W_i^s = \frac{Z_i^s}{\sum_{j=1}^n Y_j^s} (i, j = 1, 2, \cdots, n; s = 1, 2, 3) \tag{8-12}$$

其中，W_i^s 是第 S 个最终需求部门对第 i 个部门的生产诱发系数；$\sum_{j=1}^n Y_j^s$ 是第 S 个最终需求部门对所有产业部门的最终需求总额。

2. 最终依赖度系数

是指某个产业部门对某个最终需求部门的依赖程度，通常用最终依赖度系数表示。最终依赖度系数更侧重于比较不同最终需求部门对各产业部门的影响程度。

最终依赖度系数的计算公式为：

$$X_i^s = \frac{Z_i^s}{\sum_{s=1}^3 Z_i^s} (i = 1, 2, \cdots, n; s = 1, 2, 3) \tag{8-13}$$

其中，X_i^s 表示第 i 产业部门对第 S 个最终需求部门的依赖度系数；$\sum_{s=1}^3 Z_i^s$ 是所有最终需求部门对第 i 个部门的生产诱发总额。

最终依赖度系数，可以揭示看似没有关系的两个部门（产业部门和最终需求部门）之间，通过产业波及效果传导，最终也存在依赖关系。同时，还可以了解哪些产业是消费依赖型产业，哪些是投资依赖型产业，哪些是出口依赖型产业。

第二节　中国海洋产业关联效应分析

一、海洋产业中间需求率分析

根据 2002 年、2007 年的中国投入产出表数据，结合中国海洋经济投入产出表数据剥离算法设计，2002 年、2007 年各部门的中间需求率、中间投入率及其大小排名，见表 8-2。

表 8-2　2002 年、2007 年 19 部门中间需求率及中间投入率

部门	2002 年中间需求率		2007 年中间需求率		2002 年中间投入率		2007 年中间投入率	
	数值	排名	数值	排名	数值	排名	数值	排名
农业	0.57357	14	0.70715	11	0.41566	16	0.41333	18
采掘业	1.02186	3	1.31924	2	0.42546	15	0.53187	14
制造业	0.76113	10	0.77664	9	0.73300	5	0.78643	2
电力热力燃气水生产和供应	0.86086	7	0.94555	7	0.51142	9	0.71639	7
建筑业	0.06546	19	0.03189	18	0.76560	3	0.76861	3
流通部门	0.66343	12	0.62726	14	0.48057	12	0.47350	15
服务部门	0.33786	17	0.38857	16	0.44147	14	0.44091	16
海洋渔业	0.54709	15	0.63722	13	0.45011	13	0.42085	17
海洋油气业	1.23567	1	1.59030	1	0.28877	19	0.40255	19
海洋矿业	0.94139	4	1.09151	4	0.39746	17	0.60912	10
海洋盐业	0.90723	5	1.04418	5	0.36130	18	0.60779	11
海洋船舶工业	0.57462	13	0.33291	17	0.76215	4	0.72162	5
海洋化工业	1.08063	2	1.12097	3	0.80006	1	0.82335	1
海洋生物医药业	0.66668	11	0.78911	8	0.61332	6	0.70981	8
海洋工程建筑业	0.06546	18	0.03189	19	0.76560	2	0.76861	4
海洋电力业	0.87977	6	0.96287	6	0.49916	11	0.72020	6
海水利用业	0.82542	8	0.75232	10	0.49952	10	0.53508	13
海洋交通运输业	0.76331	9	0.65061	12	0.59829	7	0.55306	12

部门	2002 年中间需求率		2007 年中间需求率		2002 年中间投入率		2007 年中间投入率	
	数值	排名	数值	排名	数值	排名	数值	排名
滨海旅游业	0.42182	16	0.53471	15	0.56429	8	0.63169	9

表 8-2 中 2007 年各部门中间需求率的大小排名与 2002 年相比有一些变化。排名上升的海洋产业有：海洋渔业、海洋生物医药业、滨海旅游业，其他产业部门对上述产业部门所生产的产品的需求增大。排名下降的海洋产业有：海洋船舶工业、海水利用业、海洋交通运输业。

其他产业部门中间需求率基本保持不变。海洋油气业的中间需求率最高，中间需求率稳定在 1.2 以上，这表明其他产业部门的生产对于海洋油气业的产品依赖性极高，海洋油气业属于典型的中间产品型产业。而建筑业以及海洋工程建筑业的中间需求率则一直徘徊在所有产业部门的末端，表明其他产业部门的生产对于建筑业以及海洋工程建筑业产品需求依赖度较低，这两个产业属于典型的最终需求型产业。

同时，2002 年与 2007 年采掘业、海洋油气业、海洋化工业中间需求率都较高（大于 1），而海洋油气业中间需求率在 2007 年更是达到了 1.59。这表明，国内采掘业、海洋油气业、海洋化工业以及海洋矿业和海洋盐业的中间需求大于总需求，即这些产业的最终需求小于零，表现为这些产业部门产出量无法满足其他产业部门对该产业部门生产的中间需求，需要依赖国外相应产品的进口。因此，需要加大投资、政策等扶持力度推动这些产业的发展，以满足其他产业的需要，否则，这些产业部门就会成为海洋经济发展的瓶颈部门。2007 年，海洋矿业和海洋盐业的中间需求率上升到 1 以上，表明这些产业的中间产品型作用增强。

二、海洋产业中间投入率分析

表 8-2 中的数据反映，2007 年各产业部门中间投入率的变动比较剧烈。投入率排名上升的海洋产业有海洋矿业、海洋盐业、海洋电力业，意味着为了生产单位产品的产出，需要从其他产业部门购进的中间产品所占的比重有

所增加。排名下降较大的海洋产业有海洋渔业、海洋生物医药业、海洋交通
运输业，表明这些产业部门的生产成本在下降，生产效率在提高。

同时，海洋化工业的中间投入率最高，表明海洋化工业对其他部门的依
赖度最大。而海洋油气业中间投入率最低，表明其独立性最强。

根据表 8-1 的产业分类划分标准，结合表 8-2 中国海洋产业的中间需
求率、中间投入率计算结果，2007 年中国海洋经济的产业类型划分，见表
8-3。

表 8-3　中国海洋产业类型划分（2007 年）

产业类型	中间投入率小（小于 50%）		中间投入率大（大于 50%）	
中间需求率小（小于 50%）	最终需求型基础产业	—	最终需求型产业	海洋船舶工业（0.33291，0.72162） 海洋工程建筑业（0.03189，0.76861）
中间需求率大（大于 50%）	中间产品型基础产业	海洋渔业（0.63722，0.42086） 海洋油气业（1.59030，0.40255）	中间产品型产业	海洋矿业（1.09151，0.60912） 海洋盐业（1.04418，0.60779） 海洋化工业（1.12097，0.82335） 海洋生物医药业（0.78911，0.70981） 海洋电力业（0.96287，0.72020） 海水利用业（0.75232，0.53508） 海洋交通运输业（0.65061，0.55306） 滨海旅游业（0.53471，0.63169）

三、海洋产业直接分配系数分析

根据 2002 年、2007 年中国投入产出表数据，结合中国海洋经济投入产
出表数据剥离算法设计，2002 年、2007 年各产业部门直接分配系数见附表
B-1a，附表 B-1b。

根据附表 B-1a、附表 B-1b，首先，通过非海洋产业部门与海洋产业部
门的对比分析发现，各部门提供给非海洋产业做中间使用的产品数量整体上
多于海洋产业，非海洋产业相比海洋产业对各个部门的影响作用要大很多。
例如 2007 年海洋生物医药业提供给非海洋产业做中间使用的产品与服务是
海洋生物医药业提供给海洋产业的近 80 倍。这也说明各个部门来自非海洋
产业的收入比海洋产业多，对非海洋产业的依赖程度相比海洋产业大。

表 8-4　　2002 年、2007 年各海洋产业对滨海旅游业直接分配系数

年份	海洋渔业	滨海旅游业	海水利用业	海洋电力业	海洋化工业	海洋交通运输	海洋油气业	海洋生物医药	海洋工程建筑	海洋船舶工业	海洋矿业	海洋盐业
2002	0.06268	0.02796	0.02163	0.00806	0.00222	0.00337	0.00064	0.00052	0.00191	0.00001	0.00000	0.00000
2007	0.05386	0.04110	0.01866	0.00498	0.00332	0.00202	0.00165	0.00041	0.00026	0.00016	0.00001	0.00001

　　其次，在各海洋产业中，2002 年与 2007 年所有部门向滨海旅游业、海洋交通运输业、海洋化工业提供的中间使用相对其他海洋产业较多，说明各个部门来自这三个海洋产业的收入相对来自其他海洋产业较多，因此所有部门对滨海旅游业的带动作用比较明显。以 2007 年滨海旅游业为例进行典型分析，由表 8-4 可以得出，海洋渔业提供的服务中，有 5.386%提供给了滨海旅游业做中间使用，也可以说海洋渔业有 5.386%的收入来自滨海旅游业。同理，滨海旅游业提供了 4.11%的产品给本部门做中间使用，即滨海旅游业有 4.11%的收入来自滨海旅游业内部；海水利用业为滨海旅游业提供了 1.866%的服务，其收入的 1.866%来自滨海旅游业。这也印证了滨海旅游业与其他产业部门的相互依赖程度。从 2002—2007 年的变化来看，海洋油气业、海洋船舶工业、海洋化工业、滨海旅游业分配给滨海旅游业做中间使用的产品数量有所增加，说明这些产业对滨海旅游业的带动作用加强。

表 8-5　　2002 年、2007 年滨海旅游业对各海洋产业直接分配系数

年份	滨海旅游业	海洋交通运输	海洋渔业	海洋工程建筑	海洋油气业	海洋船舶工业	海洋化工业	海洋生物医药	海洋盐业	海洋矿业	海洋电力业	海水利用业
2002	0.02796	0.00104	0.00095	0.00040	0.00013	0.00012	0.00009	0.00004	0.00006	0.00000	0.00000	0.00000
2007	0.04110	0.00144	0.00136	0.00092	0.00054	0.00049	0.00017	0.00012	0.00011	0.00002	0.00000	0.00000

　　最后，由表 8-5 滨海旅游业对各海洋产业的直接分配系数可以看出，2007 年滨海旅游业分配给滨海旅游业本部门做中间使用的产品最多，其次分配给海洋交通运输业和海洋渔业做中间使用的产品的数量较多。从 2002—2007 年的变化来看，2007 年滨海旅游业分配给各海洋产业的中间产品均有所增加，说明滨海旅游业与各海洋产业的关联度增强，拉动作用日趋

明显。

四、海洋产业直接消耗系数分析

根据 2002 年、2007 年中国投入产出表数据，结合中国海洋经济投入产出表数据剥离算法设计，2002 年、2007 年各部门直接消耗系数见附表 B-2a、附表 B-2b。

根据附表 B-2a、附表 B-2b 可以看出，各产业部门对制造业的直接消耗较多，表明海洋产业对制造业的依赖性较高。以 2007 年为例，其中：制造业本身对制造业的直接消耗系数为 0.54861，表示制造业每生产价值量 1 单位产品要直接消耗价值量 0.54861 单位本部门产品；海洋建筑业对制造业的直接消耗系数为 0.57557，表示海洋工程建筑业每生产 1 单位产品要直接消耗 0.57557 单位制造业产品；海洋船舶工业对制造业的直接消耗系数为 0.54454，表示海洋船舶工业每生产 1 单位产品要直接消耗 0.54454 单位制造业产品。这反映出海洋建筑业、海洋船舶工业与制造业的关系非常密切。一方面，制造业产品的销路制约着海洋建筑业与海洋船舶工业的发展；另一方面，海洋建筑业与海洋船舶工业的发展依赖于制造业的产品。

在海洋产业内部，海洋交通运输业所在行的元素在同列中海洋产业的元素中均较大，说明海洋各个产业部门生产单位产品所消耗的海洋交通运输业产品较多，所有海洋产业对海洋交通运输业均有一定的依赖性。其中最大的为海洋化工 2002 年对海洋交通运输业的直接消耗系数等于 0.02100，表示海洋化工业每生产 1 单位产品需要直接消耗 0.02100 单位海洋交通运输业产品。这明显与上文中各海洋产业部门对制造业的直接消耗系数相差一个数量级。

将附表 B-2a、附表 B-2b 分为海洋产业部门和非海洋产业部门两类，然后分别对直接消耗系数矩阵按列求和，得表 8-6。

表8-6 海洋产业对海洋部门与非海洋部门直接消耗系数表

年份	部门	海洋渔业	海洋油气业	海洋矿业	海洋盐业	海洋船舶工业	海洋化工业	海洋生物医药	海洋工程建筑	海洋电力业	海水利用业	海洋交通运输	滨海旅游业
2002	非海洋部门	0.3841	0.2811	0.3709	0.3336	0.7168	0.7348	0.5980	0.7475	0.4808	0.4913	0.5061	0.4991
	海洋部门	0.0660	0.0077	0.0266	0.0277	0.0453	0.0653	0.0153	0.0182	0.0184	0.0082	0.0922	0.0651
2007	非海洋部门	0.3727	0.3902	0.5786	0.5765	0.6373	0.7605	0.6919	0.7596	0.7121	0.5285	0.4198	0.5656
	海洋部门	0.0482	0.0123	0.0305	0.0313	0.0843	0.0628	0.0179	0.0091	0.0081	0.0066	0.1332	0.0661

从表8-6中看出，2002年、2007年分别对应的第一行的元素均比第二行的元素要大一个数量级，说明各个海洋产业部门生产单位产品消耗的非海洋部门产品数量多，依赖于非海洋部门产品的程度大，对海洋部门内部提供的产品依赖度较小，这与上文分析的各海洋部门对制造业的直接消耗远大于对于海洋交通运输业的直接消耗相互映照。这说明各海洋产业部门更依赖于非海洋部门的产品，而非海洋产业部门的产品；现阶段的海洋产业发展更多的是海洋上的陆路相关产业，也可理解为陆路传统产业在海洋上的应用产业，海洋产业的发展依赖的是传统对应产业，即来自陆路经济，海洋产业内部并没有形成有机的联系，内生增长机制尚未形成。

表8-7 2002年、2007年各海洋产业对海洋交通运输业直接消耗系数

年份	海洋交通运输	海水利用业	海洋油气业	海洋化工业	海洋矿业	海洋电力业	海洋工程建筑	海洋盐业	海洋船舶工业	滨海旅游业	海洋生物医药	海洋渔业
2002	0.05164	0.02100	0.02023	0.01869	0.01451	0.01448	0.00660	0.00658	0.00584	0.00379	0.00375	0.00337
2007	0.07498	0.01732	0.01683	0.00519	0.00448	0.00369	0.00360	0.00302	0.00276	0.00267	0.00173	0.00148

由表8-7中各海洋产业部门对海洋交通运输业直接消耗系数的变化来看，除海洋交通运输业在2007年对海洋交通运输业本身的直接消耗系数有所上升以外，其他海洋产业对于海洋交通运输业的直接消耗系数出现下降，这显示出海洋产业发展中受益于海洋运输技术的跨越发展，运输成本有所走低。

表 8-7、表 8-8 表明，海洋交通运输业自身内在的结构关系越来越密切，2002—2007 年，自身的直接消耗系数增长了 45.20%，意即海洋交通运输业自身的内在发展动力不断增强。

表 8-8　2002 年、2007 年海洋交通运输业对各海洋产业直接消耗系数

年份	海洋交通运输	海洋船舶工业	海洋化工业	滨海旅游业	海洋油气业	海洋渔业	海洋矿业	海洋盐业	海洋生物医药	海洋工程建筑	海洋电力业	海水利用业
2002	0.05164	0.02993	0.00942	0.00104	0.00007	0.00000	0.00000	0.00000	0.00000	0.00005	0.00000	0.00000
2007	0.07498	0.04597	0.01051	0.00168	0.00009	0.00001	0.00000	0.00000	0.00000	0.00000	0.00000	0.00000

同时，根据表 8-8 海洋交通运输业对各海洋产业的直接消耗系数来看，海洋交通运输业每生产一单位产品所直接消耗的海洋船舶工业、海洋化工业、海洋交通运输业和滨海旅游业等部门的产品比较多；同时 2007 年对这些产业的直接消耗均有所增加，说明随着国际贸易形势的趋好，海洋交通运输业对这些产业的直接依赖性不断加强。

五、海洋产业技术进步系数分析

根据 2002、2007 年中国海洋经济投入产出表 19 部门直接消耗系数，可以对 2002—2007 年间技术进步对经济增长的贡献进行测算，得到各产业部门技术进步对经济增长的贡献额与贡献率，见表 8-9。

表 8-9　2002—2007 年 19 部门技术进步贡献额与技术进步系数

部门	总产出（万元）			技术进步贡献额	技术进步贡献率（%）
	2002 年	2007 年	增额		
农业	265691742.00	455921387.30	190229645.40	-5926166.73	-3.115
采掘业	100009148.10	278826440.80	178817292.60	71175972.76	39.804
制造业	1425036854.00	4484471339.00	3059434485.00	500563385.54	16.361
电力热力燃气水生产和供应	88348549.60	337458192.70	249109643.10	85671023.91	34.391
建筑业	275040643.30	610240061.80	335199418.50	-10465021.64	-3.122

续表

部门	总产出（万元）			技术进步贡献额	技术进步贡献率（%）
	2002 年	2007 年	增额		
流通部门	377525439.80	733919497.10	356394057.30	−60854418.97	−17.075
服务部门	489454144.23	1042466465.95	553012321.70	21749524.73	3.933
海洋渔业	20095681.03	33008612.65	12912931.61	−1565792.41	−12.126
海洋油气业	2588558.69	11586047.52	8997488.83	5806722.81	64.537
海洋矿业	31933.31	184360.07	152426.76	68184.21	44.732
海洋盐业	542250.88	1212146.22	669895.34	19788.89	2.954
海洋船舶工业	3384832.05	19774744.19	16389912.15	687857.94	4.197
海洋化工业	3905153.50	13297790.81	9392637.30	2754911.82	29.331
海洋生物医药业	345699.64	1507219.59	1161519.95	380087.11	32.723
海洋工程建筑业	6286174.02	16977290.35	10691116.33	−188994.33	−1.768
海洋电力业	44483.79	182431.71	137947.91	50651.16	36.718
海水利用业	26304.34	90417.06	64112.72	10817.07	16.872
海洋交通运输业	38000063.15	67911435.98	29911372.83	−12357182.91	−41.313
滨海旅游业	37947361.54	79553740.54	41606379.00	4202819.56	10.101
整个国民经济	3134305016.86	8188589621.30	5054284604.44	601784170.51	11.906

2002—2007 年间，我国社会总产出增长了 161.257%，总产出的增长一是由于最终产品的变化引起的；二是由于 2002—2007 年发生了直接消耗系数的变化，即由于技术进步促进了经济增长。

由表 8-9 可以看出，在整个国民经济总产出的增长中，技术进步的总贡献率为 11.906%，即有 11.906% 的部分归因于生产技术进步。说明生产技术对 2002—2007 年国民经济发展的影响并不是特别大，我国经济增长主要是通过增加消费、扩大投资规模和净出口来实现的，即由最终产品的变化来实现。同时，技术进步对海洋产业各部门发展的影响并不相同，2002—2007 年技术进步对海洋产业的贡献率主要体现在对海洋油气业、采掘业和海洋电力业具有较大的正向影响，贡献率分别为 64.537%、39.804%、36.718%，对海洋交通运输业具有较大的负向影响。说明技术进步使海洋油气业、采掘业和海洋电力业等产业部门的产出率提高了，也使海洋交通运输业、海洋工程建筑业、海洋渔业等产业部门的产出率下降了，并且技术进步带来正影响的产业部门数多于带来负影响的产业部门数。同时技术进步对海洋油气业、采掘业和海洋电力业等部门较大的贡献率也反映出 2002—2007 年技术进步对这些产业部门的拉动作用增强。

六、海洋产业完全消耗系数分析

根据中国投入产出表的统计分析数据，以及中国海洋经济投入产出表的数据剥离算法设计，2002、2007 年各产业部门完全消耗系数见附表 B-3a、附表 B-3b。

首先分析各海洋产业对其他产业的完全消耗。2002 年与 2007 年各海洋产业部门对制造业、电力热力燃气水生产和供应、流通部门、采掘业、服务部门等非海洋产业的完全消耗系数较高，各海洋产业部门生产一单位最终产品完全消耗的非海洋产业部门产品数量要远大于消耗的海洋产业部门的产品，说明各海洋产业与国民经济中的非海洋产业的完全联系非常紧密，比海洋经济内部的完全联系还要紧密。其中 2002 年和 2007 年所有海洋产业对制造业的完全消耗系数最大，说明各个海洋产业部门生产单位最终产品所消耗的制造业产品比较多，所有海洋产业对制造业的依赖性比较高。以 2007 年为例，其中：制造业对制造业本身的完全消耗系数为 1.64562，表示制造业每生产价值量 1 单位最终产品要全部消耗价值量 1.64562 单位本部门产品；海洋工程建筑业对制造业的完全消耗系数为 1.68556，表示海洋工程建筑业每生产 1 单位最终产品对制造业产品的全部消耗量为 1.68556 单位；海洋船舶工业对制造业的完全消耗系数为 1.65066，表示海洋船舶工业每生产 1 单位最终产品对制造业产品的全部消耗量为 1.65066 单位。这反映出海洋工程建筑业、海洋船舶工业等海洋产业与制造业的完全依存关系非常密切。

其次，在各海洋产业中，2002 年与 2007 年各产业部门对海洋交通运输业完全消耗系数最大，2007 年有 15 个产业部门对海洋交通运输业的完全消耗相比对其他海洋产业要多，其次是服务部门、海水利用业、滨海旅游业 3

个部门对滨海旅游业的完全消耗较多。以 2007 年海洋交通运输业为例进行典型分析，由表 8-10 得，其中海洋交通运输业对其自身部门的完全消耗系数为 0.09103，表示海洋交通运输业每生产一单位最终产品对自身的完全消耗量为 0.09103 单位；海洋矿业对海洋交通运输业的完全消耗系数为 0.02947，表示海洋矿业每生产一单位最终产品需要用海洋交通运输业产品的全部消耗量为 0.02947 单位；而海洋工程建筑业每生产一单位最终产品需要完全消耗海洋交通运输业 0.01808 单位。虽然相比较而言，各海洋产业部门对海洋交通运输业的完全消耗无法与对制造业的完全消耗相比，但是在海洋产业内部，海洋交通运输业作为海洋经济的支柱产业之一，其他海洋产业与海洋交通运输业的完全依存关系相对于其他海洋产业较紧密。

最后，2002—2007 年各海洋产业对海洋交通运输业的完全消耗系数的变化来看，除了海洋油气业、海洋矿业、海洋盐业、海洋交通运输业自身对海洋交通运输业的完全消耗系数有所上升以外，其他海洋产业对海洋交通运输业的完全消耗系数均有所下降，说明其他海洋产业生产最终产品所用海洋运输业产品的全部消耗量有所减少，主要是由于运输成本的降低和海运能力的提高。而随着海洋产业内部结构的优化，海洋交通运输业自身等部门生产最终产品时所需要消耗的海洋交通运输业的产品不断增多，这些产业与海洋交通运输业的完全依存关系不断加深。

表 8-10　　2002 年、2007 年各海洋产业对海洋交通运输业完全消耗系数

年份	海洋交通运输	海洋盐业	海洋矿业	海洋化工业	海洋工程建筑	海洋船舶工业	海洋生物医药	海洋电力业	滨海旅游业	海洋油气业	海洋渔业	海水利用业
2002	0.06884	0.02955	0.02899	0.03917	0.03462	0.02861	0.02142	0.02643	0.01627	0.01114	0.01698	0.01651
2007	0.09103	0.02999	0.02947	0.02152	0.01808	0.01697	0.01633	0.01542	0.01205	0.01138	0.01052	0.00977

表 8-11　　2002 年、2007 年海洋交通运输业对各海洋产业完全消耗系数

年份	海洋交通运输	海洋船舶工业	海洋化工业	滨海旅游业	海洋油气业	海洋渔业	海洋盐业	海洋生物医药	海洋工程建筑	海洋矿业	海洋电力业	海水利用业
2002	0.06884	0.03353	0.01222	0.00828	0.00229	0.00519	0.00034	0.00009	0.00023	0.00002	0.00002	0.00002
2007	0.09103	0.05482	0.01479	0.00869	0.00517	0.00442	0.00026	0.00017	0.00006	0.00004	0.00004	0.00002

　　由表 8-11 海洋交通运输业对其他产业部门的完全消耗系数可以发现，2007 年海洋交通运输业对制造业、服务部门、流通部门的完全消耗较大。海洋交通运输业对自身的完全消耗也较大，每生产一单位最终产品需要完全消耗自身 0.09103 单位；其次对海洋船舶工业的完全消耗较大，每生产一单位最终产品需要的海洋船舶工业的全部消耗量为 0.05482 单位。这也可以说明海洋船舶工业与海洋交通运输业的联系比较紧密。

　　同时，由 2002—2007 年海洋交通运输业的完全消耗系数变化看出，其对海洋渔业、海洋盐业、海洋工程建筑业等部门的完全消耗系数有所减少，对其他海洋产业的完全消耗系数有所增加，表明海洋交通运输业每生产一单位最终产品所用海洋渔业、海洋盐业、海洋工程建筑业等部门产品的全部消耗量有所减少，而由于海运能力的不断增强，对其他海洋产业的完全依存关系不断加深。

第三节　中国海洋产业波及效果分析

一、海洋产业影响力系数分析

　　根据影响力系数和感应度系数的计算方法，对中国海洋经济投入产出表中的 19 个部门，分别计算其影响力系数和感应度系数。考虑到海洋产业在不同时期的发展演变，并揭示海洋产业的影响力和感应度变化，将 19 个部门的影响力系数和感应度系数合并在一起。计算结果如表 8-12 所示。

表 8-12　2002 年、2007 年中国海洋经济 19 个部门影响力系数和感应度系数

部门	2002 年影响力系数		2007 年影响力系数		2002 年感应度系数		2007 年感应度系数	
	系数值	排名	系数值	排名	系数值	排名	系数值	排名
农业	0.83706	16	0.75598	19	1.16474	5	1.00533	6
采掘业	0.86996	15	0.91486	13	1.27817	4	1.39877	3
制造业	1.23689	4	1.22067	1	6.26679	1	7.36573	1
电力热力燃气水生产和供应	0.93177	9	1.10033	7	1.05638	6	1.66489	2
建筑业	1.26663	2	1.21462	2	0.49031	10	0.37284	13

续表

部门	2002 年影响力系数		2007 年影响力系数		2002 年感应度系数		2007 年感应度系数	
	系数值	排名	系数值	排名	系数值	排名	系数值	排名
流通部门	0.93132	10	0.82317	15	1.90379	2	1.33072	4
服务部门	0.89126	13	0.80261	16	1.35232	3	1.28864	5
海洋渔业	0.88433	14	0.76808	18	0.49621	9	0.39676	11
海洋油气业	0.72643	19	0.79272	17	0.44674	13	0.39836	10
海洋矿业	0.83568	17	1.00047	9	0.41725	17	0.34420	18
海洋盐业	0.79426	18	0.99936	10	0.42316	14	0.34754	14
海洋船舶工业	1.32426	1	1.18843	4	0.45977	11	0.40581	9
海洋化工业	1.18052	5	1.17187	5	0.44863	12	0.38373	12
海洋生物医药业	1.09214	6	1.07914	8	0.41861	15	0.34667	15
海洋工程建筑业	1.26663	2	1.21462	2	0.41858	16	0.34442	16
海洋电力业	0.91967	12	1.10760	6	0.41723	18	0.34434	17
海水利用业	0.92729	11	0.90518	14	0.41713	19	0.34388	19
海洋交通运输业	1.07771	7	0.95687	12	0.62272	7	0.47808	7
滨海旅游业	1.00620	8	0.98342	11	0.50149	8	0.43929	8

表 8-12 反映，2002 年影响力系数排在前三位的分别是：海洋船舶工业、海洋工程建筑业和建筑业。影响力系数超过 1 的产业部门，还有制造业、海洋化工业、海洋生物医药业、海洋交通运输业、滨海旅游业 5 个产业部门。这些产业部门对其他部门具有较大的拉动作用。政府要特别重视发展这些部门，以增强其对内拉动能力和对外辐射能力，从而带动海洋经济的快速发展。

2007 年，影响力系数排在前三位的分别是制造业、海洋工程建筑业和建筑业。影响力系数超过 1 的产业部门，还有海洋船舶工业、海洋生物医药业等 4 个部门。只有海洋渔业、海洋油气业的影响力系数较小，说明海洋产业发展迅速，已经成为对其他产业部门影响的主要拉动力量。

2002—2007 年影响力系数下降较大的海洋产业有：海洋渔业、海洋交通运输业和海洋船舶工业；影响力系数上升较大的海洋产业有：海洋电力业、海洋矿业和海洋盐业。说明海洋电力业、海洋矿业等对其他产业的拉动作用有所增加，海洋产业内部结构在不断调整。

二、海洋产业感应度系数分析

（一）海洋产业感应度系数分析

表 8-12 反映，2002 年感应度系数排在前三位的分别是制造业、流通部门和服务部门。感应度系数超过 1 的产业部门，还有采掘业、农业、电力热力燃气水生产和供应 3 个部门，说明这些部门的感应度在 19 个部门中处于平均水平以上。2002 年感应度系数排在前三位的海洋产业是海洋交通运输业、滨海旅游业和海洋渔业。

2007 年感应度系数排在前三位的分别是制造业、电力热力燃气水生产和供应、采掘业。感应度系数超过 1 的产业部门，还有流通部门、服务部门、农业 3 个部门，这些部门对国民经济的发展起着较大制约作用。2007 年感应度系数排在前三位的海洋产业是海洋交通运输业、滨海旅游业、海洋船舶工业。但是各海洋产业的感应度系数均小于 1，说明海洋产业对其他产业的支撑作用还比较小，发展速度不快。

2007 年采掘业、制造业、电力热力燃气水生产和供应的感应度系数有所上升，而各海洋产业的感应度系数相比 2002 年均有所下降，说明各海洋产业对经济发展的需求感应程度减弱，受其他产业影响的程度减弱，因此，国民经济其他产业的发展对各海洋产业的拉动作用减弱。

（二）海洋产业关联效应交叉分析

建立以影响力系数（YX）为横轴，感应度系数（GY）为纵轴的两维平面坐标系。坐标系原点设在影响力系数和感应度系数均等于 1 的坐标点上，由此将坐标系分为 4 个象限。2007 年中国海洋经济投入产出表中的 19 个产业，根据其相应的影响力系数和感应度系数，分布在坐标系上的散点图见图 8-1。

2007 年，海洋产业影响力系数和感应度系数都小于 1 的部门有海洋盐业、海水利用业等 6 个部门。其中，海洋盐业、海水利用业等 4 个部门影响力系数接近于 1。海洋渔业、海洋油气业、海洋盐业、滨海旅游业、海洋交通运输业属于传统海洋产业，海水利用业是刚起步的新兴产业，这些产业对

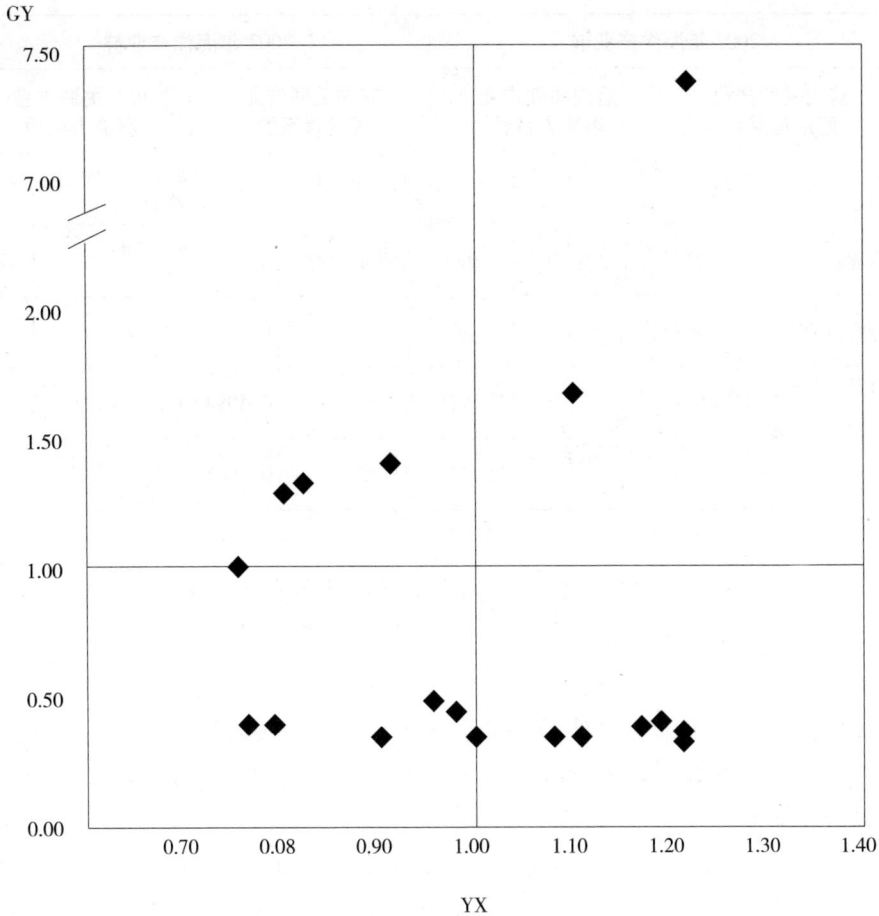

图8-1　2007年海洋产业影响力系数—感应度系数散点图

国民经济发展的拉动作用较小。影响力系数和感应度系数都大于1的部门有制造业、电力热力燃气水生产和供应。制造业属于第二产业，电力热力燃气水生产和供应属于生产的能源类产业，对整个国民经济具有很强的拉动作用，对其他产业部门的反应很敏感，对经济发展的制约能力也很强。

（三）前向关联海洋产业与后向关联海洋产业

通过对海洋产业部门的感应度系数和影响力系数的分析，2002年、2007年主要前向关联海洋产业与后向关联海洋产业，见表8-13。

表 8-13　2002、2007 年主要前向关联海洋产业与后向关联海洋产业

2002 年海洋产业群				2007 年海洋产业群			
前向关联产业 感应度系数		后向关联产业 影响力系数		前向关联产业 感应度系数		后向关联产业 影响力系数	
海洋交通运输业	0.6227	海洋船舶工业	1.3243	海洋交通运输业	0.4781	海洋工程建筑业	1.2146
滨海旅游业	0.5015	海洋工程建筑业	1.2666	滨海旅游业	0.4393	海洋船舶工业	1.1884
海洋渔业	0.4962	海洋化工业	1.1805	海洋船舶工业	0.4058	海洋化工业	1.1719
海洋船舶工业	0.4598	海洋生物医药业	1.0921	海洋油气业	0.3984	海洋电力业	1.1076
海洋化工业	0.4486	海洋交通运输业	1.0777	海洋渔业	0.3968	海洋生物医药业	1.0791

由表 8-13 可以看出 2002 年与 2007 年的主要前向关联的海洋产业，集中于海洋交通运输业、滨海旅游业等 4 个产业部门。2007 年这 4 个部门的感应度系数相比 2002 年均有所下降，且一直远低于全社会平均感应度系数。从前向关联海洋产业对整体经济的影响来看，前向关联海洋产业的感应度系数较低，其他产业部门发展受前向关联海洋产业的制约程度较低，前向关联效应并不十分显著。

2002 年与 2007 年的主要后向关联海洋产业基本集中于海洋工程建筑业、海洋船舶工业、海洋化工业、海洋生物医药业等产业部门。这些产业部门的影响力系数均大于 1，但 2007 年与 2002 年相比系数均有所下降，表明对社会生产的影响程度大于平均水平，并呈下降趋势。从后向关联海洋产业对整体经济的影响来看，后向关联海洋产业的影响力处于相对较高的水平，对其他部门的总体拉动能力高于社会平均水平，对社会生产具有较大的辐射力，后向关联效应十分明显。

三、海洋产业生产诱发系数分析

根据生产诱发额和生产诱发系数的计算方法，分别计算了中国海洋经济投入产出表中最终消费、资本形成和净出口 3 个部门对 19 个部门的生产诱

发系数。计算结果如表 8-14 所示。

表 8-14 2002 年、2007 年中国海洋产业 19 个部门的诱发系数

部门	2002 最终消费		2007 最终消费		2002 资本形成		2007 资本形成		2002 净出口		2007 净出口	
	系数值	排名	系数值	排名	系数值	排名	系数值	排名	系数值	排名	系数值	排名
农业	0.23773	4	0.18263	4	0.18702	4	0.14922	6	0.14218	4	0.15755	5
采掘业	0.07355	6	0.11264	6	0.11210	6	0.16864	5	0.12627	5	0.19450	3
制造业	0.96605	1	1.28146	1	1.46268	1	1.96709	1	1.80259	1	2.35332	1
电力热力燃气水生产和供应	0.07604	5	0.13508	5	0.07333	7	0.13706	7	0.07840	6	0.14867	6
建筑业	0.01872	10	0.01403	10	0.59410	2	0.52433	2	0.01336	9	0.00763	13
流通部门	0.28658	3	0.28116	3	0.28001	3	0.23367	3	0.33640	2	0.23722	2
服务部门	0.59012	2	0.60706	2	0.15160	5	0.17728	4	0.19227	3	0.18642	4
海洋渔业	0.02086	9	0.01476	9	0.00824	11	0.00842	12	0.01048	10	0.00951	11
海洋油气业	0.00225	12	0.00550	11	0.00329	14	0.00818	13	0.00434	13	0.00988	9
海洋矿业	0.00002	19	0.00005	18	0.00003	18	0.00011	17	0.00004	18	0.00010	17
海洋盐业	0.00034	16	0.00031	16	0.00054	15	0.00068	15	0.00063	14	0.00059	14
海洋船舶工业	0.00131	13	0.00151	13	0.00376	12	0.00921	11	0.00459	12	0.00970	10
海洋化工业	0.00294	11	0.00493	12	0.00426	12	0.00628	14	0.00549	11	0.00820	12
海洋生物医药	0.00037	15	0.00076	14	0.00014	16	0.00031	16	0.00022	16	0.00048	15
海洋工程建筑	0.00043	14	0.00039	15	0.01358	9	0.01459	9	0.00031	15	0.00021	16
海洋电力业	0.00004	17	0.00007	17	0.00004	17	0.00008	18	0.00004	17	0.00008	18
海水利用业	0.00003	18	0.00004	19	0.00002	19	0.00003	19	0.00002	19	0.00003	19
海洋交通运输	0.02254	8	0.01711	8	0.03400	8	0.01961	8	0.04517	7	0.04067	7
滨海旅游业	0.03985	7	0.04398	7	0.01071	10	0.01373	10	0.02232	8	0.01806	8

（一）最终消费对海洋产业的诱发作用

表 8-14 可以看出，2002 年与 2007 年最终消费生产诱发作用较高的产业为制造业、服务部门和流通部门，这些产业具有较明显的消费拉动特征。而

最终消费对海洋产业的诱发作用不大，生产波及效果相对较小。2002 年和 2007 年最终消费诱发作用较高的海洋产业是滨海旅游业、海洋交通运输业和海洋渔业，均属于传统海洋产业，其中 2007 年最终消费对于滨海旅游业的生产诱发系数达到 0.04398，说明最终消费需求每增加一单位社会需求，滨海旅游业将诱发 0.04398 单位生产额。2002—2007 年最终消费对各海洋产业的生产诱发效应基本保持不变，说明对海洋产业的生产波及效果变动幅度较小。

（二）资本形成对海洋产业的诱发作用

2002 年与 2007 年资本形成生产诱发作用较高的产业是制造业、建筑业、流通部门，这些产业具有较明显的投资拉动特征。而资本形成对海洋产业的诱发作用不强，说明海洋产业生产受资本形成的影响程度相对较小。相比较而言，2002 年和 2007 年资本形成诱发程度较高的海洋产业是海洋交通运输业、海洋工程建筑业和滨海旅游业，也属于传统海洋产业。2002—2007 年资本形成对各海洋产业的生产波及效果变化不大。

（三）净出口对海洋产业的诱发作用

2002 年与 2007 年净出口对制造业和流通部门的生产诱发系数较高，这些产业都具有较明显的出口拉动特征。净出口对海洋产业的诱发程度有限，说明净出口对海洋产业影响程度较小。相比较而言，2002 年和 2007 年净出口诱发作用较高的海洋产业是海洋交通运输业和滨海旅游业，2007 年对海洋油气业的出口诱发效应较高。2007 年净出口对海洋油气业、海洋船舶工业的生产诱发效应有所增加，说明净出口增长对这两个产业部门发展的推动作用愈加明显，也从总体上表明了我国净出口对海洋产业的影响正处于逐步深化过程，并对海洋产业结构调整起到了积极的作用。

根据分析同时发现，三大最终需求项目对海洋交通运输业和滨海旅游业的生产诱发系数均较高，都属于消费拉动、投资拉动和出口拉动型的海洋产业，受到最终消费需求、资本形成需求和净出口需求的诱发作用较强。

四、海洋产业最终依赖度分析

根据最终依赖度的计算方法，结合中国海洋经济投入产出表的数据，分别计算了 19 个部门对最终消费、资本形成和净出口的最终依赖度系数。计算结果如表 8-15 所示。

表 8-15　2002 年、2007 年中国海洋产业 19 个部门的最终依赖度系数

部门	2002 最终消费		2007 最终消费		2002 资本形成		2007 资本形成		2002 净出口		2007 净出口	
	系数值	排名	系数值	排名	系数值	排名	系数值	排名	系数值	排名	系数值	排名
农业	0.56878	6	0.43224	7	0.28439	14	0.29734	13	0.14682	16	0.27042	11
采掘业	0.36905	10	0.28467	11	0.35749	5	0.35885	6	0.27346	8	0.35648	6
制造业	0.36132	13	0.27592	13	0.34770	7	0.35660	7	0.29099	5	0.36747	4
电力热力燃气水生产和供应	0.48594	7	0.37701	8	0.29784	12	0.32208	11	0.21622	11	0.30092	10
建筑业	0.04656	19	0.03044	18	0.93911	1	0.95756	1	0.01434	19	0.01200	18
流通部门	0.47000	9	0.43260	6	0.29187	13	0.30271	12	0.23813	9	0.26469	12
服务部门	0.76693	1	0.68094	1	0.12522	18	0.16742	19	0.10785	17	0.15165	17
海洋渔业	0.68129	3	0.51344	4	0.17104	16	0.24669	16	0.14767	15	0.23986	15
海洋油气业	0.36178	12	0.28148	12	0.33668	10	0.35226	8	0.30154	3	0.36626	5
海洋矿业	0.35625	14	0.24009	15	0.35572	6	0.42513	5	0.28804	6	0.33478	7
海洋盐业	0.35527	15	0.23447	16	0.35955	4	0.43757	4	0.28518	7	0.32796	8
海洋船舶工业	0.23132	17	0.09289	17	0.42037	3	0.47554	3	0.34832	1	0.43157	2
海洋化工业	0.36632	11	0.30488	10	0.33777	9	0.32723	9	0.29591	4	0.36789	3
海洋生物医药	0.66894	4	0.55795	3	0.15965	17	0.18853	17	0.17141	12	0.25352	13
海洋工程建筑	0.04656	18	0.03044	19	0.93911	1	0.95756	1	0.01434	18	0.01200	18
海洋电力业	0.47237	8	0.36943	9	0.30757	11	0.32614	10	0.22006	10	0.30443	9
海水利用业	0.60306	5	0.50373	5	0.24029	15	0.25640	15	0.15665	14	0.23987	14
海洋交通运输	0.35411	16	0.27107	14	0.33958	8	0.26162	14	0.30632	2	0.46731	1
滨海旅游业	0.70788	2	0.64078	2	0.12096	19	0.16840	18	0.17116	13	0.19082	16

（一）海洋产业对最终消费的依赖度分析

由表 8-15 可以看出，2002 年与 2007 年对最终消费依赖度较大的部门相对稳定，基本集中于服务部门、滨海旅游业、海洋生物医药业、海洋渔业等部门。这些部门的依赖度系数在 50% 以上，说明这些产业的增加值主要是通过满足消费需求来实现的，可以看作由消费支撑起来的产业。与 2002 年相比，2007 年各海洋产业对最终消费的依赖程度减弱。

（二）海洋产业对资本形成的依赖度分析

2002 年与 2007 年对最终消费依赖度较大的部门基本稳定，集中于建筑业、海洋工程建筑业、海洋船舶工业等部门，这些部门的依赖度系数接近 50% 或以上。特别是建筑业和海洋工程建筑业对资本的依赖度系数特别高，2007 年均达到 0.95756，也就是说建筑业和海洋工程建筑业增加值中有 95.756% 是通过满足资本形成需求来实现的，说明了建筑业和海洋建筑业对固定资产投资的依赖程度很高。与 2002 年相比，2007 年除了海洋化工和海洋交通运输业对资本形成的依赖程度有所减弱以外，其他海洋产业对资本形成的依赖程度均有所增加，说明资本形成对海洋产业的影响程度有所增强。

（三）海洋产业对净出口的依赖度分析

出口依赖度系数表明，2002—2007 年，海洋交通运输业和海洋船舶工业等部门，其依赖度系数最高但是仍在 50% 以下，说明海洋产业对出口的依赖程度并不是很高。与 2002 年相比，2007 年除了海洋工程建筑业对净出口的依赖程度减弱以外，其他海洋产业对净出口的依赖程度均有所增加，说明我国出口结构不断优化，对整个海洋产业的结构调整起到了积极作用。

（四）海洋产业群的依赖类型划分

根据海洋产业部门的最终依赖度系数，可以将各海洋产业部门按照"依赖消费型""依赖投资型"和"依赖出口型"等进行产业群划分。见表 8-16。

表 8-16   2002 年、2007 年中国海洋产业群依赖类型划分

类型	依赖消费型、依赖度系数		依赖投资型、依赖度系数		依赖出口型、依赖度系数	
2002 年海洋产业群	滨海旅游业	0.70788	海洋工程建筑业	0.93911	海洋船舶工业	0.34832
	海洋渔业	0.68129	海洋船舶工业	0.42037	海洋交通运输业	0.30632
	海洋生物医药业	0.66894	海洋盐业	0.35955	海洋油气业	0.30154
	海水利用业	0.60306	海洋矿业	0.35572	海洋化工业	0.29591
	海洋电力业	0.47237	海洋交通运输业	0.33958	海洋矿业	0.28804
2007 年海洋产业群	滨海旅游业	0.64078	海洋工程建筑业	0.95756	海洋交通运输业	0.46731
	海洋生物医药业	0.55795	海洋船舶工业	0.47554	海洋船舶工业	0.43157
	海洋渔业	0.51344	海洋盐业	0.43757	海洋化工业	0.36789
	海水利用业	0.50373	海洋矿业	0.42513	海洋油气业	0.36626
	海洋电力业	0.36943	海洋油气业	0.35226	海洋矿业	0.33478

由表8-16可以看出2002年与2007年的"依赖消费型"产业主要集中于滨海旅游业、海洋生物医药业、海洋渔业、海水利用业、海洋电力业等部门，这些产业主要由消费支撑。与2002年相比，2007年这5个部门的最终消费依赖度系数均有所下降，也反映出消费对海洋产业的影响程度逐渐减弱。

2002年与2007年的"依赖投资型"产业主要集中于海洋工程建筑业、海洋船舶工业、海洋盐业、海洋矿业等部门，固定资产投资对这些产业影响较大。与2002年相比，2007年这些部门投资依赖度系数均有所上升，说明固定资产投资对海洋产业的影响程度加大。

2002年与2007年的"依赖出口型"产业主要集中于海洋交通运输业、海洋船舶工业、海洋化工业、海洋油气业、海洋矿业等部门，这些产业受出口影响相对较大。与2002年相比，2007年这些部门出口依赖度系数均有所上升，反映出口对海洋产业的影响程度不断加深。

通过最终依赖度的计算和分析发现，在最终需求项目中，海洋产业对最终消费的依赖度高于同期的资本形成和净出口，虽然呈现逐渐下降的趋势，但是仍然占有较大优势。根据依赖度系数接近或大于50%的标准，可以将滨海旅游业、海洋生物医药业、海洋渔业、海水利用业看作2007年典型的"依赖消费型"产业，海洋工程建筑业和海洋船舶工业看作典型的"依赖投资型"产业，海洋交通运输业看作典型的"依赖出口型"产业。

第四节　中国海洋经济主导产业选择

一、海洋经济基础产业界定

1. 基础产业理论

基础产业在国民经济发展中处于基础地位，是国民经济发展赖以依存的基础设施或产业。基础产业所生产的产品往往作为其他非基础产业生产过程中的投入品或消耗品，基础产业的发展对其他产业具有重要的影响，决定其他产业的发展水平。通常，基础产业越发达，其对国民经济发展的支撑作用就越强，国民经济的发展就越顺畅，人民生活水平相对也就越高。

20世纪40年代中后期，Paul Rosenstein-Rodan（1943）在《东欧和东

南欧国家的工业化问题》中指出，基础产业的发展构成社会经济赖以发展的基础设施结构，其发展应早于其他后续产业的发展。文中首次提出了"社会先行资本"的概念，"社会先行资本"即为电力业、运输业、通信业等基础工业。他强调国民经济的发展应具备一定的基础设施的积累。著名发展经济学家 Albert Otto Hirschman 拓展了 Paul Rosenstein-Rodan 关于基础产业的研究，1958 年，其在《经济发展战略》中提出"社会间接资本"和"直接生产活动"的划分。"社会间接资本"即为其他产业提供基本服务的基础产业，"直接生产活动"则指依赖于基础产业发展的其他直接生产性产业。美国经济学家 Walt Whitman Rostow（1960）在《经济成长阶段论》中运用部门分析法探讨了经济成长阶段的更替过程中，基础产业与后续产业发展顺序。日本学者南亮进（1991）在《日本经济发展史》中同样指出，以运输业和通讯业为代表的基础产业为社会间接资本，他强调基础产业是国民经济发展的先决条件。

国内历史上关于基础产业理论的研究较少，相对零散。20 世纪 80 年代以后，伴随产业政策研究的深入研究，人们开始重视基础产业问题。由国家发展与改革委员会宏观经济研究院等多部门组成的"基础产业建设资金筹集"课题组对基础产业进行了较深入和系统的研究。

研究指出基础产业包括基础设施与基础工业两部分。基础设施通常指公路、铁路、机场、港口、邮政、通讯等设施，基础工业则指煤炭、石油、电力等能源工业和钢铁、有色金属、化工、石油化工等原材料工业；近年来，物流业发展迅速，在经济发展中的作用日益明显，部门专家将物流业也归为基础产业。

2. 基础产业特征

基础产业是国民经济赖以发展的基础，具有以下特征：①基础产业的产品是其他生产部门所必需的投入品。②多为资本密集型部门，投资巨大且不可分割。③发展应具有超前效应，先于其他产业的发展。④基础产业产品具有一定的外部性和公益性特征。⑤基础产业存在一定的垄断性和竞争性。

3. 海洋基础产业界定

海洋经济活动所依赖的基础设施与基础工业即为海洋基础产业，它是海洋经济最基本的部门构成，为其他各项海洋生产活动提供基础支持，是其他产业有条不紊发展的基石，制约和决定着其他海洋产业的发展水平，如海洋工程建筑业、海洋交通运输业等海洋产业。海洋基础产业越发达，海洋经济运行就越顺畅、越有效。

二、海洋经济支柱产业分析

（一）海洋支柱产业

海洋支柱产业是指在海洋经济发展过程中居于主要地位并能影响全局的产业。其科技含量高、增长速度较快，在海洋经济中占有较大的比重，且在海洋产业结构中具有较强的前后关联性，其发展能够影响到其他海洋产业，进而可以带动整个海洋经济的发展。

海洋支柱产业和海洋主导产业有很多共同之处，都要求有较高的生产率和生产率增长，有较强的外部联系效果，但二者也存在一定的区别。海洋主导产业着眼于未来的长期发展，往往是处于成长期的产业，而海洋支柱产业则往往是发展较为成熟的产业，侧重的是规模和效率。海洋支柱产业的选择多从贡献度的角度出发。比如增加值在整个海洋生产总值中贡献最大的产业，可以被称为增加值贡献大的支柱产业，对就业贡献大的产业可以称为就业贡献大的支柱产业。此外，还有税收贡献大的支柱产业，出口额贡献大的支柱产业等等。因此，对支柱产业来说，经济关注点不同，选择的支柱产业也会有所不同。

（二）基于投入产出模型的海洋支柱产业选择

海洋经济投入产出表中列出了各海洋产业部门的总产值及增加值，基于表中的数据，可以方便地计算增加值贡献大的海洋支柱产业及对海洋经济增长贡献最大的海洋支柱产业，为海洋经济支柱产业的定量选择提供了便利。根据编制的 2002 年及 2007 年海洋经济投入产出表，计算得 2002 年、2007年我国主要海洋产业增加值及所占比重，如表 8-17、表 8-18。

表 8-17　2002 年中国主要海洋产业增加值及所占比重

海洋产业	滨海旅游业	海洋交通运输	海洋渔业	海洋油气业	海洋工程建筑	海洋船舶工业	海洋化工业	海洋盐业	海洋生物医药	海洋电力	海洋矿业	海水利用
增加值（亿元）	1653.4	1526.5	1105.0	184.1	147.3	80.5	78.1	34.6	13.4	2.2	1.9	1.3

续表

海洋产业	滨海旅游业	海洋交通运输	海洋渔业	海洋油气业	海洋工程建筑	海洋船舶工业	海洋化工业	海洋盐业	海洋生物医药	海洋电力	海洋矿业	海水利用
所占比重(%)	34.24	31.62	22.89	3.81	3.05	1.67	1.62	0.72	0.28	0.05	0.04	0.03

资料来源：2002年中国海洋经济投入产出表。

表8-18　2007年中国主要海洋产业增加值及所占比重

海洋产业	海洋交通运输	滨海旅游业	海洋渔业	海洋油气业	海洋船舶工业	海洋工程建筑	海洋化工业	海洋盐业	海洋生物医药	海洋矿业	海洋电力	海水利用
增加值(亿元)	3035.2	2930.0	1911.7	692.2	550.5	392.8	234.9	47.5	43.7	7.2	5.1	4.2
所占比重(%)	30.80	29.73	19.40	7.02	5.59	3.99	2.38	0.48	0.44	0.07	0.05	0.04

资料来源：2007年中国海洋经济投入产出表。

表8-17中，2002年，滨海旅游业、海洋交通运输业、海洋渔业所占的比重分别达到34.24%、31.62%、22.89%，遥遥领先于其他海洋产业，三大产业总增加值占比高达88.75%，成为我国海洋三大产业当之无愧。同理，从表8-18分析可得，2007年的三大海洋经济支柱产业仍为海洋交通运输业、滨海旅游业、海洋渔业。

（三）主要海洋产业对海洋经济增长贡献率

根据贡献率指标及计算公式，利用编制的2002年及2007年中国海洋经济投入产出表，计算得到2002年及2007年主要海洋产业对海洋经济增长的贡献率，如表8-19、表8-20所示。

表8-19　2002年主要海洋产业对海洋经济增长的贡献率

海洋产业	海洋交通运输业	滨海旅游业	海洋渔业	海洋船舶工业	海洋工程建筑业	海洋电力业	海水利用业
贡献率(%)	34.97	23.52	17.99	6.52	5.58	2.73	2.73

资料来源：2002年中国海洋经济投入产出表；2002年《中国海洋统计年鉴》。

表 8-20　2007 年主要海洋产业对海洋经济增长的贡献率

海洋产业	滨海旅游业	海洋交通运输业	海洋渔业	海洋船舶工业	海洋工程建筑业	海洋化工业	海洋油气业
贡献率（%）	29.21	19.16	18.17	15.99	8.22	4.73	2.19

资料来源：2007 年中国海洋经济投入产出表；2007 年《中国海洋统计年鉴》。

表 8-19 中，从产业贡献率分析，2002 年，基于投入产出表计算的海洋交通运输业、滨海旅游业、海洋渔业三个产业对海洋经济增长的贡献率分别为 34.97%、23.52%、17.99%，远高于其他海洋产业。同理，从表 8-20 分析可得，2007 年，排在前三位的滨海旅游业、海洋交通运输业、海洋渔业三个产业对海洋经济增长的贡献率分别为 29.21%、19.16%、18.17%。

因此，基于编制的 2002 年及 2007 年海洋投入产出表中的数据，本节从各海洋产业增加值占比及对海洋经济增长的贡献率两方面综合选择滨海旅游业、海洋交通运输业、海洋渔业为我国海洋经济的支柱产业。通过以上的实证分析，可以发现，海洋经济投入产出表为海洋支柱产业的定量选择奠定了基础。

三、海洋经济先行产业特征

1. 海洋先行产业界定

海洋先行产业是指在海洋经济规划中先行发展，能够引导其他海洋产业发展方向的产业或产业群。海洋先行产业在海洋经济发展中具有重要地位，对海洋经济的中长期发展具有战略性作用。[1]

2. 先行产业的特征

先行产业特征明显。主要表现为：发展潜力较大，前景较好；产业技术吸附能力较强，多为技术密集型产业；其代表科技进步方向，着眼于未来的

---

[1]　许正中、高常水主编：《后危机背景下先导产业发展路径探析》，《中国软科学》2009 第 11 期，第 19—24 页。

高新技术产业；产业的关联性较强，具有较强的带动与推动作用。

3. 海洋先行产业与其他海洋产业的区别和联系

（1）海洋先行产业与海洋基础产业。海洋先行产业对其他海洋相关产业起到推动、带动作用，是其他海洋产业发展的指南针，可以引导海洋经济的发展。海洋基础产业是海洋经济发展的基石，为海洋生产活动提供基础支撑作用，为海洋经济的发展保驾护航。

（2）海洋先行产业与海洋支柱产业。海洋先行产业与海洋支柱产业存在较多相似处，二者都对海洋经济的发展起到一定的推动作用。二者主要存在两点差异：一是海洋支柱产业占海洋经济的比重远大于海洋先行产业占海洋经济的比重，海洋支柱产业承担国民收入的份额更大。但海洋先行产业发展潜力大、发展速度更快，其占国民经济的比重不断增加，起到带头发展的作用。二是海洋支柱产业着眼于现在，是当下发展的龙头产业，而海洋先行产业则着眼于未来，代表海洋产业未来的发展趋势。

（3）海洋先行产业与海洋主导产业。海洋先行产业占海洋经济的比重不及海洋主导产业所占比重大，但海洋先行产业发展速度高于海洋主导产业，对海洋经济的发展起到指示作用。海洋先行产业与海洋主导产业在作用时间和产业关联度上存在差异。海洋先行产业立足于海洋经济发展的中长期目标，且产业关联度不及海洋主导产业高，海洋主导产业则针对经济发展的近期目标，有较高的产业关联度，能更有效地推动海洋经济的发展。

4. 海洋先行产业选择

根据海洋先行产业的概念及特征，结合产业发展的特点和规律，本节从产业增加值高速增长角度进行海洋先行产业的选择。

表 8-21　2002 年主要海洋产业增加值增长率　　　　单位：%

海洋产业	海洋工程建筑	海洋生物医药	海洋矿业	海洋化工	海洋船舶工业	海洋交通运输	海洋电力业	海水利用业	滨海旅游	海洋油气业	海洋渔业	海洋盐业
增长率	495.2	127.3	46.3	36	30.6	27.1	20.5	20.5	14.9	11.6	6.9	-15.3

注：因 2002 年以前海洋产业划分不同，故只取 2002 年一年海洋产业增长率为其代表。

资料来源：2003 年《中国海洋统计年鉴》。

表 8-22　2003—2007 年主要海洋产业增加值平均增长率　　　单位:%

海洋产业	海洋化工业	海洋工程建筑	海洋船舶工业	海洋矿业	海洋生物医药	海洋交通运输	海洋电力业	海洋油气业	滨海旅游	海水利用业	海洋渔业	海洋盐业
增长率	45.76	44.86	34.2	23.08	21.22	18.32	17.8	14.42	13.06	8.18	5.34	4.06

资料来源:2004—2008 年《中国海洋统计年鉴》。

从表 8-21、表 8-22 可以看出,2002 年中国海洋工程建筑业、海洋生物医药业增长率较高,分别为 495.2%,127.3%,发展潜力较大。2003—2007 年,海洋化工业、海洋工程建筑业两个产业的增长率分别为 45.76%,44.86%。因此,通过产业关联效益、产业发展潜力等分析,2002 年我国海洋先行产业可以确定为海洋工程建筑业和海洋生物医药业两个产业;2007年我国海洋先行产业变为海洋化工业和海洋工程建筑业两个产业。

四、海洋经济主导产业标准

(一)海洋经济主导产业界定

A. Hirschman(1958)在《经济发展战略》首次提出主导产业的概念,他根据投入产出原理,提出根据后向关联系数指标的大小确定主导产业。美国经济学家 Walt Whitman Rostow(1960)在《经济成长阶段》对主导产业理论进行了系统研究。他指出,主导产业是指具有较高产业关联度,能够有效带动其他产业演变,并推动国民经济整个产业链发展的关键产业。主导产业与其他产业间有密切的经济、技术、产品、结构等多方面的关联效应。[①]

根据 Walt Whitman Rostow 提出的主导产业概念,主导产业是指能够较快地吸收新技术成果、发展迅速且具有高产业关联效应,能有效带动产业链相关产业发展,影响国民经济产业技术水平及产业结构演变,并在国民经济总量中占有较大份额的产业。

主导产业的基本特征有:创新能力较强,能较快吸纳先进技术;增长速度较快;产业关联度高,能有效带动其他产业的发展;产业规模较大,在国民经济总量中占有较大份额。

---

① [英]沃尔特·罗斯托:《经济成长的阶段》,英国剑桥大学出版社 1960 年版,第 63—72 页。

海洋主导产业是指能够较快地吸收先进技术，保持较高增长速度并对国民经济（主要是海洋经济）其他产业部门的发展具有较强带动作用的产业部门，能够带动海洋经济其他产业发展，代表海洋产业结构演变趋势，并且其经济规模在海洋经济总量中占有较大份额的产业。海洋主导产业主要着力于近期或中期发展目标，多为处于成长期的产业。

（二）主导产业选择标准

在产业经济理论史上，界定和选择主导产业的基准主要有：

1. Albert Otto Hirschman 基准

著名发展经济学家 A. Hirschman（1958）在《经济发展战略》中指出，较高产业关联度的产业对其他产业会产生较强的后向关联、前向关联和波及效应[①]。这种产业能够影响其前后项产业，从而有效带动前后产业的发展，这种产业就是主导产业。主导产业可以带动整个经济的发展。

2. Walt Whitman Rostow 基准

美国经济学家 Walt Whitman Rostow（1960）在《从起飞进入持续增长的经济学》一书将产业关联效应扩充为后向联系效应、旁侧效应、前向联系效应三个方面。其中，后向联系效应是指主导产业的快速增长会加大对原材料、机器等的投入需求，从而带动其他产业部门的发展。旁侧效应指主导产业的发展会使区域经济趋向工业化发展方向，带来区域经济发展变化。前向联系效应强调主导产业部门的有效供给能力，即主导产业部门通过增加有效供给促进经济发展。[②]

3. 筱原基准

筱原三代平在 20 世纪 50 年代中期提出筱原基准，又称需求收入弹性或生产率上升基准。

需求收入弹性=需求增长率/收入增长率。表示收入每增长百分之一所带来的需求增长的百分比。产业的需求收入弹性越大，说明该产业市场需求越大，其推动经济增长的作用越大。[③]

---

① 苏东水：《产业经济学》，高等教育出版社 2000 年版，第 187—194 页。

② ［美］沃尔特·罗斯托：《从起飞进入持续增长的经济学》，贺力平等译，四川人民出版社 1988 年版，第 94—102 页。

③ 吴照云等：《产业经济学》，经济管理出版社 1998 年版，第 68—75 页。

生产率上升率基准：用产出对全部投入要素之比表示，该基准强调技术进步是产业生产率上升的本质原因，主导产业要选择高技术进步率的产业部门。

上述主导产业选择基准从不同的侧面反映了主导产业的基本特征。实际应用过程中，主导产业的选取还要结合具体情况，充分考虑到产业结构的现状、投入资金以及自然资源状况等外部约束。进行海洋主导产业选择时不能完全照搬和套用上述基准。要在上述选择基准的指导下，结合海洋经济发展的特点，对海洋主导产业进行选择。

（三）主导产业评价指标设计

国内外主要从主导产业的选择基准方面，进行定性分析和定量评定。定量研究上，主要是通过一系列选择方法体系进行各个方面的实证研究，常用的方法为应用综合评价方法研究。其中，常见的主导产业选择方法有投入产出法、熵值法、主成分分析法、因子分析法、灰色关联分析法等。

课题基于主导产业选择基准，结合海洋经济产业发展结构特点，以海洋经济投入产出表为基础，从产业关联度、产业规模、技术进步、产业经济效应4个方面选择出9个具有标志性意义的定量化指标，形成海洋经济主导产业选择指标体系。其中，产业发展规模，选择产出比重系数、产业扩张系数2个系数；产业关联度，选择影响力系数和感应度系数，直接前向、后向关联系数等4个指标。选用经济效益系数度量各产业经济效应；技术进步指标选择技术系数、劳动投入结构系数2个指标。相应的海洋经济主导产业选择指标体系具体解释见表8-23。

表8-23　中国海洋经济主导产业选择指标体系

	指标	计算公式	含义
规模	产出比重系数 D_j	$D_j = X_j / X$，$j = 1, 2, \cdots n$ 其中 X_j 表示产业 j 的总产出，X 表示全部产业的总产出	某产业产出占所有产业总产出的比重，产出比重与产业规模成正比例关系
	产业扩张系数 I_j	$I_j = N_j / \sum N_j$，$j = 1, 2, \cdots n$ 其中 N_j 表示第 j 产业的增加值，$\sum N_j$ 表示全部产业增加值之和	一般来说产业的扩张能力可以用产业增加值来表示。产业扩张系数可以表示为某产业增加值占全部产业增加值的比重

续表

	指标	计算公式	含义
关联度	影响力系数	$J_j = \dfrac{\sum\limits_{i=1}^{n} \overline{b_{ij}}}{\dfrac{1}{n}\sum\limits_{j=1}^{n}\sum\limits_{i=1}^{n} \overline{b_{ij}}}$ $(i, j = 1,$ $2 \cdots n)$ 其中 $\sum\limits_{i=1}^{n} \overline{b_{ij}}$ 为列昂惕夫逆矩阵 $(I-A)^{-1}$ 的第 j 列数值之和	表示某部门的影响力与所有部门影响力的平均值之比。影响力系数越大,说明对国民经济具有较大的拉动作用,这些产业部门往往也就会成为国民经济发展的主导产业
	感应度系数	$S_i = \dfrac{\sum\limits_{j=1}^{n} \overline{b_{ij}}}{\dfrac{1}{n}\sum\limits_{i=1}^{n}\sum\limits_{j=1}^{n} \overline{b_{ij}}}$ 其中 $\sum\limits_{j=1}^{n} \overline{b_{ij}}$ 为列昂惕夫逆矩阵 $(I-A)^{-1}$ 第 i 行数值之和	某产业部门的感应度与所有产业部门的平均感应度之比。感应度系数越大,受到国民经济发展的拉动力越高。高感应度系数的产业,往往是经济发展中的基础产业和瓶颈产业,需优先发展
	直接前向关联系数	$FL_i = \sum\limits_{j=1}^{n} a_{ij}$, $i, j = 1, 2 \cdots n$ 其中 a_{ij} 为直接消耗系数	表示国民经济各产业部门产量都增加一单位时,该部门的直接反应
	直接后向关联系数	$BL_j = \sum\limits_{i=1}^{n} a_{ij}$, $i, j = 1, 2 \cdots n$ 其中, a_{ij} 为直接消耗系数	直接后向关联系数与直接前向关联系数相对应,其所表示的是某一产业与提供生产要素的直接上游产业的联动关系。直接后向关联系数越大,该产业对其他产业的拉动作用越强
技术进步	技术系数 M_j	$M_j = (V_j + T_j + P_j)/X_j$, $j = 1, 2 \cdots n$ 其中, V_j 为劳动者报酬, T_j 为生产税净额, P_j 为营业盈余, X_j 为产业 j 的总产出	技术系数是指新创造价值率,新创造价值可以由最初投入与固定资产折旧相减求得
	劳动投入结构系数 L_j	$L_j = V_j / X_j$, $j = 1, 2 \cdots n$ 其中, V_j 表示劳动者报酬, X_j 表示产业 j 的总产出	用各部门劳动投入在其总产品投入中所占的比重来表示
经济效益	经济效益系数 Q_j	$Q_j = N_j / X_j$, $j = 1, 2 \cdots n$ 其中 N_j 表示产业 j 的增加值, X_j 表示产业 j 的总投入	有关经济效益的指标种类很多,在此选择投入产出表相关的计算方法,即增加值与总投入的比值

五、中国海洋经济主导产业选择

（一）中国海洋经济 19 部门测算

根据 2002 年和 2007 年中国海洋经济投入产出表，计算各个产业 9 个评价指标体系数据，如表 8-24 和 8-25 所示。

表 8-24　2002 年 19 产业部门各系数值

产业	产出比重	产业扩张系数	影响力系数	感应度系数	直接前向关联系数	直接后向关联系数	技术系数	经济效益系数	劳动投入结构系数
农业	0.08477	0.05836	0.83706	1.16474	0.64899	0.41566	0.55779	0.58434	0.46888
采掘业	0.03191	0.02160	0.86996	1.27817	0.97668	0.42546	0.50812	0.57454	0.25145
制造业	0.45466	0.14302	1.23689	6.26679	4.86633	0.73300	0.22706	0.26700	0.10496
电力热力燃气水生产和供应	0.02819	0.01623	0.93177	1.05638	0.76947	0.51142	0.34881	0.48858	0.11443
建筑业	0.08775	0.02423	1.26663	0.49031	0.06532	0.76560	0.20944	0.23440	0.13858
流通部门	0.12045	0.07371	0.93132	1.90379	1.53714	0.48057	0.42978	0.51943	0.20371
服务部门	0.15616	0.10276	0.89126	1.35232	0.92701	0.44147	0.44416	0.55853	0.29081
海洋渔业	0.00641	0.00415	0.88433	0.49621	0.09666	0.45011	0.52024	0.54989	0.42701
海洋油气业	0.00083	0.00069	0.72643	0.44674	0.03801	0.28877	0.55298	0.71123	0.13783
海洋矿业	0.00001	0.00001	0.83568	0.41725	0.00051	0.39746	0.49878	0.60254	0.31372
海洋盐业	0.00017	0.00013	0.79426	0.42316	0.00996	0.36130	0.52661	0.63870	0.33309
海洋船舶工业	0.00108	0.00030	1.32430	0.45977	0.07825	0.76215	0.20007	0.23785	0.15789
海洋化工业	0.00125	0.00029	1.18050	0.44863	0.03482	0.80006	0.15481	0.19994	0.06127
海洋生物医药	0.00011	0.00005	1.09210	0.41861	0.00267	0.61332	0.35311	0.38668	0.11588
海洋工程建筑	0.00201	0.00055	1.26660	0.41858	0.00149	0.76560	0.20944	0.23440	0.13858
海洋电力业	0.00001	0.00001	0.91970	0.41723	0.00038	0.49916	0.36362	0.50084	0.10804
海水利用业	0.00001	0.00000	0.92729	0.41713	0.00035	0.49952	0.28849	0.50048	0.22469
海洋交通运输	0.01212	0.00574	1.07771	0.62272	0.23162	0.59829	0.27990	0.40171	0.15966
滨海旅游业	0.01211	0.00621	1.00620	0.50149	0.08756	0.56429	0.39410	0.43571	0.15408

表 8-25　2007 年 19 产业部门各系数值

产业	产出比重	产业扩张系数	影响力系数	感应度系数	直接前向关联系数	直接后向关联系数	技术系数	经济效益系数	劳动投入结构系数
农业	0.05568	0.10054	0.75598	1.00533	0.50328	0.41333	0.55740	0.58667	0.55635
采掘业	0.03405	0.04906	0.91486	1.39877	0.99051	0.53187	0.41721	0.46813	0.16793
制造业	0.54765	0.35999	1.22067	7.36573	5.83333	0.78643	0.18740	0.21357	0.06901
电力热力燃气水生产和供应	0.04121	0.03597	1.10033	1.66489	1.50295	0.71639	0.16300	0.28361	0.07208
建筑业	0.07452	0.05308	1.21462	0.37284	0.03929	0.76861	0.21903	0.23139	0.11807
流通部门	0.08963	0.14524	0.82317	1.33072	1.12578	0.47350	0.44036	0.52650	0.13040
服务部门	0.12731	0.21907	0.80261	1.28864	1.01941	0.44091	0.45871	0.55909	0.24542
海洋渔业	0.00403	0.00719	0.76808	0.39676	0.06365	0.42085	0.55032	0.57915	0.55032
海洋油气业	0.00141	0.00260	0.79272	0.39836	0.06311	0.40255	0.53537	0.59745	0.13687
海洋矿业	0.00002	0.00003	1.00047	0.34420	0.00087	0.60912	0.33939	0.39088	0.15900
海洋盐业	0.00015	0.00018	0.99936	0.34754	0.00623	0.60779	0.33888	0.39221	0.16012
海洋船舶工业	0.00241	0.00207	1.18843	0.40581	0.14061	0.72162	0.26411	0.27838	0.13152
海洋化工业	0.00162	0.00088	1.17187	0.38373	0.04461	0.82335	0.14057	0.17665	0.05143
海洋生物医药	0.00018	0.00016	1.07914	0.34667	0.00506	0.70981	0.25886	0.29019	0.08476
海洋工程建筑	0.00207	0.00148	1.21462	0.34442	0.00109	0.76861	0.21903	0.23139	0.11807
海洋电力业	0.00002	0.00002	1.10760	0.34434	0.00082	0.72020	0.15949	0.27980	0.06663
海水利用业	0.00001	0.00002	0.90518	0.34388	0.00044	0.53508	0.29692	0.46492	0.20723
海洋交通运输	0.00829	0.01141	0.95687	0.47808	0.17078	0.55306	0.36157	0.44694	0.10880
滨海旅游业	0.00972	0.01101	0.98342	0.43929	0.12295	0.63169	0.33074	0.36831	0.12293

（二）基于投入产出表的海洋主导产业评价

1. 主观赋权法

基于主观赋权法的基本原理，根据海洋经济发展特点，参照李崇阳等专家的赋权方案，从所构建的指标体系中选择影响力系数、感应度系数、技术进步、经济效益、劳动投入结构以及产业扩张 6 个系数指标，进行产业指数综合评价，这 6 个指标的权重分别为：影响力系数：0.19；感应度系数：

0.18；技术系数：0.15；经济效益系数：0.22；劳动投入结构系数：0.10；产业扩张系数：0.16。[①] 2002 年、2007 年海洋产业各部门的测评结果分别见表 8-26、表 8-27。

2. 主成分分析法

根据构建的指标体系，利用投入产出表计算的各指标系数值，根据主成分分析法的原理，对 2002、2007 年海洋各产业部门进行测评，测评结果见表 8-26、表 8-27。

3. 灰色关联分析法

根据构建的指标体系，利用投入产出表计算的各指标系数值，根据灰色关联分析法的原理，对 2002、2007 年海洋各产业部门进行测评。测评结果见表 8-26、表 8-27。

4. 熵值法

根据构建的指标体系，利用投入产出表计算的各指标系数值，根据熵值法原理方法，对 2002、2007 年海洋各产业部门进行测评。测评结果见表 8-26、表 8-27。

表 8-26　2002 年海洋产业四种方法测评得分及排名

评价方法\产业	主观赋权法		主成分分析法		灰色关联分析法		熵值法	
	得分	排名	得分	排名	得分	排名	得分	排名
海洋渔业	0.49972	1	0.15435	2	0.46740	1	0.01705	2
海洋油气业	0.47175	4	0.13113	3	0.45500	9	0.00647	10
海洋矿业	0.47263	3	0.10354	6	0.45880	5	0.00791	7
海洋盐业	0.47991	2	0.11776	4	0.45970	4	0.00837	5
海洋船舶工业	0.43255	7	0.03637	10	0.45760	6	0.01057	4
海洋化工业	0.37843	12	0.01639	11	0.45390	11	0.00726	8
海洋生物医药业	0.43248	8	0.03789	9	0.45400	10	0.00634	11
海洋工程建筑业	0.41293	11	0.00571	12	0.45600	8	0.00824	6
海洋电力业	0.42538	10	0.06476	8	0.45300	12	0.00519	12

① 李崇阳：《福建主导产业群实证分析》，《中共福建省委党校学报》2003 第 10 期，第 58—62 页。

评价方法 产业	主观赋权法		主成分分析法		灰色关联分析法		熵值法	
	得分	排名	得分	排名	得分	排名	得分	排名
海水利用业	0.42712	9	0.07423	7	0.45610	7	0.00699	9
海洋交通运输业	0.46410	5	0.17029	1	0.46250	2	0.02013	1
滨海旅游业	0.45282	6	0.10701	5	0.46050	3	0.01588	3

表 8-27 2007 年海洋产业四种方法测评得分及排名

评价方法 产业	主观赋权法		主成分分析法		灰色关联分析法		熵值法	
	得分	排名	得分	排名	得分	排名	得分	排名
海洋渔业	0.48350	1	0.12230	1	0.48910	1	0.02256	1
海洋油气业	0.44817	2	0.08824	3	0.46750	6	0.00883	7
海洋矿业	0.40485	7	0.00113	8	0.46700	9	0.00846	10
海洋盐业	0.40559	6	0.00403	7	0.46710	7	0.00867	8
海洋船舶工业	0.41319	4	0.01855	6	0.46890	4	0.01317	4
海洋化工业	0.35696	12	-0.03813	11	0.46510	10	0.00856	9
海洋生物医药业	0.37861	10	-0.02816	9	0.46490	11	0.00715	11
海洋工程建筑业	0.38858	9	-0.04853	12	0.46710	7	0.00983	5
海洋电力业	0.36457	11	-0.03584	10	0.46440	12	0.00667	12
海水利用业	0.40143	8	0.02654	5	0.46850	5	0.00906	6
海洋交通运输业	0.43313	3	0.10057	2	0.47010	2	0.01587	2
滨海旅游业	0.41062	5	0.06168	4	0.47000	3	0.01558	3

5. 一致性检验

前面采用主观赋权法、主成分分析法、灰色关联分析法、熵值法 4 种不同方法对我国海洋主导产业进行了选择。采用 Kendall 一致性检验的方法对 4 种方法得出的结果进行检验，Kendall 一致性检验结果见表 8-28。

表 8-28　Kendall 一致性检验结果

年份	样本数（N）	T 值	Chi-Square（χ^2）	自由度（df 值）	P 值	是否通过检验
2002	4	0.756	33.269	11	0.000	是
2007	4	0.872	38.389	11	0.000	是

　　检验结果显示这 4 种方法的测评结果通过了一致性检验，由此，课题设计构建四维一体的联合测度模型，根据专家打分法，将这 4 种方法测评得分进行综合，得到最终测评结果，见表 8-29。

表 8-29　2002 年及 2007 年海洋各产业综合测评得分及排名

年份＼产业		海洋渔业	海洋油气业	海洋矿业	海洋盐业	海洋船舶工业	海洋化工业	海洋生物医药	海洋工程建筑	海洋电力业	海水利用业	海洋交通运输	滨海旅游业
2002	得分	0.1381	0.1257	0.1261	0.1277	0.1224	0.1156	0.1188	0.1179	0.1187	0.1212	0.1383	0.1312
	排名	2	6	5	4	7	12	9	11	10	8	1	3
2007	得分	0.1532	0.1365	0.1328	0.1331	0.1372	0.1302	0.1300	0.1322	0.1290	0.1342	0.1420	0.1402
	排名	1	5	8	7	4	10	11	9	12	6	2	3

（三）中国海洋主导产业选择

　　实证结果显示，2002 年 4 种方法综合得分排在前三位的为海洋交通运输业、海洋渔业、滨海旅游业。2007 年，4 种方法综合得分稳定在前列的还是海洋渔业、海洋交通运输业、滨海旅游业以及海洋船舶业。由此可以看出，我国海洋渔业、海洋交通运输业、滨海旅游业三大传统海洋产业对我国海洋经济的推动作用很强，是拉动和制约其他产业发展的重要力量，可以确定为我国的海洋主导产业。2007 年，海洋船舶业、海水利用业等新兴海洋产业排名上升较大，分别从 2002 年的第 7、第 8 上升为 2007 年的第 4、第 6，这说明该产业在这五年间发展迅速，已有跃升为海洋主导产业的趋势，对我国海洋经济发展的主导作用不断增强。

　　海洋主导产业对我国海洋经济体系乃至整个国民经济体系的强辐射性和强制约性较强，能够拉动和制约其他产业发展，对我国整个海洋经济的发展起到至关重要的作用。海洋经济投入产出表的编制，为计算各种指标系数值提供了科学可靠的数据来源，为海洋主导产业的选择奠定了基础，实证结果也证实基于海洋经济投入产出表选择的海洋主导产业科学合理，准确度较高。

第 九 章

中国海洋经济周期波动景气指标设计

随着信息数据资源的大规模出现和宏观经济景气研究的不断进展，国内外有关经济周期的统计方法及统计体系不断得到完善，由此也形成了分门别类的庞大经济指标体系。现代经济景气指标的设计，是一项十分复杂的系统性工作，不仅数据资料庞大、影响因素复杂，而且分析方法手段多样，如：美国的先行、一致、滞后景气指标就是从近千个经济指标中筛选出来的；我国宏观经济景气指标的筛选与确定过程也是如此。中国海洋经济周期波动景气指标设计，主要是针对中国海洋经济的波动特点和波动规律，通过借鉴宏观经济周期波动的分析技术方法，运用时序相关分析、K—L信息量法、时差相关分析、灰色关联分析、神经网络技术以及协整检验、格兰杰检验、多元逐步回归等传统与现代、主观与客观的计量方法，对景气指标进行筛选、分类、综合、设计与检验，选取并建立了反映中国海洋经济景气变化的综合指标体系，为中国海洋经济周期波动监测预警提供研究基础。

第一节　海洋经济周期波动景气指标选取

景气指标是指反映宏观经济各行业运行的景气状况和趋势的定量或定性指标。根据我国海洋经济的发展特点，并结合我国海洋经济相关数据的统计现状，将影响我国海洋经济波动的因素分为：沿海地区经济发展水平、海洋经济结构、海洋经济发展规模以及海洋经济生态环境等因素，通过敏感性、平滑性、趋势性等先决条件分析，建立海洋经济周期波动景气指标体系。

一、景气指标选取原则

在海洋经济景气指标的选取中，主要是依据 NBER 给出的四个原则。

1. 一致性

是指单项指标与海洋经济总体运行具有方向上的一致变化趋势。如果某个指标与海洋经济周期波动具有正向的一致变化趋势，表明该指标在海洋总体经济活动的扩张阶段上升，收缩阶段下降。一致性一般表现在三个方面：一是指标的周期波动与总体经济波动产生一致性的阶段占总体经济周期波动的比重；二是在具体经济波动中所表现出来的反常的周期波动数；三是所选择的指标在波动幅度上具有一致性。

2. 重要性

是指被选取的指标与海洋经济发展具有高度关联的重要指标，能够综合、全面反映和体现海洋经济总体运行的总量特征、协调特征以及结构特征，并在海洋经济中占据较大的比重。

3. 灵敏性

灵敏性是指能够比较灵敏地反映海洋经济波动的实时状况。灵敏性主要衡量指标数据统计周期的长短和反映经济波动所存在的滞后时间。一般而言，月度数据相对于季度数据和年度数据，由于本身的周期比较短，所以灵敏性更强。

4. 稳定性

稳定性主要体现在两个方面：一是以被选取指标变化幅度为依据所进行的状态划分，有相对稳定的划分标准；二是所选取指标波动的时间、振幅以及指标之间的关联等，是比较均匀的形态波动。

二、景气指标选取依据

对于一个理想的景气指标，Michelle 和 Burns（1961）曾提出了以下先决条件：必须要有半个世纪或更长的时间序列，来表明各种不同状况下的景气循环关系。先行指标的变动必须先于循环复苏中心和萧条中心一段固定的时间，比如 3 个月或 6 个月；没有不规则的变动，以及从循环低谷平滑地转入下一个循环高峰，然后再平滑至下一个低谷，因而每次变动方向，将预告着一般景气状况下一个复苏或萧条的来临；循环变动必定明显，并能指出未来变动的振幅；一般景气状况有密切关系，能建立起足够的信心，以便确信其未来的变动将与其过去的景气循环变动一样。由于中国海洋经济波动的时间序列统计数据有限，现有海洋经济指标不可能完全满足 Michelle 和 Burns 的先决条件。因此，中国海洋经济周期波动景气指标的选取，主要是通过对我国海洋经济实际发展情况的分析，根据 Michelle 和 Burns 的先决条件，参考国内外相关领域的经典案例，结合中国海洋经济周期波动的文献研究结论，设计了四个方面的海洋经济景气指标选取依据：

1. 正确反映海洋经济波动状态。海洋经济景气指标应当既要能够反映海洋经济波动的广度，又要能够反映海洋经济波动的深度。如：海洋产业产值、固定资产投资额、从业人数等，这些指标的波动与海洋经济波动的关系密切，便于从其变化过程中洞察海洋经济波动的过程。因此，这类指标至少具有重要性和稳定性两个特征。

2. 准确反映海洋经济未来发展趋势。海洋经济景气指标应当能够准确监测海洋经济总体运行状况和未来发展趋势，特别是在海洋经济波动发生转折时，或者是具有明显的循环变动趋势，并能先行显现出未来变动的振幅。

3. 实时反映海洋经济波动的敏感性。海洋经济景气指标应当能够及时反映海洋经济运行的冷热状况；其周期波动的时间和海洋经济波动存在较稳定的先后传导关系，能够起到"指示器"和"报警器"的作用。灵敏性主要衡量指标数据统计。

4. 充分反映时间序列数据的平滑性。海洋经济景气指标数据应当是具有相对规则变动的时间序列数据。其波动的阶段划分较明显，必然是从一个循环较平滑地转入到下一个循环，因而其规则变动的方向也预告着复苏或萧条的来临。

三、景气基准指标选择

景气指数是通过经济变量间的时差关系来指示经济景气动向的，而基准指标是确定时差关系参照物的基础环节。基准指标类似于物理中判断运动和静止的"参照物"，基准指标的选取不同，经济景气循环的分析结论可能就会大相径庭。

　　一般来说，基准指标确定的方法有三：①以工业总产值等重要经济指标的波动为初始基准循环，然后根据其波动状况确定循环之间的转折点；②依据专家评分意见确定；③根据经济循环年表或者经济大事记确定基准指标。国民生产总值、社会总产值、国民收入等，都是比较理想的宏观经济基准指标，因为这些指标可以全面综合地反映国民经济总体运行状况和发展水平，适合对经济周期波动进行度量。

　　根据经济周期波动理论的分析经验，主要海洋产业总产值、主要海洋产业增加值、海洋生产总值等指标，都能够反映我国海洋经济的整体运行状况。其中，海洋生产总值是指一定时期内海洋经济活动按市场价格计算的最终成果。其结构关系如图9-1所示；图9-2还说明了海洋生产总值（GOP）与国内生产总值（GDP）的对应关系。

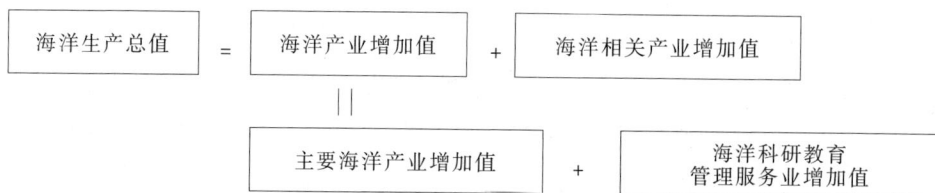

图9-1　海洋生产总值计算公式

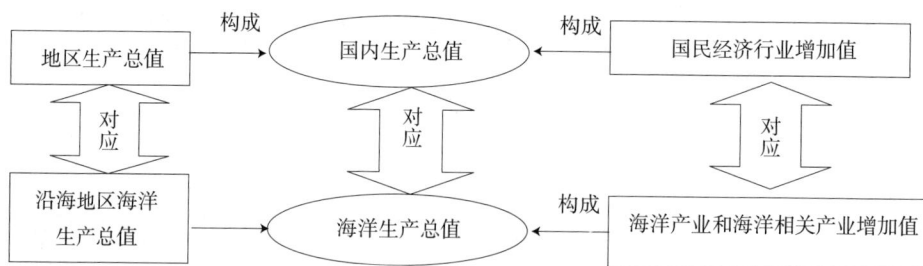

图9-2　海洋经济与国民经济对应关系

　　中国海洋经济中的大部分指标在保持总量增长的同时，其增长率有着明显的周期波动性趋势。借鉴宏观经济景气研究经验，中国海洋生产总值增长率的周期性波动，能够反映中国海洋经济的景气波动状态，见图9-3。因此，课题研究中选择中国海洋生产总值增长率，作为中国海洋经济周期波动的基准指标。通过对备选指标与基准指标进行对比分析，判断海洋经济周期波动的先行指标、同步指标和滞后指标。

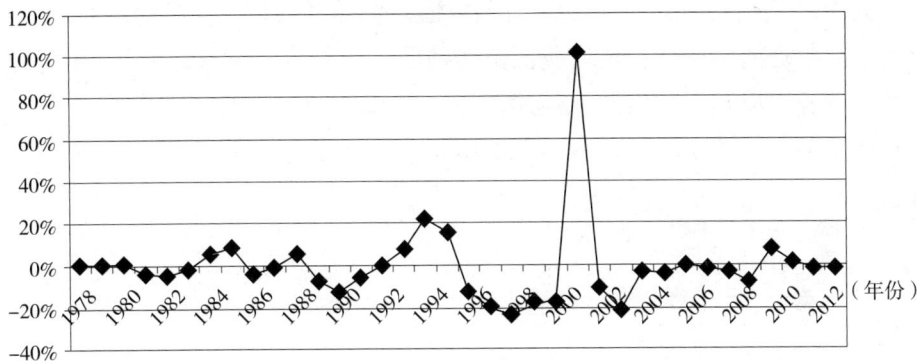

图9-3　1978—2013年中国海洋生产总值增长率曲线（剔除时间趋势）①

四、景气基准日期确定

一般来说，基准日期的确定是综合考虑了专家的意见、经济周期年表以及历史扩散指数 HDI（Historical Diffusion Index）得到的。HDI 的制定过程中，一般选择与经济周期波动比较一致的5—10个具有重要经济意义的时间序列，并通过对该时间序列进行预处理之后，再对其峰谷日期（转折点日期）进行确定。

由于中国海洋经济统计数据及其周期波动相关领域的研究还没有成熟的海洋经济周期年表，同时也缺乏海洋经济周期研究的历史数据。因此，中国海洋经济周期指标体系的基准日期确定，主要是参考专家意见以及基准波动系数，结合我国海洋经济统计数据的波动特征并借鉴我国宏观经济波动的基准日期确定方法并来完成的。

基准波动系数公式为：

---

① 资料来源：《中国海洋统计年鉴》；2013年《中国海洋经济统计公报》。

$$HCT(t) = \frac{\sum\limits_{i=1}^{N} d_i(t) W_i}{\sum\limits_{i=1}^{N} W_i} \qquad\qquad (9-1)$$

其中，$d_i(t)$：第 i 个指标 t 时刻取值；W_i 是权数，N 为指标总数。

根据数据的可得性，选取我国沿海地区生产总值增长率，主要海洋产业增加值增长率以及海洋生产总值增长率，计算中国海洋经济基准波动系数。经季节调整后，得到中国海洋经济基准波动系数的波动曲线，如图 9-4 所示。

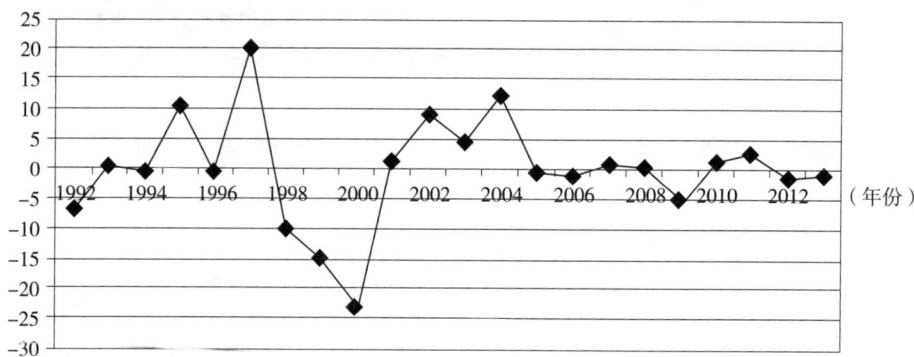

图 9-4　中国海洋经济基准波动系数波动曲线

通过对中国海洋经济基准波动系数波动曲线图的分析，发现 1992—2000—2013 年间，中国海洋经济基准波动系数具有相对比较完整的波谷—波峰—波谷的循环过程。2000 年以来我国海洋经济一直处于快速平稳发展状态。同时发现，我国海洋经济周期波动与我国宏观经济周期波动极具相似性和滞后性。如果从中国海洋经济统计数据的完整性、可比性及其时间序列的可得性等方面，综合考虑时间序列的样本区间，并结合我国海洋经济周期的峰谷变化，2000 年的基准波动系数达到极小值，2000 年的波谷可以作为我国海洋经济周期波动的基准日期。另外，在中国海洋经济数据的统计口径变化过程中，2006 年是我国海洋经济数据统计口径参照宏观经济数据统计口径变化的首次尝试，并于 2007 年正式调整中国海洋经济数据的统计口径，因此，2007 年也可以确定为中国海洋经济监测指标体系的基准日期。综上所述，从理论上讲，2000年和2007年都可以确定为中国海洋经济监测指标体系的基准日期。通过中国海洋经济基准波动系数的计算，并咨询专家意见、参考国内外有关基准日期确定的经验，确定中国海洋经济监测指标体系的基准日期为2000年。

五、景气指标的选取及指标释义

根据经济景气指标选取原则，借鉴国际国内有关宏观经济景气指标的结构组成和成功经验，结合中国海洋经济的特点，利用解释结构模型将海洋经济周期波动的影响因素分解为：沿海地区经济发展水平、海洋经济总量、海洋经济结构、海洋经济效益、海洋产业发展水平以及海洋经济生态环境六大类指标。

（一）海洋经济景气指标设计

沿海地区经济发展水平，具体包括沿海地区生产总值、沿海地区物价水平、沿海地区财政支出、沿海地区本币存款余额、沿海地区人均可支配收入、沿海地区固定资产投资密度、涉海产品价格指数。

海洋经济总量指标，包括主要海洋产业总产值增长速度、科研机构从业人员、海洋货物吞吐量（外贸）增速、全国主要海洋产业就业人数。

海洋经济结构指标，包括主要海洋产业就业人数/沿海地区就业人数、海洋生产总值/沿海地区生产总值、主要海洋产业增加值/沿海地区生产总值、海洋产品及服务出口总额/沿海地区生产总值、海洋第二产业比重、海洋第三产业比重。

海洋经济效益指标，包括海洋高新技术投入比率、海洋全员劳动生产率、主要海洋产业增加值/沿海地区固定资产投资总额。

海洋产业发展水平，包括海洋渔业增加值、滨海旅游业增加值、海洋交通运输业增加值、海洋船舶业增加值、海洋油气业增加值。

海洋经济生态环境，包括海洋灾害损失占海洋生产总值的比重、沿海地区工业废水排放达标率、工业废水直接入海量与海岸线长度的比重。

（二）海洋经济景气指标筛选

因为海洋经济统计指标纷繁复杂，波动特点、波动趋势和关联程度各有不同。因此，在选取构建海洋经济周期波动景气指标体系时，需要对指标进行归类分析。同时，由于原始统计指标、监测指标尤其是总量指标等，大多都具有时间性趋势，这类指标的景气性质难以判断。因此，需要对所有备选指标进行平稳性检验和关联关系检验，根据备选指标与基准指标的相关系数检验结果，筛选了 28 个景气指标。如表 9-1，9-2 所示。

表 9-1　总量指标与增速指标的平稳性检验

总量指标	ADF	P 值	结论	增速指标	ADF	P 值	结论
沿海地区生产总值	5.082037	1.000	不平稳	沿海地区生产总值增速	-2.969340	0.076	平稳
沿海地区财政支出	14.91933	0.999	不平稳	沿海地区财政支出增速	-2.819764	0.090	平稳
沿海地区本币存款余额	3.119803	0.999	不平稳	沿海地区本币存款余额增速	-3.346124	0.041	平稳
科研机构从业人员	1.597088	0.997	不平稳	科研机构从业人员增速	-3.215316	0.049	平稳
海洋渔业增加值	1.512880	0.997	不平稳	海洋渔业增加值增速	-6.486546	0.001	平稳
海洋油气业增加值	0.368027	0.967	不平稳	海洋油气业增加值增速	-5.590723	0.002	平稳
海洋船舶业增加值	-0.508676	0.851	不平稳	海洋船舶业增加值增速	-3.761134	0.022	平稳
海洋交通运输业增加值	-1.294205	0.588	不平稳	海洋交通运输业增加值增速	-3.194885	0.051	平稳
滨海旅游业增加值	0.704599	0.985	不平稳	滨海旅游业增加值增速	-7.364919	0.000	平稳

通过总量指标的平稳性检验结果，发现总量指标的增速指标都是平稳的。因此，在筛选构建中国海洋经济周期波动景气指标体系时，对总量指标进行了技术处理，都以增长率作为景气指标。中国海洋经济周期波动景气指标体系筛选结果，如表 9-2 所示。

表 9-2　中国海洋经济周期波动景气指标体系

一级指标	二级指标	指标代码	相关系数	滞后期
沿海地区经济发展水平	沿海地区生产总值增速	X_1	-0.757	-4
	沿海地区物价水平	X_2	-0.644	0
	沿海地区财政支出增速	X_3	-0.617	-2
	沿海地区本币存款余额增速	X_4	-0.731	+4
	沿海地区人均可支配收入增速	X_5	-0.686	-1
	沿海地区固定资产投资密度	X_6	-0.874	-3
	涉海产品价格指数	X_7	-0.669	-4
海洋经济结构	主要海洋产业就业人数/沿海地区就业人数	X_8	0.962	+3
	海洋生产总值/沿海地区 GDP	X_9	-0.866	-1
	主要海洋产业增加值/沿海地区生产总值	X_{10}	0.718	0
	海洋产品及服务出口总额/沿海地区生产总值	X_{11}	0.613	+1
	海洋第二产业比重	X_{12}	-0.973	-1
	海洋第三产业比重	X_{13}	-0.978	-1
海洋经济效益	海洋高新技术投入比率	X_{14}	0.677	-4
	海洋全员劳动生产率	X_{15}	0.676	-1
	主要海洋产业增加值/沿海地区固定资产投资总额	X_{16}	0.684	0
海洋经济总量	主要海洋产业总产值增长速度	X_{17}	0.863	0
	科研机构从业人员增速	X_{18}	-0.872	-2
	海洋货物吞吐量（外贸）增速	X_{19}	0.764	+2
	全国主要海洋产业就业人数增速	X_{20}	0.633	0
海洋产业发展水平	海洋渔业增加值增速	X_{21}	-0.902	0
	海洋油气业增加值增速	X_{22}	0.648	-2
	海洋船舶业增加值增速	X_{23}	-0.659	0
	海洋交通运输业增加值增速	X_{24}	0.991	+3
	滨海旅游业增加值增速	X_{25}	0.941	0

续表

一级指标	二级指标	指标代码	相关系数	滞后期
海洋经济生态环境	海洋灾害损失占海洋生产总值的比重	X_{26}	0.849	+4
	沿海地区工业废水排放达标率	X_{27}	−0.856	−1
	工业废水直接入海量与海岸线长度的比重	X_{28}	−0.699	+2

注：相关系数，是指景气指标与基准指标的相关系数；滞后期为"−"，表示景气指标滞后，滞后期为"+"，表示基准指标滞后。

（三）海洋经济景气指标释义

沿海地区①生产总值：沿海地区所有常驻单位在一定时期内生产活动的最终成果，反映海洋产品服务的出口对沿海地区生产发展的贡献。

沿海地区物价水平：沿海地区物价水平是指整个经济的物价，而不是某物品或某类别物品的价格。

沿海地区本币存款余额：沿海地区使用本币为面额的存款总量。

沿海地区固定资产投资密度：沿海地区固定资产投资与占地面积的比值。

涉海产品价格指数：采用拉式物价指数计算方法对主要海洋产业产品价格进行计算，编制得到。

主要海洋产业就业人数/沿海地区就业人数：沿海地区从事海洋产业的人员数量占总就业人数的比重。

主要海洋产业增加值/沿海地区固定资产投资②总额：主要海洋产业增加值与沿海地区固定资产投资总额的比例，反映固定资产投资对海洋产业增长的影响。

全国主要海洋产业就业人数增速：即在全国主要海洋产业部门从事工作的人员数量的增长速度。

---

① 广义的沿海地区是指有海岸线（大陆岸线和岛屿岸线）的地区，按行政区划分为沿海省、自治区、直辖市。

② 固定资产投资是建造和购置固定资产的经济活动，即固定资产再生产活动。固定资产再生产过程包括固定资产更新（局部和全部更新）、改建、扩建、新建等活动。固定资产投资是社会固定资产再生产的主要手段。固定资产投资额是以货币表现的建造和购置固定资产活动的工作量，它是反映固定资产投资规模、速度、比例关系和使用方向的综合性指标。

全国海洋产业总产值增长速度：海洋各产业部门所生产产品产值和的增长速度。

主要海洋产业总产量增长速度：主要海洋产业所生产的产品产值之和的增长速度。

海洋灾害损失占海洋生产总值的比重：受海洋灾害影响所造成的经济损失与海洋生产总值的比重。

沿海地区工业废水排放达标率：指沿海地区的工业废水排放量①中，达到工业废水排放标准的占工业废水排放量的比率。

工业废水直接入海量与海岸线长度的比重：即单位长度海岸线的工业废水直接入海量，工业废水入海总量比海岸线长度。

第二节　海洋经济周期波动景气指标分类方法

目前，国内外对指标进行分类的方法，主要有峰谷法、马场法、K—L信息量法以及时差相关分析等传统方法，以及灰色关联法、B—P神经网络、模糊聚类等现代新方法。同时，景气指标一般都是按照先行指标、同步指标、滞后指标的划分方式进行分类的。

一、指标分类标准

经济周期波动理论认为，经济波动变化具有一定的规律性，其波动变化一般都呈现为繁荣、衰退、萧条、复苏4个阶段，而且会通过不同的经济指标变化先后反映出来。一般来说一个标准经济周期具有扩张和收缩两个时期。海洋经济波动也不例外，海洋经济景气循环中，各景气指标之间也存在时差关系和先后顺序，具体就是海洋经济景气的先行指标、同步指标和滞后指标。

1. 先行指标（即超前指标或领先指标）

是指能够预示未来经济状况和可能出现的商业周期变化的指标。这类指

---

① 指经过企业厂区所有排放口排到企业外部的工业废水量。包括生产废水、外排的直接冷却水、超标排放的矿井地下水和与工业废水混排的厂区生活污水，不包括外排的间接冷却水（清污不分流的间接冷却水应计算在内）。

标波动的低谷或者高峰出现在海洋经济波动的低谷或高峰之前。利用先行指标先于海洋经济波动而波动的特性，可以及时准确地监测、预测海洋经济的波动状况。实际宏观经济中，订单数量、股票价格指数、许可证金额、投资额、存货数量等上游经济活动领域的变量，均属于先行指标。

2. 同步指标（即一致指标）

是指与经济活动同时到达顶峰和谷底的指标。这类指标波动的低谷或高峰与海洋经济波动的低谷或高峰同步，或者出现的时间比较一致。主要是对海洋经济的总体运行状况进行描述，并通过其自身波动的低谷或高峰反映海洋经济波动的低谷或者高峰。

3. 滞后指标

是指到达峰谷时间滞后于总体经济波动峰谷的指标。滞后指标可以验证对波动周期结束状态的判断，并预测下一循环周期的变化趋势，同时还可以确认和验证周期波动的状态。宏观经济中，固定资产投资、财政收支、零售物价总指数、消费品价格指数、职工工资总额等变量均属于滞后指标。

二、指标分类方法 1：传统方法

1. 峰谷法

峰谷法又称为峰谷对应法或者图示法。首先确定基准变量，将基准变量与备选变量进行调整，并将两者的图像画到同一张图中；然后将两者谷、峰出现的时间以及对应关系进行比较，来判定该指标是先行指标、同步指标还是滞后指标。图 9-5 清晰描述了全社会物流费用与物流业增加值的峰谷对应关系。

此外，将基准日期线画到备选指标曲线图上。用"T"标记基准日期线中的谷，用"P"标记峰，之后将景气循环中的峰—谷收缩期（P 和 T 之间）进行标识，以便于对指标的峰、谷与基准日期相比超前或滞后时期进行直观的判断分析。图 9-6 反映了全社会物流费用峰—谷收缩期标记图。

2. 马场法

是一种基准循环分析平均法，最早是由马场正雄提出。该方法以景气循

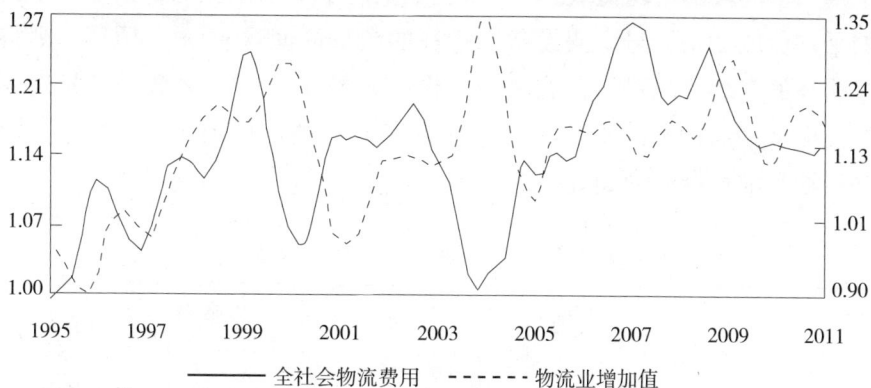

图 9-5　1995—2011 年全社会物流费用与物流业增加值峰谷对应关系示意图

资料来源：郭茜：《物流景气指标分类与景气指数编制实证研究》，《北京市统计学会：北京市第十六次统计科学研讨会获奖论文集》，北京市统计学会，2011 年，第 15 页。

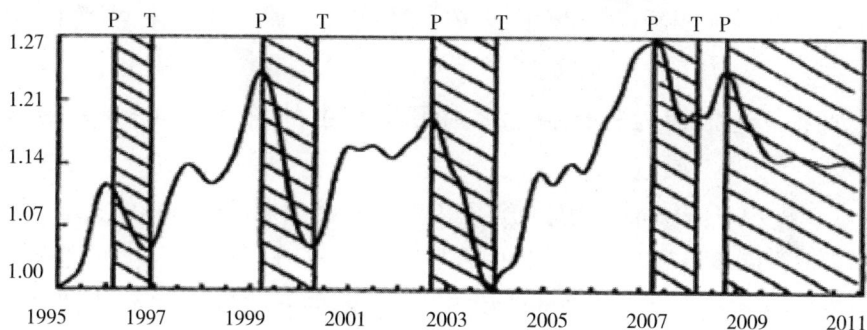

图 9-6　1995—2011 年全社会物流费用峰—谷收缩期标记示意图

资料来源：郭茜：《物流景气指标分类与景气指数编制实证研究》，《北京市统计学会：北京市第十六次统计科学研讨会获奖论文集》，北京市统计学会，2011 年，第 15 页。

环基准日期为参照标度，对于不同序列本身的周期波动峰—谷关系进行检验，并通过经济指标变动表的形式将这种关系表示出来。首先，将每一个循环（从谷到谷）依据经济循环基准日期分为 9 段，把峰和谷的时间排除在外，将紧前的谷和峰之间以及峰与紧后的谷之间都划分为大致相等的三个区间，然后在每一区间上对所选的指标序列求取平均值。再对包含峰（或谷）在内的每个区间选取前后 3 个月的数值计算其平均值，得到 9 个平均值。

比较相近两个区间段的平均值大小，如果下一个区间段的平均值减小，则上一个区间段的平均值取"-"号，如果两个平均值相等，则上一个区间段的平均值取"="号。假设备选指标的数据区间含有 m 个循环，则将这 m 个循环的变动状况进行综合考虑。将在 m 个循环中占多数的符号列入平均栏，而将平均栏里的符号在 m 个循环中所占的比例列入检验栏中。假设经济周期基准指标波动如表9-3所示：

表9-3　马场法经济指标变动分析表

	谷	扩张			峰	收缩			谷
	1	2	3	4	5	6	7	8	9
循环1	+1.17	-1.15	+1.19	+1.22	+1.23	-1.21	-1.18	+1.25	+1.30
循环2	+1.30	+1.33	-1.27	-1.24	-1.19	-1.13	-1.09	+1.17	+1.24
循环3	+1.24	+1.30	+1.31	-1.22	-1.20	-1.18	+1.18	-1.16	+1.19
平均	+	+	+	-	-	-	-	+	+
检验	1.00	0.67	0.67	0.67	0.67	1.00	0.67	0.67	1.00

如果备选指标为先行指标，则平均栏中的符号是（+，+，+，-，-，-，-，-），或（+，+，-，-，-，-，+，+），或（+，-，-，-，-，+，+，+），表明备选指标的波动要先于经济周期基准指标的波动。如果备选指标为同步指标时，平均栏中符号应为（+，+，+，+，-，-，-，-），表明备选指标在 m 个循环中的波动与基准指标的波动基本上保持同步。

然而，该方法的局限性很明显，只有备选指标与基准指标的波动具有明显的对应关系时，指标的分类才能确定。但是，这样的标准指标很难找到，而在经济结构变动剧烈的时候，难度会更大，这样就会漏选一部分比较好的景气指标。

3. $K-L$ 信息量法

为了对两个概率分布的接近程度进行判定，Kull—back 和 Leibler 于20世纪中叶提出了著名的 $K-L$ 信息量法。$K—L$ 信息量法以备选指标作为样本分布，以基准序列作为理论分布，对备选指标与基准序列的时差变化进行分析，然后计算 $K—L$ 信息量。当 $K—L$ 信息量最小时，将其对应的时差数作为备选指标的最终时差。

设基准指标为 $x = (x_1, x_2, \cdots x_n)$，满足 $p_i \geq 0$，$\sum p_i = 1$ 的序列 p 具有某一随机概率分布。因此基准指标序列需要标准化，标准化后的指标序列记为 p，则有：

$$p_t = \frac{x_t}{\sum\limits_{j=1}^{n} x_j} \quad (t = 1, 2, \cdots n) \tag{9-2}$$

设备选指标为 $y = (y_1, y_2, \cdots y_n)$，同样对其做标准化处理，处理后的指标序列记为 q，则 $q_t = \dfrac{y_t}{\sum\limits_{j=1}^{n} y_j}$ $(t = 1, 2, \cdots n)$。K—L 信息量由下式计算：

$$k_l = \sum\limits_{t=1}^{n_l} p_t \cdot \ln \frac{p_t}{q_{t+l}} \quad (l = 0, \pm 1, \cdots, \pm L) \tag{9-3}$$

l 为时差或延迟数。L 是最大延迟数，n_l 是数据取齐后的数据个数。l 取正数表示滞后，取负数时表示超前。通过变化备选指标与基准序列的时差，计算 K—L 信息量。选取一个最小的 k_l 作为备选指标最适当的超前或滞后时间（月数、季度数）。K—L 信息量越小，表明真实概率分布与模型概率分布越接近，备选指标与基准指标就越接近，该 K—L 信息量所对应的移动时间即为该指标相应的延迟时间。

4. 时差相关分析

该方法是首先选取一个能够敏锐反映经济变动的基准指标，之后再进行指标的先行、同步、滞后关系验证。时差相关分析规定基准指标不动，而将备选指标相对于基准指标在时间上前后移动若干时期（月份、季度），然后计算移动后的备选指标与基准指标的相关系数，以相关系数的大小作为对备选指标进行分类的依据。

假设 $y = (y_1, y_2, \cdots y_n)$ 是备选指标，$x = (x_1, x_2, \cdots x_n)$ 是基准指标，r_l 为时差相关系数。

$$r_l = \frac{\sum\limits_{t=1}^{n_l} (x_t - \bar{x})(y_{t-l} - \bar{y})}{\sqrt{\sum\limits_{t=1}^{n_l} (x_{t-l} - \bar{x})^2 \cdot \sum\limits_{t=1}^{n_l} (y_{t-l} - \bar{y})^2}} \quad (l = 0, \pm 1, \cdots, \pm L) \tag{9-4}$$

其中，l 为时差长度或延迟数，n_l 是数据取齐后的样本数，L 是最大的延迟数。

备选指标与基准指标必须具有相同的数据类型。一般情况下，选择景气指标时，需要同时计算比较多个不同延迟数的时差相关系数大小。最大相关系数就是备选指标与基准指标间的时差相关关系，正值表示滞后指标，负值表示先行指标，而 0 则为同步指标。

三、指标分类方法 2：现代方法

1. 灰色关联法

该方法主要是针对具有"贫信息"或"小样本"的灰系统序列，重点研究系统的输出和控制。海洋经济时间序列正是这类灰系统序列，因此可以借用灰色关联方法对备选指标与基准指标的关联关系进行分析判断。

该方法首先建立基准指标和备选指标的比较序列，备选指标的比较序列包括移动 k 期的多个序列（$k = -n$，…，$-1, 0, 1$，…，n）；然后对每一个 k 值下的灰色关联度进行计算；最后根据最大关联度所对应的 k 值来确定备选指标的类别。若最大关联度对应的 $k < 0$，则相应备选指标为先行指标；若 $k > 0$，则为滞后指标；若 $k = 0$ 则为同步指标。具体步骤如下：

步骤 1：利用均值法、初值法、平移法以及归一法等方法，对所收集到的序列数据进行无量纲化处理，数据处理之后的基准序列为 $Y_0(t) = \{Y_0(1), Y_0(2) \cdots Y_0(n)\}$，各个备选指标序列设为 $Y_i(t) = \{Y_i(1), Y_i(2) \cdots Y_i(n)\}$。

步骤 2：把基准序列作为备选指标时差关系的参照系，构造比较序列，如表 9-4 所示。

表 9-4　备选指标时差关系参照系

基准序列	备选指标比较序列（移动 k 期）				
	$k = -2$	$k = -1$	$k = 0$	$k = 1$	$k = 2$
	$Y_i(1)$				
	$Y_i(2)$	$Y_i(1)$			

续表

基准序列	备选指标比较序列（移动 k 期）				
	$k = -2$	$k = -1$	$k = 0$	$k = 1$	$k = 2$
$Y_0(1)$	…	$Y_i(2)$	$Y_i(1)$		
$Y_0(2)$	…	…	$Y_i(2)$	$Y_i(1)$	
…	$Y_i(n-1)$	…	…	$Y_i(2)$	$Y_i(1)$
…	$Y_i(n)$	$Y_i(n-1)$	…	…	$Y_i(2)$
$Y_0(n-1)$		$Y_i(n)$	$Y_i(n-1)$	…	…
$Y_0(n)$			$Y_i(n)$	$Y_i(n-1)$	…
				$Y_i(n)$	$Y_i(n-1)$
					$Y_i(n)$

步骤 3：计算比较数列的关联系数。计算基准序列和备选指标比较序列的绝对差值，并确定其中的最小差值与最大差值，$\triangle(min)$ 为最小差值，$\triangle(max)$ 为最大差值。比较序列 $Y_i(n)$ 与基准序列在第 j 个数据的关联系数可以表示为：

$$\xi_i(j) = \frac{\Delta(\min) + \rho\Delta(\max)}{\Delta(j) + \rho\Delta(\max)} \tag{9-5}$$

其中：$\Delta(\max) = \max\max|Y_0(t) - Y_i(t-k)|$，$\Delta(\min) = \min\min|Y_0(t) - Y_i(t-k)|$

$\Delta(j) = |Y_0(j) - Y_i(j-k)|$，$\rho$ 为分辨系数。为了削弱 $\Delta(\max)$ 过大而使关联系数失真的影响，又不失关联系数之间的显著差异性，常常取 ρ 值为 0.5。k 取负数表示先行，取正数表示滞后。因为是年度数据，则 k 取值为（0，±1）即可。

步骤 4：计算关联度，也即各个关联系数的平均值。

$$\gamma_k = (Y_0, Y_i) = \frac{1}{n}\left(\sum_{t=1}^{n} \xi_i(t)\right) \tag{9-6}$$

步骤 5：对关联度进行排序，判断备选指标的类别。与灰色关联度最大值对应的就是最优的 k 值。根据 k 值确定指标的类型：先行、同步、滞后指标。

　　灰色关联法量化比较了系统中各影响因素的动态发展态势，灰色关联度衡量了因素之间的关联程度。关联度越大，表明比较序列与系统特征序列近似性越高、关系越紧密。通过引入时差比较，灰色关联度在区分指标上具有很强的实用性。

　　但是，时间序列的移动会损失一定的样本数据；数据的无量纲化处理与分辨系数 ρ 的取值，会对关联度大小产生一定的影响，因而关联度存在一定的不确定性。

　　2. B—P 神经网络

　　B—P 神经网络训练的时间不长，还可以克服 K—L 信息量、时差相关分析等方法对序列平移所造成的端点数据缺失这一缺点，其分类结果有较好的参考价值。

　　逻辑模糊神经元是逻辑模糊神经网络的最小单元，能够对输入的模糊信号执行逻辑操作，所执行的模糊运算适合于对模糊时间和数据不全的事件进行分析。人工神经网络由于其信息分布式存储的特点，使网络具有很高的容错和鲁棒性，很容易克服输入模式中噪声的影响，这使得人工神经网络被广泛应用于众多的模式识别分类问题中。宏观经济监测预警中，指标的时差分类是一个典型的模式识别问题，反向传播 BP（Back propagation）神经网络方法在指标时差分类分析中得到了广泛的应用。

　　常用的反向传播神经网络一般具有多层前馈的网络结构，一个隐含层的 BP 网络能解决众多的模式分类问题，在实际应用中常用如图 9-7 所示的结构。

　　B—P 模型主要利用非线性优化的梯度下降迭代法求解网络权值，其节点的作用函数常选用 S 型函数，即：

$$f_s(x) = \frac{1}{1 + e^{-x}} \tag{9-7}$$

　　误差后向传播学习方法用最小二乘法进行，设输入层、隐层、输出层节点数各为 n、n_1，m 个，共有 p_1 个训练样本，则网路误差函数 E 为

$$E = \frac{1}{2} \sum_{P=1}^{P_t} \sum_{K=1}^{M} \left(t_k^p - y_k^p \right)^2 \tag{9-8}$$

　　式中 t_k^p 为第 p 个样本的第 k 个期望输出值，y_k^p 为实际输出值

$$f_s(x) = \frac{1}{1 + e^{-x}}$$

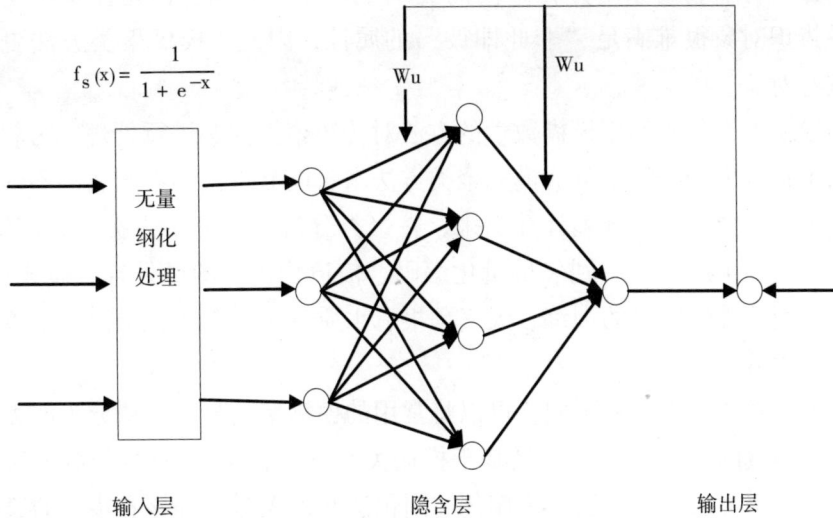

图 9-7　反向传播 *BP* 神经网络结构图

权重按式 9-8 进行修正：

$$\Delta w_{ij} = - \eta \frac{\partial E}{\partial W_{IJ}} \, , \Delta w_{jk} = - \eta \frac{\partial E}{\partial w_{jk}} \qquad (9\text{-}9)$$

式中 η 为一正系数，w_{ij} 是输入层第 i 个节点与隐层第 j 个节点间的连接权，ω_{jk} 为隐层第 j 个节点与输出层第 k 个节点间的连接权，为提高网络的训练速度，（9-8）式附加动量项，取如下形式：

$$\Delta w_{ij}(t + 1) = - \eta \frac{\partial E}{\partial w_{jk}} + \alpha \Delta w_{ij}(t) \qquad (9\text{-}10)$$

$$\Delta w_{jk}(t + 1) = - \eta \frac{\partial E}{\partial w_{jk}} + \alpha \Delta w_{jk}(t) \qquad (9\text{-}11)$$

神经网络方法实际应用价值很高，对指标进行分类有三个优点：（1）在确定神经网络结构时，能够充分利用参与样本的自学习，保证最优训练迭代结果的客观准确性。（2）系统误差精度高，计算结果收敛性好，误差小。（3）能够随着参与比较样本的增加和时间的推进，进一步跟踪比较和自学习，具有良好的动态性。

3. 模糊聚类分析

传统的聚类分析是对每个待辨识的对象进行硬划分，严格地按照"非此即彼"原则将对象划分在不同的类别中，界限分明。但是，实际应用中的待辨识对象很难满足"非此即彼"的属性，因此，模糊聚类方法更适用于这些对象。

模糊聚类分析利用模糊数学的方法对传统聚类问题进行处理，为软划分提供了强有力的分析工具。模糊聚类方法由于能够得到样本归属的不确定程度，可以将样本属性准确计算出来，在聚类分析的研究中占据了主流地位。该方法已经被广泛应用到矢量量化编码、信道均衡、图像处理、模式识别、医学诊断、神经网络的训练、天气预报、水质分析、食品分类以及参数估计等诸多领域。

根据具体分析过程不同，可以将常用的模糊聚类分析方法分为两类：一是目标函数的聚类分析；二是基于模糊关系（矩阵）的聚类分析方法，主要有直接聚类法、编网法、模糊传递闭包法和最大树法等核心步骤的模糊分类法。

第三节　中国海洋经济周期波动景气指标设计

根据中国海洋经济景气指标体系的设计，通过对指标的标准化、奇异点处理以及季节调整等多方面的数据预处理后，选择确定基准日期和基准指标；利用 $K\text{-}L$ 信息量法、时差相关分析以及灰色关联法、B—P 神经网络等传统分类方法和现代分类方法，进行景气指标分类的实证分析。

一、数据分析预处理

目前，由于我国海洋经济领域还没有月度统计数据，因此课题研究中的指标数据基本都是年度数据，数据资料来源于《中国海洋统计年鉴》《中国统计年鉴》《中国渔业统计年鉴》等。

1. 标准化处理

为使指标间具有可比性，应消除指标的不同量纲。利用归一化方法对数据进行标准化处理，主要方法有均值化、区间化、中值化与初值化等。课题主要采用初值化方法。

$$x_{ij}' = \frac{x_{ij}}{x_{1j}} \quad (i = 1, 2, \cdots, n \; ; \; j = 1, 2, \cdots, p) \tag{9-12}$$

其中 x_{ij} 为样本数列中的数据，x_{1j} 为样本数列中的第一个数据。

2. 奇异点处理

奇异点是指与绝大多数观测数据有很大差异的观测数据。这类数据前后变化不一致，可能不是其指标本身波动的结果；这类指标往往会对分析研究结论产生较大影响，需要对其进行修正。

3. 季节调整

经济波动研究一般都是采用指标的不变价序列对周期性波动进行监测。周期波动分析监测的基础是季节调整，而乘法模型是进行季节调整的重要工具。目前常用的是美国商务部 X—12 方法，它是基于移动平均的季节调整方法。

二、景气指标设计：传统方法

1. K—L 信息量法

课题研究中通过应用 K—L 信息量法，进行中国海洋经济景气指标的时差分析，以确定中国海洋经济周期波动监测预警的先行指标、同步指标和滞后指标。

以海洋生产总值增长率作为中国海洋经济周期波动的基准指标，并作为分析其他海洋经济景气指标时滞关系的参照系。利用 K—L 信息量法，首先计算备选海洋经济景气指标与海洋生产总值增长率的 K—L 信息量；然后计算 28 个备选海洋经济景气指标在时间轴上不同时滞的 K—L 信息量，见表9-5。

表 9-5　备选海洋经济景气指标 K—L 信息量分析结果

备选海洋经济景气指标	-3	-2	-1	0	1	2	3
沿海地区生产总值增速	0.044	0.003	0.870	0.813	0.645	0.519	0.388
沿海地区物价水平	0.207	0.322	0.231	0.106	0.785	0.872	0.262
沿海地区财政支出增速	0.016	0.010	0.659	0.467	1.033	0.428	0.443
沿海地区本币存款余额增速	0.191	0.190	0.995	0.829	0.109	0.001	0.378

备选海洋经济景气指标	-3	-2	-1	0	1	2	3
沿海地区人均可支配收入增速	0.098	0.119	1.019	0.772	0.275	0.114	0.625
沿海地区固定资产投资密度	0.269	0.348	1.315	0.896	0.350	0.526	0.435
涉海产品价格指数	0.022	0.319	0.293	0.062	1.016	1.004	0.251
主要海洋产业就业人数/沿海地区就业人数	0.259	0.363	0.291	0.173	0.610	0.798	0.167
海洋生产总值/沿海地区 GDP	0.120	0.194	0.512	0.054	0.528	0.710	0.184
主要海洋产业增加值/沿海地区生产总值	0.204	0.304	0.233	0.103	0.653	0.823	0.202
海洋产品及服务出口总额/沿海地区生产总值	0.124	0.164	0.860	0.840	0.093	1.130	0.901
海洋第二产业比重	0.153	0.197	0.033	0.665	0.697	0.714	0.238
海洋第三产业比重	0.116	0.298	0.369	0.122	0.755	0.900	0.269
海洋高新技术投入比率	0.080	0.225	0.416	0.164	0.133	0.253	0.136
海洋全员劳动生产率	0.140	0.102	1.074	0.389	0.440	0.585	0.103
主要海洋产业增加值/沿海地区固定资产投资总额	0.323	0.415	1.057	0.215	0.197	1.072	0.334
主要海洋产业总产值增长速度	0.199	0.251	1.195	0.126	2.027	1.292	0.667
科研机构从业人员增速	1.454	1.425	1.810	2.389	1.681	1.502	1.833
海洋货物吞吐量（外贸）增速	0.065	0.440	0.034	0.721	1.059	0.211	0.575
全国主要海洋产业就业人数增速	0.728	0.205	1.231	0.170	0.372	0.682	1.115
海洋渔业增加值增速	0.379	0.229	1.226	0.132	1.122	1.282	0.735
海洋油气业增加值增速	1.094	0.493	1.038	1.446	0.823	0.545	0.835
海洋船舶业增加值增速	1.093	1.427	3.339	1.892	0.549	0.510	1.453
海洋交通运输业增加值增速	1.079	1.266	3.191	2.151	2.772	0.472	0.179
滨海旅游业增加值增速	0.147	0.093	0.971	0.079	0.917	1.790	1.034
海洋灾害损失占海洋 GDP 的比重	0.236	0.450	0.149	0.509	0.598	0.820	0.099
沿海地区工业废水排放达标率	0.198	0.307	0.274	0.090	0.063	0.189	0.254
工业废水直接入海量与海岸线长度的比重	0.741	0.172	0.509	0.133	0.520	0.041	0.193

　　表9-5中，左移年份为负值，右移年份为正值，移动步长即延迟值记

为 L。通过对备选海洋经济景气指标 $K—L$ 信息量绝对值大小的排序，分析并选择 $K—L$ 信息量绝对值最小的 L 值，确定先行指标和滞后指标的时滞期，见表9-6。

表9-6　先行指标、同步指标和滞后指标分类

先行指标	同步指标	滞后指标
沿海地区生产总值增速 沿海地区财政支出增速 沿海地区人均可支配收入增速 沿海地区固定资产投资密度 涉海产品价格指数 海洋第二产业比重 海洋第三产业比重 海洋高新技术投入比率 海洋全员劳动生产率 科研机构从业人员增速 海洋货物吞吐量（外贸）增速 海洋油气业增加值增速	沿海地区物价水平 海洋生产总值/沿海地区 GDP 主要海洋产业增加值/沿海地区生产总值 主要海洋产业总产值增长速度 全国主要海洋产业就业人数增速 海洋渔业增加值增速 滨海旅游业增加值增速	沿海地区本币存款余额 主要海洋产业就业人数/沿海地区就业人数 海洋产品及服务出口总额/沿海地区生产总值 主要海洋产业增加值/沿海地区固定资产投资总额 海洋船舶业增加值增速 海洋交通运输业增加值增速 海洋灾害损失占海洋 GDP 的比重 沿海地区工业废水排放达标率 工业废水直接入海量与海岸线长度的比重

通过 $K—L$ 信息量绝对值大小的排序，在备选的中国海洋经济景气指标中，先行指标有12个，同步指标有7个，滞后指标有9个。

2. 时差相关分析

时差相关分析是通过指标间的相关系数确定时间序列的同步、先行、滞后关系的方法。在中国海洋经济景气分析中，基准指标确定为海洋生产总值增长率，然后对 28 个备选指标的不同时滞期的时差相关系数进行计算。

由于中国海洋经济统计数据的特殊性，课题研究中只能使用年度数据进行时差相关分析。l 表示时滞期，又称为时差或延迟数，令 l 取 [-3, 3] 的整数值，分别表示先行和滞后时期。采用 SPSS 软件中的 Graph>> Time Series>>Cross Correlation 命令计算指标之间的时差相关系数。如表 9-7 所示。

表 9-7　备选海洋经济景气指标时差相关分析结果

备选海洋经济景气指标	-3	-2	-1	0	1	2	3
沿海地区生产总值增速	-0.026	0.101	-0.262	-0.738	-0.306	-0.098	0.331
沿海地区物价水平	0.063	0.031	-0.444	-0.656	-0.305	-0.017	0.174
沿海地区财政支出增速	0.243	-0.257	-0.030	0.363	-0.659	-0.438	-0.178
沿海地区本币存款余额增速	0.275	0.295	-0.198	-0.164	-0.073	0.222	0.680
沿海地区人均可支配收入增速	0.308	-0.139	-0.686	-0.097	-0.366	-0.111	-0.074
沿海地区固定资产投资密度	0.843	0.479	-0.356	-0.297	-0.369	-0.293	-0.240
涉海产品价格指数	0.381	0.123	-0.627	-0.281	-0.193	0.144	-0.076
主要海洋产业就业人数/沿海地区就业人数	-0.141	-0.111	0.208	0.411	0.457	-0.105	0.950
海洋生产总值/沿海地区 GDP	0.563	0.187	-0.200	-0.865	-0.202	-0.249	-0.153
主要海洋产业增加值/沿海地区生产总值	-0.078	-0.408	0.057	0.721	-0.429	-0.336	-0.335
海洋产品及服务出口总额/沿海地区生产总值	-0.602	-0.385	0.447	0.282	0.704	-0.244	0.071
海洋第二产业比重	0.484	0.081	-0.972	0.058	-0.261	-0.020	0.043
海洋第三产业比重	0.375	-0.060	-0.977	0.210	0.357	0.093	0.236
海洋高新技术投入比率	0.337	0.654	-0.237	0.056	0.252	0.421	-0.438
海洋全员劳动生产率	0.795	0.348	-0.600	-0.214	-0.292	-0.292	-0.315
主要海洋产业增加值/沿海地区固定资产投资总额	-0.016	-0.334	-0.398	0.548	0.859	0.053	0.081
主要海洋产业总产值增长速度	-0.010	-0.374	-0.190	0.863	-0.012	-0.725	0.181
科研机构从业人员	0.194	0.846	-0.198	-0.199	-0.145	-0.134	-0.225
海洋货物吞吐量（外贸）增速	-0.530	-0.079	0.733	-0.172	-0.209	0.724	0.052
全国主要海洋产业就业人数增速	-0.085	-0.327	0.093	0.633	-0.651	0.010	0.407
海洋渔业增加值增速	-0.004	0.392	-0.064	-0.902	0.140	-0.429	0.011
海洋油气业增加值增速	-0.217	0.365	0.451	-0.338	-0.220	0.062	-0.019
海洋船舶业增加值增速	0.484	0.606	-0.131	-0.259	0.274	-0.152	-0.076
海洋交通运输业增加值增速	-0.040	0.091	-0.079	-0.024	-0.210	-0.114	0.991
滨海旅游业增加值增速	0.019	-0.403	-0.099	0.941	-0.034	-0.542	-0.324
海洋灾害损失占海洋 GDP 的比重	-0.600	-0.185	0.081	0.083	0.027	-0.798	-0.284
沿海地区工业废水排放达标率	0.477	0.316	-0.855	-0.200	0.070	-0.317	0.158

续表

备选海洋经济景气指标	-3	-2	-1	0	1	2	3
工业废水直接入海量与海岸线长度的比重	0.204	0.049	-0.415	-0.282	-0.243	-0.651	0.087

表 9-7 中，通过计算并比较备选指标不同延迟数的时差相关系数，选择最大时差相关系数对应的 l 作为备选指标的先行和滞后期数。

表 9-8　先行指标、同步指标和滞后指标分类

先行指标	同步指标	滞后指标
沿海地区人均可支配收入增速 沿海地区固定资产投资密度 涉海产品价格指数 海洋第二产业比重 海洋第三产业比重 海洋高新技术投入比率 海洋全员劳动生产率 科研机构从业人员增速 海洋货物吞吐量（外贸）增速 海洋油气业增加值增速 海洋船舶业增加值增速 沿海地区工业废水排放达标率	沿海地区生产总值增速 沿海地区物价水平 海洋生产总值/沿海地区 GDP 主要海洋产业增加值/沿海地区生产总值 主要海洋产业总产值增长速度 海洋渔业增加值增速 滨海旅游业增加值增速	沿海地区财政支出增速 沿海地区本币存款余额增速 主要海洋产业就业人数/沿海地区就业人数 海洋产品及服务出口总额/沿海地区生产总值 主要海洋产业增加值/沿海地区固定资产投资总额 全国主要海洋产业就业人数增速 海洋交通运输业增加值增速 海洋灾害损失占海洋 GDP 的比重 工业废水直接入海量与海岸线长度的比重

通过时差相关系数大小的排序，作为备选指标的先行和滞后分类依据，在备选的中国海洋经济景气指标中，先行指标有 12 个，同步指标有 7 个，滞后指标有 9 个，见表 9-8。

三、景气指标设计：现代方法

1. 灰色关联法

在中国海洋经济景气指标分类过程中，对 28 个备选海洋经济景气指标进行无量纲化数据预处理。经过数据预处理后的海洋生产总值增长率为基准序列 $Y_0(t) = \{Y_0(1), Y_0(2) \cdots Y_0(n)\}$；其他 28 个经过数据预处理后的备选指标序列为 $Y_i(t) = \{Y_i(1), Y_i(2) \cdots Y_i(n)\}$。构造比较序列，计算比较序列的关联系数与关联度，见表9-9。

表9-9　备选海洋经济景气指标灰色关联分析结果

备选海洋经济景气指标	-3	-2	-1	0	1	2	3
沿海地区生产总值增速	0.578	0.626	0.777	0.618	0.677	0.760	0.716
沿海地区物价水平	0.582	0.674	0.500	0.699	0.512	0.612	0.697
沿海地区财政支出增速	0.548	0.525	0.509	0.613	0.673	0.689	0.646
沿海地区本币存款余额增速	0.758	0.695	0.709	0.660	0.683	0.794	0.690
沿海地区人均可支配收入增速	0.661	0.765	0.726	0.656	0.650	0.737	0.674
沿海地区固定资产投资密度	0.663	0.783	0.682	0.717	0.755	0.681	0.708
涉海产品价格指数	0.729	0.694	0.665	0.654	0.635	0.710	0.724
主要海洋产业就业人数/沿海地区就业人数	0.685	0.594	0.608	0.676	0.684	0.621	0.695
海洋生产总值/沿海地区 GDP	0.732	0.645	0.718	0.766	0.657	0.724	0.686
主要海洋产业增加值/沿海地区生产总值	0.662	0.628	0.630	0.786	0.761	0.763	0.751
海洋产品及服务出口总额/沿海地区生产总值	0.719	0.645	0.679	0.737	0.698	0.777	0.730
海洋第二产业比重	0.749	0.706	0.878	0.776	0.789	0.810	0.726
海洋第三产业比重	0.808	0.645	0.722	0.653	0.671	0.654	0.671
海洋高新技术投入比率	0.694	0.811	0.726	0.760	0.760	0.689	0.730
海洋全员劳动生产率	0.665	0.720	0.629	0.618	0.562	0.696	0.584
主要海洋产业增加值/沿海地区固定资产投资总额	0.654	0.638	0.710	0.800	0.887	0.723	0.672
主要海洋产业总产值增长速度	0.769	0.721	0.779	0.795	0.759	0.686	0.681
科研机构从业人员增速	0.882	0.783	0.763	0.789	0.795	0.754	0.736
海洋货物吞吐量（外贸）增速	0.751	0.851	0.698	0.710	0.649	0.743	0.790
全国主要海洋产业就业人数增速	0.623	0.601	0.594	0.786	0.722	0.747	0.649
海洋渔业增加值增速	0.823	0.773	0.738	0.831	0.740	0.612	0.629
海洋油气业增加值增速	0.627	0.664	0.737	0.651	0.607	0.634	0.673
海洋船舶业增加值增速	0.712	0.803	0.834	0.760	0.806	0.742	0.767
海洋交通运输业增加值增速	0.806	0.823	0.798	0.825	0.844	0.803	0.816

续表

备选海洋经济景气指标	-3	-2	-1	0	1	2	3
滨海旅游业增加值增速	0.753	0.762	0.812	0.852	0.813	0.775	0.711
海洋灾害损失占海洋 GDP 的比重	0.652	0.698	0.655	0.773	0.697	0.799	0.689
沿海地区工业废水排放达标率	0.744	0.792	0.804	0.716	0.680	0.590	0.841
工业废水直接入海量与海岸线长度的比重	0.686	0.624	0.628	0.658	0.696	0.672	0.679

令时滞期 k 取值为（0，±1，±2，±3），表示同期，先行或滞后 1 期、2 期、3 期。计算不同延迟数的灰色关联度，确定最大灰色关联度对应的 k 值为时滞期期数。

表 9-10　先行指标、同步指标、滞后指标分类

先行指标	同步指标	滞后指标
沿海地区生产总值增速 沿海地区人均可支配收入增速 沿海地区固定资产投资密度 涉海产品价格指数 海洋第二产业比重 海洋第三产业比重 海洋高新技术投入比率 海洋全员劳动生产率 科研机构从业人员增速 海洋货物吞吐量（外贸）增速 海洋油气业增加值增速 海洋船舶业增加值增速	沿海地区物价水平 海洋生产总值/沿海地区 GDP 主要海洋产业增加值/沿海地区生产总值 主要海洋产业总产值增长速度 全国主要海洋产业就业人数增速 海洋渔业增加值增速 滨海旅游业增加值增速	沿海地区财政支出增速 沿海地区本币存款余额增速 主要海洋产业就业人数/沿海地区就业人数 海洋产品及服务出口总额/沿海地区生产总值 主要海洋产业增加值/沿海地区固定资产投资总额 海洋交通运输业增加值增速 海洋灾害损失占海洋 GDP 的比重 沿海地区工业废水排放达标率 工业废水直接入海量与海岸线长度的比重

通过灰色关联度大小的排序，作为备选指标的先行和滞后分类依据，在备选的中国海洋经济景气指标中，先行指标有 12 个，同步指标有 7 个，滞后指标有 9 个，见表 9-10。

2. B—P 神经网络

为了加快网络训练的收敛速度，首先对各备选指标进行无量纲化处理，利用 Matlab 编写网络权值训练和优化程序。根据灰色关联分析和时差序列

相关分析的指标分类中，随机抽选部分指标为训练样本，见表 9–11。

表 9–11 先行指标、同步指标和滞后指标分类训练样本

先行指标	同步指标	滞后指标
沿海地区人均可支配收入增速 涉海产品价格指数 海洋高新技术投入比率 科研机构从业人员增速 海洋船舶业增加值增速	海洋生产总值/沿海地区 GDP 主要海洋产业增加值/沿海地区生产总值 全国海洋产业总产值增长速度 海洋渔业增加值增速 滨海旅游业增加值增速	沿海地区财政支出增速 主要海洋产业就业人数/沿海地区就业人数 海洋交通运输业增加值增速 海洋灾害损失占海洋 GDP 的比重 工业废水直接入海量与海岸线长度的比重

先行指标、同步指标、滞后指标的网络期望输出值分别约定为 0、0.5、1。神经网络最优训练效果的判断标准，是样本的网络评价值和网络期望输出值平方差之和小于 10^{-3}。选择设计 22—6—1 网络结构模型，共训练 1085 次，收敛于误差精度要求。

Performance is 0.00999483.Goal is 0.01

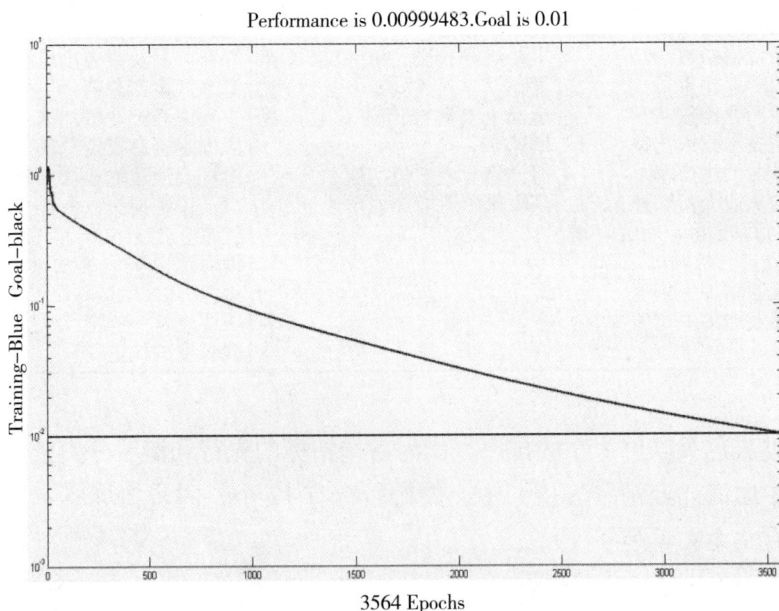

3564 Epochs

图 9–8 神经网络训练误差下降曲线

根据 BP 神经网络训练模型，分别对备选的海洋经济景气指标进行分类训练。训练结果见表 9-12。

表 9-12 备选海洋经济景气指标神经网络训练结果

备选海洋经济景气指标	0.05	0.1	0.23	0.35	0.48	神经网络
沿海地区生产总值增速	0	−1	−1	−1	−1	0.10423
沿海地区物价水平	0	0	0	0	0	0.49326
沿海地区财政支出增速	1	1	1	1	1	0.98603
沿海地区本币存款余额增速	1	0	1	1	1	0.98598
沿海地区人均可支配收入增速	−1	−1	−1	−1	−1	0.01264
沿海地区固定资产投资密度	−1	−1	−1	−1	−1	0.01193
涉海产品价格指数	−1	−1	−1	−1	−1	0.00883
主要海洋产业就业人数/沿海地区就业人数	1	1	0	1	1	0.98483
海洋生产总值/沿海地区 GDP	0	0	0	0	0	0.50741
主要海洋产业增加值/沿海地区生产总值	0	0	0	0	0	0.49607
海洋产品及服务出口总额/沿海地区生产总值	1	1	1	1	1	0.99417
海洋第二产业比重	−1	−1	−1	−1	−1	0.00472
海洋第三产业比重	−1	−1	−1	−1	−1	0.01213
海洋高新技术投入比率	−1	−1	−1	−1	−1	0.00514
海洋全员劳动生产率	0	−1	−1	−1	−1	0.01332
主要海洋产业增加值/沿海地区固定资产投资总额	1	−1	1	1	1	0.98688
主要海洋产业总产值增长速度	0	0	0	0	0	0.49825
科研机构从业人员增速	−1	−1	−1	−1	−1	0.00181
海洋货物吞吐量（外贸）增速	0	−1	−1	−1	−1	0.00124
全国主要海洋产业就业人数增速	0	0	0	0	0	0.49294
海洋渔业增加值增速	−1	0	0	0	0	0.51906
海洋油气业增加值增速	−1	−1	−1	−1	−1	0.00627
海洋船舶业增加值增速	−1	−1	−1	−1	−1	0.00815
海洋交通运输业增加值增速	1	1	1	1	1	0.98417

续表

备选海洋经济景气指标	0.05	0.1	0.23	0.35	0.48	神经网络
滨海旅游业增加值增速	0	1	0	0	0	0.51289
海洋灾害损失占海洋 GDP 的比重	1	1	1	1	1	0.98953
沿海地区工业废水排放达标率	−1	1	1	1	1	0.99153
工业废水直接入海量与海岸线长度的比重	1	1	1	1	1	0.98168

对备选海洋经济景气指标进行不同权重的 BP 神经网络训练，参考先行指标、同步指标和滞后指标的网络期望输出值约定，对 BP 神经网络训练输出结果进行排序分析。

表 9-13　先行指标、同步指标和滞后指标分类

先行指标	同步指标	滞后指标
沿海地区生产总值增速 沿海地区人均可支配收入增速 沿海地区固定资产投资密度 涉海产品价格指数 海洋第二产业比重 海洋第三产业比重 海洋高新技术投入比率 海洋全员劳动生产率 科研机构从业人员增速 海洋货物吞吐量（外贸）增速 海洋油气业增加值增速 海洋船舶业增加值增速	沿海地区物价水平 海洋生产总值/沿海地区 GDP 主要海洋产业增加值/沿海地区生产总值 主要海洋产业总产值增长速度 全国主要海洋产业就业人数增速 海洋渔业增加值增速 滨海旅游业增加值增速	沿海地区财政支出增速 沿海地区本币存款余额增速 主要海洋产业就业人数/沿海地区就业人数 海洋产品及服务出口总额/沿海地区生产总值 主要海洋产业增加值/沿海地区固定资产投资总额 海洋交通运输业增加值增速 海洋灾害损失占海洋 GDP 的比重 沿海地区工业废水排放达标率 工业废水直接入海量与海岸线长度的比重

通过对 BP 神经网络训练输出结果大小的排序，作为备选指标的先行和滞后分类依据，在备选的中国海洋经济景气指标中，先行指标有 12 个，同步指标有 7 个，滞后指标有 9 个，见表 9-13。

四、中国海洋经济周期波动景气指标分类设计

根据 $K—L$ 信息量、时差相关分析、灰色关联、神经网络等方法的分类

结果，对中国海洋经济周期波动景气指标的分类结果进行综合判断，最终分类结果见表9-14。

表9-14　中国海洋经济周期波动先行指标、同步指标、滞后指标的划分

代码	备选海洋经济景气指标	$K\text{-}L$ 信息量	时差相关分析	灰色关联	神经网络	最终结果
X_1	沿海地区生产总值增速	-1	0	-1	-1	-1
X_2	沿海地区物价水平	0	0	0	0	0
X_3	沿海地区财政支出增速	-1	1	1	1	1
X_4	沿海地区本币存款余额增速	1	1	1	1	1
X_5	沿海地区人均可支配收入增速	-1	-1	-1	-1	-1
X_6	沿海地区固定资产投资密度	-1	-1	-1	-1	-1
X_7	涉海产品价格指数	-1	-1	-1	-1	-1
X_8	主要海洋产业就业人数/沿海地区就业人数	1	1	1	1	1
X_9	海洋生产总值/沿海地区 GDP	0	0	0	0	0
X_{10}	主要海洋产业增加值/沿海地区生产总值	0	0	0	0	0
X_{11}	海洋产品及服务出口总额/沿海地区生产总值	1	1	1	1	1
X_{12}	海洋第二产业比重	-1	-1	-1	-1	-1
X_{13}	海洋第三产业比重	-1	-1	-1	-1	-1
X_{14}	海洋高新技术投入比率	-1	-1	-1	-1	-1
X_{15}	海洋全员劳动生产率	-1	-1	-1	-1	-1
X_{16}	主要海洋产业增加值/沿海地区固定资产投资总额	1	1	1	1	1
X_{17}	主要海洋产业总产值增长速度	0	0	0	0	0
X_{18}	科研机构从业人员增速	-1	-1	-1	-1	-1
X_{19}	海洋货物吞吐量（外贸）增速	-1	-1	-1	-1	-1
X_{20}	全国主要海洋产业就业人数增速	0	1	0	0	0
X_{21}	海洋渔业增加值增速	0	0	0	0	0
X_{22}	海洋油气业增加值增速	-1	-1	-1	-1	-1

续表

代码	备选海洋经济景气指标	$K-L$ 信息量	时差相关分析	灰色关联	神经网络	最终结果
X_{23}	海洋船舶业增加值增速	1	−1	−1	−1	−1
X_{24}	海洋交通运输业增加值增速	1	1	1	1	1
X_{25}	滨海旅游业增加值增速	0	0	0	0	0
X_{26}	海洋灾害损失占海洋 GDP 的比重	1	1	1	1	1
X_{27}	沿海地区工业废水排放达标率	1	−1	1	1	1
X_{28}	工业废水直接入海量与海岸线长度的比重	1	1	1	1	1

说明：表中"−1"代表先行指标，"0"代表同步指标，"1"代表滞后指标

通过 Kendall 一致性检验，检验结果表明 4 种方法的景气指标分类结果具有显著的一致性，见表 9-15。

表 9-15　景气指标分类结果的 Kendall 一致性检验

样本数（N）	T 值（Kendall's W^a）	Chi-Square	自由度（df 值）	P 值	是否通过检验
4	0.874	94.386	27	0.000	是

虽然 4 种方法的分类结果具有显著的一致性，但是仍然还有 5 个景气指标的分类不一致。因此对分类结果存在差异的指标进行 Granger 因果关系检验，与基准指标（D）间的 Granger 关系检验结果，见表 9-16。

表 9-16　Granger 因果关系检验结果

指标关系	X_1 don't Granger Cause D	X_3 don't Granger Cause D	X_{20} don't Granger Cause D	X_{23} don't Granger Cause D	X_{27} don't Granger Cause D	D don't Granger Cause X_1	D don't Granger Cause X_3	D don't Granger Cause X_{20}	D don't Granger Cause X_{23}	D don't Granger Cause X_{27}
P 值	0.05051	0.44048	0.06861	0.04717	0.33600	0.34216	0.04086	0.02831	0.45870	0.03181

格兰杰因果关系检验结果表明，X_1、X_{23} 是基准指标 D 的格兰杰原因；X_{20} 与基准指标 D 互为格兰杰原因；而基准指标 D 却是 X_3、X_{27} 的格兰杰原

因。因此将 X_1、X_{23} 分类为先行指标，将 X_{20} 分类为同步指标，而 X_3、X_{27} 分类为滞后指标。最终得到中国海洋经济周期景气指标分类设计结果，如表 9-17 所示。

表 9-17　中国海洋经济周期波动景气指标分类设计结果

先行指标（12 个）		同步指标（7 个）		滞后指标（9 个）	
代码	指标名称	代码	指标名称	代码	指标名称
B1	沿海地区生产总值增速	S1	沿海地区物价水平	A1	沿海地区财政支出增速
B2	沿海地区人均可支配收入增速	S2	海洋生产总值/沿海地区 GDP	A2	沿海地区本币存款余额增速
B3	沿海地区固定资产投资密度	S3	主要海洋产业增加值/沿海地区生产总值	A3	主要海洋产业就业人数/沿海地区就业人数
B4	涉海产品价格指数	S4	主要海洋产业总产值增长速度	A4	海洋产品及服务出口总额/沿海地区生产总值
B5	海洋第二产业比重	S5	全国主要海洋产业就业人数增速	A5	主要海洋产业增加值/沿海地区固定资产投资总额
B6	海洋第三产业比重	S6	海洋渔业增加值增速	A6	海洋交通运输业增加值增速
B7	海洋高新技术投入比率	S7	滨海旅游业增加值增速	A7	海洋灾害损失占海洋 GDP 的比重
B8	海洋全员劳动生产率			A8	沿海地区工业废水排放达标率
B9	科研机构从业人员增速			A9	工业废水直接入海量与海岸线长度的比重
B10	海洋货物吞吐量（外贸）增速				
B11	海洋油气业增加值增速				
B12	海洋船舶业增加值增速				

第四节　中国海洋经济周期波动景气指标分类检验

中国海洋经济周期波动景气指标最终分类结果的科学性、准确性，需要利用 ADF 平稳性检验、格兰杰因果检验、多元逐步回归法等进行检验、验证、筛选和预测。

一、ADF 平稳性检验

一般而言，经济数据大多都是时间序列数据，多少都具有一定的时间性趋势。时间序列的单位根检验就是一种判断指标序列平稳性的方法。单位根检验的方法主要有 PP 检验、ADF 检验和 NP 检验等。

表 9-18　中国海洋经济周期波动景气指标单位根检验结果

指标分类	代码	指标名称	单位根检验			稳定性差分阶数变换
			ADF	P	结论	
基准指标	D	海洋生产总值增长速度	−15.83029	0.0000	平稳	
先行指标（12个）	B1	沿海地区生产总值增速	−2.969340	0.0755	平稳	
	B2	沿海地区人均可支配收入增速	−2.967742	0.0799	平稳	
	B3	沿海地区固定资产投资密度	−3.435217	0.0398	平稳	二阶差分
	B4	涉海产品价格指数	−3.690809	0.0245	平稳	
	B5	海洋第二产业比重	−30.74225	0.0001	平稳	一阶差分
	B6	海洋第三产业比重	−16.89585	0.0000	平稳	一阶差分
	B7	海洋高新技术投入比率	−3.013715	0.0674	平稳	
	B8	海洋全员劳动生产率	−3.185431	0.0556	平稳	一阶差分
	B9	科研机构从业人员增速	−3.215316	0.0498	平稳	
	B10	海洋货物吞吐量（外贸）增速	−3.540489	0.0306	平稳	
	B11	海洋油气业增加值增速	−5.590723	0.0017	平稳	
	B12	海洋船舶业增加值增速	−3.761134	0.0220	平稳	
同步指标（7个）	S1	沿海地区物价水平	−5.457718	0.0146	平稳	一阶差分
	S2	海洋生产总值/沿海地区 GDP	−4.849440	0.0046	平稳	
	S3	主要海洋产业增加值/沿海地区生产总值	−3.519971	0.0316	平稳	
	S4	主要海洋产业总产值增长速度	−5.428810	0.0028	平稳	
	S5	全国主要海洋产业就业人数增速	−3.647604	0.0261	平稳	
	S6	海洋渔业增加值增速	−6.486546	0.0008	平稳	
	S7	滨海旅游业增加值增速	−7.364919	0.0003	平稳	

续表

指标分类	代码	指标名称	单位根检验			稳定性差分阶数变换
			ADF	P	结论	
滞后指标（9个）	A1	沿海地区财政支出增速	−2.819764	0.0898	平稳	
	A2	沿海地区本币存款余额增速	−3.346124	0.0410	平稳	
	A3	主要海洋产业就业人数/沿海地区就业人数	−4.117828	0.0178	平稳	一阶差分
	A4	海洋产品及服务出口总额/沿海地区生产总值	−4.185714	0.0137	平稳	一阶差分
	A5	主要海洋产业增加值/沿海地区固定资产投资总额	−7.051621	0.0007	平稳	一阶差分
	A6	海洋交通运输业增加值增速	−3.194885	0.0513	平稳	
	A7	海洋灾害损失占海洋GDP的比重	−3.572885	0.0292	平稳	
	A8	沿海地区工业废水排放达标率	−4.148526	0.0124	平稳	
	A9	工业废水直接入海量与海岸线长度的比重	−3.308782	0.0466	平稳	一阶差分

注：ADF 检验中的滞后阶数依据 SIC 准则进行选择，表中 P 值为相伴概率。

各指标单位根检验结果如表 9-18 所示，在 10% 的显著水平之下，基准指标序列 D 是平稳的，同步指标序列除 S_1 之外是平稳的，先行指标序列 B_3、B_5、B_6、B_8 以外的先行指标均是平稳的，滞后指标序列中除 A_3、A_4、A_5 和 A_9 外均为平稳。而不平稳指标经过一阶或二阶差分变换后，也是平稳的。

二、Granger 关系检验

Granger 因果关系检验是对两个变量之间的先后传导关系进行检验，如果是先行指标，这个指标就应该是基准指标的格兰杰原因。

运用 Granger 因果检验可以将备选指标与基准指标建立 Granger 因果方程，设备选指标为 X，基准指标为 D，通过假设检验判断方程是否显著成立，确定备选指标是先行指标还是滞后指标。如果 X 与基准指标 D 存在单向因果关系，即：X 是基准指标 D 的格兰杰原因，则 X 就是先行指标；如果 X 与基准指标 D 存在双向因果关系，则 X 就是同步指标；如果基准指标 D 与 X 存在单向因果关系，即：基准指标 D 是 X 的格兰杰原因，则 X 就是滞后指标。基准指标与先行指标、同步指标、滞后指标的格兰杰因果关系检验结果，如表 9-19 所示。

表 9-19　基准指标与先行指标、同步指标、滞后指标的 **Granger** 检验

基准指标与先行指标	P 值	基准指标与同步指标	P 值	基准指标与滞后指标	P 值
B1 don't Granger Cause D	0.03176	S1 don't Granger Cause D	0.04891	A1 don't Granger Cause D	0.44048
D don't Granger Cause B1	0.47230	D don't Granger Cause S1	0.03812	D don't Granger Cause A1	0.04086
B2 don't Granger Cause D	0.02949	S2 don't Granger Cause D	0.04048	A2 don't Granger Cause D	0.63271
D don't Granger Cause B2	0.46772	D don't Granger Cause S2	0.04086	D don't Granger Cause A2	0.04503
B3 don't Granger Cause D	0.06772	S3 don't Granger Cause D	0.03600	A3 don't Granger Cause D	0.54220
D don't Granger Cause B3	0.58559	D don't Granger Cause S3	0.03181	D don't Granger Cause A3	0.04188
B4 don't Granger Cause D	0.05533	S4 don't Granger Cause D	0.03876	A4 don't Granger Cause D	0.87301
D don't Granger Cause B4	0.71321	D don't Granger Cause S4	0.04570	D don't Granger Cause A4	0.04208
B5 don't Granger Cause D	0.02631	S5 don't Granger Cause D	0.04752	A5 don't Granger Cause D	0.85127
D don't Granger Cause B5	0.57231	D don't Granger Cause S5	0.02183	D don't Granger Cause A5	0.04895
B6 don't Granger Cause D	0.04786	S6 don't Granger Cause D	0.05021	A6 don't Granger Cause D	0.75142
D don't Granger Cause B6	0.57348	D don't Granger Cause S6	0.01241	D don't Granger Cause A6	0.04070
B7 don't Granger Cause D	0.00032	S7 don't Granger Cause D	0.04921	A7 don't Granger Cause D	0.86496
D don't Granger Cause B7	0.69372	D don't Granger Cause S7	0.03935	D don't Granger Cause A7	0.04742
B8 don't Granger Cause D	0.04817			A8 don't Granger Cause D	0.33600
D don't Granger Cause B8	0.94271			D don't Granger Cause A8	0.03181

续表

基准指标与先行指标	P 值	基准指标与同步指标	P 值	基准指标与滞后指标	P 值
B9 don't Granger Cause D	0.04051			A9 don't Granger Cause D	0.40051
D don't Granger Cause B9	0.43107			D don't Granger Cause A9	0.03558
B10 don't Granger Cause D	0.02523				
D don't Granger Cause B10	0.84306				
B11 don't Granger Cause D	0.05746				
D don't Granger Cause B11	0.34812				
B12 don't Granger Cause D	0.04717				
D don't Granger Cause B12	0.45870				

Granger 因果关系检验的结果，验证了中国海洋经济周期波动景气指标的分类结果是科学的、可信的、正确的。

三、多元逐步回归检验

多变量逐步回归和单变量回归相比，虽然考虑到了变量间的整体关系，但是由于其对变量间的整体性要求较高，在进行逐步筛选过程中，一些关系比较弱、影响比较小的变量，不容易被引入模型或者容易被删除。多元逐步回归法克服了多变量逐步回归和单变量回归的不同缺点，根据变量间的关系将因变量分组，并分组建立回归方程，能够准确反映自变量对因变量的影响。

多变量回归方程的建立，需要对自变量和因变量同时进行筛选，并根据变量关系将因变量分组。如，对自变量 X_1，$\cdots X_m$ 和因变量 Y_1，$\cdots Y_p$ 的回归，如果仅是部分自变量对部分因变量有密切关系，因此就需要对自变量 X_1，$\cdots X_m$ 和因变量 Y_1，$\cdots Y_p$ 进行分组建立回归方程。

首先选一个因变量设为 Y_1，针对 Y_1 筛选所有的自变量，当自变量筛选结束后，再选定第二个因变量设为 Y_2；如果 Y_1，Y_2 没有被剔除，则针对 Y_1，Y_2 来筛选自变量；直到筛选完所有的变量，建立第一组回归方程。除第一组回归方程中的因变量外，将剩余的因变量再重复上述筛选过程，直到所有因变量都建立了自己的回归方程。

根据多元逐步回归的特点以及中国海洋经济周期波动景气指标分类，将解释变量确定为 12 个先行指标，而因变量则为 8 个同步指标和 10 个滞后指标，并利用多元逐步回归方法对指标组进行筛选和预测，分析结果如表9-20 所示。

表 9-20　中国海洋经济周期波动景气指标多元逐步回归结果

因变量	自变量	标准系数	误差估计值	Sig 值	因变量	自变量	标准系数	误差估计值	Sig 值
S1	B1	0.800	1.04480	0.003	A1	B7	−3.298	0.52381	0.000
S2	B5	0.627	0.64661	0.000	A2	B2	−10.953	0.94712	0.002
	B8	0.439				B4	−2.612		
S3	B12	0.792	1.67007	0.001	A3	B8	−0.650	0.61199	0.030
S4	B6	0.676	0.82731	0.005	A4	B3	−0.842	0.00585	0.001
	B11	1.027			A5	B3	−2.968		
S5	B9	−0.729	0.71235	0.003		B8	2.394	1.29374	0.001
S6	B3	−1.559	0.49271	0.001	A7	B5	−0.803	0.52128	0.003
	B10	1.777			A8	B5	0.888	1.65520	0.000
S7	B4	1.769	1.04821	0.000	A9	B2	0.761	1.13975	0.006

从多元回归分析的结果看，通过将先行指标作为解释变量逐步进行回归分析，同步指标、滞后指标与先行指标之间存在着明显的相关关系。先行指标对同步指标、滞后指标的解释作用显著，误差估计值很低，P 值均达到了0.006 以下。先行指标能够有效地对同步指标、滞后指标进行解释和预测。

多元逐步回归方法筛选景气指标具有较好的可行性，并且可以作为一种与其他方法对比分析的方法，更适用于对其他方法所筛选的景气指标进行验证分析和判断。从 ADF 检验、Granger 因果关系检验和多元逐步回归检验的验证分析结果来看，中国海洋经济周期波动景气指标的分类结果，准确可行、科学合理。

第　十　章

中国海洋经济周期波动预警指数编制

海洋经济周期波动监测预警，是海洋经济运行的晴雨表和警报器。它是通过对海洋经济统计数据的系统、规范与科学化整理，运用经济景气监测预警技术，结合投入产出、系统仿真、计量经济学等模型方法，对海洋经济活动过程中的一系列指标变化进行实时、动态、监测、预测和仿真，及时对未来海洋经济波动进行科学、准确判断预警的复合系统。中国海洋经济周期波动监测预警，通过编制海洋经济扩散指数、合成指数、景气指数等指数体系，基于多变量时间序列方差分解模型、状态空间和卡尔曼滤波模型，编制了动态 Markov 转移因子的中国海洋经济景气指数。同时，通过借鉴 NBER、OECD 等经典经验，利用熵值法、灰色关联、AHP 等权重设计方法以及 3δ 法、落点概率法、专家经验法等，设计编制了中国海洋经济周期波动预警指数及其临界值区间，进行了海洋经济周期波动转折点确定和周期波动区间划分。对于系统、准确、实时地把握中国海洋经济周期波动规律和趋势，科学揭示中国海洋经济景气波动特征，制定海洋经济发展战略，检验海洋经济政策效果，具有重要的现实指导意义和重要的参考价值。

第一节 中国海洋经济扩散指数编制

一、扩散指数的概念

扩散指数是 1950 年由美国经济研究所（NBER）经济统计学家 G. H. Moore 提出的，选取具有代表性的 21 个指标，构建了扩散指数 DI（Diffusion Index），用"平均"的思想来测定经济周期波动的模式。标志着宏观经济景气监测预警系统步入了官方应用阶段。扩散指数（Diffusion Index，DI）是指经济系统循环波动在某一时点上扩散变量的加权百分比，又称为扩张率。

二、扩散指数的功能

扩散指数可以反映经济繁荣或衰退的程度，进而能够准确判断和分析经济波动情况，又分为先行扩散指数、同步扩散指数、滞后扩散指数三类。先行扩散指数可以对宏观经济形势及早进行动态监测预测；滞后扩散指数可以判断经济景气或萧条是否处于开始或结束状态。当扩散指数 DI 的值在 0 到 100 之间变动时，经济周期的波长由两个相邻的谷底决定。与单一的变量不同，扩散指数是由许多规律变化的经济变量综合而成，因而相对于任何一个单一指标更加可靠和权威。

在经济景气扩散指数分析图 10-1 中，有 1 条转折线和 2 个转折点。扩散指数 DI 等于 50 的水平线称为经济景气的转折线，当扩散指数的值增大超过 50 时，经济波动由不景气空间进入到景气空间，称 A 点为景气上转点；当扩散指数的值下降小于 50 时，经济波动由景气空间进入到不景气空间，称 B 点为景气下转点。

根据扩散指数的变化情况和图 10-1 中的转折线、转折点关系，可以将经济周期波动划分为 2 个空间 4 个阶段：

空间 1：扩散指数 DI 处于 0 到 50 的区间，这个区间表示经济处于不景气空间状态，又分为 2 个阶段。阶段 1：不景气空间初期。该阶段特征表现为扩散指数 DI 处于 50 到 0 之间，DI 的值不断减小，下降的指标数量逐渐多于上升的指标数量，此时的经济发展逐渐进入萧条阶段，经济形势进入不

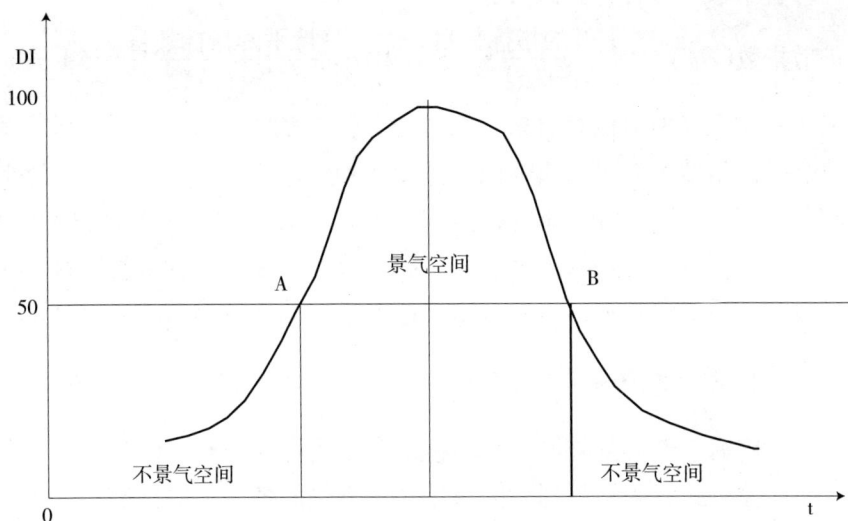

图 10-1　扩散指数分析图

景气空间。阶段 2：不景气空间后期。该阶段特征表现为扩散指数 *DI* 处于 0 到 50 之间。*DI* 的值不断增大，虽然上升的指标数量还较少，但由于经济收缩因素的不断减弱以及经济扩张因素的不断增强，下降的指标数量不断减少，上升的指标数量不断增多，经济即将进入复苏阶段。

空间 2：扩散指数 *DI* 处于 50 到 100 的区间，这个区间表示经济处于景气空间状态，也分为 2 个阶段。阶段 1：景气空间初期。该阶段特征表现为扩散指数 *DI* 处于 50 到 100 之间。*DI* 的值不断增大，此时上升的指标数量多于下降的指标数量，并且上升的指标数量越来越多，下降的指标数量越来越少，随着 *DI* 值不断接近峰值，经济逐渐进入繁荣时期。阶段 2：景气空间后期。该阶段特征表现为扩散指数 *DI* 处于 100 到 50 之间。*DI* 的值不断减小，此时虽然上升的指标数量多于下降的指标数量，但上升的指标数量越来越少，下降的指标数量越来越多，随着 *DI* 值不断减小，经济逐渐进入衰退时期。

三、扩散指数的编制方法

通过借鉴宏观经济景气分析中的扩散指数计算方法，中国海洋经济景气分析的综合扩散指数计算公式为：

$$\text{扩散指数}(DI_t) = \frac{\text{上升的指标数目}}{\text{指标总数}} \times 100 + \frac{\text{持平的指标数目}}{\text{指标总数}} \times 50 \quad (10\text{-}1)$$

其中：DI_t 为 t 时刻的综合扩散指数。

综合扩散指数是通过将指标按照其变化趋势，分为上升型指标、持平型指标和下降型指标三类并分别进行赋权，上升型指标赋权为 100，持平型指标赋权为 50，下降型指标赋权为 0。扩散指数可以分为先行扩散指数、同步扩散指数和滞后扩散指数，主要区别于选取指标的标准不同。

四、中国海洋经济扩散指数测算

通过我国海洋经济景气的先行指标、同步指标和滞后指标分析，结合扩散指数的计算公式，测算得到我国海洋经济景气的各种扩散指数。

1. 中国海洋经济景气扩散指数

根据中国海洋统计年鉴、中国海洋统计公报、以及中国统计年鉴等的数据资料，2000—2011 年我国海洋经济景气的先行扩散指数、同步扩散指数以及滞后扩散指数计算结果，如表 10-1 所示。

表 10-1　2000—2011 年中国海洋经济景气扩散指数

年份 指数	2000	2001	2002	2003	2004	2005	2006	2007	2008	2009	2010	2011
先行扩散指数 DI_t	72.50	67.08	47.92	63.25	58.58	68.33	71.88	57.92	47.92	38.33	86.25	74.75
同步扩散指数 DI_t	80.00	82.14	57.50	49.29	66.13	71.88	88.57	76.14	49.29	32.86	97.75	75.67
滞后扩散指数 DI_t	67.50	76.67	76.67	43.13	38.75	63.89	76.67	79.45	51.11	43.13	71.88	57.50

2. 中国海洋经济景气扩散指数曲线

2000—2011 年我国海洋经济景气的先行扩散指数、同步扩散指数以及滞后扩散指数计算数据，不能清晰地反映中国海洋经济景气扩散指数的变化趋势。因此根据中国海洋经济景气扩散指数数据，绘制中国海洋经济景气扩散指数曲线图，见图10-2。

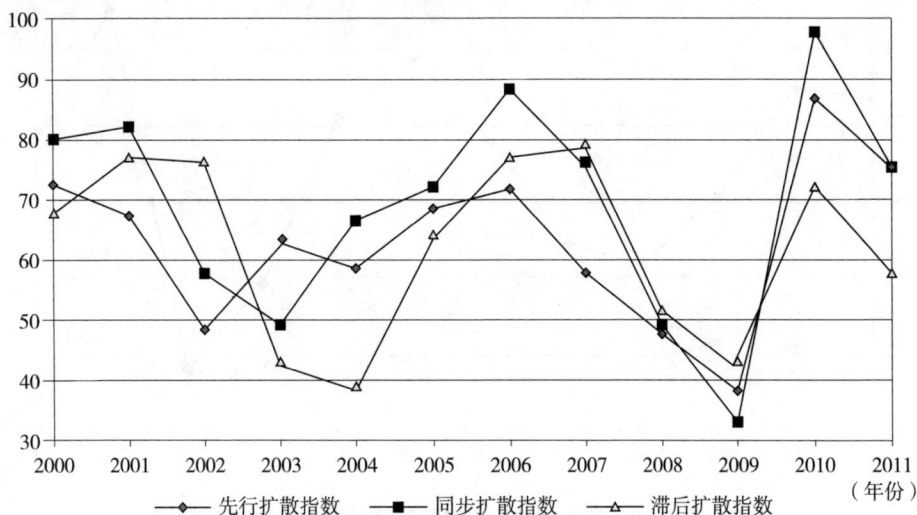

图10-2 2000—2011年中国海洋经济景气扩散指数曲线

3. 中国海洋经济景气综合扩散指数

根据先行扩散指数、同步扩散指数以及滞后扩散指数，计算得到2000—2011年我国海洋经济景气的综合扩散指数，如表10-2。

表10-2 2000—2011年中国海洋经济景气综合扩散指数

年份	2000	2001	2002	2003	2004	2005	2006	2007	2008	2009	2010	2011
DI_t	73.33	75.30	60.70	51.89	54.48	68.03	79.04	71.17	49.44	38.10	85.29	69.31

综合扩散指数 DI 的标准值为50，当 DI 大于标准值50时，经济活动处于扩张状态。反之，当 DI 小于标准值50时，经济活动处于收缩状态。如表10-2显示，2000—2011年，我国海洋经济景气综合扩散指数，只有2008年与2009年小于50，其他年份都大于50，表明我国海洋经济波动基本上一直都处于景气空间状态。

4. 中国海洋经济景气综合扩散指数曲线

2000—2011年我国海洋经济景气的综合扩散指数曲线，显示了中国海洋经济景气的周期性波动变化趋势。如图 10-3 所示。

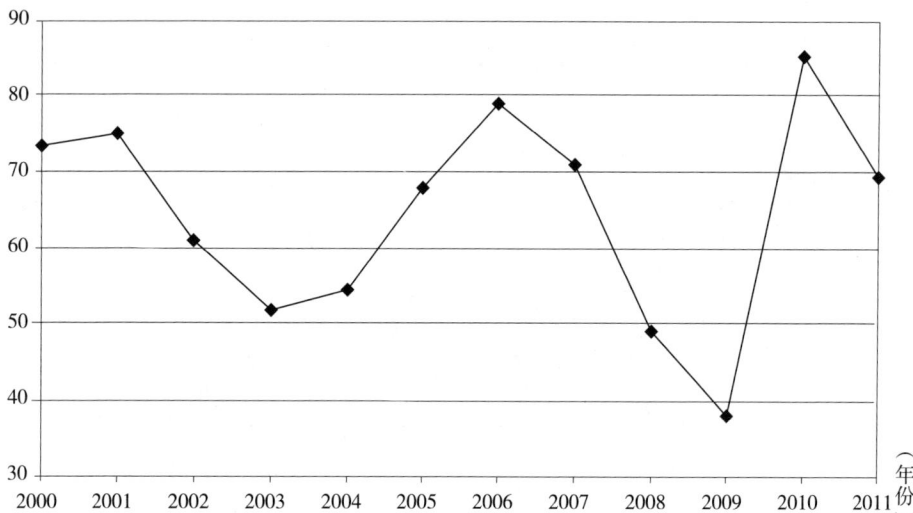

图 10-3 2000—2011 年中国海洋经济景气综合扩散指数曲线图

中国海洋经济景气的综合扩散指数曲线有 3 个波峰，分别是 2001 年、2006 年和 2010 年的波峰；有 2 个波谷，分别是 2003 年和 2009 年的波谷。由于 2003 年国内"非典"的影响和伊拉克战争导致的国际油价波动，加上国内外宏观经济不景气的关联效应，我国海洋经济受到的冲击影响较大，2003 年我国海洋经济景气综合扩散指数下降到 51.89。2008 年开始的美国次贷危机及其随后的欧洲主权信用危机，对国际国内的海洋渔业、滨海旅游业、海洋运输业等影响巨大；2009 年我国海洋经济景气综合扩散指数下降到了历史最低点 38.10。

第二节 中国海洋经济合成指数编制

一、合成指数的概念

合成指数（Composite Index，*CI*）又称为景气综合指数，是以特征指标变化幅度为权重的加权综合平均数。20 世纪 60 年代美国学者 J. Shiskin 为弥补扩散指数在衡量经济波动幅度上的不足，编制并提出了合成指数的概念。合成指数弥补了扩散指数的不足，考察了经济变动的强度和拐点，是对宏观经济波动周期监测理论的进一步丰富和完善，与扩散指数一同成为经济监测的经典方法和有效工具。根据指标类型，合成指数也分为先行合成指数、同步合成指数和滞后合成指数。

二、合成指数的功能

合成指数在反映指标波动状态的同时，主要是描述经济波动的幅度。先行合成指数能够预示未来经济运行轨迹的变动趋势；同步合成指数能够反映当前经济的运行方向和力度；滞后合成指数可以最终判断经济循环的转折点和经济运行的初始状态。此外，合成指数还能够预示经济波动的转折点。

三、合成指数的编制方法

在借鉴美国商务部关于合成指数计算方法的基础上，参考国内外有关合成指数编制的相关文献以及我国宏观经济景气波动的监测方法，对我国海洋经济景气合成指数进行编制。编制过程分为以下几个步骤：

第一，对数据进行标准化处理，计算单个指标的对称变化率 $C_i(t)$：

$$C_i(t) = \begin{cases} 200[d_i(t) - d_i(t-1)] / [d_i(t) + d_i(t-1)], & d_i(t) > 0 \\ d_i(t) - d_i(t-1), & d_i(t) < 0 \end{cases}$$

(10-2)

其中，$C_i(t)$ 表示第 i 个指标序列 t 时刻的对称变化率数值，$d_i(t)$ 表示经过季节调整后的指标序列。

第二，对上一步中求得的单个指标序列的对称变化率 $C_i(t)$ 进行标准化处理，目的是避免个别指标的异常波动对整体指数大小的影响：

① 计算 $d_i(t)$ 指标序列的标准化因子 A_i。

$$A_i = \sum_{i=1}^{n} |C_i(t)| / (N-1)$$

(10-3)

其中，N 表示标准化期间的时间长度。

② 利用标准化因子 A_i 对单个指标序列的对称变化率 $C_i(t)$ 进行标准化处理，得到标准化变化率 $S_i(t)$。

$$S_i(t) = C_i(t) / A_i \tag{10-4}$$

③ 计算所有指标序列的平均变化率 $R(t)$。

$$R(t) = \sum_{i=1}^{K} S_i(t) \cdot W_i / \sum_{i=1}^{K} W_i \tag{10-5}$$

其中，W_i 表示指标序列的权重，K 表示指标序列个数。

第三，计算初始综合指标 $I(t)$。

$$I(t) = I(t-1)\,[200 + R(t)/200 - R(t)]，\quad I(1) = 100 \tag{10-6}$$

第四，计算合成指数。

$$CI(t) = 100 \times \frac{I(t)}{\bar{I}(0)} \tag{10-7}$$

其中，$\bar{I}(0)$ 表示基准日期合成指数的平均值，一般假定基准日期合成指数为100。

四、中国海洋经济合成指数测算

通过我国海洋经济景气的先行指标、同步指标和滞后指标分析，结合合成指数的计算公式，测算得到我国海洋经济景气的各种合成指数。

1. 中国海洋经济景气合成指数

根据中国海洋统计年鉴、中国海洋统计公报以及中国统计年鉴等的数据资料，运用 Matlab 软件编程，得到 2000—2011 年我国海洋经济景气的先行合成指数、同步合成指数以及滞后合成指数计算结果，如表 10-3 所示。

表 10-3　2000—2011 年中国海洋经济景气先行合成指数

年份	2000	2001	2002	2003	2004	2005	2006	2007	2008	2009	2010	2011
先行合成指数 CI_t	100.00	101.26	98.60	103.25	103.07	103.95	104.48	104.60	105.15	102.01	105.27	105.80
同步合成指数 CI_t	100.00	101.66	100.39	98.58	102.69	104.19	103.69	103.94	103.20	99.64	103.61	104.39
滞后合成指数 CI_t	100.00	103.06	103.23	95.89	102.69	101.60	100.65	101.06	101.82	102.66	99.82	103.43

基准日期的合成指数为 100，如表 10-2 显示，2001—2011 年我国海洋经济景气的先行合成指数、同步合成指数、之后合成指数大多处于 100 以上，表明海洋经济活动基本都处于扩张状态，但是 2003 年和 2009 年我国海洋经济景气同步合成指数小于 100，表明这两年我国海洋经济景气波动一度有衰退的迹象。

2. 中国海洋经济景气合成指数曲线

2000—2011 年我国海洋经济景气的合成指数数据，不能清晰地反映中国海洋经济景气合成指数的变化趋势。因此根据中国海洋经济景气合成指数数据，绘制中国海洋经济景气合成指数曲线图，见图 10-4。

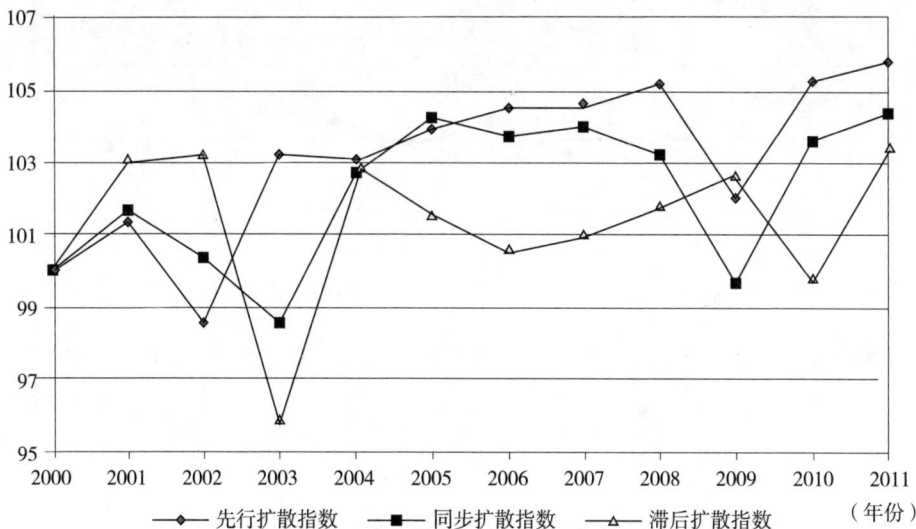

图 10-4　2000—2011 年中国海洋经济景气合成指数曲线图

中国海洋经济景气的先行合成指数曲线、同步合成指数曲线基本处于小幅波动上扬的趋势。而滞后合成指数曲线在 2000—2003 年有一次大的波动之后，2003—2011 年也处于小幅波动快速上扬的趋势。目前从中国海洋经济景气合成指数曲线的变化趋势看，中国海洋经济景气波动有过热的趋势。

3. 中国海洋经济景气综合合成指数

根据先行合成指数、同步合成指数以及滞后合成指数，计算得到 2000—2011 年我国海洋经济景气的综合合成指数，综合合成指数 *CI* 同样是以 100 作为基准值进行测算的，如表 10-4。

表 10-4　2000—2011 年中国海洋经济景气综合合成指数

年份	2000	2001	2002	2003	2004	2005	2006	2007	2008	2009	2010	2011
CI_t	100.00	103.59	100.55	99.09	100.77	101.38	101.55	102.72	103.13	104.09	105.27	107.23

4. 中国海洋经济景气综合合成指数曲线

2000—2011 年中国海洋经济景气的综合合成指数曲线，显示了中国海洋经济景气的周期性波动变化趋势的强弱。如图 10-5 所示。

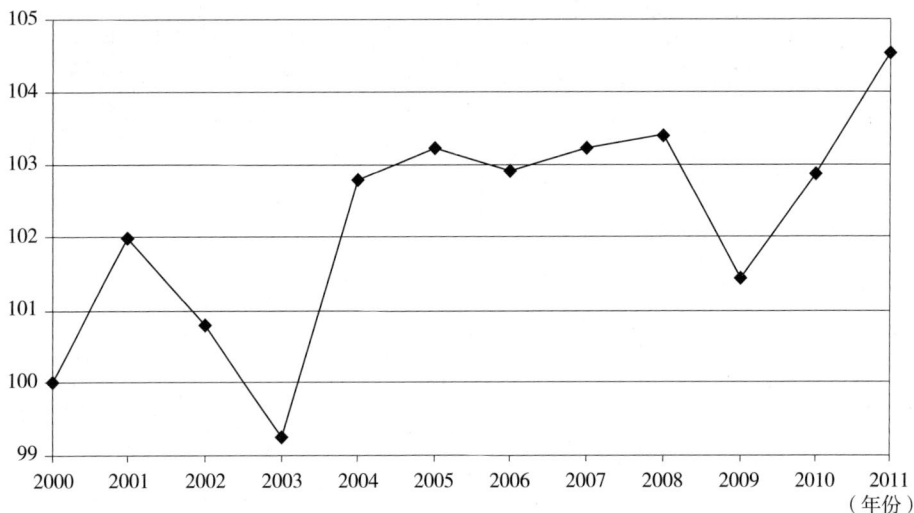

图 10-5　2000—2011 年中国海洋经济景气综合合成指数曲线

中国海洋经济景气的综合合成指数曲线，有 3 个波峰：2001 年、2005 年和 2008 年；2 个波谷：2003 年和 2009 年。由于 2003 年国内"非典"的影响和伊拉克战争导致的国际油价波动，加上国内外宏观经济不景气的关联效应，我国海洋经济受到的冲击影响较大，2003 年我国海洋经济景气综合合成指数下降到 99.09；随后一直呈现上升趋势，但是 2008 年开始的美国次贷危机及其随后的欧洲主权信用危机对我国海洋经济景气综合合成指数也产生了巨大影响，导致 2009 年综合合成指数出现了一定幅度的下降；但是，2010 年以后再度呈现快速上扬的态势，预示着中国海洋经济景气波动有过热的趋势。

第三节　中国海洋经济景气指数编制

一、景气指数的概念

对经济景气状态的分析最早可追溯到 19 世纪末，1888 年法国经济学家 Alfred Fourille 在巴黎统计学大会上用黑、灰、淡红和大红几种颜色描述了 1877—1881 年法国经济的波动，由此揭开了经济景气研究的序幕。20 世纪初世界各国纷纷开展了经济景气度量的研究，1909 年美国 Babson 统计公司发布了最早的景气指数——巴布森经济活动指数，用以反映美国宏观经济波动情况。1917 年 Harvard Committee on Economic Research 在 W. M. Persons 教授带领下，编制了影响深远的"哈佛指数"，用以判断经济周期的波动方向并预测其转折点。1920—1925 年欧洲国家分别编制了英国商业循环指数、瑞典商情指数以及德国商情指数等。

景气是反映经济活跃程度的一种综合性指标，景气分析多是通过景气指数进行的。景气指数（Prosperity index，PI）又称景气度，是综合反映宏观经济波动所处的状态或未来发展趋势的一种定量分析工具。不同学者对于景气指数有着不同的定义，景气指数在不同的分类标准下也有着不同的分类。课题研究认为景气指数是在进行景气指标筛选的基础上，经过数据预处理后用于描述经济的运行状态（扩张或收缩），预测经济发展状态与趋势转折点的一种数量分析工具，也称为景气动向指数。经济景气指数根据景气指标的不同，也分为先行景气指数、同步景气指数和滞后景气指数。

二、景气指数的功能

所谓经济景气，是指宏观经济表现出扩张繁荣的景气状态，不景气是指宏观经济下滑收缩、疲软萧条的现象。经济景气指数最早来源于对企业的景气状况调查分析，是通过定期的问卷调查，根据企业家的经营状况及其对宏观经济的判断预期，编制的一类反映宏观经济运行状况及其未来发展变化趋势的统计数据。景气指数不仅可以对经济运行情况进行分析，而且景气指数曲线可以直观地识别和分析经济增长的周期循环波动，同时还可以帮助政府部门和经济学家进行短期经济波动预测或预警。

三、景气指数的编制方法

目前，国际上通用的经济景气指数测定方法以传统经典的景气指数测定方法为主，主要包括前文介绍的扩散指数 *DI* 方法、合成指数 *CI* 方法，同时也有利用主成分方法合成景气指数的。但是许多学者认为传统景气指数法过于主观经验判断并缺乏统计基础支撑，他们更倾向于利用数理统计方法以及更严密的计量经济模型研究经济周期波动现象。常见的主要包括多变量时间序列方差分解模型（MTV 模型）、状态空间和卡尔曼滤波模型、多变量动态 Markov 转移因子模型、谱分析方法以及小波分析方法等。课题研究通过对 5 种方法的分析和借鉴，构建了基于多变量动态 Markov 转移因子的中国海洋经济景气模型，测算了中国海洋经济景气指数。

（一）多变量时间序列方差分解模型（MTV 模型）

日本经济学家刘屋武昭（1986 年）利用主成分分析和 ARIMA 模型，提出了多变量时间序列方差分解模型（MTV 模型），测算了经济景气指数。该模型实质上是主成分分析方法与 ARIMA 模型的结合，在形式上体现为主成分分析的时间序列化。传统的 ARIMA 模型存在未知参数太多以及模型难以识别的缺陷，而 MTV 模型较好地克服了这一不足，对内在不确定性较高、结构变动复杂的系统景气变动分析和预测具有很高的应用价值。

MTV 模型的主要思想是假定 p 个随机变量相关性变动的背后，存在 q（$q<p$）个不可观测的共同变动因子，可以通过模型对数量较少的不可观测的共同变动因子进行分析和预测，并利用这些共同变动因子反向分析和预测原有的 p 个复杂随机变量。

具体来说，假定 p 个随机变量 y_i，（$i = 1，2\cdots p$）满足如下模型

$$\begin{bmatrix} y_{1t} \\ y_{2t} \\ \cdots \\ y_{pt} \end{bmatrix} = \begin{bmatrix} u_{1t} \\ u_{2t} \\ \cdots \\ u_{pt} \end{bmatrix} + \begin{bmatrix} C_{11} & C_{12} & \cdots & C_{1p} \\ C_{21} & C_{22} & \cdots & C_{2p} \\ \cdots & \cdots & \cdots & \cdots \\ C_{p1} & C_{p2} & \cdots & C_{pp} \end{bmatrix} \begin{bmatrix} f_{1t} \\ f_{2t} \\ \cdots \\ f_{pt} \end{bmatrix} + \begin{bmatrix} \varepsilon_{1t} \\ \varepsilon_{2t} \\ \cdots \\ \varepsilon_{pt} \end{bmatrix}$$

其中 $u_{it} = E(y_{it})$ ，f_{it} 代表 p 个随机变量的第 i 个共同变动因子，f_{it} 通过主成分分析求得，矩阵 $C = (c_{ij})$ 中元素 c_{ij} 反映第 j 个共同变动因子对第 i 个随机变量的影响系数。模型对于共同变动因子 f_{it} 和系数矩阵还做了如下规定：

①系数矩阵 $C = (c_{ij})$ 满足 $C^T C = E$ ，即 C 是正交矩阵；

②f_{it} 是均值为 0 的平稳随机过程或差分平稳随机过程，服从 ARMA (m, n) 模型；

③f_{it} 与 $f_{it}(i \neq t)$ 互不相关。

在实际经济分析过程中，由于不同经济变量具有不同的量纲，故需先进行标准化处理，得到标准化处理的数据后，再利用主成分分析法计算 MTV 模型的共同变动因素。

（二）状态空间和卡尔曼滤波模型

卡尔曼（Kalman）滤波算法产生于 20 世纪 60 年代初，主要应用于工程控制领域。Kalman（1960）首次用递归方法解决了离散数据线性滤波问题。20 世纪 70 年代以后，状态空间模型的标准形式被明确提出并在经济领域得到应用。20 世纪 80 年代以后，状态空间模型逐渐发展成为一种有效的建模工具。计量经济学领域中的诸多问题，如可变参数模型、时间序列分析模型、季节调整模型、景气指数的建立等，都可以应用状态空间模型和 Kalman 滤波进行估计和预测。国内学者高铁梅、王金明（2009）利用状态空间模型和 Kalman 滤波方法，构建了反映中国经济增长率循环的景气指数[①]。

1. 状态空间模型

状态空间模型在多变量时间序列的估计和预测中应用广泛。假设待估模型含有不可观测变量，可以将其写成状态空间形式，利用 Kalman 滤波识别不可观测变量，同时完成参数估计。

状态空间模型可以分为量测方程和状态方程，其一般形式为：

量测方程：$y_t = Z_t \alpha_t + d_t + \varepsilon_t$, $t = 1 \cdots T$ (10-8)

状态方程：$\alpha_t = T_t \alpha_{t-1} + R_t \eta_t$, $t = 1 \cdots T$ (10-9)

[①] 高铁梅、王金明、陈飞：《中国转轨时期经济增长周期波动特征的实证分析》，《财经问题研究》2009 年第 1 期，第 22—29 页。

其中，y_t 是包含 k 个可观测变量的向量，α_t 为状态向量。在所有的时间区间上，扰动项 ε_t 和 η_t 是相互独立的。

2. Kalman 滤波模型[①]

Kalman 滤波是计算 t 时刻状态向量的一种方法，可以用来求解被表示成状态空间形式（State Space Form，SSF）的模型。Kalman 滤波通过误差分解，计算似然函数并进行未知参数估计。

将 $t = T$ 时刻所有可利用的信息集合设为 Y_T，即 $Y_T = \{y_T,\ y_{T-1},\ \cdots,\ y_1\}$。根据信息的多少，状态向量的估计问题可以分为 3 种类型：

① 平滑（smoothing）基于截止到现在的观测值对过去状态的估计问题，表现为 $t < T$。

② 滤波（filtering）基于对现在状态的估计问题，表现为 $t = T$。

③ 预测（prediction）基于对未来状态的估计问题，表现为当 $t > T$。

3. Kalman 滤波的计算公式。假定 $t-1$ 时刻的信息集合为 Y_{t-1}，$a_{t|t-1}$ 是条件均值，$P_{t|t-1}$ 是条件误差协方差矩阵，即：

$$a_{t|t-1} = E(\alpha_t \,|\, Y_{t-1})$$

$$P_{t|t-1} = \mathrm{var}(\alpha_t \,|\, Y_{t-1})$$

考虑状态空间模型 10-8、10-9，设 a_{t-1} 是基于 Y_{t-1} 的一个估计量，P_{t-1} 是 $m \times m$ 维的估计误差协方差矩阵，有：

$$P_{t-1} = E[(\alpha_{t-1} - a_{t-1})(\alpha_{t-1} - a_{t-1})'] \tag{10-10}$$

当给定 a_{t-1} 和 P_{t-1} 时，a_t 的条件分布均值由下式给定，即：

$$a_{t|t-1} = T_t a_{t-1} + c_t \tag{10-11}$$

估计误差的协方差矩阵是：

$$P_{t|t-1} = T_t P_{t-1} T_t' + R_t Q_t R_t',\ t = 1,\ \cdots,\ T \tag{10-12}$$

式 10-12 称为预测方程（Prediction Equations）。

利用新观测值 y_t 对修正 a_t 的估计值 $a_{t|t-1}$，得到修正方程（Updating Equations）

$$a_t = a_{t|t-1} + P_{t|t-1} Z_t' F_t^{-1} (y_t - Z_t a_{t|t-1} - d_t) \tag{10-13}$$

① 高铁梅：《计量经济分析方法与建模：EViews 应用及实例》，清华大学出版社 2009 年版，第 44—48 页。

$$P_t = P_{t\,|\,t-1} Z_t{}' - P_{t\,|\,t-1} Z_t{}' + H_t, \quad t = 1, \ 2, \ \cdots T \qquad (10-14)$$

$$\text{其中：} F_t = Z_t P_{t\,|\,t-1} Z_t{}' + H_t, \quad t = 1, \ \cdots T \qquad (10-15)$$

上述表达式组合在一起，构成 Kalman 滤波的计算公式。

由于预测误差代表了最后观测的新信息，因此它也被称为新息（Innovations）。由式 10-14 可以看出，v_t 在修正状态向量的估计中起了重要作用。具体计算公式为：

$$v_t = y_t - \tilde{y}_{t\,|\,t-1} = Z_t(a_t - a_{t\,|\,t-1}) + \varepsilon_t \qquad (10-16)$$

在正态分布的假设下，最小均方误差意义下的最优估计量 $\tilde{y}_{t\,|\,t-1} v_t$ 的均值是零向量，从 10-16 式可以看出：

$$\text{var}(v_t) = F(t) \qquad (10-17)$$

式中 F_t 由 10-15 式给定。在不同的时间区间，新息 v_t 是不相关的，即：

$$E(v_t v_s{}') = 0, \quad t \neq s, \ t, \ s = 1, \ \cdots, \ T \qquad (10-18)$$

（三）多变量动态 Markov 转移因子模型

J. H. Stock & M. Watson（1988）认为状态空间—卡尔曼滤波模型以及动态马尔可夫转移因子模型，都可以对宏观经济周期景气指数进行测算和分析。J. H. Stock 和 M. Watson（1989，1991，2003）提出并构造了动态因子模型（DF 模型）合成指数，揭示了经济变量间的协同变化。Hamilton（1989）利用 Markov 转移机制模型（MS 模型）对美国宏观经济周期波动机制进行了分析[1]。Diebold 和 Rudebusch（1996）将转移机制模型与动态因子模型结合，构造了多变量动态因子模型（DMSF），同时分析经济系统协同运动与非对称性的两大特征，但这样的模型很复杂，模型求解极其困难。动态因子模型中参数具有机制转移的性质，因此不能直接运用标准的 Kalman 滤波进行求解。Kim（1994）将 Kalman 滤波和 Hamilton 滤波进行叠加，提出了 Kim 滤波[2]。通过分析样本区间的全部观测值和估计参数值，还能推断出各个时点处于衰退状态的概率 p（$s_t = 0$），如果 $p > 0.5$，认为当前经济状

---

① Hamilton. J. D., 1989, "A New Approach to the Economic Analysis of Nonstationary Time Series and the Business Cycle", *Econometrica*, pp. 357-384.

② Kim & Chan—Jin, 1994, "Dynamic Linear Models with Markov—Switching", *Journal of Econometrics*, Vol. 60, pp. 1-22

态位于收缩期，否则，认为当前经济状态位于扩张期。DMSF 模型即可以进行景气指数 C_t 计算，也能描述经济的动态行为，还能揭示经济扩张与收缩的非对称特性。

国内学者刘金全、刘志刚、马昕田、王雄威、刘汉等（2005，2012，2013）分别运用 Plucking 模型分析了我国宏观经济周期波动性与阶段性之间的非对称性[①]；基于非线性结构突变 VAR 模型族对我国宏观经济周期波动态势进行了跟踪监测[②]；运用多分辨率小波分析方法描绘了中国宏观经济的"扩张"和"收缩"阶段[③]；运用马尔可夫转移混频数据（MS—MIDAS）模型监测经济周期运行与转变[④]。此外，高铁梅、王金明等（2006，2009）利用动态 Markov 转移因子模型构造中国宏观经济景气指数，并对周期波动中的非对称行进行了分析[⑤]；利用状态空间模型和 Kalman 滤波方法，构建了反映中国经济增长率循环的景气指数[⑥]。

1. 动态 Markov 转移模型。J. H. Stock 和 M. Watson（1991）对景气变动的影响因素进行扩充，并认为影响经济景气的指标变动背后存在着一个单一的、不可观测的、代表总经济状态的共同因素，其波动代表真正的景气波动，称该因素为 Stock—Waston 景气指数，简称 SWI 景气指数，含有该不可观测因素的模型称为 UC 模型[⑦]。动态因子模型的状态空间形式如下：

$$y_{it} = (\varphi_{i0} + \varphi_{i1} \cdot L + \cdots + \varphi_{i\gamma_i} \cdot L^{\gamma_i}) \cdot \Delta c_t + Z_{it}$$
$$\Delta c_t = \mu + \varphi (1 - \varphi_1 \cdot L - \cdots - \varphi_p \cdot L^p)^{-1} \cdot v_t, \ v_t \sim i.\ i.\ d.\ N(0,\ \sigma^2)$$
$$\Delta y_{it} = \gamma_i(L) \Delta c_t + u_{it}, \ i = 1,\ 2,\ \cdots,\ n \tag{10-19}$$

① 刘金全、刘志刚、于冬主编：《我国经济周期波动性与阶段性之间关联的非对称性检验——Plucking 模型对中国经济的实证研究》，《统计研究》2005 年第 8 期，第 38—43 页。

② 王雄威：《我国经济周期非线性特征分析与经济周期测定研究》，吉林大学，2012 年，第 25—81 页。

③ 马昕田、刘金全、印重主编：《基于多分辨率小波的中国经济周期波动性和持续性测度》，《黑龙江社会科学》2013 年第 3 期，第 58—61 页。

④ 刘汉：《中国宏观经济混频数据模型的研究与应用》，吉林大学，2013 年，第 28—134 页。

⑤ 王金明、高铁梅主编：《中国经济周期波动共变性和非对称性分析——利用动态马尔科夫转移因子模型构造中国经济景气指数》，社会科学文献出版社 2006 年版，第 2—30 页。

⑥ 高铁梅、王金明、陈飞主编：《中国转轨时期经济增长周期波动特征的实证分析》，《财经问题研究》2009 年第 1 期，第 22—29 页。

⑦ 高铁梅：《中国转轨时期的经济周期波动：理论、方法及实证分析》，科学出版社 2009 年版，第 22—29 页。

$$\varnothing(L)\,\Delta c_t = \varepsilon_t \tag{10-20}$$

$$\psi_i(L)\,u_{it} = v_{it} \tag{10-21}$$

其中，$\varnothing(L)$，$\gamma_i(L)$，$\psi_i(L)$ 为滞后算子多项式，Δy_{it} 表示第 i 个同步指标的差分序列与均值之差，即 $\Delta y_{it} = \Delta y - \Delta y_{it}$[①]。

由于该模型包含不可观测变量 C_t，因此无法利用普通的回归方程进行拟合，适合利用状态空间模型求解。状态空间模型一般由 10-19 和 10-20、10-21 式的量测方程和状态方程组成。通过 Kalman 滤波实现对不可观测变量的推断，即基于 t 时刻的可观测信息，进行不可观测状态变量的估计。由于将每个指标的特殊成分，u_{it} 也作为状态变量，因此量测方程中不含随机扰动项。

2. 动态 Markov 转移因子模型（DMSF）。经济系统随着时间的推移会呈现收缩—扩张—再收缩的规律性变化。在动态因子模型中，经济的扩张和收缩两种状态下 Δc_t 的生成机制都可能有变化，因此将 10-15 式改写成具有状态转移的时间序列模型形式：

$$\varphi(L)\,(\Delta c_t - \mu_{s_t}) = \varepsilon_t \tag{10-22}$$

s_t 为代表经济状态的离散变量，当 s_t 取 1 时，表示经济处于扩张状态；当 s_t 取 0 时，表示经济处于收缩状态。两种状态下的稳态值分别为 μ_1、μ_0，即：

$$u_{s_t} = u_0(1 - s_t) + u_1 s_t,\ u_0 < u_1 \tag{10-23}$$

这意味着 Δc_t 在不同状态下会呈现不同特征，设 μ_0 为经济系统收缩下的稳态值，μ_1 为经济扩张下的稳态值，则有 $u_0 < u_1$。

由于 s_t 不能直接观测得出，因此 s_t 可以由一阶 Markov Chain 描述：

$$P(s_t = 0 | s_{t-1} = 0) = P_{00}$$

$$P(s_t = 1 | s_{t-1} = 0) = P_{01}$$

$$P(s_t = 0 | s_{t-1} = 1) = P_{10}$$

$$P(s_t = 1 | s_{t-1} = 1) = P_{11}$$

状态转移概率的约束条件为：$P_{00} + P_{01} = P_{10} + P_{01} = 1$

---

① 董文泉、高铁梅、陈磊、吴桂珍主编：《Stock—Watson 型景气指数及其对我国经济的应用》，《数量经济技术经济研究》1995 年第 12 期，第 68—74 页。

用 10-22 式替换 10-20 式，与 10-19、10-21 式共同组成的模型，称为动态马尔可夫转移因子模型（DMSF 模型）。对于这种模型的估计，首先要通过 Kalman 滤波对状态空间中不可观测的共同成分 Δc_t 和特殊成分 u_{it} 进行推断，之后再对不可观测的离散变量 s_t 进行推断。

3. 课题研究采用 1989 年 Hamilton 提出的非线性滤波方法进行推断，同时得到可观测变量的似然函数，并通过极大化似然函数迭代方法估计模型参数。模型需要估计的参数包括变量系数、随机误差项的方差以及转移概率 p_{00} 和 p_{11} 在两个状态下的稳态值 μ_0，μ_1。

（四）谱分析方法

1959 年，美国经济学家 Morgenstern 等在普林斯顿大学"经济计量研究项目"中，首次在经济时间序列分析中应用了谱分析方法。谱分析方法认为，时间序列是由互不相关的周期分量叠加而成的，不同分量的频域结构和波动特征不同。谱分析方法主要运用谱密度函数对剔除趋势项的时间序列进行估计，分离序列中的主要频率分量，揭示序列的周期波动特征。又分为单变量谱分析和多变量谱分析两种方法，前者主要用于单个经济时间序列周期波动的特征分析；后者主要是对两个经济时间序列中相应频率分量所对应的周期波动间的关系进行研究。20 世纪 60 年代至 70 年代，C. W. J. Granger（1964）等的《经济时间序列的谱分析》[①] 将谱分析方法的经济学应用推向新的阶段。

（五）小波分析方法

小波的概念由法国物理学家 Morlet（1984）首度提出。由于小波具有紧支撑性和能够自由"变焦"的自适应窗口，因此特别适合用来对金融和经济时间序列这种多分辨的复杂系统进行局部分析。James B. Ramsey（1996）、Sharif Md. Raihan、Yi Wen and Bing Zeng（2005）分别采用小波分析展开经济周期的研究；国内学者马昕田、刘金全（2013）运用多分辨率小波分析方法描绘了中国宏观经济的"扩张"和"收缩"阶段[②]。

---

① C. W. J. Granger. M. Hatanaka, 1964, "Spectral Analysis of Economic Time Series". *Princetion*: *Princetion Univ. Press*, pp. 31-44.

② 马昕田、刘金全、印重主编：《基于多分辨率小波的中国经济周期波动性和持续性测度》，《黑龙江社会科学》2013 年第 3 期，第 58—61 页。

小波分析法的实质是从时域和频域角度对经济周期进行测度，一般来说，低频情况下采用较低的时间分辨率，从而提高频率的分辨率；高频情况下用较低的频率分辨率，从而换取精确的时间分辨率。小波分析有效地将时间序列的时域特征与频域特征相结合，解决了傅里叶变换无法解决的许多困难，逐渐成为测度经济周期性波动的主要方法。

由于我国海洋经济数据统计工作开展时间不长，大部分指标均以年度为单位进行统计，鲜有季度数据和频率更高的统计数据，因此目前中国海洋经济周期波动和景气分析的研究，很难应用小波分析方法。

四、中国海洋经济景气指数模型设计

（一）指标选取与数据预处理

建立中国海洋经济景气的动态 Markov 转移模型，首先是筛选能够反映海洋经济波动和运行态势的指标。根据景气指数模型及其假设条件的要求，根据中国海洋经济周期波动景气指标体系，按照相互独立、系统全面、同步联动的原则，课题从中国海洋经济景气指标体系中筛选了 4 个具有典型代表性的指标：涉海产品价格指数（B_4）、海洋全员劳动生产率（B_8）、主要海洋产业增加值占沿海地区生产总值的比重（S_3）、全国主要海洋产业就业人数增速（S_5）、海洋灾害损失占海洋 GDP 的比重（A_7）。中国海洋经济景气的动态 Markov 转移模型指标数据分析，见表 10-5。

表 10-5　中国海洋经济景气的动态 Markov 转移模型指标数据分析　单位：%

指标	原始序列					剔除时间趋势序列					一阶差分序列				
	B_4	B_8	S_3	S_5	A_7	b_4	b_8	s_3	s_5	a_7	Δb_4	Δb_8	Δs_3	Δs_5	Δa_7
2000	93.58	2.47	2.88	15.03	2.90	-2.51	-0.59	-1.02	-9.16	1.09	—	—	—	—	—
2001	95.63	2.88	4.02	69.02	1.20	-2.01	-0.70	-0.31	46.63	-0.41	0.50	-0.11	0.71	55.78	-1.50
2002	97.37	4.02	4.48	-41.67	0.70	-1.80	-0.07	-0.27	-62.18	-0.72	0.21	0.63	0.04	-108.80	-0.31
2003	106.67	4.48	6.07	12.83	0.75	6.04	-0.10	0.92	-6.08	-0.49	7.84	-0.03	1.19	56.10	0.22
2004	102.22	6.07	6.18	32.96	0.41	0.27	1.03	0.68	15.62	-0.68	-5.77	1.13	-0.25	21.70	-0.18
2005	107.12	6.18	6.24	50.86	1.97	3.98	0.73	0.43	35.36	1.03	3.71	-0.30	-0.25	19.74	1.71
2006	101.68	6.24	6.52	6.06	1.20	-2.51	0.43	0.44	-7.18	0.40	-6.49	-0.30	0.02	-42.54	-0.62

指　标	原始序列					剔除时间趋势序列					一阶差分序列				
	B_4	B_8	S_3	S_5	A_7	b_4	b_8	s_3	s_5	a_7	Δb_4	Δb_8	Δs_3	Δs_5	Δa_7
2007	103.64	6.52	6.55	6.80	0.35	-1.50	0.40	0.25	-3.96	-0.30	1.01	-0.03	-0.19	3.22	-0.70
2008	120.35	6.55	6.49	2.03	0.65	14.34	0.16	0.00	-6.15	0.15	15.84	-0.24	-0.25	-2.19	0.45
2009	89.45	6.49	6.19	1.64	0.27	-17.35	-0.14	-0.46	-3.97	-0.09	-31.69	-0.30	-0.47	2.19	-0.23
2010	107.78	6.19	6.58	2.44	0.17	0.14	-0.66	-0.23	-0.62	-0.04	17.48	-0.52	0.23	3.35	0.05
2011	111.44	6.58	6.53	2.22	0.11	2.92	-0.49	-0.43	1.69	0.05	2.78	0.17	-0.20	2.31	0.09

对表 10-5 中 5 个指标的原始数据进行 HP 滤波处理以剔除时间趋势项，得到剔除时间趋势后的序列 b_4、b_8、s_3、s_5、a_7，进一步对剔除时间趋势后的指标序列数据进行差分处理得到一阶差分序列，并分别对二者进行 ADF 单位根检验，检验结果表明 5 个指标的一阶差分序列都是平稳的，如表 10-6 所示。

表 10-6　指标序列 ADF 检验结果

指标	原始序列					剔除时间趋势序列					一阶差分序列				
	B_4	B_8	S_3	S_5	A_7	b_4	b_8	s_3	s_5	a_7	Δb_4	Δb_8	Δs_3	Δs_5	Δa_7
T统计量	-3.283	-1.049	-2.098	-3.786	-3.581	-3.633	-1.484	-2.298	-5.971	-3.669	-6.415	-4.623	-3.907	-5.734	-3.671
P值	0.126	0.889	0.491	0.019	0.026	0.081	0.504	0.402	0.006	0.072	0.004	0.023	0.057	0.006	0.077
结论	不平稳	不平稳	不平稳	平稳	平稳	不平稳	平稳	平稳	平稳	平稳	平稳	平稳	平稳	平稳	平稳

（二）景气指数模型构建

通过借鉴国际国内有关经济周期波动景气指数测算的方法，参考国际国内有关文献，课题构建了中国海洋经济周期波动景气的多变量动态 Markov 转移因子模型。

1. 模型构建。基于多变量动态 Markov 转移因子模型，课题研究假定海洋经济景气指标之间存在联动变化的趋势成分，称之为公共因子。

用 ΔY_{it} 表示第 i 个海洋经济景气指标的增长率在 $t \in \{1, \cdots, T\}$ 期的变动，用 Δy_{it} 表示 ΔY_{it} 对其均值的偏离，即 $\Delta y_{it} = \Delta Y_{it} - \overline{\Delta Y_{it}}$，用 Δc_t 和 z_{it} 分

别表示第 i 个海洋经济景气指标的公共因子和异质因子，则第 i 个海洋经济景气指标可以描述为：

$$y_{it} = (\varphi_{i0} + \varphi_{i1} \cdot L + \cdots + \varphi_{ir} \cdot L^{r_i}) \cdot \Delta c_t + z_{it} \tag{10-24}$$

$$\Delta c_t = \mu + \varphi (1 - \varphi_1 \cdot L - \cdots - \varphi_p \cdot L^p)^{-1} \cdot v_t, \ v_t \sim i.\ i.\ d.\ N(0,\ \sigma^2) \tag{10-25}$$

$$z_{it} = (1 - \psi_{i1} \cdot L - \cdots - \psi_{iq_i} \cdot L^{q_i})^{-1} \cdot e_{it}, \ e_{it} \sim i.\ i.\ d.\ N(0,\ \sigma_i^{\,2}) \tag{10-26}$$

其中，L 为滞后算子。实质是将海洋经济景气指标用两个自回归过程来描述，分别称为公共因子和异质因子。由于模型中包含不可观测变量 c_t，因此无法利用普通的回归方程进行拟合，适合利用状态空间模型求解。

2. 假设，公共因子中 μ 和 σ 的取值依赖于不可观测的二值状态变量 s_t $\in \{0, 1\}$，用 s_t 的取值表示海洋经济景气在 t 期的状态，s_t 取值 0 和 1 分别表示当前期的海洋经济景气处于收缩和扩张状态，于是不同景气状态下的 μ 和 σ 不同，分别用 μ_{s_t} 和 σ_{s_t} 表示，将 10-21 式改写为带有状态转移因子的形式：

$$\Delta c_t = \mu_{s_t} + \varphi (L)^{-1} \cdot v_t, \ v_t \sim i.\ i.\ d.\ N(O,\ \sigma_{s_t}) \tag{10-27}$$

假设 s_t 服从一阶 Markov 过程，那么状态转移概率 P_{ij} 就可表示为：

$$P(s_t = j \mid s_{t-1} = i) = p_{ij}, \ \sum^{1} p_{ik} = 1$$

如果各期的状态 $S^T = (s_1, \ldots, s_t)$ 已知，则通过极大似然估计，利用 Kalman 滤波进行模型估计。然而因为 s_t 是不可观测的，只能通过 Hamilton 滤波[①]并利用 y_t 信息的条件密度对 s_t 推断。课题研究采用 Kim（1994）提出的 Kim 滤波进行处理[②]。即将（10-27）改写为（10-28）的截距转移形式，再进行 Hamilton 滤波处理。

$$\varphi(L) \cdot \Delta c_t = \mu_{s_t} + v_t, \ v_t \sim i.\ i.\ d.\ N(0,\ 1) \tag{10-28}$$

3. 通过分析样本区间的全部观测值和估计参数值，还能推断出各个时点处于衰退状态的概率 $p\ (s_t = 0)$，如果 $p>0.5$，认为当前海洋经济状态位

---

① 由于篇幅限制，不对 Hamilton 滤波详述。

② Kim and Chan—Jin, 1994, "Dynamic Linear Models with Markov—Switching", *Journal of Econometrics*, Vol. 60, pp. 1-22.

于收缩期，否则，认为当前海洋经济状态位于扩张期。利用多变量动态 Markov 转移因子模型，对我国海洋经济周期波动景气指数进行实证测算，并对我国海洋经济周期扩张收缩的区间和转折点进行分析。

（三）景气指数模型的参数选择

海洋经济动态 Markov 转移因子模型的延迟构造主要是指（10-24）、（10-26）、（10-28）式中的 r，p 以及 q，确定方法主要是根据 BIC 准则，同时参考 AIC 准则和对数似然函数值的大小来决定的。

$$BIC = -2logL(f(r, p, q)) + nlog(nT)$$

其中，n 是参数个数，T 是样本区间长度，$logL(f(r, p, q))$ 是参数 (r, p, q) 设定下的对数似然函数值。表 10-7 计算了不同参数 (r, p, q) 下模型的 BIC 准则大小，根据 BIC 最小的原则选定海洋经济动态 Markov 转移因子模型的参数 (r, p, q) 为 $(2, 1, 2)$

表 10-7　模型不同延迟构造的 BIC 值

参数 (r, p, q)	(1, 1, 1)	(1, 1, 2)	(1, 2, 2)	(1, 2, 1)	(2, 1, 1)	(2, 1, 2)	(2, 2, 2)	(2, 2, 1)
BIC 值	-10.74	-26.82	-31.13	-16.86	-22.42	-40.38	-35.58	-27.98

根据上面构建的中国海洋经济多变量动态 Markov 转移因子模型原理和计算方法，结合中国海洋经济 2001—2011 年的时间序列数据，运用 Stata 软件编写中国海洋经济动态 Markov 转移因子模型求解程序，得到模型的参数拟合结果。如表 10-8。

表 10-8　中国海洋经济动态 Markov 转移因子模型参数拟合结果

Sample：2000—2011 Wald chi2（3）= 22.93 Log likelihood = 75.4325			Number of obs = 12 Prob > chi2 = 0.0001			
|	OIM	Coef.	Std. Err.	z	P>|z|	[95% Conf. Interval]
L2. |	-0.3878673	0.5529732	-0.70	0.483	-1.471675	0.6959403

Sample：2000—2011 Wald chi2（3）= 22.93 Log likelihood = 75.4325				Number of obs = 12 Prob > chi2 = 0.0001		
|	OIM	Coef.	Std. Err.	z	P>|z|	[95% Conf. Interval]
f |	0.0166824	0.004072	4.10	0.000	0.0087014	0.0246635
f |	0.009896	0.0022686	4.36	0.000	0.0054497	0.0143423
De. x1 |	0.000021	9.40e-06	2.24	0.013	2.60e-06	0.0000394
De. x2 |		6.94e-17				

Note：Tests of variances against zero are one sided, and the two-sided confidence intervals are truncated at zero.

五、中国海洋经济景气指数测算编制

根据中国海洋经济动态 Markov 转移因子模型的拟合结果，得到模型中公共因子 $\triangle c_t$ 序列，即基于动态 Markov 转移因子模型的中国海洋经济周期波动景气指数。如表 10-9。

表 10-9　动态 Markov 转移因子模型的中国海洋经济景气指数

年份	2000	2001	2002	2003	2004	2005	2006	2007	2008	2009	2010	2011
景气指数	0.00	0.20	-0.20	-0.75	0.05	0.30	0.50	0.25	0.00	-0.40	0.50	0.35

根据动态 Markov 转移因子模型测算得到的中国海洋经济景气指数位于区间 [-1，1]，该景气指数的标准值为 0，当景气指数大于零时，经济活动处于扩张状态。反之，当景气指数小于零时，经济活动处于收缩状态。中国海洋经济景气指数曲线图，清晰地反映中国海洋经济景气指数的变化趋势。如图 10-6。

基于动态 Markov 转移因子模型的中国海洋经济景气指数曲线，有 3 个波峰分别是 2001 年、2006 年和 2010 年，有 2 个波谷分别是 2003 年和 2009 年。曲线显示了近 12 年来我国海洋经济景气指数景气波动状况。2002—2003 年、2008—2009 年处于不景气状态，2001 年、2005—2007 年、2010—

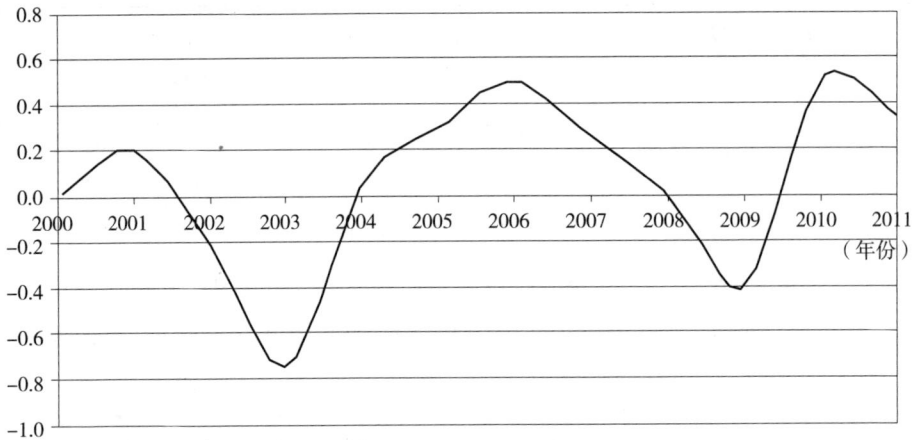

图 10-6 中国海洋经济景气指数曲线（基于动态 Markov 转移因子模型）

2011 年则处于景气状态。

2000 年加入 WTO 对我国海洋经济产生了巨大的推动作用，中国作为海洋产业大国，在渔业、油气业、船舶业等领域的生产经营中获得了更多的机遇，同时沿海地区对外投资政策与环境都得到了极大的改善。2001 年联合国正式提出"21 世纪是海洋的世纪"，海洋经济发展进入了新阶段，景气指数达到波峰位置；2003 年源于国内"非典"对国民经济的冲击以及伊拉克战争对国际油价的影响，2003 年海洋经济景气指数下降到波谷位置。另一方面，2003 年《全国海洋经济发展规划纲要》标志着海洋开发利用进入一个新阶段，海洋经济景气指数再次出现回升，2006 年作为我国"十一五"规划实施的第一年，沿海各级政府不断推进海洋经济的持续发展，海洋经济景气指数再度达到波峰位置；2007—2009 年受全球金融危机影响，海洋经济景气指数再度出现下滑，并于 2009 年下降到波谷；2010 年的"十二五"规划提出了"发展海洋经济"的百字方针，对海洋资源利用、海洋产业发展作出了明确要求，海洋经济景气指数又有了新的变化。

六、中国海洋经济景气指数波动特征

为了验证基于动态 Markov 转移因子模型测算的中国海洋经济景气指数的合理性，课题选取全国海洋生产总值增长速度指标序列、中国海洋经济综合扩散指数以及中国宏观经济景气指数①，进行对比分析。由于景气指数的变动已经归一化到 [-1, 1] 区间，因此将全国海洋生产总值增长速度序列、中国海洋经济综合扩散指数、中国宏观经济景气指数也归一化到 [-1, 1] 区间。

课题利用 Matlab 软件中的 Mapminmax 函数实现增长率序列的归一化处理。如图 10-7、图 10-8 所示。

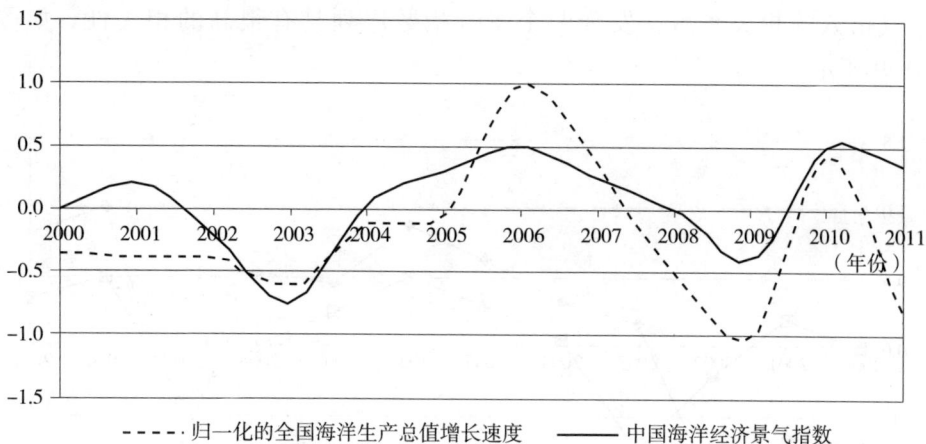

- - - - - 归一化的全国海洋生产总值增长速度　——— 中国海洋经济景气指数

图 10-7　中国海洋经济景气指数与全国海洋生产总值增长速度波动曲线

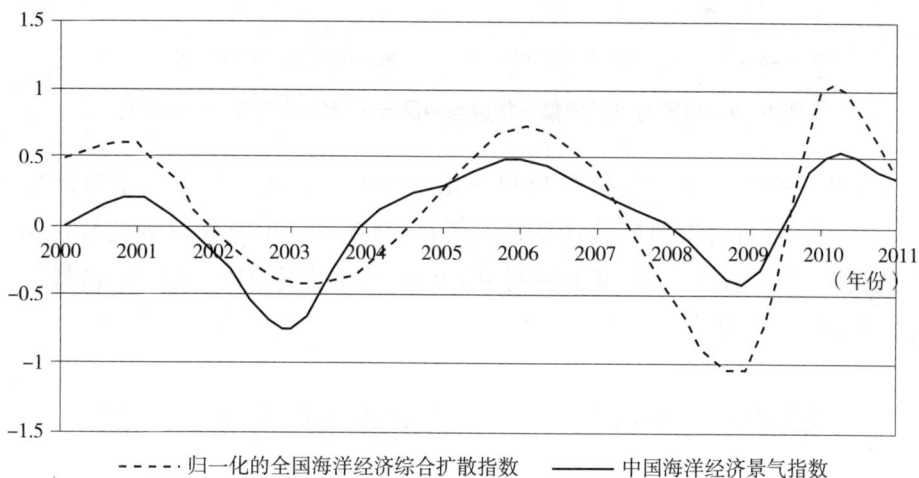

- - - - - 归一化的全国海洋经济综合扩散指数　——— 中国海洋经济景气指数

图 10-8　中国海洋经济景气指数与中国海洋经济综合扩散指数波动曲线

---

① 中国宏观经济景气指数数据由宏观经济景气监测中心获取，原始数据为月度数据，为便于比较分析，统一转化为年度数据。

　　中国海洋经济景气指数曲线，与归一化后的全国海洋生产总值序列曲线、归一化后的中国海洋经济综合扩散指数，具有比较一致的波动特征，并且都在 2003 年、2009 年达到波谷位置，2006 年、2010 年达到波峰位置，相比之下基于动态 Markov 转移因子模型的中国海洋经济景气指数曲线更平稳。

　　另一方面，利用 SPSS 软件计算中国海洋经济景气指数与中国宏观经济景气指数的相关系数，发现两个景气指数序列具有很高的相关性。如图10-9 所示。

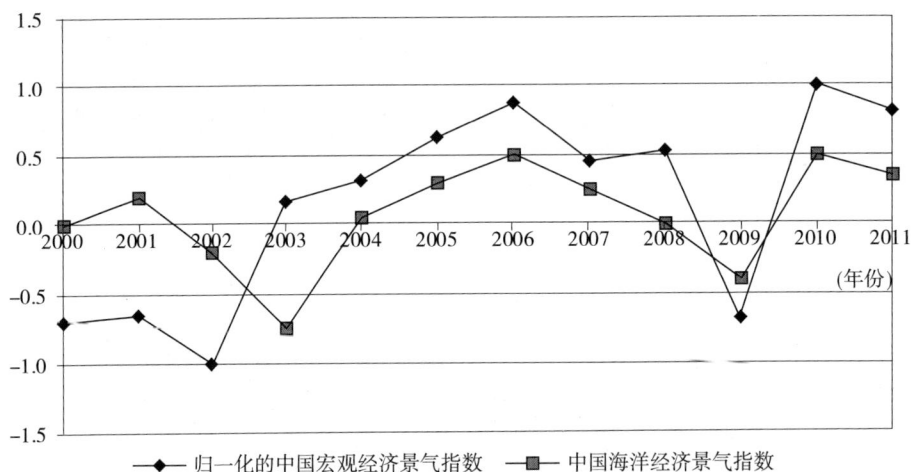

图 10-9　中国海洋经济景气指数与中国宏观经济景气指数波动曲线

　　将中国海洋经济景气指数与归一化后的中国宏观经济景气指数进行比对，发现二者有着类似的波动特征，都在 2006 年、2010 年达到波峰，2009年达到波谷。这在一定程度上说明中国海洋经济景气指数与宏观经济景气指数之间存在很强的关联效应。

第四节　中国海洋经济周期波动预警指数编制

一、监测预警指标的选择

　　准确测算中国海洋经济周期波动预警指数，建立成熟的预警信号系统反映海洋经济的发展状况，要求监测预警指标必须具有高度的灵敏性、极好的稳定性、重要的影响力和可靠的操作性。课题研究通过分析借鉴国内外成熟的宏观经济监测预警指标体系，结合中国海洋经济景气指数、合成指数、扩散指数的波动特征以及我国海洋经济发展的特点，利用主客观分析及解释结构模型等方法，确定了海洋经济总量、结构、效益以及可持续性监测预警的4个一级指标，进一步结合景气指标与基准指标的相关系数，兼顾指标体系的全面性、科学性以及完备性，设计构建了中国海洋经济周期波动的监测预警指标体系。其中有4个一级指标，11个二级指标，如表10-10所示。

表 10-10 中国海洋经济周期波动监测预警指标体系

海洋经济总量监测	反映海洋经济增长速度	全国海洋生产总值增长速度
	反映海洋经济推动力	沿海地区固定资产投资密度
海洋经济结构监测	反映海洋经济结构	海洋第二产业生产总值/全国海洋生产总值
		海洋第三产业生产总值/全国海洋生产总值
	反映涉海就业情况	主要海洋产业就业人数增长速度
海洋经济效益监测	反映海洋产业竞争力	海洋全员劳动生产率
	反映海洋科技进步	海洋高新技术投入比率
	反映经济社会效益	全国海洋生产总值/沿海地区固定资产投资总额
		沿海地区人均可支配收入增速
海洋经济可持续性监测	反映生态环境保护	工业废水直接入海量与海岸线长度的比重
		海洋灾害损失占海洋生产总值的比重

二、监测预警指标权重确定

因为每个监测预警指标所具有的功能和反映的经济现象不同，因而其描述的海洋经济周期波动程度就存在差异。如何全面、客观、科学地利用指标隐含的信息，准确、及时地揭示经济周期波动的趋势特征，一直是监测预警体系的重要研究内容。加权方法是一种实用、简洁、科学的综合评价方法，而对于指标权重的设计国际国内也有成熟的经验方法。课题研究通过借用熵值法、因子分析法、灰色关联分析法和层次分析法等主观与客观相结合的通用方法，设计并确定了中国海洋经济监测预警指标的权重。

（一）熵值法

熵是一个物理学的概念，用来客观度量随机事件的不确定性、无序性及其离散程度的大小。熵值越大表示不确定性越强，熵值越小表示不确定性越弱，必然确定的事件熵值为零。从信息论的角度，信息熵又反映了随机事件含有的信息量的大小。

熵值法是根据被评价对象（指标）个体值的波动程度（离散程度）确定被评价对象（指标）权重的一种客观实用方法，避免了主观权重设计中的人为因素干扰，是综合评价中常用的一种主要方法。其计算步骤如下：

1. 指标的标准化处理。当正向、逆向指标并存时，由于不同类型的指标量纲、数量级、经济意义存在一定差异，因此需要消除这种差异对评价结果带来的差异传递影响，即将正向指标、逆向指标进行标准化处理。

对于正向指标：$X_{ij} = \dfrac{x_{ij} - x_{minj}}{x_{maxj} - x_{minj}}$ ，对于逆向指标：$X_{ij} = \dfrac{x_{maxj} - x_{ij}}{x_{maxj} - x_{minj}}$ 。

其中 x_{ij} 表示第 j 项指标的第 i 个观测值，x_{maxj}，x_{minj} 分别表示第 j 项指标观测值的最大值与最小值，x_{ij} 表示标准化后的指标值。

2. 对标准化后的指标值按比重法转换成评价值，公式为：

$$b_{ij} = \frac{X_{ij}}{\sum\limits_{i=1}^{n} X_{ij}} \tag{10-29}$$

3. 计算第 j 项指标的信息熵：

$$e_j = -(1/n) \sum_{i=1}^{n} b_{ij} \times Lnb_{ij} \tag{10-30}$$

4. 设计确定第 j 项指标的权重：

$$\omega_j = (1 - e_j) / \sum_{j=1}^{n} (1 - e_j) \tag{10-31}$$

熵值法简单实用，可以通过编制 Matlab 程序，计算每个监测预警指标的权重。

（二）因子分析法

经济系统中的因素、变量或指标之间总是密切关联的，不同指标或变量间总会存在信息覆盖（重叠）现象。这种关联无形中增加了被评价对象的复杂性，使得原有指标的评价功能失效或评价能力降低。因子分析法将原来相互关联的指标进行重新组合，通过构造新的综合性指标替代原有的指标，以便克服原指标间的信息覆盖。因子分析法的关键是提取和构造公共因子，一般要求构造的正交因子累积方差贡献度至少达到80%。

设 $X_i = a_{i1}f_1 + a_{i2}f_2 + \cdots + a_{im}f_m + \varepsilon_i$ ，则指标的权重可确定为：

$$\omega_i = \sum_{j=1}^m a_{ij}^2 \Big/ \sum_{i=1}^n \sum_{j=1}^m a_{ij}^2 \tag{10-32}$$

其中，ω_i 为指标权重，n 为指标个数，m 为因子个数。

利用 SPSS 软件对我国海洋经济周期波动的监测预警指标进行因子分析，具体操作步骤为：Analyze→Data Reduction→Factor，得到因子分析的结果如表 10-11 所示。采用正交因子旋转，可以构造 7 个主成分因子，得到 7 个因子的累计方差贡献度可以达到 99.15%。

表 10-11　中国海洋经济周期波动监测预警指标因子分析

Component	Initial Eigenvalues			Extraction Sums of Squared Loadings		
	Total	% of Variance	Cumulative %	Total	% of Variance	Cumulative %
1	6.205	56.407	56.407	6.205	56.407	56.407
2	1.586	14.418	70.825	1.586	14.418	70.825
3	1.135	10.318	81.142	1.135	10.318	81.142
4	0.826	7.508	88.650	0.826	7.508	88.650
5	0.628	5.710	94.359	0.628	5.710	94.359
6	0.400	3.633	97.992	0.400	3.633	97.992
7	0.127	1.159	99.151	0.127	1.159	99.151
8	0.070	0.633	99.783			
9	0.020	0.186	99.969			
10	0.003	0.031	100.000			
11	0.000	0.000	100.000			

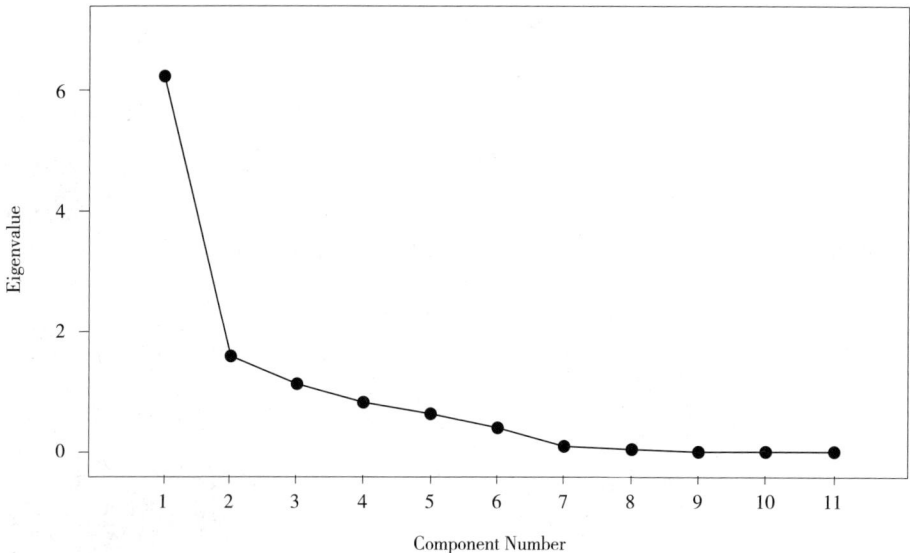

图 10-10　中国海洋经济周期波动监测预警指标因子碎石图

利用因子分析法确定的我国海洋经济周期波动监测预警指标权重结果见表 10-12 所示。

表 10-12　中国海洋经济周期波动监测预警指标因子分析权重

指标	因子 1	因子 2	因子 3	因子 4	因子 5	因子 6	因子 7	系数平方和	权重
全国海洋生产总值增长速度	0.304	0.227	-0.033	0.900	-0.110	0.172	-0.036	0.997	0.091
沿海地区固定资产投资密度	0.140	0.080	0.929	-0.020	0.209	0.176	0.188	0.999	0.092
海洋第二产业生产总值/全国海洋GDP	0.887	0.265	0.192	0.135	0.145	0.176	0.182	0.996	0.091
海洋第三产业生产总值/全国海洋GDP	0.954	0.112	-0.006	0.182	0.132	0.027	0.139	0.994	0.091
主要海洋产业就业人数增长速度	-0.221	-0.492	-0.337	-0.282	-0.132	-0.664	0.169	0.971	0.089
海洋全员劳动生产率	0.388	0.890	-0.007	0.000	0.018	0.176	0.126	0.990	0.091

续表

指标	因子1	因子2	因子3	因子4	因子5	因子6	因子7	系数平方和	权重
海洋高新技术投入比率	0.167	0.055	0.186	-0.079	0.956	0.057	0.096	0.999	0.092
全国GOP/沿海地区固定资产投资总额	0.641	0.342	0.283	0.323	0.047	0.482	0.204	0.989	0.091
沿海地区人均可支配收入增速	0.083	0.882	0.146	0.367	0.071	0.148	0.158	0.992	0.091
工业废水直接入海量/海岸线长度重	0.641	0.342	0.283	0.323	0.047	0.482	0.204	0.989	0.091
海洋灾害损失占海洋生产总值的比重	-0.442	-0.251	-0.283	0.036	-0.162	0.028	-0.790	0.991	0.091

（三）灰色关联分析法（GCA）

我国学者邓聚龙（1982）通过对"赤信息"不确定系统的研究，提出了灰色系统理论（GCA）。灰色系统理论主要是通过关联度方法，分析有限信息系统中元素之间关联程度或相似程度，从而揭示系统内部本质联系的方法。

由于时间或研究对象的变化会引发系统间关联性的变化，一般用灰色关联度来度量和分析两个系统的关联性。如果两个系统出现同步变化的趋势较高，那么二者关联程度较高；反之，则较低。

灰色关联分析是根据序列曲线的相似程度，分析判断关联程度的大小，曲线越接近，关联程度就越大。具体计算步骤如下：

第一，确定分级标准。灰色关联分析中一般选用系统中不同类型评价指标的最佳值作为参考值。对于效益型指标，选取最大值做参考值，对于成本型指标，选取最小值做参考值。

第二，原始数据的无量纲化处理。由于各指标量纲不同，而且数量级也存在较大差别，这样的数据很难进行直接比较。因此，需要对原始数据进行无量纲化处理，转换为可比较的数据序列。常用的无量纲化处理有：标准变换、初值化变换和均值化变换三种方法。

第三，设计分辨系数取值区间。一般情况下设计分辨系数的区间为 $\xi \in$ [0，1]。在灰色关联度系数测算时，还要依据序列间的关联程度大小来具体设计分辨系数，通常取 $\xi \leqslant 0.5$ 比较合适。

第四，指标间关联系数计算。设 $X_i(k)$ 为第 i 个被评价对象的第 k 个指标值，X_0 为指标序列的最优参考值，$\theta_i(k)$ 为第 i 个被评价对象的第 k 个指标的关联系数。则有：

$$\theta_i(k) = \frac{\min_i \min_k | X_0(k) - X_i(k) | + \xi \max_i \max_k | X_0(k) - X_i(k) |}{| X_0(k) - X_i(k) | + \xi \max_i \max_k | X_0(k) - X_i(k) |}$$

(10-33)

若记：$\triangle \min = \min_i \min_k | X_0(k) - X_i(k) |$，$\triangle \max = \max_i \max_k | X_0(k) - X_i(k) |$ 则 $\triangle \min$ 与 $\triangle \max$ 分别是所有被评价对象中 X_i 与最优值 X_0 的最小绝对差值与最大绝对差值。从而有：

$$\theta_i(k) = \frac{\triangle \min + \xi \triangle \max}{| X_0(k) - X_i(k) | + \xi \triangle \max}$$

(10-34)

第五，计算加权灰色关联度系数。

$$R_i = \sum_{k=1}^{n} \theta_i(k) * \omega(k)$$

(10-35)

若灰色关联度系数越大，则被评价对象的指标值越好，被评价对象越优秀。

课题通过 Matlab 编程，计算得到基于灰色关联分析法的中国海洋经济周期波动监测预警指标权重。

（四）层次分析法

20 世纪 70 年代初，美国运筹学家 T. L. Saaty 提出了这种定性与定量相结合的分析方法，也是经济社会等管理领域常用的一种简洁、实用的分析工具。其基本思路是先对决策问题进行要素分解，根据要素间的两两比对关系，确立"递阶层次结构"，构造判断矩阵，然后确定各指标的权重。

建立"递阶层次结构"，构造判断矩阵，需要对指标的重要性进行两两比对。对于准则 C，两个元素 u_i 和 u_j 的相对重要程度如何，通常根据表 10-13 中的比例标度法进行赋值，进而得到判断矩阵 $A = (a_{ij})_{n \times n}$，其中 a_{ij} 表示元素 u_i 和 u_j 相对于准则 C 的重要性比例标度。

表 10-13　比例标度值设计与含义

标度值	1	3	5	7	9	2，4，6，8	倒数
含义	重要性相同	前者稍微重要	前者明显重要	前者特别重要	前者十分重要	中间值	若 i 对 j 的重要性为 a_{ij}，则 j 对 i 的重要性为 $a_{ji}=1/a_{ij}$

判断矩阵 A 具有下列性质：$a_{ij}>0$、$a_{ji}=1/a_{ij}$、$a_{ii}=1$（i，$j=1$，2，$\cdots$，n）。

若判断矩阵中所有元素满足 $a_{ij}\cdot a_{jk}=a_{ik}$，称之为一致性矩阵，通常使用一致性比率 $C.R.$（Consistency ratio）对判断矩阵的一致性进行检验。当 $C.R.>0.1$ 时，判断矩阵不具有满意的一致性，需要进行一致性调整。

$$C.R.=\frac{C.I.}{R.I.} \qquad (10-36)$$

其中：一致性指标 $C.I$（Consistency index）计算公式：

$$CI=\frac{\lambda_{max}-n}{n-1} \qquad (10-37)$$

各阶矩阵的平均随机一致性指标 $R.I.$（Random Index）见表 10-14。

表 10-14　平均随机一致性指标 $R.I.$

矩阵阶数	1	2	3	4	5	6	7	8	9	10	11	12	13	14	15
$R.I$	0.00	0.00	0.52	0.89	1.12	1.26	1.36	1.41	1.46	1.49	1.52	1.54	1.56	1.58	1.59

通过一致性检验的判断矩阵，计算各元素相对于准则的权重。权重计算方法主要有和积法、方根法、特征根法以及最小二乘法等。

① 和积法。将判断矩阵 A 的 n 个行向量归一化后的算术平均值确定为权重向量，即：

$$\omega_i=\frac{1}{n}\sum_{j=1}^{n}\frac{a_{ij}}{\sum_{k=1}^{n}a_{kj}}(i=1，2，\cdots n) \qquad (10-38)$$

类似的还有列归一化方法，即：$\omega_i = \dfrac{\sum\limits_{j=1}^{n} a_{ij}}{n\sum\limits_{k=1}^{n}\sum\limits_{j=1}^{n} a_{kj}}(i=1,2,\cdots n)$

$$(10-39)$$

② 方根法。将 A 的 n 个行向量归一化后的几何平均值确定为权重向量，即：

$$\omega_i = \dfrac{\left(\prod\limits_{j=1}^{n} a_{ij}\right)^{\frac{1}{n}}}{\sum\limits_{k=1}^{n}\left(\prod\limits_{j=1}^{n} a_{kj}\right)^{\frac{1}{n}}}(i=1,2,\cdots n)$$

$$(10-40)$$

③ 特征根法。计算满足方程 $A\cdot W=\lambda_{max}\cdot W$ 的特征根与特征向量。λ_{max} 是 A 的最大特征根，W 是相应的特征向量，所得到的 W 经归一化后确定为权重向量。

④ 最小二乘法。确定权重向量 $W=(\omega_1,\omega_2,\cdots,\omega_n)^T$，使残差平方和 $\sum\limits_{1\le i\le j\le n}\left[\log a_{ij}-\log(w_i/w_j)\right]^2$ 最小。

（五）指标权重设计

根据上述 4 种方法设计中国海洋经济周期波动监测预警指标的权重，设计结果如 10-15。

表 10-15　中国海洋经济周期波动监测预警指标权重设计

方法 指标	熵值法	因子 分析法	灰色关联分析法	层次分析法
全国海洋生产总值增长速度	0.097	0.091	0.092	0.081
沿海地区固定资产投资密度	0.097	0.092	0.090	0.132
海洋第二产业生产总值/全国海洋生产总值	0.100	0.091	0.093	0.089
海洋第三产业生产总值/全国海洋生产总值	0.089	0.091	0.082	0.071
主要海洋产业就业人数增长速度	0.092	0.089	0.080	0.071
海洋全员劳动生产率	0.092	0.091	0.102	0.112
海洋高新技术投入比率	0.090	0.092	0.089	0.099

续表

方法 / 指标	熵值法	因子分析法	灰色关联分析法	层次分析法
全国海洋生产总值/沿海地区固定资产投资总额	0.099	0.091	0.093	0.114
沿海地区人均可支配收入增速	0.088	0.091	0.097	0.084
工业废水直接入海量与海岸线长度的比重	0.083	0.091	0.099	0.076
海洋灾害损失占海洋生产总值的比重	0.083	0.091	0.083	0.071

不同的指标权重计算方法，因为其测算的权重大小取值区间不同，其计算结果会存在差异。为了检验这种差异是否显著，课题通过 Kendall 一致性检验方法进行了权重测算结果的一致性检验，检验结果表明 4 种方法的权重测算结果具有显著的一致性，见表 10-16。因此，熵值法、因子分析法、灰色关联分析法和层次分析法，完全可以对中国海洋经济周期波动监测预警指标的权重进行设计。

表 10-16　四种权重设计方法的 Kendall 一致性检验

样本数（N）	T 值（Kendall's W^a）	Chi-Square	自由度（df 值）	P 值	是否通过检验
4	0.492	19.670	10	0.033	是

三、监测预警指标临界值设计

预警指标临界值的确定在预警指数测算和预警信号编制系统中起着关键作用。科学正确地设计预警指标临界值，对于准确把握海洋经济监测预警指标的波动以及准确判断海洋经济运行态势影响巨大。在对监测预警指标体系及其权重设计的基础上，通过借鉴 Probit、Plucking、Markov 等模型方法，利用数理统计方法和经验分析法，进行了预警指数临界值的设计。

（一）监测预警指标临界值确定方法

1. 3δ 数理统计方法

根据误差理论及正态分布原理，用于判断指标正常或异常的参考值不是一个固定值，而是分布在中心值附近的区间里。离中心值近的概率大，偏离中心值的概率小。根据计算公式10-41，偏离中心值超过1倍标准差（1δ）、2倍标准差（2δ）和3倍标准差（3δ）的可能性概率分别为31.74%、4.55%和0.27%。δ的倍数越大，说明偏离中心值的程度越大，偏离的可能性概率就越小。因此，严格的、一般的和宽松的质量控制分别选择1倍δ、2倍δ和3倍δ标准差作为异常与否的参考值。这就是3δ数理统计方法。

$$p(\,|x-\mu|<k\sigma) = \Phi(k) - \Phi(-k) = \begin{cases} 0.6826, & k=1 \\ 0.9545, & k=2 \\ 0.9973, & k=3 \end{cases} \qquad (10-41)$$

正常情况下，经济波动数据不会大幅度偏离其稳定值。根据国际国内成熟的临界值设计方法，参考相关文献，结合海洋经济数据的连续性和波动性等特点，课题研究中选取2倍δ标准差作为异常与否的临界参考值。具体是指偏离中心值2倍δ标准差以上的区间属于异常区间，即区间$[-\infty, x-2\delta]$和$[x+2\delta, \infty]$，分别定义为指标的过冷区间和过热区间。偏离中心值1倍δ到2倍δ标准差的区间属于基本正常区间，即$[x-2\delta, x-\delta]$和$[x+\delta, x+2\delta]$，分别定义为指标的偏冷区间和偏热区间。偏离中心值1倍δ标准差以内的区间属于正常区间，即$[x-\delta, x+\delta]$。

表 10-17　3δ 统计方法的临界区间和预警状态划分

预警状态	过冷	偏冷	正常	偏热	过热
临界区间	$[-\infty, x-2\delta]$	$[x-2\delta, x-\delta]$	$[x-\delta, x+\delta]$	$[x+\delta, x+2\delta]$	$[x+2\delta, \infty]$

2. 国际国内公认标准或经验划分

借鉴国际国内公认的标准或者经验方法，结合我国海洋经济历史数据，设计确定监测预警指标的临界值。课题借鉴我国宏观经济周期波动监测预警指标临界值设计方法，同时考虑到海洋经济系统的复杂性以及我国海洋经济统计数据的缺失性和滞后性等因素，采用落点概率法确定中国海洋经济周期波动监测预警指标的临界预警区域。

3. 落点概率法

落点概率法是依据时间序列分布在不同区域的"概率"或"百分比"对预警区间进行划分的方法。落点概率法是根据监测预警指标的历史数据的落点区间，设计监测预警指标波动的区域中心，然后根据概率要求确定临界点，划分指标的临界区域：

①首先，"正常"区域居中原则，落点概率控制在40%，即预警中心±20%的区域。

②其次，"偏冷"和"偏热"区域为相对稳定区域，落点概率控制20%，"偏冷"区域是（预警中心-40%，预警中心-20%）的区间。"偏热"区域是（预警中心+20%，预警中心+40%）的区间。

③最后，"过冷"和"过热"区域为极端区域，"过冷"区域落在偏冷区域临界线以外，"过热"区域落在偏热区域临界线以外。

（二）监测预警指标临界值设计

1. 全国海洋生产总值增长速度预警临界值设计

图10-11给出了2001—2013年间我国海洋生产总值以及按照不变价格计算得到的我国海洋生产总值增长速度。

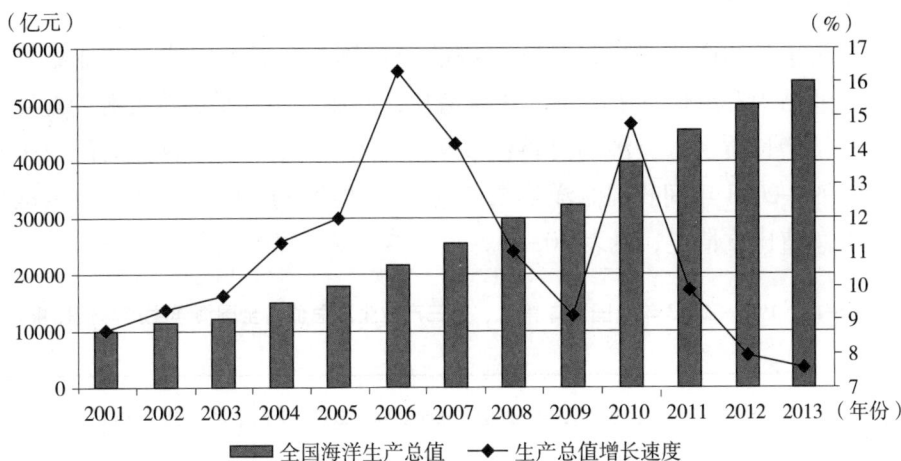

图10-11　2001—2013年中国海洋生产总值与生产总值增长速度

资料来源：《2012年中国海洋统计年鉴》；2012年《中国海洋经济统计公报》。

由于《中国海洋统计年鉴》的统计口径在 2006 年发生变化，为避免由于统计口径的不同对预警指数实证测算造成的影响，课题利用 3δ 方法设计中国海洋经济周期波动监测预警指标临界值时，采用的指标平均值和标准差均为去除最大值和最小值后计算得到的。全国海洋生产总值增长速度指标11 年间的算术平均值为 10.71，标准差为 2.20。

根据 3δ 方法和落点概率法的临界区间划分方法，对全国海洋生产总值增长速度的临界区间和预警状态进行划分，对两种方法得到的临界区间进行算术平均处理，得到加权调整的临界区间。全国海洋生产总值增长速度的临界区间和预警状态划分结果，如表 10-18。

表 10-18　中国海洋生产总值增长速度的临界区间和预警状态划分

预警指标	方法	过冷	偏冷	正常	偏热	过热
全国海洋生产总值增长速度	3δ 方法	<6.31	6.31—8.51	8.51—11.91	12.91—15.11	>15.11
	落点概率法	<8.47	8.47—10.21	10.21—12.68	13.68—15.42	>15.42
	加权调整	<7.39	7.39—9.82	9.82—12.29	12.29—15.27	>15.27

2. 海洋第二产业生产总值、第三产业生产总值占全国海洋生产总值比重预警临界值设计

经济增长和产业结构是相互促进的统一体。经济增长拉动产业结构升级，产业结构升级促进了经济的快速增长，产业结构水平影响资源的配置效果和经济增长质量，经济的可持续发展主要依靠高速增长的新兴产业来支撑。1999—2013 年间我国海洋第二产业、海洋第三产业生产总值占全国海洋生产总值比重情况，见表 10-19。

表 10-19　1999—2013 年我国海洋第二、第三产业生产总值占全国海洋生产总值比重[①]

单位:%

年份 指标	1999	2000	2001	2002	2003	2004	2005	2006	2007	2008	2009	2010	2011	2012	2013
海洋第二产业比重	20.0	17.0	43.6	43.2	44.9	45.4	45.6	45.6	45.3	47.3	47.1	47.8	47.7	45.9	45.8

---

① 资料来源:《历年中国海洋统计年鉴》;2013《中国海洋经济统计公报》。

续表

指标＼年份	1999	2000	2001	2002	2003	2004	2005	2006	2007	2008	2009	2010	2011	2012	2013
海洋第三产业比重	35.0	33.0	49.6	50.3	48.7	48.8	48.7	48.6	49.2	47.3	47.0	47.1	47.1	48.8	48.8

同样根据3δ方法和落点概率法的临界区间划分，计算得到我国海洋第二产业比重和海洋第三产业比重的临界区间和预警状态划分结果，对两种方法得到的临界区间进行算术平均处理，得到加权调整的临界区间。我国海洋第二、第三产业比重的临界区间和预警状态划分结果，见表10-20。

表10-20　我国海洋第二产业、第三产业比重临界区间和预警状态划分

预警指标	方法	过冷	偏冷	正常	偏热	过热
海洋第二产业生产总值/全国海洋生产总值	3δ方法	<28.44	28.44—35.98	35.95—50.97	50.97—58.48	>58.48
	落点概率法	<20.08	20.08—26.24	26.24—38.56	38.56—44.72	>44.72
	加权调整	<24.26	24.26—31.11	31.11—47.77	47.77—51.60	>51.60
海洋第三产业生产总值/全国海洋生产总值	3δ方法	<39.69	39.69—43.22	43.22—52.02	52.02—55.03	>55.03
	落点概率法	<34.93	34.93—38.19	38.19—46.04	46.04—48.57	>48.57
	加权调整	<37.31	37.32—40.71	40.71—49.03	49.03—51.80	>51.80

（三）中国海洋经济周期波动监测预警指标预警临界值设计

根据3δ方法和落点概率法的临界区间划分方法，得到中国海洋经济周期波动监测预警指标的临界区间和预警状态划分结果，如表10-21所示。

表10-21　中国海洋经济周期波动监测预警指标临界区间和预警状态划分

指标	方法	过冷	偏冷	正常	偏热	过热
全国海洋生产总值增长速度（%）	3δ方法	<6.31	6.31—8.51	8.51—11.91	12.91—15.11	>15.11
	落点概率法	<8.47	8.47—10.21	10.21—12.68	13.68—15.42	>15.42
	加权调整	<7.39	7.39—9.82	9.82—12.29	12.29—15.27	>15.27

指标	方法	过冷	偏冷	正常	偏热	过热
沿海地区固定资产投资密度（亿元/万公顷）	3δ方法	<-5.10	-5.10—3.13	3.13—19.61	19.61—27.85	>27.85
	落点概率法	<3.00	3.00—5.50	5.00—16.60	16.60—29.00	>29.00
	加权调整	<-1.05	-1.05—1.19	1.19—18.11	18.11—28.43	>28.43
海洋第二产业生产总值/全国海洋生产总值（%）	3δ方法	<28.44	28.44—35.98	35.95—50.97	50.97—58.48	>58.48
	落点概率法	<20.08	20.08—26.24	26.24—38.56	38.56—44.72	>44.72
	加权调整	<24.26	24.26—31.11	31.11—47.77	47.77—51.60	>51.60
海洋第三产业生产总值/全国海洋生产总值（%）	3δ方法	<39.69	39.69—43.22	43.22—52.02	52.02—55.03	>55.03
	落点概率法	<34.93	34.93—38.19	38.19—46.04	46.04—48.57	>48.57
	加权调整	<37.31	37.32—40.71	40.71—49.03	49.03—51.80	>51.80
主要海洋产业就业人数增长速度	3δ方法	<-0.09	-0.09—0.30	-0.30—0.34	0.34—0.56	>0.56
	落点概率法	<-0.30	-0.30—0.05	-0.05—0.42	0.42—0.66	>0.66
	加权调整	<-0.19	-0.19—0.17	-0.17—0.38	0.38—0.61	>0.61
海洋全员劳动生产率（万元/人）	3δ方法	<1.31	1.31—9.87	9.87—27.00	27.00—35.56	>35.56
	落点概率法	<8.71	8.71—14.48	14.48—26.00	26.00—31.77	>37.77
	加权调整	<5.01	5.01—12.18	12.18—26.50	26.50—33.67	>33.67
海洋高新技术投入比率	3δ方法	<0.65	0.65—0.72	0.72—0.85	0.85—0.92	>0.92
	落点概率法	<0.70	0.70—0.74	0.74—0.83	0.83—0.87	>0.87
	加权调整	<0.67	0.67—0.73	0.73—0.84	0.84—0.89	>0.89
全国海洋生产总值/沿海地区固定资产投资总额	3δ方法	<0.02	0.02—0.04	0.04—0.07	0.07—0.08	>0.08
	落点概率法	<0.03	0.03—0.04	0.04—0.05	0.05—0.06	>0.06
	加权调整	<0.03	0.03—0.04	0.04—0.06	0.06—0.07	>0.07
沿海地区人均可支配收入增速（%）	3δ方法	<6.10	6.10—8.42	8.42—13.05	13.05—15.36	>15.36
	落点概率法	<6.20	6.20—8.56	8.56—14.02	14.02—15.76	>15.76
	加权调整	<6.15	6.15—8.49	8.49—13.54	13.54—15.56	>15.56
工业废水直接入海量与海岸线长度的比重（万吨/千米）	3δ方法	<3.05	3.05—4.69	4.69—7.96	7.96—9.60	>9.60
	落点概率法	<4.38	4.38—5.35	5.35—7.28	7.28—8.72	>8.72
	加权调整	<3.72	3.72—5.02	5.02—7.62	7.62—9.16	>9.16

续表

指标	方法	过冷	偏冷	正常	偏热	过热
海洋灾害损失占海洋生产总值的比重（%）	3δ 方法	<-0.44	-0.44—0.61	0.61—1.72	1.72—2.55	>2.55
	落点概率法	<0.49	0.49—0.95	0.95—2.06	2.06—2.62	>2.62
	加权调整	<0.03	0.03—0.78	0.78—1.89	1.89—2.58	>2.58

四、中国海洋经济周期波动预警指数编制

利用熵值法、因子分析法、灰色关联分析法和层次分析法得到的我国海洋经济周期波动监测预警指标权重，对我国海洋经济周期波动监测预警指标进行综合评价，按照公式 10-42，通过加权算法分别测算 4 种方法下中国海洋经济周期波动的预警指数 1，如表 10-22 所示。

$$EWI = \sum_{i=1}^{n} w_i x_{ij} \tag{10-42}$$

其中，EWI 表示中国海洋经济周期波动预警指数，w_i 表示第 i 个指标的权重，n 表示指标个数，x_{ij} 表示经过无量纲处理的指标数据，需要注意的是不同类型指标无量纲化的方式不同。

表 10-22　1999—2011 年中国海洋经济周期波动预警指数 1

年份	1999	2000	2001	2002	2003	2004	2005	2006	2007	2008	2009	2010	2011
熵值法	29.72	27.25	37.10	33.31	29.18	34.45	36.24	36.46	33.75	32.26	29.55	37.08	36.97
因子分析法	30.02	25.09	36.62	32.72	29.04	33.54	35.99	36.43	33.57	32.42	30.70	37.85	36.35
灰色关联分析	30.43	26.37	38.40	34.22	30.52	35.27	37.91	38.38	35.37	34.17	32.29	39.86	37.82
层次分析法	29.65	28.35	38.10	34.14	30.92	33.27	36.93	38.79	32.72	32.35	30.81	39.82	37.61

通过 Kendall 一致性检验方法，对 4 种方法计算的预警指数计算结果进行一致性检验，检验结果表明 4 种方法的预警指数测算结果具有显著的一致性，见表 10-23。

表 10-23　四种权重设计方法的 Kendall 一致性检验

样本数（N）	T 值（Kendall's Wᵃ）	Chi-Square	自由度（df 值）	P 值	是否通过检验
4	0.960	49.083	12	0.000	是

　　对预警指数计算的 4 种方法，再次使用熵值法和因子分子法分别设计权重，第二次计算我国海洋经济周期波动的预警指数，第二次的计算结果也通过了 Kendall 一致性检验。对二次熵值法和二次因子分析法的计算结果进行加权处理，计算得到中国海洋经济周期波动预警指数 2。如表 10-24 所示。

表 10-24　1999—2011 年中国海洋经济周期波动预警指数 2

年份	1999	2000	2001	2002	2003	2004	2005	2006	2007	2008	2009	2010	2011
二次熵值法	29.93	26.90	37.58	33.63	29.96	34.11	36.76	37.57	33.78	32.76	30.79	38.68	37.40
二次因子分析法	29.96	26.76	37.55	33.60	29.91	34.14	36.76	37.51	33.86	32.80	30.84	38.65	37.28
预警指数	29.95	26.84	37.57	33.62	29.94	34.13	36.76	37.54	33.83	32.78	30.82	38.67	37.47

第五节　中国海洋经济周期波动监测预警曲线

　　分别根据熵值法、因子分析法、灰色关联分析法和层次分析法得到的预警指数，绘制中国海洋经济周期波动预警指数曲线，如图 10-12 所示。

　　根据二次熵值法和二次因子分析法得到的预警指数，绘制的中国海洋经济周期波动监测预警曲线，如图 10-13 所示。

　　图 10-12 和 10-13 显示，中国海洋经济周期波动预警指数发生了两次较大的波动。1999—2003 年发生了剧烈波动，其余波持续到 2005 年；2007—2009 年也是一次较大的波动。2000 年中国加入 WTO，使沿海地区遇到了一个重大战略机遇期，"入世"后的减税和免税政策，为沿海地区创造了极好的投资环境，海洋港口和运输业、滨海旅游业以及海上石油开采等海洋产业高速发展。同时，海洋高新技术产业快速兴起，涉海上市企业陆续壮大。但是沿海地区的海洋经济生态环境却不断恶化，海洋灾害如风暴潮、赤

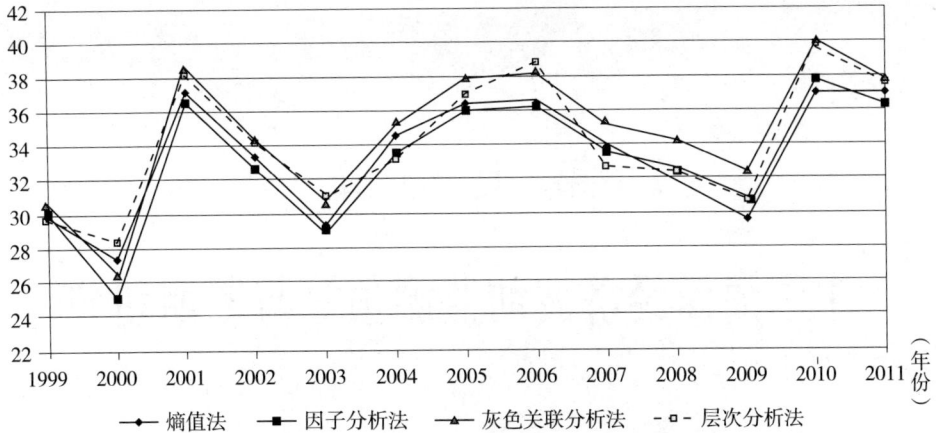

图 10-12　中国海洋经济周期波动预警指数曲线

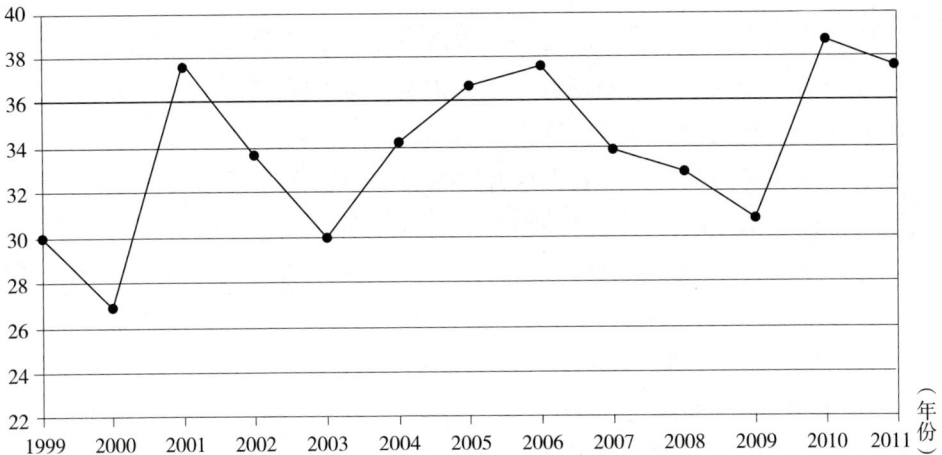

图 10-13　中国海洋经济周期波动监测预警曲线

潮灾害等频繁带来破坏，海洋经济发展趋同现象和对外依赖度日甚。2002—2003 年、2008—2009 年的国际国内经济、政治等形势突变，等等，都给中国海洋经济周期波动预警指数造成了严重冲击。

第 十 一 章

中国海洋经济波动监测预警与周期划分

　　宏观经济运行总是具有其内在的周期波动规律，而如何科学准确地监测、预测其转折点并进行周期划分，一直是宏观经济周期领域的重点研究内容。中国海洋经济存在周期波动吗，中国海洋经济波动如何监测预警，中国海洋经济波动如何进行周期划分，中国海洋经济波动的转折点又如何界定？中国海洋经济波动存在景气关联吗，中国海洋经济安全稳定吗，等等，这些问题的背后一定会存在有待我们揭开的答案。中国海洋经济波动监测预警与周期划分，根据中国海洋经济周期波动的景气分析，通过建立中国海洋经济预警信号系统和预警指数临界值设计，利用灰色系统预测模型和多变量Probit 离散选择模型，成功进行了中国海洋经济周期波动转折点的界定、监测预警指数模拟和周期波动区间划分。同时，通过 HP、BP 滤波分解技术以及 VAR 模型方差分解与脉冲响应分析等方法，发现并证明了中国海洋经济总量（生产总值）具有明显的现代经济周期波动特点和库兹涅茨周期特征；分析了中国海洋经济景气波动与我国宏观经济景气的关联效应，测算了美国宏观经济景气波动对中国海洋经济景气波动的冲击效应。发现中国海洋经济自身的可持续发展能力较弱，还缺乏自身内在动力的长期影响机制，海洋经济政策的短期影响效果明显，但长期效果较差，海洋经济运行相对安全稳定。研究结果，对于系统、科学、准确地把握中国海洋经济周期运行规律和趋势，动态辨析中国海洋经济周期波动的内外关联机制和冲击效应，实时监测预警中国海洋经济周期波动的景气变化，具有重要的理论意义、现实意义和科学的实用价值。

第一节　中国海洋经济周期波动景气分析

一、中国海洋经济周期波动景气年表

景气年表，是指将反映经济系统运行的定量指标和定性指标指数化后形成的年代变化表。景气年表主要用来反映经济或行业的景气状况和变化趋势。中国海洋经济周期波动景气年表，是将反映中国海洋经济周期波动的一系列指标（先行指标、同步指标、滞后指标）进行指数化，并通过中国海洋经济周期波动景气指数体系编制而成的年代变化表。

中国海洋经济周期波动景气年表的景气指数，主要包括景气扩散指数（先行扩散指数、同步扩散指数、滞后扩散指数、综合扩散指数）、景气合成指数（先行合成指数、同步合成指数、滞后合成指数、综合合成指数）以及监测预警指数三类指数。根据中国海洋经济周期波动景气指数的计算结果，设计编制了中国海洋经济周期波动景气年表，见表 11-1 所示。中国海洋经济周期波动景气年表，反映了中国海洋经济 2000—2011 年的周期波动景气变化情况，对于我国海洋经济发展战略、发展规划、宏观调控、优化布局以及规范涉海数据的统计分析等，具有重要的参考价值。

表 11-1　2000—2011 年中国海洋经济周期波动景气年表

指数\年份	中国海洋经济景气扩散指数				中国海洋经济景气合成指数				中国海洋经济监测预警指数
	先行扩散指数	同步扩散指数	滞后扩散指数	综合扩散指数	先行合成指数	同步合成指数	滞后合成指数	综合合成指数	
2000	72.50	80.00	67.50	73.33	100.00	100.00	100.00	100.00	26.84
2001	67.08	82.14	76.67	75.30	101.26	101.66	103.06	103.59	37.57
2002	47.92	57.50	76.67	60.70	98.60	100.39	103.23	100.55	33.62
2003	63.25	49.29	43.13	51.89	103.25	98.58	95.89	99.09	29.94
2004	58.58	66.13	38.75	54.48	103.07	102.69	102.69	100.77	34.13
2005	68.33	71.88	63.89	68.03	103.95	104.19	101.60	101.38	36.76

续表

年份 \ 指数	中国海洋经济景气扩散指数				中国海洋经济景气合成指数				中国海洋经济监测预警指数
	先行扩散指数	同步扩散指数	滞后扩散指数	综合扩散指数	先行合成指数	同步合成指数	滞后合成指数	综合合成指数	
2006	71.88	88.57	76.67	79.04	104.48	103.69	100.65	101.55	37.54
2007	57.92	76.14	79.45	71.17	104.60	103.94	101.06	102.72	33.83
2008	47.92	49.29	51.11	49.44	105.15	103.20	101.82	103.13	32.78
2009	38.33	32.86	43.13	38.10	102.01	99.64	102.66	104.09	30.82
2010	86.25	97.75	71.88	85.29	105.27	103.61	99.82	105.27	38.67
2011	74.75	75.67	57.50	69.31	105.80	104.39	103.43	107.23	37.47

二、中国海洋经济周期波动景气分析

根据表 11-1，绘制中国海洋经济景气扩散指数走势图和景气合成指数走势图，见图 11-1、图 11-2。

2000—2011 年我国海洋经济景气扩散指数走势图显示，中国海洋经济综合扩散指数曲线有 3 个波峰，分别是 2001 年、2006 年和 2010 年；有 2 个波谷，分别是 2003 年和 2009 年。2001 年，我国综合扩散指数达到 75.30，我国海洋经济处于景气状态。2003 年，我国海洋经济和宏观经济一样，都受到了伊拉克战争国际局势和国内"非典"事件等形势的严重影响和冲击，海洋经济的景气扩散指数和景气合成指数在 2003 年都步入低谷。综合扩散指数跌至 51.89，我国海洋经济处于不景气状态。2003 年以后，我国海洋经济发展势头回升，在 2006 年到达波峰。而 2008—2009 年的美国次贷危机和欧洲主权信用危机，均对中国海洋渔业、滨海旅游业、海洋运输业等影响巨大，在海洋经济景气综合扩散指数曲线上表现明显。2009 年以后，我国海洋经济平稳上升，在 2010 年再次到达波峰。

2000—2011 年，我国海洋经济景气合成指数走势图显示，中国海洋经济景气先行合成指数、同步合成指数曲线比较平稳，而滞后合成指数有 1 次剧烈波动，但之后平稳上升；受滞后合成指数的影响，综合合成指数曲线的波动也有 1 次剧烈波动。

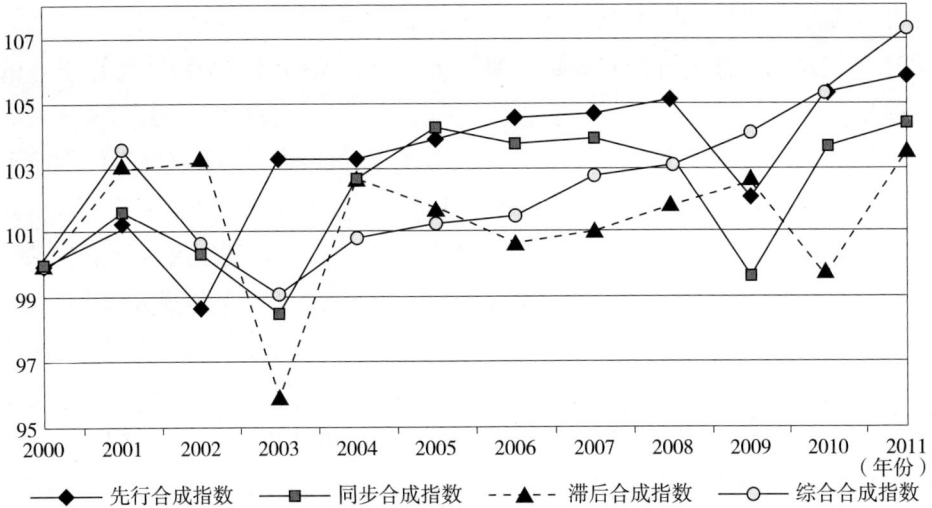

图 11-1 2000—2011 年中国海洋经济景气扩散指数走势图

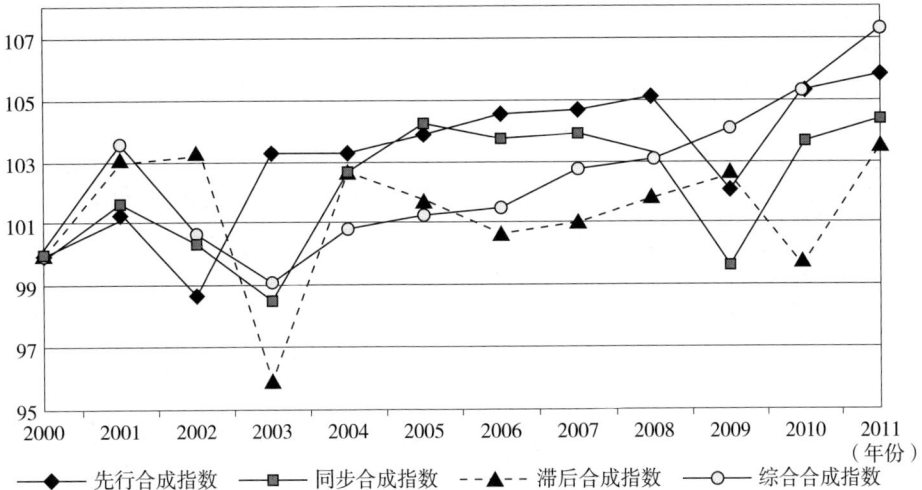

图 11-2 2000—2011 年中国海洋经济景气合成指数走势图

2000 年以来，我国海洋经济景气指数波动具有 3 个明显的重要时点，2003 年我国海洋经济处于不景气状态。

1. 2003 年时点。2003 年，国内"非典"病毒事件，对我国的旅游业、交通运输业、消费投资等产业造成了严重冲击。国际伊拉克战争局势等，对国际油价波动、涉海国际贸易等的冲击，给海洋经济的发展影响重大。但是，2003 年《全国海洋经济发展规划纲要》的出台，又为海洋经济和海洋事业的发展提供了行动纲领，使我国海洋经济扩散指数和合成指数开始好转。

2. 2009 年时点。2008—2009 年，由美国主导的次贷金融危机不仅影响了其国内经济、金融的正常发展，更是严重掠夺了世界各国的金融财富，也由此引发了欧洲主权信用危机，给国际经济造成了严重冲击。我国宏观经济也深受其冲击和影响，海洋经济增长也趋缓，海洋经济景气扩散指数出现大幅下滑。

3. 2012 年时点。2011 年是国家"十二五规划"的开局之年，国家陆续出台了 4 个国家级海洋发展战略规划，2011 年的《山东半岛蓝色经济区发展规划》《广东海洋经济综合试验区发展规划》和《浙江海洋经济发展示范区规划》，2012 年的《福建海峡蓝色经济试验区发展规划》等规划的布局和实施，以及其他沿海省市纷纷出台的各具地方特色的海洋经济发展规划，都反映了从国家到地方大力推进海洋事业发展的目标和决心。2012 年党的十八大报告明确提出"建设海洋强国"的目标，把重视海洋经济发展提高到了新的战略高度。

三、中国海洋渔业周期波动景气分析

海洋渔业、海洋交通运输业和滨海旅游业在我国海洋经济中具有举足轻重的地位，也是我国海洋经济近年来的支柱产业和主导产业。课题以海洋渔业、海洋交通运输业和滨海旅游业作为典型案例，进行中国主要海洋产业周期波动景气分析。

2001—2011 年，中国海洋渔业稳步发展，海洋渔业增加值从 2001 年的966 亿元增加到 2011 年的 3202.9 亿元，始终保持着我国海洋支柱产业的地位。1999 年，我国首次提出海洋捕捞产量"零增长"目标，并实施海洋捕捞渔民专业工程，积极引导渔民退出海洋捕捞业；2003 年，农业部第 8 次常务会议审议通过了《远洋渔业管理规定》；2006 年，农业部渔业局印发了《水产健康养殖技术服务活动实施方案》，为渔民提供水产健康养殖技术服务；2007 年，农业部制定了《中长期渔业科技发展规划（2006—2020年）》，要求切实发挥科技对现代渔业发展的引领支撑作用。2010 年，国家农业部发布 2010 年第 9 号令，将《水域滩涂养殖发证登记办法》予以公布

并实施，依法保障养殖生产者合法权益，规范水域、滩涂养殖发证登记工作。近年来我国水产品产量增长幅度较为稳定，基本维持在3%左右，其中养殖产量增长幅度较大。

（一）海洋渔业周期波动景气指标设计

为了更好地把握海洋渔业周期波动情况，并对海洋渔业周期波动进行景气分析，通过借鉴国际国内有关宏观经济景气指标的结构组成和成功经验，参考前文中国海洋经济景气指标体系和基准指标确定的方法，选取海洋渔业增加值增长率为海洋渔业周期波动的基准指标。根据海洋经济景气指标选取原则并考虑到海洋渔业的特殊性，根据解释结构模型分层划分结果，选择海洋渔业经济、资源、产出、灾害4个一级指标，再根据平稳性检验和相关系数测算结果选定二级指标。

各指标单位根检验结果表明：基准指标序列 D 是平稳的，备选指标 MF_7、MF_8 也是平稳的，其他指标经过一阶或二阶差分后，也实现了平稳性。将指标体系中所选指标与基准指标——海洋渔业增加值增长率进行相关性分析，根据备选指标平稳性检验和备选指标与基准指标的相关系数检验结果，筛选了15个景气指标，构建了海洋渔业周期波动景气指标体系。如表 11-2 所示。

表 11-2　中国海洋渔业周期波动景气指标体系

一级指标	二级指标	指标代码	ADF	P 值	结论	稳定性差分阶数变换	与基准指标的相关系数
基准指标	海洋渔业增加值增长率	D	-6.4479	0.0009	平稳		1.000
海洋渔业经济	渔民人均纯收入	MF_1	-3.2841	0.0525	平稳	二阶差分	0.872
	水产品价格指数	MF_2	-3.6862	0.0310	平稳	一阶差分	0.632
	海洋渔业固定投资	MF_3	-3.7083	0.0266	平稳	二阶差分	0.615
海洋渔业资源	海洋渔业从业人员	MF_4	-3.4796	0.0336	平稳	一阶差分	0.909
	渔船总数	MF_5	-3.0969	0.0595	平稳	一阶差分	0.730
	海水养殖面积	MF_6	-3.7456	0.0225	平稳	一阶差分	0.656
	渔业人口数	MF_7	-3.5099	0.0295	平稳		0.704
	水产品加工企业	MF_8	-3.2433	0.0449	平稳		0.689

续表

一级指标	二级指标	指标代码	ADF	P 值	结论	稳定性差分阶数变换	与基准指标的相关系数
海洋渔业产出	海洋渔业总产值	MF_9	-1.1103	0.0684	平稳	二阶差分	0.742
	水产品进出口总量	MF_{10}	-2.8865	0.0848	平稳	一阶差分	0.710
	海水水产品产量	MF_{11}	-3.4028	0.0409	平稳	一阶差分	0.704
	海洋捕捞产量	MF_{12}	-2.8780	0.0901	平稳	一阶差分	0.768
	海水养殖产量	MF_{13}	-3.1915	0.0551	平稳	一阶差分	0.683
海洋渔业灾害	渔业灾害经济损失占海洋 GDP 比重	MF_{14}	-5.5744	0.0018	平稳	一阶差分	-0.817
	渔业灾情造成水产品损失总量	MF_{15}	-2.9221	0.0806	平稳	一阶差分	-0.726

（二）海洋渔业周期波动景气指标分类

采用 K-L 信息量分析、灰色关联分析、时差序列相关分析以及 BP 神经网络 4 种方法，对指标体系中所选指标进行分类，将表 11-2 所示的海洋渔业周期波动指标体系中的指标划分为先行指标、同步指标和滞后指标三类，分类结果如表 11-3 所示。

表 11-3 先行指标、同步指标、滞后指标的分类

指标 ＼ 方法	指标代码	K-L 信息量	时差序列相关分析	灰色关联分析	BP 神经网络	分类结果
渔民人均纯收入	MF_1	1	0	1	1	滞后指标
水产品价格指数	MF_2	1	1	1	1	滞后指标
海洋渔业固定投资	MF_3	0	0	-1	0	同步指标
海洋渔业从业人员	MF_4	1	1	1	1	滞后指标
渔船总数	MF_5	0	0	0	0	同步指标
海水养殖面积	MF_6	-1	-1	-1	-1	先行指标
渔业人口数	MF_7	0	0	0	0	同步指标
水产品加工企业	MF_8	-1	-1	-1	-1	先行指标
海洋渔业总产值	MF_9	1	1	1	1	滞后指标

续表

方法 指标	指标 代码	K-L 信息量	时差序列 相关分析	灰色关联 分析	BP 神 经网络	分类结果
水产品进出口总量	MF_{10}	-1	0	-1	-1	先行指标
海水水产品产量	MF_{11}	0	0	0	0	同步指标
海洋捕捞产量	MF_{12}	-1	-1	-1	-1	先行指标
海水养殖产量	MF_{13}	-1	-1	-1	-1	先行指标
渔业灾害经济损失占海洋 GDP 比重	MF_{14}	-1	-1	-1	-1	先行指标
渔业灾情造成水产品损失总量（万吨）	MF_{15}	-1	-1	-1	-1	先行指标

说明：表中"-1"代表先行指标，"0"代表同步指标，"1"代表滞后指标

通过 Kendall 一致性检验方法，检验结果表明 4 种方法的景气指标分类结果具有显著的一致性，见表 11-4。

表 11-4 四种景气指标分类方法的 Kendall 一致性检验

样本数（N）	T 值（Kendall's W^a）	Chi-Square	自由度（df 值）	P 值
4	0.633	30.388	12	0.002

虽然 4 种方法的分类结果具有显著的一致性，但是仍然还有 3 个景气指标的分类不一致。因此对分类结果存在差异的指标进行 Granger 因果关系检验，与基准指标（D）间的 Granger 关系检验结果，见表 11-5。

表 11-5 Granger 因果关系检验结果

指标 关系	MF_1 does not Granger Cause D	MF_3 does not Granger Cause D	MF_{10} does not Granger Cause D	Ddoes not Granger Cause MF_1	Ddoes not Granger Cause MF_3	Ddoes not Granger Cause MF_{10}
P 值	0.8609	0.0298	0.0470	0.0404	0.0473	0.1682

格兰杰因果关系检验结果表明，MF_{10} 是基准指标 D 的格兰杰原因；MF_3 与基准指标 D 互为格兰杰原因；而基准指标 D 却是 MF_1 的格兰杰原因。因此将 MF_{10} 分类为先行指标，将 MF_3 分类为同步指标，而 MF_1 分类为滞后指

标。最终得到海洋渔业景气指标分类结果，如表 11-3 所示。

（三）海洋渔业周期波动景气分析

扩散指数可以反映海洋渔业的繁荣或衰退情况，经计算中国海洋渔业的扩散指数如表 11-6、图 11-3 所示。

表 11-6　2000—2011 年中国海洋渔业景气扩散指数

年份	2000	2001	2002	2003	2004	2005	2006	2007	2008	2009	2010	2011
先行扩散指数	0.15	0.33	0.50	0.50	1.00	0.33	0.50	0.83	0.50	0.00	0.83	0.50
同步扩散指数	0.33	0.67	1.00	0.67	0.67	0.33	0.00	0.50	1.00	0.67	0.67	0.33
滞后扩散指数	0.50	0.75	0.50	0.75	0.25	0.50	0.50	0.75	0.50	0.00	1.00	0.50

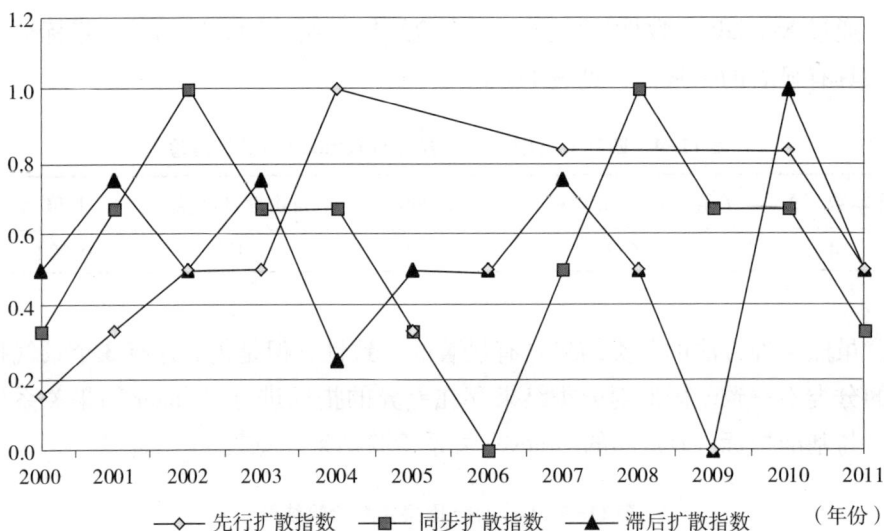

图 11-3　2000—2011 年中国海洋渔业扩散指数走势图

图中的同步扩散指数有 2 个明显的周期波动，先行扩散指数和滞后扩散指数也都有 3 个明显的波动周期。如图所示，2002—2006 年中国海洋渔业同步扩散指数处于下降阶段，这主要是受到"非典"疫情的影响，2006 年后逐步回暖。而国际金融危机的爆发，使先行扩散指数、同步扩散指数和滞后扩散指数在 2007—2008 年后显示出一致性，均表现出下降的趋势。

合成指数同样可以揭示各类指标的波动状态，反映波动幅度，判断经济的循环波动趋势，中国海洋渔业的合成指数如表 11-7、图 11-4 所示。

表 11-7　2001—2011 年中国海洋渔业景气合成指数

年份	2000	2001	2002	2003	2004	2005	2006	2007	2008	2009	2010	2011
先行合成指数	100.00	100.21	100.36	100.38	103.58	103.60	103.81	103.09	103.24	103.35	106.00	106.12
同步合成指数	100.00	101.27	101.44	102.45	102.63	103.60	102.97	102.17	102.31	105.64	102.55	106.12
滞后合成指数	100.00	102.31	102.50	104.03	102.63	97.62	99.73	99.16	99.80	98.93	102.41	106.12

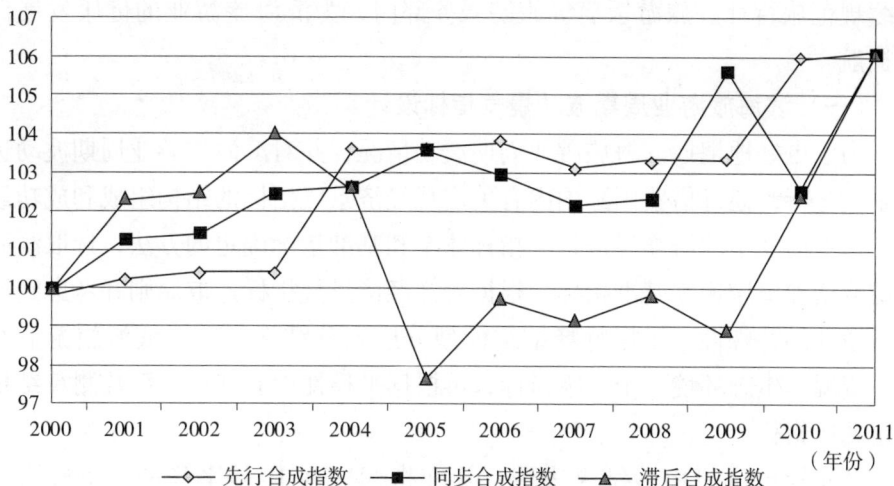

图 11-4　2000—2011 年中国海洋渔业合成指数走势图

　　海洋渔业扩散指数走势图和海洋渔业合成指数走势图有助于对海洋渔业周期波动景气状况的分析。如图 11-3、图 11-4 所示，2000—2011 年的海洋渔业扩散指数走势图与合成指数走势图，印证了中国海洋渔业的波动特点：2000—2005 年的波动幅度较大，2005—2008 年波动幅度较小。不同的是，合成指数反映出金融危机对中国海洋渔业的影响存在着一段时滞，并且在2010 年触底后反弹，体现了中国海洋渔业调整的效果。

四、中国滨海旅游业周期波动景气分析

　　滨海旅游业是我国海洋经济新近发展起来的产业。2001 年以来，中国滨海旅游业取得了跨越式发展。中国滨海旅游业增加值由 2001 年的 1072 亿元，增加到 2011 年的 6239.9 亿元，同比增长 12.1%。2011 年主要沿海城市国际旅游（外汇）收入达到 2690891 万美元，滨海地区接待入境旅游者 7472.11 万人次，占中国接待入境旅游者（13542.36 万人次）的 55.2%。2009 年，为应对国际金融危机，国家采取拉动内需的政策，相继实施多项旅游业相关政策，国内旅游呈现较快增长态势，国际旅游也迅速回升。2010 年国务院《关于推进海南国际旅游岛建设发展的若干意见》正式出台，发展"国际旅游岛"，建设休闲度假基地。2011 年，国家继续规范旅行社、旅游饭店等旅游服务部门，为滨海旅游业的健康发展保驾护航。

（一）滨海旅游业周期波动景气指标设计

为了更好地把握滨海旅游业周期波动情况，并对滨海旅游业周期波动进行景气分析，通过借鉴国际国内有关宏观经济景气指标的结构组成和成功经验，参考前文中国海洋经济景气指标体系和基准指标确定的方法，选取滨海旅游业增加值增速为基准指标。根据海洋经济景气指标选取原则并考虑到滨海旅游业的特殊性，根据解释结构模型分层划分结果，选定滨海旅游业经济、资源、生态环境 3 个一级指标，再根据平稳性检验和相关系数测算结果选定二级指标。

各指标单位根检验结果表明：基准指标序列 D 是平稳的，备选指标 CT_{11} 也是平稳的，其他指标经过一阶或二阶差分后，也实现了平稳性。将指标体系中所选指标与基准指标进行相关性分析，根据备选指标平稳性检验和备选指标与基准指标的相关系数检验结果，筛选了 12 个景气指标，构建了滨海旅游业周期波动景气指标体系。如表 11-8 所示。

表 11-8　这个滨海旅游业周期波动景气指标体系

一级指标	二级指标	指标代码	ADF	P 值	结论	稳定性差分阶数变换	与基准指标的相关系数
基准指标	滨海旅游业增加值增速	D	−3.9322	0.0195	平稳		1.000

一级指标	二级指标	指标代码	ADF	P 值	结论	稳定性差分阶数变换	与基准指标的相关系数
滨海旅游业经济	滨海旅游业固定资产投资	CT_1	−3.1310	0.0644	平稳	二阶差分	0.784
	沿海地区人均可支配收入	CT_2	−4.2647	0.0182	平稳	二阶差分	0.750
	主要沿海城市接待入境旅游人数	CT_3	−2.8724	0.0865	平稳	一阶差分	0.763
	主要沿海城市国际旅游收入增长率	CT_4	−3.0168	0.0706	平稳	一阶差分	0.766
	主要沿海城市国内旅游人数	CT_5	−3.2654	0.0532	平稳	一阶差分	0.864
滨海旅游业资源	滨海旅游业直接从业人员	CT_6	−3.3878	0.0417	平稳	一阶差分	0.675
	沿海地区旅行社数	CT_7	−3.3408	0.0446	平稳	一阶差分	0.835
	沿海地区星级饭店数增长率	CT_8	−2.8240	0.0970	平稳	二阶差分	0.886
	沿海地区星级饭店客房数	CT_9	−2.1892	0.0220	平稳	二阶差分	0.827
	沿海地区星级饭店床位数	CT_{10}	−3.0123	0.0754	平稳	二阶差分	0.746
滨海旅游业生态环境	沿海地区工业废水排放达标率	CT_{11}	−4.1485	0.0124	平稳		−0.732
	沿海地区工业废水排放总量	CT_{12}	−2.8735	0.0864	平稳	一阶差分	−0.611

（二）滨海旅游业周期波动景气指标分类

采用 K-L 信息量分析、灰色关联分析、时差序列相关分析以及 BP 神经网络 4 种方法，对指标体系中所选指标进行分类，将表 11-8 所示的滨海旅游业周期波动指标体系中的指标划分为先行指标、同步指标和滞后指标三类，分类结果如表 11-9 所示。

表 11-9 先行指标、同步指标、滞后指标的分类

方法 指标	指标代码	K-L信息量	时差序列相关分析	灰色关联分析	BP神经网络	分类结果
滨海旅游业固定资产投资	CT_1	-1	-1	-1	-1	先行指标
沿海地区人均可支配收入	CT_2	0	0	0	0	同步指标
主要沿海城市接待入境旅游人数	CT_3	0	0	0	0	同步指标
主要沿海城市国际旅游收入增长率	CT_4	1	1	1	1	滞后指标
主要沿海城市国内旅游人数	CT_5	-1	-1	-1	-1	先行指标
滨海旅游业直接从业人员	CT_6	-1	-1	-1	0	先行指标
沿海地区旅行社数	CT_7	1	1	1	1	滞后指标
沿海地区星级饭店数增长率	CT_8	-1	-1	0	-1	先行指标
沿海地区星级饭店客房数	CT_9	1	1	1	1	滞后指标
沿海地区星级饭店床位数	CT_{10}	1	1	1	1	滞后指标
沿海地区工业废水排放达标率	CT_{11}	1	1	0	1	滞后指标
沿海地区工业废水排放总量	CT_{12}	1	1	1	1	滞后指标

说明：表中"-1"代表先行指标，"0"代表同步指标，"1"代表滞后指标

通过 Kendall 一致性检验方法，检验结果表明 4 种方法的景气指标分类结果具有显著的一致性，见表 11-10。

表 11-10 四种景气指标分类方法的 Kendall 一致性检验

样本数（N）	T 值（Kendall's W[a]）	Chi-Square	自由度（df 值）	P 值	结论
4	0.951	22.830	6	0.001	一致

虽然四种方法的分类结果具有显著的一致性，但是仍然还有 3 个景气指标的分类不一致。因此对分类结果存在差异的指标进行 Granger 因果关系检验，与基准指标（D）间的 Granger 关系检验结果，见表 11-11。

表 11-11　Granger 因果关系检验结果

指标关系	CT_6 does not Granger Cause D	CT_8 does not Granger Cause D	CT_{11} does not Granger Cause D	D does not Granger Cause CT_6	D does not Granger Cause CT_8	D does not Granger Cause CT_{11}
P 值	0.0481	0.0205	0.7256	0.4909	0.8982	0.0128

　　格兰杰因果关系检验结果表明，CT_6、CT_8 是基准指标 D 的格兰杰原因，而基准指标 D 是 CT_{11} 格兰杰原因。因此将 CT_6、CT_8 分类为先行指标，而将 CT_{11} 分类为滞后指标，最终得到滨海旅游业周期波动景气指标分类设计结果，如表 11-9 所示。

（三）滨海旅游业周期波动景气分析

　　扩散指数可以反映滨海旅游业的繁荣或衰退情况，经计算中国滨海旅游业的扩散指数如表 11-12、图 11-5 所示。

表 11-12　2001—2011 年中国滨海旅游业景气扩散指数

年份	2000	2001	2002	2003	2004	2005	2006	2007	2008	2009	2010	2011
先行扩散指数	0.30	0.60	0.60	0.40	1.00	0.30	0.60	0.40	0.30	0.60	0.60	0.17
同步扩散指数	0.45	0.75	0.85	0.25	0.75	0.63	0.45	0.88	0.25	0.38	0.88	0.44
滞后扩散指数	0.67	0.00	1.00	0.33	1.00	0.00	0.33	0.67	0.00	0.67	0.67	0.50

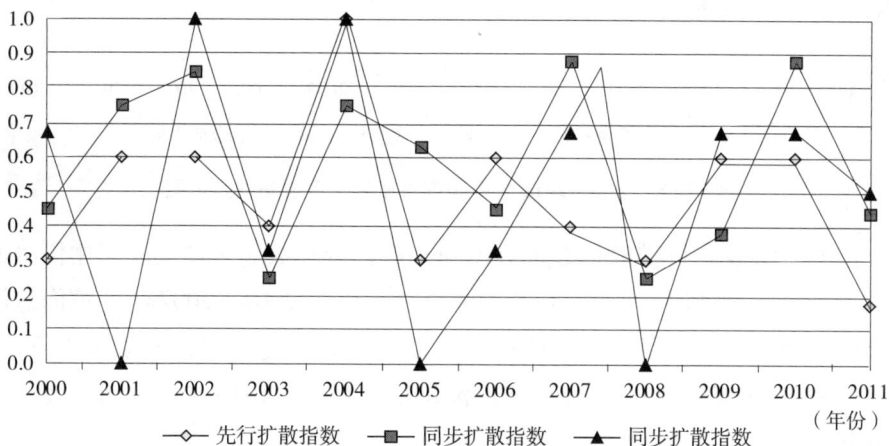

图 11-5　2000—2011 年中国滨海旅游业景气扩散指数走势图

图 11-5 中的先行扩散指数、同步扩散指数和滞后扩散指数都有 4 个明显的波动周期且 3 个扩散指数的波动具有明显的一致性。2003 年、2008 年，3 个扩散指数均处于波谷位置。

合成指数同样可以揭示各类指标的波动状态，反映波动幅度，判断经济的循环波动，中国滨海旅游业的合成指数如表 11-13、图 11-6 所示。

表 11-13　2001—2011 中国滨海旅游业景气合成指数

年份	2000	2001	2002	2003	2004	2005	2006	2007	2008	2009	2010	2011
先行合成指数	100.00	98.51	92.93	94.13	105.52	103.10	104.11	104.95	97.23	101.53	104.67	103.53
同步合成指数	100.00	101.30	101.52	98.00	104.42	104.67	104.19	104.66	104.44	103.36	104.66	104.62
滞后合成指数	100.00	94.95	90.97	93.61	115.00	113.00	111.38	110.69	108.90	107.47	104.80	103.73

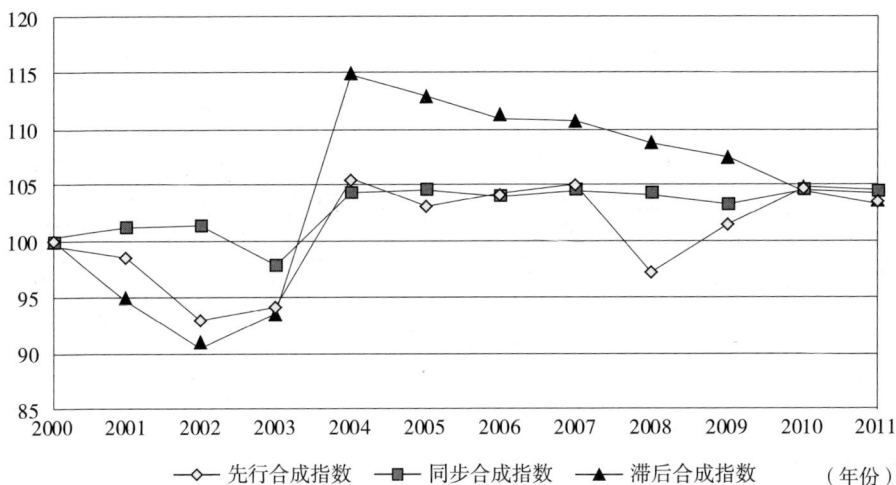

图 11-6　2000—2011 年中国滨海旅游业合成指数走势图

滨海旅游业先行扩散指数走势图和合成扩散指数走势图反映了中国滨海旅游业景气波动情况。如图 11-5、图 11-6 所示。2004—2007 年的滨海旅游业合成指数走势较为平缓，说明这一时期的波动较为平稳，波动幅度不大。但 2001—2004 年和 2007—2009 年的波动幅度很大，说明这一时期的波动较为剧烈。

五、海洋交通运输业周期波动景气分析

海洋交通运输业是海洋经济的支柱产业之一，2001—2011 年中国海洋交通运输业增加值呈平稳发展趋势。2011 年海洋交通运输业实现增加值 4217.5 亿元，较 2001 年增长 220.38%。2009 年，受到国际金融危机的冲击，全年增加值较 2008 年下降 2.85%。这主要与我国外向型经济相关，海洋交通运输业依赖于对外贸易。2009 年下半年，国际经济形势逐渐好转，中国海洋交通运输业总体出现平稳回升的趋势，全行业开始走出低谷，下半年增加值较上半年有明显增长。随着 2010 年上海世博会、广州亚运会的召开，随之而来的运输需求大量增长，一改 2008 年的需求颓势，为中国海洋交通运输业注入了强劲动力。

（一）海洋交通运输业周期波动景气指标设计

通过借鉴国际国内有关宏观经济景气指标的结构组成和成功经验，参考前文中国海洋经济景气指标体系和基准指标确定的方法，选取海洋交通运输业增加值增长率为基准指标。根据解释结构模型分层划分结果，选定海洋交通运输业经济、资源、规模 3 个一级指标，再根据平稳性检验和相关系数测算结果选定二级指标。

各指标单位根检验结果表明：基准指标序列 D 是平稳的，其他指标经过一阶或二阶差分后，也实现了平稳性。将指标体系中所选指标与基准指标进行相关性分析，根据备选指标平稳性检验和备选指标与基准指标的相关系数检验结果，筛选了 16 个景气指标，构建了海洋交通运输业周期波动景气指标体系。如表 11-14 所示。

表 11-14　中国海洋交通运输业周期波动景气指标体系

一级指标	二级指标	指标代码	ADF	P 值	结论	稳定性差分阶数变换	与基准指标的相关系数
基准指标	海洋交通运输业增加值增速	D	-3.5865	0.0316	平稳		1.000
海洋交通运输业经济	海洋交通运输业总产值	MT_1	-2.9553	0.0812	平稳	一阶差分	0.967
	海洋原油创汇额	MT_2	-3.7942	0.0236	平稳	一阶差分	0.804

续表

一级指标	二级指标	指标代码	ADF	P 值	结论	稳定性差分阶数变换	与基准指标的相关系数
海洋交通运输业资源	海洋交通运输业从业人员	MT_3	-4.5689	0.0082	平稳	一阶差分	0.943
	主要海上活动船舶艘数	MT_4	-4.3722	0.0107	平稳	一阶差分	0.726
	沿海规模以上港口生产用码头码头长度	MT_5	-3.2450	0.0406	平稳	二阶差分	0.948
	沿海规模以上港口生产用码头泊位个数	MT_6	-3.8339	0.0223	平稳	一阶差分	0.952
	沿海地区海洋修船完工量	MT_7	-6.0387	0.0014	平稳	一阶差分	0.822
	沿海地区海洋造船完工量	MT_8	-3.3526	0.0480	平稳	一阶差分	0.880
海洋交通运输业规模	沿海地区海洋货物运输量	MT_9	-2.6128	0.0475	平稳	二阶差分	0.967
	沿海地区海洋旅客运输量	MT_{10}	-3.7244	0.0260	平稳	一阶差分	0.917
	沿海地区海洋货物周转量	MT_{11}	-4.1116	0.0180	平稳	二阶差分	0.894
	沿海地区海洋旅客周转量	MT_{12}	-3.3739	0.0501	平稳	二阶差分	0.606
	沿海主要港口国际标准集装箱吞吐量	MT_{13}	-4.2579	0.0183	平稳	二阶差分	0.975
	沿海港口货物吞吐量	MT_{14}	-4.8414	0.0058	平稳	一阶差分	0.946
	沿海港口旅客吞吐量	MT_{15}	-4.0426	0.0167	平稳	一阶差分	0.878
	沿海国际标准集装箱运输量	MT_{16}	-3.4869	0.0452	平稳	二阶差分	0.959

（二）海洋交通运输业周期波动景气指标分类

采用 K-L 信息量分析、灰色关联分析、时差序列相关分析以及 BP 神经网络 4 种方法，对指标体系中所选指标进行分类，将表 11-14 所示的海洋交通运输业周期波动指标体系中的指标划分为先行指标、同步指标和滞后指标三类，分类结果如表 11-15 所示。

表 11-15　先行指标、同步指标、滞后指标的分类

方法 指标	指标代码	K-L信息量	时差序列相关分析	灰色关联分析	BP神经网络	分类结果
海洋交通运输业总产值	MT_1	0	0	0	0	同步指标
海洋原油创汇额	MT_2	1	1	1	1	滞后指标
海洋交通运输业从业人员	MT_3	0	1	0	0	同步指标
主要海上活动船舶艘数	MT_4	0	0	0	0	同步指标
沿海规模以上港口生产用码头码头长度	MT_5	1	1	1	1	滞后指标
沿海规模以上港口生产用码头泊位个数	MT_6	1	1	0	1	滞后指标
沿海地区海洋修船完工量	MT_7	−1	−1	−1	−1	先行指标
沿海地区海洋造船完工量	MT_8	−1	−1	−1	−1	先行指标
沿海地区海洋货物运输量	MT_9	1	1	1	1	滞后指标
沿海地区海洋旅客运输量	MT_{10}	1	1	0	1	同步指标
沿海地区海洋货物周转量	MT_{11}	0	0	0	0	同步指标
沿海地区海洋旅客周转量	MT_{12}	0	0	0	0	滞后指标
沿海主要港口国际标准集装箱吞吐量	MT_{13}	1	1	1	1	滞后指标
沿海港口货物吞吐量	MT_{14}	−1	−1	−1	−1	先行指标
沿海港口旅客吞吐量	MT_{15}	0	−1	0	0	同步指标
沿海国际标准集装箱运输量	MT_{16}	1	1	1	1	滞后指标

说明：表中"−1"代表先行指标，"0"代表同步指标，"1"代表滞后指标

通过 Kendall 一致性检验方法，检验结果表明 4 种方法的景气指标分类结果具有显著的一致性，如表 11-16 所示。

表 11-16　四种景气指标分类方法的 Kendall 一致性检验

样本数（N）	T 值（Kendall's W[a]）	Chi-Square	自由度（df 值）	P 值
4	0.827	36.371	11	0.000

虽然 4 种方法的分类结果具有显著的一致性，但是仍然还有 4 个景气指标的分类不一致。对分类结果存在差异的 4 个指标与基准指标（D）进行 Granger 关系检验，见表 11-17。

表 11-17　Granger 因果关系检验结果

指标关系	MT_3 don't Granger Cause D	MT_6 don't Granger Cause D	MT_{10} don't Granger Cause D	MT_{15} don't Granger Cause D	D don't Granger Cause MT_3	D don't Granger Cause MT_6	D don't Granger Cause MT_{10}	D don't Granger Cause MT_{15}
P 值	0.0328	0.4732	0.0383	0.0265	0.0259	0.0373	0.0365	0.0429

格兰杰因果关系检验结果表明，MT_3、MT_{10}、MT_{15} 与基准指标 D 互为格兰杰原因，基准指标 D 是 MT_6 的格兰杰原因。因此将 MT_3、MT_{10}、MT_{15} 分类为同步指标，而将 MT_6 分类为滞后指标。最终得到海洋交通运输业周期波动景气指标分类设计结果，如表 11-15 所示。

（三）海洋交通运输业周期波动景气分析

扩散指数可以反映海洋交通运输业的繁荣或衰退情况，经计算中国海洋交通运输业的扩散指数如表 11-18、图 11-7 所示。

表 11-18　2001—2011 年中国海洋交通运输业景气扩散指数

年份	2000	2001	2002	2003	2004	2005	2006	2007	2008	2009	2010	2011
先行扩散指数	0.75	0.40	0.60	0.40	0.80	0.40	0.60	0.60	0.00	0.40	0.80	0.75
同步扩散指数	0.43	0.33	1.00	0.20	0.33	0.10	1.00	0.33	0.13	0.33	0.43	0.25
滞后扩散指数	0.45	0.39	1.24	0.68	0.49	0.49	1.32	0.33	0.25	0.63	0.45	0.89

图 11-7 中的先行扩散指数、同步扩散指数和滞后扩散指数有 2-3 个明显的波动周期，且保持了明显的一致性。2003 年、2005 年、2008 年都处于

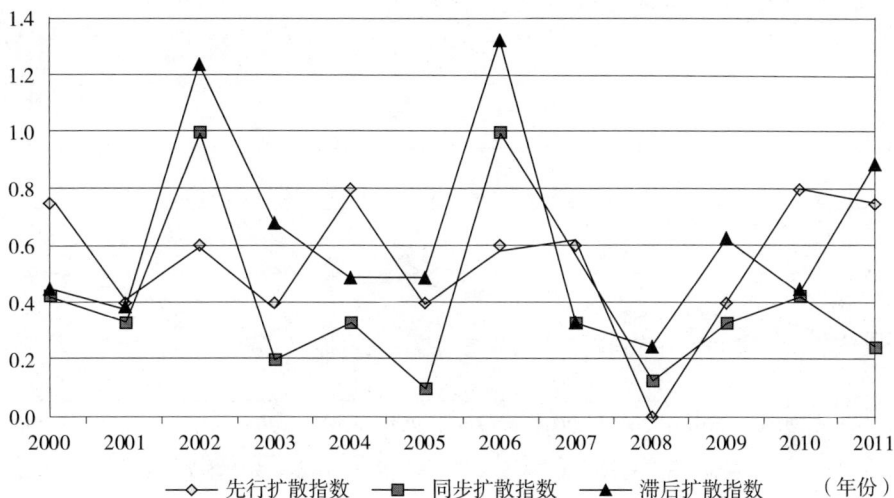

图 11-7　2001—2011 年中国海洋交通运输业扩散指数走势图

波谷位置，2002 年、2006 年都处于波峰位置。

合成指数同样可以揭示各类指标的波动状态，反映波动幅度，判断经济的循环波动，中国滨海旅游业的合成指数如表 11-19、图 11-8 所示。

表 11-19　2001—2011 年中国海洋交通运输业景气合成指数

年份	2000	2001	2002	2003	2004	2005	2006	2007	2008	2009	2010	2011
先行合成指数	100.00	99.73	99.61	99.01	101.10	101.16	106.05	105.88	105.13	101.68	104.47	104.97
同步合成指数	100.00	101.25	101.92	101.64	103.51	103.37	104.58	104.32	99.20	100.76	104.47	105.27
滞后合成指数	100.00	100.88	104.74	108.57	111.39	111.40	118.86	104.76	116.69	120.07	104.45	111.65

海洋交通运输业先行扩散指数走势图和合成扩散指数走势图反映了中国海洋交通运输业景气波动情况。如图 11-7、图 11-8 所示，2001—2005 年海洋交通运输业合成指数走势较为平缓，说明这一时期的波动较为平稳。2005—2010 年的海洋交通运输业波动幅度较大，说明这一时期波动较为剧烈。

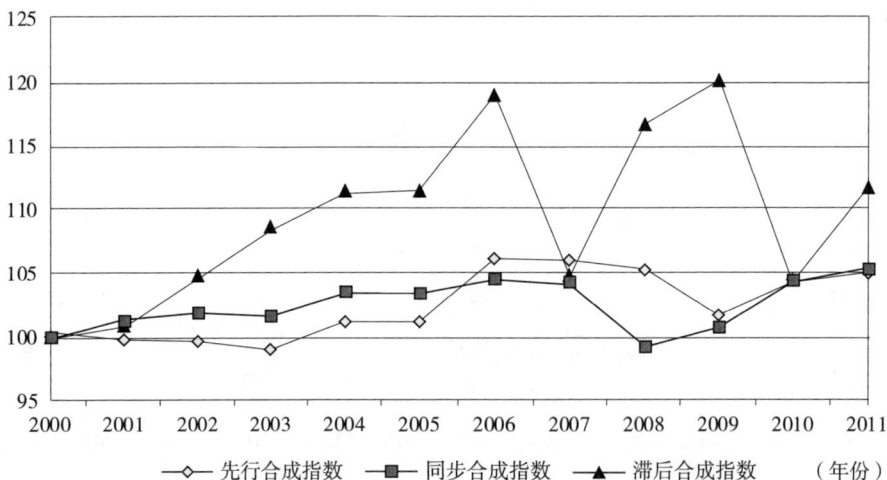

图 11-8　2000—2011 年中国海洋交通运输业合成指数走势图

第二节　中国海洋经济周期波动监测预警

一、中国海洋经济周期波动预警灯设计

预警信号系统是通过采用一组类似于交通管制信号灯（红灯、黄灯、绿灯）的方法，来直观、准确地反映经济的波动趋势和综合变化状况。预警信号系统的功能主要体现在对经济运行评价、预测预警以及信号反馈等方面。构建预警信号系统主要有三个步骤：一是选择一组能够反映经济变动状况的指标；二是通过数学方法将这些指标合成一个综合性指标；三是划分预警区域，确定临界点。预警信号体系设计的关键是划分预警指标区域并确定临界点。

（一）我国宏观经济预警信号系统

我国于 1988 年 10 月首次研制了宏观经济预警信号系统，后来随着经济的发展和结构变化，预警指标体系不断调整，预警系统也不断升级和完善。目前我国的经济预警信号系统采用的是"中经指数"，一般用预警信号灯来表示预警指标的数值变化，并通过信号变动实现对经济波动状况的监测预警。

我国宏观经济运行轨迹，分为"过冷—偏冷—正常—偏热—过热"5个区域，分别以"蓝灯—浅蓝灯—绿灯—黄灯—红灯"5种灯号表示。确定预警指数临界值的具体方法为：

1. 绿灯区，中心线为N×3（N为指标个数）；

2. 绿灯、浅蓝灯的界限，为N×（3+2）/2，表示各有一半指标分别处于绿灯和浅蓝灯；

3. 绿灯、黄灯的界限，为N×（3+4）/2，表示各有一半指标分别处于绿灯和黄灯；

4. 浅蓝灯、蓝灯的界限，为（N×2）−1；

5. 黄灯、红灯的界限，为（N×4）+1。

（二）中国海洋经济周期波动监测预警灯设计

由于受到各种冲击因素的影响，中国海洋经济也表现出了明显的周期波动特征。课题通过借鉴我国宏观经济景气监测预警信号灯的构建方法，根据前文测算的中国海洋经济周期波动监测预警指数，对我国海洋经济运行轨迹进行区域划分，分别使用"过冷—偏冷—正常—偏热—过热"5个区域，"蓝灯—浅蓝灯—绿灯—黄灯—红灯"5种灯号来表示，以此设计构建中国海洋经济周期波动监测预警信号灯系统。

考虑到我国海洋经济的独有特点，课题采用综合分析法对海洋经济预警信号灯的区域界限进行专门设计。首先，确定不同预警信号灯的标准分值，一般设定蓝色、浅蓝色、绿色、黄色和红色信号灯的标准分值，分别为1分、2分、3分、4分和5分。其次，根据景气控制指标数计算预警总分值，选取了11个海洋经济景气控制指标，确定预警总分值为55分。最后，确定信号灯间的界限值，结合宏观经济预警信号系统以及海洋经济系统的特殊性，确定蓝灯与浅蓝灯之间、浅蓝灯与绿灯之间、绿灯与黄灯之间、黄灯与红灯之间的界限值，分别为预警总分值的35%、51%、68%、85%，即：界限值分别为19.25分、28.05分、37.50分、46.75分。

（三）中国海洋经济周期波动监测预警信号灯构建

根据前文中国海洋经济周期波动监测预警指标预警临界值的设计，结合监测指标2000—2011年的统计数据，依次确定各个监测指标的预警信号灯。

以海洋生产总值增长速度、海洋第二产业比重和海洋第三产业比重这三个指标的预警信号灯为例，具体说明如下：

1. 全国海洋生产总值增长速度预警信号灯

根据前文确定的加权调整后的全国海洋生产总值增长速度预警临界值，对我国 2000—2011 年全国海洋生产总值增长速度数据进行 HP 滤波处理从而剔除时间趋势，进而确定该指标的预警信号灯，如表 11-20 所示。

表 11-20　中国海洋生产总值增长速度预警信号灯

年份	2000	2001	2002	2003	2004	2005	2006	2007	2008	2009	2010	2011
GDP 增长速度	8.30	8.70	9.20	9.70	11.30	12.00	16.30	14.20	11.00	9.20	9.36	9.62
剔除时间趋势	-0.89	-0.97	-0.95	-0.89	0.32	0.72	4.85	2.73	-0.35	-1.95	-1.56	-1.05
预警灯	○	○	○	○	○	○	★	☆	○	○	○	○

2. 海洋第二产业比重、第三产业比重预警信号灯

同样，根据前文确定的加权调整后的海洋第二产业比重、第三产业比重的预警临界值，对我国 2000—2011 年海洋第二产业比重、第三产业比重数据进行 HP 滤波处理从而剔除时间趋势，进而确定预警信号灯，如表 11-21 所示。

表 11-21　2000—2011 年中国海洋第二产业比重预警信号灯

年份	2000	2001	2002	2003	2004	2005	2006	2007	2008	2009	2010	2011
海洋第二产业比重	17.00	43.60	43.20	44.90	45.40	45.60	45.60	45.30	47.30	47.10	47.80	47.70
剔除时间趋势	-16.40	7.64	4.84	4.40	3.04	1.67	0.36	-1.06	-0.03	-1.11	5.22	-2.12
预警信号灯	◆	☆	○	○	○	○	○	○	○	○	☆	○
海洋第三产业比重	33.00	49.60	50.30	48.70	48.80	48.70	48.60	49.20	47.30	47.00	47.10	47.10
剔除时间趋势	-10.81	4.70	4.42	2.00	1.47	0.92	0.54	4.99	-0.95	-1.22	-1.06	-1.00
预警信号灯	◆	☆	☆	○	○	○	○	☆	○	○	○	○

3. 中国海洋经济周期波动监测预警信号灯

中国海洋经济周期波动监测预警信号灯，如表 11-22 所示。

表 11-22 2000—2011 年中国海洋经济周期波动监测预警信号灯

年份	2000	2001	2002	2003	2004	2005	2006	2007	2008	2009	2010	2011
海洋生产总值增长速度	○	○	○	○	●	●	★	☆	●	○	○	○
沿海地区固定资产投资密度	◆	★	◆	◆	○	○	☆	●	☆	●	☆	☆
海洋第二产业比重	◆	☆	●	●	●	●	●	●	●	●	☆	●
海洋第三产业比重	◆	☆	☆	●	●	●	●	●	●	●	●	●
主要海洋产业就业人数占比	●	☆	●	●	●	●	●	★	●	●	●	●
海洋全员劳动生产率	○	★	○	○	●	○	●	●	●	●	●	☆
海洋高新技术投入比率	●	☆	☆	☆	●	●	●	●	●	○	★	★
GDP/沿海地区固定资产投资总额	◆	☆	●	●	●	●	☆	●	☆	☆	☆	☆
沿海地区人均可支配收入增速	○	★	●	●	●	●	●	●	☆	☆	★	★
单位海岸线工业废水直接入海量	○	●	●	●	●	●	●	●	●	●	●	●
海洋灾害损失/GDP	★	●	●	●	○	●	●	●	●	●	○	●
综合预警指数	●	☆	●	●	●	●	●	☆	●	●	☆	●

注: ★表示"过热"; ☆表示"偏热"; ●表示"稳定"; ○表示"偏冷"; ◆表示"过冷"

（1）海洋生产总值为 2001—2011 年数据，2000 年为主要海洋产业产值数据；

（2）海洋高新技术投入比率=海洋高技术产业产值/海洋产业总产值；

（3）单位海岸线工业废水直接入海量=工业废水直接入海量/海岸线长度

（4）海洋灾害经济损失数据由历年《中国统计年鉴》获得

二、中国海洋经济周期波动转折点分析

宏观经济运行总是具有其内在的周期波动规律，而如何科学、准确地监测、预测其转折点，一直是宏观经济周期研究的重点内容。国外对经济周期波动转折点的传统预测主要是基于非参数方法，最典型的是 Bry & Boschan（1971）提出的 BB 法。此后，Neftci（1982）提出了一种通过先行指标进行周期波动转折点预测的概率递归模型。Estrella and Mishkin, Mensah and Tkacz、Krystalogianni eta、Bordoloi and Rajesh（1996，1998，2004，2007）分别利用 Probit 模型计算经济周期转折点出现的概率并进行了预测；国内学者郭庭选、高铁梅（1989）利用指数配对法对合成指数转折点进行了预测。

何立波、杨凤杰（1997）利用 BP 神经网络模型对我国经济转折点进行了拟合预测。石柱鲜、吴泰岳、黄红梅（2007）利用 Neftci 方法、Logistic 回归模型等，对我国经济周期扩张期、收缩期和周期波动的转折点进行了拟合预测[1]。高铁梅，刘雪燕（2009）利用 Probit 模型对我国经济周期波动的转折点进行了拟合预测[2]。王双成（2011）给出了经济周期波动转折点预测的动态朴素贝叶斯网络分类器（Naive Bayesian Classifier）模型[3]。邹战勇（2012）利用合成指数对经济周期波动转折点进行了预测[4]。谢太峰、王子博（2013）结合中国经济周期特征和规律的经验判断对拐点进行了预测[5]。

　　通过对国内外文献的梳理以及国际国内关于经济周期波动转折点预测的经验分析可知，先行指标的重要作用之一就是预测经济周期波动的转折点。课题选取先行指标并利用 Probit 模型对中国海洋经济周期波动的转折点进行预测判断。

（一）Probit 模型

　　计量经济模型的经典假设之一就是变量的连续性，而宏观经济的诸多变量恰恰是离散变量。幸好 McFadden 建立了离散变量选择模型——Probit 模型和 Logit 模型，为我们提供了问题解决的方案。离散变量选择模型最简单的是二选一方案，即：Probit 模型的 Y_t 取值为 0 和 1。中国海洋经济周期波动转折点的 Probit 模型，假定被解释变量 Y_t 取值为 0 时，表示海洋经济系统处于收缩期。取值为 1 时，表示海洋经济系统处于扩张期。假定解释变量由 n 个先行指标构成，记为 $X_1 \cdots X_n$，则相应的 Probit 模型表示为：

$$Y_t = \beta_0 + \sum_{i=1}^{n} \beta_i X_t + u_i \qquad (11-1)$$

　　① 高铁梅、李颖、梁云芳编：《2009 年中国经济增长率周期波动呈 U 型走势——利用景气指数和 Probit 模型的分析和预测》，《数量经济技术经济研究》2009 年第 6 期，第 3—14 页。

　　② 高铁梅、李颖、梁云芳编：《2009 年中国经济增长率周期波动呈 U 型走势——利用景气指数和 Probit 模型的分析和预测》，《数量经济技术经济研究》2009 年第 6 期，第 3—14 页。

　　③ 王双成、裴瑱、毕玉江编：《经济周期转折点预测的动态贝叶斯网络分类器模型》，《管理工程学报》2011 年第 2 期，第 173—177 页。

　　④ 邹战勇、林彩凤、林小凤、杨木娟主编：《利用合成指数预测经济周期波动转折点》，《经济研究导刊》2012 年第 3 期，第 8—9、278 页。

　　⑤ 谢太峰、王子博主编：《中国经济周期拐点预测——基于潜在经济增长率与经验判断》，《国际金融研究》2013 年第 1 期，第 77—86 页。

Probit 模型的条件概率为：

$$P(Y_t = 1 \mid X_1, \cdots, X_n) = F(\beta_0 + \sum_{i=1}^{n} \beta_i X_e) \tag{11-2}$$

其中，F（·）为标准正态分布函数。

Probit 模型估计的似然函数为：

$$L = \prod_{Y_{i=0}} \left[1 - F(\beta_0 + \sum_{i=1}^{n} \beta_i X_e) \right] \prod_{Y_{i=1}} F(\beta_0 + \sum_{i=1}^{n} \beta_i X_e) \tag{11-3}$$

对数似然函数为：

$$\ln F(\beta_0 + \sum_{i=1}^{n} \beta_i X_e) + (1 - Y_t) \ln \left[1 - F(\beta_0 + \sum_{i=1}^{n} \beta_i X_e) \right] \tag{11-4}$$

Probit 模型的拟合优度 McFadden R^2 统计量为：

$$McFadden R^2 = 1 - L(\hat{b})/l(\tilde{b}) \tag{11-5}$$

其中，$L(\hat{b})$ 是极大似然函数最大值；$l(\tilde{b})$ 为受限似然函数值。

课题设置概率为 1 时表示经济繁荣，即：上升的概率变动表明经济运行复苏繁荣，进入繁荣期。概率为 0 时表示经济萧条，即：下降的概率表明经济陷入衰退萧条。

设置概率门限值 λ 作为判断标准，当概率预测值下降并小于 λ 时，经济陷入衰退；当概率预测值大于 λ 时，经济步入繁荣。

（二）多变量 Probit 模型的中国海洋经济周期波动转折点分析

1971 年，美国 NBER 的 Gerhard Bry & Charlotte Boschan 开发出测定经济波动转折点的方法，设计 Y_t 并构建一个二元离散 Probit 模型。

将前文选取的 12 个先行指标设定为解释变量 X_{it}，根据基于动态转移因子模型的中国海洋经济景气指数变化趋势，建立离散变量 Y_t 的 Probit 模型，即：

$$Y_t = \beta_0 + \sum_{i=1}^{n} \beta_i X_{it} + u_i \tag{11-6}$$

其中，下标 it 表示第 i 个先行指标在时刻 t 的值，根据经验选择概率值 0.5 作为门限值。

先行指标的预测能力如何？需要通过单变量模型进行筛选验证。通过构建一组单变量的 Probit 模型（即模型中只有一个解释变量），对每个先行指标的原始数据和经过滤波剔除趋势项的数据进行拟合，如表 11-23 所示。

表 11-23　单变量 Probit 模型估计

指标		原始数据					剔除趋势项数据				
名称	代码	最优超前期	系数 ($\beta\beta$)	Z 统计量	R^2	AIC	最优超前期	系数 ($\beta\beta$)	Z 统计量	R^2	AIC
沿海地区生产总值增速	B_1	4	4.503	0.486	0.014	1.699	3	14.849	1.140	0.088	1.597
沿海地区人均可支配收入增速	B_2	4	-20.425	-1.145	0.087	1.598	3	-12.014	-0.533	0.017	1.696
沿海地区固定资产投资密度	B_3	4	-0.001	-1.036	0.089	1.597	3	-0.001	-0.345	0.007	1.709
涉海产品价格指数	B_4	5	-0.039	-0.863	0.047	1.654	3	-0.016	-0.313	0.006	1.711
海洋第二产业比重	B_5	6	-0.102	-0.583	0.096	1.587	3	-0.034	-0.493	0.016	1.698
海洋第三产业比重	B_6	5	-0.104	-0.803	0.059	1.637	3	-0.069	-0.639	0.027	1.682
海洋高新技术投入比率	B_7	5	-13.743	-1.757	0.243	1.383	3	-12.396	-1.638	0.192	1.454
海洋全员劳动生产率	B_8	3	-0.054	-1.268	0.104	1.575	3	-0.129	-0.691	0.029	1.679
科研机构从业人员增速	B_9	3	-1.232	-0.714	0.340	1.672	3	-0.426	-0.244	0.004	1.715
海洋货物吞吐量（外贸）增速	B_{10}	3	6.731	1.286	0.109	1.568	3	4.438	0.729	0.032	1.674
海洋油气业增加值增速	B_{11}	3	1.454	1.331	0.123	1.549	3	1.694	1.464	0.155	1.505
海洋船舶业增加值增速	B_{12}	5	-0.349	-0.902	0.164	1.493	4	-0.168	-1.019	0.098	1.583

McFadden R^2 统计量的取值介于 0 和 1 之间，越大说明拟合效果越好，AIC 值越小越好。观察表 11-31，无论是利用原始数据还是剔除趋势项后的数据，拟合出来的单变量 Probit 模型或者不显著，或者方程显著但 McFadden R^2 普遍偏小，拟合效果都不好。进一步构建多变量的 Probit 模型，通过逐步引入法逐渐向模型中增加剔除趋势项后的先行指标变量。

选取表 11-23 单变量 Probit 模型中 McFadden R^2 值最大的指标 B_7（海洋高新技术投入比率）作为起点，引入指标的原则是组合先行指标对离散变量 Y_t 的解释预测能力显著提高，指标引入过程如表 11-24 所示。

表 11-24　先行指标逐步引入过程

指标名称	B_7	B_7、B_9	B_7、B_9、B_{10}	B_1、B_7、B_9、B_{10}	B_1、B_5、B_7、B_9、B_{10}
McFadden R^2	0.192	0.233	0.546	0.782	0.920
AIC	1.454	1.564	1.319	1.304	1.291

逐步引入法得到的最优拟合结果如表 11-33 所示，选取 B_1，B_5，B_7，B_8，B_9，B_{10} 作为解释变量，构建多变量的 Probit 模型，模型的 McFadden R^2 较高，达到 0.920，说明拟合效果较好，而同时模型的 AIC 也降到了 1.291。实证结果显示当设置概率门限值为 0.5 时，模型均方误差为 0.35。见表 11-25。

表 11-25　多变量 Probit 模型估计

指标名称	沿海地区生产总值增速（B_1）	海洋第二产业比重（B_5）	海洋高新技术投入比率（B_7）	海洋全员劳动生产率（B_8）	科研机构从业人员增速（B_9）	海洋货物吞吐量（外贸）增速（B_{10}）	常数项（C）
系数	170.406	-0.213	-65.001	3.013	20.73	8.257	-0.272
Z-统计量	3.722	-2.377	-3.803	2.807	5.757	6.183	-4.3

（三）中国海洋经济周期波动转折点界定

图 11-9 是基于多变量 Probit 模型得到的 1999—2011 年我国海洋经济增长率波动概率的估计值 $\hat{Y}_t$ 曲线。$\hat{Y}_t > 0.5$ 的年份为 2000—2001 年、2004—2006 年、2010 年，说明我国海洋经济在这些年份中处于繁荣扩张状态，其

中 2001 年、2006 年与 2010 年 $\hat{Y}_t = 1$，表示到达波峰位置。$\hat{Y}_t < 0.5$ 的年份为 1999 年、2002—2003 年、2007—2009 年、2011 年，说明我国海洋经济在这 些年份处于萧条收缩状态，其中 2003 年与 2009 年 $\hat{Y}_t = 0$，表示处于波谷 位置。

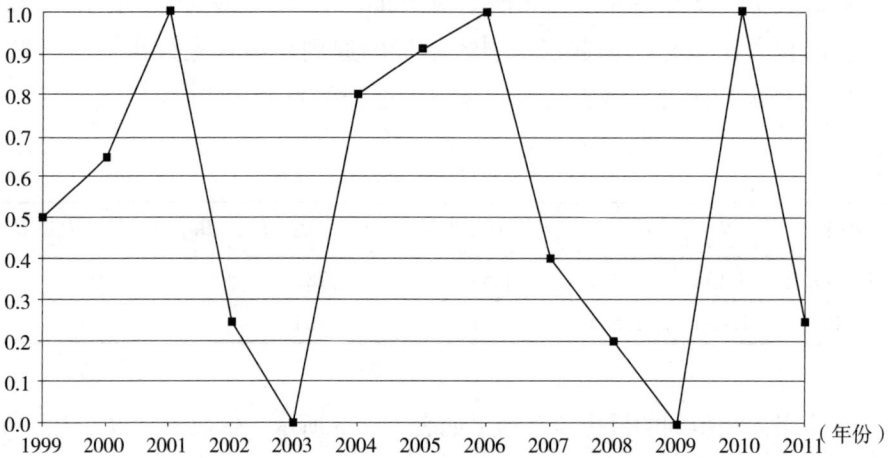

图 11-9　多变量 Probit 模型的中国海洋经济周期波动转折点拟合图

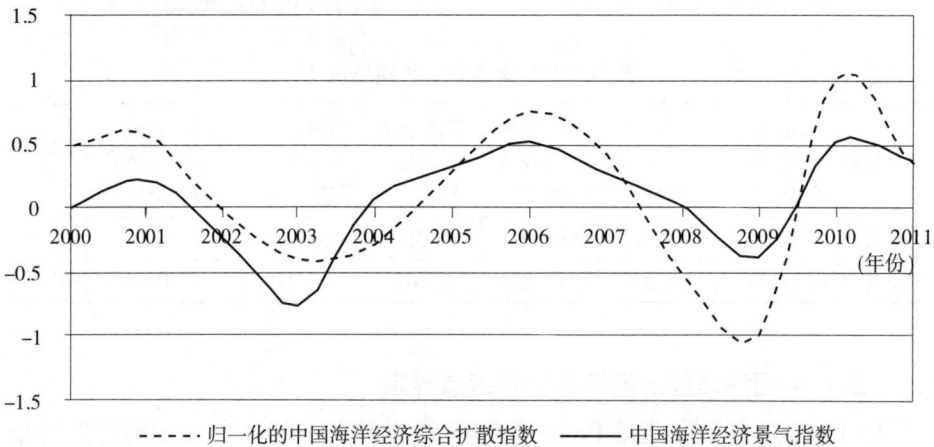

图 11-10　中国海洋经济景气指数与中国海洋经济综合扩散指数波动曲线

将多变量 Probit 模型的实证结果与前文所测算得到的中国海洋经济综合扩散指数以及基于动态马尔科夫动态因子模型的中国海洋经济景气指数进行对比，见图 11-10。

Probit 模型中 $\hat{Y}_t > 0.5$ 的年份对应到图 11-10 中体现为曲线的上升，$\hat{Y}_t < 0.5$ 的年份对应到图 11-10 中体现为曲线的下降，$\hat{Y}_t = 1$ 的年份对应到图 11-10 中体现为曲线达到波峰，$\hat{Y}_t = 0$ 的年份对应到图 11-10 中体现为曲线达到波谷。可以发现，通过 Probit 模型实证模拟的结果与综合扩散指数及景气指数的变动趋势以及波峰波谷的分布情况完全一致。

三、中国海洋经济周期波动预警指数模拟

（一）传统回归拟合方法

根据 2000—2011 年中国海洋经济周期波动预警指数样本，传统的线性回归方法拟合效果很差。课题研究通过继续尝试利用二次函数、幂函数、指数函数和 Logistic 函数等非线性方法进行拟合，SPSS 软件拟合结果如表 11-26 所示。

表 11-26　中国海洋经济周期波动预警指数非线性拟合结果

Equation	Model Summary					Parameter Estimates		
	R Square	F	df1	df2	Sig.	Constant	b1	b2
Quadratic	0.575	6.760	2.000	10.000	0.014	28.461	0.254	0.032
Power	0.526	12.209	1.000	11.000	0.005	26.493	0.110	
Exponential	0.552	13.563	1.000	11.000	0.004	27.454	0.022	
Logistic	0.552	13.563	1.000	11.000	0.004	0.036	0.978	

同样也可以看出，无论用哪个类型的方程拟合，拟合优度都不高，因此这些方法都无法对中国海洋经济周期波动预警指数进行拟合预测。

一般来说，有两种拟合分析方法。一是白色系统的拟合分析，这类系统的变量数据充分、物理特性相对明显，通常是根据系统机理和状态变量间的关系，通过建立数学模型对系统行为进行分析，这种通过模型对行为进行分

析的研究过程称为顺过程。二是灰色系统的模糊辨识，则恰好相反，它是先对特征数据的表现行为进行分析，然后尝试拟合一类合适的模型，这种通过行为分析建立模型的过程称为逆过程。

（二）灰色系统 GM（1，1）模型

灰色系统一般是指变量表现为"有限信息或赤信息"特点的系统。社会系统、经济系统、生态系统都具有明显的复杂性，这类系统具有典型的模糊结构关系、随机动态变化、不完全的指标数据等特性。这类系统的作用机制、系统状态、结构和边界关系等都不明确，原始数据序列大多是比较散乱的灰色数列或灰色过程。

海洋经济系统是一类典型的灰色系统，表征为统计指标不系统，时间序列区间短而单一，数据统计口径不规范，序列数据相对离散等。针对灰色序列的分析方法主要是建立灰色模型（Grey Model）。

GM（1，1）是 1 阶、1 个变量的最常用简单的一种灰色模型，是 GM（1，N）的一个特例。

记原始序列为 $x^{(0)} = (x^{(0)}(1), x^{(0)}(2), \cdots, x^{(0)}(n))$，则经典 GM（1，1）模型建模步骤如下：

$$x^{(0)}(k) + az^{(1)}(k) = b, \quad k = 1, 2, \cdots, n \tag{11-7}$$

其中，n 表示观测的时间；$x^{(1)} = (x^{(1)}(1), x^{(1)}(2), \cdots, x^{(1)}(n))$ 是 $x^{(0)}$ 的 1 - AGO 序列，即有 $x^{(1)}(k) = \sum_{t=1}^{k} x^{(0)}(t)$；$z^{(1)} = (z^{(1)}(2), z^{(1)}(3), \cdots, z^{(1)}(n))$ 为 $x^{(1)}$ 的紧邻均值生成序列，即满足：

$$z^{(1)}(k) = \frac{1}{2}(x^{(1)}(k) + x^{(1)}(k-1)) \tag{11-8}$$

则模型（11-7）的未知参数向量 $\theta = [a, b]^T$ 的最小二乘估计为

$$\theta = (B^T B)^{-1} B^T Y$$

其中，$Y = \begin{bmatrix} x^{(0)}(2) \\ x^{(0)}(3) \\ \cdots \\ x^{(0)}(n) \end{bmatrix}$，$B = \begin{bmatrix} -z^{(1)}(2) & 1 \\ -z^{(1)}(3) & 1 \\ \cdots & \cdots \\ -z^{(1)}(n) & 1 \end{bmatrix}$

模型（11-7）对应的白化方程为

$$\frac{dx^{(1)}}{dt} + ax^{(1)} = b \qquad\qquad (11-9)$$

易得（11-9）的解为

$$x^{(1)}(t) = (x^{(1)}(1) - \frac{b}{a})e^{-a(t-1)} + \frac{b}{a} \qquad\qquad (11-10)$$

利用 $x^{(1)}(1) = x^{(0)}(1)$，同时取 t=k，则（11-10）可表示为

$$x^{(1)}(k) = (x^{(0)}(1) - \frac{b}{a})e^{-a(k-1)} + \frac{b}{a} \qquad\qquad (11-11)$$

由（11-11），利用 1-AGO 序列定义，得

$$x^{(\hat{0})}(k+1) = x^{(\hat{1})}(k+1) - x^{(\hat{1})}(k) = (1-e^{a})(x^{(0)}(1) - \frac{b}{a})e^{-ak}$$

$$(11-12)$$

（三）中国海洋经济周期波动预警指数的灰色预测

中国海洋经济周期波动预警指数，具有典型的灰色序列特征。课题利用 Matlab 数据分析软件进行 GM（1，1）预测，将预测年数设置为 3 年，得到 2012—2014 年中国海洋经济预警指数的模拟结果，分别是 35.77、34.93、32.09，模拟预测百分绝对误差为 1.982%。根据前文的预警指数临界值进行判断，得到模拟结果的预警指数信号灯，如表 11-27 所示。

表 11-27 基于 GM（1，1）模型的中国海洋经济预警指数信号灯模拟预测

年份	2000	2001	2002	2003	2004	2005	2006	2007	2008	2009	2010	2011	2012	2013	2014
测算值	26.84	37.57	33.62	29.94	34.13	36.76	37.54	33.83	32.78	30.82	38.67	37.47	—	—	—
预测值	26.64	37.69	33.95	29.72	34.02	36.48	37.76	34.52	32.57	30.69	38.08	37.34	35.77	34.93	32.09
预警信号灯	●	☆	●	●	●	●	☆	●	●	●	☆	●	●	●	●
百分比误差	0.75	0.32	0.98	0.73	0.32	0.76	0.59	2.04	0.64	0.42	1.53	0.35	—	—	—

模拟预测结果显示，2012—2014 年的预警程度均为"绿灯—稳定"，但是预警指数呈现较为明显的下降趋势。

四、中国海洋经济波动监测预警周期划分

根据中国海洋经济扩散指数、合成指数、预警指数以及基于动态转移因

子模型的中国海洋经济景气指数测算结果，结合前文中国海洋经济周期波动特征的分析，课题仍然采用"谷—谷"法对中国海洋经济波动进行监测预警与周期划分。如图 11-11 所示，2000—2011 年间，中国海洋经济波动可以划分为三个周期，如表 11-28 所示。

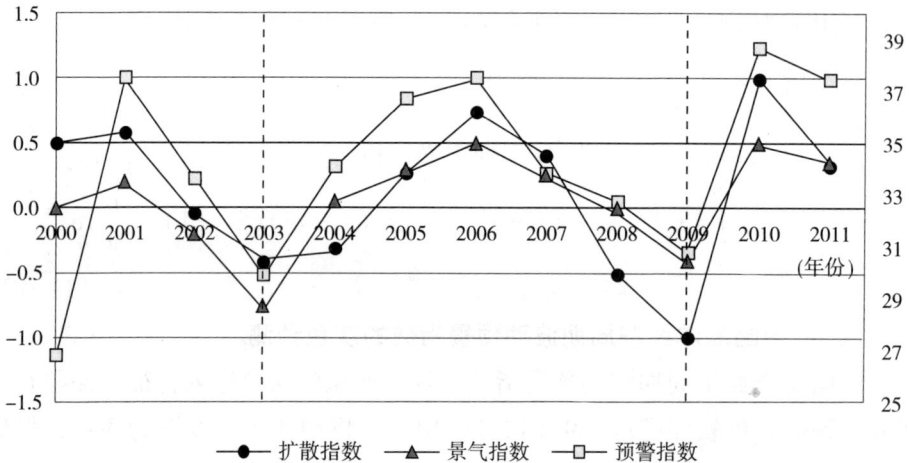

图 11-11　中国海洋经济综合扩散指数、景气指数与预警指数波动曲线

表 11-28　2000—2011 年中国海洋经济波动监测预警与周期划分

周期	存续期间	峰位%	谷位%	振幅	上行时间	下行时间	标准差	波动系数	平均增长率
第 1 周期	2000—2003	0.20	-0.75	0.95	1	2	0.41	-1.64	-0.25
第 2 周期	2003—2009	0.50	-0.40	0.90	3	3	0.43	6.14	0.07
第 3 周期	2009—至今	—	—	—	—	—	—	—	—

（1）2000—2003 年为第 1 周期。其中 2000—2001 年为扩张期，2001—2003 为收缩期。进入 21 世纪后，中国经济在"调结构、稳增长"的宏观政策指导下，海洋经济也保持了良好的发展势头。2001 年中国海洋生产总值达到 9518.4 亿元。2003 年，由于"非典"疫情这一突发事件和伊拉克战争的爆发，直接造成了中国滨海旅游业的负增长。海洋第三产业比重从 2001 年的 49.6% 下降至 2003 年的 48.7%。两大突发事件对中国海洋经济造成严

重冲击，引发周期内的剧烈波动，迫使本轮周期收缩到谷底。

（2）2003—2009 年为第 2 周期。其中 2003—2006 年为扩张期，2006—2009 年为收缩期。党的十六大报告、十七大报告以及国家"十五规划""十一五规划"等，都对发展海洋经济作出了重要战略部署。2006 年，中国海洋经济景气指数处于波峰位置，中国海洋生产总值增速也达到 2003 年以来的最大值 18%。2007—2008 年，受全球金融危机的冲击，全球消费信心指数大幅下降，中国海洋经济急剧收缩，海洋交通运输业、海洋船舶业和滨海旅游业均为负增长。2009 年，中国海洋经济跌至谷底。

（3）2009 年至今为第 3 周期。这一时期属于尚在持续的不完整周期。为应对国际金融危机和欧洲信用危机，中国着力转变经济增长方式。2010 年中国滨海旅游业增加值回升至 5303.1 亿元，海洋船舶业增加值上升至 1215.6 亿元，中国海洋经济已经恢复至 2006 年的景气状态。

第三节　中国海洋经济周期波动景气关联效应分析

目前，国际国内关于经济关联效应的研究文献众多。国际方面，Morelli（2002）探究了英国股市条件波动和宏观经济波动之间的关联性，发现宏观经济中利率的变化对股市波动影响是显著的[1]；J. Park（2008）利用欧美 14 个国家的数据测算了国际油价变化与各国股市之间的关联性，认为石油价格冲击对石油出口国和进口国的影响是不一样的，对前者而言是正面影响，对后者而言是负面影响[2]；W. Miles（2009）根据美国 1959—2007 年的数据，对美国房地产投资与宏观经济的关联性进行了实证研究，认为房地产投资可以带动其他项目投资，拉动消费增长，对宏观经济有着至关重要的影响[3]。国内方面，殷克东等（2009）对陆海经济关联性进行了测算，认为陆海经

[1]　Morelli D, 2002, "The relationship between conditional stock market volatility and conditional macro-economic volatility: Empirical evidence based on UK data", *International Review of Financial Analysis*, No. 11, pp. 101-110.

[2]　Park J, Ratti R A, 2008, "Oil price shocks and stock markets in the US and 13 European countries", *Energy Economics*, No. 30 (5), pp. 2587-2608.

[3]　Miles W, 2009, housing investment and the US economy: how have the relationships changed, *Journal of Real Estate Research*, No. 31 (3), pp. 329-349.

济发展有着较高的一致性，即有着较高的关联效应，而且海洋经济的结构变动指数比陆域经济的大①；田成诗（2009）在探讨房地产价格与宏观经济景气关系的基础上，对我国房地产市场价格指数与宏观经济景气指数进行相关分析和协整检验②；崔俊霞（2010）测算了大陆与台湾两岸经济依存度和两岸经济关联性总指数，并用两种指数分别分析了两岸经济关联性③；李玉杰（2011）通过与国外房地产业产业关联关系的对比分析探究了我国房地产业与国民经济其他产业的关联特性，通过可计算一般均衡模型对房地产业价格调整的模拟分析探究了房地产业价格波动对国民经济的冲击影响程度④；舒建雄（2012）发现1990—2011年我国的股市波动与经济发展是不同步的，股市没有发挥晴雨表的作用⑤；张培源（2013）从宏观经济周期、宏观经济波动、宏观经济政策、世界经济与国际股市4个方面分析探讨了中国股票市场与宏观经济之间的相关性⑥。

通过对国内外文献的梳理和对比发现，关于经济系统间关联效应的研究较多，方法也较为成熟。但是关于经济系统间景气关联效应的研究，国内外还没有公开的文献，尤其是宏观经济景气与海洋经济景气间的关联效应研究尚属于空白状态。

一、宏观经济周期波动滤波分解技术

传统的经济周期波动测度主要是指美国国家经济研究局（NBER：National Bureau of Economic Research）提出的基于多指标的经济周期波动测度方法，主要思想是选择一组从不同侧面反映宏观经济运行状况的指标，然后通过比较其转折点的一致性来判断和预测总体经济周期波动的状况。

近年来，经济周期波动测度研究的新方法不断出现，如：线性趋势分解

①　殷克东、王自强、王法良：《我国陆海经济关联效应测算研究》，《中国渔业经济》2009年第6期，第110—114页。
②　田成诗：《我国房地产价格与宏观经济景气关系实证分析》，《价格理论与实践》2009年第7期，第52页。
③　崔俊霞：《中国大陆与台湾经济关联性分析》，山西财经大学，2010年，第23—40页。
④　李玉杰：《中国房地产业与国民经济关联关系及协调发展研究》，东北财经大学，2011年，第42—153页。
⑤　舒建雄：《中国宏观经济周期与股市周期关联性分析》，西南财经大学，2012年，第32—57页。
⑥　张培源：《中国股票市场与宏观经济相关性研究》，中共中央党校，2013年，第32—185页。

法、分段趋势分解法、BN 分解法、UC-卡尔曼滤波分解法、HP 滤波分解法、BP 滤波分解法、BK 滤波法和 SVAR 等，其基本思想是在众多的宏观经济指标中，选取一个最能反映总体经济状况的指标，对其进行趋势分解和周期成分剥离。传统与现代的经济周期波动研究的区别，主要体现在测度思想、方法、精度以及监测经济周期波动时所起作用的不同上。

通过对传统方法和现代方法的比对分析，结合海洋经济这个特殊的研究对象，课题选取滤波分解方法对中国海洋经济波动进行周期成分剥离。

滤波分解是一种对时间序列做谱分析的频率滤波器方法。谱分析的原理是：任一时间序列都可以分解为多个不同频率的分量。时间趋势一般是低频的分量，周期成分一般是中频的分量，不规则成分一般是高频分量。不同频率分量的分解可以通过傅立叶变换等滤波分解方法实现。目前的 HP 方法、BK 方法和 CF 方法等滤波技术，都是周期波动成分剥离常用的分解方法[①]。

（一）HP 滤波分解技术

Hodrick，Prescott（1980）在其工作论文中首次提出了 HP 滤波法。HP 滤波属于 Whittaker-Henderson 类滤波，也是 Butterworth 滤波家族的成员之一，广泛应用于宏观经济分析领域。

假定时间序列 Y_t 包含趋势成分（Y_t^T）和周期成分（Y_t^C），即 Y_t 可以表示为：$Y_t = Y_t^T + Y_t^C$，趋势成分 Y_t^T 为如下最小化问题的解：

$$\min \sum_{t=1}^{T} \{ (Y_t - Y_t^T)^2 + \lambda [c(L)Y_t^T]^2 \} \tag{11-13}$$

其中：$c(L)$ 是延迟算子多项式，$c(L) = (L^{-1}-1) - (1-L)$，将（11-6）进行改写，得到（11-14）：

$$\min \{ \sum_{t=1}^{T} (Y_t - Y_t^T)^2 + \lambda \sum_{t=1}^{T} [(Y_{t+1}^T - Y_t^T) - (Y_t^T - Y_{t-1}^T)] \} \tag{11-14}$$

HP 滤波分析利用（11-13）中 $\lambda [c(L)Y_t^T]^2$ 来调整趋势的变化，它与 λ 成正比例关系。

当 λ 为 0 时，最小化问题的解就是 Y_t 自身的时间趋势。一般的年度数据，λ 的取值通常为 100。

[①]　陈鹏：《台湾经济波动冲击效应研究》，南开大学，2010 年，第 19—160 页。

（二）BP 滤波分解技术

BP 滤波又称为带通同滤。与 HP 滤波类似，也是将时间序列分解为不同的频率分量或频域结构。

令：对随机过程 $\{x_t\}$ 进行线性变换：

$$y_t = \sum_{-\infty}^{\infty} w_j x_{t-j} \tag{11-15}$$

其中，w_j 为权重序列。

则（11-15）式的延迟算子表达式为：

$$y_t = W(L)x_t \tag{11-16}$$

其中，$W(L) = \sum^{\infty} w_j L^j$。

（11-16）式的延迟算子多项式，就是线性滤波方程。

而（11-16）式的 $\{y_t\}$ 可以普分析为：

$$f_y(\lambda) = |W(e^{-i\lambda})|^2 f_x(\lambda) \tag{11-17}$$

其中，i 为满足 $i^2 = -1$ 的虚数，$f_y(\lambda)$ 和 $f_x(\lambda)$ 分别为 $\{y_t\}$ 和 $\{x_t\}$ 的功率谱。

关于 $e^{-i\lambda} = \cos\lambda - i\sin\lambda$ 的指数函数 $W(e^{-i\lambda})$，就是一个功率传递函数 $|W(e^{-i\lambda})|^2$。

则，滤波的频率响应函数可以定义如下：

$$(\lambda) = W(e^{-i\lambda}) - \sum_{j=-\infty}^{\infty} w_j e^{-ij\lambda} \tag{11-18}$$

如果存在某个截断点 m，则滤波的频率响应函数就变为：

$$w_m(\lambda) = \sum_{j=-\infty}^{\infty} w_j e^{-ij\lambda} \tag{11-19}$$

实际滤波中，一般都是对优先项进行滤波。通过设计调整权重序列 w_j，就能使频率响应函数 $w(\lambda)$ 等于或接近于 0，由此来过滤不同的频率分量。BP 滤波是目前常用的一种滤波方法[①]。

（三）其他滤波分解技术

随着现代信息技术、计算机技术、控制论的发展，有关滤波技术方法也

---

① 高铁梅：《计量经济分析方法与建模：EViews 应用及实例》，清华大学出版社 2009 年版，第 44—48 页。

各有特色。

1. 维纳滤波。维纳滤波理论是 20 世纪 40 年代提出的维纳滤波器方法。在实际应用中，它受到输入信号统计特性的较大限制。

2. 卡尔曼滤波。卡尔曼滤波是 1958 年美国学者 Stanley Schmidt 提出的一种适用于平稳和非平稳随机过程的分析方法。卡尔曼滤波是一种高效率的自回归滤波器。

3. 自适应滤波。自适应滤波理论是 20 世纪 60 年代 B. Widrow 等人提出的一种基于维纳滤波和卡尔曼滤波的分析理论，尤其适用于非线性过程，能够自行将权系数调整到最佳状况。

4. BK 滤波。BK 滤波方法是 1999 年 Baxter 和 King 提出的一种分析方法。它通过对最高频率和最低频率的设置，将更低频的趋势部分和更高频的不规则波动去除，保留了固定区间内的周期波动成分。在实际应用中，BK 滤波方法能够分离出某个特定频率的经济周期波动成分。

5. CF 滤波。CF 滤波是 2003 年 Christiano 和 Fitzgerald 提出的一种全样本非对称带通滤波，它既适用于对稳定序列又适用于对非平稳序列的分析。它是对 BK 滤波的一种改进，成功地避免了数据损失的问题。

二、中国海洋经济滤波分解与周期划分

通过对经济时间序列进行统计分析来研究宏观经济波动，是构建宏观经济周期波动模型的关键环节。图 11-12 反映了 1978—2013 年我国海洋经济生产总值的总体情况，可以看出我国海洋经济生产总值不断提高，特别是在我国加入世贸组织之后，递增趋势更加显著。然而，尽管经济总量表现为上升，海洋经济生产总值增长速度却存在较大差别，这种现象属于 NBER 定义的增长型周期。因此，无法从海洋经济生产总值总量数据上分析海洋经济周期存在与否，还需要借助数据分解技术，将时间序列数据分解为趋势成分和周期成分。

对数据进行周期分离的方法主要有消除长期趋势法、差分法和滤波分解法等，关于采用何种方法进行适当的周期分离一直存在着争论。Koopmans（1947）的研究认为，采用消除长期趋势法得到的波形，仍然存在潜在的趋势，还要采用差分法消去趋势的方法被认为是缺乏统计基础的。陈昆亭

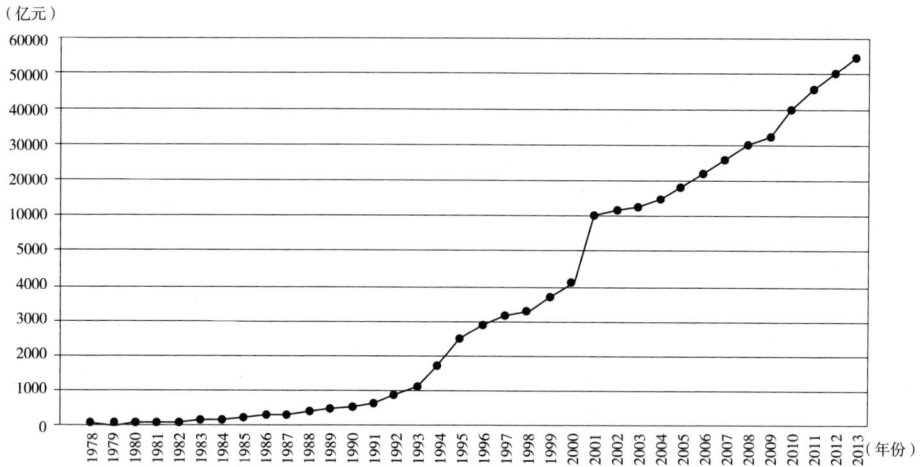

图 11-12　1978—2013 年中国海洋经济生产总值

（2004）的研究结果表明，HP 滤波和 BP 滤波是适用于中国经济周期波动特征的滤波方法，并且 BP 滤波的效果要好于 HP 滤波。而 Cogley 和 Nason（1995）以及 Murray（2003）的研究认为对非平稳数据应用 HP 滤波和 BP 滤波将会导致欺骗性。汤铎铎（2007）则推荐使用经过 Ravn 和 Uhlig 调整的 HP 滤波和 CF 滤波对中国宏观经济数据进行调整。总之，学界并没有就使用何种方法进行周期分离达成一致，各种方法都有自己的优点，因此，为了使得周期分离更具科学性，本章对我国海洋经济周期波动分别进行 HP 滤波分解和 BP 滤波分解。同时为了保证周期分离的准确性，首先对研究数据进行平稳性检验，然后再进行 HP 滤波分解和 BP 滤波分解。

　　中国海洋生产总值具有明显的指数增长趋势，因此，在平稳性检验之前对其进行了对数变换，以消除原数据中可能存在的异方差。Lny 代表中国海洋生产总值的对数取值，$Q(Lny)$ 代表对 Lny 剔除趋势成分后的周期波动成分。平稳性检验结果如表 11-29。

表 11-29　ADF 平稳性检验结果

变量名称	ADF 值	P 值	结论
Lny	−0. 592168	0. 8598	不平稳
$Q(Lny)$	−4. 570368	0. 0009	平稳

　　检验结果显示，剔除趋势的中国海洋生产总值通过了显著性水平1%的平稳性检验，因而属于不含有随机趋势项的趋势平稳变量，可以采用HP滤波和BP滤波对中国海洋生产总值进行周期分离。

　　1. HP滤波分解

　　利用Eviews 8.0计量分析软件，对1978—2013年中国海洋生产总值时间序列数据进行HP滤波分解，按照Hodrick和Prescott的经验建议，取λ为100。中国海洋经济总量周期波动的HP滤波分解结果，包括趋势成分项以及周期成分项。见图11-13、11-14所示。

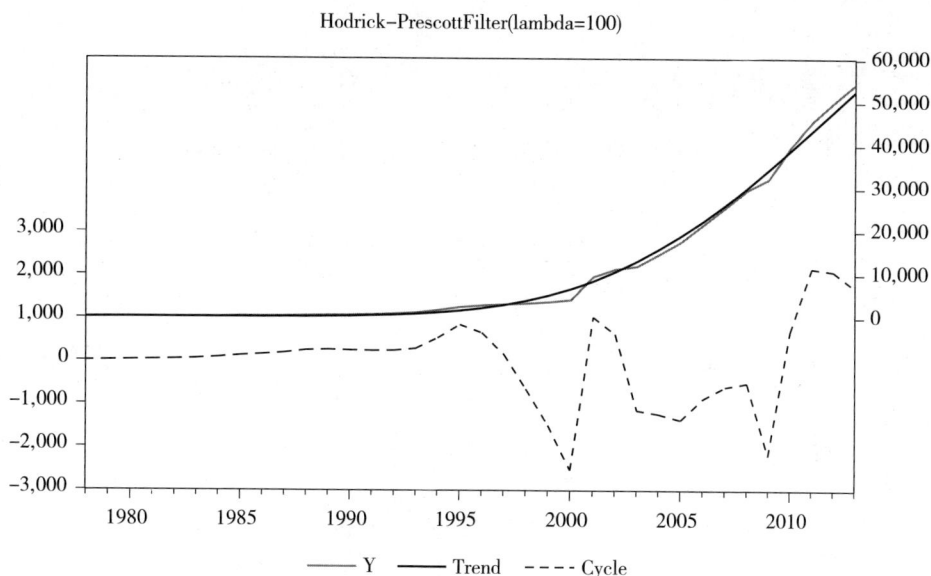

图11-13　1978—2013年中国海洋生产总值HP滤波分解结果

　　通过HP滤波分解发现，中国海洋经济总量波动具有明显的现代经济周期特点。表现为经济总量是按时间趋势增长，又有快速和慢速增长之分，而剔除时间趋势的增长率却有正负之分。

　　2. BP滤波分解

　　利用Eviews 8.0计量分析软件，对1978—2013年我国海洋生产总值时间序列数据进行BP滤波分解。中国海洋经济总量周期波动的BP滤波分解结果，包括趋势成分项以及周期成分项。见图11-15、图11-16所示。

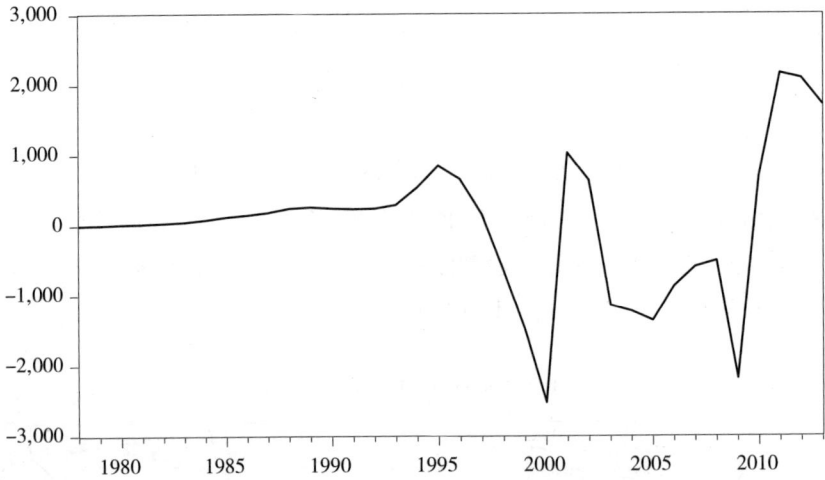

图 11-14　1978—2013 年中国海洋生产总值 BP 滤波分解的周期项趋势

Fixed Length Symmetric(Bazter–King) Filter

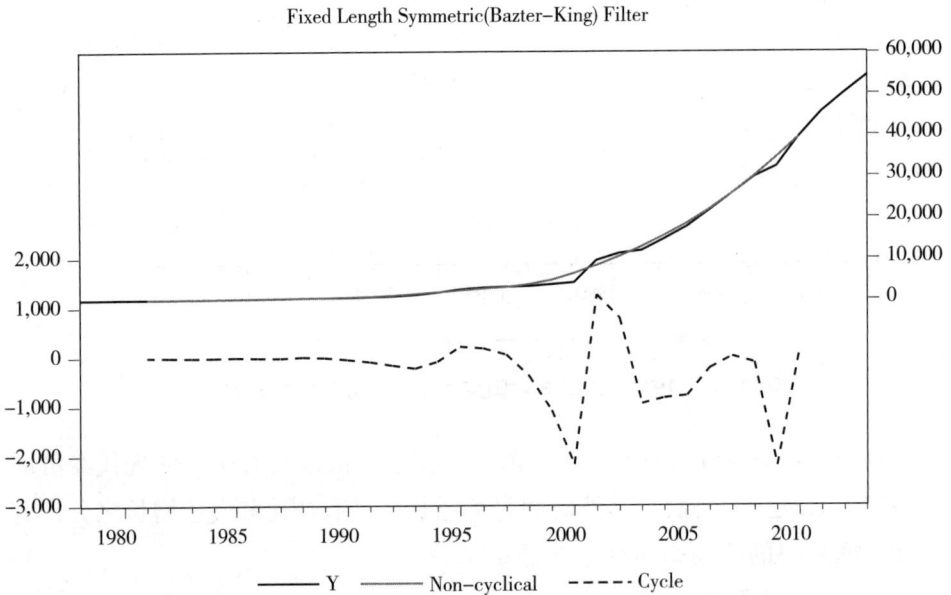

━━━ Y　　━━━ Non-cyclical　　----- Cycle

图 11-15　1978—2013 年中国海洋生产总值 BP 滤波分解结果

中国海洋经济总量周期波动的 BP 滤波分解结果图 11-15、11-16，具有明显的库兹涅茨周期特征。根据 NBER 的"谷—谷"经济周期划分法，

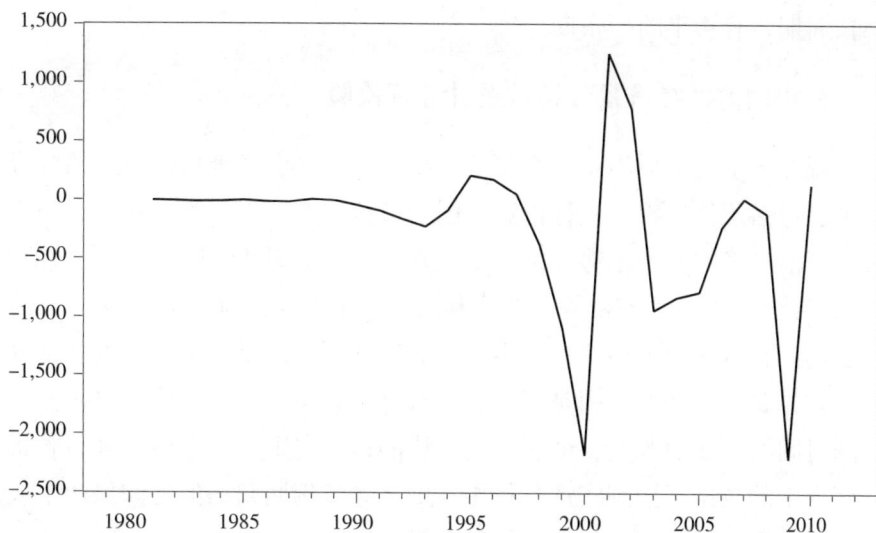

图 11-16　1978—2013 年中国海洋生产总值 BP 滤波分解的周期项趋势

1978—2013 年中国海洋经济总量的波动可以分为 4 个周期，见表 11-30。

表 11-30　1978—2013 年中国海洋经济总量波动周期划分

周期	存续期间	波峰年份	波谷年份	存续年限	上升时间	收缩时间	波动系数	振幅
第一周期	1978—1993	1987	1993	15	9	6	0.07	0.1
第二周期	1993—2000	1995	2000	7	2	5	0.31	2.4
第三周期	2000—2009	2001	2009	9	5	4	0.49	3.2
第四周期	2009—至今							

注：根据 NBER 的"谷—谷"经济周期划分法划分

　　第一周期是 1978—1993 年。这一周期的特点是周期时间长，波动平缓，增长缓慢。改革开放之前，我国海洋经济涵盖面狭窄，海洋经济几乎不被重视。1978 年，海洋经济开始起步，但长期积聚的诸多问题日益显露出来，影响了海洋经济的发展。直到 1993 年，我国的海洋经济才开始复苏。

　　第二个周期是 1993—2000 年，这一周期波动剧烈，其中尤以 1996—1998 年的波动幅度最大。

　　第三个周期是 2000—2009 年，这一周期波动也很剧烈，包含了 2 个小周期，一是 2000—2003 年的短周期，有 1 年的扩张期。二是 2003—2009 年的小长周期，有 4 年的扩张期。

三、中国海洋经济景气指数统计分析检验

宏观经济景气指数不是一个单变量指数，而是由多个指标合成的综合指数，主要包括预警指数、先行指数、同步指数和滞后指数等。其中，同步指数反映当前经济的基本走势，由工业生产、就业、社会需求（投资、消费、外贸）、社会收入（国家税收、企业利润、居民收入）等方面合成。

运用向量自回归模型这一基本计量方法展开经济景气关联性的实证分析之前，首先要考虑变量序列是否平稳。若某一时间序列的均值或自协方差函数不随时间的改变而改变，该序列是平稳的；反之则是非平稳序列，若将非平稳序列中的数据运用到实证分析中，则易导致伪回归。但是如果两个或两个以上的非平稳的序列之间存在协整关系，则也适用于 VAR 模型方法。

（一）变量说明与分析

中国海洋经济景气指数 SI（Marine Economic Sentiment Index）来自前文的测定，样本区间为 2000—2011 年。中国宏观经济景气指数 CI（Macro-Economic Climate Index）来自国家统计局公布的宏观经济景气指数月度数据，样本区间为 2000—2011 年。美国经济景气指数选自道琼斯公司发布的道琼斯经济景气指数 DI（Dow Jones Economic Sentiment Indicator），它是反映美国经济健康状况的加权合成指数，取值 0—100，样本区间为 2001—2011 年。变量的统计性质描述如表 11-31 所示。

表 11-31　三类景气指数变量的数据统计特性[①]

变量	平均值	最大值	最小值	标准差	JB 统计值	周期波动项	ADF 值	P 值	结论
中国海洋经济景气指数（SI）	104.0942	108.17	100.00	1.895758	0.874878	CYSI	-3.02459	0.0663	平稳
中国宏观经济景气指数（CI）	99.92833	102.99	95.83	2.546298	1.327551	CYCI	-2.96906	0.0690	平稳

---

① 资料来源：根据中国国家统计局和道琼斯公司公报 2000—2011 年所给出的数据整理。

变量	平均值	最大值	最小值	标准差	JB统计值	周期波动项	ADF值	P值	结论
道琼斯美国经济景气指数（DI）	53.56667	69.700	28.90	13.22197	0.847787	CYDI	-3.02459	0.0663	平稳

（二）变量 HP 滤波分解及平稳性检验

通过 Eviews 8.0 软件，利用 HP 滤波分解方法，将中国海洋经济景气指数、中国宏观经济景气指数和道琼斯美国经济景气指数进行趋势分解，包括趋势项和周期波动项分解并将趋势项剔除。各变量的周期波动项 CYSI、CYCI 和 CYDI 如表 11-32 所示。

表 11-32　模型变量周期波动值

年份	2000	2001	2001	2003	2004	2005	2006	2007	2008	2009	2010	2011
CYSI	-1.50	1.30	0.59	0.01	0.14	0.27	-0.05	-0.13	-0.47	-0.70	-0.93	1.46
CYCI	-0.08	-1.79	-1.20	1.08	2.18	0.54	0.61	1.71	0.14	-4.51	1.18	0.15
CYDI	4.48	-16.68	-11.69	3.38	10.56	11.56	13.99	8.22	-0.10	-21.10	-7.85	5.26

在 Eviews 8.0 中对中国海洋经济景气指数、中国宏观经济景气指数和道琼斯经济景气指数的周期波动项 CYSI、CYCI 和 CYDI 进行平稳性检验，检验结果见表 11-38 所示。通过单位根检验可以看出，检验统计量对应的 p 值都小于 0.1，此在 10% 的著性水平下，变量是平稳的时间序列，因此可以构建向量自回归模型。

建立 VAR 模型之前，还需要格兰杰因果检验。Eviews 8.0 的格兰杰因果关系检验结果，如表 11-33 所示。

表 11-33　指标变量 Granger 因果关系检验

指标关系	CYCI does not Granger Cause CYSI	CYSI does not Granger Cause CYDI	CYDI does not Granger Cause CYSI	CYSI does not Granger Cause CYDI
P 值	0.0089	0.5727	0.0015	0.8001

格兰杰因果关系检验结果如表 11-40 所示，表明 CYCI 是 CYSI 的格兰杰原因，而 CYSI 不是 CYCI 的格兰杰原因；CYDI 是 CYSI 的格兰杰原因，而 CYSI 不是 CYDI 的格兰杰原因，CYCI、CYDI 和 CYSI 之间存在着单向因果关系。

（三）VAR 模型设定与脉冲响应分析

通过构建 VAR 模型，对中国海洋经济景气的关联效应进行分析。

建立 VAR 模型结构如下：

$$
\begin{bmatrix} y_1 \\ y_2 \\ y_3 \end{bmatrix}_t = \begin{bmatrix} c_1 \\ c_2 \\ c_3 \end{bmatrix} + \sum \begin{bmatrix} \lambda_{11i} & \lambda_{12i} & \lambda_{13i} \\ \lambda_{21i} & \lambda_{22i} & \lambda_{23i} \\ \lambda_{31i} & \lambda_{32i} & \lambda_{33i} \end{bmatrix} \begin{bmatrix} y_1 \\ y_2 \\ y_3 \end{bmatrix}_{t-p} + \begin{bmatrix} \xi_1 \\ \xi_2 \\ \xi_3 \end{bmatrix} \qquad (11-20)
$$

其中 c_i 代表常数项，λ_{ijk} 代表各变量系数，ζ_t 代表各变量的残差项，p 为根据 AIC 和 SC 最小原则来选择最优滞后阶数。

为了解释出各变量间因果关系的强度，可以采用 VAR 模型的方差分解法。由于 AIC 和 SC 的最小值均发生在滞后 1 期，因此在中国宏观经济景气对海洋经济景气影响的 VAR 模型的最优滞后期也为滞后 1 期。

为了研究模型的动态特征，可在建立 VAR 模型基础上采用脉冲响应函数。所谓脉冲响应函数，即是描述某一内生变量对所受冲击因子反应的函数。当 ζ_t 的取值变化时，各个变量的当前值会发生变化，相应的未来值也会随之变动。

四、中国海洋经济与宏观经济景气关联分析

（一）中国海洋经济与宏观经济景气关联的 VAR 模型检验

根据 VAR 模型的稳定性和景气关联效应的动态变化分析需求，中国海洋经济与宏观经济景气关联分析建立了样本范围为 2000—2011 年的 VAR 模型。根据 AIC 和 SC 信息准则，发现在这两种情况下，滞后期 P 可以选择 1 或 2，但是经过试验发现，当选择滞后 2 期时，所建立的 2 个 VAR 模型均不具有稳定性。如图 11-17 所示，选择滞后 1 期建立 VAR 模型，发现其特征根均在单位圆内，因而所建立的 VAR 模型是平稳的，可以用于后面的脉冲响应分析和方差分解。

Inverse Roots of AR Characteristic Polynomial

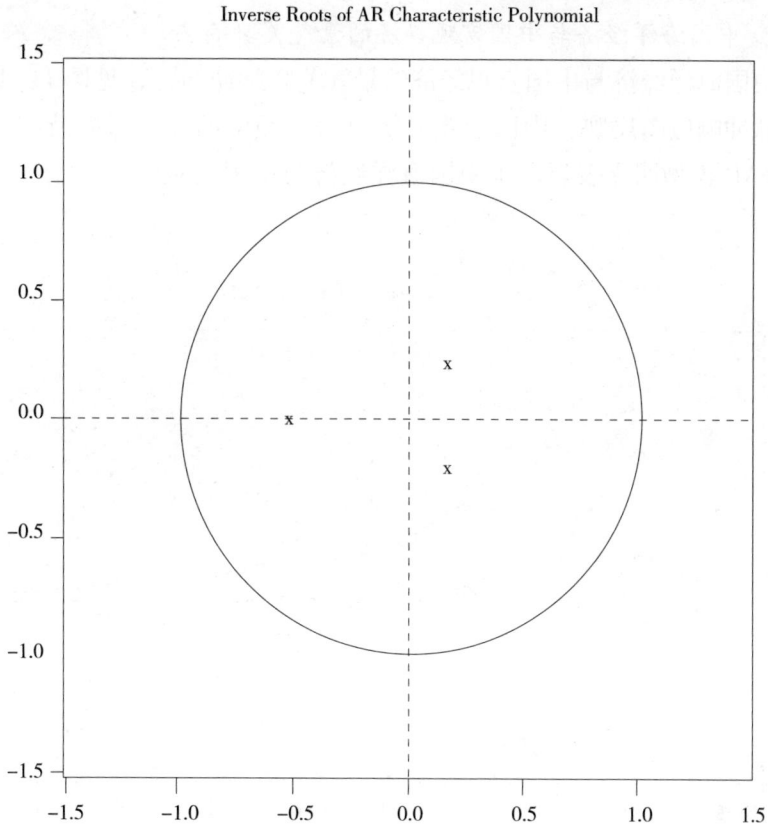

图 11-17　中国海洋经济景气关联 VAR 模型稳定性检验

　　VAR 模型主要分析系统对误差项受到某种冲击变化时的动态响应变化（脉冲响应），其前提假设是，受到冲击的内生变量的波动项发生改变，而其余的内生变量的波动项不发生改变。

　　假定第 t 期给 y_{jt} 一个冲击，则变量 y_{it} 的响应函数为：

$$y_{it} = \sum_{j=1}^{k} \left(a_{ij}^{(0)} \varepsilon_{jt} + a_{ij}^{(1)} \varepsilon_{jt-1} + a_{ij}^{(2)} \varepsilon_{jt-2} + a_{ij}^{(3)} \varepsilon_{jt-3} + L \right) \quad t = 1, 2, \cdots, T$$

$$(11-21)$$

　　其中，各个误差项的系数 a_{ij} 即代表了变量 y_{it} 对变量 y_{jt} 冲击的响应。$a_{ij}^{(q)}$ 描述了在时期 t 对 y_{jt} 施加一个冲击，其他变量和早期变量不变的情况下 $y_{i, t+q}$ 对 $y_{j, t}$ 的一个冲击的反应（类似于乘数效应）。

（二）中国海洋经济与宏观经济的景气关联分析

1. 中国海洋经济与中国宏观经济的景气关联响应

中国海洋经济与中国宏观经济的景气关联脉冲响应，见图 11-18。VAR 模型脉冲响应图反映，中国宏观经济对海洋经济的冲击影响持续了 4 个时期。VAR 模型明显表现出了中国海洋经济与中国宏观经济的景气关联响应特征。

Response of CYSI to CYSI
1.5
1.0
0.5
0.0
–0.5
–1.0
1
2
3
4
5
6
7
8
9
10

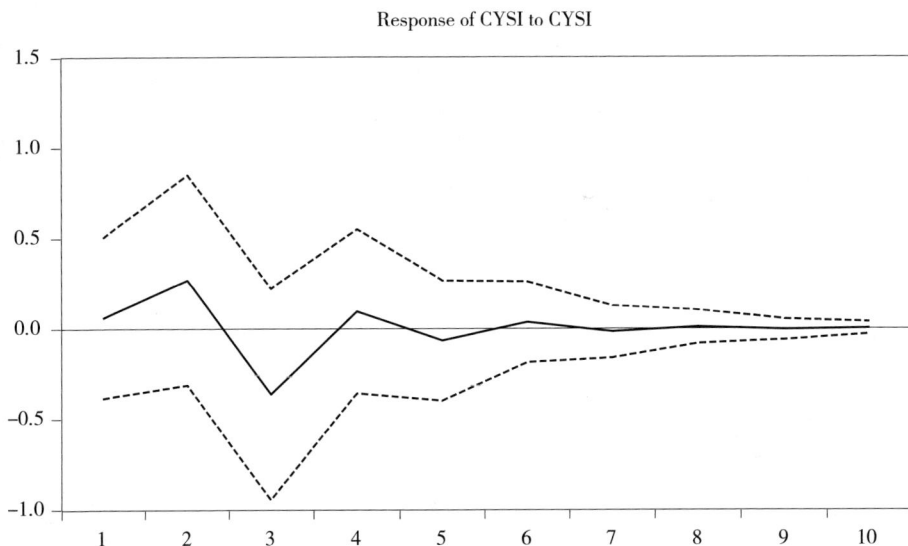

图 11-18　中国海洋经济与中国宏观经济景气脉冲响应图

图 11-18 的脉冲响应表明，当在第 1 期给中国宏观经济景气指数施加一个正向冲击时，中国海洋经济景气指数的响应时间会持续 4 个时期，并在第 2 期到达响应的最高点，中国海洋经济（CYSI）对中国宏观经济（CYCI）的响应为 0.25。

2. 中国海洋经济与美国宏观经济的景气关联响应

中国海洋经济与美国宏观经济的景气关联脉冲响应，见图 11-19。VAR 模型脉冲响应图看出，美国宏观经济对中国海洋经济的冲击影响较小，只有 1 期的时滞。2000—2011 年的 VAR 模型明显表现出，中国海洋经济与美国宏观经济的景气关联响应特征。

图 11-19 的脉冲响应表明，当在第 1 期给美国宏观经济景气指数施加一

Response of CYSI to CYSI

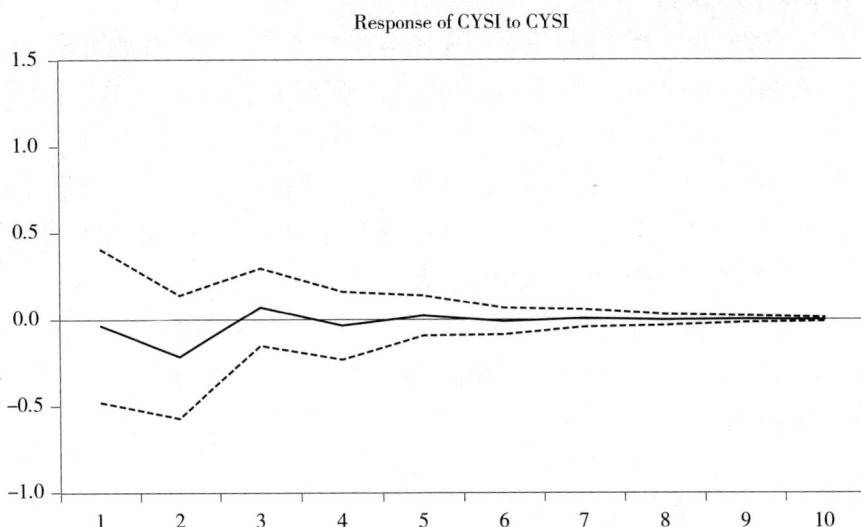

图 11-19　模型 2 中国海洋经济对美国宏观经济景气脉冲响应图

个冲击时，中国海洋经济景气的脉冲响应只持续 2 个时期，在第 2 期达到响应的峰值-0.20。

3. 中国海洋经济的自主响应分析

Response of CYSI to CYSI

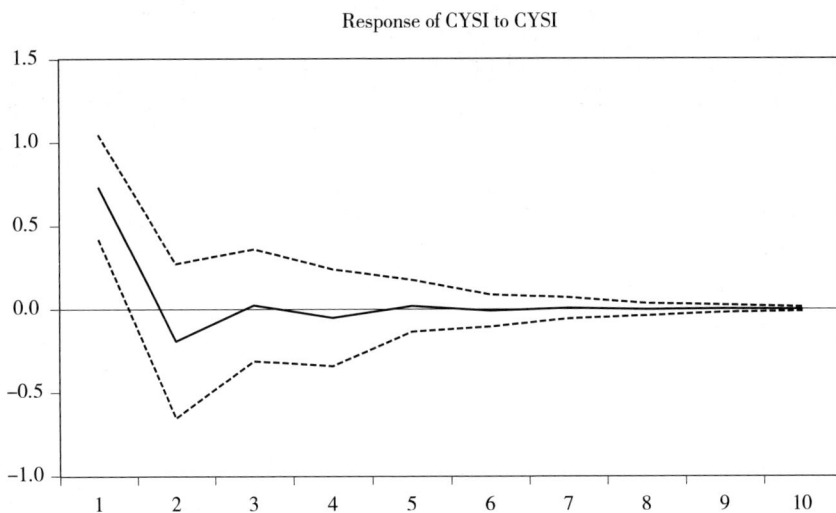

图 11-20　中国海洋经济自主脉冲响应图

中国海洋经济自身的内在脉冲响应，见图 11-20。VAR 模型的脉冲响应图看出，2000—2011 年 VAR 模型的中国海洋经济自主响应特征明显。在初期，中国海洋经济自身的内在脉冲响应较高，但随后急剧下降，第 3 期时的内在脉冲关联响应逐步减弱，最终消失。中国海洋经济自身的内在脉冲响应只存在 2 期的时滞，表明中国海洋经济自身的可持续发展能力较弱，还缺乏自身内在动力的长期影响机制，海洋经济政策的短期影响效果明显，但长期效果较差。

（三）中国海洋经济的方差分解分析

中国海洋经济与中、美宏观经济景气关联的 VAR 模型方差分解结果，见表 11-34 和图 11-21 所示，对中国海洋经济波动贡献最大的是中国海洋经济自身的内在波动。

表 11-34　中国海洋经济景气关联 VAR 模型方差分解

Period	1	2	3	4	5	6	7	8	9	10
S. E.	0.738	0.837	0.915	0.922	0.925	0.926	0.926	0.926	0.926	0.926
CYCI	0.659	10.88	24.692	25.396	25.753	25.859	25.883	25.891	25.893	25.893
CYDI	0.228	6.817	6.331	6.381	6.400	6.401	6.403	6.403	6.403	6.403
CYSI	99.113	82.303	68.977	68.224	67.847	67.739	67.714	67.707	67.705	67.704

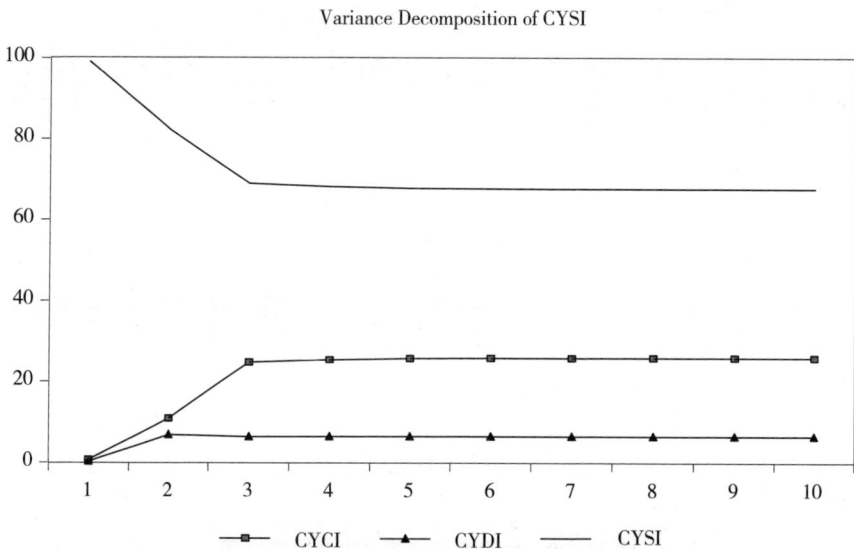

Variance Decomposition of CYSI

图 11-21　中国海洋经济景气关联 VAR 模型方差分解图

在当期，中国海洋经济景气波动主要来源于自身的内在冲击，中国宏观经济和美国宏观经济景气波动的冲击很小。第 2 期和第 3 期的中国宏观经济景气波动冲击明显增大，美国宏观经济景气的影响也逐步增大。从第 4 期开始，中、美宏观经济景气对中国海洋经济景气波动的影响稳定下来，其中海洋经济波动的 68% 可由其自身来解释，而中国宏观经济可以解释 26%，美国宏观经济波动影响最小，只能解释我国海洋经济波动的 6%。因此，可以看出中国海洋经济与中国宏观经济景气和美国宏观经济景气存在着较强的关联性，但是关联度大小不一，中国海洋经济与中国宏观经济景气关联效应较大，而与美国宏观经济景气关联效应相对较小，中国海洋经济的外来冲击不大，海洋经济运行相对安全稳定。

第 十 二 章

全文总结与研究展望

中国"海洋经济—周期波动—监测预警"复合系统，以"数据库—系统仿真—计量模型—投入产出—景气指标—预警指数—监测预警"为主线，通过对海洋经济系统的内在反馈机制、数量关系变化、投入产出结构等的分析，围绕中国海洋经济周期波动景气指标设计、景气指数编制、预警区间设计和监测预警模拟等，完整揭示了中国海洋经济周期波动的规律和趋势，推进了中国海洋经济周期波动监测预警的定量化研究，完善了中国海洋经济发展的理论体系、方法体系和实证体系，实现了课题的预定研究目标。

第一节　全 文 总 结

中国海洋经济周期波动监测预警研究，具体开展并完成了3项主要工作和9个主要任务目标。

一、中国海洋经济系统仿真与监测预警数据库构建

1. 基于经济增长理论、经济周期波动理论以及经济景气监测预警理论，深入分析了中国海洋经济周期波动的形成机理、政府导向机制、冲击传导机制等特征；以上海、天津、广东、山东、福建为典型案例，剖析了中国海洋经济周期波动和地区海洋经济周期波动的特点、规律与趋势。

2. 通过借鉴国际国内有关监测预警通行做法和经验，根据中国海洋经

济系统仿真、计量模型群构建、投入产出模型分析、周期波动分解以及中国海洋经济监测预警系统长效化运行机制的需求，采用 MySQL 技术、数据挖掘技术和 Hadoop 分布式技术，首次建立了中国海洋经济监测预警数据库，设计了基于 Hadoop 的中国海洋经济监测预警云平台架构。

3. 通过海洋产业相关性分析、产业链构建和变量统计关系检验，设计了海洋经济、科技、资源和环境等组成的中国海洋经济复合系统，构建中国海洋经济系统因果关系回路和系统动力学流图，利用 Vensim PLE 软件，进行了中国海洋经济复合系统内在传导机制的系统动力学仿真。

二、中国海洋经济计量模型群与投入产出模型组建

1. 根据宏观经济理论和国内外成熟的计量模型群构建经验，设计了财政金融、投资与固定资产、海洋经济生产、涉海贸易进出口和涉海产品价格 5 个海洋经济结构模块，首次组建了 80 个单方程计量模型群和包含 38 个方程的联立方程计量模型群，并首次将贝叶斯向量自回归（BVAR）模型成功应用到中国海洋经济的动态模拟预测分析中。

2. 根据中国投入产出表和海洋产业结构演化关系，首次进行了中国海洋经济投入产出表实用结构分析设计和中国海洋经济投入产出表 19 个部门的数据剥离算法设计。首次系统测算了中国主要海洋产业间的分配系数、消耗系数、影响力系数、感应度系数、诱发系数、依赖度系数和技术进步等相关系数。

3. 根据中国主要海洋产业间的相关系数，首次厘清了中国海洋产业的前后关联效应、产业波及效应和中国海洋产业群的类型划分标准；首次设计了产业关联度、产业规模、技术进步和产业经济效益 4 个方面的主导产业选择标准指标体系，进行了中国海洋经济基础产业、先行产业、支柱产业和主导产业选择的标准界定以及系统设计。

三、中国海洋经济波动监测预警与景气关联分析

1. 根据宏观经济周期波动的分析技术方法，针对中国海洋经济的波动特点和规律，通过指标变量的相关统计检验分析，运用时序相关分析、K-L 信息量法、时差相关分析、灰色关联分析、神经网络技术以及协整检验、格

兰杰检验、多元逐步回归等传统与现代、主观与客观的计量方法，对景气指标进行筛选、分类、综合、设计与检验，系统设计构建了中国海洋经济周期波动景气指标分类体系。

2. 根据宏观经济景气监测预警技术方法体系，结合系统仿真、投入产出、计量经济学等模型方法，利用扩散指数、合成指数等指数体系，基于多变量时间序列方差分解模型、状态空间和卡尔曼滤波模型，编制了动态Markov 转移因子的中国海洋经济景气指数。同时，通过借鉴 NBER、OECD等经典经验，利用熵值法、灰色关联、AHP 等权重设计方法以及 3δ 法、落点概率法、专家经验法等，设计编制了中国海洋经济周期波动预警指数及其临界值区间。

3. 根据扩散指数、合成指数、景气指数、预警指数及其临界值区间等指数体系，编制了中国海洋经济景气年表，设计建立了中国海洋经济波动预警信号系统。利用灰色系统预测模型和多变量 Probit 离散选择模型，进行了中国海洋经济周期波动转折点的界定，中国海洋经济监测预警指数模拟和周期波动区间划分。通过 HP、BP 滤波分解技术以及 VAR 模型方差分解与脉冲响应分析等方法，发现并证明中国海洋经济总量（生产总值）具有明显的现代经济周期波动特点和库兹涅茨周期特征，测算了宏观经济景气波动对中国海洋经济景气波动的冲击效应。

第二节　未来研究展望

中国海洋经济周期波动监测预警研究，是中国海洋经济理论体系、应用体系和技术方法体系的主要研究内容之一。近年来，经过国内外有关学者的共同努力，海洋经济监测预警研究工作已取得了不少成绩。但是，由于中国海洋经济的特殊性，中国海洋经济周期波动监测预警研究，也还仅是一次解决有无问题的新尝试，未来还有很大的研究空间。

1. 逐步完善数据库，设计建立真正的中国海洋经济监测预警云平台

目前，课题基于 Hadoop 分布式技术，首次进行了中国海洋经济监测预警云平台的结构设计。随着大规模海量数据的爆发式增长和计算机存储、共享技术的发展，希望逐步完善中国海洋经济监测预警数据库功能，未来能够

真正建立中国海洋经济的监测预警云平台，实现中国海洋经济监测预警的常态化、动态化和网络化等信息发布机制。

2. 扩展中国海洋经济计量模型群结构模块，细化投入产出模型功能

随着中国海洋经济监测预警数据库的完善，不断扩展中国海洋经济计量模型群结构模块，增加构建海洋经济动态面板模型、涉海收入模块、涉海劳动力模块和沿海地区模块、沿海城市模块，希望未来能够建立中国海洋经济和中国宏观经济的联结模型。

由于受到中国海洋经济统计数据的限制，中国海洋经济投入产出表只涉及了 19 个产业部门。随着中国海洋经济统计数据的不断规范、完善、统一，未来将继续开展 2012 年中国海洋经济投入产出表的编制。同时，希望能够不断细化海洋产业的划分，逐步编制 28 个产业部门、35 个产业部门的中国海洋经济投入产出表。

3. 完善景气指标体系，深化中国海洋经济周期波动监测预警技术

鉴于中国海洋经济周期波动的复杂性，海洋经济景气指标体系需要不断完善。希望未来能够逐步建立起完善的中国涉海产品价格指数、涉海企业家信心指数和涉海企业景气指数。同时，继续深化中国海洋经济监测预警模拟仿真技术，拓展中国海洋经济景气关联效应和脉冲响应分解维度。

附表 A 中国海洋经济监测 预警数据库模块

数据库表名称	所属字段	类型及长度	样本区间	记录数	备注
Ocean system	ocean_ id（序号名）	Bigint（10）	1978—2013	1278	包含 4 个字段；地区样本 1994—2013
	ocean_ area（地区）	Varchar（20）			
	ocean_ city（城市）	Varchar（20）			
	ocean_ time（时间）	Year（4）			
基础数据	basic_ id	Bigint（10）			序号名
	ocean_ id	Bigint（10）			索引—连接表
	消费者价格指数（%）	Float（20，2）	1994—2013	240	
	人口数量（万人）	Float（20，2）	1978—2013	523	全国和沿海 11 省市
	城镇人口数量（万人）	Float（20，2）	1978—2013	326	
	地区 GDP（亿元）	Float（20，2）	1978—2013	703	
	地区固定资产投资（万美元）	Float（20，2）	1980—2013	385	
	实际利用外资额（亿元）	Float（20，2）	1983—2013	334	
	年末财政一般性预算收入（亿元）	Float（20，2）	1978—2013	286	
	金融机构存款总余额（亿元）	Float（20，2）	1994—2013	182	

数据库表名称	所属字段	类型及长度	样本区间	记录数	备注
	教育经费总额（亿元）	Float（20，2）	1994—2013	64	
	就业人数（万人）	Float（20，2）	1978—2013	275	
	城镇登记失业人数（万人）	Float（20，2）	1994—2013	245	
	城镇从业人员总数（万人）	Float（20，2）	1994—2013	79	
其他数据	other_ id	Bigint（10）			序号名
	ocean_ id	Bigint（10）			索引—连接表
	沿海地区机场平均每天起降航班数（次）	Float（20，2）	2005—2011	62	
	沿海地区私家车拥有量	Float（20，2）	2002—2011	67	
	沿海地区移动电话拥有量（万部）	Float（20，2）	1994—2011	89	
	沿海地区互联网用户数（万户）	Float（20，2）	1994—2011	44	
	沿海地区信息产业产值（万元）	Float（20，2）	2008—2011	10	
	沿海地区能源消耗量（万标准煤）	Float（20，2）	1994—2011	36	
	沿海地区城市化率	Float（20，2）			暂无
	地区物种总数	Float（20，2）			暂无
	受威胁物种数量	Float（20，2）			暂无
旅游数据	tourism_ id	Bigint（10）			序号名
	ocean_ id	Bigint（10）			索引—连接表
	沿海地区旅游景点数量	Float（20，2）	2002—2011	66	
	沿海地区星级饭店床位数量（个）	Float（20，2）	1999—2011	13	
	沿海地区旅行社单位数（个）	Float（20，2）	1999—2011	170	全国和沿海11省市
	沿海地区星级宾馆数量（个）	Float（20，2）	1999—2011	187	
	沿海主要城市国际旅游外汇收入（亿元）	Float（20，2）	1999—2011	12	
	沿海主要沿海城市旅游饭店数（个）	Float（20，2）	2000—2011	12	

数据库表名称	所属字段	类型及长度	样本区间	记录数	备注
环境数据	environmet_ id	Bigint （10）			序号名
	ocean_ id	Bigint （10）			索引—连接表
	沿海地区工业废水直接入水量	Float （20）	1996—2011	284	
	沿海地区工业废水排放量（万吨）	Float （20）	1996—2011	354	
	沿海地区工业废水排放达标量（万吨）	Float （20）	1996—2010	336	
	沿海地区工业固体废弃物处理量（吨）	Float （20）	1996—2011	285	
	沿海地区工业固体废弃物综合利用量（吨）	Float （20）	1996—2011	16	仅限全国
	沿海地区工业废气排放量（万立方米）	Float （20）	1994—2011	35	辽宁、浙江、福建
	沿海地区工业废气排放达标量（万立方米）	Float （20）			暂无
	倾倒区使用面积（平方千米）	Float （20）	1994—2011	15	辽宁、浙江、福建、广东
居民生活数据	resident_ id	Bigint （10）			序号名
	ocean_ id	Bigint （10）			索引—连接表
	沿海地区人均收入水平（元）	Float （20, 2）	1994—2012	100	
	沿海地区人均可支配收入（元）	Float （20, 2）	1994—2012	67	
	沿海地区恩格尔系数	Float （20, 2）			暂无
	沿海地区人均社会消费品零售总额（元）	Float （20, 2）	1994—2012	93	
	沿海地区城镇居民家庭年末可支配收入	Float （20, 2）	1994—2011	204	
	沿海地区城镇家庭消费性支出（元）	Float （20, 2）	1994—2011	142	
	沿海地区城镇居民年食品消费支出金额	Float （20, 2）	1994—2011	68	

续表

数据库表名称	所属字段	类型及长度	样本区间	记录数	备注
	沿海地区参加养老保险总人数（万人）	Float（20，2）	1994—2011	109	
	沿海地区参加失业保险总人数（万人）	Float（20，2）	1994—2011	135	
	参加医疗保险总人数（万人）	Float（20，2）	1994—2011	125	
	高等教育在校生人数（万人）	Float（20，2）	1994—2011	46	
海洋经济数据	ocean_ economy_ id	Bigint（10）			序号名
	ocean_ id	Bigint（10）			索引—连接表
	地区海洋生产总值（亿元）	Float（20，2）	1978—2011	199	全国和沿海11省市
	地区涉海从业人员（万人）	Float（20，2）	2002—2011	71	
	主要海洋从业人员（万人）	Float（20，2）	1996—2011	95	
	主要海洋产业增加值（亿元）	Float（20，2）	1996—2011	171	
	海洋第二产业增加值（亿元）	Float（20，2）	1996—2011	173	
	海洋第三产业增加值（亿元）	Float（20，2）	1996—2011	173	
	涉海产品价格指数	Float（20，2）	2002—2011	10	仅限涉海产品
	地区海洋产业固定资产投资	Float（20，2）			暂无
海洋科研数据	ocean_ research_ id	Bigint（10）			序号名
	ocean_ id	Bigint（10）			索引—连接表
	海洋科研机构数量（个）	Float（20）	1996—2011	151	
	海洋专业技术人才总数（人）	Float（20，2）	1996—2011	137	
	拥有高级职称的海洋专业技术人员数量（人）	Float（20）	1996—2011	153	
	海洋科研经费筹集总额（千元）	Float（20，2）	2005—2011	30	
	海洋科技论文发表数量（篇）	Float（20）	2005—2011	56	

续表

数据库表名称	所属字段	类型及长度	样本区间	记录数	备注
	海洋科技专利受理数（项）	Float（20）	2005—2011	62	
	海洋科技专利授权数（项）	Float（20）	2005—2011	61	
	承担国家级海洋科研项目数（项）	Float（20）	2005—2011	19	
	承担国家级海洋科研项目数（项）	Float（20）	2005—2011	19	
	获国家海洋科技成果奖总数（项）	Float（20）	2005—2011	16	
	获国家海洋创新成果奖总数（项）	Float（20）	2005—2011	10	
	海洋科技课题数（项）	Float（20，2）	2005—2011	98	
	海洋科技发明专利拥有数（项）	Float（20，2）	2005—2011	30	
	组织海洋科技研究项目数（项）	Float（20，2）	2005—2011	83	
	海洋科技成果实现产业化总产值（亿元）	Float（20，2）	2002—2011	132	
	海洋科技产品出口额	Float（20，2）			暂无
	年海洋技术转让项目数	Float（20，2）			暂无
	海洋科技成果转化率（%）	Float（20，2）	2002—2011	120	
	海洋科技成果成交总金额	Float（20，2）			暂无
海洋教育数据	ocean_ education_ id	Bigint（10）			序号名
	ocean_ id	Bigint（10）			索引—连接表
	海洋教育投入经费总额（亿元）	Float（20，2）	2002—2011	10	仅限全国
	海洋专业博士专业点数（个）	Float（20，2）	2002—2011	21	
	海洋专业硕士专业点数（个）	Float（20，2）	2002—2011	21	
	海洋专业本科、专科专业点数（个）	Float（20，2）	2002—2011	21	
	海洋专业博士毕业生人数（人）	Float（20，2）	2002—2011	21	

续表

数据库表名称	所属字段	类型及长度	样本区间	记录数	备注
	海洋专业硕士毕业生人数（人）	Float（20，2）	2002—2011	21	
	海洋专业本科、专科毕业生人数（人）	Float（20，2）	2002—2011	21	
	海洋专业在校生人数（人）	Float（20，2）	2002—2011	45	
	海洋相关专业高等教育在校生人数（人）	Float（20，2）	2002—2011	84	
海洋灾害数据	ocean_ disaster_ id	Bigint（10）			序号名
	ocean_ id	Bigint（10）			索引—连接表
	海洋灾害损失（亿元）	Float（20，2）	1999—2012	14	
	渔业灾情造成水产品损失总量（万吨）	Float（20，2）	1999—2011	13	
	渔业灾情造成水产品损失总额（亿元）	Float（20，2）	1999—2011	13	
	海洋风暴潮损失（亿元）	Float（20，2）	2002—2011	80	
	其他海洋灾害损失（万元）	Float（20，2）	2002—2011	10	
涉海管理数据	ocean_ management_ id	Bigint（10）			序号名
	ocean_ id	Bigint（10）			索引—连接表
	已出台海洋法律法规数（个）	Float（20，2）	2006—2011	72	
	海洋法律法规覆盖率（%）	Float（20，2）	2006—2011	72	
	海洋战略目标总数	Float（20，2）			暂无
	海洋使用确权面积	Float（20，2）			暂无
	海洋战略规划数量	Float（20，2）			暂无
	已实现海洋战略目标数量	Float（20，2）			暂无
	海洋战略规划实施总周期	Float（20，2）			暂无
	制定海洋标准规程项目数（项）	Float（20，2）	2006—2011	72	
	海洋计量器具鉴定机构数量（项）	Float（20，2）	2006—2011	72	
	海洋计量器具正常数量	Float（20，2）			暂无
	海洋执法检查人员数量	Float（20，2）			暂无
	海洋计量检定率	Float（20，2）			暂无
	海洋执法检查项目数（项）	Float（20，2）	2006—2011	10	
	海洋执法检查次数（次）	Float（20，2）	2006—2011	10	

续表

数据库表名称	所属字段	类型及长度	样本区间	记录数	备注
海洋相关产出数据	ocean_ output_ id	Bigint（10）			序号名
	ocean_ id	Bigint（10）			索引—连接表
	海洋天然气产量（万立方米）	Float（20，2）	1994—2011	121	河北、上海数据缺失
	海滨矿砂产量（吨）	Float（20，2）	1994—2011	125	
	海洋石油产量（万吨）	Float（20，2）	1994—2011	121	河北、上海数据缺失
	海盐产量（万吨）	Float（20，2）	2000—2011	12	仅限全国
	海洋渔业资源生产数量（万吨）	Float（20，2）	2000—2011	12	仅限全国
	海洋资源利用量（万吨）	Float（20，2）	2000—2011	12	仅限全国
	海水养殖产量（吨）	Float（20，2）	1994—2011	216	全国和沿海11省市
	海洋捕捞产量（吨）	Float（20，2）	1994—2011	216	全国和主要11省市
	水产品价格指数	Float（20，2）	1999—2011	13	仅限全国
	海洋修船完工量（艘）	Float（20，2）	1999—2011	13	仅限全国
	海洋造船完工量（艘）	Float（20，2）	1999—2011	13	仅限全国
	海洋货物运输量（万吨）	Float（20，2）	1999—2011	13	仅限全国
	海洋货物周转量（万吨）	Float（20，2）	1999—2011	13	仅限全国
	海洋旅客运输量（万人）	Float（20，2）	1999—2011	13	仅限全国
	海洋旅客周转量（亿人/千米）	Float（20，2）	1999—2011	13	仅限全国
	规模以上生产用码头泊位数	Float（20，2）	1999—2011	13	仅限全国
	规模以上港口生产用码头长度（米）	Float（20，2）	1999—2011	13	仅限全国
	港口货物吞吐量（万吨）	Float（20，2）	1999—2011	13	仅限全国
	港口旅客吞吐量（万吨）	Float（20，2）	1999—2011	13	仅限全国
	国际标准集装箱运量（万标准箱）	Float（20，2）	1999—2011	13	仅限全国
	主要港口国际标准集装箱吞吐量	Float（20，2）	1999—2011	13	仅限全国
	海洋产品销售收入	Float（20，2）			暂无
	海洋产品出口额	Float（20，2）			暂无

续表

数据库表名称	所属字段	类型及长度	样本区间	记录数	备注
海洋自然资源数据	ocean_ resource_ id	Bigint（10）			序号名
	ocean_ id	Bigint（10）			索引—连接表
	海域面积（平方千米）	Float（20，2）	1996—2011	20	
	海岸线长度（千米）	Float（20，2）	1996—2011	21	
	海岛数量（个）	Float（20，2）	1996—2011	47	
	海洋类型自然保护区数量（个）	Float（20，2）	1996—2011	120	
	海洋类型自然保护区面积（平方千米）	Float（20，2）	1996—2011	136	
	近海渔场面积（平方千米）	Float（20，2）	1996—2011	10	仅限全国
	海水可养殖面积（千公顷）	Float（20，2）	1996—2011	123	
	浅海海水可养殖面积（公顷）	Float（20，2）	1996—2011	52	
	滩涂海水可养殖面积（公顷）	Float（20，2）	1996—2011	56	
	港湾海水可养殖面积（平方千米）	Float（20，2）	1996—2011	37	
	滩涂资源面积（平方千米）	Float（20，2）	1996—2011	22	
	浅海资源面积（平方千米）	Float（20，2）	1996—2011	56	
	海湾资源面积（平方千米）	Float（20，2）	1996—2011	39	
	盐田资源面积（平方千米）	Float（20，2）	1996—2011	21	
	可供建港的天然港址数量（个）	Float（20，2）	1996—2011	10	仅限全国
	鱼类生物资源种类（个）	Float（20，2）	1996—2011	16	仅限全国
	甲壳类生物资源种类（个）	Float（20，2）	1996—2011	16	仅限全国
	头足类生物资源种类（个）	Float（20，2）	1996—2011	16	仅限全国
	藻类生物资源种类（个）	Float（20，2）	1996—2011	16	仅限全国
	潮间带平均生物量（个）	Float（20，2）	1996—2011	16	仅限全国
	近海石油探明地质储量（吨）	Float（20，2）	1996—2011	16	仅限全国
	近海天然气探明地质储量（吨）	Float（20，2）	1996—2011	16	仅限全国

续表

数据库表名称	所属字段	类型及长度	样本区间	记录数	备注
海洋环境治理数据	ocean_ environment_ id	Bigint（10）			序号名
	ocean_ id	Bigint（10）			索引—连接表
	近岸海域污染面积	Float（20，2）			暂无
	远岸海域污染面积	Float（20，2）			暂无
	疏浚物海洋倾倒量（立方米）	Float（20，2）			暂无
	海洋环境治理投资额	Float（20，2）			暂无
	海洋环境治理项目数	Float（20，2）			暂无
海洋及相关产业数据	ocean_ industy_ id	Bigint（10）			序号名
	ocean_ id	Bigint（10）			索引—连接表
	ocean_ industry_ name	Varchar（30）			产业名
	海洋产业从业人数（万人）	Float（20，2）	1996—2011	444	
	海洋产业总产值（亿元）	Float（20，2）	1996—2011	87	
	海洋产业增加值（亿元）	Float（20，2）	1996—2011	561	
	海洋产业成本费用	Float（20，2）			暂无
	海洋产业利息支出	Float（20，2）			暂无
	海洋产业利润总额	Float（20，2）			暂无
	海洋产业税金总额	Float（20，2）			暂无
	海洋产业利税总额	Float（20，2）			暂无
	海洋产业产品及服务出口总额（万美元）	Float（20，2）	1994—2011	50	仅限全国、天津、广东海洋油气业
	海洋产业产品及服务进口总额（万美元）	Float（20，2）			暂无
	海洋产业固定资产投资（亿元）	Float（20，2）	1996—2011	26	仅限海洋渔业、滨海旅游业
	海洋产业外商投资	Float（20，2）			暂无
	综合景气指数	Float（20）	2006—2011	18	仅限海洋油气业、海洋化工业、海洋船舶制造业

续表

数据库表名称	所属字段	类型及长度	样本区间	记录数	备注
	企业竞争力景气指数	Float（20）	2006—2011	18	
	企业家信心景气指数	Float（20）	2006—2011	18	
	企业创新能力景气指数	Float（20）	2006—2011	18	
	产业国际化景气指数	Float（20）	2006—2011	18	
	产业发展环境景气指数	Float（20）	2006—2011	18	
	涉海产品价格指数（分产业）	Float（20）	2002—2011	98	

注：1. 数据库中涵盖 15 个数据库表，其中 1 个主库；

2. 包含 169 个指标变量，共计 1278 条记录，12856 个数据；

3. 11 个沿海省市：辽宁、河北、天津、山东、江苏、上海、浙江、福建、广东、广西、海南；

4. 沿海城市主要包括大连、秦皇岛、青岛、连云港、宁波、舟山、福州、厦门、广州、北海、海口等 53 个城市的部分数据。

附表 B　中国海洋经济投入产出表（2002—2007）

附表 B-1a　2002 年中国海洋经济投入产出表 19 部门直接分配系数

部门	农业	采掘业	制造业	电力热力燃气水生产和供应	建筑业	流通部门	服务部门	海洋渔业	海洋油气业	海洋矿业	海洋盐业	海洋船舶工业	海洋化工业	海洋生物医药业	海洋工程建筑业	海洋电力业	海水利用业	海洋交通运输业	滨海旅游业
农业	0.15440	0.00150	0.27817	0.00022	0.08413	0.03032	0.00454	0.0742	0.00000	0.00000	0.00000	0.00002	0.00000	0.00009	0.00192	0.00000	0.00000	0.00000	0.01081
采掘业	0.00907	0.03437	0.70678	0.14601	0.06868	0.01159	0.02427	0.00054	0.00039	0.00001	0.00009	0.0011	0.01664	0.00001	0.00157	0.00008	0.00000	0.00003	0.00124
制造业	0.02910	0.01353	0.47385	0.00969	0.09113	0.05821	0.06558	0.00255	0.00025	0.00000	0.00005	0.00142	0.00044	0.00009	0.00208	0.00000	0.00000	0.00728	0.00587
电力热力燃气水生产和供应	0.03386	0.07452	0.45493	0.05078	0.04643	0.08968	0.08938	0.00368	0.00142	0.00002	0.00022	0.00081	0.00309	0.0010	0.00106	0.00002	0.00007	0.00127	0.00953
建筑业	0.00171	0.00049	0.00255	0.00028	0.00118	0.01515	0.04176	0.00006	0.00001	0.00000	0.00000	0.00001	0.00001	0.00000	0.00003	0.00000	0.00000	0.00032	0.00191
流通部门	0.03141	0.01806	0.28167	0.01681	0.08605	0.08796	0.10657	0.00304	0.00022	0.00001	0.00013	0.00054	0.00056	0.00007	0.00197	0.00001	0.00000	0.01708	0.01128

续表

部门	农业	采掘业	制造业	电力热力燃气水生产和供应	建筑业	流通部门	服务部门	海洋渔业	海洋油气业	海洋矿业	海洋盐业	海洋船舶工业	海洋化工业	海洋生物医药业	海洋工程建筑业	海洋电力业	海水利用业	海洋交通运输业	滨海旅游业
服务部门	0.01543	0.00929	0.09753	0.00847	0.01957	0.07289	0.10389	0.00118	0.00025	0.00000	0.00006	0.00021	0.00019	0.00004	0.00045	0.00000	0.00000	0.00440	0.00400
海洋渔业	0.12217	0.00000	0.22002	0.00000	0.00000	0.09328	0.00311	0.04582	0.00000	0.00000	0.00000	0.00000	0.00000	0.00000	0.00000	0.00000	0.00000	0.00000	0.06268
海洋油气业	0.00029	0.01224	1.13630	0.02436	0.00000	0.00782	0.00204	0.00000	0.00078	0.00009	0.00000	0.00015	0.05005	0.00000	0.00000	0.00001	0.00000	0.00098	0.00064
海洋矿业	0.02161	0.01133	0.86182	0.00181	0.00000	0.00056	0.00181	0.00632	0.00000	0.00010	0.00168	0.00001	0.03426	0.00009	0.00000	0.00000	0.00000	0.00000	0.00000
海洋盐业	0.02545	0.00480	0.82552	0.00130	0.00000	0.00066	0.00033	0.00744	0.00000	0.00000	0.00198	0.00000	0.03952	0.00011	0.00000	0.00000	0.00000	0.00000	0.00000
海洋船舶工业	0.05307	0.00000	0.03840	0.00000	0.00000	0.04805	0.00100	0.06128	0.00000	0.00000	0.00000	0.03679	0.00000	0.00000	0.00000	0.00000	0.00000	0.33602	0.00001
海洋化工业	0.02773	0.03634	0.58386	0.04668	0.08337	0.15240	0.04238	0.00610	0.00078	0.00001	0.00014	0.00035	0.00446	0.00022	0.00191	0.00002	0.00001	0.09164	0.00222
海洋生物医药	0.01701	0.00072	0.18383	0.00001	0.00356	0.01035	0.44502	0.00335	0.00000	0.00000	0.00001	0.00001	0.00001	0.00219	0.00008	0.00000	0.00000	0.00002	0.00052
海洋工程建筑	0.00171	0.00049	0.00255	0.00028	0.00118	0.01515	0.04176	0.00006	0.00001	0.00000	0.00000	0.00001	0.00001	0.00000	0.00003	0.00000	0.00000	0.00000	0.00191
海洋电力业	0.03706	0.08061	0.47660	0.04813	0.04762	0.08631	0.08401	0.00367	0.00152	0.00002	0.00022	0.00072	0.00334	0.00010	0.00109	0.00002	0.00006	0.00061	0.00806
海水利用业	0.01007	0.02737	0.31531	0.07724	0.05411	0.13154	0.17096	0.00540	0.00054	0.00001	0.00013	0.00179	0.00145	0.00010	0.00124	0.00002	0.00019	0.00633	0.02163
海洋交通运输	0.03180	0.02039	0.40965	0.03288	0.10482	0.06837	0.03111	0.00349	0.00026	0.00002	0.00029	0.00059	0.00216	0.00005	0.00240	0.00002	0.00000	0.05164	0.00337
滨海旅游业	0.00468	0.01018	0.10075	0.00407	0.01769	0.07747	0.17616	0.00095	0.00013	0.00000	0.00006	0.00012	0.00009	0.00004	0.00040	0.00000	0.00000	0.00104	0.02796

附表 B-1b　2007 年中国海洋经济投入产出表 19 部门直接分配系数

部门	农业	采掘业	制造业	电力热力燃气水生产和供应	建筑业	流通部门	服务部门	海洋渔业	海洋油气业	海洋矿业	海洋盐业	海洋船舶工业	海洋化工业	海洋生物医药业	海洋工程建筑业	海洋电力业	海水利用业	海洋交通运输业	滨海旅游业
农业	0.13564	0.00171	0.51191	0.00001	0.00553	0.02609	0.00803	0.00575	0.00000	0.00000	0.00000	0.00000	0.00000	0.00045	0.00015	0.00000	0.00000	0.00000	0.01186
采掘业	0.00110	0.07602	1.02616	0.15005	0.03007	0.00607	0.00787	0.00008	0.00061	0.00005	0.00034	0.00014	0.01888	0.00001	0.00084	0.00008	0.00000	0.00024	0.00064
制造业	0.02010	0.01574	0.54861	0.01123	0.07832	0.03419	0.05107	0.00142	0.00061	0.00001	0.00008	0.00240	0.00069	0.00013	0.00218	0.00001	0.00000	0.00484	0.00501
电力热力燃气水生产和供应	0.01297	0.07001	0.38838	0.34715	0.02470	0.04136	0.04599	0.00093	0.00249	0.00004	0.00026	0.00105	0.00291	0.00013	0.00069	0.00020	0.00006	0.00041	0.00583
建筑业	0.00017	0.00041	0.00191	0.00019	0.00928	0.00397	0.01539	0.00001	0.00002	0.00000	0.00000	0.00001	0.00001	0.00000	0.00026	0.00000	0.00000	0.00001	0.00026
流通部门	0.02072	0.01989	0.26817	0.01085	0.09682	0.08730	0.09777	0.00218	0.00050	0.00002	0.00012	0.00109	0.00070	0.00012	0.00269	0.00001	0.00000	0.00670	0.01160
服务部门	0.01088	0.01140	0.13685	0.02009	0.01565	0.07896	0.10394	0.00130	0.00037	0.00001	0.00005	0.00061	0.00026	0.00013	0.00044	0.00001	0.00001	0.00160	0.00603
海洋渔业	0.10326	0.00000	0.36922	0.00000	0.00000	0.07994	0.00361	0.02730	0.00000	0.00001	0.00000	0.00061	0.00013	0.00000	0.00000	0.00000	0.00000	0.00002	0.05386
海洋油气业	0.00014	0.02482	1.39834	0.09603	0.00000	0.00977	0.00136	0.00000	0.00163	0.00002	0.00016	0.00000	0.05551	0.00006	0.00526	0.00002	0.00000	0.00054	0.00165
海洋矿业	0.00085	0.07015	0.80559	0.00176	0.18911	0.00180	0.00628	0.00030	0.00014	0.00027	0.00189	0.00000	0.00800	0.00007	0.00587	0.00000	0.00000	0.00000	0.00001
海洋盐业	0.00094	0.06837	0.73629	0.00197	0.21084	0.00201	0.00638	0.00033	0.00015	0.00029	0.00211	0.00000	0.00850	0.00000	0.00032	0.00002	0.00000	0.00000	0.00001
海洋船舶工业	0.01668	0.00404	0.03994	0.00000	0.01156	0.00000	0.00158	0.02124	0.00056	0.00000	0.00000	0.07897	0.00000	0.00035	0.00106	0.00000	0.00000	0.15786	0.00016
海洋化工业	0.01021	0.04217	0.71562	0.04429	0.03817	0.14461	0.05466	0.00254	0.00194	0.00004	0.00025	0.00079	0.00727	0.00373	0.00009	0.00002	0.00001	0.05365	0.00332
海洋生物医药	0.01748	0.00249	0.20514	0.00006	0.00332	0.00342	0.54741	0.00529	0.00000	0.00001	0.00004	0.00006	0.00014	0.00000	0.00026	0.00000	0.00000	0.00001	0.00041
海洋工程建筑	0.00017	0.00041	0.00191	0.00019	0.00928	0.00397	0.01539	0.00001	0.00002	0.00000	0.00000	0.00001	0.00001	0.00000	0.00026	0.00000	0.00000	0.00001	0.00026

续表

部门	农业	采掘业	制造业	电力热力燃气水生产和供应	建筑业	流通部门	服务部门	海洋渔业	海洋油气业	海洋矿业	海洋盐业	海洋船舶工业	海洋化工业	海洋生物医药业	海洋工程建筑业	海洋电力业	海水利用业	海洋交通运输业	滨海旅游业
海洋电力业	0.01364	0.07176	0.38910	0.36636	0.02556	0.03929	0.04317	0.00091	0.00258	0.00004	0.00025	0.00096	0.00293	0.00012	0.00071	0.00021	0.00006	0.00025	0.00498
海水利用业	0.00573	0.03254	0.37446	0.08591	0.01920	0.08065	0.12616	0.00198	0.00132	0.00002	0.00016	0.00163	0.00130	0.00024	0.00053	0.00003	0.00027	0.00153	0.01866
海洋交通运输	0.01146	0.04272	0.36738	0.01505	0.02482	0.09539	0.01146	0.00175	0.00063	0.00005	0.00031	0.00078	0.00102	0.00010	0.00069	0.00001	0.00000	0.07498	0.00202
滨海旅游业	0.00575	0.01820	0.12781	0.00712	0.03325	0.08308	0.21323	0.00136	0.00054	0.00002	0.00011	0.00049	0.00017	0.00012	0.00092	0.00000	0.00000	0.00144	0.04110

附表 B-2a　2002 年中国海洋经济投入产出表 19 部门直接消耗系数

部门	农业	采掘业	制造业	电力热力燃气水生产和供应	建筑业	流通部门	服务部门	海洋渔业	海洋油气业	海洋矿业	海洋盐业	海洋船舶工业	海洋化工业	海洋生物医药业	海洋工程建筑业	海洋电力业	海水利用业	海洋交通运输业	滨海旅游业
农业	0.15440	0.00399	0.05186	0.00066	0.08127	0.02134	0.00246	0.09805	0.00000	0.00302	0.00242	0.00132	0.00023	0.07054	0.08127	0.00025	0.00000	0.00020	0.07570
采掘业	0.00341	0.03437	0.04960	0.16528	0.02497	0.00307	0.00496	0.00268	0.01489	0.02208	0.01591	0.00332	0.42623	0.00248	0.02497	0.17163	0.00241	0.00115	0.0327
制造业	0.15609	0.19285	0.47385	0.15631	0.47218	0.21971	0.19093	0.18074	0.13803	0.15982	0.13309	0.59950	0.15962	0.36276	0.47218	0.15514	0.15012	0.27309	0.22033
电力热力燃气水生产和供应	0.01126	0.06583	0.02820	0.05078	0.01491	0.02099	0.01613	0.01618	0.04861	0.04290	0.03576	0.02102	0.06999	0.02454	0.01491	0.03603	0.22628	0.00295	0.02218
建筑业	0.00177	0.00134	0.00049	0.00088	0.00118	0.01103	0.02346	0.00078	0.00098	0.00090	0.00088	0.00094	0.00046	0.00056	0.00118	0.00086	0.00145	0.00230	0.01386
流通部门	0.04463	0.06817	0.07462	0.07181	0.11812	0.08796	0.08220	0.05704	0.03214	0.08836	0.09165	0.05979	0.05436	0.07920	0.11812	0.07031	0.05673	0.16973	0.11220
服务部门	0.02843	0.04545	0.03350	0.04694	0.03482	0.09450	0.10389	0.02862	0.04644	0.05377	0.05390	0.03091	0.02386	0.05794	0.03482	0.04654	0.05434	0.05672	0.05161
海洋渔业	0.00924	0.00000	0.00310	0.00000	0.00000	0.00497	0.00013	0.04582	0.00000	0.00000	0.00000	0.00000	0.00000	0.00021	0.00000	0.00000	0.00000	0.00000	0.03319
海洋油气业	0.00000	0.00032	0.00206	0.00071	0.00000	0.00005	0.00001	0.00000	0.00078	0.00002	0.00000	0.00012	0.03317	0.00000	0.00000	0.00064	0.00000	0.00007	0.00004
海洋矿业	0.00000	0.00000	0.00002	0.00000	0.00000	0.00000	0.00000	0.00001	0.00009	0.00000	0.00010	0.00000	0.00028	0.00001	0.00000	0.00000	0.00000	0.00000	0.00000
海洋盐业	0.00005	0.00003	0.00031	0.00001	0.00000	0.00000	0.00000	0.00020	0.00000	0.00169	0.00198	0.00000	0.00549	0.00017	0.00000	0.00001	0.00002	0.00001	0.00000
海洋船舶工业	0.00068	0.00009	0.00000	0.00000	0.00000	0.00043	0.00001	0.01032	0.00000	0.00000	0.00000	0.03679	0.00000	0.00000	0.00000	0.00000	0.00000	0.02993	0.00000
海洋化工业	0.00041	0.00142	0.00160	0.00206	0.00118	0.00158	0.00034	0.00119	0.00118	0.00169	0.00099	0.00041	0.00446	0.00245	0.00118	0.00202	0.00103	0.00942	0.00023
海洋生物医药	0.00002	0.00000	0.00004	0.00000	0.00000	0.00001	0.00031	0.00006	0.00000	0.00001	0.00001	0.00002	0.00001	0.00219	0.00000	0.00000	0.00000	0.00000	0.00000
海洋工程建筑	0.00004	0.00003	0.00001	0.00002	0.00003	0.00025	0.00054	0.00002	0.00002	0.00002	0.00002	0.00002	0.00001	0.00001	0.00003	0.00002	0.00003	0.00005	0.00032

续表

部门	农业	采掘业	制造业	电力热力燃气水生产和供应	建筑业	流通部门	服务部门	海洋渔业	海洋油气业	海洋矿业	海洋盐业	海洋船舶工业	海洋化工业	海洋生物医药业	海洋工程建筑业	海洋电力业	海水利用业	海洋交通运输业	滨海旅游业
海洋电力业	0.00001	0.00004	0.00001	0.00002	0.00001	0.00001	0.00001	0.00001	0.00003	0.00002	0.00002	0.00001	0.00004	0.00001	0.00001	0.00002	0.00010	0.00000	0.00001
海水利用业	0.00000	0.00001	0.00001	0.00002	0.00001	0.00001	0.00001	0.00001	0.00001	0.00001	0.00001	0.00001	0.00001	0.00001	0.00001	0.00001	0.00019	0.00000	0.00001
海洋交通运输	0.00455	0.00775	0.01092	0.01414	0.01448	0.00688	0.00242	0.00660	0.00379	0.01869	0.02023	0.00658	0.02100	0.00584	0.01448	0.01451	0.00375	0.05164	0.00337
滨海旅游业	0.00067	0.00386	0.00268	0.00175	0.00244	0.00779	0.01366	0.00179	0.00187	0.00437	0.00434	0.00140	0.00086	0.00440	0.00244	0.00119	0.00305	0.00104	0.02796

附表 B-2b　2007 年中国海洋经济投入产出表 19 部门直接消耗系数

部门	农业	采掘业	制造业	电力热力燃气水生产和供应	建筑业	流通部门	服务部门	海洋渔业	海洋油气业	海洋矿业	海洋盐业	海洋船舶工业	海洋化工业	海洋生物医药业	海洋工程建筑业	海洋电力业	海水利用业	海洋交通运输业	滨海旅游业
农业	0.13564	0.00280	0.05204	0.00002	0.00413	0.01621	0.00351	0.07936	0.00002	0.00038	0.00026	0.00007	0.00012	0.13656	0.00413	0.00001	0.00000	0.00003	0.06798
采掘业	0.00067	0.07602	0.06380	0.12398	0.01374	0.00231	0.00211	0.00067	0.01467	0.07959	0.07760	0.00197	0.39591	0.00254	0.01374	0.11516	0.00281	0.00098	0.00225
制造业	0.19767	0.25310	0.54861	0.14925	0.57557	0.20888	0.21968	0.19344	0.23738	0.31046	0.31263	0.54454	0.23104	0.37811	0.57557	0.15151	0.14358	0.31964	0.28269
电力热力燃气水生产和供应	0.00960	0.08473	0.02923	0.34715	0.01366	0.01902	0.01489	0.00947	0.07254	0.07487	0.07200	0.01799	0.07383	0.02846	0.01366	0.36142	0.23367	0.00206	0.02472
建筑业	0.00023	0.00090	0.00026	0.00034	0.00928	0.00330	0.00901	0.00014	0.00109	0.00033	0.00032	0.00037	0.00056	0.00037	0.00928	0.00030	0.00116	0.00011	0.00196
流通部门	0.03336	0.05236	0.04389	0.02360	0.11645	0.08730	0.06883	0.04858	0.03136	0.07050	0.07172	0.04045	0.03881	0.05724	0.11645	0.02320	0.02224	0.07244	0.10701
服务部门	0.02488	0.04260	0.03181	0.06207	0.02673	0.11216	0.10394	0.04100	0.03318	0.04249	0.04192	0.03192	0.02024	0.08860	0.02673	0.06053	0.12505	0.02457	0.07898
海洋渔业	0.00748	0.00000	0.00272	0.00000	0.00000	0.00360	0.00011	0.02730	0.00000	0.00000	0.00000	0.00000	0.00001	0.00009	0.00000	0.00000	0.00000	0.00001	0.02235
海洋油气业	0.00000	0.00103	0.00361	0.00330	0.00000	0.00015	0.00002	0.00000	0.00163	0.00000	0.00148	0.00017	0.04837	0.00001	0.00000	0.00139	0.00023	0.00009	0.00024
海洋矿业	0.00000	0.00005	0.00003	0.00000	0.00006	0.00000	0.00000	0.00000	0.00000	0.00000	0.00029	0.00000	0.00011	0.00001	0.00006	0.00000	0.00000	0.00000	0.00000
海洋盐业	0.00000	0.00030	0.00020	0.00001	0.00042	0.00000	0.00001	0.00001	0.00002	0.00190	0.00211	0.00000	0.00077	0.00005	0.00042	0.00001	0.00000	0.00000	0.00000
海洋船舶工业	0.00072	0.00029	0.00018	0.00000	0.00037	0.00000	0.00003	0.01272	0.00095	0.00000	0.00000	0.07897	0.00000	0.00000	0.00037	0.00000	0.00000	0.04597	0.00004
海洋化工业	0.00030	0.00201	0.00212	0.00175	0.00083	0.00262	0.00070	0.00102	0.00223	0.00288	0.00274	0.00053	0.00727	0.00306	0.00083	0.00182	0.00084	0.01051	0.00055
海洋生物医药	0.00006	0.00000	0.00007	0.00000	0.00001	0.00009	0.00079	0.00024	0.00000	0.00000	0.00000	0.00000	0.00002	0.00373	0.00001	0.00000	0.00000	0.00000	0.00001
海洋工程建筑	0.00001	0.00002	0.00001	0.00001	0.00026	0.00025	0.00025	0.00000	0.00001	0.00000	0.00001	0.00001	0.00002	0.00001	0.00026	0.00001	0.00003	0.00000	0.00005

续表

部门	农业	采掘业	制造业	电力热力燃气水生产和供应	建筑业	流通部门	服务部门	海洋渔业	海洋油气业	海洋矿业	海洋盐业	海洋船舶工业	海洋化工业	海洋生物医药业	海洋工程建筑业	海洋电力业	海水利用业	海洋交通运输业	滨海旅游业
海洋电力业	0.00001	0.00005	0.00002	0.00020	0.00001	0.00001	0.00001	0.00001	0.00004	0.00004	0.00004	0.00001	0.00004	0.00001	0.00001	0.00021	0.00011	0.00000	0.00001
海水利用业	0.00000	0.00001	0.00001	0.00002	0.00000	0.00001	0.00001	0.00001	0.00001	0.00001	0.00001	0.00001	0.00001	0.00001	0.00000	0.00001	0.00027	0.00000	0.00002
海洋交通运输	0.00171	0.01041	0.00556	0.00303	0.00276	0.00883	0.00075	0.00360	0.00369	0.01683	0.01732	0.00267	0.00519	0.00448	0.00276	0.00302	0.00148	0.07498	0.00173
滨海旅游业	0.00100	0.00519	0.00227	0.00168	0.00433	0.00901	0.01627	0.00328	0.00371	0.00714	0.00729	0.00195	0.00103	0.00647	0.00433	0.00160	0.00360	0.00168	0.04110

附表 B-3a 2002 年中国海洋经济投入产出表 19 部门完全消耗系数

部门	农业	采掘业	制造业	电力热力燃气水生产和供应	建筑业	流通部门	服务部门	海洋渔业	海洋油气业	海洋矿业	海洋盐业	海洋船舶工业	海洋化工业	海洋生物医药业	海洋工程建筑业	海洋电力业	海水利用业	海洋交通运输业	滨海旅游业
农业	0.21817	0.04563	0.14381	0.04205	0.18071	0.07436	0.04918	0.16120	0.02803	0.04083	0.03598	0.09929	0.05375	0.14961	0.18071	0.04085	0.03913	0.06238	0.14814
采掘业	0.03705	0.08413	0.13119	0.21867	0.10446	0.04932	0.04650	0.04204	0.04970	0.06366	0.05179	0.09558	0.50770	0.06691	0.10446	0.22202	0.07821	0.05976	0.05271
制造业	0.48294	0.56272	1.18966	0.55361	1.20841	0.64635	0.58616	0.55638	0.39238	0.49809	0.43491	1.44479	0.71490	0.94120	1.20841	0.54487	0.53183	0.84026	0.69393
电力热力燃气水生产和供应	0.03592	0.09830	0.08420	0.09205	0.07040	0.05360	0.04615	0.04458	0.07061	0.07131	0.06079	0.08197	0.14013	0.06811	0.07040	0.07631	0.26619	0.04434	0.05852
建筑业	0.00563	0.00613	0.00721	0.00622	0.00863	0.01765	0.03008	0.00505	0.00443	0.00595	0.00573	0.00780	0.00678	0.00707	0.00863	0.00608	0.00672	0.00985	0.02046
流通部门	0.11643	0.15204	0.22305	0.16692	0.27227	0.18374	0.17188	0.13880	0.08931	0.16774	0.16385	0.22486	0.19189	0.20114	0.27227	0.16323	0.15055	0.29702	0.21950
服务部门	0.07471	0.10091	0.12463	0.11065	0.13119	0.15988	0.16578	0.08085	0.08446	0.10760	0.10364	0.12910	0.11420	0.13570	0.13119	0.10874	0.11766	0.14038	0.12248
海洋渔业	0.01414	0.00338	0.01005	0.00335	0.00748	0.00949	0.00412	0.05234	0.00221	0.00322	0.00294	0.00719	0.00415	0.00619	0.00748	0.00326	0.00320	0.00519	0.04084
海洋油气业	0.00111	0.00169	0.00480	0.00214	0.00274	0.00157	0.00135	0.00130	0.00174	0.00124	0.00105	0.00334	0.03520	0.00220	0.00274	0.00203	0.00143	0.00229	0.00163
海洋矿业	0.00001	0.00002	0.0004	0.00001	0.00003	0.00001	0.00001	0.00002	0.00001	0.00010	0.00011	0.00003	0.00030	0.00003	0.00003	0.00001	0.00001	0.00002	0.00002
海洋盐业	0.00023	0.00023	0.00073	0.00021	0.00042	0.00023	0.00020	0.00041	0.00014	0.00187	0.00214	0.00049	0.00578	0.00051	0.00042	0.00021	0.00021	0.00034	0.00025
海洋船舶工业	0.00153	0.00077	0.00147	0.00101	0.00152	0.00132	0.00062	0.01203	0.00047	0.00109	0.00109	0.03947	0.00145	0.00102	0.00152	0.00101	0.00069	0.03353	0.00121
海洋化工业	0.00177	0.00314	0.00465	0.00405	0.00433	0.00339	0.00196	0.00279	0.00233	0.00335	0.00250	0.00379	0.00744	0.00487	0.00433	0.00396	0.00302	0.01222	0.00223
海洋生物医药	0.00007	0.00006	0.00014	0.00006	0.00011	0.00009	0.00040	0.00012	0.00005	0.00006	0.00006	0.00011	0.00007	0.00229	0.00011	0.00006	0.00006	0.00009	0.00008
海洋工程建筑	0.00013	0.00014	0.00016	0.00014	0.00020	0.00040	0.00069	0.00012	0.00010	0.00014	0.00013	0.00018	0.00015	0.00016	0.00020	0.00014	0.00015	0.00023	0.00047

续表

部门	农业	采掘业	制造业	电力热力燃气水生产和供应	建筑业	流通部门	服务部门	海洋渔业	海洋油气业	海洋矿业	海洋盐业	海洋船舶工业	海洋化工业	海洋生物医药业	海洋工程建筑业	海洋电力业	海水利用业	海洋交通运输业	滨海旅游业
海洋电力业	0.00002	0.00005	0.00004	0.00005	0.00004	0.00003	0.00002	0.00002	0.00004	0.00004	0.00003	0.00004	0.00007	0.00004	0.00004	0.0004	0.00012	0.00002	0.00003
海水利用业	0.00001	0.00002	0.00002	0.00003	0.00002	0.00002	0.00002	0.00001	0.00001	0.00001	0.00001	0.00003	0.00002	0.00002	0.00002	0.00002	0.00021	0.00002	0.00003
海洋交通运输	0.01354	0.01862	0.03055	0.02640	0.03462	0.01849	0.01290	0.01698	0.01114	0.02899	0.02955	0.02861	0.03917	0.02142	0.03462	0.02643	0.01651	0.06884	0.01627
滨海旅游业	0.00443	0.00876	0.01044	0.00735	0.01062	0.01395	0.01978	0.00614	0.00529	0.00920	0.00884	0.00977	0.00848	0.01121	0.01062	0.00667	0.00833	0.00828	0.03473

附表 B-3b　2007 年中国海洋经济投入产出表 19 部门完全消耗系数

部门	农业	采掘业	制造业	电力热力燃气水生产和供应	建筑业	流通部门	服务部门	海洋渔业	海洋油气业	海洋矿业	海洋盐业	海洋船舶工业	海洋化工业	海洋生物医药业	海洋工程建筑业	海洋电力业	海水利用业	海洋交通运输业	滨海旅游业
农业	0.20153	0.06305	0.16553	0.05900	0.11375	0.07089	0.05615	0.13978	0.04991	0.07143	0.07148	0.10494	0.07522	0.24003	0.11375	0.05944	0.04721	0.07085	0.15187
采掘业	0.05751	0.17569	0.20830	0.28267	0.15284	0.07012	0.06800	0.05913	0.09403	0.19168	0.18907	0.13749	0.54795	0.11086	0.15284	0.27652	0.11052	0.09440	0.09118
制造业	0.67894	0.91156	1.64562	0.89433	1.68556	0.76575	0.76620	0.69228	0.77087	1.08076	1.08340	1.65066	1.13778	1.25300	1.68556	0.90201	0.71299	1.09458	1.02444
电力热力燃气水生产和供应	0.06102	0.20304	0.15889	0.61942	0.13080	0.08449	0.07684	0.06267	0.16521	0.19953	0.19495	0.13308	0.25213	0.12906	0.13080	0.64064	0.41438	0.07709	0.11123
建筑业	0.00155	0.00298	0.00287	0.00309	0.01216	0.00591	0.01149	0.00172	0.00266	0.00269	0.00267	0.00284	0.00327	0.00318	0.01216	0.00305	0.00391	0.00207	0.00477
流通部门	0.08967	0.13238	0.16489	0.12030	0.24145	0.16024	0.13881	0.10874	0.09307	0.16366	0.16486	0.15700	0.15421	0.16028	0.24145	0.12035	0.09677	0.16190	0.20275
服务部门	0.07719	0.12302	0.14293	0.17628	0.14238	0.18635	0.17386	0.09830	0.09510	0.13426	0.13347	0.13790	0.13224	0.18735	0.14238	0.17596	0.21415	0.10438	0.17282
海洋渔业	0.01160	0.00382	0.00957	0.00367	0.00683	0.00738	0.00377	0.03168	0.00310	0.00455	0.00456	0.00627	0.00461	0.00641	0.00683	0.00369	0.00300	0.00442	0.02895
海洋油气业	0.00286	0.00547	0.01070	0.00919	0.00703	0.00357	0.00330	0.00296	0.00532	0.00652	0.00661	0.00703	0.05458	0.00546	0.00703	0.00738	0.00450	0.00517	0.00465
海洋矿业	0.00003	0.00009	0.00010	0.00005	0.00012	0.00003	0.00003	0.00003	0.00003	0.00031	0.00033	0.00006	0.00018	0.00006	0.00012	0.00005	0.00003	0.00004	0.00004
海洋盐业	0.00016	0.00054	0.00060	0.00028	0.00081	0.00019	0.00019	0.00017	0.00021	0.00218	0.00239	0.00038	0.00118	0.00035	0.00081	0.00028	0.00019	0.00026	0.00024
海洋船舶工业	0.00167	0.00170	0.00190	0.00114	0.00188	0.00119	0.00072	0.01504	0.00187	0.00187	0.00190	0.08712	0.00165	0.00138	0.00188	0.00114	0.00075	0.05482	0.00140
海洋化工业	0.00244	0.00539	0.00721	0.00599	0.00599	0.00536	0.00324	0.00331	0.00485	0.00685	0.00671	0.00538	0.01220	0.00705	0.00599	0.00610	0.00388	0.01479	0.00403
海洋生物医药	0.00018	0.00018	0.00031	0.00021	0.00025	0.00022	0.00099	0.00039	0.00013	0.00024	0.00024	0.00024	0.00021	0.00400	0.00025	0.00021	0.00023	0.00017	0.00023
海洋工程建筑	0.00004	0.00008	0.00008	0.00009	0.00034	0.00016	0.00032	0.00005	0.00007	0.00007	0.00007	0.00008	0.00009	0.00009	0.00034	0.00008	0.00011	0.00006	0.00013

续表

部门	农业	采掘业	制造业	电力热力燃气水生产和供应	建筑业	流通部门	服务部门	海洋渔业	海洋油气业	海洋矿业	海洋盐业	海洋船舶工业	海洋化工业	海洋生物医药业	海洋工程建筑业	海洋电力业	海水利用业	海洋交通运输业	滨海旅游业
海洋电力业	0.00003	0.00011	0.00009	0.00035	0.00007	0.00005	0.00004	0.00003	0.00009	0.00011	0.00011	0.00007	0.00014	0.00007	0.00007	0.00037	0.00022	0.00004	0.00006
海水利用业	0.00001	0.00003	0.00003	0.00005	0.00002	0.00002	0.00002	0.00002	0.00002	0.00003	0.00003	0.00003	0.00003	0.00003	0.00002	0.00004	0.00029	0.00002	0.00004
海洋交通运输	0.00816	0.02097	0.02094	0.01539	0.01808	0.01715	0.00814	0.01052	0.01138	0.02947	0.02999	0.01697	0.02152	0.01633	0.01808	0.01542	0.00977	0.09103	0.01205
滨海旅游业	0.00551	0.01237	0.01195	0.01076	0.01452	0.01658	0.02370	0.00851	0.00910	0.01542	0.01556	0.01112	0.01125	0.01559	0.01452	0.01070	0.01143	0.00869	0.05114

附表 C 中国海洋经济涉涉海产品价格指数

附表 C 2002—2011 年中国海洋经济涉涉海产品价格指数表

年份	涉海产品价格指数	海洋渔业	海洋油气业	海洋盐业	海洋矿业	海洋船舶工业	海洋化工	海洋工程建筑	海洋电力	海洋交通运输	滨海旅游
2002	97.37	80.66	102.60	89.03	84.84	95.17	95.06	97.13	96.95	109.83	102.52
2003	106.67	103.41	115.39	94.59	144.65	122.31	124.64	101.41	526.39	116.76	100.98
2004	102.22	108.06	131.38	135.77	73.86	131.96	143.66	104.20	103.04	87.53	95.38
2005	107.12	113.20	142.64	81.78	127.53	101.63	128.97	102.06	103.46	102.62	102.08
2006	101.68	106.15	118.93	86.55	148.69	115.97	114.39	101.68	100.07	94.59	97.94
2007	103.64	105.21	107.63	104.97	147.70	116.60	68.96	102.26	109.32	106.82	101.49
2008	120.35	106.86	130.53	111.01	132.85	94.87	111.81	105.23	100.45	153.56	101.03
2009	89.45	103.84	97.07	104.43	101.65	68.25	125.83	94.41	99.36	124.82	95.37

续表

年份	涉海产品价格指数	海洋渔业	海洋油气业	海洋盐业	海洋矿业	海洋船舶工业	海洋化工	海洋工程建筑	海洋电力	海洋交通运输	滨海旅游
2010	107.78	114.73	125.21	160.00	177.48	109.26	148.16	105.22	99.96	106.18	95.26
2011	111.44	109.98	130.90	115.99	121.57	93.11	141.69	103.21	99.08	107.31	100.87

注：1. 中国涉海产品价格指数，采用拉式物价指数计算方法进行编制。拉式物价指数计算公式为：$L = \dfrac{\sum q_0 p_1}{\sum q_0 p_0}$。

其中，q_0 代表基期销售量，p_0 代表基期市场价格，p_1 代表计算期的市场价格。中国涉海产品价格指数采用环比指数计算，即计算期的上一年为基期。

2. 海洋渔业价格采用海洋水产品综合平均价格，涉及主要海洋水产品 30 余种。海洋油气业价格采用国际原油市场的原油价格。海洋船舶工业价格采用世界原油船、散货船、集装箱船、汽船四大船型价格。海洋交通运输业价格是货物运输和旅客运输的加权平均价格。滨海旅游业价格是境外旅游和境内旅游的加权平均价格。

3. 本表部分数据来源于《中国海洋年鉴》《中国渔业年鉴》《中国能源年鉴》《世界能源年鉴》《中国船舶工业年鉴》中国统计信息网、中国海洋信息网、中国船舶网等资源。

4. 由于中国海水利用业、海洋生物医药业的统计数据缺失，且具体产品尚不明确统一，中国涉海产品价格指数暂未涉及两个产业的价格指数。

5. 由于中国海洋经济统计数据的特殊性，涉海产品及其价格还没有系统规范的统计数据，因此涉海产品价格指数只能暂时使用 10 个海洋产业的价格指数。

附表 D　中国海洋经济涉海
企业景气指数

附表 D　2006—2011 年中国海洋经济涉海企业景气指数

指数	年份	企业竞争力景气指数	企业家信心景气指数	企业创新能力景气指数	产业国际化景气指数	产业发展环境景气指数	涉海企业综合景气指数
海洋油气业企业景气指数	2006	60.12	62.51	60.00	63.47	80.71	65.15
	2007	63.88	63.52	62.31	67.51	78.05	66.67
	2008	69.52	67.21	63.86	70.36	76.31	69.25
	2009	73.34	66.39	72.64	73.71	75.36	71.90
	2010	82.71	79.63	86.14	80.42	74.68	80.79
	2011	94.25	97.63	93.30	92.48	71.36	90.15
海洋化工业企业景气指数	2006	68.97	60.89	60.19	61.45	60.00	62.72
	2007	67.91	61.89	61.83	62.67	63.20	63.70
	2008	74.39	64.14	77.79	66.12	92.17	73.93
	2009	79.88	65.13	82.84	70.16	81.04	75.50
	2010	74.17	65.44	96.44	72.64	91.84	78.86
	2011	78.78	64.51	97.31	75.72	94.13	80.76
海洋船舶制造业企业景气指数	2006	65.38	64.17	60.02	62.47	60.00	62.41
	2007	67.53	65.94	64.29	67.39	69.12	66.85
	2008	67.67	71.26	69.27	69.15	78.92	71.25
	2009	73.71	76.35	88.17	73.31	91.79	80.67
	2010	72.29	77.38	96.81	72.97	97.61	83.41
	2011	82.43	79.16	97.65	78.25	95.21	86.54

续表

指数	年份	企业竞争力景气指数	企业家信心景气指数	企业创新能力景气指数	产业国际化景气指数	产业发展环境景气指数	涉海企业综合景气指数
涉海企业综合景气指数	2006	64.82	62.52	60.07	62.46	66.90	63.43
	2007	66.44	63.78	62.81	65.86	70.12	65.74
	2008	70.53	67.54	70.31	68.54	82.47	71.48
	2009	75.64	69.29	81.22	72.39	82.73	76.02
	2010	76.39	74.15	93.13	75.34	88.04	81.02
	2011	85.15	80.43	96.09	82.15	86.90	85.82

注：1. 中国涉海企业景气指数，利用算术加权平均合成模型进行测算，包括指标数据预处理和指标权重设定两部分。其中，指标数据预处理借鉴功效函数无量纲化处理方法；权重设定利用德尔菲专家群组法与熵值法共同确定。

2. 中国涉海企业个体景气指数公式为：$I_j = \dfrac{\sum\limits_{i=1}^{n} Z_{ij} W_{ij}}{\sum\limits_{i=1}^{n} W_{ij}}$ ；综合景气指数公式为：$I = \dfrac{\sum\limits_{j=1}^{n} I_j W_j}{\sum\limits_{j=1}^{n} W_j}$

其中，Z_{ij}代表相应指标无量纲化处理后的数据值；W_{ij}代表相应指标的权重。

其中，I_1, $I_2 \cdots I_5$, W_1, $W_2 \cdots W_5$分别表示企业竞争力、企业家信心、企业创新能力、产业国际化、产业发展环境 5 个指标的景气指数及其权重，I 表示涉海企业综合景气指数。

3. 数据来源于《中国海洋年鉴》《中国渔业年鉴》《中国能源年鉴》《中国船舶工业年鉴》《世界能源年鉴》中国统计信息网、中国海洋信息网、中国船舶网等。

4. 由于中国涉海企业景气指数的时间序列较短，并且只有三个涉海企业提供了相关数据，因此课题研究中只对中国涉海企业景气指数进行了参考，暂未使用。

附表 E 中国投入产出表部门分类及代码（2007）

附表 E-1 中国海洋产业分类表（2007 年）

A	海洋产业	内容
1	海洋渔业	包括海水养殖、海洋捕捞、海洋渔业服务及海洋水产品加工等活动
2	海洋油气业	指在海洋中勘探、开采、输送、加工石油和天然气的生产和服务活动
3	海洋矿业	包括海滨砂矿、海滨土砂石、海滨地热与煤矿及深海矿物等的采选活动
4	海洋盐业	指利用海水生产以氯化钠为主要成分的盐产品的活动
5	海洋船舶工业	指以金属或非金属为主要材料，制造海洋船舶、海上固定及浮动装置的活动以及海洋船舶的修理及拆卸活动。
6	海洋化工业	包括海盐化工、海水化工、海藻化工及海洋石油化工的化工产品生产活动
7	海洋生物医药业	指以海洋生物为原料或提取有效成分，进行海洋药品与海洋保健品的生产加工及制造活动
8	海洋工程建筑业	指用于海洋生产、交通、娱乐、防护等用途的建筑工程施工及其准备活动
9	海洋电力业	指在沿海地区利用海洋能、海洋风能进行的电力生产活动
10	海水利用业	指对海水直接利用和海水淡化生产活动，不包括海水化学资源综合利用活动
11	海洋交通运输业	指以船舶为主要工具从事海洋运输以及为海洋运输提供服务的活动
12	滨海旅游业	指沿海地区开展的海洋观光游览、休闲娱乐、度假住宿和体育运动等活动

续表

A	海洋产业	内容
13	海洋信息服务业	包括海洋图书馆与档案馆的管理和服务、海洋出版服务、海洋卫星遥感服务、海洋电信服务、计算机服务以及其他海洋信息服务活动
14	海洋环境监测预报服务	指对海洋环境要素进行观测、监测、调查、预报等的服务活动
15	海洋保险与社会保障业	包括海洋保险业和海洋社会保障业
16	海洋科学研究	指以海洋为对象，就其基础科学和工程技术等进行的科学研究活动
17	海洋技术服务业	指为海洋生产与管理提供专业技术和工程技术的服务活动以及相应的科技推广与交流的服务活动
18	海洋地质勘查业	指对海洋矿产资源，工程地质、水利学研究进行地质勘探、测试、监测、评估等的活动
19	海洋环境保护业	指通过海洋环境的监测管理、海洋环保技术与装备的开发应用而进行的海洋自然环境保护、治理和生态修复活动
20	海洋教育	指依照国家有关法规开办海洋专业教育机构或海洋职业培训机构的活动
21	海洋管理	指各级涉海管理机构采用法律、政策、行政和经济手段进行的管理活动
22	海洋社会团体与国际组织	指依法在社会团体登记管理机关登记的、与海洋相关的团体或组织的活动
B	海洋相关产业	指以各种投入产出为联系纽带，与主要海洋产业构成技术经济联系的上下游产业。
23	海洋农林业	指在海涂进行的农、林业种植活动以及为农、林生产提供相关服务活动
24	海洋设备制造业	指为海洋生产与管理活动提供仪器、装置、设备及配件等的制造活动
25	涉海产品及材料制造业	包括海洋渔业相关产品制造、海洋石油加工产品制造、海洋化工产品制造、海洋药物原药制造、海洋电力器材制造、海洋工程建筑材料制造、海洋旅游用品及工艺品制造、海洋环境保护材料制造
26	涉海建筑与安装业	指涉海单位房屋建筑的施工活动及其设备的安装
27	海洋批发与零售业	指海洋商品在流通过程中的批发活动和零售活动
28	涉海服务业	包括海洋餐饮服务、滨海公共运输服务、海洋金融服务、涉海特色服务和涉海商务服务等涉海服务活动

资料来源：中华人民共和国国家标准《海洋及相关产业分类》（GB/T20794—2006）。

附表 E-2　中国投入产出表部门分类及代码简表（2007 年）

I 级分类		II 级分类	
代码	部门名称	代码	部门名称
01	农林牧渔业	01001	农业
		02002	林业
		03003	畜牧业
		04004	渔业
		05005	农、林、牧、渔服务业
02	煤炭开采和洗选业	06006	煤炭开采和洗选业
03	石油和天然气开采业	07007	石油和天然气开采业
04	金属矿采选业	08008	黑色金属矿采选业
		09009	有色金属矿采选业
05	非金属矿及其他矿采选业	10010	非金属矿及其他矿采选业
06	食品制造及烟草加工业	13011	谷物磨制业
		13012	饲料加工业
		13013	植物油加工业
		13014	制糖业
		13015	屠宰及肉类加工业
		13016	水产品加工业
		13017	其他食品加工业
		14018	方便食品制造业
		14019	液体乳及乳制品制造业
		14020	调味品、发酵制品制造业
		14021	其他食品制造业
		15022	酒精及酒的制造业
		15023	软饮料及精制茶加工业
		16024	烟草制品业
07	纺织业	17025	棉、化纤纺织及印染精加工业
		17026	毛纺织和染整精加工业
		17027	麻纺织、丝绢纺织及精加工业
		17028	纺织制成品制造业
		17029	针织品、编织品及其制品制造业

I 级分类		II 级分类	
代码	部门名称	代码	部门名称
08	纺织服装鞋帽皮革羽绒及其制品业	18030	纺织服装、鞋、帽制造业
		19031	皮革、毛皮、羽毛（绒）及其制品业
09	木材加工及家具制造业	20032	木材加工及木、竹、藤、棕、草制品业
		21033	家具制造业
10	造纸印刷及文教体育用品制造业	22034	造纸及纸制品业
		23035	印刷业和记录媒介的复制业
		24036	文教体育用品制造业
11	石油加工、炼焦及核燃料加工业	25037	石油及核燃料加工业
		25038	炼焦业
12	化学工业	26039	基础化学原料制造业
		26040	肥料制造业
		26041	农药制造业
		26042	涂料、油墨、颜料及类似产品制造业
		26043	合成材料制造业
		26044	专用化学产品制造业
		26045	日用化学产品制造业
		27046	医药制造业
		28047	化学纤维制造业
		29048	橡胶制品业
		30049	塑料制品业
13	非金属矿物制品业	31050	水泥、石灰和石膏制造业
		31051	水泥及石膏制品制造业
		31052	砖瓦、石材及其他建筑材料制造业
		31053	玻璃及玻璃制品制造业
		31054	陶瓷制品制造业
		31055	耐火材料制品制造业
		31056	石墨及其他非金属矿物制品制造业

I 级分类		II 级分类	
代码	部门名称	代码	部门名称
14	金属冶炼及压延加工业	32057	炼铁业
		32058	炼钢业
		32059	钢压延加工业
		32060	铁合金冶炼业
		33061	有色金属冶炼及合金制造业
		33062	有色金属压延加工业
15	金属制品业	34063	金属制品业
16	通用、专用设备制造业	35064	锅炉及原动机制造业
		35065	金属加工机械制造业
		35066	起重运输设备制造业
		35067	泵、阀门、压缩机及类似机械的制造业
		35068	其他通用设备制造业
		36069	矿山、冶金、建筑专用设备制造业
		36070	化工、木材、非金属加工专用设备制造业
		36071	农林牧渔专用机械制造业
		36072	其他专用设备制造业
17	交通运输设备制造业	37073	铁路运输设备制造业
		37074	汽车制造业
		37075	船舶及浮动装置制造业
		37076	其他交通运输设备制造业
18	电气机械及器材制造业	39077	电机制造业
		39078	输配电及控制设备制造业
		39079	电线、电缆、光缆及电工器材制造业
		39080	家用电力和非电力器具制造业
		39081	其他电气机械及器材制造业

续表

I 级分类		II 级分类	
代码	部门名称	代码	部门名称
19	通信设备、计算机及其他电子设备制造业	40082	通信设备制造业
		40083	雷达及广播设备制造业
		40084	电子计算机制造业
		40085	电子元器件制造业
		40086	家用视听设备制造业
		40087	其他电子设备制造业
20	仪器仪表及文化办公用机械制造业	41088	仪器仪表制造业
		41089	文化、办公用机械制造业
21	工艺品及其他制造业	42090	工艺品及其他制造业
22	废品废料	43091	废品废料
23	电力、热力的生产和供应业	44092	电力、热力的生产和供应业
24	燃气生产和供应业	45093	燃气生产和供应业
25	水的生产和供应业	46094	水的生产和供应业
26	建筑业	47095	房屋和土木工程建筑业
		48096	建筑安装业
		49097	建筑装饰业
		50098	其他建筑业
27	交通运输及仓储业	51099	铁路运输业
		52100	道路运输业
		53101	城市公共交通业
		54102	水上运输业
		55103	航空运输业
		56104	管道运输业
		57105	装卸搬运和其他运输服务业
		58106	仓储业
28	邮政业	59107	邮政业
29	信息传输、计算机服务和软件业	60108	电信和其他信息传输服务业
		61109	计算机服务业
		62110	软件业

续表

I 级分类		II 级分类	
代码	部门名称	代码	部门名称
30	批发和零售业	63111	批发业
		65112	零售业
31	住宿和餐饮业	66113	住宿业
		67114	餐饮业
32	金融业	68115	银行业
		69116	证券业
		70117	保险业
		71118	其他金融活动
33	房地产业	72119	房地产开发经营业
		72120	物业管理业
		72121	房地产中介服务业
		72122	其他房地产活动
34	租赁和商务服务业	73123	租赁业
		74124	商务服务业
		74125	旅游业
35	研究与试验发展业	75126	研究与试验发展
36	综合技术服务业	76127	专业技术服务业
		77128	科技交流和推广服务业
		78129	地质勘查业
37	水利、环境和公共设施管理业	79130	水利管理业
		80131	环境管理业
		81132	公共设施管理业
38	居民服务和其他服务业	82133	居民服务业
		83134	其他服务业
39	教育	84135	教育
40	卫生、社会保障和社会福利业	85136	卫生
		86137	社会保障业
		87138	社会福利业

续表

| I 级分类 | | II 级分类 | |
代码	部门名称	代码	部门名称
41	文化、体育和娱乐业	88139	新闻出版业
		89140	广播、电视、电影和音像业
		90141	文化艺术业
		91142	体育
		92143	娱乐业
42	公共管理和社会组织	93144	公共管理和社会组织

国民经济核算司：《2007 年中国投入产出表》，中国统计出版社 2011 年版。

附表 E-3　中国投入产出表部门分类及代码细表（2007）

代码	投入产出部门名称	包括的国民经济行业（工业、建筑业到小类，其他到中类）
01001	农业	谷物及其他作物的种植，蔬菜、园艺作物的种植，水果、坚果、饮料和香料作物的种植，中药材的种植
02002	林业	林木的培育和种植，木材和竹材的采运，林产品的采集
03003	畜牧业	牲畜的饲养，猪的饲养，家禽的饲养，狩猎和捕捉动物，其他畜牧业
04004	渔业	海洋渔业，内陆渔业
05005	农、林、牧、渔服务业	农业服务业，林业服务业，畜牧服务业，渔业服务业
06006	煤炭开采和洗选业	烟煤和无烟煤的开采洗选，褐煤的开采洗选，其他煤炭采选
07007	石油和天然气开采业	天然原油和天然气开采，与石油和天然气开采有关的服务活动
08008	黑色金属矿采选业	铁矿采选，其他黑色金属矿采选
09009	有色金属矿采选业	铜矿采选，铅锌矿采选，镍钴矿采选，锡矿采选，锑矿采选，铝矿采选，镁矿采选，其他常用有色金属矿采选，金矿采选，银矿采选，其他贵金属矿采选，钨钼矿采选，稀土金属矿采选，放射性金属矿采选，其他稀有金属矿采选
10010	非金属矿及其他矿采选业	石灰石、石膏开采，建筑装饰用石开采，耐火土石开采，黏土及其他土砂石开采，化学矿采选，采盐，石棉、云母矿采选，石墨、滑石采选，宝石、玉石开采，其他非金属矿采选，其他采矿业
13011	谷物磨制业	谷物磨制
13012	饲料加工业	饲料加工
13013	植物油加工业	食用植物油加工，非食用植物油加工
13014	制糖业	制糖
13015	屠宰及肉类加工业	畜禽屠宰，肉制品及副产品加工
13016	水产品加工业	水产品冷冻加工，鱼糜制品及水产品干腌制加工，水产饲料制造，鱼油提取及制品的制造，其他水产品加工
13017	其他食品加工业	蔬菜、水果和坚果加工，淀粉及淀粉制品的制造，豆制品制造，蛋品加工，其他未列明的农副食品加工
14018	方便食品制造业	米、面制品制造，速冻食品制造，方便面及其他方便食品制造
14019	液体乳及乳制品制造业	液体乳和乳制品制造

续表

代码	投入产出部门名称	包括的国民经济行业（工业、建筑业到小类，其他到中类）
14020	调味品、发酵制品制造业	味精制造，酱油、食醋及类似制品的制造，其他调味品、发酵制品制造
14021	其他食品制造业	糕点、面包制造，饼干及其他焙烤食品制造，糖果、巧克力制造，蜜饯制作，肉、禽类罐头制造，水产品罐头制造，蔬菜、水果罐头制造，其他罐头食品制造，营养、保健食品制造，冷冻饮品及食用冰制造，盐加工，食品及饲料添加剂制造，其他未列明的食品制造
15022	酒精及酒的制造业	酒精制造，白酒制造，啤酒制造，黄酒制造，葡萄酒制造，其他酒制造
15023	软饮料及精制茶加工业	碳酸饮料制造，瓶（罐）装饮用水制造，果菜汁及果菜汁饮料制造，含乳饮料和植物蛋白饮料制造，固体饮料制造，茶饮料及其他软饮料制造，精制茶加工
16024	烟草制品业	烟叶复烤，卷烟制造，其他烟草制品加工
17025	棉、化纤纺织及印染精加工业	棉、化纤纺织加工，棉、化纤印染精加工
17026	毛纺织和染整精加工业	毛条加工，毛纺织，毛染整精加工
17027	麻纺织、丝绢纺织及精加工业	麻纺织，缫丝加工，绢纺和丝织加工，丝印染精加工
17028	纺织制成品制造业	棉及化纤制品制造，毛制品制造，麻制品制造，丝制品制造，绳、索、缆的制造，纺织带和帘子布制造，无纺布制造，其他纺织制成品制造
17029	针织品、编织品及其制品制造业	棉、化纤针织品及编织品制造，毛针织品及编织品制造，丝针织品及编织品制造，其他针织品及编织品制造
18030	纺织服装、鞋、帽制造业	纺织服装制造，纺织面料鞋的制造，制帽
19031	皮革、毛皮、羽毛（绒）及其制品业	皮革鞣制加工，皮鞋制造，皮革服装制造，皮箱、包（袋）制造，皮手套及皮装饰制品制造，其他皮革制品制造，毛皮鞣制加工，毛皮服装加工，其他毛皮制品加工，羽毛（绒）加工，羽毛（绒）制品加工
20032	木材加工及木、竹、藤、棕、草制品业	锯材加工，木片加工，胶合板制造，纤维板制造，刨花板制造，其他人造板、材制造，建筑用木料及木材组件加工，木容器制造，软木制品及其他木制品制造，竹、藤、棕、草制品制造
21033	家具制造业	木质家具制造，竹、藤家具制造，金属家具制造，塑料家具制造，其他家具制造

续表

代码	投入产出部门名称	包括的国民经济行业（工业、建筑业到小类，其他到中类）
22034	造纸及纸制品业	纸浆制造，机制纸及纸板制造，手工纸制造，加工纸制造，纸和纸板容器的制造，其他纸制品制造
23035	印刷业和记录媒介的复制业	书、报、刊印刷，本册印制，包装装潢及其他印刷，装订及其他印刷服务活动，记录媒介的复制
24036	文教体育用品制造业	文具制造，笔的制造，教学用模型及教具制造，墨水、墨汁制造，其他文化用品制造，球类制造，体育器材及配件制造，训练健身器材制造，运动防护用具制造，其他体育用品制造，中乐器制造，西乐器制造，电子乐器制造，其他乐器及零件制造，玩具制造，露天游乐场所游乐设备制造，游艺用品及室内游艺器材制造
25037	石油及核燃料加工业	原油加工及石油制品制造，人造原油生产，核燃料加工
25038	炼焦业	炼焦
26039	基础化学原料制造业	无机酸制造，无机碱制造，无机盐制造，有机化学原料制造，其他基础化学原料制造
26040	肥料制造业	氮肥制造，磷肥制造，钾肥制造，复混肥料制造，有机肥料及微生物肥料制造，其他肥料制造
26041	农药制造业	化学农药制造，生物化学农药及微生物农药制造
26042	涂料、油墨、颜料及类似产品制造业	涂料制造，油墨及类似产品制造，颜料制造，染料制造，密封用填料及类似品制造
26043	合成材料制造业	初级形态的塑料及合成树脂制造，合成橡胶制造，合成纤维单（聚合）体的制造，其他合成材料制造
26044	专用化学产品制造业	化学试剂和助剂制造，专项化学用品制造，林产化学产品制造，炸药及火工产品制造，信息化学品制造，环境污染处理专用药剂材料制造动物胶制造，其他专用化学产品制造
26045	日用化学产品制造业	肥皂及合成洗涤剂制造，化妆品制造，口腔清洁用品制造，香料、香精制造，其他日用化学产品制造
27046	医药制造业	化学药品原药制造，化学药品制剂制造，化学药品制剂制造，中成药制造，兽用药品制造，生物、生化制品制造，卫生材料及医药用品制造
28047	化学纤维制造业	化纤浆粕制造，人造纤维（纤维素纤维）制造，锦纶纤维制造，涤纶纤维制造，腈纶纤维制造，维纶纤维制造，其他合成纤维制造
29048	橡胶制品业	车辆、飞机及工程机械轮胎制造，力车胎制造，轮胎翻新加工，橡胶板、管、带的制造，橡胶零件制造，再生橡胶制造，日用及医用橡胶制品制造，橡胶靴鞋制造，其他橡胶制品制造

续表

代码	投入产出部门名称	包括的国民经济行业（工业、建筑业到小类，其他到中类）
30049	塑料制品业	塑料薄膜制造，塑料板、管、型材的制造，塑料丝、绳及编织品的制造，泡沫塑料制造，塑料人造革、合成革制造，塑料包装箱及容器制造，塑料零件制造，塑料鞋制造，日用塑料杂品制造，其他塑料制品制造
31050	水泥、石灰和石膏制造业	水泥制造，石灰和石膏制造
31051	水泥及石膏制品制造业	水泥制品制造，砼结构构件制造，石棉水泥制品制造，轻质建筑材料制造，其他水泥制品制造
31052	砖瓦、石材及其他建筑材料制造业	黏土砖瓦及建筑砌块制造，建筑陶瓷制品制造，建筑用石加工，防水建筑材料制造，隔热和隔音材料制造，其他建筑材料制造
31053	玻璃及玻璃制品制造业	平板玻璃制造，技术玻璃制品制造，光学玻璃制造，玻璃仪器制造，日用玻璃制品及玻璃包装容器制造，玻璃保温容器制造，玻璃纤维及制品制造，玻璃纤维增强塑料制品制造，其他玻璃制品制造
31054	陶瓷制品制造业	卫生陶瓷制品制造，特种陶瓷制品制造，日用陶瓷制品制造，园林、陈设艺术及其他陶瓷制品制造
31055	耐火材料制品制造业	石棉制品制造，云母制品制造，耐火陶瓷制品及其他耐火材料制造
31056	石墨及其他非金属矿物制品制造业	石墨及碳素制品制造，其他非金属矿物制品制造
32057	炼铁业	炼铁
32058	炼钢业	炼钢
32059	钢压延加工业	钢压延加工
32060	铁合金冶炼业	铁合金冶炼
33061	有色金属冶炼及合金制造业	铜冶炼，铅锌冶炼，镍钴冶炼，锡冶炼，锑冶炼，铝冶炼，镁冶炼，其他常用有色金属冶炼，金冶炼，银冶炼，其他贵金属冶炼，钨钼冶炼，稀土金属冶炼，其他稀有金属冶炼，有色金属合金制造
33062	有色金属压延加工业	常用有色金属压延加工，贵金属压延加工，稀有稀土金属压延加工

代码	投入产出部门名称	包括的国民经济行业（工业、建筑业到小类，其他到中类）
34063	金属制品业	金属结构制造，金属门窗制造，切削工具制造，手工具制造，农用及园林用金属工具制造，刀剪及类似日用金属工具制造，其他金属工具制造，集装箱制造，金属压力容器制造，金属包装容器制造，金属丝绳及其制品的制造，建筑、家具用金属配件制造，建筑装饰及水暖管道零件制造，安全、消防用金属制品制造，其他建筑、安全用金属制品制造，金属表面处理及热处理加工，工业生产配套用搪瓷制品制造，搪瓷卫生洁具制造，搪瓷日用品及其他搪瓷制品制造，金属制厨房调理及卫生器具制造，金属制厨用器皿及餐具制造，其他日用金属制品制造，铸币及贵金属实验室用品制造，其他未列明的金属制品制造
35064	锅炉及原动机制造业	锅炉及辅助设备制造，内燃机及配件制造，汽轮机及辅机制造，水轮机及辅机制造，其他原动机制造
35065	金属加工机械制造业	金属切削机床制造，金属成形机床制造，铸造机械制造，金属切割及焊接设备制造，机床附件制造，其他金属加工机械制造
35066	起重运输设备制造业	起重运输设备制造
35067	泵、阀门、压缩机及类似机械的制造业	泵及真空设备制造，气体压缩机械制造，阀门和旋塞的制造，液压和气压动力机械及元件制造
35068	其他通用设备制造业	轴承制造，齿轮、传动和驱动部件制造，烘炉、熔炉及电炉制造，风机、风扇制造，气体、液体分离及纯净设备制造，制冷、空调设备制造，风动和电动工具制造，喷枪及类似器具制造，包装专用设备制造，衡器制造，其他通用设备制造，金属密封件制造，紧固件、弹簧制造，机械零部件加工及设备修理，其他通用零部件制造，钢铁铸件制造，锻件及粉末冶金制品制造
36069	矿山、冶金、建筑专用设备制造业	采矿、采石设备制造，石油钻采专用设备制造，建筑工程用机械制造，建筑材料生产专用机械制造，冶金专用设备制造
36070	化工、木材、非金属加工专用设备制造业	炼油、化工生产专用设备制造，橡胶加工专用设备制造，塑料加工专用设备制造，木材加工机械制造，模具制造，其他非金属加工专用设备制造
36071	农林牧渔专用机械制造业	拖拉机制造，机械化农业及园艺机具制造，营林及木竹采伐机械制造，畜牧机械制造，渔业机械制造，农林牧渔机械配件制造，其他农林牧渔业机械制造及机械修理

代码	投入产出部门名称	包括的国民经济行业（工业、建筑业到小类，其他到中类）
36072	其他专用设备制造业	食品、饮料、烟草工业专用设备制造，农副食品加工专用设备制造，饲料生产专用设备制造，制浆和造纸专用设备制造，印刷专用设备制造，日用化工专用设备制造，制药专用设备制造，照明器具生产专用设备制造，玻璃、陶瓷和搪瓷制品生产专用设备制造，其他日用品生产专用设备制造，纺织专用设备制造，皮革、毛皮及其制品加工专用设备制造，缝纫机械制造，其他服装加工专用设备制造，电工机械专用设备制造，电子工业专用设备制造，武器弹药制造，航空、航天及其他专用设备制造，医疗诊断、监护及治疗设备制造，口腔科用设备及器具制造，实验室及医用消毒设备和器具的制造，医疗、外科及兽医用器械制造，机械治疗及病房护理设备制造，假肢、人工器官及植（介）入器械制造，其他医疗设备及器械制造，环境污染防治专用设备制造，地质勘查专用设备制造，邮政专用机械及器材制造，商业、饮食、服务业专用设备制造，社会公共安全设备及器材制造，交通安全及管制专用设备制造，水资源专用机械制造，其他专用设备制造
37073	铁路运输设备制造业	铁路机车车辆及动车组制造，工矿有轨专用车辆制造，铁路机车车辆配件制造，铁路专用设备及器材、配件制造，其他铁路设备制造及设备修理
37074	汽车制造业	汽车整车制造，改装汽车制造，电车制造，汽车车身、挂车的制造，汽车零部件及配件制造，汽车修理
37075	船舶及浮动装置制造业	金属船舶制造，非金属船舶制造，娱乐船和运动船的建造和修理，船用配套设备制造，船舶修理及拆船，航标器材及其他浮动装置的制造
37076	其他交通运输设备制造业	摩托车整车制造，摩托车零部件及配件制造，脚踏自行车及残疾人座车制造，助动自行车制造，飞机制造及修理，航天器制造，其他飞行器制造，潜水及水下救捞装备制造，交通管理用金属标志及设施制造，其他交通运输设备制造
39077	电机制造业	发电机及发电机组制造，电动机制造，微电机及其他电机制造
39078	输配电及控制设备制造	变压器、整流器和电感器制造，电容器及其配套设备制造，配电开关控制设备制造，电力电子元器件制造，其他输配电及控制设备制造
39079	电线、电缆、光缆及电工器材制造	电线电缆制造，光纤、光缆制造，绝缘制品制造，其他电工器材制造

代码	投入产出部门名称	包括的国民经济行业（工业、建筑业到小类，其他到中类）
39080	家用电力和非电力器具制造业	家用制冷电器具制造，家用空气调节器制造，家用通风电器具制造，家用厨房电器具制造，家用清洁卫生电器具制造，家用美容、保健电器具制造，家用电力器具专用配件制造，其他家用电力器具制造，燃气、太阳能及类似能源的器具制造，其他非电力家用器具制造
39081	其他电气机械及器材制造业	电池制造，电光源制造，照明灯具制造，灯用电器附件及其他照明器具制造，车辆专用照明及电气信号设备装置制造，其他未列明的电气机械制造
40082	通信设备制造业	通信传输设备制造，通信交换设备制造，通信终端设备制造，移动通信及终端设备制造，其他通信设备制造
40083	雷达及广播设备制造业	雷达及配套设备制造，广播电视节目制作及发射设备制造，广播电视接收设备及器材制造，应用电视设备及其他广播电视设备制造
40084	电子计算机制造业	电子计算机整机制造，计算机网络设备制造，电子计算机外部设备制造
40085	电子元器件制造业	电子真空器件制造，半导体分立器件制造，集成电路制造，光电子器件及其他电子器件制造，电子元件及组件制造，印制电路板制造
40086	家用视听设备制造业	家用影视设备制造，家用音响设备制造
40087	其他电子设备制造业	其他电子设备制造
41088	仪器仪表制造业	工业自动控制系统装置制造，电工仪器仪表制造，绘图、计算及测量仪器制造，实验分析仪器制造，试验机制造，供应用仪表及其他通用仪器制造，环境监测专用仪器仪表制造，汽车及其他用计数仪表制造，导航、气象及海洋专用仪器制造，农林牧渔专用仪器仪表制造，地质勘探和地震专用仪器制造，教学专用仪器制造，核子及核辐射测量仪器制造，电子测量仪器制造，其他专用仪器制造，钟表与计时仪器制造，光学仪器制造，眼镜制造
41089	文化、办公用机械制造业	电影机械制造，幻灯及投影设备制造，照相机及器材制造，复印和胶印设备制造，计算器及货币专用设备制造，其他文化、办公用机械制造，其他仪器仪表的制造及修理
42090	工艺品及其他制造业	雕塑工艺品制造，金属工艺品制造，漆器工艺品制造，花画工艺品制造，天然植物纤维编织工艺品制造，抽纱刺绣工艺品制造，地毯、挂毯制造，珠宝首饰及有关物品的制造，其他工艺美术品制造，制镜及类似品加工，鬃毛加工、制刷及清扫工具的制造，其他日用杂品制造，煤制品制造，核辐射加工，其他未列明的制造业
43091	废品废料	废品废料

续表

代码	投入产出部门名称	包括的国民经济行业（工业、建筑业到小类，其他到中类）
44092	电力、热力的生产和供应业	火力发电，水力发电，核力发电，其他能源发电，电力供应，热力生产和供应
45093	燃气生产和供应业	燃气生产和供应
46094	水的生产和供应业	自来水的生产和供应，污水处理及其再生利用，其他水的处理、利用与分配
47095	房屋和土木工程建筑业	房屋工程建筑，铁路、道路、隧道和桥梁工程建筑，水利和港口工程建筑，工矿工程建筑，架线和管道工程建筑，其他土木工程建筑
48096	建筑安装业	建筑安装业
49097	建筑装饰业	建筑装饰业
50098	其他建筑业	工程准备，提供施工设备服务，其他未列明的建筑活动
51099	铁路运输业	铁路旅客运输，铁路货物运输，铁路运输辅助活动
52100	道路运输业	公路旅客运输，道路货物运输，道路运输辅助活动
53101	城市公共交通业	公共电汽车客运，轨道交通，出租车客运，城市轮渡，其他城市公共交通
54102	水上运输业	水上旅客运输，水上货物运输，水上运输辅助活动
55103	航空运输业	航空客货运输，通用航空服务，航空运输辅助活动
56104	管道运输业	管道运输业
57105	装卸搬运和其他运输服务业	装卸搬运，运输代理服务
58106	仓储业	谷物、棉花等农产品仓储，其他仓储
59107	邮政业	国家邮政，其他寄递服务
60108	电信和其他信息传输服务业	电信，互联网信息服务，广播电视传输服务，卫星传输服务
61109	计算机服务业	计算机系统服务，数据处理，计算机维修，其他计算机服务
62110	软件业	公共软件服务，其他软件服务

代码	投入产出部门名称	包括的国民经济行业（工业、建筑业到小类，其他到中类）
63111	批发业	农畜产品批发，食品、饮料及烟草制品批发，纺织、服装及日用品批发，文化、体育用品及器材批发，医药及医疗器材批发，矿产品、建材及化工产品批发，机械设备、五金交电及电子产品批发，贸易经纪与代理，其他批发
65112	零售业	综合零售，食品、饮料及烟草制品专门零售，纺织、服装及日用品专门零售，文化、体育用品及器材专门零售，医药及医疗器材专门零售，汽车、摩托车、燃料及零配件专门零售，家用电器及电子产品专门零售，五金、家具及室内装修材料专门零售，无店铺及其他零售
66113	住宿业	旅游饭店，一般旅馆，其他住宿服务
67114	餐饮业	正餐服务，快餐服务，饮料及冷饮服务，其他餐饮服务
68115	银行业	中央银行，商业银行，其他银行
69116	证券业	证券市场管理，证券经纪与交易，证券投资，证券分析与咨询
70117	保险业	人寿保险，非人寿保险，保险辅助服务
71118	其他金融活动	金融信托与管理，金融租赁，财务公司，邮政储蓄，典当，其他未列明的金融活动
72119	房地产开发经营业	房地产开发经营业
72120	物业管理业	物业管理业
72121	房地产中介服务业	房地产中介服务业
72122	其他房地产活动	其他房地产活动
73123	租赁业	机械设备租赁，文化及日用品出租
74124	商务服务业	企业管理服务，法律服务，咨询与调查，广告业，知识产权服务，职业中介服务，市场管理，其他商务服务
74125	旅游业	旅行社
75126	研究与试验发展	自然科学研究与试验发展，工程和技术研究与试验发展，农业科学研究与试验发展，医学研究与试验发展，社会人文科学研究与试验发展
76127	专业技术服务业	气象服务，地震服务，海洋服务，测绘服务，技术检测，环境监测，工程技术与规划管理，其他专业技术服务

续表

代码	投入产出部门名称	包括的国民经济行业（工业、建筑业到小类，其他到中类）
77128	科技交流和推广服务业	技术推广服务，科技中介服务，其他科技服务
78129	地质勘查业	矿产地质勘查，基础地质勘查，地质勘查技术服务
79130	水利管理业	防洪管理，水资源管理，其他水利管理
80131	环境管理业	自然保护，环境治理
81132	公共设施管理业	市政公共设施管理，城市绿化管理，游览景区管理
82133	居民服务业	家庭服务，托儿所，洗染服务，理发及美容保健服务，洗浴服务，婚姻服务，殡葬服务，摄影扩印服务，其他居民服务
83134	其他服务业	修理与维护，清洁服务，其他未列明的服务
84135	教育	学前教育，初等教育，中等教育，高等教育，其他教育
85136	卫生	医院、卫生院及社区医疗活动，门诊部医疗活动，计划生育技术服务活动，妇幼保健活动，专科疾病防治活动，疾病预防控制及防疫活动，其他卫生活动
86137	社会保障业	社会保障业
87138	社会福利业	提供住宿的社会福利，不提供住宿的社会福利
88139	新闻出版业	新闻业，出版业
89140	广播、电视、电影和音像业	广播，电视，电影，音像制作
90141	文化艺术业	文艺创作与表演，艺术表演场馆，图书馆与档案馆，文物及文化保护，博物馆，烈士陵园、纪念馆，群众文化活动，文化艺术经纪代理，其他文化艺术
91142	体育	体育组织，体育场馆，其他体育
92143	娱乐业	室内娱乐活动，游乐园，休闲健身娱乐活动，其他娱乐活动
93144	公共管理和社会组织	中国共产党机关，国家权力机构，国家行政机构，人民法院和人民检察院，其他国家机构，人民政协，民主党派，群众团体，社会团体，宗教组织，社区自治组织，村民自治组织

国家统计局国民经济核算司：《2007 年中国投入产出表》，中国统计出版社 2011 年版。

附表 F　中国海洋经济复合系统变量相关系数

附表 F　中国海洋经济复合系统变量相关系数

	X_1	X_2	X_3	X_4	X_7	X_8	X_9	X_{10}	X_{11}	X_{12}	X_{13}	X_{14}	X_{15}	T_1	T_2	T_{11}	T_{12}	S_4	S_5	S_9	S_{10}	E_5	E_9	E_{10}
X_1	1.000	0.997	0.999	1.000	0.993	0.983	0.972	0.933	0.989	0.925	0.990	0.977	0.860	0.941	0.915	0.926	0.977	0.686	-0.882	0.967	0.986	-0.761	-0.848	-0.849
X_2		1.000	0.994	0.997	0.990	0.979	0.953	0.905	0.990	0.938	0.987	0.980	0.859	0.948	0.915	0.904	0.982	0.678	-0.780	0.964	0.975	-0.827	-0.841	-0.540
X_3			1.000	0.999	0.993	0.983	0.976	0.940	0.988	0.921	0.992	0.977	0.859	0.941	0.916	0.934	0.977	0.667	-0.888	0.967	0.990	-0.858	-0.752	-0.744
X_4				1.000	0.993	0.982	0.969	0.934	0.989	0.929	0.993	0.977	0.858	0.940	0.913	0.925	0.977	0.675	-0.877	0.969	0.987	-0.759	-0.947	-0.650
X_7					1.000	0.985	0.971	0.920	0.983	0.906	0.985	0.978	0.835	0.946	0.921	0.924	0.976	0.656	-0.901	0.955	0.981	-0.880	0.805	-0.709
X_8						1.000	0.964	0.890	0.982	0.857	0.963	0.968	0.826	0.943	0.932	0.936	0.972	0.664	-0.908	0.918	0.971	-0.806	-0.881	-0.602
X_9							1.000	0.951	0.945	0.849	0.956	0.925	0.808	0.884	0.872	0.942	0.922	0.656	-0.702	0.930	0.975	-0.715	-0.712	-0.907
X_{10}								1.000	0.907	0.843	0.945	0.888	0.791	0.842	0.838	0.934	0.880	-0.637	-0.778	0.916	0.952	-0.911	-0.689	-0.532

续表

	X_1	X_2	X_3	X_4	X_7	X_8	X_9	X_{10}	X_{11}	X_{12}	X_{13}	X_{14}	X_{15}	T_1	T_2	T_{11}	T_{12}	S_4	S_5	S_9	S_{10}	E_5	E_9	E_{10}
X_{11}									1.000	0.899	0.978	0.987	0.870	0.963	0.952	0.940	0.991	0.694	-0.874	0.933	0.965	-0.870	-0.826	-0.647
X_{12}										1.000	0.938	0.896	0.807	0.828	0.756	0.748	0.890	0.605	-0.677	0.973	0.908	0.927	0.907	-0.889
X_{13}											1.000	0.968	0.839	0.931	0.898	0.916	0.968	0.626	-0.918	0.969	0.985	-0.470	-0.939	-0.787
X_{14}												1.000	0.891	0.975	0.959	0.924	0.990	0.685	-0.891	0.938	0.954	-0.537	-0.669	-0.755
X_{15}													1.000	0.870	0.858	0.839	0.867	0.751	-0.793	0.841	0.798	0.610	-0.743	-0.674
T_1														1.000	0.985	0.909	0.986	0.605	-0.722	0.869	0.909	-0.833	-0.712	-0.876
T_2															1.000	0.940	0.966	0.644	-0.815	0.816	0.883	-0.824	-0.874	-0.694
T_{11}																1.000	0.922	0.659	-0.714	0.839	0.922	-0.781	-0.923	-0.855
T_{12}																	1.000	0.630	-0.889	0.922	0.953	-0.926	-0.853	-0.799
S_4																		1.000	-0.937	0.653	0.615	-0.914	0.926	-0.844
S_5																			1.000	-0.321	-0.312	-0.842	-0.902	-0.589
S_9																				1.000	0.966	0.629	0.743	-0.943
S_{10}																					1.000	-0.818	-0.930	-0.627
E_5																						1.000	0.786	0.755
E_9																							1.000	-0.681
E_{10}																								1.000

主要参考文献

［1］ Quesnay F. & Sakata T., 1956, "Tableau économique". *Tokyo*: *Shunjusha Publishing Company*, pp. 80-414.

［2］ Adam Smith, 1776, "An Inquiry into the Nature and Causes of the Wealth of Nations". *London*: *A. and C. Black*, pp. 2-207

［3］ David Ricardo & Quanshi Li, 1819, "The principles of political economy and taxation". *Ed. Edward Carter Kersey Gonner. J. Milligan*, p. 93.

［4］ Sir Roy F. Harrod, "An essay in dynamic theory". *The Economic Journal*, Vol. 49, 1993, pp. 14-33.

［5］ Evsey David Domar., 1946, "Capital expansion, rate of growth, and employment". *Econometrica*, *Journal of the Econometric Society*, pp. 137-147.

［6］ Robert Merton Solow, 1956, "A contribution to the theory of economic growth". *The quarterly journal of economics*, Vol. 70, pp. 65-94.

［7］ Trevor Winchester Swan, 1956, "Economic growth and capital accumulation". *Economic record*, Vol. 32, pp. 334-361.

［8］ Robert J. Barro, 1990, "Government spending in a simple model of endogenous growth". *Journal of Political Economy*, pp. 103-125.

［9］ Rebelo S., 1991, "Long run policy analysis and long run growth". *National Bureau of Economic Research*, pp. 500-521.

［10］ Arrow K. J., 1962, "The economic implications of learning by doing". *The review of economic studies*, Vol. 29, No. 3, pp. 155-173.

［11］ Romer S., 1986, "Increasing returns and long-run growth". *The Journal of Political Economy*, pp. 1002-1037.

［12］ Lucas R. E. Jr., 1988, "On the mechanics of economic development". *Journal of monetary economics*, Vol. 22, No. 1, pp. 3-42.

［13］ Uzawa H., 1963, "On a two-sector model of economic growth II". *The Review of Economic Studies*, Vol. 30, No. 2, pp. 105-118.

［14］ Douglass C. North & Lance Davis, 1971, "Institutional change and American economic growth". *Cambridge: Cambridge University Press*, pp. 180-262.

［15］ Douglass C. North & Robert Thomas, 1973, "The rise of the western world: A new economic history". Cambridge: *Cambridge University Press*, pp. 245-292.

［16］ Hughes Hallett & Laura Piscitelli, 2002, "Does trade integration cause convergence". *Economics Letters*, Vol. 75, No. 2, pp. 165-170.

［17］ Suboth Kumar & R. Robert Russell, 2002, "Technological change, technological catch-up, and capital deepening: relative contributions to growth and convergence". *American Economic Review*, pp. 527-548.

［18］ J. Benhabib & REA Farme, 1994, "Indeterminacy and increasing returns". *Journal of Economic Theory*, Vol. 61, No. 1, pp. 19-41.

［19］ E Fernández, A Novales & J Ruiz, 2004, "Indeterminacy under Non-separability of Public Consumption and Leisure in the Utility Function". *Economic Modeling*, Vol. 21, No. 03, pp. 409-428.

［20］ Xavier Raurich, 2003, "Government Spending, Local Indeterminacy and Tax Structure". *Economica*, Vol. 70, No. 280, pp. 639-653.

［21］ Gokan Y., 2008, "Alternative Government Financing and Aggregate Fluctuations Driven by Self-fulfilling Expectations". *Journal of Economic Dynamics and Control*, Vol. 32, No. 05, pp. 1650-1679.

［22］ Chi-Ting Chin, Jang-Ting Guo & Ching-Chong Lai, 2009, "Macroeconomic Stability under Real Interest Rate Targeting". *Journal of Economic Dynamics and Control*, Vol. 33, No. 9, pp. 1631-1638.

［23］ Chen, B & M. Hsu. 2007, "Admiration is a Source of Indeterminacy". *Economics Letters*, Vol. 5, No. 1, pp. 96-103.

［24］Weder M, 2001, "Indeterminacy in A Small Open Economy Ramsey Growth Model". *Journal of Economic Theory*, Vol. 98, No. 1, pp. 339-356.

［25］Jevons & William Stanley, 1875, "Money and the Mechanism of Exchange". *New York*: *D. Appleton and Co.* pp. 336-342.

［26］Joseph Alois Schumpeter, 1912, "Theory of Economic Development". *Piscataway*: *Transaction Publishers*, pp. 89-132.

［27］John Maynard Keynes, 1936, "The General Theory of Employment, Interest and Money". *Cambridge*: *Cambridge University Press*, pp. 3-168.

［28］Thomas Robert Malthus, 1989, "Principles of political economy". *Cambridge*: *Cambridge University Press*, pp. 334.

［29］Jean Charles Léonard de Sismondi, 1819, "Nouveaux principesd´ économiepolitique: ou de la richesse dans ses rapports avec la population". *Paris*: *Delaunay*, pp. 384-437.

［30］K. Wicksell, 2003, "Interest and Prices". *Princeton*: *Princeton University Press*, pp. 167.

［31］Friedrich August von Hayek, 1967, "Prices & Production". *New York*: *Augustus M. Kelley Publishers*, pp. 69-104.

［32］陶在朴:《经济发展的稳态与跃迁——谈突变理论研究与预测经济发展的可能性》,《未来与发展》1984 年第 3 期, 第 25—27 页。

［33］全林、赵俊和、张钟俊:《混沌理论及其在经济周期理论中的应用》,《上海交通大学学报》1996 年第 2 期。

［34］Laurence Ball N. Gregory Mankiw & David Romer, 1988, "The New Keynsesian Economics & the Output-Inflation Trade-off". *Economic Activity*, Vol. 19, No. 1, pp. 1-82.

［35］Jean-Michel Grandmont, 1986, "Endogenous Competitive Business Cycles". *Econometrica*, Vol. 53, No. 5, pp. 995-1045.

［36］Michael Woodford, 1986, "Stationary sunspot equilibria in a finance constrained economy". *Journal of Economic Theory*, Vol. 40, No. 1, pp. 128-137.

［37］ Walter J Muller & Michael Woodford, 1988. "Determinacy of equilibrium in stationary economies with both finite and infinite lived consumers". *Journal of Economic Theory*, Vol. 46, No. 2, pp. 255-290.

［38］ Charles R. Nelson & Charles R. Plosser, 1982, "Trends and random walks in macroeconomic time series: Some evidence & implications". *Journal of Monetary Economics*, Vol. 10, No. 2, pp. 139-162.

［39］ Milton Friedman, 2005, "The Optimum Quantity of Money". *Piscataway: Transaction Publishers*, pp. 158-238.

［40］ Robert Emerson Lucas, 1972, "Expectations and the Neutrality of Money". *Journal of Economic Theory*, Vol. 30, No. 2, pp. 103-124.

［41］ Robert Emerson Lucas. 1976, "Econometric Policy Evaluation: A Critique". *Carnegie-Rochester Conference Series on Public Policy*, Vol. 15, pp. 19-46.

［42］ Finn E. Kydland & Edward C. Prescott. 1982, "Time to Build & Aggregate Fluctuations". *Econometrica*, Vol. 50, No. 6, pp. 1345-1370.

［43］ AF Burns. WC Mitchell, 1946, "Measuring Business Cycles". *New York: National Bureau of Economic Research*, pp. 25-33.

［44］ Geoffrey H. Moore, 1950, "Statistical Indicators of Cyclical Revivals & Recessions". *New York: National Bureau of Economic Research*, pp. 184-260.

［45］ GH Moore & J Shiskin, 1967, "Indicators of Business Expansions and Contractions". *New York: National Bureau of Economic Research*, pp. 8.

［46］ Julius Shiskin, 1955, "Seasonal Computations on Univac". *The American Statistician*, Vol. 9, No. 1, pp. 19-23

［47］ J. Shiskin, AH Young & JC Musgrave, 1965, "The X-11 variant of the Census Method II seasonal adjustment program, United States Department of Commerce". *Washington: Bureau of the Census*, pp4-59.

［48］ Kariya. T, 1988, "MTV model and its application to the prediction of stock prices". *The Proceedings of the Second International Tampere Conference in Statistics*, pp. 161- 176.

［49］JH Stock，MW Watson，1989， "New indexes of coincident and leading economic indicators". *NBER Macroeconomics Annual*.

［50］陈磊、高铁梅：《利用 Stock-Watson 型景气指数对宏观经济形势的分析和预测》，《数量经济技术经济研究》；1994 年第 5 期。

［51］Goldfeld S M & Quandt R E，1973， "A Markov model for switching regression". *Journal of Econometrics*，pp. 13–16.

［52］James B. Ramsey，1996，"Time Irreversibility and Business Cycle Asymmetry". J*ournal of Money*，*Credit*，*and Banking*，Vol. 28，No. 1.

［53］Sharif Md. Raihan，Yi Wen & Bing Zeng，2005，"Wavelet：A New Tool for Business Cycle Analysis". *Working Paper*.

［54］Arturo Wstrella &Frederic S. Mishkin，1996，"The Yield Curve as a Predictor of U. S. Recessions". *Current Issues in Economics and Finance*，Vol. 2，No. 7.

［55］S Bordoloi，R Raiesh，2007，"Forecasting the Turning Points of the Business Cycle with Leading Indicators in India：a Probit approach". *Singapore Economic Review Conference*.

［56］刘春航、王清容：《美国房地产周期与经济衰退的可预测性研究》，《金融研究》2008 年第 2 期。

［57］高铁梅、李颖、梁云芳：《2009 年中国经济增长率周期波动呈 U 型走势——利用景气指数和 Probit 模型的分析和预测》，《数量经济技术经济研究》2009 年第 6 期。

［58］刘雪燕：《我国经济周期波动转折点分析与预测》，《中国物价》2010 年第 6 期。

［59］Peter Whittle，1951， "Hypothesis testing in time series analysis". *Almqvist & Wiksell bktr*.

［60］张嘉为、张珣、王珏、欧变玲、汪寿阳：《基于景气跟踪图的经济景气分析方法》，《系统科学与数学》2011 年第 2 期。

［61］张泽厚：《中国经济波动与监测预警》，中国统计出版社 1993 年版，第 35—54 页。

［62］Robert Engel，1982 "Autoregressive Conditional Heteroscedasticity with Estimates of Variance of united Kingdom Inflation". *Econometrica*, Vol. 50, pp. 987-1007.

［63］Tim Bollerslev, 1986, "Generalized Autoregressive Conditions Heteroskedasticity". *Journal of Econometrics*, pp. 307-327.

［64］Engle R E, Lillien D & Robins R P, 1987, "Estimating time varying risk premia in the term structure: the ARCH-M model". *Economertrica*, pp. 391-407.

［65］M. L. Higgins & A. K. Bera., 1992, "A Class of Nonlinear Arch Models". *International Economic Review*, Vol. 33, No. 1, pp. 137-158.

［66］Nelson D B, 1990, "ARCH models as diffusion approximations". *Journal of Econometrics*, pp. 7-38.

［67］王慧敏:《ARCH 预警系统的研究》,《预测》1998 年第 4 期。

［68］杭斌、赵俊康:《VAR 系统———一种宏观经济预警的新方法》,《统计研究》1997 年第 4 期。

［69］Ohlson, J. S, 1980, "Financial Ratios and the Probabilistic of Bankruptcy". *Journal of Accounting Resarch*, pp. 109-131.

［70］John D. Healy, 1987, "A Note on Multivariate CUSUM Procedures". *Technometrics*, Vol 29, No. 4, pp. 409-412.

［71］James M. Lucas & Ronald B. Crosierb, 1982, "Fast Initial Response for CUSUM Quality-Control Schemes: Give Your CUSUM A Head Start". *Technometrics*, Vol 24, No. 3, pp. 199-205.

［72］林伯强:《外债风险预警模型及中国金融安全状况评估》,《经济研究》2002 年第 7 期。

［73］黄智:《四川工业经济预警方法、模型与信息系统研究》,四川大学,2006 年,第 2—53 页

［74］黄小原、肖四汉:《神经网络预警系统及其在企业运行中的应用》,《系统工程与电子技术》1995 年第 10 期。

［75］Kaminsky, Lizondo & Reinhart, 1997, "Leading Indicators of Currency Crises". *IMF Working Paper*.

［76］邓聚龙:《灰色控制系统》,《华中工学院学报》1982 年第 3 期。

［77］Babson Roger Ward, 1918, "Business Barometers Used in the Accumulation of Money". *USA*：*Babson's Statistical Organization*, pp. 30–451.

［78］G. H. Moore, 1955, "Business Cycles and the Labor Market". *Monthly Lab. Rev.*

［79］毕大川、刘树成：《经济周期与预警系统》，经济科学出版社 1990 年版，第 76—84 页。

［80］杨国桢：《关于中国海洋社会经济史的思考》，《中国社会经济史研究》1996 年第 2 期，第 1—7 页。

［81］殷克东：《中国沿海地区海洋强省（市）综合实力评估》，人民出版社 2013 年版，第 442—458 页。

［82］杨国桢：《论海洋人文社会科学的概念磨合》，《厦门大学学报》（哲学社会科学版）2000 年第 1 期。

［83］刘金全：《宏观经济冲击的作用机制与传导机制研究》，《经济学动态》2002 年第 4 期。

［84］徐质斌：《海洋经济学：时代的呼唤》，《海洋信息》1996 年第 12 期。

［85］唐汉清：《中国经济周期波动的根源和形成机理研究》，华南理工大学，2011 年，第 131—144 页。

［86］毛林根：《产业经济学》，上海人民出版社 1996 年版，第 45—89 页。

［87］吴照云、卢福财、吴志军：《产业经济学》，经济管理出版社 1998 年版，第 68—75 页

［88］李崇阳：《福建主导产业群实证分析》，《中共福建省委党校学报》2003 年第 10 期，第 58—62 页。

［89］姜向荣、司亚清、张少锋：《景气指标的筛选方法及运用》，《统计与决策》2007 年第 4 期，第 119—121 页。

［90］殷克东、方胜民：《中国海洋经济形势分析与预测》，经济科学出版社 2011 年版，第 112—124 页。

［91］姜旭朝、李奇泳：《中国海洋盐业演化机制研究》，《产业经济评论》2010 年第 4 期，第 66—79 页。

［92］中华人民共和国水利部：《中国水资源公报 2010》，中国水利水电出版社 2011 年版，第 6—8 页。

［93］詹红丽、李宗璟、郭风、甘奕维：《我国海水利用发展现状与国外经验借鉴》，《水利科技与经济》2013 年第 1 期，第 71—73、80 页。

［94］钟契夫：《投入产出分析》，中国财政经济出版社 1997 年版，第 9—54 页。

［95］国家统计局国民经济核算司：《2007 年中国投入产出表》，中国统计出版社 2011 年版，第 23—152 页。

［96］Wassily W Leontief, 1941, "The Structure of American Economy, 1919-1929". *New York*：*Oxford University Press*, pp. 45-181.

［97］Allan. G. B. Fisher, 1935, "The Clash of Progress and Security". *London*：*Macmillan*, pp. 204.

［98］Clark. C, 1957, "The Conditions of Economic Progress 3rd ed. London". *UK*：*Macrnillan*, pp. 5-36.

［99］赵林如等：《市场经济学大辞典》，经济科学出版社 1999 年版，225—236 页。

［100］李琮等：《世界经济学大辞典》，经济科学出版社 2000 年版，第 335—357 页。

［101］［英］多纳德·海等：《产业经济学与组织》，钟鸿均译，经济科学出版社 2001 年版，第 63—72 页。

［102］陈跃刚、甘永辉：《我国产业间波及效应的探讨》，《南昌大学学报》（人文社会科学版）2004 年第 5 期，第 58—63 页。

［103］李善同、翟凡：《应正确认识中间投入率的变化趋势》，《国务院发展研究中心调研报告》，1996 年第 106 号。

［104］胡国强、王高瑞、王国胜：《关于投入产出表分配系数的初步研究》，《经济经纬》1997 年第 4 期，第 78—79 页。

［105］Wassily W Leontief, 1966, "Input-Output Economics". *New York*：*Oxford University Press*, pp. 223—257.

［106］许正中、高常水：《后危机背景下先导产业发展路径探析》，《中国软科学》2009 第 11 期，第 19—24 页。

[107] ［美］沃尔特·罗斯托:《经济成长的阶段》,郭熙宝、王松茂译,英国剑桥大学出版社 1960 年版,第 63—72 页。

[108] 苏东水:《产业经济学》,高等教育出版社 2000 年版,第 187—194 页。

[109] ［美］沃尔特·罗斯托:《从起飞进入持续增长的经济学》,贺力平等译,四川人民出版社 1988 年版,第 94—102 页。

[110] 高铁梅:《计量经济分析方法与建模:EViews 应用及实例》,清华大学出版社 2009 年版,第 44—48 页。

[111] Hamilton. J. D., 1989, "A New Approach to the Economic Analysis of Nonstationary Time Series and the Business Cycle". *Econometrica*, pp. 357-384.

[112] Kim & Chan-Jin, 1994, "Dynamic Linear Models with Markov-Switching". *Journal of Econometrics*, Vol. 60, pp. 1-22.

[113] 刘金全、刘志刚、于冬:《我国经济周期波动性与阶段性之间关联的非对称性检验——Plucking 模型对中国经济的实证研究》,《统计研究》2005 年第 8 期,第 38—43 页。

[114] 王雄威:《我国经济周期非线性特征分析与经济周期测定研究》,吉林大学,2012 年,第 25—81 页。

[115] 马昕田、刘金全、印重:《基于多分辨率小波的中国经济周期波动性和持续性测度》,《黑龙江社会科学》2013 年第 3 期,第 58—61 页。

[116] 刘汉:《中国宏观经济混频数据模型的研究与应用》,吉林大学,2013 年,第 28—134 页。

[117] 王金明、高铁梅:《中国经济周期波动共变性和非对称性分析——利用动态马尔科夫转移因子模型构造中国经济景气指数》,社会科学文献出版社 2006 年版,第 2—30 页。

[118] 高铁梅、王金明、陈飞:《中国转轨时期经济增长周期波动特征的实证分析》,《财经问题研究》2009 年第 1 期,第 22—29 页。

[119] 高铁梅:《中国转轨时期的经济周期波动:理论、方法及实证分析》,科学出版社 2009 年版,第 22—29 页。

[120] 董文泉、高铁梅、陈磊、吴桂珍:《Stock-Watson 型景气指数及

其对我国经济的应用》，《数量经济技术经济研究》1995年第12期，第68—74页。

［121］C. W. J. Granger. M. Hatanaka, 1964, "Spectral Analysis of Economic Time Series". *Princetion*：*Princetion Univ. Press*，pp. 31-44.

［122］石柱鲜、黄红梅、刘俊生、牟晓云、王立勇：《2007年我国经济周期波动分析与主要宏观经济指标的预测——利用Logistic回归模型的分析》，《数量经济技术经济研究》2007年第6期，第14—22页。

［123］王双成、裴瑱、毕玉江：《经济周期转折点预测的动态贝叶斯网络分类器模型》，《管理工程学报》2011年第2期，第173—177页。

［124］邹战勇、林彩凤、林小凤、杨木娟：《利用合成指数预测经济周期波动转折点》，《经济研究导刊》2012年第03期，第8—9页。

［125］谢太峰、王子博：《中国经济周期拐点预测——基于潜在经济增长率与经验判断》，《国际金融研究》2013年第1期，第77—86页。

［126］Hoegh-Guldberg, O. et al., 2015, "Reviving the Ocean Economy：the case for action". *WWF International*，*Gland*，*Switzerland*，*Geneva*，pp. 2-5.

［127］Morelli D, 2002, "The relationship between conditional stock market volatility and conditional macroeconomic volatility：Empirical evidence based on UK data". *International Review of Financial Analysis*，No. 11，pp. 101-110.

［128］Park J, Ratti R A, 2008, "Oil price shocks and stock markets in the US and 13 European countries". *Energy Economics*，No. 30（5），pp. 2587-2608.

［129］Miles W, 2009, Housing investment and the US economy：how have the relationships changed. *Journal of Real Estate Research*，No. 31（3），pp. 329-349.

［130］殷克东、王自强、王法良：《我国陆海经济关联效应测算研究》，《中国渔业经济》2009年第6期，第110—114页。

［131］田成诗：《我国房地产价格与宏观经济景气关系实证分析》，《价格理论与实践》2009年第7期，第52页。

［132］崔俊霞：《中国大陆与台湾经济关联性分析》，山西财经大学，

2010 年，第 23—40 页。

　　［133］李玉杰：《中国房地产业与国民经济关联关系及协调发展研究》，东北财经大学，2011 年，第 42—153 页。

　　［134］舒建雄：《中国宏观经济周期与股市周期关联性分析》，西南财经大学，2012 年，第 32—57 页。

　　［135］张培源：《中国股票市场与宏观经济相关性研究》，中共中央党校，2013 年，第 32—185 页。

　　［136］陈鹏：《台湾经济波动冲击效应研究》，南开大学，2010 年，第 19—160 页。

后　　记

　　2000 年以来，国家海洋局先后制订了《全国海洋经济发展规划纲要》《国家"十一五"海洋科学和技术发展规划纲要》《国家海洋事业发展规划纲要》和《全国科技兴海规划纲要》。国家"十二五规划"、党的十八大报告、"十三五规划"等，都明确提出了发展海洋经济的战略目标，沿海地区也频频出台海洋经济发展的战略规划。国家战略的制定、地方政府的配合、海洋经济发展的需要，迫切需要学术界开展中国海洋经济发展形势的分析与研判。

　　2003 年，中国海洋大学设立了全国第一个海洋经济本科专业，率先开展了海洋经济计量研究工作。同年，中国海洋大学又成立了"中国海洋经济形势分析与预测研究"课题组，将研究阵地置于海洋经济学术研究的最前沿，钟情于经世济民的学术追求，多年来一直扮演着海洋经济计量研究领域探路者的角色。同时，在围绕中国海洋经济数量化研究领域，课题组积极构建学术研究团队，不断拓宽研究视野，努力提高研究质量。先后主持承担国家社科基金课题、国家自然基金课题、国家海洋局专项课题，主持承担教育部发展报告项目以及省市政府和企事业单位委托课题 50 余项，发表海洋经济相关学术科研论文 100 余篇。

　　作者自 2006 年发表国内外第一篇"海洋经济周期划分"的学术论文以来，经过多年的辛勤耕耘，取得了一批标志性的学术成果和显著的社会经济效益。在海洋经济计量学（Marine Econometrics）理论与方法、海洋经济周期（Marine Economic Cycles）、海洋经济投入产出模型（Model of Input-

Output on Marine Economy）、海洋强国（省市）综合实力评估、海洋经济运行系统仿真、蓝色经济领军城市、海洋经济可持续发展、海洋经济监测评估技术、海洋资源优化配置、海洋灾害经济损失预警等海洋经济的数量化研究领域，进行了系统性、规范性、科学性、前瞻性的研究，研究成果大多为国内首次。同时在国内外率先提出并界定了"海洋经济周期、海洋经济预警、海洋经济安全、海洋经济计量"等概念内涵，率先设计了"海洋经济景气基准日期""海洋经济景气预警指标""海洋经济预警指数""海洋经济周期波动预警信号"等。2008 年首次出版《海洋强国指标体系》；2010 年首次出版《中国海洋经济形势分析与预测》；2012 年首次发布"海洋经济蓝皮书"并出版《中国海洋经济发展报告》；2013 年，《中国海洋经济发展报告》正式获得教育部哲学社会科学发展报告培育项目的立项支持（项目批准号 13JBGP005）；2013 年首次出版《中国沿海地区海洋强省（市）综合实力评估》；2014 年获批国家社科基金重大项目《中国沿海典型区域风暴潮灾害损失监测预警研究》；2015 年连续出版《中国海洋经济发展报告（2014）》。

　　长期以来，笔者深耕于中国海洋经济的数量化研究领域，秉承于经济学、管理学与海洋科学朴实求是的优秀传统，书稿经过前后近十年的准备和反复打磨，遵守学术规范，在充分学习、吸收学界前贤、师长相关研究成果的基础之上，最大可能地穷尽式发掘和征引第一手资料，"去绝浮言"，所云皆细致爬梳实证资料数据所得。书稿着眼于中国海洋经济发展的大背景和对经济周期波动监测预警的宏观把握，立足于以国际宏观经济周期理论为基础的学术考证，进而将经济周期、系统仿真、投入产出、海洋经济波动、监测预警等相结合，既对海洋经济周期波动进行了全面系统的考察，也对海洋经济监测预警系统的架构及其关联效应进行了深入辨析，同时也对海洋经济发展的机制等诸多相关问题，勇于提出个人见解，致力于"成一家之言和独到见解"。

　　21 世纪是海洋的世纪，海洋经济已成为推动我国区域经济协调发展的重要引擎，也是我国海洋强国建设的重要战略支撑平台。《中国海洋经济周期波动监测预警研究》，经过多年系统、科学、规范、全面的研究、修改和完善，先后调研走访了沿海地区 11 个省市的许多部门，并数次往返于北京、天津、上海、广州与青岛之间，拜访咨询相关专家50余人次，征求专家调查问卷300多份，设计构建了15个专用数据库表，收集整理原始数据12800多个，分析处理图表290多张，撰写了30多万字的研究报告。与书稿相关的部分内容作为单篇论文，已经在《中国软科学》《统计与信息论坛》等国际国内学术期刊发表学术文章20多篇，出版学术著作5部。学术成果已被相关文献下载6500多次，转载引用160多次，得到了海洋经济学界专家学者的好评和肯定，在海洋强国（省）建设和中国海洋经济的数量化研究领域产生了重要影响。

《中国海洋经济周期波动监测预警研究》是作者主持的国家社科基金重点项目（11AJY003）的结项研究成果，被国家社科基金委的五位项目鉴定专家评价为：

①发展海洋经济是我国"十二五"规划提出的一项重要的经济社会发展战略，同时又是目前研究相对薄弱的方面，研究中国海洋经济的周期波动监测预警在国内很鲜见，此研究具有填补空白的首创意义，研究者勇气可嘉；此研究成果内容丰富，框架完整，条理清晰，针对如何对海洋经济周期波动进行监测预警，研究者首先对海洋经济周期波动情况进行系统研究，在此基础上尝试建立了中国海洋经济数据库，继而建立了中国海洋经济系统动力仿真系统，中国海洋经济计量模型群和中国海洋经济投入产出模型，并对中国海洋经济波动进行了监测预警和景气的关联分析。应该说，研究者完成的工作量是相当巨大的，工作态度是十分严谨认真的，特别是所使用的一系列数量分析方法是科学可行的。研究报告总体具有较高的学术价值，是一份优秀的研究报告。

②课题成果对全面了解、评价我国的海洋经济做了深入的探索，对建设海洋强国有重要支撑作用，是贯彻中央关于"十二五规划"和海洋经济的一系列指示的重要举措。成果首次将一批成熟的先进研究方法、模型与软件，首次在我国运用，对推动我国海洋经济的研究和其他领域的研究，起了重要的带动作用。此项研究围绕"中国海洋经济周期波动预测预警"复合系统，通过对内部反馈机制、数量系统化、投入产出结构等的分析，通过景气指标的编制，预警区间涉及的相互的定量化研究，完善中国海洋经济的改编体系、方法体系，完整地达到了预警的研究目标，是一份优秀的研究

成果。

③2010 年《中共中央关于制定国民经济和社会发展第十二个五年规划的建议》标志着"海洋经济""海洋强国"正式成为国家战略，科学认识和研究海洋经济发展总体趋势及扩张和收缩的过程规律，日渐成为中国经济社会加速发展和转型过程中一个亟待解决的理论和实践课题。

该课题研究有重大理论建树，创造性地提出了中国海洋经济周期理论及海洋经济波动监测预警理论与体系，标志着理论创造性成果。该课题研究有重要经济实践意义。加深对海洋经济发展规律的认识是人类面临的新课题。该课题的研究内容为海洋经济周期波动的检测奠定了科学基础。

该课题研究路径科学可行，研究方法精准有效。该课题以"数据库—系统仿真—计量模型—投入产出—景气指标—预警指数—监测预警"为主线，完成了周期景气指标设计、景气指数编制、预警区间设计和监测预警模拟等创新工作，并在研究工作中摸清了中国海洋经济家底、探明了海洋经济系统反馈机制、厘清了海洋经济投入产出结构。这些工作具有显著的实践意义和创新意义。

综上所述，该课题研究成果显著，达到国内同类研究领先水平，有较大理论、时间和方法论意义；同时，从实践层面来看，目前的研究成果是开创性的，更有必要将其投入到中国海洋经济周期的实际检测中检验并指导实践。

④该课题通过对海洋经济数据的科学、系统、规范的整理，主要运用数量经济学及相关的前沿研究方法，重点分析了我国海洋经济周期的运用规律和趋势，选题具有重要的现实意义和很高的学术理论价值。

对该项成果的突出感受是：视野开阔，重点突出，工作量饱满，所用方法先进适当，资料翔实，分析论证充分合理，所给方法论和建议具有较高的参考价值。尤其是在以下方面具有创见：运用 MySQL 技术和数据挖掘技术，建立专业针对性强的数据库，体现大数据时代特点；构建大规模的联立方程（组），引入方法模拟预测海洋经济周期的特点，并测算海洋产业的中间需求和投入产出率；设立中国海洋经济景气指标体系，并据此进行筛选分类，为中国海洋经济的监测预警提供理论方法基础和科学依据。

⑤"中国海洋经济周期波动监测预警研究"在我国立志要做海洋强国

的大背景下，应该属于发现了社会经济发展中的重大问题。课题对我国来说具有很重要的应用价值和理论价值，所用数据和资料准确、系统，论证严密，此项研究具有很强的适用性和可操作性，所研究的问题十分复杂，研究难度大，研究报告运用不同方法对中国海洋经济周期波动和监测预警做了多项研究，在建立中国海洋经济波动监测预警指数和预警系统方面有一定的创新性，对实时监测中国海洋经济运行有实用价值。

《中国海洋经济周期波动监测预警研究》在研究、调研、咨询过程中得到了国家海洋局、地方发改委、地方海洋渔业局等相关部门以及许多专家、学者的热情支持、帮助和高度评价，认为该研究成果对于科学把握海洋经济周期运行规律和趋势，准确预测判断海洋经济运行的转折点，实时反映、验证和评价政策实施的效果，提高宏观调控决策的科学性、前瞻性和时效性；加快推进海洋强国建设进程，大力提升海洋强省（市）建设水平，具有重要而深远的理论意义和现实意义。

《中国海洋经济周期波动监测预警研究》的出版，得到了国内外涉海院校及研究机构、国家海洋局相关职能部门等相关专家学者以及中国海洋大学的大力支持、关心和帮助，得到了许多专家、学者、朋友、同事的关心和支持，并提出了许多指导性的建议，在此深表感谢。特别要感谢国家社科基金委、人民出版社王萍主任、中国海洋大学文科处的同人、中国海洋大学方胜民教授长久以来对我的大力支持、关心和帮助。在课题的研究过程中，课题组成员也做了大量工作，提供了许多积极的建议，在此向他们表示衷心的感谢。李雪梅老师和张恒达博士、王莉红博士等研究生们在资料收集、数据处理和梳理书稿的过程中，查阅了大量的原始资料，对数据处理一丝不苟、细致推敲，对文字编辑集思广益、字斟句酌，经过艰苦、深入、细致、认真的研究工作，终于完成了书稿的整理工作，在此向他们表示诚挚的感谢。

近年来，国际国内的许多专家学者在海洋经济领域的研究工作中已经取得了不少的成绩。但我们深知，"中国海洋经济"所涉及的问题和领域十分广阔，由于中国海洋经济的特殊性，《中国海洋经济周期波动监测预警研究》无论是理论研究还是实际应用，在很多方面还存在这样或那样的不足，未来还有很大的研究空间，还有待进一步深化和完善。由于编者水平有限，书中各种各样的不足、不妥，甚至错误和缺陷在所难免。我们愿在广大专家

学者的关心、支持和帮助下不断进步，努力开拓海洋经济发展研究的新领
域，科学引领把握海洋经济发展的前沿研究方向，积极建设海洋经济发展的
国际国内品牌，构建海洋经济研究的国际国内一流团队，创新海洋经济研究
理论体系、内容体系和技术体系，主导海洋经济发展的国际国内领先地位，
不断提高、完善中国海洋经济研究的质量，大力推进经济学、海洋学、管理
学、社会学以及数学、统计学、计算机技术等多学科交叉研究的进展，为我
国的海洋经济理论与应用研究尽自己最大的努力。

殷克东

2015 年 11 月 27 日

责任编辑:王　萍　宫　共
封面设计:肖　辉　孙文君
版式设计:肖　辉　周方亚

图书在版编目(CIP)数据

中国海洋经济周期波动监测预警研究/殷克东 著. -北京:人民出版社,2016.4
(国家哲学社会科学成果文库)
ISBN 978-7-01-016011-5

Ⅰ.①中…　Ⅱ.①殷…　Ⅲ.①海洋经济-经济周期波动-监测-研究-中国
　Ⅳ.①P74

中国版本图书馆 CIP 数据核字(2016)第 054957 号

中国海洋经济周期波动监测预警研究
ZHONGGUO HAIYANG JINGJI ZHOUQI BODONG JIANCE YUJING YANJIU

殷克东　著

人民出版社 出版发行
(100706　北京市东城区隆福寺街 99 号)

北京中科印刷有限公司印刷　新华书店经销

2016 年 4 月第 1 版　2016 年 4 月北京第 1 次印刷
开本:710 毫米×1000 毫米 1/16　印张:33
字数:520 千字

ISBN 978-7-01-016011-5　定价:98.00 元

邮购地址 100706　北京市东城区隆福寺街 99 号
人民东方图书销售中心　电话 (010)65250042　65289539